结构可靠性分析与预测（第2版）

Structural Reliability Analysis and Prediction (2nd Edition)

[澳大利亚]罗伯特 E·梅尔彻斯(Robert E. Melchers)　著
杨乐昌　王丕东　宫　綦　主译
张建国　主审

国防工业出版社
·北京·

图书在版编目(CIP)数据

结构可靠性分析与预测:第2版/(澳)罗伯特E·梅尔彻斯(Robert E. Melchers)著;杨乐昌,王丕东,宫綦主译.—北京:国防工业出版社,2019.10

书名原文:Structural Reliability Analysis and Prediction(2nd Edition)

ISBN 978-7-118-11866-7

Ⅰ.①结… Ⅱ.①罗… ②杨… ③王… ④宫… Ⅲ.①结构可靠性-分析 Ⅳ.①TB114.33

中国版本图书馆CIP数据核字(2019)第197688号

※

国防工业出版社出版发行

(北京市海淀区紫竹院南路23号 邮政编码100048)

三河市德鑫印刷有限公司印刷

新华书店经售

*

开本 710×1000 1/16 **印张** 26 **字数** 450千字

2019年10月第1版第1次印刷 **印数** 1—2000册 **定价** 98.00元

国防书店:(010)88540777 发行邮购:(010)88540776

发行传真:(010)88540755 发行业务:(010)88540717

译者序

Robert E. Melchers 先生长期从事结构可靠性分析与预测的相关研究工作。其著作 *Structural Reliability Analysis and Prediction* 出版发行 20 年来,一直被国际可靠性研究人员奉为结构可靠性研究领域的经典之作,多次再版重印,且长期作为相关专业本科生及研究生的教材使用。但由于缺乏中文版本,为中国可靠性科研工作者学习经典著作带来了不便。此次,非常荣幸有机会承担这本著作的翻译、校对工作。相信本次中文译著的出版会为广大中国结构可靠性研究者提供支持和帮助。

本书的翻译工作在北京航空航天大学可靠性与系统工程学院张建国教授主持下完成,先后共 8 名博士生、2 名硕士生参与了译著的翻译工作。张建国教授为全书的翻译工作做出细致的规划和指导,并主审全文;杨乐昌、王丕东、宫綦主译全文,并承担校对工作。杨乐昌对第 1 章及附录 D、E 的内容进行了初译;孙静怡负责第 2 章;马宇鹏负责第 3、4 章;邱继伟承担第 5 章的初译工作;第 6 章由王丕东、宫綦完成;第 7 章由王骞完成;翟浩负责第 8、9 章;游令非负责第 10 章及附录 A 的初译;附录 B、C 由张雷完成。

本书在出版过程中得到了原著作者 Robert E. Melchers 先生及国防工业出版社白天明编辑的大力支持。Robert E. Melchers 先生多次询问译著的出版发行进度,并亲自为这一中文版本作序。同时,还需要真诚感谢国防工业出版社与 JOHN WILEY & SONS 的鼎力支持。囿于译者能力所限,译著对原著可靠性理论的精髓领悟尚有诸多不足之处,望广大读者真诚批评,不吝指教。抛砖引玉,希望本书能够对广大中国可靠性科研工作者带来帮助,祝中国的可靠性事业得到蓬勃发展!

张建国　杨乐昌　王丕东　宫　綦

于北航为民楼　二零一八年六月

作者自序

自本书第2版出版发行以来，至今已过去18个年头(如果从第1版算起，则有更长的时间)，但在读者群中仍然有很大的需求。非常高兴能将本书以中文的方式出版发行。毫无疑问，这将会给从事于结构可靠性及计算领域的年轻学者和学生带来福音，启迪智慧。我本人非常高兴这项工作可以由来自北京航空航天大学可靠性与系统工程学院的张建国教授及杨乐昌博士等人共同协作完成，他们主要从事机械/结构可靠性设计与分析、复杂系统可靠性建模及数据分析、可靠性预测等相关领域的教学与科研工作。作为中国重点大学之一，北京航空航天大学与著名的中关村科技园区毗邻，涵盖广泛的研究方向，在从事系统分析和结构可靠性的研究人员中，有相当高比例的人员都具有硕士和博士学位。我相信这次的中文版译著会给这些学生和研究人员带来一定的帮助。

Robert E. Melchers

2016年10月

第 2 版前言

自本书第 1 版发行至今已有 10 年，实际写作已超过 12 年。在此期间，结构可靠性作为一门学科迅速发展并且日益成熟。毋庸置疑的是，本书的第 1 版目前看来已经不够完善。

这次的版本与第 1 版主要体现在细节上的不同：整篇的结构经过重新编排，原文也被重新审阅；很多章节经过部分修改变得更加简洁和完善，修正了很多细小的、容易被忽视的错误；同时加入一些新的东西，诸如很多新的参考文献，那些过时的、相关性小的内容则被删除；在案例方面也做了很多改进。

这一版本最大的改动包括蒙特卡罗章节的更新，一次二阶距法和验算点方法中加入 Nataf 变化，增加了一些关于渐进法的内容，增加了对多重负载下结构系统的讨论，另外增加了一个新的关于结构安全校核的章节，该内容的重要性已经凸显出来了。

一些其他领域也在飞速发展，诸如随机过程抽样、随机领域及其结构动力学和结构损伤方面的应用以及相关领域的一些专家改进意见，但是这些内容超出了本书的范围。读者可以参阅专家文献，相关会议论文诸如 ICASP，ICOSSAR 和 IFIP 会议系列或者参阅一些相关期刊论文诸如：Structural Safety，Probabilistic Engineering Mechanics，Journals of Engineering Mechanics，Structural Engineering of ASCE。期刊 Structural Engineering and Mechanics 也不断更新最新的结构可靠性应用相关研究。当然也可以在其他期刊上查阅，这些论文的优势在于理论和应用的紧密结合。

在准备这一版本之前，我有幸得到很多的建议与帮助。非常感激我的同事 Mark Stewart 和 Dimitry Val 给我中肯的建议并帮助我编排一些新的章节。我的一些研究生同样做出了很大的贡献，在这方面特别想提到 H. Y. Chan、M. Moarefzadeh 和 X. L. Guan。当然，也要感谢国际结构可靠性委员会和相关人员的帮助，包括 Ove Ditlevsern、Rudiger Rackwitz、Armen Der Kiureghian 和 Bruce Ellingwood 等。我非常珍视与他们的友谊。

非常感谢来自各个方面的鼓励和建议。它们减轻了本书修订过程中的枯燥乏味。有时候花上个把小时在沙滩跑步或者冲浪能使我做出更多改进。

对于像我这样的学术家庭来说,我的学术研究是家庭生活中的一大障碍,感谢家人的耐心,需要时不时地把我从学术世界中拖出来去参加更多的社交活动。

Rob Melchers
Barbeach, Newcastle
1998 年 8 月

第1版前言

本书的目的在于系统性地展现结构可靠性分析与预测相关的理论和技术。在这一背景下,应当将可靠性理解为任何形式的超出工程要求的阈值,而非仅仅指崩溃或断裂这些极限事件。

在实际中,可能出现两类问题:第一类问题是对现有结构在“当前状态”的可靠性评估。而第二类,也是较难的一种是,对结构未来——也就是未完成状态的可靠性预测。这种需求的一个常见例子是结构设计规范,这些规范是基于历史经验与专家经验做出结构安全与可维护性预测的重要工具。另一个例子是如高塔、离岸平台和工业或核反应堆主要结构的可靠性评估,它们的结构可靠性设计准则不是不可用就是无法完全适用。在这种情况下,安全性预测在绝对意义和经济性关联方面都变得越来越重要。这一层次的评估基于(通常合理但具有潜在危险)历史经验可用于推断未来的假设。

显然,对于结构可靠性的分析(和预测)与常规的结构工程中的分析十分不同。更多的出于对过程中的不确定性和加载与材料强度中不确定性的相互作用的考虑,而非应力计算或单元行为的考虑。因为对于特定结构,这些不确定性无法直接观测,因此比起传统的结构分析与设计中的例子,可靠性分析有更高程度的抽象性和概念性。建模不仅仅需考虑某一结构工程问题物理基础的描述,还需考虑对获取现实的、足够简单可应用模型的需求和载荷与材料强度的描述,当然还有它们各自的不确定性。本书的中心在于如何进行这样的建模和如何使用这样的模型来分析或预测结构可靠性。

然而,具有重要意义的是,该主题和传统结构工程分析及其持续的改进有明显的相似之处,那就是最终都需考虑成本;此处成本并非仅指那些设计、建造、监管和维护中的,还包括可能的故障成本(或可维护性的丧失)。这一主题,虽然不是本书明确追求的,仍然是本书的中心,将在第2章中出现。采用本书中概述的方法而做的评估和预测可直接应用于决策技术中,如成本—效益分析或风险—效益分析(包含概率时更加准确)。在第9章中将会看到,这里提到的方法的一个重要应用领域是结构设计规划,并将会发现它们本质上是风险—收益方法的特例(可能十分粗糙和直观)。

最近出版了一系列关于结构可靠性主题的书籍。这本书与其他书籍的不同之处在于它是作者从大学短期课程和过去 8 年兼职授课以及主要训练结构工程师的 30 小时研究生课程发展而来的。不同之处还在于本书并不讨论其他相关话题,例如其他的导论课程中包含的谱分析。

本书的其他特点包括:对于结构系统可靠性问题的处理(第 5 章),仿真方法(第 3 章)和当代二阶矩及变化方法(第 4 章)的讨论。同时考虑的还有重要话题,如人为误差以及计算的(名义的)失效概率和对真实结构总体观测得到的失效概率之间的人为干涉(第 2 章)。

本书首先回顾了(第 1 章)传统的结构安全定义方法如“安全系数”“载荷系数”“分项系数”的形式(例如,“极限状态设计”形式)和“回归时间”。在引入一种简单的概率安全测度、安全裕量和相关的失效概率之前,先讨论了上述方法在某些方面的一致性,并指出了它们对于可用数据应用的局限性。一维载荷-抗力模型已经足以用来阐述结构可靠性评估的基本概念。除第 2 章之外,本书剩余部分主要用于详细阐述可靠性分析和预测的主题。

第 3~5 章主要关注时变条件下的计算方法。第 6 章主要考虑将第 1 章引入的“重现期”概念拓展至一般情况以用于时变问题,给出了处理时间的 3 种基本方法,即时间积分法、离散时间法和完整时变法以及相关的例子。通常认为第三种方法较其他两种(经典)方法具有更为普遍的意义,因为该方法引入了随机过程理论。对于新手读者可以快速浏览并跳过这一章。从概率角度简单地讨论了疲劳问题和结构振动问题,需要再次说明的是这些问题的物理基础不在本书研究范围之内。

第 7 章描述了对于风载和地面载荷的建模。第 8 章回顾了对于钢铁特性材料所采用的一般概率模型。第 9 章中使用了载荷和强度模型。这些内容基于结构设计规范和校准规范,它们是概率可靠性预测方法的一类重要应用领域。

我们认为读者具有基本的统计和概率背景,并对现代结构安全方法较为熟悉。在本书中详细讨论了统计数据分析相关内容,并在附录 A 中总结了概率理论。

除此之外,读者应当具有相当的应用数学能力,而这是结构可靠性理论研究中不可或缺的。但是在描述层面上,不会超过研究生毕业的标准。当然,对于新手读者,可以跳过一些较难的,标注了星号(*)的内容。

作为教材,第 1 章和第 2 章可作为本科生结构安全课程的基础。研究生课程可以从所有章节中挑选,教师如果不喜欢二阶矩方法那么就跳过第 3 章的部分内容,如果关注仿真方法则可以忽略第 4 章的部分内容。如果作为程序课,可以删除第 3 章和第 5 章,并将第 4 章和第 6 章截短。

从作者的观点来看,所有的理论都必须通过经验案例来支撑。达到这一目标的一种方法是通过对具体的结构失效案例进行讨论,让学生了解到理论(很可能是最不重要的)只是结构可靠性的一个方面。结构可靠性评估并非其他安全性方法的一种替代,也并非一定更好;但如果使用的恰当,这一理论可以澄清和揭示重要问题。

致谢

本书编写时间较长，整个过程我得到 Noel Murray、Paul Grundy 和 Alan Holgate 的支持与鼓励，Noel Murray 第一次让我开始认真地思考结构安全性的问题。后续阶段，研究生 Michale Harrington、Tang Liing Kiong、Mark Stewart 和 Chan Hon Ying 也做出了很大的贡献。

本书的第一份草稿(现在已不可辨认了)是我在 20 世纪 80 年代访问 Technical University，Munich 回来之后不久开始撰写的。非常感激 Gerhart Schueller 为我安排的这次访问，感谢他的热情好客和来自他的鼓励。在此期间，我有机会与 Rudiger Rackwitz 进行卓有成效的讨论。

本书上一次的重大修订完成于 1984 年 11 月—1985 年 5 月，在科学与工程研究学会的支持下，我访问了帝国理工学院。同 Michael Baker 一起工作是一段难忘的经历。他自己的书为本书成稿提供了宝贵的经验。

我很幸运能够得到 Joy Hlem 女士和 Anna Teneketzis 女士的帮助，使自己晦涩难懂的手稿变成易读的文字。非常高兴能与她们合作，同时感谢 Rob Alexander 高效地为本书绘制了插图。

最后，家人的支持对我来说是不可或缺的，我的写作经常会被孩子们“爸爸，第 6 章写得怎么样了?”的欢呼声打断。

Robert E. Melchers
Monash University
1985 年 12 月

目录

第1章

结构可靠性的度量

1.1 引　言

一个工程结构对载荷的响应与载荷的类型和大小以及该结构的强度和刚度等因素相关。而该响应是否符合要求取决于是否满足一些必要的需求，具体包括：抵抗倒塌的结构安全性，损伤或变形极限以及其他准则。以上这些需求都可被定义成一个极限状态。而“超出”该极限状态则可以理解为结构达到了不符合要求的状态。典型的结构极限状态如表1.1所列。

表1.1　典型的结构极限状态

极限状态类型	描　述	示　例
承载极限能力状态	结构的全部或部分倒塌	倾斜或滑动，断裂，连续倒塌，塑性变形，失稳，腐蚀，疲劳，退化，火灾
损伤(经常包含于上述情况)		过大或过早的开裂，变形或永久的非弹性变形
正常使用极限状态	正常使用中断	过大变形，振动，局部损伤等

通过观察我们发现，极少数结构会倒塌或者需要大幅维修，所以出现超出最严重极限状态的情况的概率也很低。当超出某极限状态确实发生时，后果可能非常严重，例如，Tay桥(风灾)、Ronan Point Flats(燃气泄漏)、Kielland Offshore Platform(局部应力问题)、Kobe地震(塑性)等大规模的倒塌。

结构可靠性研究主要关注工程结构寿命周期任意阶段超出极限状态的概率的**计算和预测**。特别地，结构安全的研究主要关注的是超出结构极限或安全极限状态的情况。

一个事件(如超出极限状态)的发生概率是该事件发生机会的一种数值度量。该度量值一般可通过计算一段长时间内此事件发生在其他相似结构中的频率得到，或简单地由主观估计给出。实际上，一般不太可能观测足够长的时间,故将客观的频率观测结果与主观估计结合起来用于预测结构超出极限状态的概率。

在概率评估中,会明确地考虑变量的各类不确定性(在本书中,主要以概率密度函数描述)。这与传统的安全性度量方法例如“安全系数”“载荷系数”等是不一样的。传统的方法都是“确定性”度量方式,因为在描述结构变量时都假设不存在不确定性,如强度、载荷等都(保守地)假定为已知。正因为这些方法在传统结构工程中的核心地位,在研究概率安全度量方式之前,下面先回顾下确定性的安全度量方法。

1.2 极限状态的确定性度量

1.2.1 安全系数

传统方法是通过“安全系数”对结构的安全性进行定义的,通常与弹性应力分析相关,要求如下:

$$\sigma_i(\varepsilon) \leqslant \sigma_{pi} \tag{1.1}$$

式中:$\sigma_i(\varepsilon)$为作用于点ε的第i个分应力;σ_{pi}为许用应力值的第i个分应力。

许用应力σ_{pi}通常由结构设计准则所决定,由材料强度(弯矩、屈服弯矩、载荷等)等确定,其取值与强度极限σ_{ui}相关,通过因子F缩减一定比例:

$$\sigma_{pi} = \sigma_{ui}/F \tag{1.2}$$

式中:F为“安全系数”。这一因子的选择基于实验观测数据、历史经验信息、经济需求甚至是政治因素。通常安全系数由专业人员给定。

根据式(1.1),当结构任一部分所受应力达到局部许用极限时,结构都可能会失效。而结构是否真的会失效则取决于点ε的实际载荷$\sigma_i(\varepsilon)$与真实工况的相符程度以及σ_{pi}与真实材料失效相符的程度。众所周知,通过(设计中经常应用的)线弹性结构分析得到的应力计算结果通常与实测应力值存在一定的差异。边界效应和尺寸效应带来的应力分布不均、应力集中以及应力波动均会产生这些差异。

类似地,线弹性分析中的许用应力也通常在极限强度测试结果的基础上通过线性缩放得到,但这种方法的应用超出了一般的线性领域。从结构安全的角度来说,假设设计者意识到该计算结果是假定条件下得到的并且由式(1.1)得到的结果也仅为保守的安全度量,那么,这种做法的问题不会很大。

结合式(1.1)和式(1.2),“超出极限状态”的条件可以写为

$$\frac{\sigma_{ui}(\varepsilon)}{F} \leqslant \sigma_i(\varepsilon) \text{或} \frac{\sigma_{ui}(\varepsilon)}{F} \Big/ \sigma_i(\varepsilon) \leqslant 1 \tag{1.3}$$

当式(1.3)中的不等号为等号时,该等式就是“极限状态方程”。通过适当的积分方法,将上式写为合应力形式,即

$$\frac{R_i(\varepsilon)}{F} \leqslant S_i(\varepsilon) \text{或} \frac{R_i(\varepsilon)}{F} \leqslant S_i(\varepsilon) \leqslant 1 \tag{1.4}$$

式中:R_i 为 ε 位置上的第 i 阶抗力;S_i 是第 i 阶合应力(内部作用)。一般来说,合应力由一个或更多个载荷 Q_j 的作用构成,典型的为

$$S_i = S_{iD} + S_{iL} + S_{iW}$$

式中:D 为固定载荷;L 为变动载荷;W 为风载荷。

“安全系数”这一术语有时也用在其他场合,例如,结构整体性或几何意义上的翻转、滑移等(水坝垮塌、堤坝滑移)。在实际应用中,读者可根据上下语义自行理解 σ_{ui} 和 σ_i 在式(1.3)中的具体含义。

1.2.2　载荷系数

“载荷系数”λ 是源于结构塑性理论的一类特殊安全系数。基于该理论,施加于结构上的一系列载荷可以通过连乘的方式累计,当达到一定极限时会引发结构整体的倒塌。通常情况,可选取服役阶段作用于结构上的载荷。结构强度由结构组成单元的理想塑性强度极限确定(heyman 1971)。

对于给定的倒塌模式(也就是给定的“承载能力”),当塑性抗力 R_{pi} 和相关载荷系数 $\lambda \boldsymbol{Q}_j$ 满足下面的关系时,结构就会“失效”或倒塌:

$$W_R(\boldsymbol{R}_p) \leqslant W_Q(\lambda \boldsymbol{Q}) \tag{1.5}$$

式中:$\boldsymbol{R}_p$ 为所有塑性强度的向量(如塑性矩);$\boldsymbol{Q}$ 为所有施加载荷的向量。另外,$W_R(\,)$ 为内功函数,$W_Q(\,)$ 为外功函数,它们都由倒塌模式所描述。

如果假定载荷是成比例的,通常情况,载荷系数可以从括号中提出来。另外,载荷通常包含多个组成单元,如固定载荷、活载荷、风载等。因此,式(1.5)可以写作极限状态方程的形式:

$$\frac{W_R(R_{pi})}{\lambda W_Q(Q_D + Q_L + \cdots)} = 1$$

当等式左边小于1的时候定义为结构失效。

显然,在结构安全度量领域里,安全系数公式的构造与载荷系数公式有颇多相似之处。不同在于这两种度量的应用层级:前者适用于组元级的工作载荷,后者适用于结构级的破坏载荷。

1.2.3　分项系数(极限状态设计)

所谓“分项系数”法是基于上述两种安全性度量的改进方法,在应力抗力层

级上(如单元级设计),将极限状态 i 用合应力的形式表达:

$$\phi_i R_i \leqslant \gamma_{Di} S_{Di} + \gamma_{Li} S_{Li} + \cdots \tag{1.6}$$

式中:R 为单元抗力;ϕ 为 R 上的分项系数;S_D 和 S_L 分别对应着分项系数 γ_D 和 γ_L 的固定和活载荷效应。式(1.6)最早出现于1960年的钢筋混凝土准则中,考虑到活载荷和风载具有比固定载荷更大的不确定性,分项系数可以赋予前者相较于后者更大的权重,同时,分项系数可以度量加工工艺中的变化以及对抗力 R 建模中的不确定性[MacGregor 1976]。由于可以更好地描述载荷与强度中的不确定性,这种对早期安全性方法的拓展具有相当大的吸引力。

对于结构级的塑性破坏,式(1.6)变为

$$W_R(\phi \boldsymbol{R}) \leqslant W_Q(\gamma_D \boldsymbol{Q}_D + \gamma_L \boldsymbol{Q}_L + \cdots)$$

式中:$\boldsymbol{R}$ 和 $\boldsymbol{Q}$ 分别为抗力和载荷的向量。显然在这一表达式中分项系数(ϕ,γ)是不同于式(1.6)的。

例 1.1

如图1.1(a)所示的一简单框架结构,承受载荷 Q_1 和 Q_2 作用,假定所有截面的相对惯性矩已知,弯矩图如图1.1(b)所示。则弯矩的极限状态:

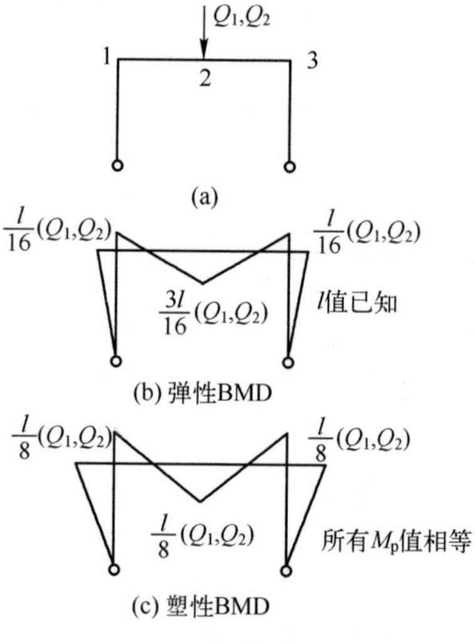

图1.1 例1.1的弯矩图

截面2:

$$\phi M_{C2} = \gamma_1 \frac{3l}{16} Q_1 + \gamma_2 \frac{3l}{16} Q_2$$

截面1和3:

$$\phi M_{C1,3}=\gamma_1\frac{l}{16}Q_1+\gamma_2\frac{l}{16}Q_2$$

式中：ϕ、γ_1 和 γ_2 为由结构设计准则中确定的分项系数；M_{Ci} 是截面 1、2 和 3 的弯矩承载极限。

如果基于刚塑性理论来设计或分析该问题，那么塑性弯矩 M_{pi} 的相对分布必须已知或假定。如果假定所有截面的塑性弯矩均相等，则弯矩图如图 1.1(c)所示，并且截面 1~3 仅需要一个极限状态方程：

$$\phi_p M_{pi}=\gamma_{p1}\frac{l}{8}Q_1+\gamma_{p2}\frac{l}{8}Q_2$$

式中：M_{pi} 为截面 1、2 和 3 所要求的弯矩承载极限；ϕ_p、γ_{p1} 和 γ_{p2} 为设计准则规定的塑性结构系统的分项系数。

1.2.4　安全性度量的唯一性局限

从例 1.1 中我们发现式(1.6)中的分项系数 ϕ 和 $\gamma_i(i=1,\cdots)$ 的取值主要依赖于所考虑的极限状态。因此，它们取决于对 R、S_D 和 S_L 的定义。然而，即使对于给定的极限状态，这些定义也并不唯一，故分项系数也可能不是唯一的。这种现象被称作安全性度量的"恒定性缺陷"。其出现的原因在于对抗力与载荷关系的定义方式可能是多样的。下面就针对这种现象给出一些例子。理想情况下，安全性度量不应当依赖于抗力与载荷的定义方式。

例 1.2

如图 1.2 所示的结构支撑于两圆柱上，圆柱 B 的承压能力是 $R=24$。应用传统的"安全系数"，该结构的安全性可以用"安全系数"的方法以 3 种不同的方式进行度量。

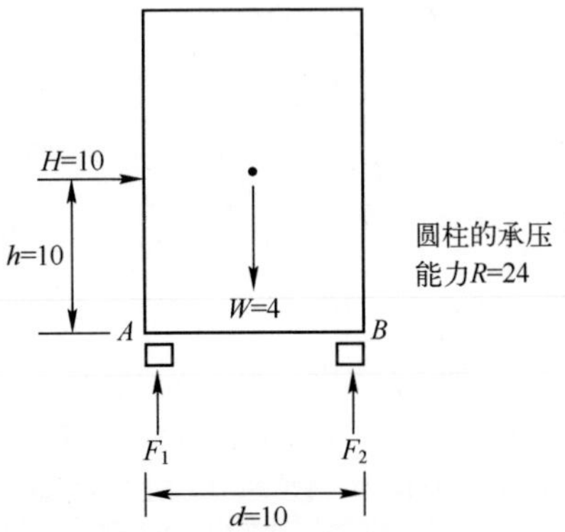

图 1.2　受翻转载荷的结构(例 1.2)

(1) A 的翻转抗力:

$$F_1=\frac{A\text{ 的翻转抗力(矩)}}{A\text{ 的翻转载荷(矩)}}=\frac{dR}{Hh+Wd/2}=\frac{10\times24}{10\times10+4\times5}=2.0$$

(2) 圆柱 B 的承载能力:

$$F_2=\frac{\text{圆柱 }B\text{ 的抗压抗力}}{\text{圆柱 }B\text{ 的受压载荷}}=\frac{R}{Hh/d+W/2}=2.0$$

(3) 圆柱 B 的净载荷量(抗力减去 W 载荷效果):

$$F_3=\frac{\text{圆柱 }B\text{ 的净载荷抗力}}{\text{圆柱 }B\text{ 的净载荷}}=\frac{R-W/2}{Hh/d}=2.2$$

由于结构相同,且作用于圆柱 B 上的载荷均相同,故所得 3 个安全系数在数值上的差异完全是由抗力和载荷的定义方式不同造成的。然而容易证明,如果对抗力 R 赋予分项系数 $\phi=\frac{1}{2}$,那么则会得到完全相同的计算结果 $F_1=F_2=F_3=1.0$。

$$F_1=\frac{d\phi R}{Hh+Wd/2},F_2=\frac{\phi R}{Hh/d+W/2},F_3=\frac{\phi R-W/2}{Hh/d}$$

当然,也可以通过赋予载荷 H 和 W 的分项系数 $\gamma=2$ 来达到 $F_1=F_2=F_3=1.0$ 的结果。事实上,可以选择任意的 ϕ 和 γ 组合来保证 $F_i=1$:

$$F_1=\frac{d\phi R}{\gamma(Hh+Wd/2)},F_2=\frac{\phi R}{\gamma(Hh/d+W/2)},F_3=\frac{\phi R-\gamma W/2}{\gamma Hh/d}$$

一种实用有效的替代安全性度量是“安全裕量”,“安全裕量”度量的是抗力与合应力(或载荷)之间的差异;于是

$$Z=R-S \tag{1.7}$$

对当前这个例子,安全边界

$$Z_1=dR-(Hh+Wd/2)$$

$$Z_2=R-(Hh/d+W/2)$$

$$Z_3=R-W/2-Hh/d$$

可以很容易地证明当 $Z=0$ 时,也就是在失效点,上述 3 个表达式都是等价的。

例 1.3 (Ditlevsen,1973 所述问题的演化版)

如图 1.3(a)所示的混凝土梁中心 $\xi=0$ 受到轴向力 N 和弯曲 M 的作用,其弯矩承载能力为 R。其中 N 和 M 都由固定载荷与活载荷共同构成:$N=N_D+N_L$ 和 $M=M_D+M_L$。弯矩承载能力可通过简单的统计计算得到 $\xi=a$,$R_1=R+aN$。(注意到实际弯矩承载能力并没有变化!)另外,在 $\xi=a$ 处的弯矩为 $M_1=M+aN$。

现在给定的弯矩承载量 R 和轴向力 N,"临界"状态可以通过安全系数定义为

$$F_0=\frac{R}{M},\text{此时 }\xi=0 \tag{1.8a}$$

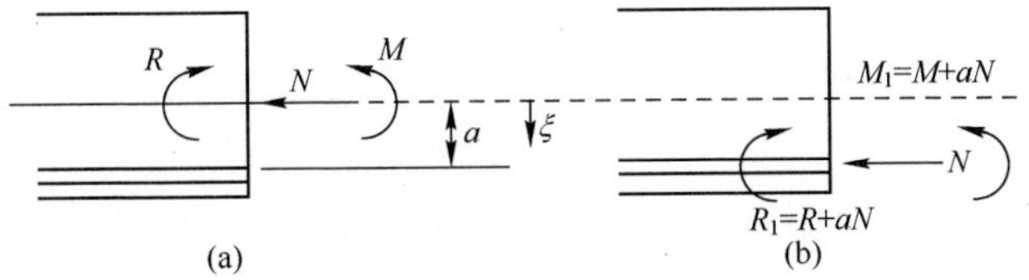

图 1.3 钢筋混凝土梁(例 1.3)

$$F_1=\frac{R_1}{M_1}=\frac{R+aN}{M+aN},\text{此时 }\xi=a \tag{1.8b}$$

在该式中,当且仅当 $\xi=a=0$ 时 $F_1=F_0$,所以,安全系数取决于载荷作用位置与抗力的选取方式。在例 1.2 中,如果以因子 ϕR 替代 R,那么 $F_0=1$,也很容易得到 $F_1=1$。因此,通过这样的"分项系数"ϕ 选取方法可以使得"安全系数"$F=1$,而对于 R、N、M 的初始定义是无关紧要的。如果用 γN 和 γM 来代替 N 和 M,也可以得到相似的结论,这里 γ 是根据载荷确定的恰当的"分项系数"。

"临界状态"也可以写成如式(1.6)分项系数的形式。事实上,注意到 $M=M_D+M_L$ 和 $N=N_D+N_L$,所以在 $\xi=0$ 处有

$$\phi R=\gamma_D M_D+\gamma_L M_L \tag{1.9a}$$

在 $\xi=a$ 处,类似的以 $R_1=R+aN$ 作为抗弯强度:

$$\phi(R+aN_D+aN_L)=\gamma_D(M_D+aN_D)+\gamma_L(M_L+aN_L) \tag{1.9b}$$

从式(1.9a)中减去式(1.9b)然后分离 a,得到

$$(\phi-\gamma_D)N_D+(\phi-\gamma_L)N_L=0 \tag{1.10}$$

一般来说 $N_D,N_L>0$,所以当且仅当 $\gamma_D\leqslant\phi\leqslant\gamma_L$ 或 $\gamma_L\leqslant\phi\leqslant\gamma_D$ 时式(1.10)成立。除了 $\phi=\gamma_D=\gamma_L=1$,这些表达式与传统表达式 $\phi\leqslant 1$(降低抗力)和 $\phi=\gamma_D=\gamma_L=1$(增加载荷或应力)的理解都不一致。

出现该结果的原因应该是比较清楚的。在式(1.9b)中,左边一项中的(aN_D+aN_L)实质上被视作抗力,然而严格意义上,它是一种由施加载荷引起的抗力效应(注意:它不受加工工艺、材料强度等的影响,即 R)。如此一来,一种具有恒定性的安全度量就呼之欲出了。分项系数 ϕ 应当仅作用于抗力项上,而分项系数 γ 应当仅作用于载荷上,将式(1.6)直接应用于混合变量 $R_1=R+aN$ 上是不正确的。

需要注意的是在这个例子中,对于抗力的两种定义,安全裕量 Z 方程(1.7)

都是不变的。在第一个例子中 $Z_0=R-M$,而在第二个例子中 $Z_1=(R+aN)-(M+aN)=R-M$。

1.2.5 恒定安全度量

从上面的例子中可以看出,如果对作用于结构上的抗力 R_i 和载荷 Q_j 进行因式分解,使得任意 $\phi_i R_i$ 和 $\gamma_j Q_j$ 的比率在极限状态临界点都是 1,那么就可以得到一种具有恒定性的安全性度量形式。简单地说,这就是要求在比较之前,将所有的变量转化至共同的基准下。式(1.3)所描述的就是结构安全中有关许用应力的一个例子。另一种重要的恒定安全度量形式是由式(1.7)定义的裕度 $Z=R-S$ 给出的。考虑到它的不变性,这一形式的安全性度量将在后续章节中广泛应用。

一些读者可能已经发现上面的讨论内容和成本效益的决策准则之间的一些相似性。安全裕量对应着"净现值"标准,而安全系数问题则对应着"分子-分母"的问题(例如,Prest and Turvey,1965)。

1.3 一种半概率的极限状态安全性度量——重现期

在工程设计的发展历史中,人们很早就认识到由自然现象引起的载荷,如风、波浪、风暴、洪水、地震等在时间和空间维度上都有随机性,这种随机性在时域上可以用术语"重现期"来描述。重现期定义为发生两个可以统计的独立随机事件的平均(或期望)时间间隔。当然,两个事件的真实发生间隔 T 是一个随机变量。

在大部分的实际应用中,这样的事件等同于超出某一与载荷(如风速>100m/s)相关的特定阈值。该事件可以被用来定义一个"设计载荷",这样结构设计自身通常被认为是确定的,如使用传统的设计过程。因此,这种方法仅仅只是一种半概率的方法。

重现期可以使用如下定义:对于总体中的一系列独立样本(如伯努利序列),该实验 T 中某事件第一次发生的概率由几何分布确定式(A.23),即在 t 次实验,事件第一次发生的概率为

$$P(T=t)=p\,(1-p)^{t-1},t=1,2,\cdots \tag{1.11}$$

式中:p 为事件在一次实验中发生的概率(例如 $X>x$);$1-p$ 为事件不发生的概率。如果现在将实验看作时间区间,在一个区间中,仅记录事件 $X>x$,根据式(1.11),事件第一次发生就变为"第一次发生时间"。那么"平均重现时间"或者"重现期"就是 T 的均值(参见式(A.10))。

$$E(T)=\bar{T}=\sum_{t=1}^{\infty} tp(1-p)^{t-1}=p[1+2(1-p)+3(1-p)^2+\cdots]$$

$$=\frac{p}{[1-(1-p)]^2}\quad 当(1-p)<1.0 \tag{1.12}$$

$$=\frac{1}{p}或[1-F_x(x)]^{-1}$$

式中：$F_x(x)=P(X\leq x)$为 X 的累积分布函数。

因此，重现期 $\bar{T}$ 等于事件在一个时间区间内发生的概率的倒数。对于大多数工程问题，时间区间的选择是一年，那么 p 就是事件 $X>x$ 在任意一年中发生的概率（例如，载荷>x 在一年中发生（至少）一次的概率）。于是 $\bar{T}$ 就是事件发生平均年数。

因为在一个时间区间（通常是一年）内发生的超标事件是与末端时间点相关的，所以 $\bar{T}$ 依赖于时间区间的选取（Borgman，1963）。图 1.4 阐述了这一问题，这里 4 个超标事件 A、B、C 和 D 发生在一任意初始事件 0 之后。图 1.4（a）描绘了对于实际观测的平均重现期 $\bar{T}_1$，$\bar{T}_1\approx1.5$ 年由事件的平均距离（时间）给出。

在图 1.4（b）中，时间间隔选为 1 年，并且记录事件于每个时间段末尾，所以有 $\bar{T}_2=7/4=1.75$ 年。相似地，$\bar{T}_3=2$ 年。然而，当使用 4 年的时间区间时（图 1.4（d）），在一个时间段之内的 2 次事件会当作 1 次在末端时间点记录，于是在这个例子中，$\bar{T}_4=4$ 年。

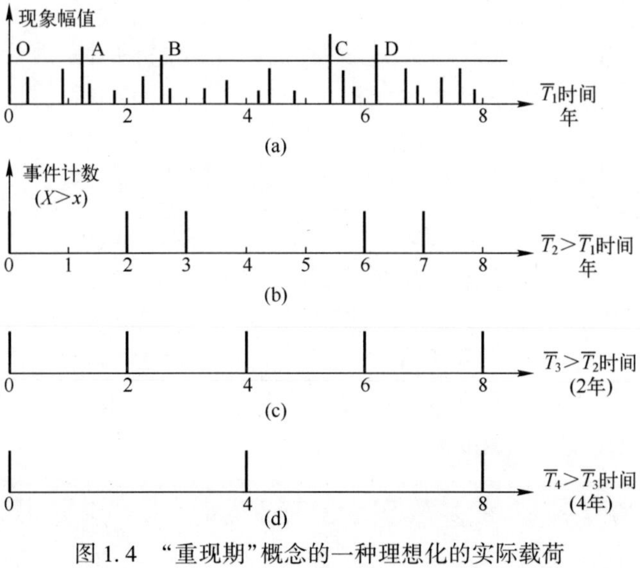

图 1.4　“重现期”概念的一种理想化的实际载荷

此人为假定的例子说明三件事。第一,如前所示,重现期依赖于对时间尺度的定义。第二,在一个时间段内事件发生多于 1 次的可能性被忽略。这意味着与选取的时间区间比较,事件发生的相当频繁时,重现期的度量是不准确的。

第三也是最重要的一点是,X 幅值(所考虑的自然现象)的概率分布没有考虑。只记录了幅值 $X>x$。这意味着重现期仅仅只是一个时间意义上的概率度量,而不体现在载荷大小的方面以及与抗力的相互作用方面。

应当清楚地认识到,在实际中这些事件并非是假定的独立,特别是对于发生相当频繁的事件。值得庆幸的是,重现期这一概念通常应用在相对独立假设合理的罕见事件上(X 的量级很高)。进而对时间尺度的依赖性也不再是一个重要的问题。

例 1.4

对于一个可抵抗风速 60km/h 的“50 年一遇大风”的结构:

(1) 对于风速 60km/h 的大风来说,重现期$=\bar{T}=50$ 年。

(2) 在任意一年中风速超过 60km/h 的概率是

$$p=1/\bar{T}=1/50=2\%$$

(3) 在第 4 年中首次超过设计风速($V>60$)的概率是

$$P_T(T=4)=(0.02)(0.98)^3=0.01882$$

(4) 在一个 4 年时间段中,任意一年中超过设计风速的概率由二项分布给出式(A.17):

$$P_X(x=1)=\binom{4}{1}(0.02)(0.98)^3=\frac{4\times3\times2\times1}{1(3\times2\times1)}(0.02)(0.98)^3=0.0753$$

(5) 在 4 年中的任意一年超过设计风速($V>60$)的概率由几何分布给出式(A.23)

$$\begin{aligned}P_T(T\leqslant 4)&=\sum_{t=1}^{4}P_T(T=t)=\sum_{t=1}^{4}(0.02)(0.98)^{t-1}\\&=0.02+0.0196+0.01921+0.01883\\&=0.0776\end{aligned}$$

或者

$$P_T(T\leqslant 4)=1-[P(V\leqslant 60)]^4=1-(1-0.02)^4=0.0776$$

注意到 4 年时间可以概括为 t_L 为设计寿命,如此一来问题可改述为“在设计寿命期内超过设计风速的概率”:

$$P_T(T\leqslant t_L)=\sum_{t=1}^{t_L}P_T(T=t)\quad 或者\quad =1-(1-p)^{t_L}\tag{1.13}$$

一些典型的超标概率 $P_T(T\leqslant t_L)$,重现期$\bar{T}=1/p$,和设计寿命 t_L 之间对应关系的特征值由表 1.2[Borgman,1963]给出。

表 1.2 重现期 $\bar{T}$ 对应于设计寿命 t_L 和概率 $P_T(T\leqslant t_L)$ 之间的函数关系

关于如下越界概率的重现期 $\bar{T}$(参见式(1.13))									
设计寿命 t_L	0.02	0.05	0.10	0.15	0.20	0.30	0.40	0.50	0.70
1	50	20	10	7	5	3	3	2	1
2	99	39	19	13	9	6	4	3	2
3	149	59	29	29	14	9	6	5	3
4	198	78	38	25	18	12	8	6	4
5	248	98	48	31	23	15	10	8	5
6	297	117	57	37	27	17	12	9	6
7	347	137	67	44	32	20	14	11	6
8	396	156	76	50	36	23	16	12	7
9	446	176	86	56	41	26	18	13	8
10	495	195	95	62	45	29	20	15	9
12	594	234	114	74	54	34	24	18	10
14	693	273	133	87	63	40	28	21	12
16	792	312	152	99	72	45	32	24	14
18	892	351	171	111	81	51	36	26	15
20	990	390	190	124	90	57	40	29	17
25	1238	488	238	154	113	71	49	37	21
30	1485	585	285	185	135	85	59	44	25
35	1733	683	333	216	157	99	69	51	30
40	1981	780	380	247	180	113	79	58	34
45	2228	878	428	277	202	127	89	65	38
50	2475	975	475	308	225	141	98	73	42

(6) 在重现期内超过设计风速的概率:

$$P_T(T\leqslant\bar{T})=1-[P(V<60)]^{\bar{T}}$$

但是 $P(V<60)=1-P(V\geqslant60)=1-p$,这里 $p=1/\bar{T}$。因此

$$P_T(T\leqslant\bar{T})=1-(1-p)^{\bar{T}}$$

$$=1-\left(1-\bar{T}_p+\frac{\bar{T}(\bar{T}-1)}{2}p^2-\cdots\right)$$

$$\approx1-\exp(-\bar{T}p)$$ 对于足够大的 $\bar{T}$(也就是足够小的 p)

$$\approx1-\exp(-1)=1-0.3679=0.6321$$

注意到即使对于较小的$\overline{T}$,这一结果也有较好的近似程度;于是,对于$\overline{T}=5$,

$$P_T(T\leqslant 5)=1-\left(1-\frac{1}{5}\right)^5=0.6723$$

这体现出在设计寿命等于重现期时,该事件发生的概率大约有 2/3。

1.4 极限状态的概率度量

1.4.1 引言

重现期的概念只考虑了载荷超出预设极限的概率,同时假设了时间上分布的随机性(参见第 6 章)。这是一种对传统确定性的载荷描述方法的有效改进,但忽略了一个事实,那就是即使在一个给定的时间点,实际载荷也是不确定的。图 1.5 通过楼面载荷的例子阐述了这一问题。

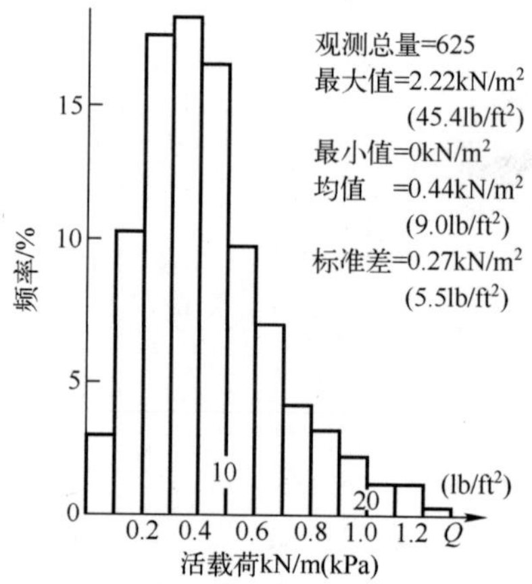

图 1.5 私人办公室活载荷棒状图 [Culver,1976]

图 1.5 的柱状图显示,例如,楼面载荷在 0.6~0.7kPa 之间的概率是 7%。这是从对楼面载荷的实际调研中收集到的信息(参见第 7 章),用$f_Q(q)$的概率密度函数表示。(回想,$f_Q()$表示当$\Delta q\to 0$时,载荷Q取q与$q+\Delta q$之间值的概率(参见 A.3 节))通过传统的结构分析过程,可以将载荷Q转化为一种载荷效应S。如果必要的话,也可以通过相同的转化方法来获得概率密度函数$f_S()$,可以参见 A.10 节的方法。不过,本节不考虑细节部分。

抗力、尺寸、工艺以及其他很多变量都可以用相似的概率方式描述。例如,图 1.6 描绘了钢材屈服强度的典型柱状图和对应的概率分布的推测。自然地,材料强度如钢的屈服应力可以通过连乘截面特性的方法转换为单元抗力R(如

截面积 A)。然后可以确定概率密度函数 $f_R(\ )$。

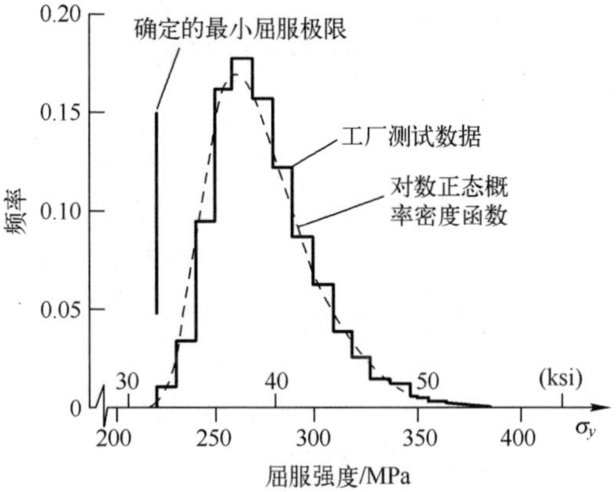

图 1.6　结构钢屈服强度棒状图和预测概率分布[Alpsten, 1972]

1ksi = 6.895MPa。

通常来说,施加在结构上的载荷是随时间波动的,在任一时间点上的取值也是不确定的。这可以直接推广至载荷效应 S(或内部作用)上去。类似地,由于退化以及相似的机理,结构抗力 R 也是时间的函数(但不是波动的)。随着时间增加,载荷增强,而抗力趋于减弱。通常这两者中的不确定性也随时间增加。这意味着,概率密度函数 $f_S(\ )$ 和 $f_R(\ )$ 逐渐变得分散和平坦,S 和 R 的均值也随时间发生变化。因此,一般可靠性问题可表述如图 1.7 所示。

在任意时间上,有

$$R(t)-S(t)<0 \quad \text{或} \quad \frac{R(t)}{S(t)}<1 \tag{1.14}$$

则称为穿越极限状态。

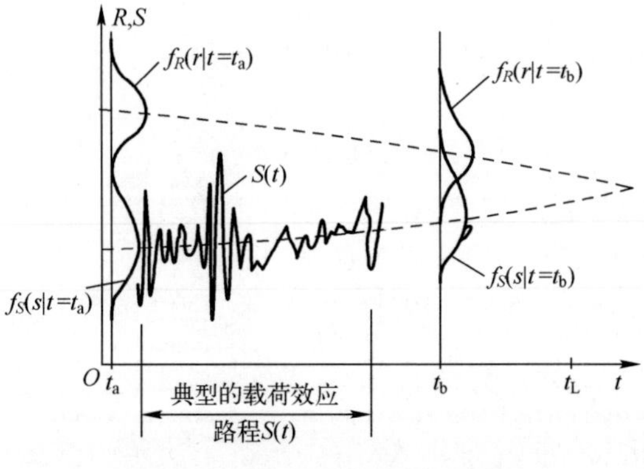

图 1.7　时变可靠性问题示意图

对于任一载荷(或载荷循环)来说,该事件的发生就是穿越极限状态的概率,或简单称为失效概率 p_{f}。近似,但并非完全相等,可以表示为图 1.7 中概率密度函数 f_R 和 f_S 重叠的部分。因为重叠部分会随时间变化,所以 p_f 也是时间的函数。

然而在很多情况下,假定 Q 和 R 为非时间函数是方便可行的。这种情况适用于载荷 Q 仅作用一次,而穿越极限状态的概率被认为仅与该载荷有关。

然而,如果载荷作用多次(例如,一个单一时变载荷可以考虑以这种方式处理),而 R 取为常数,那么我们关心的通常是载荷的最大值(在给定的时间区间 $[0,T]$ 中),然后假定当载荷达到(仅一次)此最大值结构失效。在这样的例子中,用极值分布如 Gumber(EV-I)和 Frechet(EV-II)来描述载荷更加合适(参见附录 A)。如果这样做,那么在可靠度计算中时间效应可以忽略。当包含超过一种载荷或者抗力随时间变化时,该方法不适用。关于这些问题的讨论以及更一般的可靠性问题将推迟到第 6 章中再详细讨论。

1.4.2 基本可靠性问题

基本结构可靠性问题考虑唯一的抗力 R 承受唯一的载荷效应 S。两者都由已知的概率密度函数 $f_R(\,)$ 和 $f_S(\,)$ 描述。如前所示,S 是通过对载荷 Q 的结构分析(确定性的或随机性的)获得的。其中 R 和 S 需要以相同的单位描述。

不失一般性,这里仅考虑一个结构单元的安全性,当抗力 R 小于作用于其上的合应力 S 时,该结构单元失效。该结构单元的失效概率 p_{f} 可用下述的任一形式来描述:

$$p_{\mathrm{f}}=P(R\leqslant S) \tag{1.15a}$$

$$=P(R-S\leqslant 0) \tag{1.15b}$$

$$=P\left(\frac{R}{S}\leqslant 1\right) \tag{1.15c}$$

$$=P(\ln R-\ln S\leqslant 0) \tag{1.15d}$$

或者一般性的

$$p_{\mathrm{f}}=P[G(R,S)\leqslant 0] \tag{1.15e}$$

式中:$G(\,)$ 表示极限状态函数,失效概率等同于超出极限状态的概率。当然,对于整个结构,式(1.15)也可以用 R 和 Q 来表示。

图 1.8 分别描绘了 R 和 S 一般性的(边缘)密度函数 f_R 和 f_S,还有联合(二元)密度函数 $f_{RS}(r,s)$(也可参见 A.6 节)。对于无限小单元$((\Delta r \quad \Delta s))$,后者代表 R 在 r 和 $r+\Delta r$ 之间取值的概率,而 S 是当 Δr 和 Δs 都趋于 0 时,在 s 和 $s+\Delta s$ 之间的一个取值。在图 1.8 中,式(1.15)可表示为阴影的失效域,故失效概率变为

$$p_{\mathrm{f}} = P(R - S \leqslant 0) = \iint_D f_{RS}(r,s)\,\mathrm{d}r\mathrm{d}s \tag{1.16}$$

当 R 和 S 均独立时，$f_{RS}(r,s)=f_R(r)f_S(s)$（参见 A.6.3 节），式（1.16）变为

$$p_{\mathrm{f}} = P(R - S \leqslant 0) = \int_{-\infty}^{\infty}\int_{-\infty}^{s\geqslant r} f_R(r)f_S(s)\,\mathrm{d}r\mathrm{d}s \tag{1.17}$$

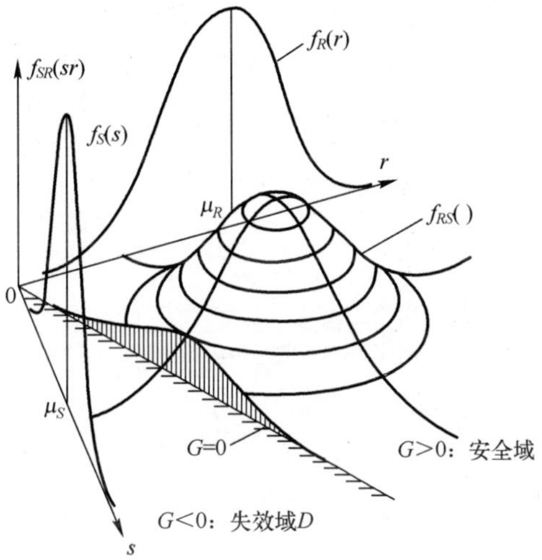

图 1.8　两随机变量的联合概率密度函数 $f_{RS}(r,s)$、边缘密度函数 $f_R(r)$ 和 $f_S(s)$ 以及失效域 D

注意到对于任意随机变量，累积分布函数可由式（A.8）给出

$$F_X(x) = P(X \leqslant x) = \int_{-\infty}^{x} f_x(y)\,\mathrm{d}y$$

如果给定 $x \geqslant y$，特别是对于 R 和 S 相互独立的情况，那么式（1.17）可以写成单一积分形式：

$$p_{\mathrm{f}} = P(R - S \leqslant 0) = \int_{-\infty}^{\infty} F_R(x)f_S(x)\,\mathrm{d}x \tag{1.18}$$

这也被称为“卷积”，参考图 1.9，可以很容易理解其含义。$F_R(x)$ 是 $R \leqslant x$ 或者某构件实际抗力 R 小于特定值 x 的概率，定义其为失效。$F_S(x)$ 表示当 $\Delta x \to 0$ 时，作用在构件上的载荷效应 S 处于 x 和 $x+\Delta x$ 之间的概率。考虑 x 的所有可能取值，也就是对所有 x 的取值积分，就可以获得总失效概率。通过图 1.10 中画在同轴上的（边缘）密度函数 f_R 和 f_S 也可以看出这一点。

通过对式（1.17）中的 $f_R(\,)$ 积分，降低了一重积分。这是方便且有用的，但并不具有一般性，只有当 R 和 S 相互独立时才成立。一般来说，变量之间的相关性是需要考虑的。

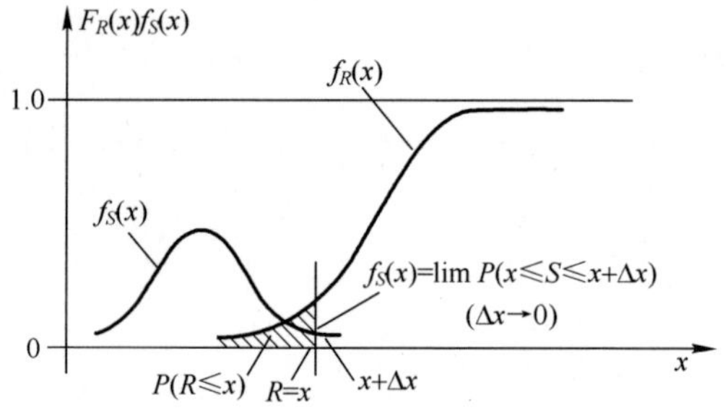

图 1.9 基本 **R-S** 问题:$F_R(\,)f_S(\,)$的表达

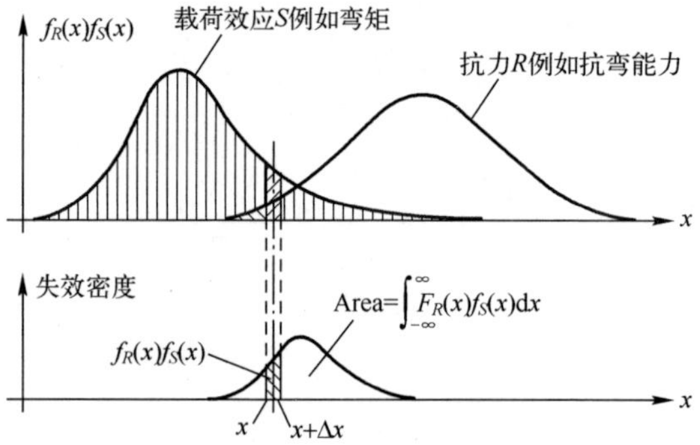

图 1.10 基本 **R-S** 问题:$f_R(\,)f_S(\,)$的表达

式(1.18)的另一表达形式为

$$p_f = \int_{-\infty}^{\infty} [1 - F_S(x)] f_R(x)\,dx \tag{1.19}$$

这代表简单的对所有可能的载荷超过强度情况的失效概率进行“加和”。

式(1.17)和式(1.19)中的下限可能并不完全满足,因为实际中小于0的抗力是不可能的。故积分下限应当严格等于零,尽管在实际应用中可能不太方便,或如果 R 和 S 同时用无界分布(如正态或高斯分布)来建模,其结果有些不准确。这些误差来自于对 R 和 S 的建模而并非式(1.17)和式(1.19)所包含的理论。这是在讨论对随机变量选用适当分布时经常被忽视的一点。

1.4.3 特例:正态随机变量

对于服从某些分布的 R 和 S,式(1.18)中的卷积还是可以解析计算的。最重要的例子是以 μ_R 和 μ_S 为均值和 σ_R^2 和 σ_S^2 为方差的这两个变量分别服从正态分布。安全裕量 $Z=R-S$ 可以由众所周知的正态分布加(减)法则得到其均值和方差:

$$\mu_Z=\mu_R-\mu_S \tag{1.20a}$$

$$\sigma_Z^2=\sigma_R^2+\sigma_S^2 \tag{1.20b}$$

于是式(1.15b)变为

$$p_{\mathrm{f}}=P(R-S\leqslant 0)=P(Z\leqslant 0)=\Phi\left(\frac{0-\mu_Z}{\sigma_Z}\right) \tag{1.21}$$

式中:$\Phi()$代表在各类统计书籍中都明确计算并制表列写(参见附录D)的标准正态分布函数(均值为0,方差单位1)。图1.11中用阴影显示了随机变量$Z=R-S$的失效域$Z\leqslant 0$。将式(1.20)和式(1.21)代入后得到[Cornell,1969]

$$p_{\mathrm{f}}=\Phi\left[\frac{-(\mu_R-\mu_S)}{(\sigma_R^2+\sigma_S^2)^{1/2}}\right]=\Phi(-\beta) \tag{1.22}$$

式中:$\beta=\mu_Z/\sigma_Z$定义为"安全指标"式(1.21)。

如果标准差σ_S或σ_R中的某一个或两个都增加,式(1.22)根号下的项会缩小,因而p_{f}增加。类似地,如果载荷均值与抗力均值之差减小,p_{f}也会增加。从图1.17中也可以推导出来,可以在任意时间点,将$f_R()$和$f_S()$重叠的部分视作p_f的一种粗略近似。

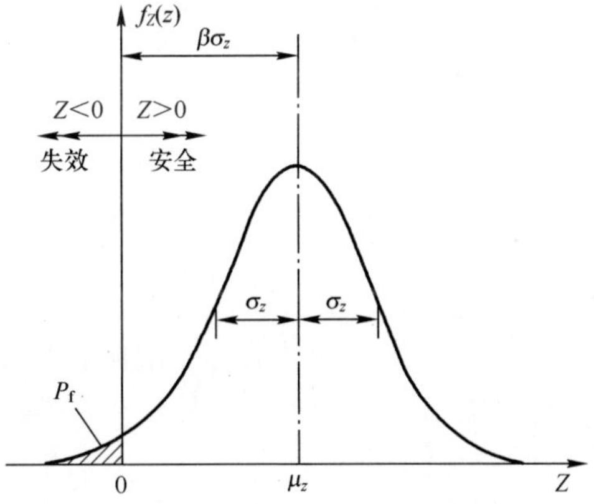

图1.11　安全域$\boldsymbol{Z}=\boldsymbol{R}-\boldsymbol{S}$的分布

例1.5

一个5m长的简支梁承受集中载荷Q,其均值$\mu_Q=3\mathrm{kN}$,方差$\sigma_Q^2=1\ (\mathrm{kN})^2$。一弯曲强度近似的梁强度均值为$\mu_R=10\mathrm{kN\cdot m}$,协方差(COV)0.15。现评估其失效概率。

假定梁的自重以及梁长度的变化都可以忽略。从基本的结构理论,梁中心(载荷Q)所受集中弯矩(载荷效应S)为$S=(QL)/4$。因为$L=5$,载荷均值和S的方差为

$$\mu_S = \frac{5}{4}\mu_Q = \frac{5}{4}\times 3 = 3.75\text{kN}\cdot\text{m} \qquad (参见 A.160)$$

$$\sigma_S^2 = \left(\frac{5}{4}\right)^2 \sigma_Q^2 = \frac{25}{16}\times 1 = 1.56\ (\text{kN}\cdot\text{m})^2 \qquad (参见 A.162)$$

另一方面,抗力的均值及其方差为

$$\mu_R = 10\text{kN}\cdot\text{m}$$

$$\sigma_R^2 = [(\text{COV})\mu_R]^2 = (0.15\times 10)^2 = 2.25\ (\text{kN}\cdot\text{m})^2$$

因此

$$\mu_Z = \mu_R - \mu_S = 10 - 3.75 = 6.25$$

$$\sigma_Z^2 = \sigma_R^2 + \sigma_S^2 = 2.25 + 1.56 = 3.81$$

因此$\beta = \frac{\mu_Z}{\sigma_Z} = \frac{6.25}{1.95} = 3.20$,从式(1.21)可以得到

$$p_f = \Phi(-3.20) = 7\times 10^{-4}$$

1.4.4 安全系数及特征值

超出极限状态的传统确定性度量,也就是安全系数和载荷系数,可以和极限状态的失效概率 p_f 直接联系起来。事实上,当 R 和 S(或 Q)都服从正态分布时,用基本的"一抗力对一载荷"的例子最容易阐述。

考虑到实用的简便性,有时用"中心安全系数 λ_0"来代替,定义如下:

$$\lambda_0 = \frac{\mu_R}{\mu_S} \quad 或 \quad \frac{\mu_R}{\mu_Q} \tag{1.23}$$

这一定义与传统应用并不一致,因为我们一般用载荷或应力的上界与材料强度的下界相比较。这样的值通常用术语"特征"值来描述,反映了传统应用(如设计)中仅用这些值来描述载荷或抗力。例如,钢材的特征屈服极限大约是强度的95%。其中有一定(实际上很小)的概率出现某钢材的强度较低的情况。

对于抗力,设计或"特征"值定义在抗力均值较小的一边(参见图1.12):

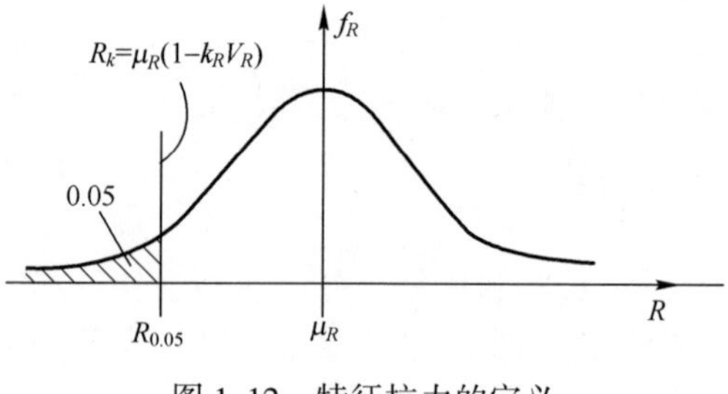

图1.12 特征抗力的定义

$$R_k=\mu_R(1-k_RV_R) \tag{1.24}$$

式中：R_k 为特征抗力；μ_R 为抗力均值；V_R 为 R 的变异系数；k_R 为一常数。这一描述是基于正态分布的。当有5%的样本值低于 R_k 时，结构失效。另外，对于标准正态分布函数(参见A.5.7节)，有

$$0.05=\Phi\left[-\frac{R_k-\mu_R}{\sigma_R}\right]$$

对于5%的“单边截尾”，$k_{0.05}=1.645=(\mu_R-R_k)/\sigma_R$(参见附录D)。式(1.24)也类似，注意到标准差可以表示为 $\sigma_R=\mu_RV_R$。

相似地，对于载荷特征值，其估值从大于均值的一边进行估计：

$$S_k=\mu_S(1+k_SV_S) \tag{1.25}$$

式中：S_k 为特征载荷(设计值)；μ_S 为载荷均值；V_S 为 S 的变异系数；k_S 为常数。如果定义了设计值，例如，不超过载荷的95%，那么当 S 服从正态分布时，$k_S=1.64$(参见图1.13)。这里用 Q 替代式(1.25)中的 S。

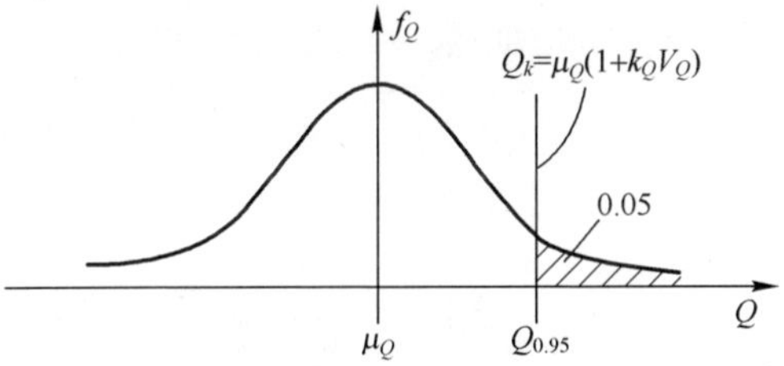

图1.13　特征载荷的定义

在设计准则中，使用的比例(如上面提到的5%和95%)或是明确给出或是从一些相关资料，如上面提到的特征值中推导得到的。对于正态分布或非正态分布来说，其他比例的特征值也可以用和上面类似的方式获得。下面的例1.6给出了一个典型的计算过程，表1.3总结了一些常见分布的5%和95%特征值。对于其他比例的特征值也可以得到相似的结果。

表1.3　X_k/μ_X 的5%和95%的值

分布类型	q/%	对应下列变化系数的 X_k/μ_X				
		0.1	0.2	0.3	0.4	0.5
正态	5	0.8355	0.6710	0.5065	0.3421	0.1176
	95	1.164	1.329	1.493	1.658	1.855
对数正态	5	0.8445	0.7080	0.5910	0.4927	0.4112
	95	1.172	1.358	1.552	1.750	1.945

(续)

分布类型	q/%	对应下列变化系数的 X_k/μ_X				
		0.1	0.2	0.3	0.4	0.5
Gumbel	5	0.8694	0.7389	0.6083	0.4778	0.3472
	95	1.187	1.373	1.560	1.746	1.933
Frechet	5	0.8802	0.7809	0.6999	0.6344	0.5818
	95	1.187	1.367	1.534	1.681	1.809
Weibull	5	0.8169	0.6470	0.4979	0.3736	0.2747
	95	1.142	1.305	1.489	1.689	1.903
伽马	5	0.8414	0.6953	0.5608[a]	0.4355[a]	0.3416
	95	1.170	1.350	1.541[a]	1.752[a]	1.938

在某些情况下,可能选用极值分布的均值来确定设计载荷更加合适。事实上这种选择是相当随意的,而且不必特别在意前后的一致性。重要的是,这些特征值是为了实际设计中的方便而得到的,但它们并没有多少基本意义。

通过使用基本变量的特征值,现在可以定义所谓的“特征安全系数 λ_k”:

$$\lambda_k=\frac{R_k}{S_k} \quad 或 \quad \frac{R_k}{Q_k} \tag{1.26}$$

如果特征值选取对应的设计值,那么这就与传统的安全系数很相似了。

在特征安全系数 λ_k(中心因子 λ_0)和极限状态失效概率 p_f 之间可以建立联系,显然,这种联系与 R 和 S 的概率分布相关,而无法给出一般性的公式。一个特别简单但十分有用的例子是当 R 和 S 都服从正态分布时。通过式(1.22),失效概率:

$$p_f=\Phi\left[\frac{-(\mu_R-\mu_S)}{(V_R^2\mu_R^2+V_S^2\mu_S^2)^{1/2}}\right] \tag{1.27}$$

利用 μ_S

$$p_f=\Phi\left[\frac{-(\lambda_0-1)}{(V_R^2\lambda_0^2+V_S^2)^{1/2}}\right]=\Phi(-\beta) \tag{1.28}$$

式中:λ_0 由式(1.23)给出,如前,β 是“安全指标”。如此有

$$\lambda_0=\frac{1+\beta\,(V_R^2+V_S^2-\beta^2V_R^2V_S^2)^{1/2}}{1-\beta^2V_R^2} \tag{1.29}$$

另外,式(1.24)~式(1.26)给出

$$\lambda_k=\frac{1-k_RV_R}{1+k_SV_S}\lambda_0 \tag{1.30}$$

所以，当 V_R、V_S、k_R 和 k_S 给定，p_f、λ_0 和 λ_k 之间的关系可以立刻得到。图 1.14 给出了一些通过数值积分获得的典型对应关系。

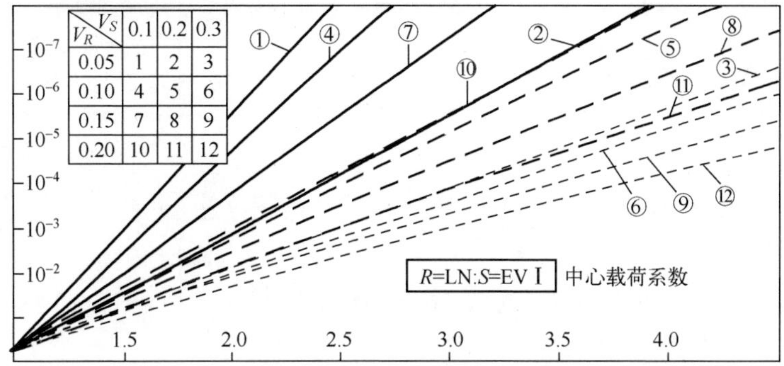

(a)

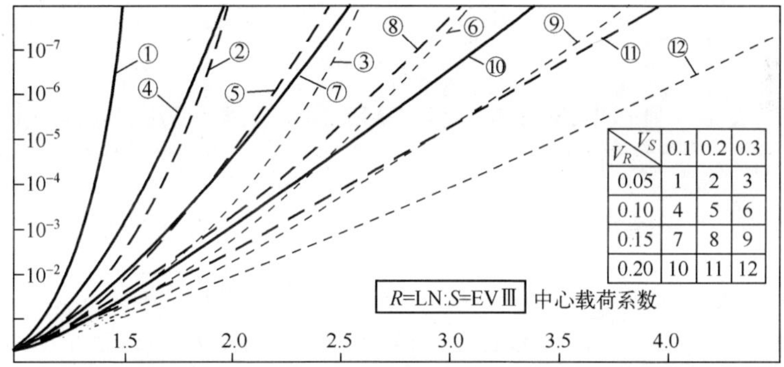

(b)

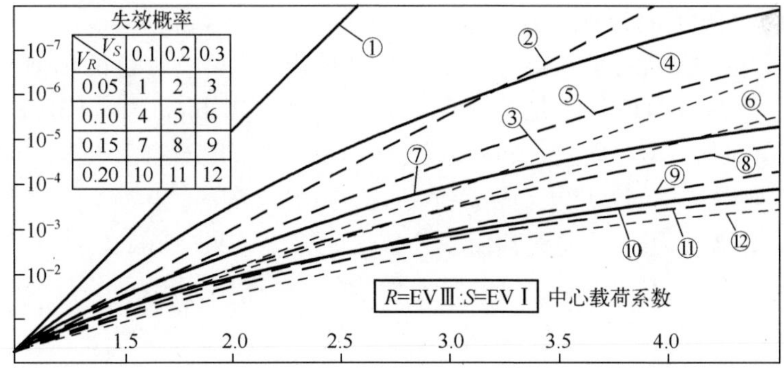

(c)

图 1.14　对数正态分布(LN)、极值分布(EV-)和不同变化系数的失效概率 p_f 随中心安全系数 λ_0 变化图

式(1.29)和式(1.30)表现出 λ_0 和 λ_k 的取值与变量 R 和 S 的不确定性相关；如果想使失效概率 p_f 保持常数，那么对于越来越大的 V_R 和 V_S，也需要越来

越大的安全系数。这再一次体现出对极限状态的确定性测度中的不足。它忽略了很多有关结构强度或载荷的有用的不确定性信息。

例 1.6

对于随机变量 S，$\mu_S=60$，$V_S=0.2$，95%的 Gubmer(极值Ⅰ)分布，可以确定如下(参见式(A.77))：

$$0.95=F_Y(y)=\exp[-e^{-\alpha(y-\mu)}]$$

式中：由式(A.79)可得 $\alpha^2=\pi^2/6_Y^2$；由式(A.78)可得 $u=\mu_Y-\gamma/\alpha$，其中 $\gamma=0.57722$。

现在 $\sigma_Y=\sigma_S=0.2\times60=12$，$\mu_Y=\mu_S=60$，所以有 $\alpha=(\pi/\sqrt{6})/12=0.1069$ 和 $u=60-0.57722/0.1069=54.60$。因此

$$0.95=\exp[-e^{-0.1069(S-54.60)}]$$

或

$$S_{0.95}=82.38$$

另外，表 1.3 显示出，对于 Gumber 分布，$S_{0.95}/\mu_S=1.373$。于是 S 的 95%分位值是 $S_{0.95}=1.373\mu_S=82.38$。

1.4.5 卷积的数值积分

如上所述，式(1.16)或式(1.18)只有在特殊的例子中才有可能进行完整的封闭积分。其中已经考虑过的情况就是当 R 和 S 都服从正态分布(参见 1.4.3 节)。当 R 和 S 都服从对数正态分布，故障定义为 $Z=R/S<1$ 时，也可以得到相同的结果(参见下面的例子 1.7)。

然而一般来说，对于非正态分布，对式(1.16)或式(1.18)的估值必须求助于数值积分。梯形积分法是最简单高效的(例如，Dahlquist and Bjorck，1974；Davis and Rabinowitz，1975)。将步长设为 $x=0.2\sigma_R$，积分区间用 $\pm5\sigma_Z$ 替代 $\pm\infty$，就已经能取得足够的精度了(Ferry-Borges and Castenheta，1971)。

图 1.14 给出了一些通过数值积分获得的典型结果。Freudenthal (1964)和 Ferry-Borges 以及 Castenheta (1971)也给出了一些相似结果。

例 1.7

作为读者的一个练习，对于对数变量 $Z=R/S$，选取概率密度函数式(A.61)，这里 R 和 S 都服从对数正态分布，那么有

$$p_f=\Phi(-\beta_1)=\Phi\left[-\frac{\ln\left\{\dfrac{\mu_R}{\mu_S}[(1+V_S^2)/(1+V_R^2)]^{1/2}\right\}}{\{\ln[(1+V_R^2)(1+V_R^2)]\}^{1/2}}\right]$$

简单地：

$$p_f=\Phi(-\beta_1)=\Phi\left[-\frac{\ln(\mu_R/\mu_S)}{(V_R^2+V_S^2)^{1/2}}\right]\text{对于 } V_R<0.3, V_S<0.3$$

最终，中心安全系数 $\lambda_0=\mu_R/\mu_S$ 简化为

$$\lambda_0=\exp[\beta_1\ (V_R^2+V_S^2)^{1/2}]$$

1.5　一般可靠性问题

对于很多问题，简化式(1.15a)～式(1.15e)并不足够，因为并不是所有的结构可靠性问题都可以简化为一个 R 和 S 的函数关系式，其中 R 和 S 是相互独立随机变量。

一般地，R 是材料特性和单元或结构尺寸的函数，而 S 是载荷 Q、材料密度和结构尺寸的函数，它们中的每一个都可能是随机变量。另外，R 和 S 可能并不相互独立，如一些引发反向移动失效的载荷(如翻转)或当相同的尺寸作用于 R 和 S 时。在这种案例中无法使用卷积积分式(1.18)。另外，当有超过一个的合应力或超过一个的结构抗力因素时，这一方法也是无效的。故而需求一种更为一般化的公式。第一步是定义包含在一般可靠性问题中的变量。

1.5.1　基本变量

那些定义和描述了结构状态和安全性的基础变量被称作“基本”变量。在经典的结构分析和设计中经常会用到它们。典型的例子包括尺寸、密度或单位重量、材料、载荷、材料强度。混凝土的抗压强度可以认为是一个基本变量，即使它与一些更基本的变量如水泥含量、水泥混合比、颗粒尺寸、质量等级和强度等相关。因为结构工程师在强度或安全性计算方面通常都不使用后面这些变量。

如果这些基本变量相互独立，那么在使用过程中会很方便，但情况并不总是如此。例如，抗压和抗拉强度就与混凝土的弹性模量相关；但在某些特定的情况下，我们也将它们视为基本变量。基本变量之间的相关性通常为可靠性分析增加了复杂性。已知非独立变量之间包含的结构相关性，并以某种形式描述出来是非常重要的。这些关系一般通过相关性矩阵给出；然而正如附录 A 中指出的那样，在最好的情况下，这些矩阵也只能给出有限的信息。

基本变量的概率分布选取取决于现有的知识。如果假定以前对于相似结构的观测与经验是可用有效的，那么对于研究的结构，其概率分布可以直接通过这些观测数据来推测。更一般地，可以选用一些主观信息或一些融合技术。

在实际中,一些主观因素经常出现,因为几乎没有足够的可用数据来确定唯一适用的概率分布。

有些时候,物理推理被用来确定一个合适的概率分布。对于一个包含众多其他变量(并不明确考虑)的基本变量,基于中心极限理论(参见 A.5.8 节)推测出的正态分布(参见 A5.7 节)是恰当的。对于混凝土的抗压强度(包含众多构建强度)以及梁或板的固定载荷(包含众多构件重量和尺寸),这种推理都是合适的。在其他的一些例子中,年最大风速可以用 Gumber(EV-I)分布来描述(参见 A.5.11 节),这是基于基本的风现象可由正态分布描述这一假设得到的(参见第 7 章)。

分布参数可以通过数据来估计,常用的方法如矩估计、最大似然估计、阶次统计方法。这些方法在统计课本中都有详细的描述,这里就不再过多阐述(例如,Ang and Tang 1975)。但是,应当强调的是这些方法不应该随意选用。对于数据趋势以及异常值的严格检验是必要的,出现这些现象的原因也应当确定。事实上,出现这些现象更可能是数据采集与存储过程导致的结果,而并非是变量本身特性的原因。

最后,当选择了模型参数后,应当将模型与数据尽可能地作对比。直观的概率分布图通常很有启示作用,解析方法中的符合性检验(如 Kolmogorov-Smirnov 实验)也可选用。

对于每一个基本变量,并不是每次都能找到一个适当的概率分布来描述。需求的信息也并不是都可用。在这种情况下,可以对基本变量进行"点估计",也就是,给定已知信息的最优估计。如果变量的某些不确定信息也已知,使用均值与方差的估计值来描述它,可能也是适用的。这就是所谓的"二阶矩"描述方法。这种描述方法的另一个解释是:当缺乏更精确的数据时,可以假定变量服从正态分布(完全由均值和方差确定,也就是前两阶矩(参见 A.5.7 节)。然而,即使只有前两阶矩已知,其他概率分布也可能更加合适。

1.5.2 广义极限状态方程

当有了基本变量并确定他们对应的概率分布后,下一步的工作是用一种包含基本随机变量的一般化表达式来替代简单 $R-S$ 形式的极限状态函数。

$\boldsymbol{X}$ 是包含所有基本变量的向量,抗力 R 可以表示为 $R=G_R(\boldsymbol{X})$,载荷或载荷效应表示为 $S=G_S(\boldsymbol{X})$。考虑到函数 G_R 和 G_S 可能非线性,累积分布函数 $F_R(\,)$,必须要通过对相关基本变量的多重积分来获得(参见式(A.155)):

$$F_R(r)=\int\cdots\int_{r} f_X(x)\,\mathrm{d}x$$

相似的表达式也适用于 S 和 $F_S(\,)$,这些可以用在式(1.18)或式(1.19)中。

值得庆幸的是,很少需要按部就班地使用上式。式(1.15e)中极限状态函数 $G(R,S)$ 同样也可以一般化。当函数 $G_R(\boldsymbol{X})$ 和 $G_S(\boldsymbol{X})$ 以 $G(R,S)$ 的形式给出时,极限状态函数可以简写为 $G(\boldsymbol{X})$,这里 $\boldsymbol{X}$ 是所有相关基本变量的向量,$G(\,)$ 表示极限状态与和基本变量之间关系的函数。现在定义极限状态函数 $G(\boldsymbol{x})=0$ 为 n 维基本变量空间中安全域 $G(\boldsymbol{X})>0$ 与失效域 $G(\boldsymbol{X})\leqslant 0$ 的边界。通常极限状态方程(组)基于物理背景获得。(注意到 $\boldsymbol{X}=\boldsymbol{x}$ 在基本变量空间定义了一个特别"点"$\boldsymbol{x}$)。

当某些载荷可能影响到强度时(例如,翻转,参见图 1.2),$G(\boldsymbol{X})$ 的定义需特别注意。通过类比图 1.2 中的简单例子可以发现一个有用的规律,极限状态中的任意基本变量都应当有正梯度 $\partial G/\partial X_i>0$。

例 1.8

考虑一简单固定支架,支撑着简支梁的一端,简支梁度长度 L_1,中点承受一载荷 Q。支架上承受的实际载荷是 $QL_1/2$。支架的强度由其长度 L_2、回转半径 r、截面积 A、钢材的屈服强度 σ_Y,以及一些轴向承载能力和抗弯能力的组合决定,这些通常用结构设计中的一些相互作用规律来表示。这些规律通常基于实验观测,然后通过添加一些保守性的假设和安全系数的修正方式来方便人员使用。显然,在可靠性分析中,对于这些规则的使用应当特别谨慎。更好的方法则是在确定最终强度时使用原始的数据或原始的相互关系。

对于挤压载荷极限状态,有

$$G_1(\boldsymbol{X})=\sigma_Y A-\frac{QL_1}{2}$$

该式为极限状态方程;这些变量可能都是随机变量,也可能,如 A,近似地认为是确定性的。

对于具有相互作用的情况,极限状态方程则为

$$G_2(\boldsymbol{X})=FN\left(\sigma_Y A,\frac{L_2}{r}\right)-\frac{QL_1}{2}$$

式中:$FN(\,)$ 为一个有关该支架最终强度的适当的相互作用关系方程。

1.5.3　一般可靠性问题形式

当极限状态方程表示为 $G(\boldsymbol{X})$,式(1.16)的一般形式变为

$$p_{\mathrm{f}}=P[G(\boldsymbol{X})\leqslant 0]=\int\cdots\int_{G(\boldsymbol{X})\leqslant 0} f_{\boldsymbol{x}}(\boldsymbol{x})\,\mathrm{d}\boldsymbol{x} \tag{1.31}$$

式中:$f_{\boldsymbol{x}}(\boldsymbol{x})$ 为基本变量的 n 维向量 $\boldsymbol{X}$ 的联合概率密度函数。注意到公式中不再显式包含抗力 R 和载荷效应 S——一般来说隐含在 $\boldsymbol{X}$ 中。如果基本变量是

相互独立的,式(1.31)可简化为(参见式(A.117)):

$$f_{\boldsymbol{x}}(\boldsymbol{x})=\prod_{i=1}^{n}f_{x_i}(x_i)=f_{X_1}(x_1)\cdot f_{X_2}(x_2)\cdot f_{X_3}(x_3)\cdots \tag{1.32}$$

式中:$f_{x_i}(x_i)$为基本变量X_i的边缘概率密度函数。

式(1.31)中的积分区域$G(\boldsymbol{X})\leqslant 0$对应着超出极限状态的空间,可以直接类比为图1.8中的失效域D。除了一些特殊情况,式(1.31)在失效域$G(\boldsymbol{X})\leqslant 0$上的积分无法解析计算。然而,通过对①积分过程②被积函数③失效域的定义的简化或使用数值方法(或两者)可以帮助我们取得式(1.31)的解。在现有文献中对每一种都有论述。其中占主导地位的两种:

(1)使用数值近似,如通过仿真手段来实现式(1.31)所要求的多维积分——即所谓的"蒙特卡罗"方法。

(2)完全回避积分过程,通过将式(1.31)中的$f_{\boldsymbol{x}}(\boldsymbol{x})$转化为多维正态概率密度函数,然后利用一些特殊性质近似地确定失效概率——即所谓的"一次二阶矩方法"及其相关理论。

这些方法将在第3章和第4章分别详细阐述,附录C也给出了一些特例。

1.5.4 条件可靠性问题*

当关于随机变量$\boldsymbol{X}$的统计信息无法完整给出时,式(1.31)估计的概率变成有条件的结果。例如,估计的均值和方差可能为估计值或不能准确得到。这种情况下,给定一系列关于$\boldsymbol{X}$的概率分布的假设,式(1.31)表达的就是"点估计"。如果用$\boldsymbol{\theta}$代表相关的统计参数,并认为它们是随机变量,那么概率估计实质上是一种条件估计并且是$\boldsymbol{\theta}$的函数。更进一步,极限状态函数现在也是$\boldsymbol{\theta}$的函数,$G(\boldsymbol{x},\boldsymbol{\theta})=0$,关于$\boldsymbol{X}$的联合概率函数也是$\boldsymbol{\theta}$的函数,$f_{X|\boldsymbol{\theta}}(\ )$。应当注意的是,基本随机变量$\boldsymbol{X}$中的不确定性与$\boldsymbol{\theta}$中的不确定性,本质上是不同的,前者源于内在的变化性(参见第2章),而后者的不确定性会受到新增数据(也可能是不同概率替代模型)的影响。最终结果可以表述为一种条件概率估计:

$$p_{\mathrm{f}}(\boldsymbol{\theta})=\int\limits_{G(\boldsymbol{x},\boldsymbol{\theta})\leqslant 0}f_{X|\boldsymbol{\theta}}(\boldsymbol{x}\mid\boldsymbol{\theta})\,\mathrm{d}\boldsymbol{x} \tag{1.33}$$

当然,对于决策来说,我们还是想要一种无条件的概率估计。这可以通过引入全概率理论(参见式(A.6))来完成。此时,可以考虑条件概率的均值(Der Kiureghian,1990):

$$p_{\mathrm{f}}=E[p_{\mathrm{f}}(\boldsymbol{\theta})]=\int\limits_{\boldsymbol{\theta}}p_{\mathrm{f}}(\boldsymbol{\theta})f_{\boldsymbol{\theta}}(\boldsymbol{\theta})\,\mathrm{d}\boldsymbol{\theta} \tag{1.34}$$

式中:$E[\ ]$为均值算子;$f_{\boldsymbol{\theta}}(\boldsymbol{\theta})$为参数$\boldsymbol{\theta}$的联合概率密度函数。将式(1.33)代入式(1.34)可得无条件概率估计。

当然,有一点值得注意的是,在本书中对 $\boldsymbol{\theta}$ 的积分 $f_{X|\boldsymbol{\theta}}(\ )$,也作为“预测”性的分布(因为考虑了 $\boldsymbol{\theta}$ 的不确定性),定义为

$$f_x(\boldsymbol{x}) = \int_{\boldsymbol{\theta}} f_{X|\boldsymbol{\theta}}(\boldsymbol{X} \mid \boldsymbol{\theta}) f_{\boldsymbol{\theta}}(\boldsymbol{\theta})\,\mathrm{d}\boldsymbol{\theta} \tag{1.35}$$

求解这些积分的方法将是第 3 章、第 4 章的主题。

如果能够给出极限方程的更详细阐述,可以使用式(1.31)的概率估计的另一种方法。简单地考虑如下定义的示性函数 $I(\ )$(图 1.15(a)):

$$\begin{aligned} I(x) &= 0 \text{ 如果 } \quad x \leqslant 0 \\ I(x) &= 1 \text{ 如果 } \quad x > 0 \end{aligned} \tag{1.36}$$

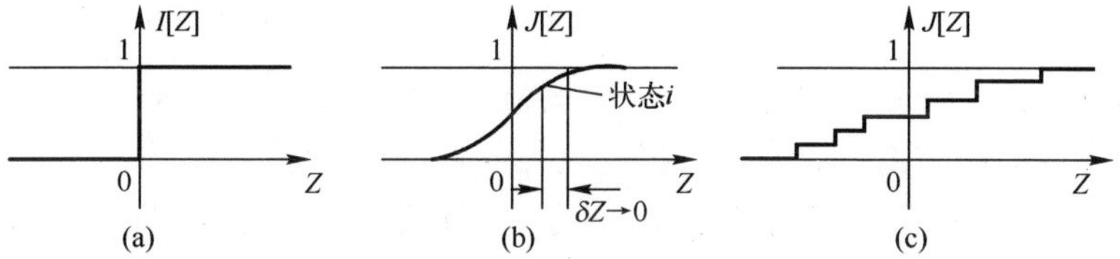

图 1.15　超越极限状态的指示

可以将 $I[G(\boldsymbol{X})]$ 理解为“示性函数”,当失效状态 $G(\boldsymbol{X}) \leqslant 0$ 时,函数值为零,安全状态 $G(\boldsymbol{X})>0$ 时,函数值为 1。

在实际中,诸如考虑维护性的问题,完整 1 和效用 0 之间的区分并非绝对,介于 0 和 1 之间的取值也可能是适用的(参见图 1.15)。于是可能出现这样的情况,函数值反比于混凝土裂纹,无裂纹时函数值为 1,裂纹小于 0.1mm 时函数值为 0.5,更大的裂纹函数值为零。显然会存在更多的可能性。现在如果用 $J(x)$ 表示更一般的示性函数(参见图 1.15(b)),用 $J^C(\ ) = 1-J(\ )$ 定义 J 的补集,式(1.31)的一般化形式变为

$$p_{\mathrm{f}} = P\{J^C[G(\boldsymbol{X})]\} = \iint_X \{J^C[G(\boldsymbol{X})] f_x(\boldsymbol{x})\}\,\mathrm{d}\boldsymbol{x} \tag{1.37}$$

可以想见,对于式(1.34)的估算,也不是一件容易的事。Reid 和 Turkstra (1980),Stewart(1996)针对维修性问题中确定 $J[G(\boldsymbol{x})]$ 做了一些研究工作。

如果定义 J(或 J^C)为概率分布函数(参见式(A.8)),那么对于给定的广义极限状态函数,式(1.31)仅有条件失效概率时,可以将式(1.37)理解为全概率(参见式(A.6))。其更具一般性的表达形式对更为普遍的风险可靠性研究中的结构可靠性问题来说是有用的。考虑到这些,可能出现(不是所有结构)一系列的极限状态函数。核设施中的核电站的概率安全性分析(PSA)或其他潜在具有风险的设施进行概率安全性分析(PRA)都是这方面的典型例子。对于潜在可能发生冷却液事故(LOCA)的核电站来说,反应堆能力以及排放、生产能力

是最为关键的。对于确定的外部事件如地表晃动(地震诱发的),可以估算LOCA下的条件失效概率。对于其他层次的地表晃动重复这一过程,应用全概率理论对它们赋予概率密度和反应堆失效的条件概率,就可以估算得到全失效概率。类似地,LOCA的发生概率也与关键管道的失效相关,也依赖于与反应堆相关的动力学响应及地震条件(和其他情况)下的反应堆厂房。更多关于在大型风险评估中考虑条件事件的结构可靠性评估的内容可以参考其他文献(例如,Stewart and Melchers,1997)。

1.6 结　　论

本章回顾了各种结构可靠度定义的方法。首先引入了"极限状态"的概念。这是可能的多种结构失效或不可接受状态的判据公式化。

回顾了传统度量极限状态失效的方法,包括安全系数、载荷系数和可能的"极限状态"设计概念。应当特别注意它们的定义,否则,所得的安全性度量可能依赖于安全性是如何定义的,也就是说,这种度量并非"恒定"的。

在引入极限状态失效的全概率度量之前,首先回顾了另一种常用的度量,重现期。概述并归纳了一些要点。

第2章

结构可靠性评估

2.1 引　言

在继续阐述第 1 章引入的概念之前，关于超出极限状态（无论是承载能力极限状态或其他极限状态）概率的意义，是必须要解决的基本问题。具体内容包括：概率 p_f 的意义是什么？它是否可以体现实际结构的失效率？如何利用 p_f 的认知帮助获得更好（安全）或更经济的结构？这些重要的问题存在一定程度的争议和分歧。

探究这些问题有助于理解一些术语的基本含义。第 1 章中定义的“概率”是指某特定事件发生的概率。一般来讲，事件发生概率是通过对事件发生过程的多次重复观测得到的，即所谓“频率”（或客观）定义。但在频率定义中事件必须可观测这个事实意味着会伴随存在主观事件因素，很大程度上，观察结果即使是物理性的也会具有部分主观性（de Finetti, 1974; Popper, 1959; Blockley, 1980）。这方面因素有时会被忽略，相关的频率数据也被假定为纯粹的“客观”信息。

另一种对概率的解释是某事件发生的“信度”，而不是事件实际发生的（但未知的）频率。因此，是一种“主观”或“个人”概率。这种解释相比频率的定义要宽泛得多，最极端的情况就是在没有过往数据或任何形式的经验信息下也可表达信度。但这种可能性较罕见，大多数情况都有直接或间接相关的频率信息可作为主观概率估计的基础。

一般地，随着可用的频率数据越来越多，主观概率估计不断被修正，从而与相关已知数据的趋势达到基本一致。基于贝叶斯定理式（A.7），结合主观评估，利用共存的客观数据修改完善估计值，因此，主观概率评估有时被称为“贝叶斯”概率（Benjamin and Cornell, 1970; Lindley, 1972）。要注意主观概率估计值有时能反映对被考虑现象的未知程度。而目前对概率含义的各种解释仍存在争议(例如,Fishburn,1964;Hasofer,1984;Lind,1996)。

"可靠性"通常被认为是故障概率的补集($1-p_f$),但更准确地说,是给定时间内结构安全性(或具有正常响应)的概率。

"风险"具有两个含义。在结构工程范围内,第一种含义是将风险等价于结构失效概率,其失效原因包括因超出预定义极限状态等所有可能的原因。

另一种含义等价于是"失效"条件的量级,通常和保险有关,用货币来表示。本书不使用这种含义。

"结构失效"被认为是出现了一种或多种非预期的结构响应,包括超出预定义极限状态。例如,结构部分或全部倒塌、巨大裂纹和过大变形都是一些可能的失效形式(见表 1.1)。

幸运的是,实际中结构很少有严重失效的情况,一旦出现这种情况,通常是由于第 1 章中定义的预测名义载荷或强度概率分布以外的因素导致的,另外,如人为失误、疏忽、工艺差或未考虑到的载荷(Melchers 等,1983)等都是需要考虑的。一般大多数失效因素是可以预见和预测的,它们的出现可视为"意料之内"的事件。显然,在进行结构可靠性分析时,必须考虑这些因素的复现或基于某置信度预测其实际发生情况。然而,并不是所有的结构失效原因都是可预料的(Ditlevsen,1982a),存在"不可想象"事件导致结构破坏的事例,如:1879 年,Tay 大桥坍塌(主要)因为低估了风暴中的风载荷,而 1940 年塔科马海峡大桥损坏是由于甲板承受风的作用。即便如此,仍有一些证据表明,这类现象在事故发生之前并不是完全"不可预料"的,不过,对那些当时的经历者显然是"不可预料"的(Sibley and Walker,1977)。

对真正无法想象的事件进行失效概率的估计显然是不可能的,但需确保相关设计人员了解他们专业产品的状态。此外,相比那些可想象的(可预见的)事件,公众更容易接受实际不可预见的事件的后果。

本书主要阐述对可预见事件进行结构可靠性分析的理论。分析过程必须考虑不同类型的不确定因素对分析结果的影响,2.2 节将利用概率密度函数描述其中部分不确定因素,其他因素只利用如"概率的点估计"进行描述(见例 2.3),大多数情况下忽略后者,但在 2.3 节可靠性估计中会考虑。

2.5 节提出"名义"或"规范"概率估计方法,该方法是指仅考虑一部分不确定性的可靠性分析,本节还就这种方法的内涵及类似结构设计准则的派生规则进行了讨论。

最终,2.4 节将讨论确定可靠性计算结果可接受的标准。

2.2　可靠性评估中的不确定性

2.2.1　不确定性的识别

第 1 章中考虑的不确定性因素是作用于结构元件的负载和抗力。除此之外,还需要考虑一系列如环境条件、工艺、人为误差以及未来事件预测等更一般的不确定因素。

识别复杂系统的不确定因素具有一定难度,通常运用基本的“事件树分析”方法(Henley and Kumamoto,1981;Stewart and Melchers,1997),即列举系统方案中所有的操作和环境负载状态,考虑可能的误差或失效组合。类似的是对结构系统,系统地找出对于结构所面临的所有可能的危险形式,也被叫做“危险场景分析”(Schneider,1981)。更一般地,诸如“头脑风暴”等方法也可能被使用(Osborn,1957)。

在风险评估中也可运用其他专业的技术(例如, Stewart and Melchers, 1997)。本质上都是在问题的分析过程中,考虑所有可能的结果和可能的问题,仅保留那些有一定概率发生的事件。此外,所有的技术都依赖于可用的专家意见及用于基础评估的最新资料。

将不确定性按类型进行分类也有各种不同的方式。一是将其区分为“固有”(或内在)不确定性及“认知”不确定性:前者指的是潜在的、固有的不确定性,后者指的是可随着数据或信息增加,建模方式更好或参数估计更为准确而减少的不确定性。更详细的分解如图 2.1 所示,其中人为因素尤为重要,需要给予额外的关注。

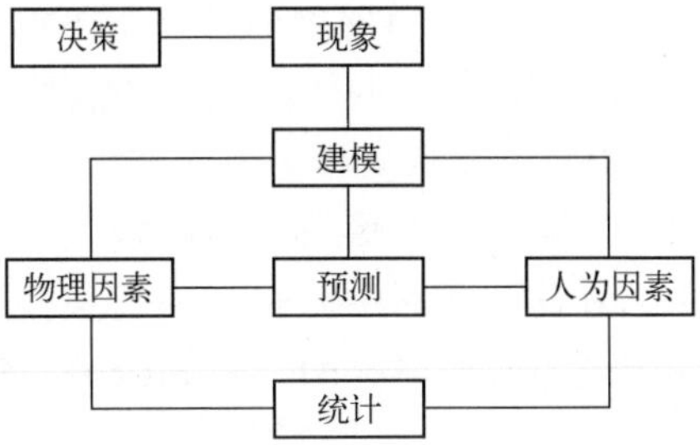

图 2.1　可靠性评价中的不确定性因素

2.2.2　现象不确定性

如上所述,显然某些时候发生了“不可预见”的现象会诱发结构失效。塔科马海峡大桥与早期悬索桥设计有较大差异,而正是这些差异引发了“不可预见”的事件,最终导致它的失效。

当在建造、使用和极限条件下,建筑的形式和设计技术产生关于结构任何可能响应的不确定性时,都被视作产生了现象不确定性。因此,它对新项目或者那些达到艺术形式的项目具有特别重要的影响(Pugsley,1962)。显然,这类不确定性的影响只能从主观估计。

2.2.3 决策不确定性

决策不确定性源于判定某一特定现象是否出现。就极限状态而言,它只与是否已经出现超过某一规定的极限状态有关。

一个典型的例子就是关于裂缝宽度和挠度限值的规定问题。一般说来,在两种情形中,无论是裂缝宽度还是挠度的微小增加都不太可能使结构处于不安全或不适于正常使用的状态。在大多数情况下,出现的问题就是结构有效性能的损失。1.5.4 节中所提出的指数函数 $J(\ )$,是确定决策不确定性的一种较为实用的方法,同时可用来衡量功效(参见图 1.15)。另外,决策不确定性还可依据(不确定)标准的概率密度函数确定。

2.2.4 模型不确定性

利用一个(或多个)简化关系来表示关注的基本变量之间的“真实”关系或现象,会产生模型不确定性。简单地说,模型不确定性关系到描述物理响应形式的不确定性,如极限状态方程引起的不确定性。这种不确定性往往是源自认知不足,通过研究或增加可用数据能够减小。

通过引入变量 X_m 的模型,将模型不确定性纳入可靠性分析的问题中,该变量代表模型的响应或输出值在实际和预测两种情况下的比例(见图 2.2)。这里,X_m 可利用概率密度函数或简单的平均值及标准差(即二阶矩)来表示,该方法的便利在于可运用相同类型的变量对模型及真实情况进行度量(例如,变形,或裂缝宽度)。然而,如果结构系统的承载能力或响应是由各构件的能力或响应建模,即(正如在容许应力设计理念中所暗示的),根据结构不同的静不定类型或程度,变量数量会相当多,这种情况的结构系统分析需要更规范的可靠性分析方法(见第 5 章)。

一种特殊的模型不确定性与人为错误以及人为因素引起的影响相关,如果关于这些影响有足够的已知信息,原则上需要将它们考虑到建模中。因其特殊性质,2.2.8 节将会对人为因素进行单独及详细的讨论。

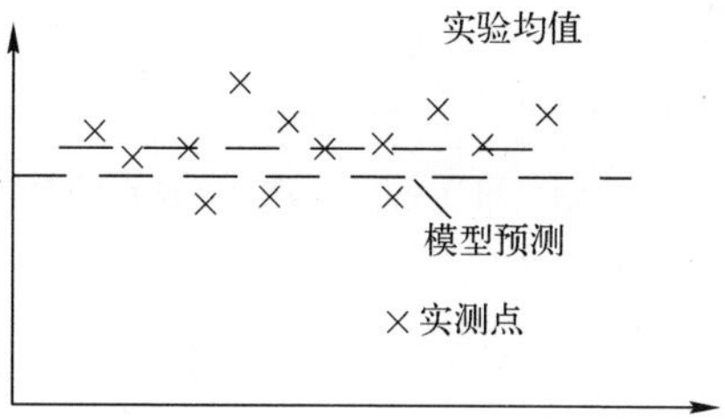

图 2.2 建模误差(示意图)

2.2.5 预测不确定性

结构可靠性评估中的许多问题涉及到一些对未来事件发展的预测，在这种情况下，需要预测一些结构在时间 $t>0$ 的某个时刻的可靠度。

结构可靠度的评估质量取决于可用于分析的信息量，随着结构相关的新信息可用，评估更加精确，而且通常可能会减少不确定性。当项目的建设阶段的实际材料强度及工艺等信息可用并能取代通过历史数据及类似结构的经验得到的估计值时，尤其适用。当该结构处于使用状态时，可依据初始载荷(或“试验载荷”)的响应累积信息，对可靠性评估进行修正。

显然，概率估计不仅是针对结构固有属性的函数，同时也是分析员对结构及其作用力和影响等认识程度的反映。因此，如果需要对结构某一特定的寿命周期进行可靠性估计，在该周期预测中分析人员的不确定性(以及在该周期可能的载荷)是可靠性估计需要考虑的不确定因素(见第 6 章)。

2.2.6 物理不确定性

物理不确定性是由基本变量的内在随机性确定的。举例如下：

(1) 钢屈服强度的变异性。

(2) 风荷载的变异性。

(3) 实际楼面荷载的变异性。

(4) 结构部件的几何尺寸的变异性。

物理不确定性会随可用数据的增多而减少，如确定钢屈服强度在质量控制上更为有利。然而，如果是自然现象，如风荷载、雪荷载或地震荷载等，这种不确定性将不能被消除。

一般来说，任何基本变量的物理不确定性事先是不知道的，必须通过观察或主观评估得到(见 1.5.1 节)。

2.2.7 统计不确定性

统计的估计量，如样本平均值和高阶矩，是通过对变量的样本数据进行推断后确定的。常常用推断的统计估计量来建立概率密度函数及确定有关的参数。一般情况下,变量的观测值并不能完全反映本身,所记录的观测数据可能存在偏差。此外,不同的样本数据通常会产生不同的统计估计量,这就导致统计不确定性。使用样本估计量来(主观)推断一个变量的概率分布的过程在许多标准文本中已有描述(如 Benjamin and Cornell,1970),这里不再介绍。

通过让某些参数,如平均值和方差(以及描述概率分布的其他参数)本身成为随机变量,可将统计不定性引入结构可靠度分析中(见 1.5.4 节)。另外,对同一参数选择多个值,反复进行可靠性分析可以显示灵敏度。

例 2.1

对于若干混凝土供应商提供的产品额定名义强度,考虑圆筒测试结果,为使产品达到名义强度,一些供应商选择大幅提高产品的平均强度,以对抗由于他们控制和质量相对不足造成的更大变异。此外,同一供应商不同批次产品之间,以及圆柱试验件的铸造与测试过程,也存在变异性。

很明显,确定混凝土圆柱体强度的概率分布,依赖于对影响测量强度的不确定因素。显然,如果某个供应商变动或消失了,试验记录结果及相应的混凝土强度的概率分布函数推导也将改变。理想情况下应采用均匀采样(若没有理由采用非均匀采样),如果有必要,应对其他因素单独采样,并纳入组合分布模型。进一步,只考虑任意两家不同供应商时,强度的概率密度函数可表示为

$$f_c(\ )=q_1f_1(\ )+q_2f_2(\ )$$

$$q_1+q_2=1$$

式中:q_1 及 q_2 为供应商 1 和 2 所占比例;f_1 和 f_2 分别为其混凝土强度的概率分布。其中变量 f_c 的值随变量 q_1 及 q_2 而变化。

2.2.8 由于人为因素引起的不确定性

设计、施工、使用等方面因人参与引起的不确定性,简便起见,其原因可分为:①人为误差;②人为干预。实际情况,二者往往相互作用。

2.2.8.1 人为误差

人为误差可被大致分为:在正常工作中由于自然变异所引起的误差 V 和过失误差 E、G(见表 2.1)。如表 2.1 所列,过失误差分 2 类:发生在正常的设计、文件编制、施工过程以及采用被认可的方法使用结构中产生的误差;由于对基本的结构或使用要求不了解或疏忽大意等直接原因引起的误差。

表 2.1　人为误差的分类

误差类型	人因波动 V	人为误差 E	过失误差 G
失效过程	已设计的结构中失效模式		未设计完的结构中失效模式
误差机理	在设计、文件编制、建造和/或结构使用过程中的一个或多个误差		工程师和专家对结构基本特性的疏忽或未知
分析表示的可能	高	中	低
注:摘自 Baker and Wyatt(1979)			

这些误差的相对重要性可由 Matousek and Schneider(1976)和 Walker(1981)的调查结果进行衡量,其他调查结果类似(如 Melchers et al.,1983;Nowak,1986;Melchers,1995a),表 2.2 和表 2.3 中表明,不可预见事件误差占比较低。

表 2.2　发现失效的情况下误差因素

因　素	%
不了解,粗心,疏忽	35
健忘,失误,误差	9
过分依赖他人	6
低估影响	13
认知不足	25
客观未知(不可想象?)的情况	4
其他	8
注:摘自 Matousek and Schneider(1976)	

表 2.3　失效的主要“原因”

原因	%
负载条件或结构响应认识不充分	43
绘制或计算误差	7
合同文件或指示信息不足	4
超出合同文件或指示的要求	9
搭建程序执行不到位	13
无法预见的误用,滥用和/或破坏,灾难,恶化	7
载荷、结构、材料、工艺等随机变化	10
其他	7
注:摘自 Walker(1981)	

从这些调查可知,大多数情况下,失效因素中都包含人为误差。为使可靠性评估更贴近实际,就必须考虑人为误差。

但目前对人为误差的理解是有限的,而且大部分是定性的(Reason,1990;Blockley,1992)。如图2.3所示,人类在适度激励水平下表现最佳(例如, Warr,1971)。如果水平过高或过低,表现都会不佳,即使法律准则等原因对极端界限限定了模糊边界。此外,不同的人适合的激励水平不同,即使都处于峰值时,他们的表现也会有所不同(参见智商测试)。

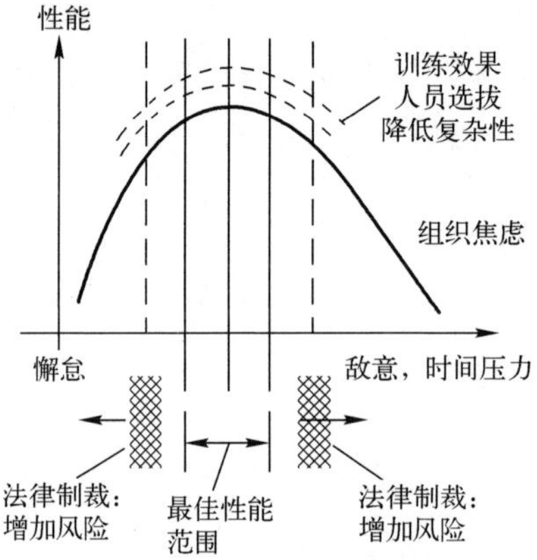

图2.3 人的绩效函数(Melchers,1980)

在Pugsley(1973)对该问题的经典论述中,他认为,影响结构事故倾向性的主要因素是:

(1) 新的或特殊的材料。

(2) 新的或特殊的施工方法。

(3) 新的或特殊的结构类型。

(4) 设计和施工团队的经验和组织。

(5) 研究开发背景。

(6) 经济环境。

(7) 工业环境。

(8) 政治环境。

显然,这些因素会影响个体的激励水平,从而影响状态。他们也会影响到人其他方面的行为,如互动,也常见于管理、心理学和社会学的文献。

由于它的复杂性,人类的行为不能与所有影响它的各种因素相联系。然而,在核、飞机和化学工业,已有一些相关具体操作误差的实证结果(Joos et al,1979;Harris and Chaney,1969;Drury and Fox,1975)。运动心理学任务中,典型的一次刺激造成的人为误差率(如对某过程的监控或主动控制)约为 10^{-2},但并不稳定(例如,Meister,1966)。

对用于结构细节设计的典型(微)任务初步调查发现,台式计算器每进行一个数学步骤的计算就有 0.02 的概率发生误差,由于计算的平均长度约为 2 个数学步骤,因此每次计算的平均误差为 0.04(Melchers,1995a)。观察“查表”任务和“表插值”任务中发生的误差,也得到近似的比例。

就那些出现在细节设计中的误差来说,可能并不十分重要。真正需要考虑的是误差可能对已建成结构的实际影响,这在很大程度上取决于误差的大小(Nowak and Carr,1985)。通常结构将要失效前,需要发生多于一个的过失误差(LINDER,1983)。

基于以上原因,和误差本身的可测性,人们对多个微任务、误差的出现和误差检测的综合效果产生了兴趣。对“宏任务”性能输出,如设计载荷计算值的研究表明,其变异程度小于所观察微任务的输出。例如,图 2.4 显示了钢框架的三个点在风载、活载及恒载作用下,所能承受最大力矩计算值的直方图。设计人员确定不同表面的负载,然后按要求加载(Stewart and Melchers,1988)。有人认为,多数设计师偏向保守误差,导致记录值偏低。对个体反应的检查显示,将单位风载荷按结构设计规范进行“简化”带来的差异,是许多变化的原因。

关于人的误差对结构抗力的直接影响,目前的研究还无法给出明确信息。但有证据表明,相比仅考虑材料强度和几何性质的不确定性的情形,人为误差会增加结构总体或某些构件抗力的不确定性。

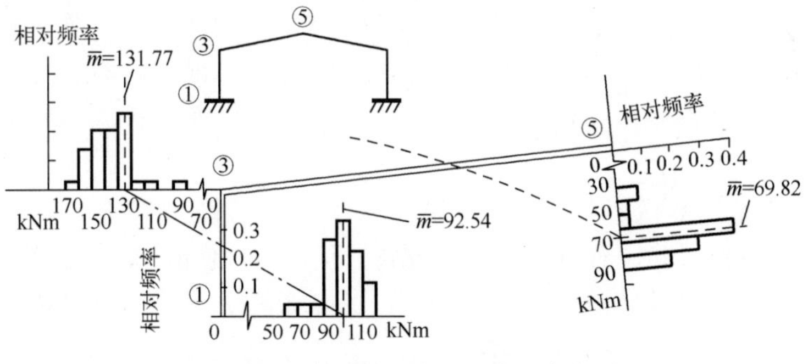

图 2.4　加载分析时弯矩的典型直方图

2.2.8.2　人为干预

毫无疑问,许多现有的结构尽管在设计和施工过程中存在很多微小误差,但仍保持可用状态。这其中一个重要的原因是,一般情况下的结构设计相当保守,而实际结构承载能力远超理论预测的。例如,近年来已走在前沿的公路桥梁方面。另一个重要原因是,除了发生误差外,人类还干预了设计、文件和建造的过程,在某种程度上也干预了结构的使用。某些形式的干预是制度化的,如为获得建筑许可进行设计校核,对违反法律(合同、刑事或侵权)情况予以制裁等,某些干预也可能是非正式的,如单纯从观察意识到“某些事物不太对劲”。

安全系数或其他安全性名义度量可对应人为的变化性。但单纯增加安全系数来加强结构从而抵御已知风险,是不可行的。因为只以这种方式来消除人为误差的影响,耗费太大(见表2.2)。对此,需要更积极主观的行动,见表2.4,本书后续会有简短的说明,不作详细讨论。

表2.4 人为干预策略

便利措施	控制措施
教育	自检
好的工作环境	外部检查与核验
降低复杂性	法律(或其他)的制裁
人员选择	

1. 教育

教育是尤为重要的,特别是专业教育,在工作中附带着一些“不正式的”教育,另一些则通过科技新闻的形式进行。但由于很难获得其对结构失效或恶劣性起作用的信息,应适当平衡特别关注的程度。针对数据库的提议已经被提出了许多次,经过了漫长时间的努力,只取得了一些微小的成果。

2. 工作环境

工作环境被认为是影响团队工作有效性的一个重要因素(例如,Luthans,1988),因此,一个开放的具有目标导向的环境更容易识别所有可能的不确定性。文献中存在许多由于组织问题影响工作环境,最终导致结构失效的例子(Melchers,1977)。

3. 复杂性的降低

简化复杂任务是一种减少误差的方式。然而,过度简化可能反而会导致误差率的增加。一些设计(和其他)过程已广泛计算机化,使用检查表和标准化可以有效减少某些误差(Stewart,1991),但也会产生其他误差,同时,一个以计算机为基础,用于存储专家信息的“专家系统”正在逐步发展起来。

标准化极有可能导致一个问题,若将未被发现的误差“制度化”,可能产生广泛深远的影响,如所谓的“系统建造”住宅和一些高层公寓项目。

4. 人员选择

设计或建筑团队工作的有效性取决于团队成员的技术和能力。许多约束(如资历、缺乏经验、对现有员工的承诺)使得最理想的人员搭配面临困难。而传统的管理理论对合理的人员选择极为重视(例如,Luthans,1988)。

5. 自身检查

所有的人类行动在一定程度上都存在自我检查。在设计和施工过程中,自我检查,及随后的个人或组织检查,已被确定为结构工程中的一个重要因素。例如,设计师很有可能发现他犯下的重大误差。如被设计单元的比例不"正确",或加强不符合预期之类的误差是最常被发现的。然而并不是所有误差都能被查出,因为作出必要的判断需要必要的经验,但可以确定的是,大误差比小误差更容易被发现(Stewart and Melchers,1989a,b)。

6. 外部检查和检测

从确保社会安全水平的角度来看,外部控制,如检查、检测和法律制裁(见下文)是控制人类误差最为有效的方式(CIRIA,1977;Melchers,1980),这类方式在结构工程中被普遍认同。根据 Matousek 和 Schneider 的研究(1976),如果加强现有检测控制技术或采取额外的控制措施,只有约 15%的误差无法发现。在他们所研究的失效案例中,大约一半必须采用这种方式。

体现检查有效性的一个典型模型是一个消除部分误差的"过滤器"(Rackwitz,1977),如果检查前设计计算的误差率为 x_i,检查后的误差率将变为

$$x_{i+1}=(1-\gamma_i)x_i \tag{2.1}$$

式中:γ_i 为误差的检测率。检查工厂生产中的电气和其他小部件后,γ_i 值范围为 0.3~0.9,受训的检查员在良好条件下进行简单视觉检查的 γ_i 值为 0.75(Drury and Fox,1975)。检查结构设计的初步数据,γ_i 值介于 0.7~0.8。

相关理论(Kupfer and Rackwitz,1980;Nessim and Jordaan,1983)表明,误差检测概率随检查时间 t 的增加而呈现指数型增加,Stewart and Melchers(1989a)将其总结为"学习曲线"的形式:

$$\gamma=1-\exp[-\alpha(t-t_0)]\quad t>t_0(\text{熟练时间}) \tag{2.2}$$

或

$$\gamma=\frac{1}{1+A\exp(-Bt^{1/2})} \tag{2.3}$$

该公式更适合经验数据,这里 α 是一个参数,取决于检查的详细程度和任务的大小,A,B 是具有类似功能的常量。所有的常量都依赖于执行检查任务的人,建立恰当的新常数可用检查费用代替时间。每种情况下,都从一个学习函数开始进行检查,直到彻底熟悉对象,所建检查函数才是恰当的。

一些数据表明,随着误差大小增加,检查效率逐步提高,大误差的检测概率约达到 85%(Stewart and Melchers,1989a)。

7. 法律制裁

法律制裁威慑学说是根深蒂固的,对制裁的恐惧可以驱动或抑制人类的行

为(Hagen,1983)。证据表明,制裁对"预谋性"犯错影响显著,但往往最显著的影响对应着最不可能的情况。工程师很少有预谋的犯错,因此过度的法律制裁带来的威胁可能导致人在工作过程中低效,过分谨慎和保守。

在关于威慑的有效性研究中,对合法与非法行为的边界问题已有相对明确界定。但有观点认为,或许不应把疏忽及故意过失简单定性为人为误差。

2.2.8.3 人为误差及干预的建模

要在可靠性分析中引入人为误差,可将人类的误差行为视作一个(主观)随机变量,并假设其概率密度函数,就相当于对 P_f 分析纳入一个新的基本变量(见 1.5.1 节),该方法对表 2.1 中 V,E 类型的误差十分有效。除此之外,对误差现象也可利用点估计值来表示。

表示结构抗力 R 时,引入人为误差 E 对其修改为 R_m。在实践中,人为干预的影响可能使结果进一步变化,如图 2.5 所示,概率密度函数在较低的尾部区域变化,由 R_m 得到 R_I。依据上述讨论定义如下公式:

$$f_{R_I}(r)=K(r)f_{R_M}(r),r\leqslant r_d \tag{2.4}$$

且

$$K_{(r)}=\exp[A(r-r_d)]$$

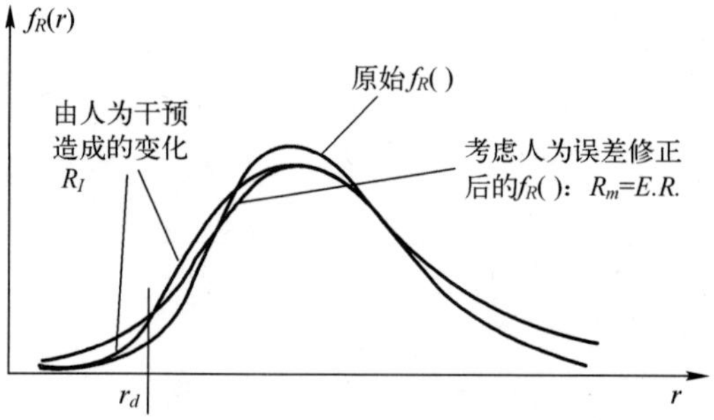

图 2.5 人为误差和人类干预对抗力概率密度函数的影响

式中:r_d 为"辨识"水平,是典型误差最先确定的抗力;A 为常数,为保证概率密度函数中 R 的统一性,还需要修正 $r>r_d$ 区域的 pdf 值。

由数据确定 A 值,用于检查有效性。合理的 A 值应该满足:为 R_d 选择一个标准差,使低于均值的两个标准差的分布数值减少 90%,在普遍意义上,这符合检查有效性的初步估计结果。

例 2.2

抗力 R 受到人为误差 E 这一随机变量影响,变为 ER,人为误差 E 可能存在误差($\mu_E\neq1.0$),同时由于缺少对立信息,定义其概率密度函数 $f_E()$ 时将不会考虑其他因素影响。由于 E 代表一系列误差过程导致的结果,结果服从误差理论及中心极限定理(见 A.5.8 节)。

修改后抗力的另一种形式是 $R+E$,其中 E 满足 $\mu_E=0$,如果原 R 服从 $N(100,20)$,E 服从 $N(0,10)$,修改后的 R 服从 $N(100,\sigma)$(见式(A.56)及式(A.57)),其中 $\sigma=(20^2+10^2)^{1/2}$。

2.2.8.4　质量管理

2.2.8.3 节所描述的减少严重人为误差的各种方法不应孤立地使用。在工程项目中,它们应当互相补充,以达到预期的目标。通常情况下,一个安全而令人满意的项目,在其设计寿命周期内应满足成本低和实用性高的要求。采用上述技术做到以下几点才能保证质量管理(QA)的成功①建立适当的管理和组织结构;②建立材料符合性测试系统;③选择合适的安全措施。从更广的层面看,这涉及预期目标相关的管理、协调和监测等全阶段的项目。

在特定的建筑或工程背景下,质量管理功能必须适用于概念化、设计和分析、文档、施工、使用和维护的各个阶段。这就意味着,结构系统在形成质量管理方法时,必须考虑结构安全性、适用性和耐久性等设计目标。与其他(非结构)项目相同,建立"安全"计划是实现该要求的一个有效方法。该计划基于一个详细的"危险场景"分析,通过降低提出的要求以满足质量管理程序,从而完成安全计划。在结构工程中,应包括:

(1) 功能的正确定义。

(2) 任务、责任、职责的定义。

(3) 充足的信息流。

(4) 结构设计简介。

(5) 控制计划和检查表。

(6) 接受风险和监管计划文件。

(7) 检修计划。

(8) 用户指南。

此外,需要项目各阶段管理反馈信息足够、系统。

太形式化的质量管理程序文件,是难以接受且无法使用的。因此最好从项目自身出发,与所有因素相互协调,规定符合实际的质量管理水平。对于小项目,通用的质量保证体系就能满足要求。对于 QA 程序较复杂的重大项目,仍盲目依赖已有的质量保证程序则不行。

原则上可使用成本-效益(风险)分析方法,使质量保证措施达到最佳状态,见 2.4.2 节。但在实践中,由于缺乏合适的人为误差影响模型及质量保证措施效果模型,同时在分配有关质量保证措施的成本时有一定难度,导致这种方法较难得到运用(Schneider,1983)。

2.2.8.5 危害管理

从质量保证的角度来看,项目负责不仅要减少风险,而且要管理重大风险的危害(或后果)。意味着应把减轻后果视作项目管理的一部分,这取决于某事件各种可能后果的置信度。此外,随着设施运行中有利经验的增加,对其性能可靠的信心也随之提高(Comerford and Blockley,1993)。

对于拥有"低概率-严重后果"的风险,危害管理尤为重要。通常这些风险概率较低,而一旦发生则是毁灭性危害,如核事故及板块内区域和其他传统低风险区域的地震事件等。此外,即使不能完全控制或显著减少的直接危险,也应充分准备好事后管理。例如,1994 年 1 月发生在日本神户的地震,人们发现,由于现有基础设施的分级成本非常高(政治上不可接受),因此控制罕见地震(建筑倒塌等)事故的直接后果不实际,应注重救援、紧急行动、疾病控制等方面的管理,以控制事后危害。

要明确一点,系统故障概率估计方法只是风险评估和风险决策全过程中的一部分。接下来的 2.3~2.5 节是对问题的各个方面进行阐述。

2.3 综合风险评估

2.3.1 失效概率计算

对概率估计的关注度一直很高,从第 1 章就提出基本变量的不确定性可用概率密度函数表示。而 1.5.1 节表明上述情况不会经常出现,需要采用点估计来得到基本变量的近似值。类似地,由于缺乏信息,上述情况无法按第 1 章的方式计算概率,常需用点估计代替。例如,因没有损坏类型和程度信息,很难估算给定直径的高压管道每米的失效率。又如,电气元件的故障率(或者失效、或者有效),人为误差导致的失效概率估计也是如此。

对失效概率进行全面估计,必须综合考虑两种情况的信息。假设运用点估计和用概率密度函数描述的事件相互独立,那么综合(主观)的结构失效概率估计值为(CIRIA,1977;Melchers,1978)(见式(A.2))。

$$p_{\mathrm{f}}=(1-P_E)P_0+P_EP_1\approx P_{fv}+P_{fu} \tag{2.5}$$

式中:P_E 为人为误差发生的可能性;P_0 为没有人为误差发生时系统失效的(条件)概率;P_1 为该人为误差发生时系统出现失效的(条件)概率。

式(2.5)的简化形式中,P_{fv} 为由具有概率分布的随机变量组成的函数代表的失效概率。P_{fu} 为只有概率点估计值的事件组成的函数代表的失效概率。这里独立性假设是无效的,应该用联合(∪)代替(+)表示的一般形式。然而,很少有足够的数据能完成评估。

针对式(2.5)的有效性也存在较大分歧。有人认为，P_{fv}表示客观的信息，因此不应结合较大的主观概率 P_{fu}，因为主观概率意味着“信度”，不符合客观或频率定义下的概率。一些观点认为应当采用结合主客观信息的其他方法，并提出了不同的方法来处理这些明显不同类的信息。其中最流行的是模糊集理论，尽管已提出多年，但它至今没有获得实际的接受和推广，对于概率理论处理不好的问题，也未给出令人满意的解决方案。

大部分应用风险分析的领域，所有的概率都被认为存在一定程度的主观性(见2.1节)，这一观点基本符合决策理论与应用概率理论(例如，Fishburn，1964；Lindley，1972；Matheron，1989)。根据这种解释，P_{fv}可以借助全概率定理式(A.6)进行计算：

$$P_{fv} = \sum_{i=1}^{n} P_{fi}P_i = \sum_{i=1}^{n} P(F \mid N_i)P(N_i) \tag{2.6}$$

式中：$P_{fi}=P(F \mid N_i)$表示第 i 种自然状态 N_i 发生的前提下事件的失效概率；$P(N_i)$表示第 i 种自然状态的发生概率，满足 $\sum_{i=1}^{n} P_i = 1$。自然状态指的是隐含在 $P(F)$估计中条件、资格、假设和知识状态的组合；这可能包括假设(或根据假设预测的)人为误差、做工等，还有如对 P_{fi}值表示实际失效概率的近似程度好坏的估计[例如，Tribus，1969]。式(2.6)中的 N_i 是服从独立假设的，选择合适的$\{N_i\}$需要基于该假设。

式(2.5)中的 P_{fu}代表点估计代表失效概率之和。一般情况 P_{fu}包含的是那些发生概率未知的事件，因此，讨论其依赖性或相关性没有什么意义。但随着对这些事件认识的深入，以概率形式进行描述变得越来越容易。因此 P_{fu}会降低，P_{fv}会上升。相反地，对信息匮乏的问题仍主要用 P_{fu}来描述。

例 2.3

据估计，一座小桥发生意外交通过载(事件 N_1)的概率是 0.01，利用第 1 章提出的方法估算出桥的失效概率 $P(F \mid N_i)=0.1$，在正常承载情况下(事件 N_2)其失效概率为 0.002。另外若有独立于交通荷载的洪水淹没该桥，其幅度大到足以导致桥失效的概率为 0.005。所有概率的前提是寿命为 50 年。假设过载和洪水不可能同时发生，预测失效概率估计如下：

$$P(F \mid N_1)=0.1 \qquad P(N_1)=0.01$$

$$P(F \mid N_2)=0.002 \qquad P(N_2)=1-P(N_1)=0.99$$

$$P_{fu}=0.005$$

代入式(2.5)和式(2.6)，可得

$$P_f=(0.1)(0.01)+(0.002)(0.99)+0.005=0.008$$

2.3.2 分析和预测

确定失效概率可以从两个角度进行:①分析事件的给定状态;②预测在未来某个时间段的失效概率。

分析时需要某时刻所有随机变量的概率密度函数,这些函数可通过直接观察或主观估计得到。同时,对随机变量或事件的点估计值也是必需的。使用式(2.5)中的信息及书中技术方法可估算当前故障概率。如果假设参数不随时间改变,那么所求概率估计值也可用来描述未来某时刻的失效概率。

但对更一般的情况,概率密度函数中的某些或所有随机变量将随时间变化(见图1.7)。对失效概率的预测最终归结于对相关随机变量未来概率的预测。同时,除了均值和方差随时间变化外,概率密度函数的类型及变量的点估计概率值也可能随时间改变。

在项目的规划阶段,由于没有完整详细的实际载荷、材料强度等信息,测出结构的失效概率有很大程度的不确定性,变异系数通常相当大。这会影响到其他的工作,如结构设计准则的修订(见第9章)。开始施工后,随着逐渐获取更多的实际材料信息,材料强度变异系数减小,从而能更好地评估工作变异情况。同理,当结构投入运行服务后,对加载不确定性的认识也越来越准确。

可以看出,分析和预测之间的区别仅仅在于分析者所掌握信息的数量和类型不同。针对已建立的结构体系,预测和分析的基本过程一致,只不过前者可用的信息与后者相比,可能会更主观和更不确定一些。

2.3.3 与失效数据的对比

如上文所述,若对不同统计属性的估算更精确、假设更可信,(主观)概率预测就能更精确。在极限状态下,失效概率估值逐步接近相似结构的实际失效概率;这也意味着随相关资料的完善(可能存在偏差(Fishburn,1964年)),主观估计会向客观频率数据倾斜,如图2.6所示关系。

随着时间的推移,未知或难以理解的现象所占比例下降,实验结果向设计规范收敛。从而,因人为误差而导致失效的情况比未知或难以理解的情况更多,(Shiraishi and Futura,1989)。

进一步地,若能考虑所有相关变量,并对变量及相应极限状态建立理想的概率模型,其失效概率估值将贴近大样本统计下的结构失效率。不过这一假设在原则上成立,一般难以实现。在对一个指定的结构进行失效概率估计时,可利用严重问题的历史记录及观测所得失效率(见2.4节),也可基于相似结构的经验,及主观选择的材料、尺寸和载荷(等)概率分布。虽然也可从其他结构历史记录中得到这些分布的频率数据,但将其应用到新结构需满足(主观的)有效性要求。此外还应当考虑设计精度、工艺标准及检验和控制的有效性。

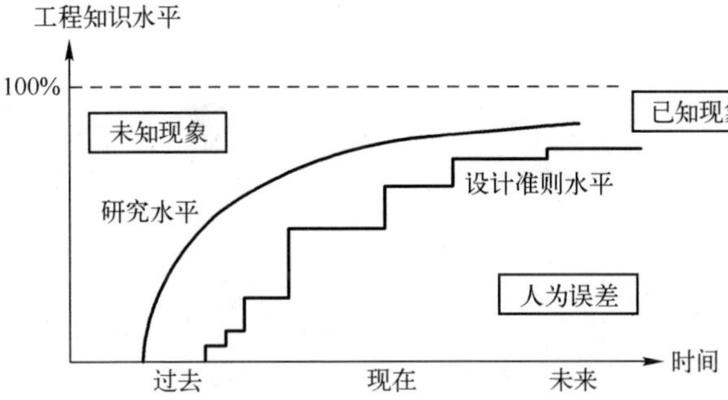

图 2.6　由于认知和时间增加导致未知现象引起结构破坏的比例减少(Shiraishi and Futura,1989),美国土木工程师学会转载

因此结构可靠性估计值很大程度上是基于数据的函数模型导出的,但它可能与真实结构所得到的失效率不相符(假设该结果可以真实得到)。

将给定结构的失效概率估计值等效实际失效率的观测值时要谨慎(对不同结构等效估计亦然)。如 2.2 节所述,由于失效统计量的深度和广度往往不够,难以等效到结构布局、类型、构建方法及最重要的设计准则中。(Riisch and Rackwitz,1972)1994 年 1 月神户(阪神)地震导致建筑物受损塌陷的失效统计印证了这一观点(Fujino,1996 年)。图 2.7 清楚地表明,建筑物的受损程度可能与竣工时间有关,换言之,与该时期力的设计准则相关。可知相比早期不太严格的准则,遵循新准则的建筑结构所受损失较轻。很明显,设计要求变化会影响所观测的失效率,以及用于等效的估算值,类似的情况还有许多。

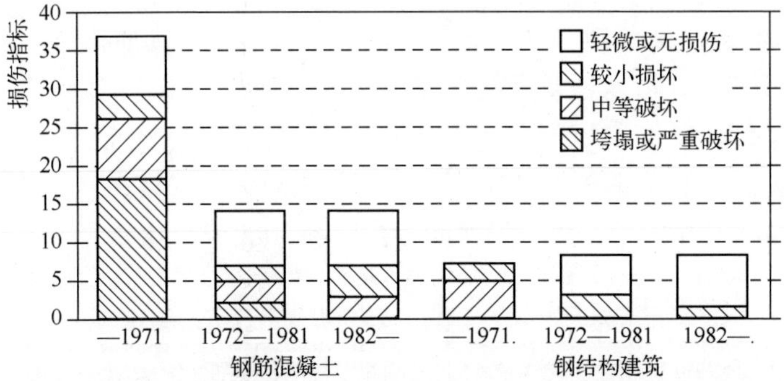

图 2.7　日本神户地区建筑物不同年的损伤水平(改编自 Fujino,1996)

2.3.4 验证——一个哲学问题

乍一看上述情况似乎并不理想,它意味着不同分析者依据不同的模型所获得的结构失效概率估计值是不同的。同时,概率估计结果在证伪试验中不可用,这在一定意义上是不科学的(Popper,1959)。例如,要对"给定级别的地震活动有 500 年重现期"的这一观点进行验证,应先假定它是"科学"的。可是找不到切实可行的办法去证明其准确性,且该事件所需的观察时间远长于 500 年(Grandori,1991),也使得该观点无法被验证。

在结构工程方面,由于未发现过相同结构处在完全相同的条件,使得情况更加复杂。此外,实际结构在使用过程中通常会经过保养和修理,不易磨损或失效。这意味着结构在设计阶段很大程度还处于理论水平,最终得到的结构很难达到原始设计要求。也意味着即使达到设计要求,由于信息过于陈旧,用其作为新结构的设计理论也不可行(Lind,1996)。

由于可靠性分析的预测结果不一定"科学",因此关注过程本身的可靠性更有效(Ditlevsen,1983a,1997;Grandori,1991)。规范的流程说明在核电产业的风险评估中很常见,也被结构设计准则提倡(见第 9 章)。另外,人工数据集可作为一部分的输入,以测试可靠性评估程序(Lind,1996)。该方法广泛应用于模型的发展变化,如河水流动和天气预测及其他模型。

总之,结构失效概率的估计方法不完全是科学的,运用这些方法并不是因为它们对现实的描述一定正确,而是由于它们源于事实,并可以对实际问题提出可靠、一致并令人满意的解决办法(Matheron,1989)。从这个意义上看,它们是更具工程性而非科学性的工具。

2.3.5 截尾灵敏度"问题"

"截尾灵敏度"也引起一些关注,有的基本变量的概率分布对失效概率有显著影响,参考图 1.14 相似变异系数下不同的失效概率密度曲线,差异原因在于图 1.10 所示概率密度函数重叠的形状和程度。"截尾灵敏度"问题即指 p_f 依赖于对变量的概率密度函数的假设,是估计 p_f 主要的障碍。

然而从 2.3.4 节讨论可知,截尾灵敏度问题其实只是在进行可靠性分析时,对变量量化所产生的多类不确定性的反映。2.5 节指出,当仅把 p_f 看作"名义"或"正规"结构失效概率时,只比较结构概率估计值而并非真实值。基于这种方法,截尾灵敏度问题不代表绝对频率意义,不会产生重要影响。

但如果可靠性分析是为了估计结构的实际概率,截尾灵敏度问题就尤为重要了。这时一定要选用最佳概率模型,尤其是概率密度极限(尾)最佳模型,即指其“尾巴”对高载荷及低抗力拟合结果优异(参看图 1.10)。

2.4　风险可接受性准则

进行可靠性评估时，它必须确定用式(2.5)定义超越极限状态概率(即结构体系失效概率)是可接受的。即使该式能表示“完美”的失效概率，其答案也不简单。如上所述，对项目的失效概率估计很大程度取决于对问题的了解、如何建模和数据掌握量——因此在对照可接受准则时，需结合失效概率估计的背景。在构建设计规范的概率一致性要求时(见第 9 章)，也很有意义。

一般，可接受准则主要是“风险接受”准则(或“风险容许”准则)。二者的“风险”，对应超越极限状态的概率和衍生相关后果的概率。

两个风险可接受准则概述如下。更多细节见文献(例如，Royal Society Study Group，1991；Blockley，1992；Rowe，1977；Stewart and Melchers，1997)。

2.4.1　可接受风险准则

2.4.1.1　社会风险

一个准则是通过比较结构失效概率与其他社会风险，进而推导结构的“可接受性”和“容许”风险(例如，Stewart and Melchers，1997)。

评估选定社会风险见表 2.5 中。风险(即潜在后果)取决于危害暴露的程度，很明显，所谓的“自愿”风险和“非自愿(或背景)风险”存在约一个数量级的差别。通常情况下，按照人们所预期地使用工程结构时，一般不会出现失效(与此相反的是人们往往毫无根据地担心飞机的使用)，因此结构失效概率可能与非自愿性风险有关，不过对此仍存在分歧。

表 2.5　选定的社会风险(标准)

活动	近似死亡率① ($\times 10^{-9}$/h)	暴露时间② (h/年)	死亡风险率 ($\times 10^{-6}$/年)(取整)
攀登	30000~40000	50	1500~2000
划船	1500	80	120
游泳	3500	50	170
吸烟	2500	400	1000
飞机出行	1200	20	24
汽车出行	700	300	200
火车出行	80	200	15
煤炭开采(UK)	210	1500	300

(续)

活动	近似死亡率① ($\times10^{-9}$/h)	暴露时间② (h/年)	死亡风险率 ($\times10^{-6}$/年)(取整)
施工作业	70~200	2200	150~440
制造业	20	2000	40
建筑火灾③	1~3	8000	8~24
结构失效③	0.02	6000	0.1

① 采纳 Allen(1968)和 CIRIA(1977);
② 对于每一项活动(估计值);
③ 对于普通人员(估计值)

一些容许风险水平的广义指标,见表 2.6(Otway et al.,1970)。

表 2.6　广义的容许风险指标

每人每年的死亡风险	典 型 特 征
10^{-3}	罕见的意外事故;立即采取行动,以减少危险
10^{-4}	使用金钱,尤其是公共资金,以控制危险 (例如交通标志、警察、法律)
10^{-5}	母亲针对危险情况向孩子提出警告 (如火灾、溺水、枪支、毒药),减少飞机出行
10^{-6}	罕有人关注;非个人性质的天灾类风险

建筑结构和桥梁的典型失效率分别列于表 2.7 和表 2.8。为方便与表 2.5 中的数据进行比较,在试图提取“破坏”极限状态时对数据进行必要的调整,此时概率为最接近可能致死的极限状态的值。

表 2.7　典型建筑结构“坍塌”失效概率

建筑结构类型	数据来源	结构数目 (估计值)	平均寿命 /年	预估寿命 p_f
公寓楼	丹麦	5×10^6	30	3×10^{-7}
混合住房	荷兰(1967—1968)	2.5×10^6	—	3×10^{-7}
受管理的国内住房	澳大利亚(新南威尔士州)	14500	—	10^{-5}
混合住房	加拿大	5×10^6	50	10^{-3}
工程结构	加拿大	—	—	10^{-4}

来源:Allen,1981a;Ingles,1979;Melchers,1979

表 2.8 典型桥"坍塌"失效概率

桥结构类型	数据来源	结构数目（估计值）	平均寿命/年	预估寿命 p_f
钢制铁路	美国(<1900)	—	40	10^{-3}
大型悬挂	世界(1900—1960)	55	40	3×10^{-3}
悬臂式和悬浮跨度	美国	—		1.5×10^{-3}
普通桥	美国	—		10^{-3}
普通桥	澳大利亚	—	—	10^{-2}
来源:Allen,1981a;Ingles,1979;Melchers,1979				

基于多个原因,应谨慎对待表中的概率。有证据和定性观念表明,"破坏性"失效仅占所有失效情况的10%~20%。很多程度较小的失效只是超越可用性极限状态(Melchers et al. ,1983),此外,许多"破坏"失效发生在施工过程中,对"正常"加载情况下结构或临时工程是否失效并没有明确的评定方法。而且,可靠性评估并不总考虑施工过程中失效概率,当所比较的失效统计值有的考虑施工失效,有的排除施工失效时,就存在较大误差。

另一个问题是对结构是否"失效"进行判定存在主观性,它较依赖于已有的结果,如一些众所周知且容易探究的大型失效,而对一些影响较小的失效将不纳入其中。表2.8中失效率较高的桥梁的统计结果就是源于这种观念,也可能源于新形式的建筑结构引发的现象的不确定性(见2.2.2节)。

2.4.1.2 可接受或容许风险水平

可接受或容许风险水平由社会中的各类机构,如核设施、化工厂等危险行业的监管部门所遇到的风险总结得到。通常情况,这些水平与后果相关(例如,Henley and Kumamoto, 1981; Royal Society Study Group, 1991; Stewart and Melchers,1997),虽然尚未应用到未知的工程,但满足已有结构的要求。

当然,这些水平并不总符合监管的风险标准(无论如何定义),一种从其他领域中处理风险情景发展起来的方法是"最低合理可行(或可实现)",即ALARP(或ALARA)原则(HSE,1992)。该原则认为,①风险有上限,即在任何情况下,不允许更大风险出现;②风险有下限,过低风险无实际意义。必须尽可能降低介于上下限之间的风险的水平达到"合理实际"值。例如,通过花钱来降低设施导致的风险。这种方法直观实用,但其理论和哲学方面存在较大困难,包括术语的定义及解释,决策过程的开放性,行为的道德性和设施之间的可参照性。详情可见文献(Royal Society Study Group,1991;Melchers,1993)。

2.4.2 社会经济准则

如果考虑失败后果,评估结构失效概率可接受性的更一般准则是由净现值

标准给出的成本-效益(成本-风险)分析:

$$\max(B-C_{\mathrm{T}})=\max(B-C_{\mathrm{I}}-C_{\mathrm{QA}}-C_{\mathrm{C}}-C_{\mathrm{INS}}-C_{\mathrm{M}}-p_{\mathrm{f}}C_{\mathrm{F}}) \tag{2.7}$$

式中:B 为项目总效益;C_{T} 为项目总花费;$C_{\mathrm{I}}(\lambda)$ 为项目初始投资;$C_{\mathrm{QA}}(e)=\sum_{i=1}^{n}C_{\mathrm{QA}i}(e)$ 为 n 个质量保证(QA)措施花费;$C_{\mathrm{c}}(e)$ 为依据质量保证措施提供整改措施所需成本;$C_{\mathrm{INS}}(\lambda,e)$ 为保险费用;$C_{\mathrm{M}}(e)$ 为维护成本;$p_{\mathrm{f}}(\lambda,e)$ 为项目失败的概率;C_{F} 为与失效有关的花费;λ 为名义安全系数,$\boldsymbol{C}_{\mathrm{INS}}(\lambda,e)$ 代表运用 QA 措施的向量(如 QA 所花费用),考虑标准成本-效益分析中时间的影响,还必须降低所有成本和效益 B[例如,de Neufville and Stafford,1971]。此外,由于效益 B 不是关于程度为 e 的 QA 或名义安全系数 λ 的函数,因此改写式(2.7),用于求解成本极小化问题。

p_{f} 和 C_{F} 都与所考虑的失效模式有关,C_{F} 的值是不确定的,它取决于可能引起多大的伤害,损失多少人的性命等。虽然适用数据较少,但仍可将 C_{F} 作为随机变量。此外,项目失败的长期影响也应列入 C_{F}。其取值可能会因拥有、使用和负责该项目的团队不同,或寿命阶段不同而发生改变。因此严格来讲,式(2.7)是基于不同情况的 C_{F} 的多目标优化问题。

在求解式(2.7)最大值前,必须建立 e 与 $p_{\mathrm{f}}(\lambda,e)$ 及花费值 $C_{\mathrm{QA}}(e)$、$C_{\mathrm{c}}(e)$、$C_{\mathrm{INS}}(\lambda,e)$、$C_{\mathrm{M}}(e)$ 间的关系。2.2.8 节中所述模型可能有所帮助,尤其对 $C_{\mathrm{QA}}(\,)$。理论上,保险费用与 QA 反向变化,虽然实际中除了法国特殊的十年制保险和建筑管理外(Cibula,1971),一般不存在这类情况(CDR. IA,1977)。另外,维修费用将随 e 的增加而降低。

原则上,在给出某种程度的质量保证前提下,可以使用式(2.7)来获得结构的最优失效概率。图 2.8 所示为假定效益 B 恒定和总成本最小时,各种费用的变化。显然,存在最小值 $\mathrm{d}C_{\mathrm{T}}/\mathrm{d}p_{\mathrm{f}}=0$,其对成本曲线的斜率变化高度敏感。然而,假设忽略失败有关花费 C_{F} 及人为误差影响,可得建筑物最优失效概率约 10^{-4}/年,桥梁约 10^{-3}/年(Riisch and Rackwitz,1972),不过对这些值,最好还是当作名义失效概率,而非实际失效概率(见 2.5 节)。

类似地,可以确定 QA 的适当水平。结果主要取决于各项质量保证措施的有效性和单位成本,以及 $C_{\mathrm{F}}/C_{\mathrm{I}}$ 的比值。后者的典型值是:梁单元 30~75、支撑一层的柱 350~700,支撑十层的圆柱 90~1800(CIRIA,1977)。除非 $C_{\mathrm{F}}/C_{\mathrm{I}}$ 过高(不正常情况)只能通过高效率 QA 实现总成本最优,否则 $C_{\mathrm{QA}}(e)>p_{\mathrm{f}}C_{\mathrm{F}}$。但实际质量控制计划并未充分认识其内涵。

最后,必须指出,增加在结构安全方面的投资,无论是 C_{QA} 或 C_{I},其收益都比不上在道路安全或医学研究上的额外开支。在经济上,部门间的资源分配竞争本质上是社会政治问题。适当的结构工程决策框架,应假定 C_T 为固定值,在此约束内进行任何可用资源的优化分配。

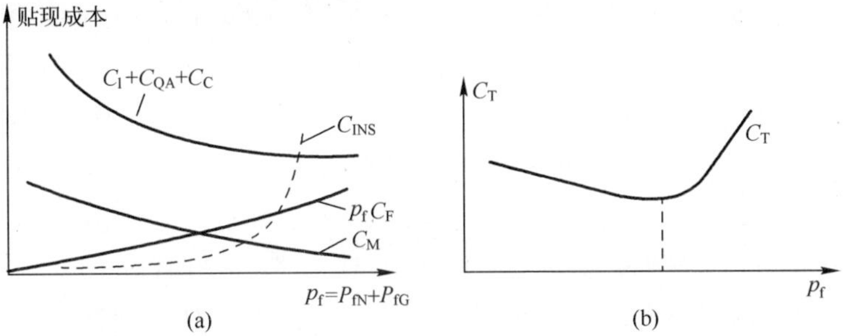

图 2.8 (a) 组件成本;(b) 总成本函数 p_f

相比风险-效益分析,更一般的决策框架是效用理论。尽管适当的效用函数往往不易建立,但该领域已有一些初步的研究(Augusti et al. ,1984)。

2.5 名义失效概率

2.5.1 概述

2.2 节和 2.3 节的讨论表明了准确建模的重要性,特别是在确定结构失效概率时,要考虑人为误差和人为干预影响。倘若忽略以上因素,或在计算中取近似,得出的失效概率只是名义值 p_{fN}(参看 2.1 节)。有人怀疑这种概率度量是否有意义,其实,常将名义 p_{fN} 定义为参照概率,倾向较低的值,其特定应用是在准则校准工作中(见第 9 章)。更一般地,在决策时运用 p_{fN} 代替 p_f,不应被解释为相对的频率,而应作为一个"规范(形式)"的失效概率度量,解释为"信度"(例如,Ditlevsen,1983a;1997)。

2.1 节所述,将概率解释为信度是可以接受的,然而是否能用 p_{fN} 来进行有效比较还需要核验。由于 p_{fN} 是 p_f 的替代,因此要有效地比较 1 和 2 两种选择,就需要保证:

$$\frac{p_{f1}}{p_{f2}}\approx\frac{p_{fN1}}{p_{fN2}} \tag{2.8}$$

式(2.8)的有效性可以从至少两个方面(某种程度上是相互关联的)进行检验:

(1) 公理化定义。

(2) 设计时的严重误差和其他误差的影响。

2.5.2 公理化定义

在式(2.8)中,$p_{fi}(i=1,2)$可由名义失效概率p_{fNi}的和替代,p_{fNi}中不包含p_{fGi}的不确定性。p_{fGi}主要是由于(严重)人为误差,而p_{fNi}则主要包括物理和统计的不确定性。得出下式:

$$\frac{p_{f1}}{p_{f2}} \approx \frac{p_{fN1}+p_{fG1}}{p_{fN2}+p_{fG2}} \tag{2.9}$$

当且仅当$p_{fGi}=Kp_{fNi}, i=1,2$且K为定值时,其简化为式(2.8)。

鉴于2.2.8节中的讨论,一般情况该条件不成立。但针对某类构件,特别在建筑结构中,被比较组件本身和可能承受的人为及其他误差都相似时,简化成立,该情况下,$p_{fN1}/p_{fN2}=p_{f1}/p_{f2}=1$(公平分配)。

2.5.3 严重误差和其他误差的影响

由于在设计(如安全系数,或p_{fN})选择时,并没有考虑(严重)人为或其他误差发生的影响,因此,对p_{fN}应用于结构安全是否合理一直存在争议。这个问题已由Baker and Wyatt(1979)和Ditlevsen(1983a)提出,并给出了更为精确的方法。

利用式(2.7)考虑(现值)总成本C_T的取值,并用$p_{fN}+p_{fG}(p_{fG}>p_{fN})$将失效概$p_f$表示出来,就可简化式(2.7)得

$$C_T=C_I(p_{fN})+(p_{fN}+p_{fG})C_F \tag{2.10}$$

式中:(现值)初始成本C_I仅取决于名义失效概率p_{fN}。

为使失效的可能性很低,初始投资成本预计会很高,随p_{fN}的增加而逐步降低,如图2.9所示。

失效花费C_F通常包含重建费用,为简化形式,将等式右侧表示为初始成本$C_I(p_{fN})$与其他或后续花费C_s的和。此处,需要考虑两种极限状态:$C_F=C_s$( ),以及$C_F=C_I$,见图2.9(b)及2.9(c)。

在第一种情况中更改p_{fG}并未影响p_{fN}的最优值(点A处),仅将线LL'进行了平行于本身的移动,是合理的近似,也就是说p_{fG}相对于p_{fN}是独立的。第二种情况,改变p_{fG}的值对p_{fN}的最优值(B点)仅有较小影响。

失效的真实成本将介于两极限值之间,且$p_{fN}C_s$及$p_{fN}C_I$实际值不会改变最终结果,如图2.9(b)和2.9(c)所示。

事实上,p_{fG}与p_{fN}呈正相关。其中一个案例是抗震设计,增加材料的韧性将会减少结构的p_{fN}及其对(显著)人为误差的敏感度(Rosenblueth,1985a)。

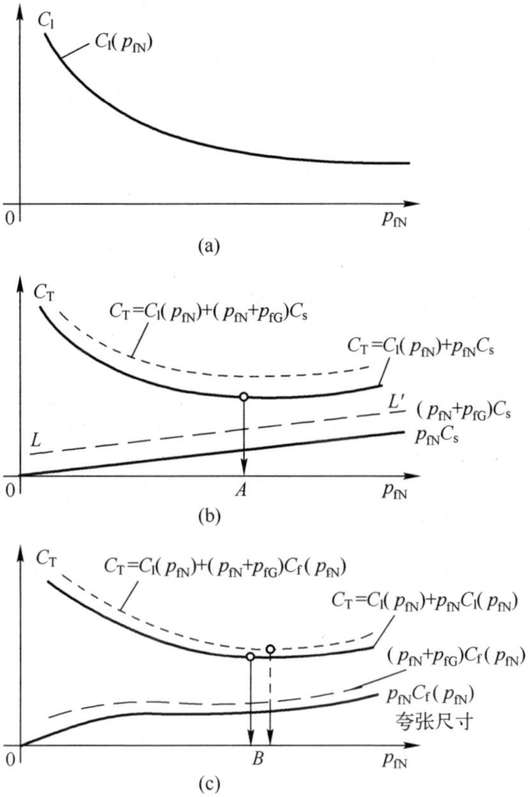

图 2.9 (a) 最初成本曲线;(b) 当 $C_F=C_s$=常数时的最佳 p_{fN};(c) 当$C_F=C_I$时的最佳 p_{fN}

尽管 p_{fN}对 p_{fG}不是很敏感,但 C_T 和 $p_f=p_{fG}+p_{fN}$并非如此,这在比较方案时十分重要。将两个具有相同 $C_I(p_{fN})$ 曲线及 C_F 的对象进行比较,可看出(见图 2.9),p_{fN}的值均相同,但费用 C_T 的值和失效概率 p_f 取决于 p_{fG}相对值。显然具有最低成本 C_T(最低 p_f)的情况更好。除非每种情况的 p_{fG}值相同,否则不影响选择,对应 2.5.2 节得出的结论。

2.5.4 实际影响

显然,如果不包括其他因素,只讨论人为误差影响失效概率 p_{fN},每一种选择大致与 p_{fN}成正比,那么用 p_{fN}替代 p_f 严格上是可接受的。

然而为了实用,考虑安全性和负载因素,如果安全系数和载荷系数只作为一种名义度量,那么在同样意义下定义 p_{fN}为确定失效概率的更准确的度量方法是可接受的。需要注意的是传统的安全性和局部因素并未考虑人为误差以及相关影响。

相对于更普遍的社会风险标准,作为单个结构安全性的量度(无论怎么定义),p_f 并不能用于元件间的对比参照。2.5.3 节表明,过失和其他误差,特别是通过 QA 措施控制风险,可能显著影响总成本,但并不会改变名义量度 p_{fN} 的最优值。因此,在设计、风险评估、设计规范时,使用名义安全措施(如 p_{fN})以获得结构尺寸是合理的。

2.5.5 名义失效概率的目标值

正如在传统的设计规范中,安全系数的合理取值范围为 1.7~2.0,具体数值取决于结构、材料、结果等,名义失效概率也将有一个“目标”值。如在第 9 章中可以看出,对于结构准则编制目的,通常可利用实际情况反推目标值,或使用类似值来修正或更新,这种方式既方便又合理。现简要回顾确定目标值 p_{fN} 的经验化方法。

一种是由(CIRIA,1977)给出的确定名义失效概率的方式:

$$p_{fN}^{*} = 10^{-4}\mu t_L n^{-1} \tag{2.11}$$

式中:t_L 为结构设计寿命年限;n 为使用期内,结构内或在附近的人员均值;μ 为一个社会标准因数(见表 2.9)。

表 2.9 社会标准因数

结构性质	μ
公众集会场所、水坝	0.005
国内、办公、贸易、工业	0.05
桥梁	0.5
塔、桅杆、海上结构	5
来源:CIRIA,1977	

一种不同的方法是(Allen,1981a):

$$p_{fN}^{*} = 10^{-5}AW^{-1}t_L n^{-1/2} \tag{2.12}$$

式中:t_L 和 n 在式(2.11)中具有相同的含义;A 和 W 分别代表“活动”和“警告”因素(见表 2.10)。使用 $n^{-1/2}$ 而非 n^{-1} 清楚地表明了效用理论的影响,认为风险规避率应随死亡人数上升减少(de Neufville and Stafford,1971;Rowe,1977)。

由于两者都没有考虑到损伤和其他的失效经济成本,因此若没有特定信息,无法比较两种方法。同时,由于这些信息和 n 极难预测,式(2.11)和式(2.12)只能起指示性作用,并应在专家指导下使用。

表 2.10 活动及警告因子

活动因子	A	警告因子	W
灾后活动	0.3	失效-安全状态	0.01
一般活动： 建筑	1.0	有部分警告逐步失效	0.1
桥梁	3.0		
高暴露结构 （施工、海上结构）	10.0	现象被隐蔽逐步失效	0.3
		无预先警告突然失效	1.0
来源：allen,1981a			

一般来说，若不参考可靠性评估（即用于建模的各种假设、统计分布等）的情况，很难确定 p_{fN}^* 的有效数值。如上文所指出，它通常由现有的、可接受的结构系统中反推出 p_{fN}^* 的数值得到（见第 9 章）。在结构因承受极限载荷条件（非人为误差等）而失效的全寿命周期中，这种方式一般用取值范围在 3.0~3.5 的 β^* 定义 p_{fN}^*（即 p_{fN}^* 范围为 10^{-3}~10^{-4}）。

2.6 结构可靠性度量的层次

通过第 1 章及本章的讨论，可以方便地将安全性（或一般的违反极限状态情况）定义为不同的“等级”，见表 2.11。

表 2.11 结构可靠性计算方法等级

等级	计算方法	概率分布	极限状态方程	不确定性数据	结果
1：准则层面的方法	对等级 2 或 3 中现有的方法规则进行修改运用	无	（通常情况下）线性方程	任意因素	局部因素
2：二阶矩法	二阶矩代数	仅正态分布	线性或近似线性	可能包含二阶矩数据	“一般”失效概率 p_{fN}
3：精确方法	反信息	等效于正态分布	线性或近似线性	可能包括随机变量	失效概率 p_{fN}
	数值积分与仿真	充分运用各类分布	任何形式		
4：决策方法	包含以上所有，再加上经济数据				最小花费或最大利益

级别 1 为最低和最简单的等级,使用 1. 2. 3 节中分项系数的方法。是基于传统安全系数和载荷系数的广义非概率形式,在目前的极限状态设计规范中最为常见。该层方法与级别 2 方法的关联性在 1. 4. 4 节中已经介绍,第 9 章将会进行更详细的讨论。

级别 2 在使用正态分布和一些简单形式的极限状态函数的基础上求解名义概率,第 4 章中给出了进一步的讨论。

级别 3 的方法通过构建精确概率模型及使用可用的人为误差及干预数据,获取失效概率的最佳估计值。其中,结构体系及时间的影响十分重要。第 3 章~第 6 章将会处理这些方面的各个部分。

2.7 结　　论

在结构失效概率估计中,(严重和其他)人为误差和人为干预的组合及相互影响是需主要考虑的因素。深入了解这些因素,并从相似的结构、设计和施工中获得适当的数据,可更好地预测失效概率,但需要注意的是,所有估计值一定程度上都是主观或名义的。

对于任何具体结构,基本变量概率模型的适用性和评价条件的有效性仅能从主观角度判定。而失效概率的测量并非如此,因为有绝对客观的相对频率解释。然而用高质量的结构系统模型、载荷及抗力模型(包含人为误差影响)对结构失效概率进行估计,也能达到通过数据分析所得频率估计值的准确度。

假设相似场景或相似组件间,人为误差影响是类似的,则可用失效概率的名义度量替代更精确方法,尤其在撰写设计规范时很有用。

最后,对结构可靠性理论基础的仔细检查,强化了必须采用 QA 措施,控制结构工程总失效概率(包括过失误差估计)及总折扣费用的观念。

第3章 积分与仿真方法

3.1 引　言

前述章节概括叙述了基本的结构可靠性理论，本章及第4章将进一步深入探讨结构可靠度计算问题。正如1.5.3节所述，对于式(1.31)的多重积分问题，通常有如下3种基本计算方法，即

(1) 直接积分法(通常只可解决少数特殊问题)。

(2) 数值积分方法，如采用蒙特卡罗方法。

(3) 为避免复杂的积分，将被积分的函数转化为多维联合正态概率密度函数，得到较为简单的特殊解(参见1.4.3节)。

$$p_f = P[G(\boldsymbol{X}) \leqslant 0] = \int \cdots \int_{G(\boldsymbol{X}) \leqslant 0} f_{\boldsymbol{x}}(\boldsymbol{x})\,\mathrm{d}\boldsymbol{x}$$

本章节将探讨如何采用上述前两种方法解决式(1.31)中的多重积分计算问题。第4章将针对上述方法(3)进行探讨。

3.2 直接积分与数值积分

式(1.18)所示的卷积积分公式以及式(1.31)中的积分形式只在少数特殊情况下存在解析形式，故而实际应用价值有限。式(1.18)所示的卷积积分可以很容易地利用梯形法则求得其数值解(见1.4.5节)。该方法之所以可以给出上述积分的合理近似解，主要是由于任何对精确被积函数近似平均值的过低估计可以通过其他微小的过高估计来弥补。然而，诸如Simpson方法，或者Laguerre-Gauss方法及Gauss-Hermite等基于多项式求积分的方法可能更加有效。上述数值积分的标准程序在大多数计算机上都可以实现。

当卷积积分式(1.18)中的荷载S及抗力R不相互独立时，或者被积函数中

具有两个以上变量时,结构的失效概率必须通过式(1.31)所示的一般方程获得。同样地,除非极少数特殊情况,否则式(1.31)将很难得到封闭解。此外,由于舍入误差(取舍误差)的增大以及计算时间的大量消耗,采用数值积分方法求解式(1.31)并不总是可行的。另外,当积分空间维数 n 增加时,解算式(1.31)的积分需要耗费的计算资源将急剧增加。通常,在实际计算中,积分维数 $n \leqslant 5$,但即便如此,积分域也必须限定在如下几类较为简单的区域:超立方区域,n 维球体域或球面,或者 n 维简单图形域(广义的三角或四面体)以及半无限空间(Davis and Rabinowitz,1975;Stroud,1971;Johnson and Kotz,1972)。读者可参考上述文献中的详细解释以及相应的算法。

特殊情况下,当极限状态方程为线性函数时,即

$$G(\boldsymbol{x}) = Z = a_1x_1 + a_2x_2 + \cdots + a_nx_n \tag{3.1}$$

式中:a_i 为已知常数;$x_i(i=1,\cdots,n)$ 为随机变量。此时式(1.31)中的多维积分可以简化为一系列递归的一维积分(Stevenson and Moses,1970)。但即便如此,对式(1.31)的求解依然需要大量的数值计算或者大幅度的简化处理。同样,对于上述情况,建议利用 Stokes 及 Gauss 散度定理将二维、三维积分分别转化为一维等值线及二维等值面积分(Shinozuka,1983)。

正如 1.4.3 节所述,当荷载 S 以及抗力 R 均服从正态分布时,安全边界 $Z=R-S$ 亦服从正态分布。此时,式(1.31)中的概率积分(二维积分)可以利用标准正态分布 $\Phi(\ )$ 的性质来求得(见 A5.7 节)。

一般情况下,当线性方程(3.1)中的各个随机变量 $x_i(i=1,\cdots,n)$ 均服从正态分布时,函数 $G(\boldsymbol{x})$ 也将服从均值为 μ_Z,标准差为 σ_Z(分别由式(A.160)和式(A.162)给出)的正态分布。假设此时方程 $G(\boldsymbol{x})=0$ 为结构可靠性问题中的一个极限状态方程,则式(1.31)中的积分可采用与 1.4.3 节中类似的方法进行计算。此外,随机变量之间的相关性并不会带来计算上的困难(见式(A.162))。本书将在第 4 章的开篇对此特殊情况进行探讨。

实际上,极限状态方程在通常情况下并不是线性的,而是具有更一般的形式。同样,极限状态方程中的各个随机变量 $x_i(i=1,\cdots,n)$ 在一般情况下也不全服从正态分布。因此,需要有更加通用的方法解决上述一般性问题。积分方法在原理上可以解决一般性问题,然而,当积分维数增加时,积分方法的计算量会急剧增加(也就是所谓的"维度灾难"),这也导致了经典的数值积分方法在计算可靠度时并未被普遍应用。因此,在计算上述一般性数值积分时,必须求助于那些针对大型积分问题的方法(例如,Kahn 1956)并用标准语言加以描述(例如,Stroud,1971),即数值模拟方法或者蒙特卡罗方法。当采用数值模拟方法(或蒙特卡罗方法)求解式(1.31)所示的概率积分问题时,极限状态方程 $G(\boldsymbol{x})=0$

可以为任意形式，且对方程中的随机变量分布类型并无严格要求。本章接下来的内容将介绍上述数值模拟计算方法。

3.3　蒙特卡罗仿真

3.3.1　概述

正如其名称所述，蒙特卡罗仿真技术主要思想在于通过“随机抽样”的方式来人为模拟大量试验并观察结果。在进行结构可靠性分析时，采用这种方法意味着对每个随机变量X_i进行随机抽样，给出样本值$\hat{x}_i$。随后将样本值代入极限状态方程$G(\hat{\boldsymbol{x}})=0$中进行校核。如果$G(\hat{\boldsymbol{x}})<0$，结构或者结构元素即“失效”。将上述试验重复多次，每一次均随机抽取样本$\hat{x}_i$组成样本值向量$\hat{\boldsymbol{x}}$。假设共进行N次试验，则失效概率可近似为

$$p_f=\frac{n(G(\hat{\boldsymbol{x}}_i)\leqslant 0)}{N} \tag{3.2}$$

式中：$n(G(\hat{\boldsymbol{x}}_i)\leqslant 0)$代表出现$G(\hat{\boldsymbol{x}}_i)\leqslant 0$的试验次数。显然，试验次数$N$取决于$p_f$的精确程度。

显然，蒙特卡罗方法利用已知的概率特性信息进行随机模拟，用多次抽样的方式推导所需要的结果（如失效概率）。

原则上，蒙特卡罗方法只适用于当试验次数或模拟次数少于数值积分所需的积分点的情况。通过利用“随机”取点替代系统化抽样的方法，蒙特卡罗方法对高维积分同样适用，但前提是所选择的点能够在某种程度上对被积分方程具有无偏性。

应用蒙特卡罗方法解决结构可靠性问题时，通常需要：

（1）对基本随机变量X进行系统的数值“抽样”。

（2）选取恰当经济可靠的仿真技术或“抽样策略”。

（3）考虑$G(\hat{\boldsymbol{x}}_i)$的计算复杂度以及基本随机变量的数量对模拟方法的影响。

（4）对所采用的模拟方法，能够给出满足失效概率计算精度所需的“抽样”次数。

此外，部分或全部基本随机变量之间的统计相关性也可能需要进行衡量。所有上述所需考虑的问题将在本章后续内容中进行探讨。

3.3.2　均匀分布随机数的生成

在物理实验中，可以通过一些任意随机选择过程对各个基本随机变量进行

抽样,例如可以将一串数字放入签盒中进行随机抽取。假如签盒的尺寸足够大,签盒中的数字所在的区间相对较小,则这些数字将服从“均匀分布”,或者称为“矩形分布”,如式(A.73)和式(A.74)。

$$\begin{cases} F_R(r)=P(R\leqslant r)=r, & 0\leqslant r\leqslant 1 \\ f_R(r)=1, & 0\leqslant r\leqslant 1 \\ \quad =0, & \text{其他} \end{cases} \tag{3.3}$$

我们可以利用自动旋轮线的方式或者利用电路产生噪声的方式生成服从均匀分布的随机数,但这类物理随机数发生器较为费时且不可再生,因此无法对“试验”进行校验。随机数表可以在计算机中进行存储,但对于它们在使用中的矫正则非常缓慢。

在实际应用中使用最多的方法是借助于“伪”随机数生成器(PRNG)在计算机系统上进行随机数生成。之所以将其称为“伪”随机数,是由于这类随机数是采用函数方法进行生成的。虽然这类随机数在相当长(正常)的周期后会重复出现,但在实际使用过程中,其与严格意义上的随机数的差别并不明显(Rubinstein,1981)。生成的重复序列在解决实际问题以及进行研究工作时具有其优势。如果需要消除上述重复性,可以通过(随机)改变“种子数目”简单地中断,而该“数目”对于大部分 PRNG 来说被要求作为输入。较为简单的伪随机数发生器可用局部时间作为种子值。

有一些关于“随机抽样”的数学解释。一旦采用了“随机数”表或者伪随机数生成器,则随机数序列也随即被确定,此时的随机数列并不是真正随机的。因此,严格意义上的“随机性测试”是不恰当的;通常这些测试仅应用于一维序列,而且无法保证在多维问题中的完全“随机性”(例如,Deak,1980;Marsaglia,1968)。为避免哲学上的困难,采用 PRNG 的蒙特卡罗方法被称为“拟蒙特卡罗”方法。事实上,采用上述方法选择的序列可以满足计算精度的要求(Zaremba,1968)。

例 3.1

一个简单的随机数生成器可以采用如下方法构造。取一只骰子,令数字“6”表示无效样本。也可以取一枚硬币,令其“正面”表示“5”,“反面”表示“0”。则重复投掷骰子和硬币将可以产生一列 1~10 的数,这列数是随机序列(如果骰子和硬币是均匀的)。“乐透”开奖结果也可以作为随机数生成器。

3.3.3 随机变量的生成

基本随机变量通常不会服从均匀分布。服从特定分布(非均匀分布)的基本随机变量的抽样值称为“随机值”,“随机值”可以通过一些数学手段获得,其中最常用的方法是“逆变换”法。对于基本随机变量 X_i，其累积分布函数 $F_{X_i}(x_i)$ 值位于区间(0,1)中，如图 3.1 所示。逆变换方法的原理为，产生一个服从均匀分布的随机数 $r_i(0\leqslant r_i\leqslant 1)$ 并令其等于 $F_{X_i}(x_i)$：

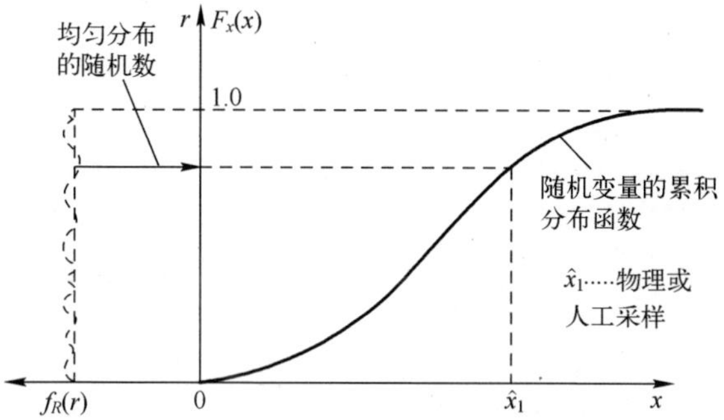

图 3.1 反变换方法生成随机变量

$$F_{X_i}(x_i)=\boldsymbol{r}_i \text{ 或 } x_i=F_{X_i}^{-1}(\boldsymbol{r}_i) \tag{3.4}$$

如果上述反函数 $F_{x_i}^{-1}(r_i)$ 存在解析表达式(如韦布尔分布、指数分布、Gumbell 分布、均匀分布等)，则上述公式可确定惟一抽样值 $x_i=\hat{x}_i$，这时，逆变换方法可能是最有效的。这种方法同样适用于基本变量的累积分布函数来源于直接观察所得的情况。

对于特定的分布，一些特殊的随机变量生成方法通常在计算上比逆变换方法更为有效。大多数计算机系统都有标准的子程序来生成服从特定分布的随机变量，这其中的一种方法来源于 Box 以及 Muller(1958)的工作。这种方法可以生成一对“精确”的独立正态随机数μ_1 及μ_2，其公式为

$$\mu_1=(-2\ln r_1)^{1/2}\sin 2\pi\, r_2 \tag{3.5a}$$

$$\mu_2=(-2\ln r_1)^{1/2}\cos 2\pi\, r_2 \tag{3.5b}$$

式中：r_1 及r_2 为(0,1)区间内服从均匀分布的两个相互独立的实随机变量。当然，服从对数正态分布的随机变量ν_i 也可直接通过式(3.5)得到，原因在于，如果 V 服从对数正态分布，则有$\nu_i=\ln\mu_i$。

例 3.2

要生成一列服从标准正态分布(如 N(0,1))的随机变量 **u**，可以由一列随机数 **r**，通过式(3.5)来生成。对于此例，可由附录 E 的 2 列数据为最初的 10 组数赋值。注意，对于这样的小样本，标准正态分布随机变量 **u** 的均值约为 0，标准差约为单位值 1。此项工作可以采用下表中方法迅速完成，列(1)和列(3)中的数据来自于附录 E；列(6)和列(7)由式(3.5) $\begin{Bmatrix}u_1\\u_2\end{Bmatrix}=(-2\ln r_1)^{1/2}\begin{Bmatrix}\sin 2\pi r_2\\\cos 2\pi r_2\end{Bmatrix}$获得。

注意,sin( )和 cos( )中数据单位为弧度。$u_i(i=1,\cdots,20)$的 20 个数值的均值为 −0.02207,标准差为 1.0798,与 N(0,1)的理论要求相近。

(1)	(2)	(3)	(4)	(5)	(6)	(7)
r_1	$-\ln(r_1)$	r_2	$\sin 2\pi r_2$	$\cos 2\pi r_2$	u_1	u_2
0.9311	0.0714	0.4537	0.2868	−0.9580	0.1084	−0.3620
0.7163	0.3336	0.1827	0.9119	0.4104	0.7449	0.3352
0.4626	0.7709	0.2765	0.9861	−0.1657	1.218	−0.2057
0.7895	0.2364	0.6939	−0.9385	−0.3452	−0.6453	−0.2374
0.8184	0.2004	0.8189	−0.9077	0.4195	−0.6185	0.2859
0.3008	1.2013	0.9415	−0.3593	0.9332	−0.5569	1.4464
0.3989	0.9190	0.4967	0.0207	−0.9998	0.0281	−1.3554
0.0563	2.8771	0.2097	0.9681	0.2505	2.3223	0.6009
0.1470	1.9173	0.4575	0.2638	−0.9646	0.5166	−1.8888
0.2036	1.5916	0.4950	0.0314	−0.9995	0.0707	−2.2497

3.3.4 直接抽样(“简单”蒙特卡罗)

3.3.1 节中叙述的抽样方法是解决可靠性问题的最简单的蒙特卡罗方法,但并非是最为有效的方法。此方法的应用基础可以作如下解释。结构的极限状态式(1.31)可表示为

$$p_{\mathrm{f}} = J = \int\cdots\int I[G(\boldsymbol{x}) \leqslant 0] f_{\boldsymbol{x}}(\boldsymbol{x})\mathrm{d}\boldsymbol{x} \tag{3.6}$$

式中:$I[\ ]$为一“示性函数”,当[ ]中的内容为“真”时,其函数值为 1,反之为 0。因此,示性函数就表示了式(3.6)的积分区域。将式(3.6)与式(A.10)加以比较可以看出,式(3.6)实质上表示了示性函数 $I[\ ]$ 的期望值。令$\hat{\boldsymbol{x}}_j$ 表示来自于$f_{\boldsymbol{x}}(\ )$的一组随机样本,由样本的统计量可以直接得出

$$p_{\mathrm{f}} \approx J_1 = \frac{1}{N}\sum_{j=1}^{N} I[G(\hat{\boldsymbol{x}}_j) \leqslant 0] \tag{3.7}$$

上式为 J 的一个无偏估计量。故而式(3.7)为失效概率p_f 的一个直接估计。

在应用上述方法时,以下 3 个问题值得注意:如何从抽样点中提取足够多的信息?在给定计算精度的前提下,如何确定抽样点的数量?当抽样点数量相同或更少时,如何改进抽样方法从而可以获得更好的计算精度?下面将针对上述问题进行探讨。

在进行讨论之前,应该注意到,上述抽样方法最终得出的结果表示的是一个累积分布函数 $F_G(g)$(见图 3.2)。显然,由于结构或组件通常情况下都足够

的安全，$F_G(g)$值域中的多数值都不是可靠性问题所关注的。为估计结构的失效概率，我们所针对的是区域 $G(\boldsymbol{x})\leqslant 0$，也就是结构的“失效域”。

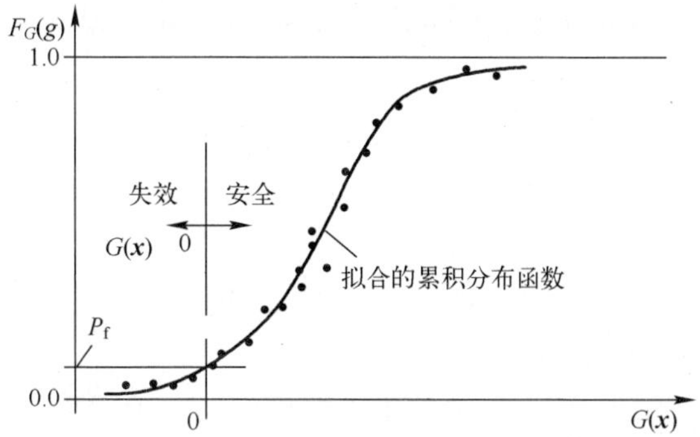

图 3.2　应用拟合的累积分布估计 p_f

通过对满足 $G(\boldsymbol{x})\leqslant 0$ 的各点（及图 3.2 左侧的尾部点）进行拟合得出合理的分布函数，式（3.7）中 p_f 的估计值可得到一定程度的改进。然而，在选择合适的分布函数时可能十分困难。为此，可以选择 Johnson 以及 Pearson 分布组进行分布拟合，但分布函数中的未知参数可能对 $G(\boldsymbol{x})\leqslant 0$ 区域内的极值十分敏感。故此，只有在抽样点个数 N 相当大时，才可能获得分布函数中未知参数的稳定值（Moses and Kinser，1967）。事实上，我们可以选择一系列分布函数来拟合抽样点，从中选择出“最适合”抽样点分布的函数来解决此问题（Grigoriu，1983）。

3.3.5　样本需求数量

在给定的置信水平下，可以采用如下方法估计所需抽样次数。由于 $\boldsymbol{X}$ 为随机变量，故而其函数 $G(\boldsymbol{X})$ 也为一随机变量，因此，示性函数 $I[G(\boldsymbol{X})\leqslant 0]$ 同样为随机变量，虽然其只有两个可能的函数值。由中心极限定理可知，当抽样次数 $N\to\infty$ 时，式（3.7）中的 J_1 将收敛于正态分布，其均值可以表示为（参见式（A.160））：

$$E(J_1)=\frac{1}{N}\sum_{i=1}^{N}E[I(G\leqslant 0)]=E[I(G\leqslant 0)] \tag{3.8}$$

上式的值等同于 J，其方差可表示为（参见式（A.161））

$$\sigma_{J_1}^2=\sum_{j=1}^{N}\frac{1}{N^2}\mathrm{var}[I(G\leqslant 0)]=\frac{\sigma_{I(G\leqslant 0)}^2}{N} \tag{3.9}$$

上式表明，J_1 的标准差，也就是式（3.7）给出的蒙特卡罗估计值与 $I(\,)$ 的标准差成正比，与 $N^{1/2}$ 成反比。上述的结论对于在给定置信度前提下，确定所需的抽样模拟次数十分重要。在计算置信度时,需要估计 $\sigma_I()$ 的值。应用 A.11 节,$\sigma_I()$ 由下式可得

$$\mathrm{var}[I()] = \int \cdots \int [I(G \leqslant 0)]^2 \mathrm{d}\boldsymbol{x} - J^2 \tag{3.10}$$

故而,样本方差可以表示为

$$S^2_{I(G\leqslant 0)} = \frac{1}{N-1}\left(\left\{\sum_{j=1}^{N} I^2[G(\hat{x}_j) \leqslant 0]\right\} - N\left\{\frac{1}{N}\sum_{j=1}^{N} I[G(\hat{x}_j) \leqslant 0]\right\}^2\right) \tag{3.11}$$

式中最后{}中的内容即为式(3.8)表示的均值,或者说是式(3.7)中在计算 P_f 时对 J_1 的估计值。

应用中心极限定理,可由下述给出的置信度公式确定模拟抽样试验的次数(J_1):

$$P(-k\sigma<J_1-\mu<+k\sigma)=C \tag{3.12}$$

式中:μ 为 J_1 的期望值,由式(3.8)给出;σ 由式(3.9)给出。例如,对于置信区间 $C=95\%$,$k=1.96$ 可由标准正态分布表得出(参见附录 D)。对于 σ 未知的情况,可根据式(3.11)对其进行估算,然而,这对于蒙特卡罗仿真的前期研究阶段并不是十分有效。

Shooman(1968)建议,当 $Np \geqslant 5$ 且 $p \leqslant 0.5$ 时,可采用二项分布参数 $\sigma=(Npq)^{1/2}$ 以及 $\mu=Np$ 对式(3.12)中的 σ 和 μ 进行估算,其中 $q=1-p$(参见式(A.20)及式(A.21))。将上述分布参数代入式(3.12),可以得到

$$P[-k(Npq)^{1/2}<J_1-Np<+k(Npq)^{1/2}]=C \tag{3.13}$$

如果 J_1 的真值与观测值之间的误差可以表示为 $\varepsilon=(J_1-Np)/Np$,将此误差代入式(3.13),可以很容易地得出 $\varepsilon=k[(1-p)/Np]^{1/2}$。因此,当样本量 $N=100000$,$p=p_{\mathrm{f}}=10^{-3}$(预期值)时,J_1 的误差(p_{f})在 95% 的置信度下(此时 $k=1.96$)将会低于 20%。

Broding(1964)等学者提出,在给定置信水平 C 的前提下,可以利用下述公式对抽样次数 N 进行初步估计:

$$N>\frac{-\ln(1-C)}{p_{\mathrm{f}}} \tag{3.14}$$

故而,当置信度为 95% 且失效概率 $p_{\mathrm{f}}=10^{-3}$ 时,所需要的抽样次数 N 将多于 3000 次。实际需要计算的变量数是独立基本变量的 N 倍。其他学者提出,根据所要估算的极限状态方程,在 95% 的置信限条件下,抽样模拟次数应在 10000~20000 次(Mann et al.,1974)。

上述"规则"尽管较为实用,但并未使分析人员明晰蒙特卡罗仿真具体能够达到的精度水平。为获得仿真能达到的精度,较为有效的方法是依据式(3.7)

及式(3.11)分别绘制出失效概率 p_f 及其方差估计值的图形。

通常情况下,从上述图形(见图3.3)可以看出,随着仿真次数的增加,上述测量值将逐渐减小,当抽样次数增加到一定程度时,上述测量值将趋于平稳。然而,上述图形的收敛速率及平稳性在一定程度上会取决于所采用的随机数生成器的效果。因此,在某些非理想情况下,有可能仅仅只是表面的稳定。

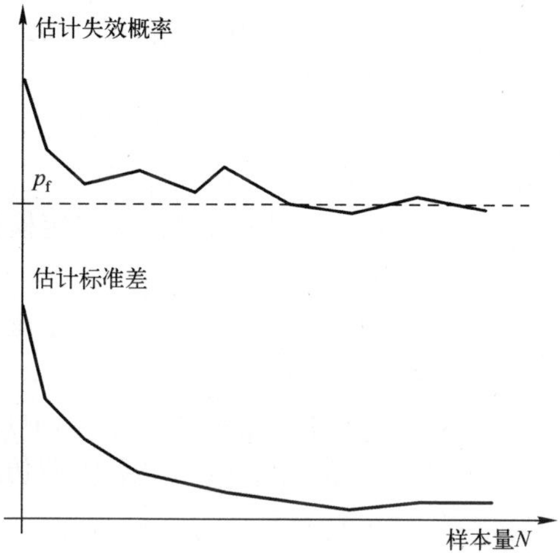

图3.3　样本量增大时失效概率估计的典型收敛方式

例3.3

设作用在一承受拉力部件上的应力 S 近似服从正态分布 $N(10.0,1.25)$,强度 R 近似服从正态分布 $N(13.0,1.5)$。当 R 与 S 相互独立时,试利用简单蒙特卡罗方法估算部件的失效概率。

利用积分式(1.16),需要对 R 与 S 同时进行仿真。为简便起见,下面仅就 R 及 S 分别选择10组样本,但实际计算时,通常需要取更多样本进行仿真。对于 R 的一个样本,如从随机数表(见附录E)中首先选择一个随机数 $\hat{u}_1=0.9331$。则根据式(3.4)及图3.1,利用附录D中给出的标准正态分布表,有 $\hat{x}_1=\Phi^{-1}(\hat{u}_1)=+1.49$。此时,样本值 $\hat{r}_1$ 可由下述方程式直接得出(参见附录A.5.7节):

$$\hat{x}_1=1.49=\frac{\hat{r}_1-\mu_R}{\sigma_R}=\frac{\hat{r}_1-10}{1.25}\quad 或\quad \hat{r}_1=15.24 \tag{3.15}$$

类似地,可以利用附录E中给出的另外的19个数值,计算出其余的9个样本值 $\hat{r}_i(i=2,\cdots,10)$ 以及 S 的10个样本值。S 的样本值可根据 $\hat{x}=\frac{\hat{s}-\mu_S}{\sigma_S}$ 求得。特别地,利用附录E中给出的第11个随机数,可求出 S 的第一个样本值 $\hat{s}_1=$

10.53,故而$\hat{r}_1>\hat{s}_1$。

此例中,仅有一组样本组合($\hat{r}_i,\hat{s}_i$)会导致部件失效(即 $\hat{r}_i<\hat{s}_i$),故而失效概率 $p_f\approx 0.1$,请读者自行验证此结论。显然,此时需要更多样本。由于 R 及 S 均服从正态分布,故而可由式(1.22)及附录 D 中的方法直接得出此例的精确结果为

$$p_f=\Phi\left[\frac{-(13-10)}{(1.5^2+1.25^2)^{1/2}}\right]=\Phi(-1.54)=0.0618 \tag{3.16}$$

例 3.4

当式(1.18)所示的积分用于蒙特卡罗分析时,通过与式(3.6)进行比较即可看出,这实质上就是用 $F_R(x)$ 来替代 $I[\ ]$。这就意味着,在计算时需要对 $F_R(\ )$ 在所有样本点上的均值进行估算。通过式(3.4)给出的反变换方法,令 $\hat{x}_i=F_S^{-1}(\hat{u}_i)$,其中 $\hat{u}_i$ 为某个随机数,如此一来,就可以借助概率分布 $f_S(\ )$ 获取样本点$\hat{x}_i$。

利用例 3.3 中所给出的数据,上述过程的计算流程如下。首先,从附录 E 中选取一个随机数,例如 $\hat{u}_1=0.9311$,则样本值 $\hat{x}_1$ 可由 $\hat{x}_1=F_S^{-1}(\hat{u}_1)$ 得到。在本例中,由于 $S=N(\ ,\ )$,则有 $\hat{x}_1=\Phi^{-1}(\hat{u}_1)=\Phi^{-1}(0.9311)=+1.49$,其中,$\hat{x}_1$ 为一标准正态分布变量。又因为 $\hat{x}_1=(\hat{s}_1-\mu_S)/\sigma_S$,可得出$\hat{s}_1=11.86$。借助上述样本值,我们可以首先通过计算 $\hat{v}_1=(\hat{s}_1-\mu_R)/\sigma_R=-0.76$,进而得出 $F_R(\hat{s}_1)=\Phi(\hat{v}_1)=0.2237$。利用附录 E 给出的余下 9 个随机数,对于其余的 9 个样本,可以得出类似的结果为(0.0631, 0.0188, 0.0918, 0.1075, 0.0075, 0.0136, 0.0005, 0.0021,0.0036)。上述 10 个结果 $F_R(\hat{s}_i)$ 的总和为 0.532,因此失效概率 $p_f\approx(1/10)\times 0.532=0.0532$。虽然上述结果相对于正确结果 0.0618 的误差为 14%,但对于样本数量仅为 10 个的情况来说已然可以接受。显然,计算结果的误差取决于随机数的选取以及样本点的数量。

3.3.6 方差缩减

由式(3.9)可以看出,方差 σ_I^2 的取值直接影响 J_1 方差的取值,而样本量 N 对 J_1 方差的影响与 σ_I^2 相反。这就意味着 J_1 的标准差和式(3.7)中蒙特卡罗方法的估计值与 $N^{-1/2}$成反比。通过对比可以得出,在一维积分问题中,当采用梯形法则进行计算时,误差的标准差与 N^{-2} 成反比;当采用 Simpson 法则进行计算时,误差的标准差与 N^{-4}成反比。显然,过慢的收敛速度是简单蒙特卡罗方法的一大缺陷,从而出现了所谓的“方差缩减技术”,该技术的核心步骤是找到可以减小 σ_I^2 的方法。

方差减缩只能够通过附加所需解决问题的先验信息进行。举例来说，从图 1.10 中可以明确看出，只有在 $f_R()$ 与 $f_S()$ 图形重叠区域，抽样方法才能够取得效果。将上述观测结果进行推广后，“重要抽样法”以及下文将要谈到的其他抽样技术就应运而生了。

现有的许多方差减缩技术所采用的方法大致相似。每种方法都将问题所涉及到的信息加以充分利用，从而把模拟计算过程限定在“重要”区域上。Rubinstein（1981）、Warner 及 Kabaila（1968）等人结合结构可靠性计算方法，对于简单蒙特卡罗中所采用的各种方差减缩技术进行了较为详细的阐述。

3.4 重要抽样法

3.4.1 重要抽样理论

式（1.31）中的多重积分可以通过引入示性函数 $I[\ ]$ 表示为式（3.6）的形式，同样，也可表示为如下形式：

$$J = \int \cdots \int I[G(\boldsymbol{x}) \leqslant 0] \frac{f_x(\boldsymbol{x})}{h_v(\boldsymbol{x})} h_v(\boldsymbol{x}) \mathrm{d}\boldsymbol{x} \tag{3.17}$$

式中：$h_v(\boldsymbol{x})$ 称为“重要抽样”概率密度函数，其定义将会在后续内容中进行详细叙述。再次对比式（A.10），式（3.17）可以表示为如下的期望公式：

$$J = E\left\{ I[G(v) \leqslant 0] \frac{f_x(\boldsymbol{v})}{h_v(\boldsymbol{v})} \right\} = E\left(\frac{If}{h} \right) \tag{3.18}$$

式中：$\boldsymbol{V}$ 为任一随机向量，其概率密度函数为 $h_v(\boldsymbol{v})$。显然，上述表达式要求对于所有 $\boldsymbol{V}$，$h_v(\boldsymbol{v})$ 存在且有 $f_x(\boldsymbol{v}) \neq 0$。将式（3.18）与 3.3.4 节中的相应公式对比可以看出，用 $I[\ ]f/h$ 代替相应的 $I[\ ]$ 即为式（3.18）。

J 的一个无偏估计由下式给出（参见式（3.7））：

$$p_{\mathrm{f}} \approx J_2 = \frac{1}{N} \sum_{j=1}^{N} \left\{ I[G(\hat{\boldsymbol{v}}_j) \leqslant 0] \frac{f_x(\hat{\boldsymbol{v}}_j)}{h_v(\hat{\boldsymbol{v}}_j)} \right\} \tag{3.19}$$

式中：$\hat{\boldsymbol{v}}_j$ 为重要抽样函数 $h_v()$ 的样本值向量。

显而易见，$h_v()$ 决定了样本的分布形式，故而，如何选择此分布函数就显得尤为重要。对式（3.9）及式（3.10）进行相应的分析可知，J_2 的方差为

$$\mathrm{var}(J_2) = \mathrm{var}\left(\frac{If}{h} \right) \Big/ N \tag{3.20}$$

其中

$$\mathrm{var}\left(\frac{If}{h}\right)=\int\cdots\int\left\{I[\ ]\frac{f_x(\boldsymbol{x})}{h_v(\boldsymbol{x})}\right\}^2 h_v(\boldsymbol{x})\,\mathrm{d}\boldsymbol{x}-J^2 \tag{3.21}$$

显然,若要获得 $\mathrm{var}(J_2)$ 的最小值,需要计算出式(3.21)的最小值。假设可通过下述公式确定 $h_v(\ )$:

$$h_v(\boldsymbol{v})=\frac{|I[\ ]f_x(\boldsymbol{v})|}{\int\cdots\int|I[\ ]f_x(\boldsymbol{v})|\mathrm{d}\boldsymbol{v}} \tag{3.22}$$

将式(3.22)代入(3.21),易得

$$\mathrm{var}\left(\frac{If}{h}\right)=\left(\int\cdots\int|I[\ ]f_x(\boldsymbol{v})|\mathrm{d}\boldsymbol{v}\right)^2-J^2 \tag{3.23}$$

如果被积函数 $I[\ ]f_x(\boldsymbol{v})$ 不变号,式(3.23)中的多重积分将等同于 J,因此有 $\mathrm{var}(If/h)=0$。当上述条件成立时,由式(3.22)可得到一个最优化 $h_v(\boldsymbol{v})$ 为

$$h_v(\boldsymbol{v})=\frac{I[G(\boldsymbol{v})\leqslant 0]f_x(\boldsymbol{v})}{J} \tag{3.24}$$

初看之下,式(3.24)对于所要解决的问题并没有实质上的帮助,原因在于我们仍然需要知晓待求积分 J。但是,如果仅能对 J 的值进行估计,上述过程也能够得以进行。因此,利用式(3.21)或式(3.23)可以缩减样本方差。显然,$h_v(\ )$应该可以表示成式(3.6)中被积函数与 J 的估计值的比值的形式。等价地,当 $h_v(\boldsymbol{v})/I[\ ]f_x(\boldsymbol{v})\approx$常数<1 时,方差得以缩减(Shreider,1966)。

如果式(3.23)中的被积函数在积分过程中符号改变,则需要在上述被积函数上附加一个足够大的常数从而保证上述积分成立。因此,当式(3.23)中的被积函数符号改变时,上述过程依然能够得到一个较弱的结果(Kahn,1956;Rubinstein,1981)。

从式(3.23)可以看出,当我们选择较为恰当的函数 $h_v(\ )$时,在被积函数非负的情况下,可以使所估计的 J 方差为0,这当然是一个理想的结果。然而,这也表示如果式(3.24)中 J 的初始估计值越有效,蒙特卡罗方法得出的计算结果会越好。相反,当函数 $h_v(\ )$ 选择不当时,样本方差则会相应的增大(Kahn,1956)。

3.4.2 重要抽样函数

通常情况下,选择最佳的 $h_v(\ )$ 函数并非易事,此时,可以根据先验信息选择一个较为合理的重要抽样函数。这样一来,在 n 维可靠性问题中,$G(\boldsymbol{x})\leqslant 0$ 所代表的区域是我们重点关注的,更为确切地讲,所需要关注的是上述区域中概率密度最大的部分。在二维可靠性问题中,上述区域即为图3.4中 x^* 点右侧的区域。一般情况下,由于并没有明确的界限,准确地识别上述区域可能较为困

难。然而,可以通过识别 x^* 间接地确定上述区域。此时,x^* 代表了极限状态方程 $f_x(\boldsymbol{x})$ 纵坐标最大处的点,也可称为“最大似然点”。对于绝大多数概率密度函数 $f_x(\boldsymbol{x})$,最大似然点 x^* 可直接通过数值方法求得。某些情况下,如 $f_x(\boldsymbol{x})$ 为矩形分布时,最大似然点 x^* 并不唯一。但由于 p_f 通常很小以至于 $f_x(\boldsymbol{x})$ 中满足 $G(\boldsymbol{x})\leqslant 0$ 的区域也很小,使得这些情况没那么重要。因此,选择合适的最大似然点 x^* 是有限的,这时,比较明智的做法是在 $f_x(\boldsymbol{x})$ 的概率密度最大点附近进行随机选择,从而可以获得较为合理的 x^*。

一旦确定了 x^*,接下来只需要根据分布函数 $f_x(\boldsymbol{x})$ 来确定 $h_v(\,)$,使得 $h_v(\,)$ 的均值点为 x^*。然而,更为合理的 $h_v(\,)$ 为 $h_v(\,)=\boldsymbol{\Phi}_n(\boldsymbol{v},\boldsymbol{C}_V)$,其中 $\boldsymbol{C}_V$ 为对角线元素为 $\boldsymbol{\sigma}_i^2$ 的严格对角阵,V 的均值点为 x^*。利用上述分布可以生成各随机变量的无偏样本点。同时,利用上述抽样方法也能够在最为关键区域的邻域内获得较大的抽样密度。将 x^* 作为 $h_v(\,)$ 的定位点进行选取,为 x^* 的确定提供了一个系统化的流程,这种方法具有明显优势,从图 3.4 中可以看出,对于双变量问题,极限状态方程 $G(\boldsymbol{X})=0$ 图形的样式或形状对所要解决的问题并无影响,这是由于 $h_v(\,)$ 的概率重心位于 x^*,样本空间包含的区域较宽泛。同样,$f_x(\boldsymbol{x})$ 的形式也无足轻重;随机变量 $\boldsymbol{X}_i$ 间的统计相关性也不会对上述抽样过程带来影响。

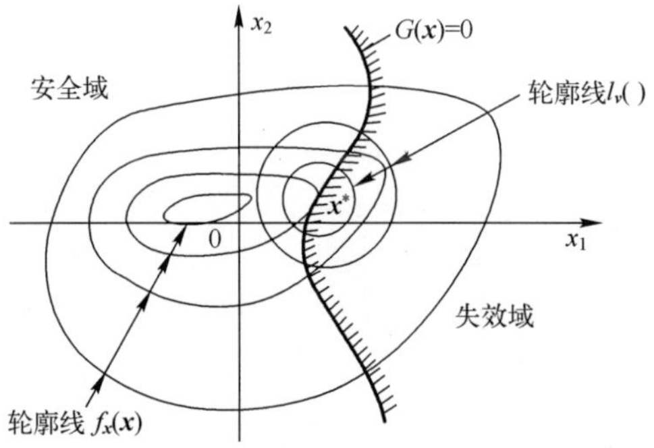

图 3.4　x 空间中的重要抽样函数 $l_v(\,)$

同样可以看出,除非 $G(\boldsymbol{X})=0$ 的非线性程度很高,否则通过 $h_v(\,)$ 获得的样本点的“成功”率大概为 50%,也就是说,样本点落在安全域和失效域内的机会近似相等。由此可以直接得出,在同样的置信水平下且随机变量的概率密度函数同为 $f_x(\boldsymbol{x})$ 时,利用 $h_v(\,)$ 进行抽样所需的样本点的数量将远远少于利用“直接”蒙特卡罗抽样方法(Melchers,1984;Engeland and Rackwitz,1993)。

考虑生成相同数量的落在“失效”域内的样本点(假设为 100)所需的抽样次数,可以对前述两种抽样方法的效率进行一个近似地对比。假设“成功”率为

50%,对于一个线性的极限状态函数来说,当 $h_v(\ )$ 的概率重心位于 x^* 时,重要抽样方法所需的抽样次数为 200 次左右。相反,假设 p 表示概率密度为 $f_{\boldsymbol{x}}(\boldsymbol{x})$ 的随机变量落在“失效”域内的概率,则在运用直接蒙特卡罗抽样方法时,平均需要进行 $100/p$ 次抽样。因此,当 p 的数量级为 $10^{-3}\sim10^{-5}$ 时,通常情况下,直接蒙特卡罗方法需要进行 $10^5\sim10^7$ 次抽样。同样,我们也可以对于抽样的置信水平进行类似的探讨,例如在式(3.12)中令“成功率”为 $p=0.5$。很重要的一个方面是,由于分析人员可以对 $h_v(\ )$ 进行选择,则 $h_v(\ )$ 中的随机变量可相互独立;而“直接”蒙特卡罗方法中需要确定随机向量 $\boldsymbol{X}$ 各变量之间的相关性(这是由于“直接”蒙特卡罗方法的抽样函数为 $f_{\boldsymbol{x}}(\boldsymbol{x})$!)。对于具有相关性的随机变量,由于获取方法具有的潜在复杂性(参见附录 B),我们有理由认为,在进行抽样模拟时,重要抽样方法比“直接”蒙特卡罗方法更为有效。

例 3.5

我们现在采用重要抽样方法对例 3.4 进行重新计算。由于 R 服从正态分布 $N(13,1.5)$,S 服从正态分布 $N(10,1.25)$,则重要抽样函数可选为 $N(11.5,1.3)$。故,随机数 $\hat{u}_i$(为方便比较,此处的随机数与前述算例中的随机数相同)可通过反正态变换转化为样本值 $\hat{x}_i$。前 4 行计算结果见表 3.1。此时的抽样函数为 $\phi(\hat{y}_i)$,其中 $\hat{y}_i=(\hat{x}_i-\mu_V)/\sigma_V$。利用方程式 F_Rf_S/h_V 替代式(3.17)中的 $I[\ ]f_X/h_V$,则对于例 3.4 中的 10 个样本,可以得出失效概率为 $p_f\approx(1/10)\times0.478=0.0478$。

表 3.1 重要度抽样:例 3.5

$\hat{u}_i$	$\hat{x}_i=F_1^{-1}(\hat{u}_i)=\Phi^{-1}(\hat{u}_i)$	$\hat{v}_i=1.3\hat{x}_i+11.5$	$h_V(\hat{v}_i)=\phi(\hat{x}_i)$	$F_R(\hat{v}_i)$		$f_S(\hat{v}_i)$		$\dfrac{F_R(\hat{v}_i)f_S(\hat{v}_i)}{h_V(\hat{v}_i)}$
				$\hat{r}_i=\dfrac{\hat{v}_i-13}{1.5}$	$F_R(\hat{v}_i)=\Phi(\hat{r}_i)$	$\hat{s}_i=\dfrac{\hat{v}_i-10}{1.25}$	$f_S(\hat{v}_i)=\dfrac{1}{\sigma_s}\phi(\hat{s}_i)^a$	
0.9311	+1.49	13.44	0.1315	0.29	0.6141	2.75	0.0073	0.0340
0.7163	+0.57	12.24	0.3391	−0.51	0.3050	1.79	0.6432	0.0578
0.4626	−0.09	11.38	0.3973	−1.08	0.1401	1.10	0.1743	0.0614
0.7895	+0.80	12.54	0.2897	−0.31	0.3783	2.03	0.0406	0.0530

注:表中的 a 由 $\phi(s)=[1/(2\pi)]^{1/2}\exp\left(-\dfrac{1}{2}s^2\right)$ 或由标准正态分布函数表获得

通过基于样本数量和重要抽样函数 $h_v(\ )$ 的数值试验可以看出,如果希望计算结果能够快速收敛,则需要对 $h_v(\ )$ 进行仔细遴选。通常情况下,随着 x_i^* 与 μ_{X_i} 间距离的增大,X_i 的标准差 σ_{V_i} 的数值也应该相应增加。

3.4.3 关于重要抽样函数的若干探讨

可以看出,对于不同形式的极限状态函数,前文所叙述的抽样函数是非常有效且稳健的(Engeland and Rackwitz,1993;Melchers and Li,1994)。然而,对于重要抽样函数,在其应用于实际问题中也可能存在着一些限制,本书在此给出如下需要解决的问题[Melchers,1991]:

(1) $h_v()$可能存在选择不当的情况,如可能选择的过于"平坦"或扭曲。

(2) 极凹的极限状态方程可能导致极低的抽样效率(见图3.5)。

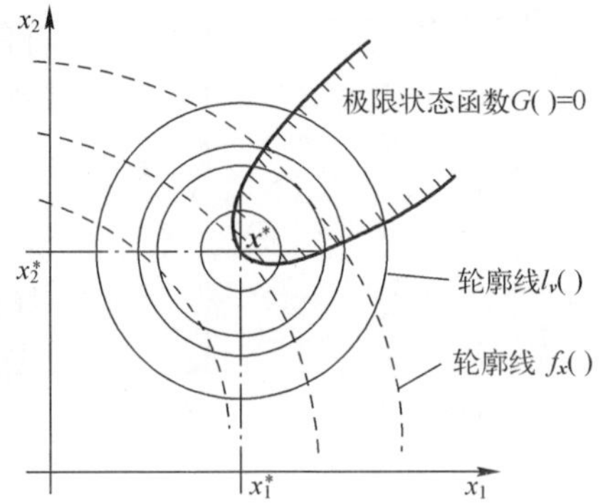

图3.5 极限状态函数在二维方向的高度凹陷带来的重要抽样方法的低效性

(3) 在下述情况下,最大似然点 x^* 有时并不能被唯一确定(见图3.6):

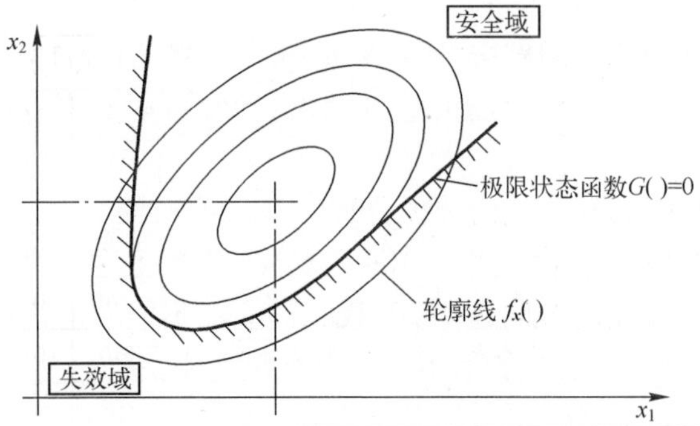

图3.6 x^*不唯一时的情况

① $f_x()$的轮廓较为"平坦"时。

② 在抽样区域内,极限状态方程 $G()=0$ 与 $f_x()$ 的一条等值线重合时。

③ 极限状态方程 $G()=0$ 不平滑(如为波纹状)且存在多个可选的最大似然点 x^* 时。

(4) 当$f_x()$为一多峰函数时,可能存在多个局部最大似然点。

对于上述情况涉及的案例,读者可以查阅相关文献。举例来说,图 3.7 中表示了$h_v()$的抽样重心位于两个最大似然点中间的情形。对于这个例子,应使用多峰的$h_v()$来处理较好,将在第 5 章中就结构系统中的多个极限状态方程问题进行进一步探讨。需要注意的是,上述问题并非只存在于重要抽样过程中,其中的(2)、(3)以及(4)同样会对 FOSM 方法带来困难。

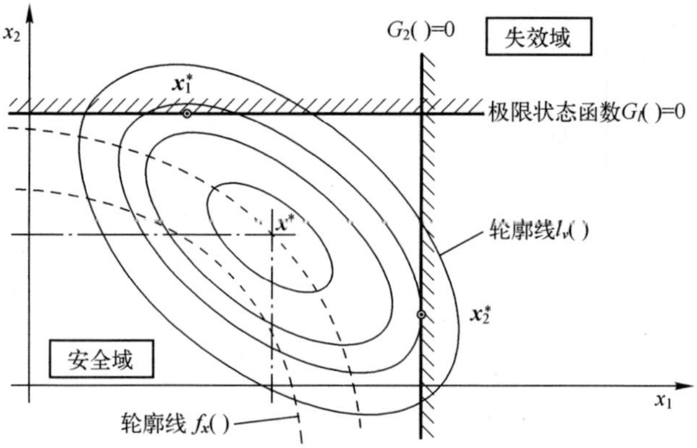

图 3.7 双极大似然点共存情况下$h_v()$的不合理选择

一般来说,针对问题所选择的$h_v()$应尽量与失效域的形状一致。当极限状态方程曲面近似为球面或部分近似球面时,可以采用多维正态概率密度函数构造出抽样重心在球面极限状态方程原点的函数$h_v()$,并排除所有落在安全域内的样本点。此时,在二维问题中,所得到的抽样函数$h_v()$的形状类似于一个中间有孔的面包圈。但是,对上述的特殊情况,通常可以利用方向抽样方法来更有效地解决问题(参见 3.5 节)。

上述例子再一次说明,如何选择合理的$h_v()$有时候需要依靠一定程度的直觉或可以将其看成是一门“艺术”(Kahn,1956)。上述方法对于多维可靠性问题并不十分有效,且在高维问题中,多数时候我们不能够通过函数的图形对重要抽样函数进行选取。对于如何不借助可视化途径获取到“最优”$h_v()$,相关学者给出了许多不同的方法,本章的后续内容将对一些较为重要且可行的改进抽样方法进行叙述。

3.4.4 改进的抽样函数

如 3.4.1 节中所述,重要抽样函数$h_v()$在失效域内与$f_x()$越接近,该方法越为有效。如何在某种程度上获取较优的$h_v()$,一些学者给出了不同的解决方法。

一个简单的想法是可以“检查”$h_v(\,)$包含的部分区域，也就是说，避免在那些明显对整体失效概率无贡献的区域抽样。图 3.8 中，$f_x(\,)>f_x(\boldsymbol{x}^*)$所表示的区域可以排除，原因在于这部分对于结构的失效概率计算并不会产生任何影响（Melchers，1989a）。同样的情况也可以应用于标准正态空间 y 中（Harbitz，1986），此时标准正态空间为以β为半径的不完全区域，β为可靠度系数，详细讨论参见第 4 章。

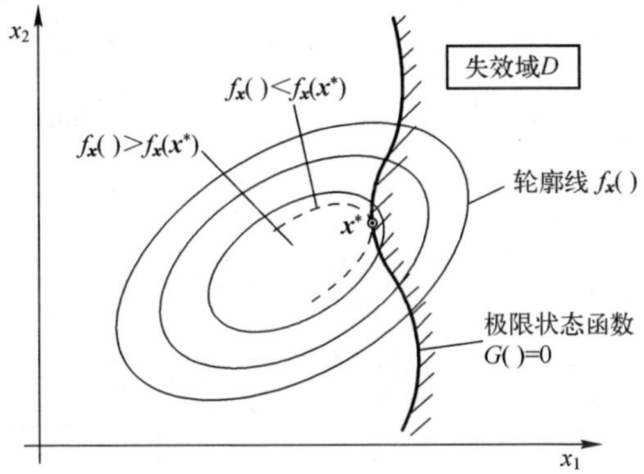

图 3.8　在点 x^* 处进行重要抽样的有效区域

另一种改进的重要抽样方法可以像下面这样进行：首先，试选择一个 $h_v(\,)$ 并进行初步抽样。如此一来，可以逐渐对 $h_v(\,)$ 进行修正，从而使计算结果逐步收敛于所要计算的结构失效概率。这里，在选择初始的重要抽样函数时，可令 $h_v(\,)$为 k 个基本初选抽样密度函数 $h_{vj}(\,)$的线性组合：

$$h_v(\boldsymbol{x}) = \sum_{j=1}^{k} \omega_j h_{vj}(\boldsymbol{x}) \tag{3.25}$$

式中：$\omega_j(j=1,\cdots,k)$为权重系数，其值可通过使 $h_v(\,)$的形状在失效域内逼近 $f_x(\,)$获得。如果选择函数$f_x(\,)$的表达式一部分作为 $h_v(\,)$，并使得 $h_v(\,)$具有更小的标准差，其中心位于某个初始样本点$\hat{\boldsymbol{x}}_j^*$，此时权重系数 ω_j 可表示为（Karamchandani et al.，1989）：

$$\omega_j = \frac{f_x(\hat{\boldsymbol{x}}_j)}{\sum_{r=1}^{j} f_x(\hat{\boldsymbol{x}}_r)} \tag{3.26}$$

式中：$\hat{\boldsymbol{x}}_j$ 为一样本向量。式（3.26）意味着，此时的 ω_j 与样本向量$\hat{\boldsymbol{x}}_j$ 对（当前）概率的贡献成正比。当通过初步抽样计算出各个权重系数 ω_j 时，可继续进行重复抽样对 ω_j 进行更新，进而可以较好地对失效概率进行估计。为避免更新后的重要抽样函数 $h_{vj}(\,)$与更新前的函数过于接近，应尽量忽略那些距离 $h_{vj}(\,)$中心较近(如小于某一距离 d_0)的样本点。

另一种略微不同的方法是,在估算失效概率 p_f 时通过使方差最小化的方法对权重系数 ω_j 进行更新,进而对重要抽样函数 $h_v(\ )$ 进行修正。通过设置权重(或"核")的方法可借助有限次的蒙特卡罗抽样来估算失效概率 p_f。通过对每个 $h_{vj}(\ )$ 的形式进行优选,利用式(3.25)构造的抽样密度函数 $h_v(\ )$ 进行抽样,可改善失效概率 p_f 的估算精度。

在上述两种方法中,初始 $h_{v_j}(\ )$ 的位置都是通过初始抽样方法(蒙特卡罗方法或某种重要抽样方法)获得的样本点 $\hat{X}_j$ 来确定的。这就意味着,在改进的重要抽样方法中,后续抽样过程的效率十分依赖于初始抽样点,也就是初始抽样密度函数。通过附加样本获取更多可用信息来修正抽样密度,该方法可以解决这些问题。

一些文献中指出,$h_v(\ )$ 也可以利用在重要抽样域内对 $f_x(\ )$ 的形状和梯度进行逼近的方法获得,这种方法在失效概率极低且具有显式极限状态函数的情况下十分有效。

3.4.5 搜索或自适应技术

前文已经指出,对于任意一个极限状态方程,重要抽样概率密度函数"最好"的位置为最大似然点(或设计点)。通常情况下,特别是对于高维问题,对最大似然点(设计点)往往无从得知,因而需要进行先验分析确定其位置。利用搜索方法进行搜寻最大似然点不失为一种解决上述问题的方法,这种方法需以最大似然点位于极限状态面上为约束条件。利用搜索方法可以确定所求的 $h_v(\ )$ 的位置。在此过程中,结合搜索过程提供的信息,也可对 $h_v(\ )$ 进行适当的修正。

利用上述搜索方法时,首先需要选择 $h_v(\ )$ 的初始位置(由均值向量表示)和函数形式(由协方差矩阵表示)。随后,需抽取一定数量的样本点,利用上述样本点中落入失效域内的部分估算条件均值向量 $\boldsymbol{\mu}_X$ 以及协方差矩阵 $\boldsymbol{C}_X$。利用 $\boldsymbol{\mu}_X$ 及 $\boldsymbol{C}_X$,对原始均值向量及协方差矩阵进行更新,继而可以重新确定 $h_v(\ )$ 的位置及其函数形式(Bucher,1988)。此外,在位于失效域内的样本点中,可以选择 $f_x(\ )$ 最大值所对应的样本点作为最佳样本点对 $h_v(\ )$ 进行重新定位。

确定 $h_v(\ )$ 初始位置的一种方法是在一个区域中选择失效概率较大的点作为其初始点(Karamchandani, et al. 1989)。通过估计选择点上 $G(\ )$ 的值和安全域上任意其他点的 $G(\ )$ 来改进选择,对上述两点进行线性插值,估算 $G(\ )=0$ 的点,从而获得更准确的初始位置点(Melchers,1989b)。对于搜索方法,可能出现的一类情形是,搜索结果可能收敛于次最优点(也就是说,可能存在多个局部最大似然点，参见图 3.6）。

各点出现的概率值对全局失效概率评估的贡献度，将决定是否对上述各点加以考虑。在上述点中，如果有些对失效概率的贡献较小，可以在一定程度上避免收敛到局部最优点（Der Kiureghian and Dakessian，1998）。通常，分析人员需对所要解决问题的物理背景有较好的理解，如此才能够选择恰当的初始点。当然，选用多个不同的初始点也不失为一种好方法。

当局部最大似然点对失效概率的贡献并不非常小时（这种情况可能出现在有多个极限状态方程的结构系统中），可以采用多方式抽样函数。这种情况将在第 5 章进行深入探讨。

在任意时刻，如果所有的抽样点都用于估算失效概率时，式（3.17）可写为（Melchers，1990a）：

$$p_f = J_3 = \sum_{j=1}^{N_1}\left\{\frac{I[{}_1\hat{\boldsymbol{v}}_j]f_X([{}_1\hat{\boldsymbol{v}}_j])}{N_1 h_v({}_1\hat{\boldsymbol{v}}_j)}\right\} + \sum_{j=N_1+1}^{N_2}\left\{\frac{I[{}_2\hat{v}_j]f_X([{}_2\hat{\boldsymbol{v}}_j])}{N_2 h_V({}_2\hat{\boldsymbol{v}}_j)}\right\} + \cdots \quad (3.27)$$

式中：${}_1h_V(\,)$为初始重要抽样函数，其生成样本点数量为 N_1；${}_2h_v(\,)$为修正的抽样函数，可用其生成后续(N_2-N_1)个样本点，依此类推；$I[{}_kh_v]$为 $I[\cup_{k=1}^{m}\{G_i({}_k\hat{\boldsymbol{v}}_j)\leqslant 0\}]$的简略形式，代表了 m 个极限状态方程。若在搜索过程中利用到 n 个重要抽样分布，则所需样本总数为 $N=N_n$。

显然，式(3.27)右侧各项中 $I[\,]f_X/{}_kh_v$的方差直接影响到 J_3的值，且其中各个抽样密度之间并非相互独立，因此，当 $N\to\infty$ 时，抽样过程在直观上显然是收敛的，且当式(3.27)右侧各个项的方差最小时，J_3也将为其最小值。

3.4.6　灵敏度

如果需要估计一个或多个随机变量的变化对失效概率的影响，通过对比改变随机变量的两次蒙特卡罗抽样，不会带来什么帮助。这是由于失效概率的变化是通过两次输出结果的差值得到的，而结果变化量的方差却来自于两个方差之和，故而搜索得到的结果会带有相当程度的不确定性。在两种概率估计中，利用相同的随机样本数设置可以避免该问题。此时，由于在估计失效概率时样本之间存在相关性，总体方差会小于独立计算时的方差。这种抽样方法有时也被称作“相关性”抽样(Rubinstein，1981)。

如果极限状态方程是可解析的，则偏微分$\partial G/\partial X_i$ 可以表示 $G(\boldsymbol{X})$对于 X_i变化的敏感程度，但如此得出的结果很难加以对比，除非各个随机变量 X_i 的方差十分接近并且各个随机变量相互独立。对于相互独立的随机变量，$G(\boldsymbol{X})$对于 X_i变化的敏感程度的一个近似可测指标为 $c_i\approx(\sigma_{X_i}^{-1})\,\partial G(\,)/\partial X_i$。此指标可与 4.4.3 节所提到的灵敏度系数 α_i 进行比较。

在重要抽样方法中,p_f 对于随机变量变化的敏感程度可通过如下过程进行描述。未变化前的 p_f 可由式(3.6)给出,而在改进的重要抽样方法中(令随机变量 x_i 发生变化),失效概率的估计值可写作:

$$p_f + \Delta p_i = \int_D f_{x+\Delta X_i}(\boldsymbol{x})\mathrm{d}\boldsymbol{x} = \int_X I[\boldsymbol{x}]\frac{f_{x+\Delta X_i}(\boldsymbol{x})}{h_{\boldsymbol{x}}(\boldsymbol{x})}f_x(\boldsymbol{x})\mathrm{d}\boldsymbol{x} \tag{3.28}$$

$$\approx \frac{1}{N}\sum_{j=1}^{N} I[\hat{\boldsymbol{x}}_j]\frac{f_{x+\Delta X_i}(\hat{\boldsymbol{x}}_j)}{h_{\boldsymbol{x}}(\hat{\boldsymbol{x}}_j)} \tag{3.29}$$

其中,相同的样本集合 $\hat{\boldsymbol{x}}_j$ 用来计算式(3.29)。由于 $I[\hat{\boldsymbol{x}}_j]$ 在利用式(3.7)计算 p_f 的过程中可以得出,故而式(3.29)的计算量非常小。上述计算过程的前提条件是假设在随机变量发生微小变化时,样本空间保持不变。此方法对于在参数集 θ 中发生变化的参数 θ_i 同样适用(Melchers,1991)。此时,灵敏度可以表示为

$$S_i = [(p_f+\Delta p_i)-p_f]/\Delta x_i \tag{3.30}$$

对于 θ_i 也有类似的结论。

对于参数 θ_i,灵敏度 S_i 也可表示为如下形式(Karamchandani and Cornell,1991a):

$$S_i = \frac{\partial p_f}{\partial \theta_i} = \frac{\partial}{\partial \theta_i}\int I[\boldsymbol{x}]f_x(\boldsymbol{x})\mathrm{d}\boldsymbol{x} \tag{3.31}$$

3.5 方向仿真

3.5.1 基本概念

到目前为止,本书对于失效概率的估算都是在笛卡儿坐标系中进行的。Deák(1980)在其进行多变量标准正态分布函数计算的研究成果中提出了极坐标方法。极坐标正态空间仿真方法应运而生,这种方法被称作“方向仿真”(Ditlevsen,et al.,1987)。

为简便起见,本书将方向仿真的讨论范畴限定于标准正态空间,此处标准正态空间用 y 表示。本节将给出方向抽样的基本概念。3.5.2 节将针对重要抽样的应用进行探讨。3.5.3 节将把仿真过程重新放在原始空间 x 进行。

在 y 空间内,将 n 维正态向量 Y 表示为 $Y=RA$,A 为一表示方向余弦的独立随机向量,代表了 y 空间内的各个方向。在最简单的情况中,A 服从均匀分布,其概率密度函数 $f_A(\ )$ 位于 n 维单一(超)球面 Ω_n 上。由基本概率理论可知

(Benjamin and Cornell, 1970), R_2服从 n 自由度的卡方分布,其中 R 表示径向距离。假设 R 与 $\boldsymbol{A}$ 相互独立,则在 $\boldsymbol{A}=\boldsymbol{a}$ 的条件下,概率积分式(1.31)可重新写作(Bjerager, 1988):

$$p_{\mathrm{f}} = \int_{\boldsymbol{a}} P[g(R\boldsymbol{A}) \leqslant 0 \mid \boldsymbol{A} = \boldsymbol{a}] f_{\boldsymbol{A}}(\boldsymbol{a}) \mathrm{d}\boldsymbol{a} \tag{3.32}$$

式中:$f_{\boldsymbol{A}}(\,)$为 $\boldsymbol{A}$ 的概率密度函数,位于单位(超)球面之上,$g(\,)=0$ 为 $\boldsymbol{y}$ 空间内的极限状态方程。利用式(3.32)进行仿真时,首先随机生成一个服从标准正态分布的单位向量 $\hat{\boldsymbol{a}}_j$,沿此单位向量的方向进行抽样仿真,直至在 $R=r$ 处满足极限状态方程(图 3.9),也就是说,直至 $g(r\hat{\boldsymbol{a}}_j)=0$,由此可确定式(3.32)中的 r,此过程通常需要采用试错法进行。对于给定的"半径"r,相应的失效概率可通过下式进行计算:

$$p_j = P[g(r\hat{\boldsymbol{a}}_j) \leqslant 0] = 1 - \chi_n^2(r) \tag{3.33}$$

式中:$\chi_n^2(\,)$为 n 自由度的卡方分布函数。重复上述过程,对于从 A 抽取的 N 个样本,失效概率的无偏估计式可由下式给出:

$$p_{\mathrm{f}} \approx E(\hat{p}_{\mathrm{f}}) = \frac{1}{N}\sum_{j=1}^{N} \hat{p}_j \tag{3.34}$$

失效概率的方差可由式(3.35)进行估算:

$$D[p_{\mathrm{f}}]^2 \approx \frac{1}{N-1}\sum_{j=1}^{N} (\hat{p}_j - E[\hat{p}_{\mathrm{f}}])^2 \tag{3.35}$$

上述方法的主要优点在于$\chi_n^2(\,)$可利用解析方法或查阅相应的标准表格进行计算,故而可以有效减少积分阶次。进一步讲,由于大多数或全部的方向样本 $\hat{\boldsymbol{a}}_j$ 均能利用于式(3.34)的计算,故而方向抽样方法对于极限状态曲面近似于(标准正态空间 $\boldsymbol{y}$ 中)球面的问题特别有效。这样一来,方向抽样方法所需的样本量将大大少于在笛卡儿坐标系中进行的重要抽样方法所需的样本量规模。特别地,对于极限状态方程为一位于标准正态空间中的(超)球面的情况,方向抽样方法中仅需一个方向样本(以此确定抽样半径),此时式(3.33)可立即给出"准确"的计算结果。

反过来讲,对于平面内的一个或少数几个极限状态方程仿真时,方向抽样方法并不十分有效(Engelund and Rackwitz, 1993)。然而,对于一些特殊问题,方向抽样方法依然十分有效,将在 3.5.4 节中讨论一个重要的实际案例。

在运用方向抽样方法时,需要注意以下几点:

(1) $\boldsymbol{A}$ 的抽样值 $\hat{\boldsymbol{a}}_j$ 可利用 $\hat{\boldsymbol{a}}_j=\hat{\boldsymbol{u}}_j/\|\hat{\boldsymbol{u}}_j\|$ 得出,其中 $\hat{\boldsymbol{u}}_j$ 为 $\boldsymbol{U}$ 的一个样本向量,其分量均服从同一分布,$\|\hat{\boldsymbol{u}}_j\|$ 为 $\hat{\boldsymbol{u}}_j$ 的范数。(Ditlevsen, et al. 1988)

(2) 可利用与抽样向量 $\hat{\boldsymbol{a}}_j$ 方向相反的向量改进抽样效率。(Rubenstein, 1981)

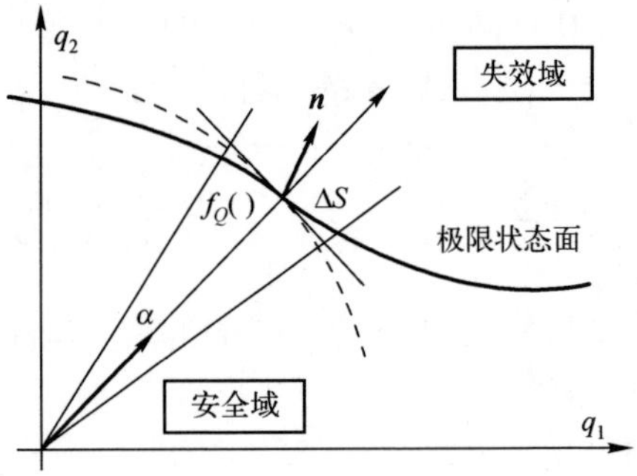

图 3.9　$\boldsymbol{A}=\boldsymbol{a}$ 方向上的径向抽样样本及其与 $R=r$ 处极限状态的交点，以及隐式球面极限状态方程

(3) $g(r\hat{\boldsymbol{a}}_j)=0$ 可能存在多个解，如图 3.10 所示(Bjerager，1988；Engelund and Rackwitz，1993)，因此在确定极限状态方程时应特别予以注意。

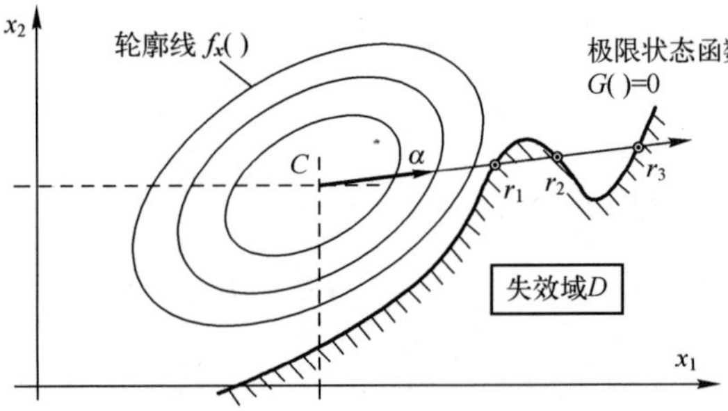

图 3.10　标准正态空间中 $g(r\hat{\boldsymbol{a}}_j)=0$ 解的多值性

(4) 在求解 $g(r\hat{\boldsymbol{a}}_j)=0$ 时，并不要求极限状态方程为显式方程。然而，当需要极限状态方程的显式形式时，可以采用响应面方法拟合出极限状态方程的显式表达式(参见第 5 章)。

3.5.2　基于重要度抽样的方向仿真

我们依旧在 $\boldsymbol{y}$ 空间内进行问题的讨论，在方向仿真过程中，如果需要确定一个特定方向的向量 $\boldsymbol{A}$，可采用重要抽样方法对位于单位球面上的均匀分布函数 $f_{\boldsymbol{A}}()$ 进行修正。依照式(3.17)，式(3.32)可修正为

$$p_{\mathrm{f}}=\int_{\boldsymbol{b}}P[g(R\boldsymbol{B})\leqslant 0\,|\,\boldsymbol{B}=\boldsymbol{b}]\frac{f_{\boldsymbol{A}}(\boldsymbol{b})}{h_{\boldsymbol{B}}(\boldsymbol{b})}h_{\boldsymbol{B}}(\boldsymbol{b})\mathrm{d}\boldsymbol{b} \tag{3.36}$$

式中：$h_{\boldsymbol{B}}(\boldsymbol{b})$ 为位于单位球面上的重要抽样概率密度函数。对于来自于 $h_{\boldsymbol{B}}(\boldsymbol{b})$ 的任意样本 $\hat{\boldsymbol{b}}_j$，对应的失效概率样本值为

$$p_j = P[g(R\hat{\boldsymbol{b}}_j) \leqslant 0]\frac{f_{\boldsymbol{A}}(\hat{\boldsymbol{b}}_j)}{h_{\boldsymbol{B}}(\hat{\boldsymbol{b}}_j)} \tag{3.37}$$

式(3.37)可用于式(3.33)、式(3.34)及式(3.35)的计算。

显然,$h_{\boldsymbol{B}}(\boldsymbol{b})$的值必须不为零。如前所述,一个理想的抽样密度函数需能够立即预计出失效概率 p_{f},当然,针对所要解决的问题,其特点的先验信息对于选取恰当的 $h_{\boldsymbol{B}}(\boldsymbol{b})$也十分必要。在标准正态空间 $\boldsymbol{y}$ 中,设计点的确定可以对上述抽样过程带来一定的帮助(见图 3.4 及第 4 章)。理想的抽样密度函数仅能够节约一些理想化问题,包括 n 维空间中的平面问题(Bjerager,1988)。概括来讲,一个混合抽样密度函数可定义为

$$h_{\boldsymbol{B}}^{c}(\boldsymbol{b}) = (1-q)\cdot f_{\boldsymbol{A}}(\boldsymbol{b}) + q\cdot f_{\boldsymbol{B}}(\boldsymbol{b}),\quad 0\leqslant q\leqslant 1 \tag{3.38}$$

图 3.11 给出了一个二维标准正态空间中的一个示例。式(3.28)中,q 的选择可以是任意的。然而,对于极限状态曲面的形式来说,极限值 $q=0$ 及 $q=1$ 显然分别表示无信息及充分信息的情况。这种方法可用于理想塑形框架结构的可靠性分析(Ditlevsen and Bjerager,1989)。

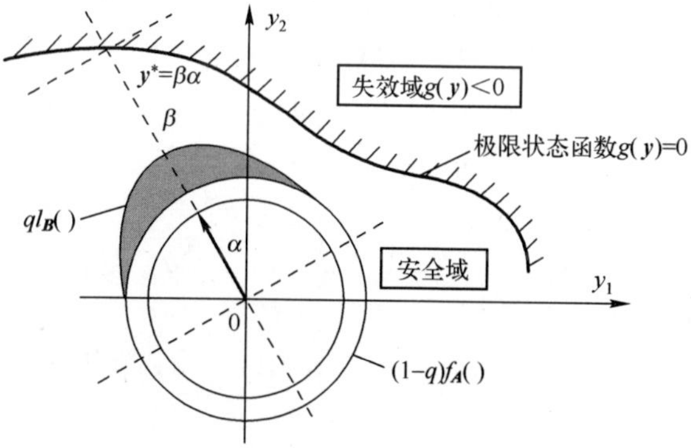

图 3.11 混合抽样函数 $h_{\boldsymbol{B}}^{c}(\boldsymbol{b})$

3.5.3 广义方向仿真

方向仿真方法亦可在原始($\boldsymbol{x}$)空间内进行,但此时卡方分布对于解决问题带来的优势将不复存在,这一点在下文中可以看出。

现在,考虑空间 $\boldsymbol{x}$ 以及相应的极坐标系统,可以将二者的中心定位于一个较为便利的位置,例如 $\boldsymbol{c}=\boldsymbol{\mu}_{X(\mathrm{original})}$,其中 $\boldsymbol{\mu}_{X(\mathrm{original})}$ 表示 $\boldsymbol{x}$ 空间中各随机变量 X_i 的均值向量。为使得各随机变量 X_i 的度量单位接近于一致从而有利于问题的解决,可以考虑采用尺度变换的方法,同时,这也将有助于得到更为合理的抽样函数(Ditlevsen et al.,1990)。

此时,概率积分式(3.17)可以采用极坐标的形式表示为

$$p_{\mathrm{f}}=\int\cdots\iint_{A\,R} I[\ ]f_{\boldsymbol{X}}(r\boldsymbol{a})r^{(n-1)}\mathrm{d}r\mathrm{d}\boldsymbol{a} \tag{3.39}$$

式中:$\boldsymbol{A}$ 为单位方向向量(即方向余弦);$R\geqslant 0$ 表示 n 自由度随机变量的半径,且有 $\boldsymbol{X}=R\boldsymbol{A}$,$\boldsymbol{A}=\boldsymbol{X}/\|\boldsymbol{X}\|$ 以及 $R=|\boldsymbol{X}|$。对于在标准正态空间内进行的方向抽样仿真过程,R 不必与 $\boldsymbol{A}$ 相互独立。令 E_j 为作用于 j 的期望算子,式(3.39)可直接表示为

$$p_{\mathrm{f}}=\boldsymbol{E}_A E_R\{I[\ ]r^{(n-1)}\} \tag{3.40}$$

或者,只利用 $\boldsymbol{A}$ 进行抽样并沿 R 进行积分,则式(3.39)亦可写作:

$$p_{\mathrm{f}}=E_A\left\{\int_R I[\ ]f_{X|A}(r\boldsymbol{a}|\boldsymbol{a})r^{(n-1)}\mathrm{d}r\right\} \tag{3.41}$$

式中:$f_{X|A}$ 为 $\boldsymbol{X}$ 空间中以半径方向 $\boldsymbol{A}=\boldsymbol{a}$ 为条件的概率密度函数。通过将式(3.41)与式(3.33)及式(3.34)加以比较,可以看出,式(3.41)中将卡方分布替换成了{}中的积分。

将重要抽样方法应用于上述过程,若

$$h_{\boldsymbol{Z}}(r\boldsymbol{a})=h_{\boldsymbol{A}}(a)h_{R|\boldsymbol{A}}(r|\boldsymbol{a}) \tag{3.42}$$

为重要抽样概率密度函数,其中 $\boldsymbol{Z}=R\boldsymbol{A}$,且若如前所述,$h_{R|\boldsymbol{A}}(\ )$ 为半径方向上的抽样密度函数,$h_{\boldsymbol{A}}(\ )$ 为单位球面上的抽样密度函数,则此时式(3.40)及式(3.41)分别为(Melchers,1990b):

$$p_{\mathrm{f}}=E_{\boldsymbol{A}}E_R\left\{I[\ ]h_{\boldsymbol{A}}(a)\frac{f_{\boldsymbol{X}}(r\boldsymbol{a})r^{(n-1)}}{h_{R|\boldsymbol{A}}(r|\boldsymbol{a})}\right\} \tag{3.43}$$

仿真径向积分和

$$p_{\mathrm{f}}=E_{\boldsymbol{A}}\left\{\int_R I[\ ]\frac{f_{X|A}(r\boldsymbol{a}|\boldsymbol{a})r^{(n-1)}\mathrm{d}r}{h_{\boldsymbol{A}}(\boldsymbol{a})}\right\} \tag{3.44}$$

显式解析形式的径向积分。

读者应注意到,对于每一个重要抽样函数 $h_{\boldsymbol{A}}(\ )$ 及 $h_{R|\boldsymbol{A}}(\ )$,都可以赋予它们合理的函数性质,这将取决于分析人员对于问题的熟知程度。特别地,对于单位球面区域上的均匀分布函数,$h_{\boldsymbol{A}}(\ )$ 可相应地简化为 $h_{\boldsymbol{A}}(\ )=1/S_A$,其中 S_A 为 n 维单位球的"表面积"(Melchers,1990b)。同时,当在半径方向上研究重要抽样函数 $h_{\boldsymbol{R}|\boldsymbol{A}}(\ )$ 时,可能注意到,极限状态方程通常会距离均值点或点 $\boldsymbol{c}=\mu_{X(\mathrm{original})}$ 非常之远。上述情况表明,在安全域内,$h_{R|\boldsymbol{A}}(\ )$ 的数值通常会非常小,且当 r 值增大并靠近极限状态面时,$h_{R|\boldsymbol{A}}(\ )$ 随之增大。

标准正态空间 $\boldsymbol{y}$ 与原始空间 $\boldsymbol{x}$ 中的方向抽样仿真方法的对比(参见第4章及附录B)表明,对于较为简单的问题,二者的精度和效率几乎相同(Ditlevsen et al.,1990)。

3.5.4 荷载空间内的方向仿真

很多时候,并非必须将所有的随机向量以及计算过程全部放在极坐标空间内才能够解决问题,在许多问题中,可以将荷载与抗力(强度)进行分离,并在荷载(过程)空间内进行方向抽样仿真。这种方向仿真方法多被用于分析结构系统的可靠性问题(参见第5章),以及荷载必须表示为随机过程的情况(参见第6章)。本书将在接下来的内容中给出一些基本概念,并讲解如何对结构的强度进行描述。同时,本书将在第5章及第6章中给出下述方法在系统及荷载过程中的应用。

3.5.4.1 基本概念

假设荷载过程 $\boldsymbol{Q}(t)$ 所在的 m 维空间为进行方向抽样的空间,通常情况下,由于只有少数荷载作用于结构上,故此荷载过程一般为低阶次过程。仅考虑单一载荷情况,其作用线不随时间变化,我们将基于第1章中的式(1.18)及图1.9,进行下面的讨论。

令 $\boldsymbol{R}=\boldsymbol{R}(\boldsymbol{X})$ 表示荷载空间中的结构强度,其中,$\boldsymbol{R}$ 的每个分量都直接对应于 $\boldsymbol{Q}$ 的一个分量。$\boldsymbol{R}$ 的联合概率密度函数为 $f_{\boldsymbol{R}}(\,)$。N 维随机向量 $\boldsymbol{X}$ 囊括了结构材料、尺寸等影响荷载过程的所有随机变量。下文中利用传统的极限状态方程 $G(\boldsymbol{x})=0$ 来描述在荷载过程空间的概率“界限”(见图3.12)。

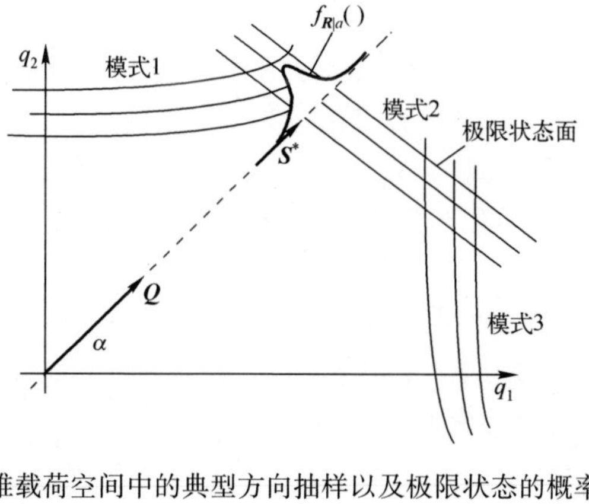

图3.12 二维载荷空间中的典型方向抽样以及极限状态的概率描述与实现

由式(1.18)及式(3.32)可知,结构的失效概率可表示为(Corotis and Nafday,1989):

$$p_{\mathrm{f}}=\int_{\substack{\text{unit}\\\text{sphere}}} f_{\boldsymbol{A}}(\boldsymbol{a})\int_0^{\infty}F_{\boldsymbol{R}|\boldsymbol{A}}(q\,|\,\boldsymbol{a})f_{Q|\boldsymbol{a}}(q\,|\,\boldsymbol{a})\,\mathrm{d}q\mathrm{d}\boldsymbol{a} \tag{3.45}$$

式中：$f_{Q|\boldsymbol{a}}(\ )$为 m 维荷载(过程)向量 $\boldsymbol{Q}(t)$ 的条件概率密度函数；$F_{\boldsymbol{R}|\boldsymbol{A}}(\ )$为结构抗力 $\boldsymbol{R}=\boldsymbol{R}(\boldsymbol{X})$ 的条件累计概率分布函数，二者均以给定的半径方向 $\boldsymbol{A}=\boldsymbol{a}$ 为前提条件。

式(3.45)也可表示为

$$p_{\mathrm{f}}=\int_{\substack{\text{unit}\\\text{sphere}}} f_{\boldsymbol{A}}(\boldsymbol{a})\left[\int_{S} p_{\mathrm{f}}(s\mid\boldsymbol{a}) f_{S|\boldsymbol{A}}(s\mid\boldsymbol{a})\,\mathrm{d}s\right]\mathrm{d}\boldsymbol{a} \tag{3.46}$$

式中：S(标量)为结构强度在半径方向的长度，其条件概率密度为 $f_{S|\boldsymbol{A}}(\ )$，$p_{\mathrm{f}}(s\mid\boldsymbol{a})$ 则为结构抗力为 $S=s>0$ 时的条件失效概率。$\boldsymbol{R}$ 与 S 间的关系由 $\boldsymbol{R}=S\boldsymbol{A}+\boldsymbol{c}$ 描述，其中 $\boldsymbol{c}$ 为方向抽样仿真的起始点(参见前述各节)。

此时，我们可以采用计算基本概率积分式(1.18)的任意一种方法，在各个半径方向上对 $p_{\mathrm{f}}(s\mid\boldsymbol{a})$ 进行计算，这些方法包括：①直接积分法(参见 1.4.5 节及本章前述内容)；②仿真方法(见 3.3 节及 3.4 节)，一次二阶矩方法(FOSM)以及一阶可靠性方法(FOR)(详见第 4 章)。前文已经指出，可以利用方向抽样方法给出 $\boldsymbol{A}$ 的首选方向。

式(3.46)给出了在荷载空间中进行方向仿真的基本计算方法，正如前述章节所指出的那样，式中的任一一维积分抑或是双重积分均可用期望算子替代(Ditlevsen et al，1990；Melchers，1992)。为计算式(3.46)，必须事先计算出条件失效概率 $p_{\mathrm{f}}(s\mid\boldsymbol{a})$ 以及结构强度 $f_{S|\boldsymbol{A}}(\ )$ 的方差，二者均为径向抽样方向上距离 s 的函数。

条件失效概率 $p_{\mathrm{f}}(s\mid\boldsymbol{a})$ 表示在 $\boldsymbol{A}=\boldsymbol{a}$ 方向上，给定强度 $S(\boldsymbol{X})=s$ 时结构的失效概率。此时，对于 $p_{\mathrm{f}}(s\mid\boldsymbol{a})$ 的计算则成为了一维问题。故此，对于给定的强度值，可直接利用卷积积分式(1.18)进行条件失效概率 $p_{\mathrm{f}}(s\mid\boldsymbol{a})$ 的计算。通过在 $\boldsymbol{A}=\boldsymbol{a}$ 方向上进行抽样，可以从完整的载荷概率密度函数 $f_{Q(t)}(\boldsymbol{q})$ 中获得所需要的条件载荷概率密度函数 $f_{Q|\boldsymbol{A}}(\ )$。

本书在 1.4.1 节中已经指出(更为详细的解释参见第 6 章)，上述解决问题的方法仅对荷载对结构的单次作用问题有效。因此，上述方法对于结构承受载荷的首次作用或结构承受极值载荷时的失效概率计算较为实用。对于多荷载作用于结构时的情况，除非荷载相互独立，否则需要将其视为载荷过程(参见第 6 章)。

3.5.4.2 径向强度的方差

在式(3.45)及式(3.46)中，均需要计算 $f_{S|\boldsymbol{A}}(\ )$[或 $F_{S|\boldsymbol{A}}(\ )$]，也就是沿半径方向上结构强度的方差(图 3.13)。

如果已知极限状态方程 $G(\boldsymbol{x})=0$ 的显式表达式，在给定 $\boldsymbol{A}=\boldsymbol{a}$ 的条件下，可以采用沿半径方向 S 的多重积分对 $f_{S|\boldsymbol{A}}(\ )$ 进行计算(Melchers，1992)。另一种

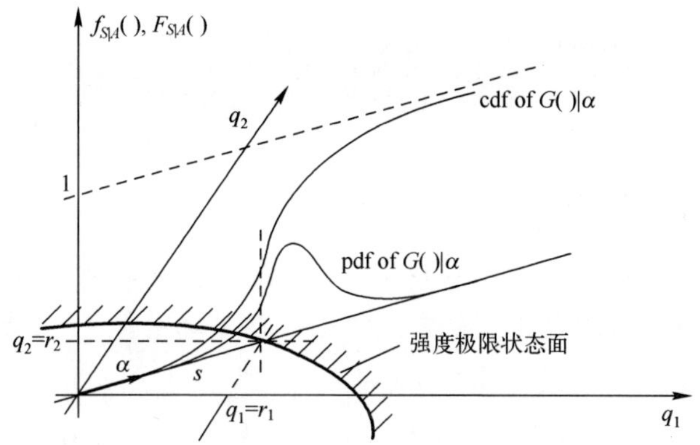

图 3.13　载荷空间中的方向仿真示意以及结构强度沿径向抽样方向的变化

方法是,可以利用随机向量 $\boldsymbol{X}$ 中对 S 产生影响的分量计算 S 的前二阶矩。故此,需要获悉 $\boldsymbol{R}=\boldsymbol{R}(\boldsymbol{X})$ 以及 $\boldsymbol{R}=S\boldsymbol{A}+\boldsymbol{c}$,进而可知 $S=S(\boldsymbol{X})\,|\boldsymbol{A}=\boldsymbol{a}$。此时有

$$\mu_S=E[S]\approx S(\mu_X)\,|_{\boldsymbol{A}=\boldsymbol{a}} \tag{3.47}$$

$$\mathrm{var}(S)\approx\sum_{i}^{n}\sum_{j}^{n}c_ic_j\mathrm{cov}(X_i,X_j)\,|_{\boldsymbol{A}=\boldsymbol{a}} \tag{3.48}$$

式中:$c_i\equiv\dfrac{\partial S(\boldsymbol{x})}{\partial X_i}\Big|_{\mu_X,a}$,且当 X_i 与 X_j 相互独立时,有 $\mathrm{cov}(X_i,X_i)=\mathrm{var}(X_i)$ 且 $\mathrm{cov}(X_i,X_j)=0(i\neq j)$。继而可以很容易地确定出 $f_{S|\boldsymbol{A}}(\ )$ 以及 $F_{S|\boldsymbol{A}}(\ )$。但是,当一个问题中同时包含多个极限状态函数时,求解将变得较为复杂(参见第 5 章)。

对于某些情况来说,如采用有限元方法解决结构分析问题时,极限状态方程通常难以用显式化的形式表示(Guan and Melchers,1998)。此时,对于任意的 $\boldsymbol{A}=\boldsymbol{a}$ 以及 $S=s$,可令结构在的各个沿抽样方向 S 的抽样点处具有确定的荷载 $\boldsymbol{q}=\boldsymbol{r}(\boldsymbol{x})$,同时应注意到,对于任意的 $\boldsymbol{A}=\boldsymbol{a}$,$p_{\mathrm{f}}(s)_{|a}=\Pr(S<s)_{|a}=F_{S|a}(s)$。这样一来,在径向方向 $\boldsymbol{A}=\boldsymbol{a}$ 上,可通过在各个点 s 处的估计值构造出 $F_{S|\boldsymbol{A}}(\ )$,进而可以通过求导运算得出 $f_{S|\boldsymbol{A}}(\ )$。

最后,需要指出的是,也可以通过在 $\boldsymbol{A}=\boldsymbol{a}$ 方向上进行仿真来直接对 $f_{S|\boldsymbol{A}}(\ )$ 以及 $F_{R|\boldsymbol{A}}(\ )$ 进行估计(Melchers,1992)。然而,这种方法非常耗时,且在本质上与“简单”蒙特卡罗方法等效。因此,在实际问题中,应尽量避免应用此方法。

值得注意的是,上述方法成立的一个重要前提假设为:在载荷空间中,极限状态方程应与载荷(过程)相互独立。换言之,极限状态方程应该具有“与载荷路径无关”的特性。上述假设对于结构系统可靠性问题十分重要。本书将在第 5 章就此问题进行深入讨论。

3.6 蒙特卡罗仿真的实际应用

3.6.1 条件期望

当式(1.31)中的随机变量至少有一个是独立变量时,积分维数的降低可有效提升蒙特卡罗方法的效率。为说明此结论,将不确定程度(变异性)最大的随机变量设置为独立变量。令此随机变量为 X_1,则式(1.31)可重新写作:

$$p_{\mathrm{f}} = \underset{G(\boldsymbol{x})\leqslant 0}{\int}\underset{n}{\int} f_{\boldsymbol{X}}(\boldsymbol{x})\mathrm{d}\boldsymbol{x} = \underset{G(\boldsymbol{x}')\leqslant 0}{\int}\underset{n-1}{\int} F_{X_1}(\boldsymbol{u})f_{\boldsymbol{x}'}(\boldsymbol{u})\mathrm{d}\boldsymbol{u} \tag{3.49}$$

式中:$\boldsymbol{X}'$为除去 X_1后的随机向量。对于蒙特卡罗方法而言,式(3.49)为"条件期望"的一个基准。其无偏估计可由下式给出:

$$p_{\mathrm{f}} \approx \frac{1}{N}\sum_{j=1}^{N} F_{X_1}(\hat{x}_{1j}) \tag{3.50}$$

式中:对于第 j 次试验,$\hat{x}_{1j}$表示 $\boldsymbol{X}'$的第 j 个值,且其值由 $G(\boldsymbol{x})=0$ 获得,在求解 $G(\boldsymbol{x})=0$时,x_1作为未知量,其他随机变量均由 $\hat{x}_j$ 进行表示。因此,上述模拟过程生成的样本 $\hat{x}_j$ 满足极限状态方程,进而可以利用上述生成的样本来确定失效概率的一个估计值 $\hat{p}_{fj}=F_{X_1}(\hat{x}_{1j})$。将此过程重复 N 次,即可通过式(3.50)求得失效概率 p_{f}。利用式(3.50)相较于"简单"蒙特卡罗方法可在一定程度上减小计算结果的方差(Ayyab and Haldar,1984;Ayyub and Chia,1991;Karamchandani and Cornell,1991b)。除此之外,一些其他的方差减缩方法可以通过利用"对偶"变量进行抽样,在抽样过程中,变量被赋予负相关特性,诸如此种方差减缩技术可参阅文献(Rubinstein,1981)。

3.6.2 广义极限状态方程——响应面

假使极限状态函数 $G(\boldsymbol{x})$过于复杂,则势必会对问题的计算带来相当大的困难。这样的情况在采用有限单元法或者迭代方法分析非线性材料或结构时会经常出现。如果基本随机变量的规模较小,则前述介绍的经典方法尚能够对极限状态方程 $G(\boldsymbol{x})$进行仿真计算,且每一次计算得出的 $\hat{\boldsymbol{x}}$可以作为 $G(\boldsymbol{x})$的插值点。然而,经典方法仅适用于极限状态方程相对简单的情况。倘若 $G(\boldsymbol{x})$十分复杂,则需要用到被称为"响应面"方法的计算技术。本书将在第5章对"响应面"方法进行详细讨论。

3.6.3 随机变量的系统性选择

需要指出,并不是必须对每个变量均进行随机抽样。通常情况下,对于结构可靠性问题，如果抽样可以有序进行，如在极限状态方程 $G(\boldsymbol{x})$ 中，可以按序列 $\hat{x}_1, \hat{x}_2, \hat{x}_3 \cdots$ 对 X_1 进行抽样，则抽样过程可以采用系统化流程取代随机抽样。又如，假设 X_1 的抽样区间可以均分为 n 等份，每个均分区间可用点 i 表示（可以选择区间中点作为点 i），则概率密度函数可简化为 $f_{X_1}(x_i)$。在传统的随机抽样方法中，如对 X_1 进行 N 次抽样，则可以推测出有 N/n 个 X_1 的样本值会落在第 i 个区间内。因此，可以得到 N/n 个值，每个值分别等于 $f_{X_1}(x_i)$。若第一组 N/n 个 X_1 的样本值均采用系统化方法抽样于 $f_{X_1}(x_1)$，第二组 N/n 个 X_1 的样本值均采用系统化方法抽样于 $f_{X_1}(x_2)$，依次类推，其中 $x_1<x_2<x_3$，则由上述方法得出的结果具有无偏性（Kahn，1956）。

3.6.4　应用

研究人员普遍认为，蒙特卡罗方法的弊端在于其过于直接且计算量过于庞大。诚然，在过去的一段时间，我们确实在一些实际问题中发现了蒙特卡罗方法的上述不足，但这并不影响其在一般问题中的应用。如今，诸如重要抽样方法的许多现代技术被广泛应用，这些技术可以有效减少蒙特卡罗方法的计算量。同时，随着计算机性能水平的提升，蒙特卡罗方法的计算时间能够被控制在可接受范围内（除非需要进行完整的时变载荷过程模拟，参见第 6 章）。

蒙特卡罗方法已经在许多问题中得到了应用，例如，Kahn（1956），Hammersley 及 Handscomb（1964），Rubinstein（1981）等学者均进行了相关的研究。对于蒙特卡罗方法在早期的传统结构工程领域中的应用，读者可参考 Moses 及 Kinser（1967），以及 Knapp 等（1975）发表的相关研究成果。Warner 以及 Kabaila（1968）对蒙特卡罗方法在理想钢筋混凝土结构中的不同层次的应用进行了研究。许多其他的方差缩减方法，如拉丁超立方抽样方法，也有许多相关的研究（例如，Ayyub and Lai，1990）。

Engelund 以及 Rackwitz（1993）对一些模拟方法在单一极限状态方程上的应用进行了对比。他们得出的结论表明，对于单一极限状态方程来说，最有效的模拟方法为重要抽样方法（见 3.4 节）。但对于更为一般化的问题，上述方法的比较研究还未见诸报道。

3.7　结　　论

本章着重阐述了蒙特卡罗方法在计算卷积积分上的应用，并详细介绍了“简单”仿真方法、“重要抽样”仿真方法以及“方向抽样”仿真方法。此外，对仿真方法的实际应用做出了说明。

第4章

二阶矩及变换方法

4.1 引　言

相较于前述章节采用近似(数值)方法计算式(1.31)所要求的可靠度积分,本章内容则将被积分的概率密度函数$f_X(\,)$进行简化。本章的第一部分将考虑可靠性估计的一种特殊情况,即每个变量仅用其前两阶矩(也就是均值和标准差)表示,忽略表示偏度和峰度的高阶矩,这种方法被称作“二阶矩”方法。如前文所述,在二阶矩方法中一种比较方便的计算途径是令每个随机变量服从正态分布。在1.4.3节中,当R和S均服从正态分布时,式(1.18)中的积分将会被完全消除;更进一步,在3.2节中,当$f_X(\,)$以多维正态分布形式出现时,式(1.31)的多重积分也将得以避免和简化。

由于其自身的简便性,“二阶矩”方法已经被广泛的应用。Mayer(1926)、Freudenthal(1956)、Rzhanitzyn(1957)以及Basler(1961)等人的早期研究成果已经形成了二阶矩的概念。直到20世纪60年代,二阶矩方法的思想已经十分成熟并被广泛接受,并由Cornell(1969)进行了改进。

二阶矩方法的概念从开始之初到现在,已经得到了大幅度的扩展和完善。其中最重要的就是,二阶矩方法使得对包含正态分布随机变量的概率密度函数$f_X(\,)$的逼近成为可能,从而可以对失效概率进行较好的估计,这些问题将在本章的后续内容中加以介绍。

4.2 二阶矩概念

在1.4.3节中可以看到,当抗力及荷载均为二阶矩随机变量(例如服从正态分布)时,极限状态方程为“安全边界”$Z=R-S$,失效率P_f为

$$P_{\mathrm{f}}=\Phi(-\beta)\beta=\frac{\mu_Z}{\sigma_Z} \tag{4.1}$$

式中：β为(简单)安全(或可靠度)系数；$\Phi(\ )$为标准正态分布函数。$\Phi(\ )$的列表见于附录D，$\Phi(\ )$的渐进表达式见于A.5.7节。

显然，当R和S均服从正态分布时，式(4.1)中的等式表示了失效率P_{f}的精确值。然而，当R及S服从其他非正态分布时，上述P_{f}仅为“名义”失效概率。从概念上讲，在后一种情况下(即R及S不服从正态分布时)，最好只谈及可靠度系数β。

正如图1.11所示，β度量的是均值μ_Z与原点$Z=0$的距离(标准差为1)。这个点标志出了“失效”域的边界。因此，β是结构安全性的一个直接(有时并不精确)度量值，β越大表示结构越安全，或者越低的名义失效概率P_{fN}为简洁和清晰起见，本章下述内容将用P_{fN}表示失效概率的名义估计值，也就是用二阶矩方法计算的近似值。

当极限状态方程中包含多个基本随机变量时，上述二阶矩方法可以很方便地进行拓展：

$$G(\boldsymbol{x})=Z(\boldsymbol{x})=a_0+a_1X_1+a_2X_2+\cdots+a_nX_n \tag{4.2}$$

式中：$G(\boldsymbol{x})=Z(\boldsymbol{x})$服从正态分布。式(A.160)及式(A.161)给出了μ_Z和σ_Z的算法，其中的β和P_{fN}可用式(4.1)进行计算。

然而，在通常情况下，极限状态方程$G(\boldsymbol{x})=0$并不是线性的。此时，$G(\boldsymbol{x})$的前两阶矩并不能轻易得出。最恰当的方法就是将$G(\boldsymbol{x})=0$进行线性化处理，线性化过程可以应用式(A.178)及式(A.179)给出的表达式，上述表达式将$G(\boldsymbol{x})=0$在某个点x^*处进行一阶Taylor级数展开，从而求得$G(\boldsymbol{x})$的前两阶矩的近似值。$G(\boldsymbol{x})=0$的线性化近似方法称作“一阶”方法。

对线性化$G(\boldsymbol{x})=0$在点$\boldsymbol{x}^*$处进行一阶Taylor级数展开也可用$G_L(\boldsymbol{x})=0$表示，见图4.1。对均值μ_X进行展开在概率论中很常见，然而这种方法通常不具有理论基础；后文可以看到，处理这种问题会有更好的方法，这种较好的方法即选择极限状态方程的极大似然点进行展开。目前看来，需要注意到展开点的选择会直接影响可靠度系数β的估计值。以下例子将会展示这种影响。

例4.1

首先在点$\boldsymbol{x}^*$处对极限状态函数Z进行线性化展开，求取其前二阶矩(参考附录中的式(A.178)及式(A.179))分别为$\mu_Z\approx G(x^*)$以及$\sigma_Z^2\approx\sum(\partial G/\partial X_i)^2|_{x^*}\cdot\sigma_{x_i}^2$，注意此时我们并没有在均值点$\mu_X$对$Z$进行线性化展开。

假设极限状态方程$G(\boldsymbol{X})$的表达式为$G(\boldsymbol{X})=X_1X_2-X_3$，其中各随机变量$X_i$

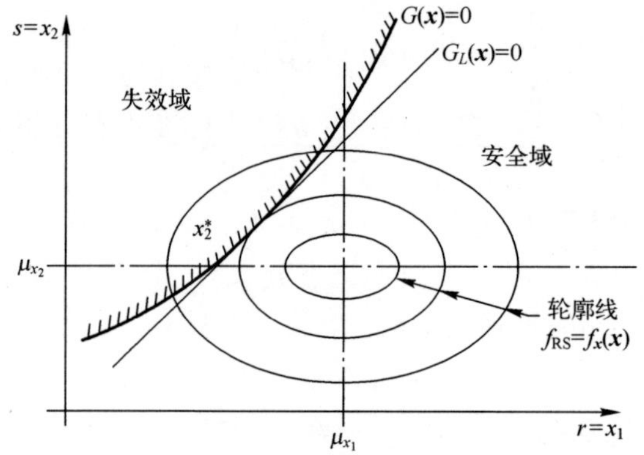

图 4.1　基本变量空间内的极限状态曲面 $G(\boldsymbol{x})=0$ 及其线性化形式 $G_L(\boldsymbol{x})=0$

相互统计独立,且有 $\sigma_{X_1}=\sigma_{X_2}=\sigma_{X_3}=\sigma_X$。显然,由 $G(\boldsymbol{X})$ 的表达式易知,$\partial G/\partial X_1=X_2$,$\partial G/\partial X_2=X_1$ 以及 $\partial G/\partial X_3=-1$。据此可知,附录中式(A.178)及式(A.179)在各个随机变量均值点 μ_{X_i} 处的估算表达式为

$$\mu_Z|_{\mu_X}\approx\mu_{X_1}\mu_{X_2}-\mu_{X_3}$$

$$\sigma_Z^2|_{\mu_X}\approx\mu_{X_2}^2\sigma_{X_1}^2+\mu_{X_1}^2\sigma_{X_2}^2+\sigma_{X_3}^2=\sigma_X^2(\mu_{X_1}^2+\mu_{X_2}^2+1)$$

然而,如果将上述过程的线性展开点选择为 $x_1^*=\mu_{X_1}/2$,$x_2^*=\mu_{X_2}$,$x_3^*=\mu_{X_3}$,则相应的估算表达式为

$$\mu_Z|_{\mu_X}\approx\frac{\mu_{X_1}}{2}\mu_{X_2}-\mu_{X_3}$$

$$\sigma_Z^2|_{\mu_X}\approx\mu_{X_2}^2\sigma_{X_1}^2+\left(\frac{\mu_{X_1}}{2}\right)^2\sigma_{X_2}^2+\sigma_{X_3}^2=\sigma_X^2\left(\frac{\mu_{X_1}^2}{4}+\mu_{X_2}^2+1\right)$$

由式(4.1)可得出:

$$\beta|_{\mu_X}\approx\frac{\mu_{X_1}\mu_{X_2}-\mu_{X_3}}{\sigma_X^2\ (\mu_{X_1}^2+\mu_{X_2}^2+1)^{1/2}}$$

以及

$$\beta|_{x^*}\approx\frac{\frac{1}{2}\mu_{X_1}\mu_{X_2}-\mu_{X_3}}{\sigma_X^2\left(\frac{1}{4}\mu_{X_1}^2+\mu_{X_2}^2+1\right)^{1/2}}$$

显然,上述两个表达式并不相等,由此可见,可靠度指标 β 的值依赖于展开点的选择。

4.3　一次二阶矩理论

4.3.1　Hasofer-Lind 变换

在第 1 章中已经介绍了安全性度量期望的不变性,本章将介绍这种性质如何在可靠度系数上得以实现。第一个步骤较为实用(但不是必须的),即利用式(4.3)将极限状态方程表达式中的所有随机变量变换为它们的标准化形式 $N(0,1)$(均值为 0,标准差为 1 的正态分布):

$$Y_i=\frac{X_i-\mu_{X_i}}{\sigma_i} \tag{4.3}$$

式中:Y 的 $\mu_{Y_i}=0$ 且 $\sigma_{Y_i}=1$。将上述变换方法应用于每个基本随机变量,则在 $\boldsymbol{y}$ 空间内的任意方向上均有 $\sigma_{Y_i}=1$。在上述坐标空间内,联合概率密度函数 $f_{\boldsymbol{Y}}(\boldsymbol{y})$ 即为多维标准正态分布概率密度函数(见 A.5.7 节);故而,一些多维标准正态分布的常用性质可以得以应用(Hasofer and Lind,1974)。显然,极限状态方程也可以进行上述变换,变换后的形式为 $g(\boldsymbol{y})=0$。

当极限状态方程中的基本正态随机变量 X_i 之间不相关(即线性无关)时,式(4.3)中的变换可以很容易地进行。当 X_i 之间不满足线性独立的条件时,则需要通过一些中间步骤将 X_i 映射到一组线性无关的随机变量,这组线性无关的中间变量记为 $\boldsymbol{X}'$,$\boldsymbol{X}'$可以应用式(4.3)进行标准化变换。从线性相关向量 $\boldsymbol{X}$ 中寻求线性无关向量 $\boldsymbol{X}'$的过程实质上是求特征值和特征向量,详细的过程在附录 B 中给出。作为近似处理的手段,弱相关(如相关系数 $\rho<0.2$)可以忽略不计,将具有弱相关的随机变量看作是相互独立的;相反,强相关(如相关系数 $\rho>0.8$)通常视作完全相关。

4.3.2　线性极限状态函数

为简便起见,现在考虑一个重要的特例:极限状态方程为线性方程,即如图 4.1 所示的 $G_L(\boldsymbol{X})=0$,具体地,$G(\boldsymbol{X})=X_1-X_2$。式(4.3)将图 4.1 所示的联合概率密度函数 $f_{\boldsymbol{x}}(\boldsymbol{x})$ 变换为 $\boldsymbol{y}=(y_1,y_2)$ 空间上的 $f_{\boldsymbol{Y}}(\boldsymbol{y})$,如图 4.2 所示。此时 $f_{\boldsymbol{Y}}(\boldsymbol{y})$ 的联合概率分布函数则为关于坐标原点对称的二维正态分布函数 $\Phi_2(\boldsymbol{y})$。正如在 1.4.2 节中所述,此时的失效概率可由 $\Phi_2(\boldsymbol{y})$ 在变换后的失效域 $g(\boldsymbol{Y})<0$ 上的积分求得。附录 A 和 C 给出了二维标准正态分布的积分结果。然而,更直接一点,还可以通过在图 4.2 所示的 $\nu(-\infty<\nu<+\infty)$ 方向上对变换后的联合概率密度函数进行积分得到边缘分布(图 4.3)。

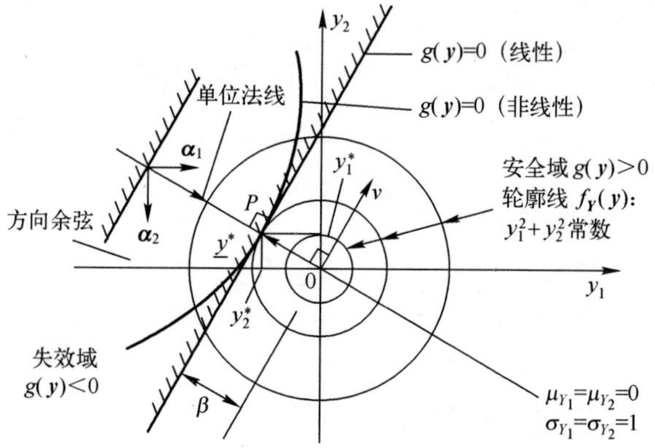

图 4.2　概率密度函数等值线以及标准正态空间内的初始与线性化极限状态曲面

由二维正态分布的性质可知,其边缘分布仍然为正态分布,因此图 4.3 中阴影部分就表示了失效概率 $P_f=\Phi(-\beta)$,此处 β 的含义如图 4.3 所示(注意到,由于在标准空间 $\boldsymbol{y}$ 中,因此在 β 方向上有 $\sigma=1$)。图 4.3 与图 1.11 之间的直接关系应加以注意。

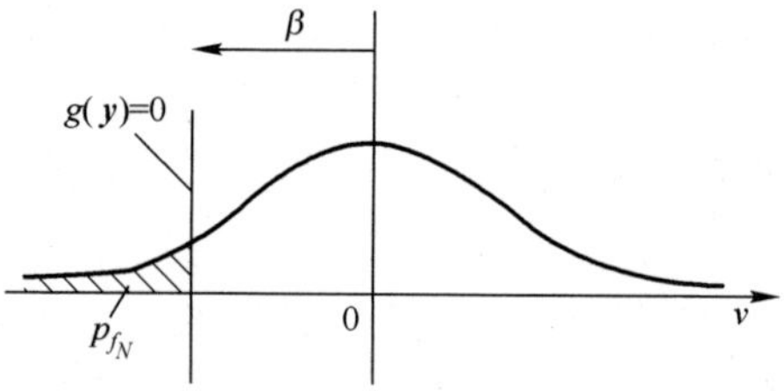

图 4.3　标准正态变量空间中的边缘分布

图 4.2 中所示的距离 β 与 v 轴垂直,故而 β 也与 $g(\boldsymbol{y})=0$ 垂直。显然,β 表示在标准空间 $\boldsymbol{y}$ 中原点到极限状态面 $g(\boldsymbol{y})=0$ 的最短距离。

一般情况下,在结构可靠性问题中通常含有多个基本随机变量 $\boldsymbol{X}=\{X_i, i=1,\cdots,n\}$。在复杂结构问题中,$n$ 通常会非常大,这显然会给积分方法带来麻烦(见第 3 章)。然而,上述“维度灾难”对于一次二阶矩方法来说并不是一个致命的难题,这是因为一次二阶矩方法是直接在 n 维标准正态空间的(超)平面上处理问题的。这时,上述最短距离,即可靠度指标 β 为

$$\beta = \min\left(\sum_{i=1}^{n} y_i^2\right)^{1/2} = \min(\boldsymbol{y}^{\mathrm{T}}\cdot\boldsymbol{y})^{1/2} \tag{4.4}$$

$$\text{s. t. } g(\boldsymbol{y})=0$$

式中:y_i 为极限状态面上任意点的坐标。

满足式(4.4)的特殊点,即在 n 维标准正态空间中垂直于 β 的极限状态面

上的点,被称为“验算点”或“设计点”,用 y^* 表示。显然 y^* 是坐标原点在极限状态面上的投影。从图 4.2 及图 4.3 中可以明显看出,在失效域内对整体失效概率“贡献”最大的区域十分靠近 y^*。事实上,y^* 表示了失效域内概率密度最大的点,或者说是失效域内“最大似然”点,这在第 3 章中已经得到应用,并且对后续章节讨论的许多问题都十分重要。

验算点 y^* 与可靠度指标 β 的直接关系可做如下阐述。从极限状态面的几何图形上来看(例如,Sokolnikoff,Redheffer,1958),超平面 $g(\boldsymbol{y})=0$ 的外法线向量由如下分量组成:

$$c_i = \lambda \frac{\partial g}{\partial y_i} \tag{4.5a}$$

式中:λ 为任意常数。外法线的总长度为

$$l = \left(\sum_i c_i^2 \right)^{1/2} \tag{4.5b}$$

并且,外法线方向上单位向量的方向余弦为

$$\alpha_i = \frac{c_i}{l} \tag{4.5c}$$

当 α_i 已知时,验算点的坐标即为

$$y_i^* = y_i = -\alpha_i \cdot \beta \tag{4.6}$$

此处出现的负号来源于数学上对外法线的习惯定义。图 4.2 展示了二维情况 $\boldsymbol{y}=(y_1,y_2)$ 下的几何图形。

对于线性极限状态方程(即 $\boldsymbol{y}$ 空间上的超平面),方向余弦不会随着点在极限状态平面上的变化而改变,故而很容易找到满足式(4.4)及式(4.6)的一组坐标 y^*,见例 4.3。

超平面 $g(\boldsymbol{y})=0$ 的方程可表示为

$$g(\boldsymbol{y}) = \beta + \sum_{i=1}^{n} \alpha_i \cdot y_i \tag{4.7}$$

式(4.7)的正确性可应用式(4.5)进行检验,也可以通过图 4.2 的二维情况直接进行推导。

与式(4.7)对应的在初始 $\boldsymbol{X}$ 空间内的线性方程可应用式(4.3)得到

$$G(\boldsymbol{x}) = \beta - \sum_{i=1}^{n} \frac{\alpha_i}{\sigma_{x_i}} \mu_{x_i} + \sum_{i=1}^{n} \frac{\alpha_i}{\sigma_{x_i}} x_i \tag{4.8a}$$

或者

$$G(\boldsymbol{x}) = b_0 + \sum_{i=1}^{n} b_i x_i \tag{4.8b}$$

式(4.8b)同样为一个线性方程。同时,β 可以用验算点坐标 y^* 结合

式(4.7)直接得出

$$\beta = - \sum_{i=1}^{n} y_i^* \alpha_i = - \boldsymbol{y}^{*\mathrm{T}} \boldsymbol{\alpha} \tag{4.9}$$

例 4.2

对于一个形如式(4.8b)中所给出的线性极限状态方程,$Z(\boldsymbol{x}) = G(\boldsymbol{x})$,初始 $\boldsymbol{x}$ 空间上的 β 可通过式(4.1)及式(4.8a)得出:

$$\mu_G = b_0 + \sum_{i=1}^{n} b_i \mu_{x_i} = \beta$$

且有

$$\sigma_G = \left(\sum_{i=1}^{n} b_i^2 \sigma_{xi}^2 \right)^{1/2} = \left(\sum_{i=1}^{n} \left(\frac{\alpha_i}{\sigma_{xi}} \right)^2 \sigma_{xi}^2 \right)^{1/2} = 1$$

故而 $\beta_{\boldsymbol{x}} = \mu_G / \sigma_G = \beta$。利用式(4.7),可以很容易地得到 $\mu_g = \mu_G = \beta$ 及 $\sigma_g = \sigma_G = 1$。因此可见,β 并不依赖于坐标空间。当然这种情况只有在 $G(\boldsymbol{x})$ 为线性方程时才成立。上述情况下得出的安全系数 β 通常也称作“几何”安全系数或可靠度指标,这显然是合理的。

4.3.3 灵敏度系数

式(4.5c)中的方向余弦 α_i 代表了极限状态方程 $g(\boldsymbol{y}) = 0$ 在 y^* 点处使 y 产生变化的灵敏度(Hohenbichler and Rackwitz, 1986a; Bjerager and Krenk, 1989)。这种灵敏度有重要的实际用途。因此,如果 y_i 的灵敏度系数 α_i 较低,则没有必要使得 y_i 的值十分精确,这也表示,如果在必要的情况下,y_i 可以看作一个确定性变量而不是一个随机变量。

灵敏度系数在 $\boldsymbol{x}$ 空间内的表达式,当 $\boldsymbol{x}$ 的各个分量相互独立时,可通过将式(4.3)代入式(4.5a)中,同时结合式(4.5b)及式(4.5c)得到

$$c_i = \lambda \sigma_i \frac{\partial G}{\partial x_i} \tag{4.10}$$

对于 $\boldsymbol{x}$ 中的非独立分量 X_i,其方向余弦 α_i 并无直接的物理意义。出现这种情况的原因在于,即便随机向量 $\boldsymbol{x}$ 的所有(一部分)分量具有相关性,也可将其变换到相互独立的标准空间 y 中。

灵敏度系数的概念可以扩展为两种:一是所谓的“遗漏灵敏度(Omission Sensitivity)”上,也就是说,用一个确定性变量代替一个随机变量时对 β 带来的影响;相反地,用一个随机变量代替一个确定性变量时对 β 带来的影响(Madsen, 1988; Madsen and Egeland, 1989),此时称为“简化灵敏度(Ignorance Sensitivity)”(Der Kiureghian et al., 1994; Maes, 1996)。

例 4.3

考虑二维正态空间 $\boldsymbol{y}=(y_1,y_2)$ 中的极限状态函数 $g(\boldsymbol{y})$，$g(\boldsymbol{y})$ 的表达式为 $g(\boldsymbol{y})=y_1-2y_2+10=0$，当 $g(\boldsymbol{y})>0$ 时为安全状态，$g(\boldsymbol{y})<0$ 时为失效状态。极限状态示于图 4.4。

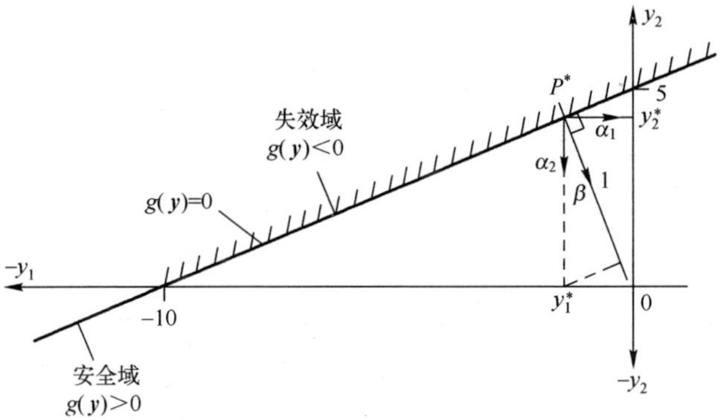

图 4.4　二维空间 y 中的线性极限状态函数

显然，本例中涉及点为图 4.4 中的 P^*，P^* 为坐标原点在 $g(\boldsymbol{y})=0$ 上的投影，垂线为 OP^*。由式(4.5)可得

$$c_1=\lambda\frac{\partial g}{\partial y_1}=\lambda(1)=\lambda$$

$$c_2=\lambda(-2)=-2\lambda$$

$$l=[\lambda^2+(-2\lambda)^2]^{1/2}=\sqrt{5}\lambda$$

因此，$\alpha_1=1/\sqrt{5}$，$\alpha_2=-2/\sqrt{5}$。上述方向余弦(灵敏度系数)对线性极限状态方程上的任意点均有效，它们表示极限状态面的法方向。注意到，极限状态面的法方向由 $g(\boldsymbol{y})=0$ 及极限状态平面的数学定义决定。

通过式(4.6)可得到验算点 y^* 的坐标为 $\boldsymbol{y}^*=(-\beta/\sqrt{5},2\beta/\sqrt{5})$，且 $\boldsymbol{y}^*$ 必须满足 $g(\boldsymbol{y}^*)=0$，因此有

$$-\frac{\beta}{\sqrt{5}}-2\left(\frac{2\beta}{\sqrt{5}}\right)+10=0$$

从而得出 $\beta=2\sqrt{5}$，这个结果可以很容易地通过图 4.4 进行验证。同时，通过图 4.4、式(4.6)以及(α_1,α_2)，可以清楚地看到，相比较 y_1，y_2 的变化会对 β 产生更大的影响。对于上述特殊的线性情况，当然可以简单地得出 $\beta=\mu_g/\sigma_g=[(0)-(2)(0)+10]/[1^2+(2)^2\ (1)^2]^{1/2}=10/\sqrt{5}=2\sqrt{5}$。

4.3.4 非线性极限状态函数——一般情况

如4.2节所述,当极限状态方程为非线性时,$G(\boldsymbol{X})$在$\boldsymbol{x}$空间内的前两阶矩($g(\boldsymbol{Y})$在$\boldsymbol{y}$空间内的前两阶矩)不能精确给出。这是由于隐式(标准)正态分布的非线性组合并不能得到服从正态分布的极限状态函数$G(\boldsymbol{X})$或$g(\boldsymbol{Y})$(见附录A)。4.2节提出可以利用式(A.178)与式(A.179)对$G(\boldsymbol{X})$进行线性化处理,但即便如此,可靠度指标β也会依赖于泰勒级数展开点的选择,这一点在图4.2中已经进行了展示。

应用于线性极限状态方程的概念和方法可以用于当$g(\boldsymbol{Y})$为非线性时的情形,同样地,必须求得坐标原点到$\boldsymbol{y}^*$的最短距离β,$\boldsymbol{y}^*$需满足$g(\boldsymbol{y}^*)=0$。对于所求的失效概率p_{fN}来说,线性极限状态方程$g(\boldsymbol{y})=0$与非线性极限状态方程$g(\boldsymbol{y})=0$的近似程度取决于$g(\boldsymbol{y})=0$的形状;如果$g(\boldsymbol{y})=0$相对于坐标原点是一个凹函数,由超平面近似得出的p_{fN}是欠估计的。类似地,如果$g(\boldsymbol{y})=0$是凸函数,那么得出的p_{fN}是过估计的,图4.2中展示了这种情形。

由于事先并不知道$\boldsymbol{y}^*$的坐标值,则计算$\boldsymbol{y}$空间内最短距离β就等效于一个求解最小值的优化问题(Flint et al.,1981;Shinozuka,1983),当然需要满足$g(\boldsymbol{y})=0$。解决上述问题有多种方法,本章节采用经典的微积分方法求解上述最小值问题,求解的过程揭示了一些有用的性质。

式(4.4)所示的求最小值问题以$g(\boldsymbol{y})=0$为约束条件。这里引入一个拉格朗日乘子λ,则问题转化为

$$\min(\Delta)=(\boldsymbol{y}^{\mathrm{T}}\cdot\boldsymbol{y})^{1/2}+\lambda g(\boldsymbol{y}) \tag{4.11}$$

式(4.11)的驻点需要满足对所有的i,$\partial\Delta/\partial y_i=0$,且$\partial\Delta/\partial\lambda=0$:

$$\begin{aligned}
&\frac{\partial\Delta}{\partial y_1}=y_1(\boldsymbol{y}^{\mathrm{T}}\cdot\boldsymbol{y})^{-1/2}+\lambda\frac{\partial g}{\partial y_1}=0\\
&\frac{\partial\Delta}{\partial y_2}=y_2(\boldsymbol{y}^{T}\cdot\boldsymbol{y})^{-1/2}+\lambda\frac{\partial g}{\partial y_2}=0\\
&\vdots\\
&\frac{\partial\Delta}{\partial\lambda}=g(\boldsymbol{y})=0
\end{aligned} \tag{4.12}$$

式(4.12)可以表示为如下紧凑形式:

$$0=\delta^{-1}\boldsymbol{y}+\lambda\boldsymbol{g}_Y \tag{4.13a}$$

$$0=g(\boldsymbol{y}) \tag{4.13b}$$

式中:$\boldsymbol{g}_Y=(\partial g/\partial y_1,\partial g/\partial y_2,\cdots)$,且距离$\delta$[对照式(4.4)]的表达式为$\delta=(\boldsymbol{y}^{\mathrm{T}}\cdot\boldsymbol{y})^{1/2}$。式(4.13b)由定义满足,且由式(4.13a)可方便地推出驻点$\boldsymbol{y}^S$的坐标

(Horne and Price,1977)为

$$\boldsymbol{y}^{s}=-\lambda\boldsymbol{g}_{Y}\delta \tag{4.14}$$

上述过程求得的驻点具体表示了最大值点、最小值点抑或是“鞍点”,这取决于 $g(\boldsymbol{y})=0$ 的性质。虽然可以对给定的 $g(\boldsymbol{y})=0$ 做标准测试(Ditlevsen,1981a,1981b),但通常得不到一般性的结论。如果 $g(\boldsymbol{y})=0$ 是线性的,或者相对于坐标原点是规则凸函数,则上述所求得的驻点即为最小值点(Lind,1979)。由于许多极限状态方程偏离线性方程的程度不是很大,可以假定驻点 $\boldsymbol{y}^{S}$ 确实代表了上述问题的最小值点。

令 $\boldsymbol{y}^{S}$ 所对应的最小距离为 δ^{s},将式(4.14)代入式(4.4)并分别用 $\boldsymbol{y}^{S}$ 及δ^{s} 替换式(4.4)中的 $\boldsymbol{y}$ 和β,很容易得知 $\boldsymbol{\lambda}=\pm(\boldsymbol{g}_{Y}^{\mathrm{T}}\cdot\boldsymbol{g}_{Y})^{-1/2}$,因此,由式(4.14)有

$$\delta^{s}=\frac{-(\boldsymbol{y}^{s})^{\mathrm{T}}\cdot\boldsymbol{g}_{y}}{(\boldsymbol{g}_{Y}^{\mathrm{T}}\cdot\boldsymbol{g}_{Y})^{1/2}}=\frac{-\sum_{i=1}^{n}y_{i}^{s}(\partial g/\partial y_{i})}{\left[\sum_{i=1}^{n}(\partial g/\partial y_{i})^{2}\right]^{1/2}} \tag{4.15}$$

由上述内容可知,若β 测量验算点 $y^{s}=y^{*}$ 且 $g(\boldsymbol{y})=0$ 在 $\boldsymbol{y}^{*}$ 线性化,则 δ^{s} 等于β,故而β 即为坐标原点到极限状态方程 $g(\boldsymbol{y})=0$ 的最短距离。利用 Taylor 级数将极限状态方程 $g(\boldsymbol{y})=0$ 在 $\boldsymbol{y}^{*}$ 点线性展开(只取展开式的一次项)。这种方法利用 $g(\boldsymbol{y})=0$ 在 $\boldsymbol{y}^{*}$ 点处的切(超)平面 $g_{L}(\boldsymbol{y})=0$ 近似替代 $g(\boldsymbol{y})=0$:

$$g_{L}(\boldsymbol{y})\approx g(\boldsymbol{y}^{*})+\sum_{i=1}^{n}(y_{i}-y_{i}^{*})\frac{\partial g}{\partial y_{i}}=0 \tag{4.16}$$

由于 $\boldsymbol{y}^{*}$ 位于极限状态面上,因而 $g(\boldsymbol{y}^{*})=0$。进一步来说,将式(A.160)及式(A.161)与一次二阶矩方法结合,并考虑到 $\mu_{Y_i}=0$,$\sigma_{Y_i}=1$,则有如下结果:

$$\mu_{g_{L}}(\boldsymbol{y})=-\sum_{i=1}^{n}y_{i}^{*}\frac{\partial g}{\partial y_{i}}=-\boldsymbol{y}^{*\mathrm{T}}\cdot\boldsymbol{g}_{Y} \tag{4.17}$$

$$\sigma_{g_{L}}^{2}(\boldsymbol{y})=\sum_{i=1}^{n}\left(\frac{\partial g}{\partial y_{i}}\right)^{2}=\boldsymbol{g}_{Y}^{\mathrm{T}}\cdot\boldsymbol{g}_{Y} \tag{4.18}$$

由于 $\beta=\mu_{G_L}/\sigma_{G_L}$,则可推出:

$$\beta=\frac{\mu_{g_{L}}}{\sigma_{g_{L}}}=\frac{-\sum_{i=1}^{n}y_{i}^{*}\frac{\partial g}{\partial y_{i}}}{\left[\sum_{i=1}^{n}\left(\frac{\partial g}{\partial y_{i}}\right)^{2}\right]^{1/2}}=\frac{-\boldsymbol{y}^{*\mathrm{T}}\cdot\boldsymbol{g}_{Y}}{(\boldsymbol{g}_{Y}^{\mathrm{T}}\cdot\boldsymbol{g}_{Y})^{1/2}}=-\boldsymbol{y}^{*\mathrm{T}}\alpha \tag{4.19}$$

易知,式(4.19)与式(4.9)相同(结合式(4.5))。显然,由于式(4.15)成立,且若 $y^{s}=y^{*}$,则式(4.19)与 δ^{s} 的表达式等价。因此,$\boldsymbol{y}^{*}$ 点对应了坐标原点到非线性极限状态方程 $g(\boldsymbol{y})=0$ 的最短距离,同时 $\boldsymbol{y}^{*}$ 也是 $g(\boldsymbol{y})=0$ 的线性展开点。

由上述内容可立即得知,一旦找出了 $\boldsymbol{y}^*$ 点,则应用 4.3.2 节的方法即可将非线性极限状态方程用它的等效线性化方程代替。

最后,由于 β 是标准化空间内坐标原点到关于原点成中心对称的标准正态概率密度函数 $f_Y(\ )$ 的最短距离,很容易证明,$\boldsymbol{y}^*$ 代表了极大似然点。我们可以将 $\boldsymbol{y}^*$ 与 3.4.2 节中的 $\boldsymbol{x}^*$ 加以比较。

例 4.4

对图 4.5 所示的二维问题,令极限状态方程为

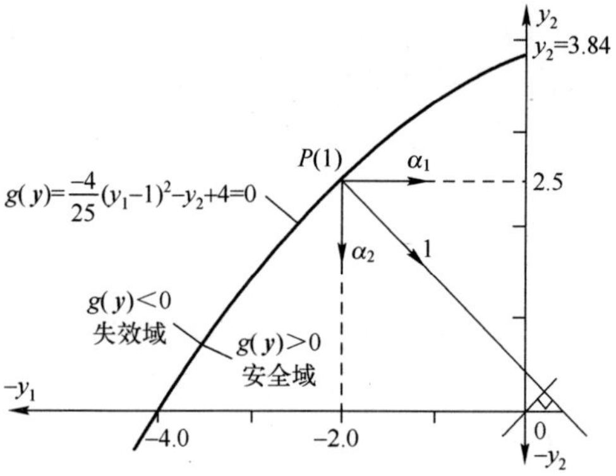

图 4.5 二维基本变量空间中的非线性极限状态函数(注意:点 $P(1)$ 与例 4.5 对应)

$$g(\boldsymbol{y})=-\frac{4}{25}(y_1-1)^2-y_2+4=0$$

所要求的最小值问题为

$$\min(\delta^s)=\min((y_1^2+y_2^2)^{1/2})$$

$$\text{s.t.}\qquad g(\boldsymbol{y})=0$$

引入拉格朗日乘子 $\boldsymbol{\lambda}$,则上述求最小值问题可等效为[参考式(4.11)]

$$\min(\boldsymbol{\Delta})=(y_1^2+y_2^2)^{1/2}+\boldsymbol{\lambda}\left[-\frac{4}{25}(y_1-1)^2-y_2+4\right]$$

对上式各自变量求偏导数,则有

$$\frac{\partial\boldsymbol{\Delta}}{\partial y_1}=y_1(y_1^2+y_2^2)^{-1/2}-\boldsymbol{\lambda}\frac{8}{25}(y_1-1)=0 \tag{4.20a}$$

$$\frac{\partial\boldsymbol{\Delta}}{\partial y_2}=y_2(y_1^2+y_2^2)^{-1/2}-\boldsymbol{\lambda}=0 \tag{4.20b}$$

$$\frac{\partial\boldsymbol{\Delta}}{\partial\boldsymbol{\lambda}}=-\frac{4}{25}(y_1-1)^2-y_2+4=0 \tag{4.20c}$$

利用式(4.20a)及式(4.20b)消去 $\boldsymbol{\lambda}$,则有

$$y_2=\frac{25y_1}{8(y_1-1)} \tag{4.20d}$$

联立式(4.20c)与式(4.20d),消去 y_2:

$$-\frac{4}{25}(y_1-1)^2+4=\frac{25y_1}{8(y_1-1)} \tag{4.20e}$$

式(4.20e)为关于 y_1 的三次等式。利用试错法求解得出 $y_1=2.36$,满足(4.20e),代入(4.20d)后求得 $y_2=2.19$。β 的估计值为 $\beta=(y_1^2+y_2^2)^{1/2}=3.22$,且验算点的坐标为 $\boldsymbol{y}^*=(-2.36,2.19)^{\mathrm{T}}$。很容易验证验算点确实可以给出 β 的最小值。

对于有较多基本变量的问题,需要采用数值方法同时求解多个系统方程,且对于计算得出的可靠度指标 β 是否为极小值需要进行仔细验证。

4.3.5　非线性极限状态函数——数值解法

某些情况下,对于具有多个基本变量或者比较复杂的极限状态方程,采用数值解法通常比较合适(Der Kiureghian and Taylor,1983)。当约束条件为线性时,求 β 的问题实质上属于二次规划问题,该规划问题通常存在有效解法。

如果约束条件 $g(\boldsymbol{y})=0$ 并不是线性方程,且存在向量 $\boldsymbol{y}^{(1)}$ 满足 $g(\boldsymbol{y}^{(1)})=0$,则可采用一些有效的算法来解决这类问题。从原则上来说,采用拉格朗日乘子可以将上述问题转化为无约束优化问题,并采取某种有效的算法进行问题的求解。然而,通常情况下,采用类似改进梯度投影法的方法是比较好的选择。

如果找不出满足 $g(\boldsymbol{y}^{(1)})=0$ 的向量 $\boldsymbol{y}^{(1)}$,则式(4.4)问题需要求解带有非线性不等式约束的最小值问题。同样地,有许多算法可以解决此类问题(Beveridge and Schechter,1970;Schittkowski,1980)。

4.3.6　非线性极限状态函数——迭代方法

采用迭代方法解决此类问题时,首先选择一个验算点 $\boldsymbol{y}^{(1)}$ 代入式(4.4)并检验极限状态方程。如果 $\boldsymbol{y}^{(1)}$ 不满足条件,则 $\boldsymbol{y}^{(1)}$ 点处的切(超)平面与 β 的方向不垂直。此时,如何选择新的验算点 $\boldsymbol{y}^{(2)}$ 来逐渐逼近式(4.4)问题的正确解成为了首要问题。

令 $\boldsymbol{y}^{(m)}$ 为第 m 次逼近坐标原点到 $g(\boldsymbol{y})=0$ 的垂线的向量,下一步需要寻找更好的近似点 $\boldsymbol{y}^{(m+1)}$。$\boldsymbol{y}^{(m+1)}$ 与 $\boldsymbol{y}^{(m)}$ 之间的关系可利用 $g(\boldsymbol{y}^{(m+1)})=0$ 在 $\boldsymbol{y}^{(m)}$ 处一阶 Taylor 级数展开获得(Hasofer and Lind,1974),符号表达式为

$$g_L(y_1^{(m+1)},\cdots,y_n^{(m+1)}) \approx g(y_1^{(m)},\cdots,y_n^{(m)}) + \sum_{i=1}^{n}(y_i^{(m+1)} - y_i^{(m)})$$

$$\frac{\partial g(y_1^{(m)},\cdots,y_n^{(m)})}{\partial y_i}=0 \tag{4.21}$$

也可采用矩阵表达式为

$$g_L(\boldsymbol{y}^{(m+1)})\approx g(\boldsymbol{y}^{(m)})+(\boldsymbol{y}^{(m+1)}-\boldsymbol{y}^{(m)})^{\mathrm{T}}\cdot \boldsymbol{g}_Y \tag{4.22}$$

式(4.22)表示,在 $\boldsymbol{y}$ 空间内的 $m+1$ 点处用超平面 $g_L(\boldsymbol{y})=0$ 来近似超曲面 $g(\boldsymbol{y})=0$,$\boldsymbol{y}^{(m+1)}$ 需要满足线性化后的极限状态方程,即 $g_L(\boldsymbol{y})=0$。验算点 $\boldsymbol{y}^{(m)}$ 的方向余弦 $\boldsymbol{\alpha}^{(m)}$ 与试验值 $\boldsymbol{\beta}^{(m)}$ 的关系由式(4.6)给出:

$$\boldsymbol{y}^{(m)}=-\boldsymbol{\alpha}^{(m)}\boldsymbol{\beta}^{(m)} \tag{4.23}$$

结合式(4.5),有

$$\boldsymbol{\alpha}^{(m)}=\frac{\boldsymbol{g}_Y^{(m)}}{l}$$

且

$$l=(\boldsymbol{g}_Y^{(m)\mathrm{T}}\cdot \boldsymbol{g}_Y^{(m)})^{1/2}$$

将式(4.23)代入式(4.22),结合式(4.5),则可推出如下关系:

$$\boldsymbol{y}^{(m+1)}=-\boldsymbol{\alpha}^{(m)}\left[\boldsymbol{\beta}^{(m)}+\frac{g(\boldsymbol{y}^{(m)})}{l}\right] \tag{4.24}$$

在实际应用时,迭代过程首先假设一个初始验算点 $\boldsymbol{y}^{(1)}$,计算该点的梯度 $g_{Y_i}=\partial g(\boldsymbol{y}^{(m)})/\partial y_i$ 以及 $\boldsymbol{\beta}^{(m)}=\left[\sum\limits_{i=1}^{n}(y_i^{(m)})^2\right]^{1/2}$,然后将计算结果代入式(4.24),从而得到一个新的验算点以及 β 的估计值。上述迭代过程一直持续到 $y_i^{(m)}$ 或 β 收敛。

比较式(4.24)及式(4.6)可以看到两个流程的相似之处。同样可以看到,式(4.24)中括号内的表达式是保证 $g(\boldsymbol{y})$ 非零的修正项。

同4.3节类似,重复利用式(4.24)并不能保证一定会收敛到 β 的最小值;故而应该从直观上或采用更严谨的验证方法。

以上过程可由下述算法表示:

(1) 标准化基本随机变量 $\boldsymbol{X}$,转化为独立的标准正态随机变量 $\boldsymbol{Y}$,必要时可利用式(4.3)及附录B。

(2) 将 $G(\boldsymbol{x})=0$ 转化为 $g(\boldsymbol{y})=0$。

(3) 选择初始设计点$(\boldsymbol{x}^{(1)},\boldsymbol{y}^{(1)})$。

(4) 计算 $\beta^{(1)}=[\boldsymbol{y}^{(1)\mathrm{T}}\cdot \boldsymbol{y}^{(1)}]^{1/2}$;令 $m=1$。

(5) 利用式(4.5)计算方向余弦 $\alpha^{(m)}$。

(6) 计算 $g(\boldsymbol{y}^{(m)})$。

(7) 利用式(4.24)计算 $\boldsymbol{y}^{(m+1)}$。

(8) 计算 $\beta^{(m+1)}=[\boldsymbol{y}^{(m+1)\mathrm{T}}\cdot\boldsymbol{y}^{(m+1)}]^{1/2}$。

(9) 检验 $\boldsymbol{y}^{(m+1)}$ 和/或 $\beta^{(m+1)}$ 是否趋于稳定(收敛);如果不满足稳定性(收敛),转到步骤(5)继续进行迭代。

上述算法已经进行了编程检验,但有时会采用稍有差异的编程逻辑(Fiessler et al. ,1976;Ellingwood et al. ,1980)。

可将递推式(4.24)转化到原始变量 $\boldsymbol{X}$ 的空间,这样即可无需再向 $\boldsymbol{y}$ 空间进行变换,在一定程度上简化了计算。将 $x_i=y_i\sigma_{x_i}-\mu_{x_i}$ 代入式(4.24),得

$$\boldsymbol{X}^{(m+1)}-\boldsymbol{\mu}_x=-\boldsymbol{C}\boldsymbol{G}_X^{(m)}\frac{(\boldsymbol{X}^{(m)}-\boldsymbol{\mu}_x)^{\mathrm{T}}\cdot\boldsymbol{G}_X^{(m)}}{\boldsymbol{G}_X^{(m)\mathrm{T}}\boldsymbol{C}\boldsymbol{G}_X^{(m)}} \tag{4.25}$$

式中:$\boldsymbol{G}_X^{(m)}=\left(\frac{\partial G}{\partial x_1},\frac{\partial G}{\partial x_2},\cdots,\frac{\partial G}{\partial x_n}\right)^{\mathrm{T}}\Bigg|_{x=\mu_x^{(m)}}$;$\boldsymbol{X}$ 为原始空间 x 内的随机向量,$\boldsymbol{\mu}_x$ 为均值向量;$\boldsymbol{C}$ 为矩阵 $\boldsymbol{X}$ 的协方差矩阵。(若 X_i 之间相互独立,则 $c_{ii}=\sigma_i^2,c_{ij}=0(i\neq j)$,参见 A. 11. 1 节)

例 4.5

现在利用上述算法重新计算例 4.4。图 4.5 表示了问题的几何图形。

令 $P^{(1)}$ 表示初始验算点,其坐标为 $\boldsymbol{y}^{(1)}=(-2.0,2.5)^{\mathrm{T}}$,可知该点并不满足 $g(\boldsymbol{y})=0$(很容易验证,实际上需要 $y_2^{(1)}=2.56$)。此时

$$\frac{\partial g}{\partial y_1}=\frac{-4}{25}2(y_1-1)=\frac{24}{25}=+0.96\quad\frac{\partial g}{\partial y_2}=1\quad\alpha_i=\frac{\partial g}{\partial y_i}\bigg/l$$

其中:

$$l=[(0.96)^2+(-1)^2]^{1/2}=1.386$$
$$\beta=(y_1^2+y_2^2)^{1/2}=(2^2+2.5^2)^{1/2}=3.20$$
$$g(\boldsymbol{y})=\frac{-4}{25}(-2-1)^2-(2.5)+4=+0.06$$

因此

$$\begin{bmatrix}y_1\\y_2\end{bmatrix}^{(2)}=\frac{-\begin{bmatrix}+0.96\\-1\end{bmatrix}}{1.386}\left(3.20+\frac{+0.06}{1.386}\right)=\begin{bmatrix}-2.22\\2.309\end{bmatrix}$$

可见,经过两次迭代,此时结果已经渐进收敛于例 4.4 中给出的结果。

4.3.7 迭代过程的几何解释

迭代方法具有其局限性。式(4.24)可表示为

$$\boldsymbol{y}^{(m+1)}=-\alpha^{(m)}\beta^{(m+1)} \tag{4.26}$$

式中:$\beta^{(m+1)}$ 表示式(4.24)中括号内的内容,包含了 $\beta^{(m)}$ 及一个修正项,且 $\alpha^{(m)}$

是一个向量。

现在考虑图 4.6 中所示的二维空间 $\boldsymbol{y}=(y_1,y_2)$(Fiessler,1979),图中也表示出了极限状态曲面以及安全域内的等值线 $g(\boldsymbol{y})=c$。假设初始验算点 $\boldsymbol{y}^{(1)}$ 的值由点 $P^{(1)}$ 给出,且 $\beta=\beta^{(1)}$。$g(\boldsymbol{y})$ 在 $P^{(1)}$ 点由直线 AA 近似线性代替。$P^{(1)}$ 点处的方向余弦 α_i 给出了与 AA 垂直的向量($P^{(1)}$,T)的方向;梯度 $\partial g/\partial \boldsymbol{y}$ 表示向量方向的斜率,由截线 BB 表示。($P^{(1)}$,T)的真实斜率由下式给出

$$S=\left[\sum_{i=1}^{n}\left(\frac{\partial g}{\partial y_i}\right)^2\right]^{1/2}$$

因此,BB 的水平投影为 c/S,即为式(4.24)中[ ]内的第二项。我们将向量($P^{(1)}$,T)表示为 $\boldsymbol{\beta}^{(1)}+P^{(1)}T$,并用 $\boldsymbol{\alpha}_i^{(1)}$ 与该向量做乘法运算以确定新的验算点 $y^{(2)}$,此时 OU 平行于($P^{(1)}$,T),参见图 4.6。

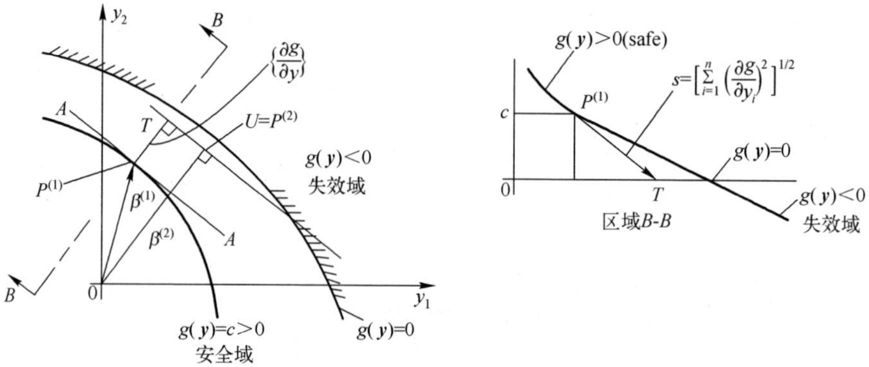

图 4.6 迭代过程的一次循环计算

在某些特定情形下,上述迭代过程可能出现迭代失败的现象,图 4.7 展示了其中的一种情况。对于高度非线性的极限状态方程,在进行计算时可能需要在相邻的近似点 i 及 $i+1$ 之间进行选择(Fiessler,1979)。此时,从 $P^{(1)}$ 点开始迭代,则在 $g(\boldsymbol{y}^{(1)})=c_2$ 上与切线 AA 垂直的局部梯度向量指向 T 点。接下来,做 TU 与 AA 平行,并与过 O 点垂直于 TU 的向量 $\boldsymbol{\beta}^{(2)}$ 相交与点 U,则 U 点为新的验算点,$U\equiv P^{(2)}$。然而,在图 4.7 所表述的情况中,当从 $P^{(2)}$ 继续进行迭代时,所得出的下一个迭代点 $P^{(3)}$ 与 $P^{(1)}$ 重合。显然,此时迭代过程将无法继续进行,原因就在于 $g(\boldsymbol{y})=0$ 具有非线性特征。上述情况很容易解决,只需选择一个计算精度稍低的点,譬如图 4.7 中的 D 点,用此点替代点 U。

除上述情况外,当试验验算点距离极限状态曲线上非极小值点的稳定点较近时,也能导致迭代过程终止。在 4.3.6 节中已经指出,在此情况下,我们只能得到局部的稳定点,且无法区分极大值、极小值或鞍点(Ditlevsen&Madsen,1980)。此时,只能通过重新选择初始迭代点并通过经验对结果进行评估。

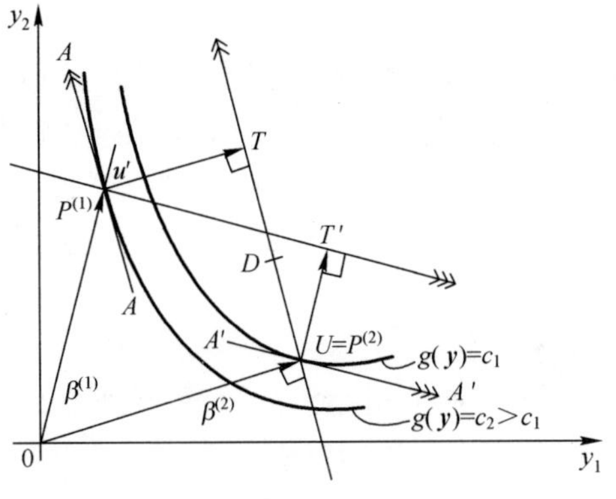

图 4.7　由波动导致的迭代中止

4.3.8　一次二阶矩理论的说明

当极限状态方程为非线性时，以上讨论的理论，都是基于“一阶”方法即对极限状态方程用线性近似的思想来估计失效概率。该方法引入靠近失效域的（单一）“验算点”作为最佳概率估计值。这种方法有时也被称为“单一验算点”方法。

然而，当极限状态方程为非线性方程时，利用安全系数 β 对概率进行解释会带来歧义。如图 4.8 所示，对于线性极限状态 bb，令 P_1 为验算点，正态随机变量的失效概率可由 $P_f=\Phi(-\beta)$ 精确求出。但是，P_1 也同时位于非线性极限状态函数 aa 与 cc 上，对于一阶方法来说，每个极限状态（aa，bb，cc）都具有相同的 β 值，因此也具有相同的名义失效概率 $P_{Nf}=\Phi(-\beta)$。然而，从图 4.8 中可以看到，实际上，上述每个极限状态函数对应的失效概率并不相同。类似地，dd 表示了较低的失效概率，但是安全系数 β_1 却小于 β。显然，对于非线性极限状态方程来说，β 不具有“可比较性”（或者说“有序性”）（Ditlevsen，1979a）。

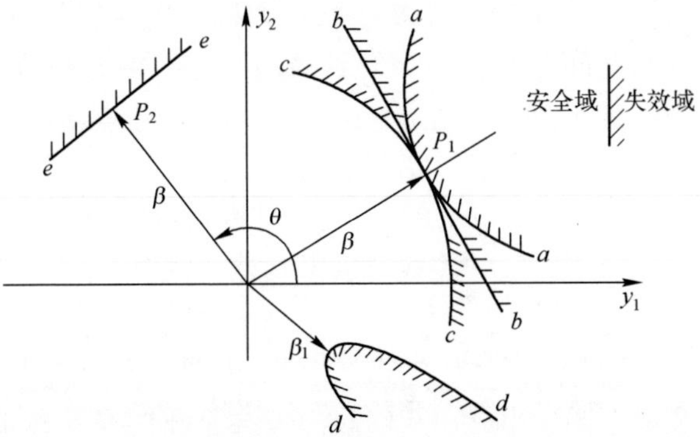

图 4.8　不同形式的极限状态函数中 β 与 P_{fN} 的不一致性

进一步来讲,上述过程并未在 $\boldsymbol{y}$ 空间内的 β 方向上进行限制,因此对于另外的验算点 P_2,当图 4.8 中坐标原点距线性极限状态 ee 以及 bb 的距离相同时,二者的概率相等。

可以在一个缩减变量的空间内定义正则化的概率密度函数 $f_Y(y)$ 进行度量比较,从而可以对变量空间内的各个极限状态的概率进行统一计算及比较。不难看出,上述正则化概率密度函数需要给定较大的可靠度(即较小的失效概率)及 β 值。这就意味着必须考虑到极限状态函数的形状,同时也说明该正则化概率密度函数必须具有旋转对称性,也就是与 θ 相互独立。故此,只有式(4.27)所示的 n 维标准正态概率密度函数能够满足上述全部要求,且函数中各个随机变量相互独立:

$$\phi_n(\boldsymbol{y}) = \prod_{i=1}^{n}\left[\frac{1}{(2\pi)^{1/2}}\exp\left(-\frac{1}{2}y_i^2\right)\right] \tag{4.27}$$

此时,可通过在安全域 D_k 对 $\phi_n(\boldsymbol{y})$ 进行积分,得到对应于某个特定极限状态曲面的可靠度系数 β:

$$\Phi[\beta(k)] = \int_{D_k}\phi_n(\boldsymbol{y})\mathrm{d}\boldsymbol{y} \tag{4.28}$$

式中:$\Phi(\ )$为标准正态分布函数。进而可以得出:

$$\beta(k) = \Phi^{-1}\int_{D_k}\phi_n(\boldsymbol{y})\mathrm{d}\boldsymbol{y} \tag{4.29}$$

此即为"通用"可靠度系数的定义式。显然,式(4.29)与安全域 D_k 上的极限状态方程的形状有关。由第 3 章内容可知,考虑到安全域 D_k 的形状特征,我们通常难以对式(4.29)中的积分式进行直接计算。下面讨论一些特殊情况。

4.3.9 一般极限状态方程——概率边界

到目前为止,我们所关注的单一极限状态函数,要么是线性的,要么至少在 $\boldsymbol{X}$ 空间内近似为线性的。虽然这类极限状态方程在实际问题中很常见,但我们也应该考虑到,在某些问题当中会涉及到极限状态函数是高维非线性的、分段的、抑或是问题中包含了多个线性极限状态方程。这时,应当对概率估计的界限加以考虑,当然主要是从概念上进行探讨。

为建立 P_f 的界限,考虑式(4.29)中的 ϕ_n,ϕ_n 表示 n 维标准正态分布的概率密度函数。此时,对于给定的非线性极限状态方程 k:$g(\boldsymbol{y})=0$,P_f 则为 $\beta(k)$ 的函数。

如果极限状态方程 $g(\boldsymbol{y})=0$ 为线性方程,并且 $\boldsymbol{y}$ 是 n 维标准正态随机向量,则可由 4.3.2 节直接得出:$P_f=\Phi(-\beta)$。如果 $g(\boldsymbol{y})=0$ 相对于坐标原点为凸函数,则此时可求出 P_f 的下界。如果 $g(\boldsymbol{y})=0$ 相对于原点是一凹函数,则此时

P_f 存在上界，这种情况可做如下解释。

前文指出，在 FOSM 方法中，β 代表了标准正态变量空间 $\boldsymbol{y}$ 中原点到极限状态面的最短距离。此时，P_f 的上界由一个(超)球面极限状态方程的外部概率得出，此球面的半径为 β，球心位于 $\boldsymbol{y}$ 空间的坐标原点：

$$g(\boldsymbol{y}) = \beta^2 - \sum_{i=1}^{n} y_i^2 = 0 \tag{4.30}$$

由于 $\boldsymbol{y}$ 空间内的坐标分量 Y_i 服从正态分布且相互独立，则 $\sum_{i=1}^{n} y_i^2$ 服从自由度为 n 的卡方分布 χ_n(Benjamin and Cornell, 1970)。此时失效概率 $p_f = 1 - \chi_n(\beta^2)$，且 p_f 为 n 的函数(Lind, 1977)，如图 4.9 所示。当 $n = 1$ 时，可以很容易证明此时失效概率值为单个线性极限状态曲面的 2 倍。

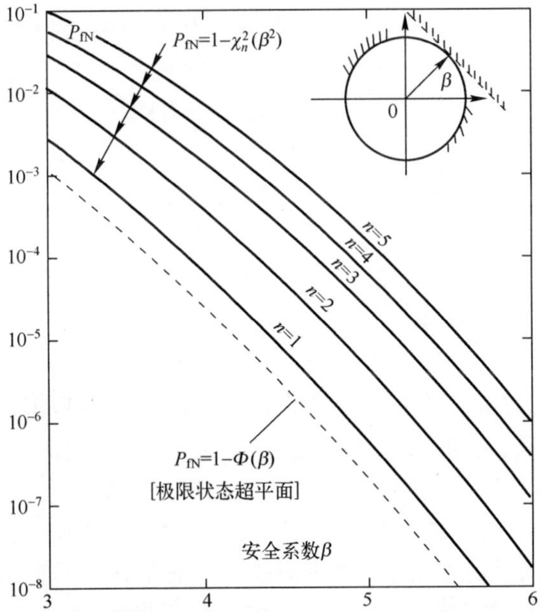

图 4.9　超球面极限状态函数的安全(可靠度)系数 β 以及 p_{fN}

对一般极限状态方程的复杂近似方法已经有许多研究；包括分段球面域(Veneziano, 1974)，以验算点为中心的二次表达式方法(Fiessler et al., 1979; Horne and Price, 1977)，以及在 $g(\boldsymbol{y}) = 0$ 上的不同预设点处利用切线的方法(所谓的“多面体近似”)。显然，上述各方法也可称作“多重验算点方法”。对于分段线性极限状态方程，可以利用系统边界方法或其他方法进行计算，将在第 5 章进行讨论。

4.4 一阶可靠性方法

4.4.1 简单变换方法

到目前为止,在计算失效概率时,仅仅考虑了每个随机变量的前两阶矩。然而,如果知道某些或所有基本随机变量的概率分布信息,则可以将这些信息加以利用来进行可靠性分析。其中一种方法是将非正态分布转化为等效的正态分布(Paloheimo and Hannus,1974)。举例来说,如果随机变量 X 服从均值为 μ_X,方差为 σ_X^2 的对数正态分布,将 X 等效变换为变量 U, $U=\ln X$。当 $V_X<0.3$ 时, $\mu_U\approx\ln\mu_X$, $\sigma_U^2\approx V_X^2$,这里 V_X 表示随机变量 X 的变异系数(见 A 5.9 节)。如果将 U 转换为标准正态随机变量 Y,则 $Y=(U-\mu_U)/\sigma_U$,利用上述条件,则可以将 Y 近似为 $Y=(\ln(X/\mu_X))/V_X$。故此,原始随机变量 X 可由标准正态随机变量 Y 表示为 $X\approx\mu_X\exp(YV_X)$。上述方法同样适用于其他类型的非正态随机变量。

显然,如果随机变量经过了变换,则同时需要将极限状态方程 $G(\boldsymbol{X})=0$ 变换到 $\boldsymbol{y}$ 空间。变换后的极限状态方程 $g(\boldsymbol{y})=0$ 经常为非线性的。

通常情况下,将服从非正态分布的随机变量转化为标准正态随机变量的过程并不都如前文所述的那样简单。然而,一旦经过标准正态化变换后,转化后的等效正态随机变量即可直接应用于二阶矩方法中。

4.4.2 节将讨论如何将相互独立的非正态基本随机变量转化为等效的正态随机变量。读者将会看到,这样的变换在前文所述的 FOSM 方法所涉及"验算点"处的效果最佳。随后,将讨论在对非独立随机变量进行等效正态变换时所需要满足的附加条件,并给出变换的算法流程以及相应的算例。

上述变换方法是前人在对 FOSM 方法进行拓展研究的过程中提出的,因此有时也被称为"改进的"或"拓展的"FOSM 方法。当然,由于极限状态方程依旧为线性的,但在对概率分布进行近似时不仅仅用到了一阶矩及二阶矩,故而,将上述方法称为一阶可靠性方法更为恰当。

练习

假设随机变量 X 服从Ⅰ型极值分布,证明:X 可由标准正态分布随机变量 Y 表示为

$$x=\frac{-\ln\{-\ln[\Phi(y)]\}-0.5772}{1.2825}\sigma_x+\mu_x$$

4.4.2　当量正态化

将独立的非正态分布随机变量 X 等效变换为标准正态分布随机变量 Y 的过程如图 4.10 所示，并有如下的数学表达式：

$$p=F_X(x)=\Phi(y) \quad 或 \quad y=\Phi^{-1}[F_X(x)] \tag{4.31}$$

式中：p 为与 $X=x$ 相关的概率值；$F_X(\ )$ 为随机变量 X 的边缘累积分布函数，$\Phi(\ )$ 为标准正态随机变量 Y 的累积分布函数。变换过程如图 4.11 中 a、b、c、d、e 所示。

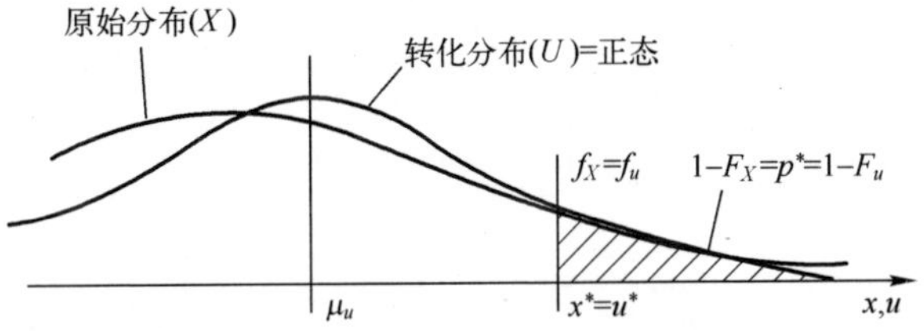

图 4.10　初始以及变换后的概率密度函数

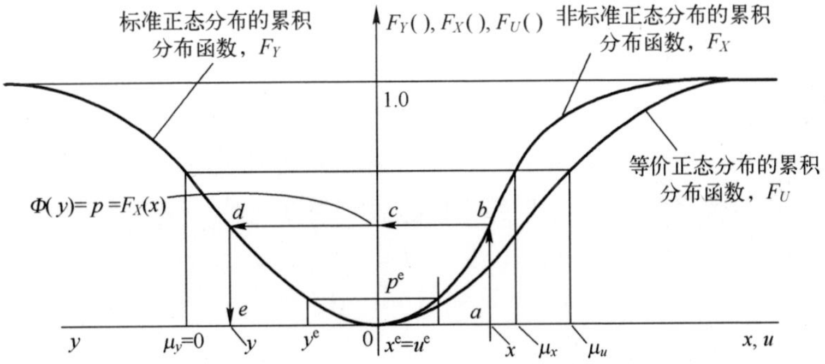

图 4.11　初始非正态随机变量 X、标准正态随机变量 Y 以及当量正态随机变量 U 的累积分布函数间的关系

正如在 4.4.1 节中所指出的，可用一个等效的正态随机变量 U 表示 X，其中 $F_U(\ )$ 为 U 的累积分布函数（见图 4.11）。显然，U 的选择并不是唯一的，这取决于如何选择 μ_U 及 σ_U。现讨论如何进行 U 的合理选择。将式（4.31）在某一点 x^e 处进行一阶泰勒级数展开：

$$y \approx \Phi^{-1}[F_X(x^e)]+\frac{\partial}{\partial x}\{\Phi^{-1}[F_X(x)]\}\big|_{x^e}(x-x^e) \tag{4.32}$$

令 $\Phi^{-1}[F_X(x)]=T$，则可看出式（4.32）中的 $(\partial/\partial x)\{\}$ 为

$$\frac{\partial}{\partial x}\{\}=\frac{\partial T}{\partial x}=\frac{f_X(x)}{\phi(T)}=\frac{f_X(x)}{\phi\{\Phi^{-1}[F_X(x)]\}} \tag{4.33}$$

将式(4.33)代入式(4.31)并整理,则有

$$y\approx\frac{x-\{x^e-\Phi^{-1}[F_X(x^e)]\phi\{\Phi^{-1}[F_X(x^e)]\}/f_X(x^e)\}}{\phi\{\Phi^{-1}[F_X(x^e)]\}/f_X(x^e)} \tag{4.34}$$

式(4.34)也可表示为

$$y=\frac{u-\mu_U}{\sigma_U} \tag{4.35}$$

假设

$$u=x \tag{4.36}$$

又有

$$\mu_U=x^e-y^e\sigma_U \tag{4.37}$$

$$\sigma_U=\frac{\phi(y^e)}{f_X(x^e)} \tag{4.38}$$

且

$$y^e=\Phi^{-1}[F_X(x^e)] \tag{4.39}$$

上述各公式说明,可以将变换式(4.31)用一个全新的服从正态分布的随机变量 U 表示,式(4.37)及式(4.38)分别给出了 U 的均值 μ_U 及标准差 σ_U。利用式(4.31)、式(4.35)及式(4.36),很容易得出 $F_X(x^e)=F_U(x^e)$;根据式(4.38)、式(4.35)、式(4.36)以及式(A.146),即可推出 $f_X(x^e)=f_U(x^e)$。因此可以看出,等效变换后的随机变量 U 的概率密度及其累积分布函数与原始非正态随机变量 X 相同,见图 4.10 及图 4.11。上述过程也可称为“映射变换”(Ditlevsen,1981a)。当展开点 $\boldsymbol{x}^e$ 已知时,可利用上述方法分别对每一个随机变量 X_i 进行等效正态变换。

以下将会说明,事实上展开点 $\boldsymbol{x}^e$ 与验算点 $\boldsymbol{x}^*$ 等价。由于 $\beta=\min(\boldsymbol{y}^T\cdot\boldsymbol{y})^{1/2}$(参见式(4.4))并且向量 $\boldsymbol{y}$ 的各个分量可由式(4.31)给出,则 β 为展开点 $\boldsymbol{x}^*$ 位置的函数。若要使得 β 趋于稳定,则需有

$$0=\frac{\partial\beta}{\partial x_i^e}=\frac{\partial}{\partial x_i^e}\left\{\sum_{i=1}^{n}[y_i(x_i^e)]^2\right\}^{1/2}\text{对所有 } i \text{ 均成立} \tag{4.40}$$

注意到,由于 Y_i 相互独立,因此可以将 y_i, x_i 以及 x_i^e 的下标去掉,则式(4.40)变成

$$0=\frac{1}{\beta}y(x^e)\frac{\partial y(x^e)}{\partial x^e}$$

上式中,由于一般情况下 $y(x^e)\neq0$,因此可知 $\partial y(x^e)/\partial x^e=0$(原文中有错

误——译者注)。利用式(4.32)得到的 $\boldsymbol{y}$ 并对各部分进行微分,则有

$$0=\frac{\partial y()}{\partial x^{e}}=\frac{\partial}{\partial x^{e}}\{\Phi^{-1}[F_X(x^{e})]\}+\frac{\partial^2}{\partial(x^{e})^2}\{\Phi^{-1}[F_X(x)]\}(x-x^{e})-\frac{\partial}{\partial x^{e}}\{\Phi^{-1}[F_X(x)]\} \tag{4.41}$$

通常情况下,上式中的一阶导数及二阶导数均为非零项,因此,若要使 β 趋于稳定,则需 $\boldsymbol{x}=\boldsymbol{x}^{e}$。前述4.3.4节已经说明,$\beta$ 值的稳定需要满足的条件为 $\boldsymbol{x}=\boldsymbol{x}^{*}$(验算点),因此本节所述的展开点与前文的验算点等价,即 $\boldsymbol{x}^{e}=\boldsymbol{x}^{*}$(参见 Lind,1977)。

由于在验算点处每个非正态分布的随机变量可单独用一个服从正态分布的随机变量近似,后者并不能严格地对应于联合概率密度的最大值(Horne and Price,1977)。但可认为近似计算出的 β 或 p_{f} 误差很小。

已有研究成果对上述方法的计算效率进行了改进(例如,Chen and Lind,1983;Tichy,1994)。其中的一种方法是弱化式(4.37)与式(4.38)之间的联系,同时将验算点处概率密度的斜率相等作为附加条件。显然,如果用于近似的分布是有效的概率分布,则可由很多种正态近似方法。

对于上述过程,可以采用迭代方法求出验算点 $\boldsymbol{x}^{*}$ 进而计算出安全系数(或可靠度系数)β(Rackwitz and Fiessler,1978)。在实际问题中,基本随机变量未必相互独立,因此在4.4.3节中将讨论如何将非独立的随机变量转化为相互独立的随机变量,从而可以对迭代方法进行详细说明。

4.4.3 基本变量的独立正态变换

4.4.2节所介绍的简单"截尾正态"近似方法是其他更为通用化变换方法的基础。假设联合概率密度函数 $f_{\boldsymbol{x}}(\boldsymbol{x})$ 可被完整表示,则截尾正态近似方法可以扩展到高维情形,从而可以得到一系列相互独立的正态随机变量,继而可采用 FORM 方法进行可靠度估算。本书将在接下来的4.4.3.1节中介绍 Rosenblatt 变换(参见附录B)时对上述方法进行探讨。

实际问题中,完全确定联合概率密度函数 $f_{\boldsymbol{x}}(\boldsymbol{x})$ 所必需的数据通常难以获取。然而即便对于非正态随机变量,如果知道它的边缘概率分布以及变量间相关性信息,则可以利用 Nataf 变换将非独立随机变量变换为相互独立的随机变量,从而用于 FOSM 方法中。与 Rosenblatt 变换方法不同,Nataf 变换是一种近似变换,将在4.4.3.2节中讨论 Nataf 变换方法。

4.4.3.1 Rosenblatt 变换

对于一个由服从均匀分布的随机变量组成的随机向量,这里用 $\boldsymbol{R}$ 表示,并令其为原始空间内的随机向量 $\boldsymbol{X}$ 与标准正态空间内随机向量 $\boldsymbol{Y}$ 之间的中介向

量。假设联合概率分布函数 $F_X(\boldsymbol{x})$ 以及条件概率分布函数 $F_i(x_i|x_1,\cdots,x_{i-1})$ 均已知,则 n 维空间内的 Rosenblatt 变换过程为

$$
\begin{aligned}
\Phi(y_1)&=r_1=F_1(x_1)\\
\Phi(y_2)&=r_2=F_2(x_2|x_1)\\
&\vdots\\
\Phi(y_n)&=r_n=F_n(x_n|x_1,\cdots,x_{n-1})
\end{aligned}
\tag{4.42}
$$

式中:$\Phi(\,)$ 为关于 $\boldsymbol{Y}$ 的标准正态累积分布函数;$F_i(x_i|x_1,\cdots,x_{i-1})$ 为关于随机变量 X_i 的条件累积分布函数(参见式(B.4))。随机变量分量 y_i 可由对式(4.42)各方程依次求逆得出:

$$
\begin{aligned}
y_1&=\Phi^{-1}[F_1(x_1)]\\
y_2&=\Phi^{-1}[F_2(x_2|x_1)]\\
&\vdots\\
y_n&=\Phi^{-1}[F_n(x_n|x_1,\cdots,x_n)]
\end{aligned}
\tag{4.43}
$$

通常情况下,上述计算过程需要采用数值方法。类似地,对 $\boldsymbol{X}$ 的逆变换可由下式得出

$$
\begin{aligned}
x_1&=F_1^{-1}[\Phi(y_1)]\\
x_2&=F_2^{-1}[\Phi(y_2)|x_1]\\
&\vdots\\
x_n&=F_n^{-1}[\Phi(y_n)|x_1,\cdots,x_{n-1}]
\end{aligned}
\tag{4.44}
$$

如果 X_i 为相互独立的随机变量,则式(4.42)~式(4.44)中的条件都可以忽略,此时的变换过程与前文式(4.31)给出的变换过程在本质上是相同的。也就是说,此时展开点即为验算点。

在利用迭代算法表示上述过程之前,有必要将极限状态方程 $G(\boldsymbol{x})=0$ 转化为 $g(\boldsymbol{y})=0$。可利用恒等式(A.150)将 $\boldsymbol{x}$ 空间内的概率密度函数变换到 $\boldsymbol{y}$ 空间内。此方法对于 $\boldsymbol{X}$ 及 $\boldsymbol{y}$ 空间中的任意(连续)方程均适用,且尤其适合于如下的 $G(\boldsymbol{x})$:

$$G(\boldsymbol{x})=g(\boldsymbol{y})\,|\boldsymbol{J}| \tag{4.45}$$

式中:雅可比矩阵 $\boldsymbol{J}$ 中的元素为 $j_{ij}=\partial y_i/\partial x_j$(参见式(A.151))。其中的微分值可利用式(4.43)并将 y_i 代入进行计算,并注意到,由式(4.42)可知,$\partial y_i=[\phi(y_1)]^{-1}\partial F_i(x_i|x_1,\cdots,x_{i-1})$,因而有

$$\frac{\partial y_i}{\partial x_j}=\frac{1}{\phi(y_i)}\,\frac{\partial F_i(x_i|x_1,\cdots,x_{i-1})}{\partial x_j} \tag{4.46}$$

显然,当 $i<j$ 时,$\partial F_i/\partial x_j=0$,因此矩阵 $\boldsymbol{J}$ 为下三角矩阵。此时可利用矩阵 $\boldsymbol{J}$

通过回代法得到其逆矩阵 $\boldsymbol{J}^{-1}$。

借助式(4.5)求得 $g(\boldsymbol{Y})$ 的梯度向量中的各元素,但通常情况下由于难以获得 $g(\boldsymbol{Y})$ 的显式表达式,通过式(4.5)求取极限状态方程梯度向量往往难以实现。然而,可以很容易得出

$$\frac{\partial G(\boldsymbol{x})}{\partial x_j}=\sum_{i=1}^{n}\frac{\partial g(\boldsymbol{y})}{\partial y_i}\frac{\partial y_i}{\partial x_j} \tag{4.47}$$

从而有

$$\begin{bmatrix}\dfrac{\partial G(\boldsymbol{x})}{\partial x_1}\\ \vdots \\ \dfrac{\partial G(\boldsymbol{x})}{\partial x_n}\end{bmatrix}=[J]\begin{bmatrix}\dfrac{\partial g(\boldsymbol{y})}{\partial y_1}\\ \vdots \\ \dfrac{\partial g(\boldsymbol{y})}{\partial y_n}\end{bmatrix} \tag{4.48}$$

由式(4.48)可以看出梯度向量元素 $\partial g/\partial y_i$ 可通过逆矩阵计算得出,这样就得到了各方向余弦 $\cos(\alpha_i)$。然而,4.3.3 节中将 α_i 解释为灵敏度系数的说法在这里并不一定成立,这是由于在通常情况下,y_i 并没有明确的物理含义(除非各基本随机变量相互独立)。

4.4.3.2　Nataf 变换

在某些情况下,我们仅仅可以得到各基本随机变量的边缘累积分布函数 $F_{X_i}(\,)\ (i=1,\cdots,n)$ 以及相关系数矩阵 $\boldsymbol{P}=\{\rho_{ij}\}$,而对于各随机变量的联合分布函数 $F_{\boldsymbol{x}}(\boldsymbol{x})$ 却无从知晓。此时,由于式(4.43)中所需的条件分布无法得到,Rosenblatt 变换方法便难以应用。然而,在某种程度上我们可以借鉴上文所述的思想,基于一个特定的联合正态分布"创造"出 $F_{\boldsymbol{x}}(\boldsymbol{x})$ 的近似分布。在下文中我们可以看到,这种近似方法的优势在于可以很方便地从 n 维正态变量空间 $\boldsymbol{y}$ 中生成各随机变量。

首先考虑将 $\boldsymbol{x}$ 空间中的随机变量 $\boldsymbol{X}=(X_1,\cdots,X_n)$ 利用边缘变换映射到空间 $\boldsymbol{y}$ 中的标准正态随机变量 $\boldsymbol{Y}=(Y_1,\cdots,Y_n)$,变换公式为

$$Y_i=\boldsymbol{\Phi}^{-1}[F_{X_i}(X_i)],\quad i=1,\cdots,n \tag{4.49}$$

如前所述,上式中 $\boldsymbol{\Phi}(\,)$ 为标准正态分布的累积分布函数。此时,假设随机变量 $\boldsymbol{Y}=(Y_1,\cdots,Y_n)$ 服从联合正态分布,具有 n 维标准正态概率密度函数 $\boldsymbol{\phi}_n(\boldsymbol{y},\boldsymbol{P})$ 以及相关系数矩阵 $\boldsymbol{P}=\{\rho_{ij}\}$,则联合概率密度函数 $f_{\boldsymbol{X}}(\,)$ 的 Nataf 近似表示为

$$f_{\boldsymbol{X}}(\boldsymbol{X})=\boldsymbol{\phi}_n(\boldsymbol{y},\boldsymbol{P})\,|\boldsymbol{J}| \tag{4.50}$$

考虑到随机变量的变换法则,式(4.50)中的雅可比行列式 $|\boldsymbol{J}|$ 不能省略,由式(A.150)可知,$|\boldsymbol{J}|$ 的表达式为

$$|\boldsymbol{J}| = \frac{\partial(y_1,\cdots,y_n)}{\partial(x_1,\cdots,x_n)} = \frac{f_{X_1}(x_1)\cdot f_{X_2}(x_2)\cdots f_{X_n}(x_n)}{\phi(y_1)\phi(y_2)\cdots\phi(y_n)} \tag{4.51}$$

此时,由式(4.50),$f_{\boldsymbol{X}}(\ )$被强制变换为一个特定的 n 维联合概率密度函数。这样一来,唯一需要解决的问题就是对式(4.50)中的相关系数矩阵 $\boldsymbol{P}=\{\rho_{ij}\}$ 进行定义,可以预见,此过程与 $\boldsymbol{x}$ 空间中的相关系数矩阵 $\boldsymbol{P}=\{\rho_{ij}\}$ 有直接关联。

为方便起见,这里引入标准化随机变量 $Z_i=(X_i-\mu_{X_i})/\sigma_{X_i}$。这样一来,对于任意两个随机变量,二者的相关系数可以表示为(参见式(A.123),式(A.124)):

$$\rho_{ij} = \frac{\operatorname{cov}[X_iX_j]}{\sigma_{X_i}\sigma_{X_j}} = E[Z_iZ_j] = \int_{-\infty}^{\infty}\int_{-\infty}^{\infty} z_iz_j\phi_2(y_i,y_j;\rho'_{ij})\,\mathrm{d}y_i\mathrm{d}y_j \tag{4.52}$$

借助式(4.52)及已知的 $\boldsymbol{P}=\{\rho_{ij}\}$,对于任意一对随机变量,相关系数矩阵 $\boldsymbol{P}'=\{\rho'_{ij}\}$ 中的元素 ρ'_{ij} 均可被求出。显然,由于式(4.52)等式的最右端包含双重积分,上述过程是一个繁琐的迭代过程,但可利用编程方法实现。为减轻计算难度,Liu 以及 Der Kiureghian(1986)提出了下面的近似经验比率公式:

$$R = \frac{\rho'_{ij}}{\rho_{ij}} \tag{4.53}$$

本书在附录 B 中针对一系列边缘分布的组合给出了若干计算结果。应该意识到,除去包含移位指数分布的联合分布外,通常有 $0.9 \leqslant R \leqslant 1.1$。考虑到在实际应用中,只有少数情况下可以精确获得随机变量之间的相关系数,对于许多问题来说,用 $\boldsymbol{P}=\{\rho_{ij}\}$ 代替 $\boldsymbol{P}'=\{\rho'_{ij}\}$ 在通常情况下足以较好地解决问题(参见 Der Kiureghian and Liu,1986)。对于 Nataf 变换在应用上的限制,读者可以参考本书附录 B。

一旦确定了 $\boldsymbol{P}'=\{\rho'_{ij}\}$,就可以利用式(4.50)对构造出的(近似)概率密度函数 $f_{\boldsymbol{X}}(\ )$ 进行计算。原则上,这里的结果可以用在 Rosenblatt 变换中去获得一系列相互独立的正态随机变量,进而可以用 FOSM 分析所针对的问题。但在实际应用中,通常情况下确定 β 较简单的方法仍旧是 FORM,如 4.3.5 节中介绍的迭代方法。从式(4.50)中可以看到,由于 $f_{\boldsymbol{X}}(\ )$ 是(变换后的)正态分布概率密度函数,因此这种途径是可行的,唯一的附加问题是需要事先求得雅可比行列式 $|\boldsymbol{J}|$。此时,求出的概率密度函数可通过正交变换转化为标准化独立分布 $\phi_n(\boldsymbol{z}',\boldsymbol{I})$(参见附录 B)。

例 4.6

令随机变量 X_1 和 X_2 服从同一指数分布,均值皆为 1.0,相关系数为 $\rho_{12}=\rho=0.25$。由 A.5.5 节可以得出,二者的标准差也相同,并且由式(A.35)及式(A.36)可以得出:

$$F_{X_i}=1-\exp(-x_i)$$

以及

$$f_{X_i}=\exp(-x_i)$$

为依据 Nataf 变换获得上述两个随机变量的近似联合概率密度,必须利用式(4.50)。此时需要应用表 B.2 获得 $\rho'=R\cdot\rho$,其中 $R=1.229-0.367\rho+0.153\rho^2=1.148$,因此 $\rho'=0.287$。

根据上述结果,式(4.50)中的 $\phi_n(\ )$ 可以表示为(参见 A.125):

$$\phi_2(\boldsymbol{y},\rho')=\frac{1}{2\pi\sigma_1\sigma_2(1-\rho'^2)^{1/2}}\exp\left[\frac{-\frac{1}{2}(h^2+k^2-2\rho' hk)}{(1-\rho'^2)}\right]$$

式中:由于均值和标准差均为 1,因此上式中 $h=\dfrac{x_1-\mu_{x_1}}{\sigma_{x_i}}=y_1$,对于 X_2 也有类似的结论。将 $\rho'=0.287$ 以及随机变量的均值和标准差代入上式中,可得

$$\phi_2(\boldsymbol{y},\rho')=0.166\exp[0.545(y_1^2+y_2^2)-0.574y_1y_2]$$

为得到联合概率密度函数,需要求得雅可比行列式:

$$|\boldsymbol{J}|=\frac{f_{X_1}(x_1)\cdot f_{X_2}(x_2)}{\phi(y_1)\phi(y_2)}$$

上式中,分子的两项来自于 $f_{X_i}=\exp(-x_i)$,分母中的两项来源于标准正态分布 $N(0,1)$,可表示为 $\phi(y_i)=\dfrac{1}{\sqrt{2\pi}}\exp\left(-\dfrac{1}{2}y_i^2\right)$(参见 A.5.7 节)。此时,易得出

$$|\boldsymbol{J}|=\frac{\exp(-x_1)\cdot\exp(-x_2)}{0.159\exp(-0.5y_1^2)\exp(-0.5y_2^2)}$$

将上式代入式(4.50),得

$$f_{\boldsymbol{x}}(\boldsymbol{x})=0.104\exp(-x_1-x_2)\exp[-0.045(y_1^2+y_2^2)+0.313y_1y_2]$$

式中:$y_i=\Phi^{-1}[1-\exp(-x_i)]$(参见式(4.49))。

4.4.4　一阶可靠性方法的算法

4.3.6 节中的 FOSM 理论给出的确定验算点的算法,现在可以推广为 FOR (Hohenbichler and Rackwitz,1981)。下面以 Rosenblatt 变换为例进行说明。

(1) 选择初始验算点向量 $\boldsymbol{x}^*=\boldsymbol{x}^{(1)}$,其中 $\boldsymbol{x}^{(1)}$ 可选为 $\mu_{\boldsymbol{x}}$。

(2) 利用变换式(4.43)得出 $\boldsymbol{y}^{(1)}$;当随机向量 $\boldsymbol{X}$ 的各分量相互独立时,式(4.43)可简化为式(4.31)。

(3) 利用式(4.45)及式(4.46)求出雅可比矩阵 $\boldsymbol{J}$ 及其逆矩阵 $\boldsymbol{J}^{-1}$。

(4) 根据式(4.5)及式(4.48)计算出方向余弦 α_i,并利用等式 $\beta=-\boldsymbol{y}^{*\mathrm{T}}\cdot\alpha$

计算出 $g(\boldsymbol{y}^{(1)})$ 及 β 的当前值,其中 α 为方向余弦向量(参见式(4.9))。

(5) 根据式(4.24)以及 β 的当前值,得出 $\boldsymbol{y}$ 空间内新一轮验算点坐标的估计值。

(6) 最后利用逆变换式(4.44)得出验算点在 $\boldsymbol{x}$ 空间内坐标的当前估计值。

重复(2)~(6)直至 $\boldsymbol{x}^*$(或 $\boldsymbol{y}^*$)的值趋于稳定。

显然,上述算法是4.3.6节所给出的算法的一般化形式,其在步骤(2)及步骤(6)中应用了更为复杂的变换式(4.43)及逆变换式(4.44)。

例 4.7

下述案例来自于 Dolinsky(1983)以及 Hohenbichler 与 Rackwitz(1981)的研究。此案例是为数不多的能够利用 Rosenblatt 变换进行完全解析运算的情况之一。

考虑极限状态方程 $G(\boldsymbol{x})=6-2x_1-x_2=0$(其中随机变量 X_1,X_2 可表示载荷),随机向量 $\boldsymbol{X}$ 的各个分量高度相关且有下述的联合概率密度函数:

$$f_{\boldsymbol{x}}(\boldsymbol{x})=(ab-1+ax_1+bx_2+x_1x_2)\exp(-ax_1-bx_2-x_1x_2) \quad (x_1,x_2)>0$$
$$=0 \quad \text{其他}$$

通过合理的积分方法(参见A.6节),可以得出随机变量 X_1 及 X_2 的边缘概率密度函数分别为

$$f_{X_1}(x_1)=a\exp(-ax_1), \quad x_1>0$$
$$f_{X_2}(x_2)=a\exp(-bx_2), \quad x_2>0$$

联合累积分布函数为

$$F_{\boldsymbol{x}}(\boldsymbol{x})=1-\exp(-ax_1)-\exp(-bx_2)+\exp(-ax_1-bx_2-x_1x_2) \quad (x_1,x_2)>0$$
$$=0 \quad \text{其他}$$

将其带入式(4.42)中的第一行及第二行,可得出

$$\Phi(y_1)=F_1(x_1)=\int_0^{x_1}f_{X_1}(t)\,\mathrm{d}t=1-\exp(-ax_1), \quad x_1\geqslant 0 \tag{4.54}$$

$$\Phi(y_2)=F_2(x_2|x_1)=\frac{\int_0^{x_2}f_{\boldsymbol{x}}(x_1,w)\,\mathrm{d}w}{f_{X_1}(x_1)}$$
$$=1-\left(1+\frac{x_2}{a}\right)\exp(-bx_2-x_1x_2) \tag{4.55}$$

此时,极限状态方程为

$$G(\boldsymbol{X})=6-2F_1^{-1}[\Phi(y_1)]-F_2^{-1}[\Phi(y_2|x_1)]=0$$

上述方程仅可通过数值方法进行求解。例如,当 $a=1,b=2$ 且 $x_1=1$ 时,式(4.54)变为 $\Phi(y_1)=1-\exp(-1)=0.6321$ 或者 $y_1=0.34$。此时,式(4.55)为

$\Phi(y_2)=1-(1+x_2)\exp(-2x_2-x_1x_2)$，当 $x_2=4$ 时方有 $G(\boldsymbol{x})=0$，因此有 $\Phi(y_2)=1-5\exp(-12)=0.999969$ 或者 $y_2\approx4.01$。上述结果在图 4.12(a) 中对应 A 点。继续采用上述方法，通过选取不同的 x_1 值，可以获得整条曲线。

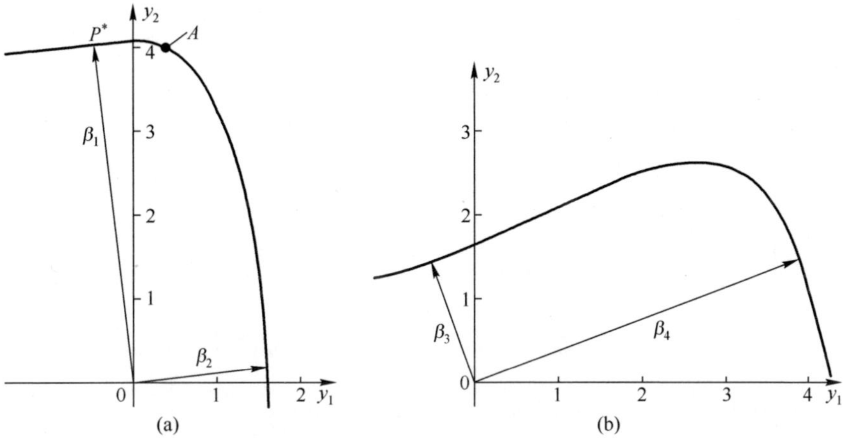

图 4.12　例 4.7 中的局部稳定点

(a) 相依基本变量的原始顺序；(b) 交换后的变量顺序。

结合式(4.46)、式(4.54)以及式(4.55)，式(A.151)所示的雅可比矩阵可表示为

$$\boldsymbol{J}=\begin{bmatrix}\dfrac{1}{\phi(y_1)}\dfrac{a}{\exp(ax_1)} & 0\\ \dfrac{1}{\phi(y_2)}\dfrac{(1+x_2/a)x_2}{\exp(bx_2+x_1x_2)} & \dfrac{1}{\phi(y_2)}\dfrac{-1/a+(b+x_1)(1+x_2/a)}{\exp(bx_2+x_1x_2)}\end{bmatrix} \tag{4.56}$$

通过反向代入，可得

$$\boldsymbol{J}^{-1}=\begin{bmatrix}\phi(y_1)\dfrac{\exp(ax_1)}{a} & 0\\ -\phi(y_1)\dfrac{(1+x_2/a)x_2\exp(ax_1)}{1/a-(b+x_1)(1+x_2/a)a} & -\phi(y_2)\dfrac{\exp(bx_2+x_1x_2)}{1/a-(b+x_1)(1+x_2/a)}\end{bmatrix} \tag{4.57}$$

当 $a=1,b=2$ 时，上述算法可分布描述为

(1) 选择任意的验算点，本例中选取 $x_1=1,x_2=4$，对应于图 4.12(a) 中的 A 点。

(2) 利用式(4.54)可得出 $\Phi(y_1)=1-\exp(-1)$ 或者 $y_1=0.34$；利用式(4.55)可得出 $\Phi(y_2)=1-(1+4)\exp(-12)$ 或者 $y_2\approx4.01$。因此有 $\boldsymbol{y}=$

$[0.34, 4.01]^{\mathrm{T}}$。

(3)由式(4.56)及式(4.57)可知

$$\boldsymbol{J}=\begin{bmatrix}0.997 & 0\\0.917 & 0.642\end{bmatrix}$$

$$\boldsymbol{J}^{-1}=\begin{bmatrix}1.024 & 0\\1.462 & 31.289\end{bmatrix}$$

(4) ① 方向余弦为[参考式(4.5)及式(4.48)]:

$$\begin{bmatrix}c_1\\c_2\end{bmatrix}=\begin{matrix}\dfrac{\partial g}{\partial y_1}\\\dfrac{\partial g}{\partial y_2}\end{matrix}=\boldsymbol{J}^{-1}\begin{bmatrix}\dfrac{\partial G(\boldsymbol{x})}{\partial x_1}\\\vdots\\\vdots\\\dfrac{\partial G(\boldsymbol{x})}{\partial x_n}\end{bmatrix}=\begin{bmatrix}1.024 & 0\\1.462 & 31.289\end{bmatrix}\begin{bmatrix}-2\\-1\end{bmatrix}=\begin{bmatrix}-2.048\\-34.21\end{bmatrix}$$

因此有 $l\approx 34.27, \alpha_1=-0.060, \alpha_2=-0.998$。

② 通过初选的 x_1, x_2,可以看到在此循环中,极限状态方程可以得到满足,即 $g(\boldsymbol{y})=G(\boldsymbol{x})=0$。

③ 计算 β:

$$\beta=(\boldsymbol{y}^{\mathrm{T}}\cdot\boldsymbol{y})^{1/2}=(0.34^2+4.01^2)^{1/2}=4.02$$

(5) 利用式(4.24),可以得到 $\boldsymbol{y}$ 的新一轮估计值:

$$\begin{bmatrix}y_1\\y_2\end{bmatrix}=-\begin{bmatrix}-0.060\\-0.998\end{bmatrix}(4.02-0)=\begin{bmatrix}0.24\\4.02\end{bmatrix}$$

则此时由图4.13(a)可以很明显地看出,重新得出的设计点 P^* 较初始设计点为优。

(6) 根据式(4.44)对式(4.54)求反函数,得到 x_1 的第二个估计值:

$$x_1=F_1^{-1}[\Phi(y_1)]=-\ln[1-\Phi(0.24)]=0.903$$

由(4.55)可得

$$1-\Phi(y_2)=(1+x_2)\exp[-(2+x_1)x_2]$$

即

$$0.262\times10^{-4}=(1+x_2)\exp[-2.903x_2]$$

或者通过试错法可得 $x_2=4.2$。

重复上述算法流程,直至 y 或 x 趋于稳定为止。此时可以得出图4.12(a)所示的 β_1。

4.4.5 讨论

即便未曾真正运行上述算法流程,我们也可以很明显地看到,当在上例中选择一个完全不同的初始点时，例如选择 $\boldsymbol{y}=(1.5,1.3)^{\mathrm{T}}$，从图 4.12(a) 中可以看出，算法结果将收敛到 β_2，且 $\beta_2<\beta_1$。我们可以再一次看出，上述算法只能计算出驻点，因此在应用上述算法进行计算时，每一次都需要对 β 进行校核（Dolinsky, 1983）。

上述计算上的困难在进行迭代计算时并不会出现，除非采用的算法是为了寻找最大似然点。本书已在 4.3.5 节解决具有非线性极限状态方程的二阶矩问题时介绍了这种算法。此处所涉及的问题虽然在本质上与 4.3.5 节中的问题相似，但由于所采用的联合累积分布函数的形式，导致问题含有了高度非线性的极限状态方程。

当存在服从非对称分布的随机变量时，如指数分布或极值分布，此时在计算 β 时，对灵敏度因子的计算将成为难点，随着随机变量方差的增大，β 值也趋于增加（而非降低）（Sφrensen & Enevoldsen, 1993）。

除去上述问题外，Rosenblatt 变换式（4.42）可以有 $n!$ 种不同的形式，这取决于基本随机变量的排列顺序，此顺序的重要性可通过下述实例进行表述。

将式（4.42）中 x_1, x_2 的顺序互换，则有

$$\begin{aligned}\Phi(y_1)&=F_2(x_2)\\ \Phi(y_2)&=F_1(x_1|x_2)\end{aligned}\tag{4.58}$$

此时，如前所示，取 $a=1, b=2$，此时可得

$$\begin{aligned}\Phi(y_1)&=1-\exp(-2x_2)\\ \Phi(y_2)&=1-\left(1+\frac{x_1}{2}\right)\exp(-x_1-x_1x_2)\end{aligned}\tag{4.59}$$

利用与前文相似的计算流程，可将极限状态方程变换为如图 4.12(b) 所示的形式，此时同样存在两个稳定（收敛）点。令原点距稳定（收敛）点的距离分别为 β_3 及 β_4，则容易验证 $\beta_3<\beta_2<\beta_4$。这就表明，当我们需要找出危险点（最低值点）时，原则上需要考虑所有 $n!$ 种 $\boldsymbol{X}$ 的排列形式（Dolinsky, 1983）。实际问题中，对于待求问题的先验知识可对选择合理的随机变量排序有所帮助。

上述各案例仅仅说明了在应用 FOR 方法的一些较为极端的情况。多数实际问题中，通常不会存在上述案例中的高度相关指数分布情况。

4.4.6 渐进公式

很显然 4.4.1 节中所采用简单变换方法，以及 Rosenblatt 和 Nataf 变换在本质上都是试图在标准正态空间中找到一个新曲面，这个新曲面与实际的联合概率密度函数曲面相互匹配。基于此新曲面进行概率水平的估计，较于利用原始 PDF 可能会更为简单。对于较为简单的一维情形，这个新曲面即为图 4.10 中

所示的变换后的概率密度曲线。

上述采用近似曲面的思想可以在数学上扩展为寻找与真实曲面近似的函数,使近似曲面的误差达到最小。特别地,式(1.31)可以重新表示为

$$p_{\mathrm{f}}=\int_{D} f_{\boldsymbol{x}}(\boldsymbol{x})\mathrm{d}\boldsymbol{x}=\int_{D}\exp\{\ln[f_{\boldsymbol{x}}(\boldsymbol{x})]\}\mathrm{d}\boldsymbol{x} \tag{4.60}$$

式中:D 表示失效域。通常情况下,如果失效域 D 表示的失效概率较小时,概率密度函数 $f_{\boldsymbol{x}}(\ )$ 的值在 D 中的每一处均较小,这使得式(4.60)中{ }内的值为负值。此时,定义一个"比例系数" $\beta_0=\sqrt{-\max\limits_{D}\ln[f_{x}(\boldsymbol{x})]}$,同时令 $h(x)=\ln[f_{\boldsymbol{x}}(\boldsymbol{x})]/\beta_0^2$,则积分式(4.60)可重新表示为

$$p_{\mathrm{f}}=\int_{D}\exp[\beta_0^2 h(\boldsymbol{x})]\mathrm{d}\boldsymbol{x} \tag{4.61}$$

式(4.61)中的积分可以用下述拉普拉斯积分形式替代:

$$p_{\mathrm{f}}(\beta)=\int_{D}\exp[\beta^2 h(\boldsymbol{x})]\mathrm{d}\boldsymbol{x} \tag{4.62}$$

式(4.62)中的积分能够进行求解。当 $\beta\to\infty$ 时,式(4.62)渐进于式(4.61),但在 $\beta=\beta_0$ 时近似效果较好,其中 β_0 为对应于失效域边界上极大似然点的比例因子。

4.5 二阶方法

4.5.1 基本概念

从前述讨论的内容中可以看到,当极限状态曲面的曲率很大时,利用线性平面(通过 Taylor 级数展开)对极限状态曲面进行近似会带来较大的偏差。即便在原始空间内的极限状态方程为线性方程,当我们解决可靠性问题时,变换到标准空间中的极限状态方程也可能为非线性方程,此情况在例 4.7 中的图 4.12 中可以得见。

由于采用线性化方法对极限状态曲面进行近似处理时精度较低,特别是当极限状态方程具有较大曲率时,线性化方法的精度下降十分明显,故可以看出,在用简单曲面对非线性极限状态曲面进行近似时,被近似曲面的曲率对近似曲面的性质起到了很大影响,针对此问题,有许多近似方法已经相继被提出。

在二阶矩方法及其衍生方法中,处理非线性极限状态函数的方法被称为"二阶"方法(Fiessler et al.,1979;Hohenbichler et al.,1987)。"二阶"方法常常被用于在设计点处采用抛物线、二次曲线或更高阶次的曲面来拟合实际曲面。

这就需要我们对远离设计点 $\boldsymbol{y}^*$ 时的近似效果进行某种判断。图 4.13 描述了在标准正态空间的设计点处，一阶（线性）近似及二阶近似之间的关系（Der Kiureghian et al.，1987）。

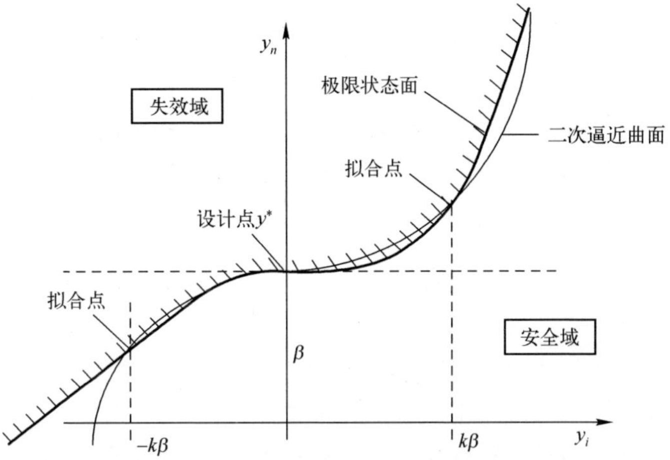

图 4.13 y 空间内在设计点 $\boldsymbol{y}^*$ 处对真实极限状态曲面的二阶近似以及线性近似（Der Kiureghian et al.，1987）

4.5.2 抽样估计

通常情况下，由二次曲面所围成区域的概率难以进行估计。解决此类问题有两种方法。第一种方法基于在线性近似曲面及二阶曲面之间的区域进行抽样，进而估算介于上述二曲面之间的极限状态函数的概率特性，且主要采用一阶可靠性理论进行概率估算（Hohenbichler&Rackwitz，1988）。此外，还可以用 FOR 对于线性极限状态方程的计算结果作为初始点，利用在设计点处进行抽样，进而得出实际极限状态与进行极限状态函数之间的概率误差（Mitteau，1996）。

4.5.3 渐进近似估计

在应用二阶方法进行概率值估算时，可以借助渐进的思想。在独立标准正态变量空间内，对于非线性程度不高的极限状态方程，可以首先确定极限状态方程在设计点 $\boldsymbol{y}^*$ 处的曲率 K_i，继而利用渐进公式对失效概率进行近似计算（Breitung，1984）：

$$p_{\mathrm{f}} \approx \Phi(-\beta) \sum_{j=1}^{k} \left[\prod_{i=1}^{n-1} (1 - \beta \cdot \kappa_i) \right]^{-1/2} \tag{4.63}$$

式中：$\kappa_i=-\left[\dfrac{\partial^2 y_n}{\partial y_i^2}\right]$表示极限状态曲面 $g(\boldsymbol{y}^*)=0$ 在设计点 $\boldsymbol{y}^*$ 处的第 i 个主曲率。显然,极限状态方程需要在 $\boldsymbol{y}^*$ 的领域内连续且存在二阶导数。同时,此方法仅能够直接处理单一验算点问题。

式(4.63)给出的渐进近似公式,通常难以定义其计算误差,大体上来说,随着极限状态函数越趋“平坦”,也就是 $\beta\to\infty$,则渐进近似计算结果也将趋于改善,并逐渐接近一阶方法的计算结果(对于线性极限状态函数而言)。显然,当 $\beta_i=1/K_i$ 时,式(4.63)存在奇点,因此式(4.63)对于具有较大曲率的极限状态方程的计算效果非常差。上述内容的推导及详细的讨论可参考(Breitung,1984,1994;Ditlevsen&Madsen,1996)。

在应用式(4.63)时,需要对曲率进行计算,这对于具有较多基本变量或复杂程度较高的极限状态方程来说是十分困难的。此时,可以采用梯度算法对极限状态函数的梯度进行近似迭代,进而计算出相应的曲率值。这样就可以进一步找出设计点以及主曲率(Der Kiureghian & De Stafeno,1991)。文献(Abdo and Rackwitz,1990)对一系列验算点搜索算法进行了阐述并提出了若干种新方法。

除了采用曲率计算的方法外,还可以回溯到图 4.13 所示的方法中,利用过设计点 $\boldsymbol{y}^*$ 及极限状态曲面上的一系列其余点(任意选取)拟合出二次曲面,从而对真实的极限状态曲面进行近似。在标准正态空间的坐标轴上选取上述拟合点,令其中的一个坐标轴通过设计点(此条件一定可以得到满足)。除设计点以外的其余拟合点与设计点之间的距离可为 $\beta_i K_i$,当 $\beta_i>3$ 时,$\beta_i K_i$ 的值约为 3;对于较小的 β_i,$K_i=1$(Der Kiureghian et al.,1987)。由于并不要求在设计点处使拟合曲线与实际曲线的曲率相等,此方法可以在局部不规则处获得平滑的拟合曲线,且对于所关注区域内并不接近二次曲面的极限状态曲面,此方法也较为实用。

显然,上述方法与响应面方法(参见 5.5.4 节)并无实质上的区别,除非原始极限状态曲面已知。文献(Tvedt,1985;1990)对式(4.63)进行了改进,表达方式也更为复杂。此外,还有一些方法(Tvedt,1985;1990;Hohenbichler & Rackwitz,1988)通过增加计算复杂度的方式,以期获得高精度的 β 计算值。文献(Köylüoglu & Nielsen,1994)利用在设计点处对概率密度函数的梯度进行精确化的多项式展开的方法,对式(4.63)进行了改进,该方法较为简便,且能够获得较好的计算精度。

4.6 FOSM/FOR/SOR 方法的应用

FOSM 方法对于一些希望可以获得概率描述的简单问题尤其适用。即便对于非线性极限状态函数,FOSM 方法也能够直接获得可靠度指标 β。当利用 FOSM 方法得出相应的计算结果之后,可以很方便地将其扩展到含有非正态随机变量的问题中,此时即为一阶可靠性方法(FOR),以获得混合概率分布信息。正如例 4.7 中所描述的,只有在极特殊的情况下,采用一阶可靠性方法会出现计算困难或者在对极限状态方程线性化后导致不精确的计算结果。大量文献对 FOSM/FOR 方法的应用做出了介绍,当然 FOSM/FOR 的应用还仅限于较为简单的或者仅含有少量极限状态方程的问题。本书将在第 5 章中对复杂系统问题加以介绍。

FOSM 以及 FOR 方法都需要用到极限状态方程的导数。对于本章给出的简单问题,显式化的表达式很容易进行导数运算。然而,通常情况下,由于结构响应或结构分析的需求导致极限状态方程可能十分复杂,此时就需要通过数值方法进行问题的求解。当基本变量的数量增加时,采用数值方法就显得尤其必要了。

采用二阶矩对非正态分布函数进行近似的方法可以扩展到高阶矩近似方法。其中的一种方式是利用一系列加权后的二阶矩累积分布函数对非正态分布进行描述,并以此对极限状态函数进行修正(Grigoriu,1982)。Winterstein 及 Bjerager(1987)也提出利用三阶矩及四阶矩信息的计算方法,如此一来,由低阶矩得出的尾分布的误差将会显著降低。特别地,再利用 Hermite 多项式进行问题的求解时,可以避免进行 Rosenblatt 变换。本段所述的方法超出了本书的范围,在此不做过多介绍。

最后,我们还可以提出除 β 外的其他安全性指标。Turkstra 及 Daly(1978)在相关的文献中对于可获得新的安全性指标的各类方法进行了详述。但遗憾的是,所有新的安全性指标均未被广泛接受。

4.7 结　论

本章就 FOSM 方法进了讨论,可以看出对于线性极限状态函数,失效概率可以直接通过安全或可靠度系数 β 得到。如果极限状态函数是非线性的,β 仅以通过一个逼近的切(超)平面得到。在任何情况下,β 均表示标准正态空间中原点到平面的最短距离,也就是点到切面的垂直距离。平面上相关的点被叫做"验算点"或"设计点"。该点也是该空间失效域内概率密度最大点(或极大似然点),利用不同形式的拉格朗日公式直接优化得到,即寻找其数值最大点或迭代寻找鞍点。

当部分或全部基本随机变量二阶矩以外的信息也能够获得时,假设每个变量可以一次等效为正态随机变量,则确定名义失效概率或 β 的 FOSM 方法仍可用。上述方法流程被叫做 FOR 方法。如果有足够的信息可用,该变换可基于 Rosenblatt 变换;如果仅有边缘和相关性信息,可基于 Nataf 变换(见附录 B)。当所有变量相互独立时,这些变换可退化为每个变量的独立变换。

最后简要介绍了二阶矩方法,包括基于极大似然点附近的联合概率密度函数的渐进面公式。这类方法由于自身的复杂性,需要类似重要度抽样的数值方法求解。

第5章 结构系统可靠性

5.1 引　言

本章讨论是需要考虑多个极限状态的结构。即使是只包含一个组成单元的简单结构,也会存在多种极限状态,如弯曲、剪切、屈曲、轴向应力、变形等。此外,大多数的结构是由多个构件或者元素组成的,这种结构被称为“结构系统”。

结构系统的可靠性很可能是其构件可靠性的函数,其原因如下:

(1) 不同构件上的载荷效应(应力结果)可以由一个或多个常见载荷获得。

(2) 载荷和抗力可能是相关的(例如,恒定荷载可能与构件尺寸有关,强度可能与先前的外加载荷有关)。

(3) 在结构的不同位置之间构件性能如构件强度和刚度等可能存在相关性。

(4) 对于多个构件而言,施工也会影响构件性能。

此外,对于一个整体而不是单个元素的结构可能存在多个极限状态(如整体变形、地基沉降、剩余刚度),结构本身的组成非常重要。因此,结构系统的可靠性评估需要考虑多个以及可能相关的极限状态。

本章主要考虑的是时不变随机载荷问题。该结构可靠性问题被简化为一种在结构全寿命周期内$[0,t_L]$某个时刻,最大载荷(一次)作用到系统上的时计算失效概率的问题,如1.4.1节所讨论的。其中,对于多载荷作用的结构系统,如果各载荷之间完全独立,那么该方法仍然是有效的,因此本质上只有一个独立的载荷参数。例如,在传统的刚塑性理论中通常被假设为这种情况。由于结构响应的顺序可以被确定性追踪,如果每个载荷仅仅作用一次且作用的顺序已知,那么这种方法也是有效的。因此,在这两种情况下分配到各载荷的统计特性代表了其作用实际最大值的不确定性。当这些有关加载的假设不成立时,必须应用时变可靠性评估方法,这将在第6章中重点阐述。而本章的重点是结构系统响应。

基本的结构系统可靠性评估问题将在 5.2 节进行分析,5.2 节还将描述理想化的基本结构系统和问题求解的基础方法,5.3 节讨论了蒙特卡罗方法,5.4 节讨论了边界方法、FOSM 或者 FOR,5.5 节阐述了响应面法,5.6 节研究了序列响应面分析方法在大型复杂结构中的应用。

5.2 系统可靠性基础

5.2.1 结构系统模型

工程实际中的结构系统分析即使在确定性的框架下也是一项相当大的任务。通常通过简化和理想化:①应用载荷和载荷序列分析(载荷建模);②结构系统及其组件,组件之间的关联(系统建模);③材料响应及强度特性(材料建模)。评判结构系统超出极限状态时需要特别指出:在传统设计中通常采用许用应力准则(见 1.2.1 节),但是其他的准则也可能更有效。

5.2.1.1 载荷模型

前面章节的讨论具有一定的局限性,在很大程度上讨论的是极值载荷,即,在结构系统全寿命周期的某个时刻通过加载的不确定性极值载荷的概率分布来估计失效概率(见 1.4.4 节)。如前所述,我们所做的假设是在理想情况下,系统只有一次极限加载。当然,一个随着时间的实际加载过程更像是在图 1.7 中所示的一个单一时变载荷。如果考虑整个时变载荷模式,可以想象到的是在整体结构达到极限状态之前结构的某些部分可能先达到(局部)极限状态。因此,结构的失效模式可能依赖于具体的加载顺序。很显然,如果加载是一个随机过程,那么这意味着有无穷种可能的加载途径,因此失效的可能性是不可能进行分析的。多个加载过程作用于同一结构系统,仅仅增加了复杂性而已。

在文献中,这个问题被称为“加载路径相关”,这表明,在一般情况下,失效概率估计可能依赖于(随机)加载过程矢量的路径跟踪(Ditlevsen and Bjerager,1986;Wang et al.,1995)。明显地,对于一些结构而言,这是一个很重要的问题,如图 5.1(a)中的立柱案例。显然,如果立柱的加载路径只由 2 个序列组成,即垂直和水平,若先施加水平荷载再施加垂直载荷,那么是不可能达到极限状态面上点 A 的。

尽管有上述结果,但在许多实际结构中,加载路径的问题并不像想象的那么重要(Melchers,1998a)。某种程度上说,这是由于类似于 OBC 这种作用路径下的关键部位内部作用的联合效应导致的如图 5.1(b),其中 OB 为自身重力和持续活载荷下的作用路径，仅有 BC 是极值载荷的作用路径。在某种程度上说，对外部加载路径明显地不敏感归因于很多实际结构系统在设计时特意(根据接受设计规范)考虑了塑性失效模式，并不考虑脆性断裂失效模型。综上，由于众所周知的刚塑性理论为结构系统响应提供了一个很好的近似，许多结构响应倾向靠近塑性行为(DItlevsen，1988)。幸运的是，简单的理想刚塑性系统的容量不依赖于加载路径。对于这些系统的变形而言，其失效仅由“常态流动法则”所决定。

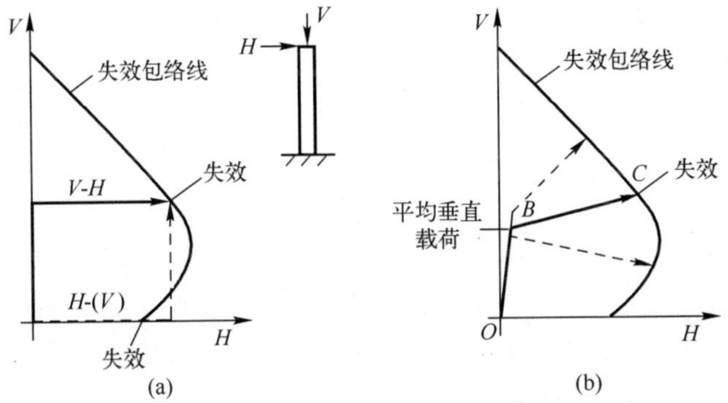

图 5.1　(a)独立加载路径的简单案例——水平载荷和垂直载荷的加载顺序不同会产生不同的故障模式；(b)实际结构中典型的内部作用路径 OBC

在结构系统可靠性工作中，加载路径依赖问题并没有过多的考虑。在许多情况下，载荷已被理想化作为与时间无关的随机变量(即在规定的时间内只使用一次不确定的极限载荷)。这种方法将使用在本章适当的地方。一种更广泛的形式(但是受有关结构系统和构件属性的建模限制)将在第 6 章中描述。

5.2.1.2　材料建模

由于实际材料特性的复杂性，在结构工程中的材料特性通常是理想化的。当结合横截面的特性时可以假设构件响应关系如图 5.2 所示的。

弹性特性(图 5.2(a))对应于 1.2.1 节最大许用应力的概念。在该理想化情况下，结构任何一个位置或任何一个部件的失效，被认为等同于结构系统失效。虽然对于大多数结构而言显然是不现实的，但它仍然可以合适地理想化。

当一个载荷(或一个完全相关的载荷系统)作用于一个结构，峰值应力的位置或合应力可以通过一个适当的分析被确定，如弹性应力分析。对于这一点，由于弹性性能和尺寸这些变量的变异系数非常低(见第 8 章)，使用其确定性的数值往往是足够的。通常情况下，峰值应力(合应力)的位置将取决于载荷(系统)的大小和可能考虑的几个备选位置或组件。对于大型结构，仅仅通过检查来识别并不容易。

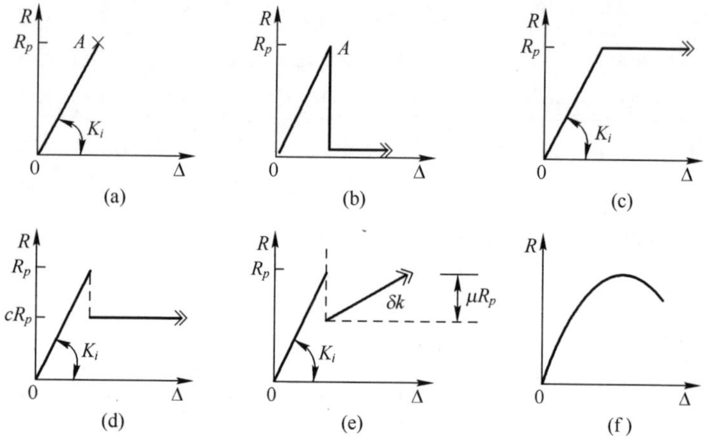

图 5.2　不同的强度-变形(R-S)关系

(a) 弹性;(b) 弹脆性;(c) 弹塑性;(d) 弹性剩余强度;(e) 弹性硬化;(f) 曲线(弹性或非弹性)。

考虑结构的冗余度,结构中一个构件的脆性失效并不总是意味着结构失效。因此,实际的构件性能可以更好地被理想化为“弹脆”性,表明构件在承载能力为0时发生变形是可能的,即使是超过承载能力时(图5.2(b))。

弹塑性构件的性能(图5.2(c))允许结构中的一个构件或特定区域来维持变形时所产生的最大应力。当弹性构件刚度 $\boldsymbol{K}_i$ 接近无穷大时,这种性能是众所周知的理想化的“刚塑”性。弹脆性和弹塑性都可以概括为弹性剩余强度特性(图5.2(d)),进一步可概括为弹性硬化(或软化)的特性(图5.2(e))。后者可能被视为一个近似的包括后屈曲影响的一般特性。即使不引入可靠性的概念,这些结构弹性硬化(或软化)性能分析也是很复杂的。当然,提出一般的非线性(曲线)强度-变形关系(图5.2(f))更困难。

5.2.1.3　系统模型

即使在传统的确定性结构分析中,也对实际结构体系进行了简化分析。例如,在杆系结构中,通过质心简化构件,当强度或应力校核的点或关键部位只取在杆系内有限的预定点时,连接可被简化。类似地,载荷可以用点荷载或连续载荷的有限形式的建模。当载荷不是集中荷载时,安全校核的关键点会依据载荷组合和强度发生变化。

结构系统失效(与个别构件失效或材料失效不同)可能定义为多种形式,包括:

(1) 任意地方达到最大许用应力($\sigma(x)=\sigma_{\max}$)。

(2) 形成(塑性)破坏机制(即零结构刚度:$|K|=0$)。

(3) 达到结构极限刚度($|K|=|K|_{\text{limit}}$)。

(4) 达到最大变形($\Delta = \Delta_{limit}$)。

(5) 总累计损伤达到极限(如疲劳)。

由两个及其以上的构件(或横截面)的失效事件组成的结构失效模式,如超静定结构的组合效应,在分析结构系统可靠性中是尤为关键的。

当结构系统所有的失效模式被确定后,利用“故障树”的概念系统地列举出由这些失效模式导致的各种事件(构件或横截面的失效)。对于图 5.3 中的基本结构(图 5.3(a))的故障树案例如图 5.3(b)所示。

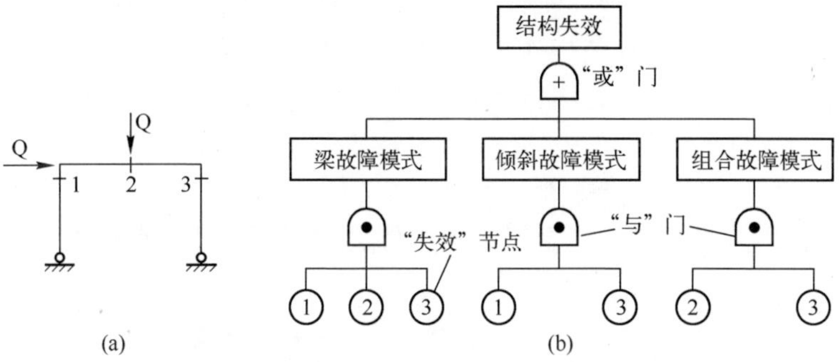

图 5.3　故障树表示方法

该过程考虑结构系统的每一个失效事件,并将系统失效事件分解为多个起作用的子事件,并进一步分解这些子事件。对结构而言,故障树最底层的子事件对应单个构件或横截面的失效。该层的失效可以用局部极限状态方程表示出来。故障树方法在可靠性分析中已经得到了最普遍的应用,不仅在结构系统可靠性分析中,显然也适用于结构可靠性(Henley and Kumamoto, 1981; Stewart and Melchers, 1997)。这些方法也建议简化结构系统,如限制潜在失效模式的数目,即由结构系统形成的极限状态的数量。

对于特殊情况下的刚塑性结构系统,传统失效模式识别的方法是基本机理的组合。Watwood (1979)系统地给出了一种获得此类失效模式的方法。另一种方法是 Gorman 在 1981 年提出的确定所有倒塌机理(基础和组合)的算法。

显然,有关系统建模的各因素在结构系统的可靠性分析中引入了主观因素。处理这类问题的方法是引入一个误差模型。因此,基于此用一个理想化的刚塑性模型代替真正的系统式的方法是可行的(例如,Ditlevsen and Arnbjerg-nielsen, 1992)。

为简单起见,本章的大部分讨论仅限于杆系结构,如桁架和刚架。这些本质上是“一维系统”。对于二维系统如板、板壳,三维连续体如土堤、水坝,同样的一般原则也适用,虽然对于实际问题的制定和执行可能会更复杂。

5.2.2 解决方法

对于多构件结构的可靠性分析(可以理想化为此类的结构),至少在原则上可以采用互补的方法(Bennett an Ang,1983)。这两种方法是“失效模式”方法和“可用性”模式方法。

5.2.2.1 失效模式方法

失效模式方法是基于识别结构所有可能的失效模式的方法。一个常见的例子是理想塑性结构的破坏机理研究。每一种结构的失效模式通常由一系列构件的失效(即一定数量的构件达到极限状态)组成,足以使整个结构达到极限状态,如5.2.1.3节中(1)~(5)过程。这些可能会发生的方式可以通过“事件树”(图5.4),或“失效图”(图5.5)来表示。失效图的每个分支都代表一个构件的故障,并且从“完好无损的结构”节点开始到“失效”节点上结束的任何一个完整的前向路径都表示一个可能的构件失效序列。此信息也被传递到事件树中。

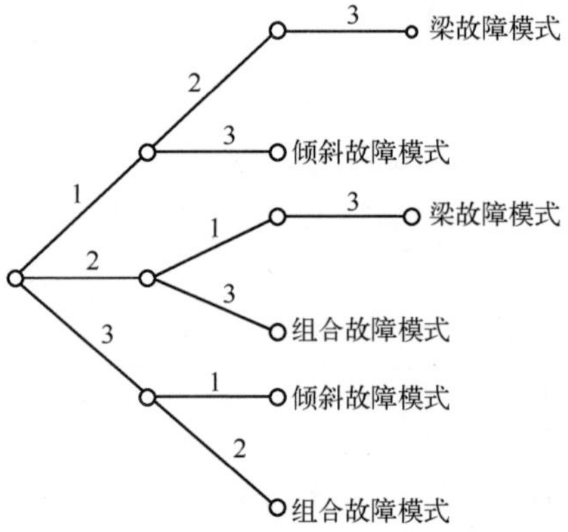

图5.4 图5.3(a)的结构事件树表示

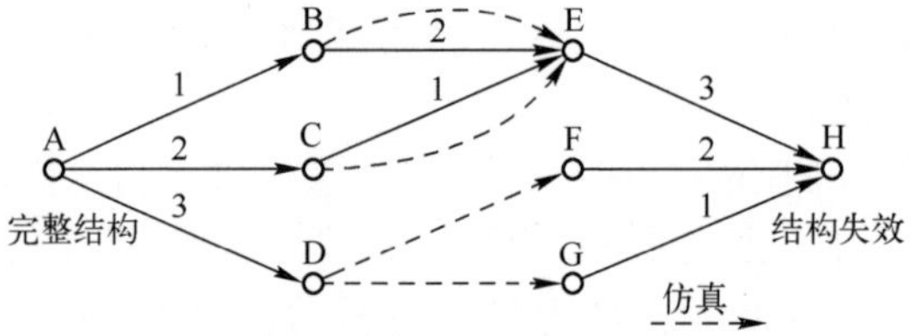

图5.5 图5.3(a)结构的失效图

由于任何一个失效路径都意味着结构的失效,“结构失效”事件 F_s 是所有 m 潜在失效模式的联合:

$$p_f = P(F_s) = P(F_1 \cup F_2 \cup \cdots \cup F_m) \tag{5.1}$$

式中：F_i 为“第 i 个失效模式”事件。对于每一个这样的模式，必须有足够数量的构件（或结构的“节点”）失败；因此

$$P(F_i) = P(F_{1i} \cup F_{2i} \cup \cdots \cup F_{mi}) \tag{5.2}$$

式中：F_{ji}为“第 i 个失效模式中的第 j 个构件失效”事件；n_i 代表第 i 个失效模式中失效构件的个数。如图 5.3(a) 所示的简单案例中，有 $m=3$ 个失效模式，$n=3, n_2=n_3=2$。

5.2.2.2 可用性模式法

可用性模式方法是基于识别结构可用状态下的不同状态（或模式）。对于图 5.3(a) 所示的结构在失效图 5.5 中，A、B、C、D、E、F、G（但是不包括 H）中的每一个代表一种状态（参见图 5.4）。对于单个可用模式而言，结构部分失败，但仍然有承受负载的能力（即它仍然是静态和几何稳定的）。

结构可用需要至少存在一个可用模式，即

$$p_s = p(S_s) = p(S_1 \cup S_2 \cup \cdots \cup S_k) \tag{5.3}$$

式中：S_s 为“结构可用”事件；S_i 为“第 i 个失效模式中结构可用”事件，$i=1, 2, \cdots, k$，k 不等于终节点数。

由附录 (A.5) 得

$$p_f = p(\bar{S}_1 \cap \bar{S}_2 \cap \cdots \cap \bar{S}_k) \tag{5.4}$$

式中：$\bar{S}_i$ 为“在第 i 个可用模式中结构不可用”的事件。显然，为了在任何特定的可用模式中达到可用的目的，那么所有有助于可用模式的构件必须可用。例如，图 5.4 中模式 B 的可用方式需要 3 个构件可用。

在一个给定的可用模式中，可用失效相当于足够数量的有效构件失效，即

$$p(\bar{S}_i) = p(F_{1i} \cup F_{2i} \cup \cdots \cup F_{\ell_i i}) \tag{5.5}$$

式中：F_{ji}为“第 i 个可用模式中第 j 个构件失效”事件；ℓ_i 为确保第 i 个可用模式的可用需要的构件数量。1983 年，Bennet and Ang 给出了一些由理想刚塑性构件组成的结构体系的结论。

文献资料显示，可用模式方法并不像失效模式方法一样被关注，其原因一部分是可用模式的概念化和极限状态方程的建立比较困难，一部分原因是求解满足可用模式要求的下限应力场比较困难。鉴于此，该方法将不再进一步探讨。

5.2.2.3 上界及下界——塑性理论*

直接通过式(5.1)和式(5.5)可以看出，任何基于失效模式的结构系统失效概率估计都是不保守的（即倾向于低估 p_f），除非在分析中包含了所有可能的失效模式。相反，基于可用模式的失效概率方法(5.4)都是保守的（即往往高估 p_f），除非在分析中纳入了所有可能的可用模式。

当将这些结论应用于刚塑性结构时,就能获得类似于著名的边界定理的理想塑性(极限分析)材料思想(Augusti and Baratta,1972;Augustic,1980;Baratta,1995)。从而,如果所有作用于结构的荷载强度仅仅取决于一个因素 $w \geqslant 0$ 时,塑性破坏事件 $\{E_k\}$ 的第 k 个失效模式的概率可以写为 $\text{Prob}\{E_k\} = P_k(w)$。显然,如果结构有 n 个可能的失效模式,那么 $P(w) = \text{Prob}\{E\} = \text{Prob}\{E_1 \cup E_2 \cup \cdots \cup E_n\}$ 表示整个结构系统的失效概率(cf. 5.5)。如果集合 γ 的大小表示总塑性破坏事件集合 n 的子集大小,那么这种失效模式子集的应用意味着系统失效。然而,这种子集发生的概率是低于全集发生概率的,即

$$P_\gamma(w) \leqslant P(w) \tag{5.6}$$

这是第一个边界定理(动能定理)。这是相当明显的,并被广泛使用的一种直观方式。

经典塑性极限分析中,对偶法是“静态”或平衡的方法,开始时指出如果至少存在一个静态许用应力场,即在施加载荷平衡的应力场中任何位置都不违反材料的局部屈服条件,那么结构就不会失效。假设现在存在至少一个这样的应力场。

如果 D 表示通过试验发现没有任何一组应力场是满足要求的这一事件,那么由静态定理知这意味着系统失效。这种事件发生的概率为 $\text{Prob}\{D\} = P_\psi(w)$。

紧接着:

$$P(w) \leqslant P_\psi(w) \tag{5.7}$$

这是概率极限分析(静态定理)的二次边界定理。该定理的应用还没有被广泛地探讨,但是在文献 Augusti(1980),Ditlevsen and Bjerager(1984), Melchers(1983b) and Wang,et al. (1995)的案例中可以看到。

5.2.3 结构系统的简化

结构系统或其子系统可以简化为2个简单的类别:串联和并联。一些由串联和并联或者其他形式组合的结构系统会更复杂,包含一些变种类型。下面讨论简化情况,并给出一些结论。

5.2.3.1 串联系统

串联系统中,典型由链式组成,也被称为“最薄弱”系统,即结构的任何一个元素达到极限状态便构成失效(图5.6)。对于这种简化来说,元素或构件的精密材料属性并不重要。如果构件是脆性的,将会产生断裂失效;如果构件具有塑性变形能力,那么会产生过量屈服失效。很明显,静态确定结构是串联系统,因为其任何一个构件的失败意味着结构的失效。因此,每个构件都是一个可能的失效模式。由 m 个构件组成一个最薄弱结构系统的失效概率是

(Freudenthal,1961;Freudenthal et al. ,1966):

$$p_f = p(F_1 \cup F_2 \cup \cdots \cup F_m) \tag{5.8}$$

与式(5.1)比较表明,串联系统的失效概率计算公式(5.8)是“失效模式”类型。

如果每个失效模式 $F_i(i=1,m)$ 都可以在基本变量空间中通过一个极限状态方程 $G_i(\boldsymbol{x})=0$ 表示出,那么式(1.31)的基本可靠性问题可直接扩展为

$$p_f = \int_{D \in \boldsymbol{x}} \cdots \int f_x(\boldsymbol{x})\,\mathrm{d}\boldsymbol{x} \tag{5.9}$$

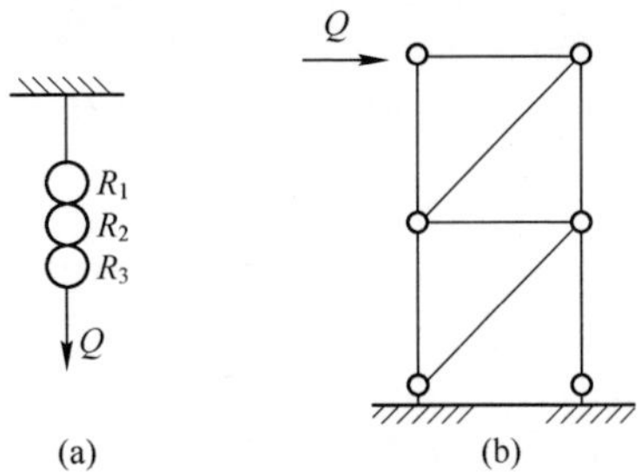

图 5.6 串联系统案例

式中:$\boldsymbol{x}$ 表示所有基本随机变量矩阵(载荷、构件强度、构件特性、尺寸等),$D(D_1)$ 为基本随机变量 $\boldsymbol{x}$ 的系统失效域。根据不同的失效模式可定义为 $G_i(\boldsymbol{x}) \leqslant 0$。在二维随机变量 $\boldsymbol{x}$ 空间内,式(5.9)被定义为图 5.7 所示的区域 D,$G_i(\boldsymbol{x}) \leqslant 0$ 为阴影部分所示。

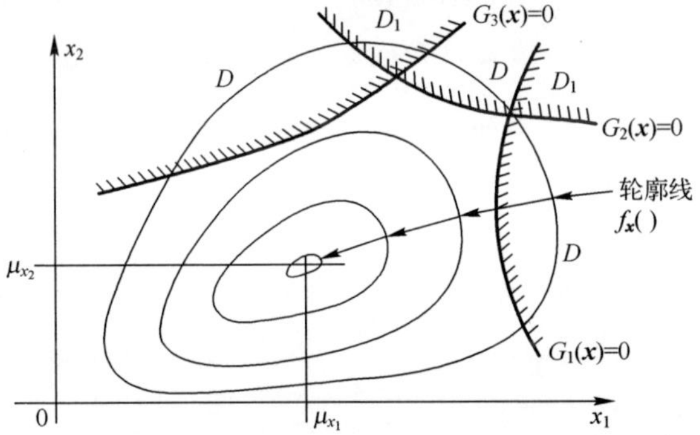

图 5.7 二维基本结构系统可靠性问题的失效域 D(和 D_1)

$\overline{D}$表示安全(或安全)域,显然,是图 5.7 中失效域 D(和 D_1)的补集。$\overline{D}$可表示为

$$\overline{D}: \overline{F}_1 \cap \overline{F}_2 \cap \cdots \cap \overline{F}_m \tag{5.10}$$

式中:$\overline{F}_i$ 表示“模型 i 可用”或者 $G_i(\boldsymbol{x}) \geqslant 0$。那么可用概率可表示为

$$p_s = p\left(\bigcap_{i=1}^{m} \overline{F}_i\right) = \int_{\overline{D}} \cdots \int f_{\boldsymbol{x}}(\boldsymbol{x})\,\mathrm{d}\boldsymbol{x} \tag{5.11}$$

清楚地表明,这个公式是相当于 5.2.2 节中“可用模式”方法。

无需借助式(5.9)或式(5.11)的积分形式,可以直接推导出一个特别简单的结果,对于图 5.6 所示的铰链系统,每一个连杆的载荷作用 S 是相同的,载荷都是 Q。如果 $F_{R_i}(r)$ 是第 i 个连杆强度的累积分布函数,那么铰链的累积分布

函数 $F_R(\ )$ 可表示为

$$F_R(r)=P(R\leqslant r)=1-P(R>r)$$
$$=1-P(R_1>r_1\cap R_2>r_2\cap\cdots\cap R_m>r_m)$$

其中,强度特性相互独立时,变为

$$F_R(r)=P(R\leqslant r)=1-[1-F_{R_1}(r_1)].[1-F_{R_2}(r_2)]\cdots$$
$$=1-\prod_{i=1}^{m}[1-F_{R_i}(r_i)] \tag{5.12}$$

这种表达形式是脆性材料机械抗力的概率分布的基础(Weibull,1939)。当每个 R_i 服从相同的正态分布,m 趋于无穷时,R 的最小值服从Ⅲ型极值分布(参见A.5.13节)。

串联系统模型适用于由少量脆性构件构成的冗余结构,如冗余桁架或框架。在这种情况下,一个构件的失效通常会导致内部作用的重新分布,从而导致另一个构件的失效,等等。在这种情况下,整个结构系统的失效概率可以近似为最先失效的构件的失效概率(Moses and Stevenson,1970)。无论如何,这并不是一个很好的近似,当有大量冗余的脆性构件时,储备强度是相当重要的。

例 5.1

图5.6(a)所示的链(串联系统)是由3个铰链组成的,其强度 $R_i(i=1,2,3)$ 的前二阶矩 (μ_i,σ_i) 分别为(110,20),(140,10)和(68,5)。可以求出负载能力 $F_Q(\ )$ 的累积分布函数和给定载荷 $Q=50$ 的失效概率。

对于一个给定的载荷 $Q=q$,即,系统的承载能力小于给定值的概率:

$$\text{Prob}[Q<q]=\text{Prob}[(R_1<q)\cap(R_2<q)\cap(R_3<q)]$$

当铰链相互独立时,那么上式变为

$$F_Q(q)=P(R_1-q<0)+P(R_2-q<0)+P(R_3-q<0)$$

对于给定 $Q=q$,应用二阶矩理论,那么失效概率可变为

$$p_f=F_Q(q)=\Phi\left[\frac{q-\mu_1}{\sigma_1}\right]+\Phi\left[\frac{q-\mu_2}{\sigma_2}\right]+\Phi\left[\frac{q-\mu_3}{\sigma_3}\right]$$

$$p_f=F_Q(q)=\Phi\left[\frac{50-110}{20}\right]+\Phi\left[\frac{50-120}{10}\right]+\Phi\left[\frac{50-68}{5}\right]$$

$$p_f=\Phi[-3]+\Phi[-7]+\Phi[-3.5]=(0.135+0.0233+\text{negl.})\times10^{-2}=0.16\times10^{-2}$$

应用附录 D。

5.2.3.2 并联系统——一般情况

如果当结构系统(或子系统)中任何一个或多个构件达到极限状态时,并不一定意味着整个系统的失效,那么这些构件以这样一种方式表现或是如此关联

时,该系统被称为是一个"并联"或"冗余"系统。如图 5.8 所示为两个简单的并联系统。

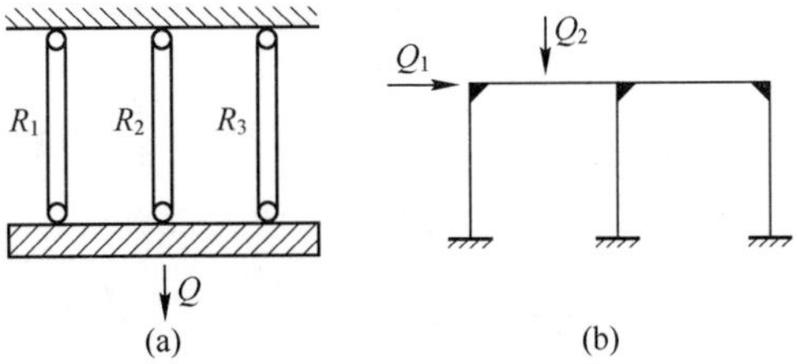

图 5.8　简单的并联系统
(a)并联构件;(b)刚塑性结构。

系统的冗余大概分成 2 种类型。当冗余构件在低负载情况下参与结构行为时会发生"主动冗余"现象。直到结构退化到足够程度或者某些构件失效时,冗余构件才参与结构行为的现象称为"被动(或备份)冗余"。很容易证明并联方式增加了系统的可靠性。

主动冗余是否有益,取决于构件或元素的性能特征,以及如何定义失效。对于理想的塑性系统,"静态定理"可保证主动冗余不降低结构系统的可靠性(Augusti and Barratta,1973)。

基于主动冗余,给出了 n 个组件的并联(子)系统的失效概率为

$$p_{\mathrm{f}}=p(F_s)=p(F_1\cap F_2\cap\cdots\cap F_n) \tag{5.13}$$

式中:F_i 为"第 i 个组件失效"的事件。式(5.13)相当于式(5.4),在 $\boldsymbol{x}$ 空间上可以表示为

$$p_s=\int_{D_1\in X}\cdots\int f_{\boldsymbol{x}}(\boldsymbol{x})\,\mathrm{d}\boldsymbol{x} \tag{5.14}$$

D_i 为如图 5.7 所示为交叉区域。

与串联系统的情况相反,只有当所有有影响的组件均达到其极限状态时系统才失效。这意味着,在定义的"系统失效"时,系统组件的性能特征是相当重要的,见例 5.2。

例 5.2

考虑理想化的并联系统(图 5.9),其所有的元素都是脆性的,且具有不同的断裂应变 ε_f。在任何特定的应变水平 ε 下,可以支持的最大负载为 Q,那么

$$R_{\mathrm{sys}}=\max_{\varepsilon}[R_1(\varepsilon)+R_2(\varepsilon)+R_3(\varepsilon)] \tag{5.15}$$

式中:$R_i=A_i\sigma_i(\varepsilon)$,$i=1,2,3$,$A_i$ 为截面面积,σ_i 为应力。

由于每个抗力 $R_i(i=1,2,3)$ 都是随机变量,所以很难直接应用式(5.15)进行表达。因为每个可能的状态 ε_{f1},ε_{f2} 和 ε_{f3},必须被看作为一个最大承载的可

能状态。这意味着,所有可能的失效组合和可用构件都必须被考虑:

$$R_{sys}=\max\{[R_1(\varepsilon_{f1})+R_2(\varepsilon_{f2})+R_3(\varepsilon_{f3})],[R_1(\varepsilon_{f1})+R_3(\varepsilon_{f3})],[R_3(\varepsilon_{f3})]\} \tag{5.16}$$

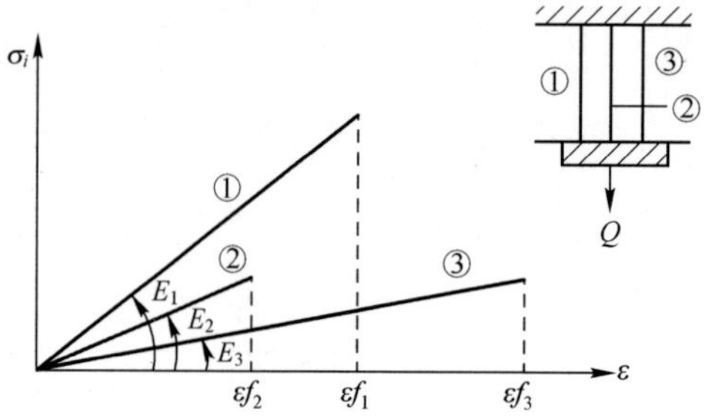

图 5.9 并联系统中的脆性材料行为

且当 R_{sys} 已知时,系统的失效概率为

$$p_f=P(R_{sys}-Q<0) \tag{5.17}$$

为了评估式(5.17),必须知道 R_{sys} 的概率密度或累积分布函数。通过比较式(5.13),根据文献(Hohenbichler and Rackeitz,1983b)描述的式(5.16)得到

$$\begin{aligned} F_{R_{sys}}(r) &= p\left\{\max_{\varepsilon_{fi}}\left[\sum_{i=1}^{n} R_i(\varepsilon_{fi})\right] \leqslant r\right\} \\ &= p\left\{\bigcap_{\varepsilon_{fi}} \left[\sum_{i=1}^{n} R_i(\varepsilon_{fi})\right] - r \leqslant 0\right\} \end{aligned} \tag{5.18}$$

这种类型的表达式一般不能直接评估。当所有的[ ]内变量都可以被近似或者转化为标准正态变量时,则可使用附录 C 中所描述的方法。

图 5.9 中的脆性构件的弹性模量 E_i 相同是一个具有实际意义的特殊情况。在这种情况下,当 n 趋向无穷时 R_{sys} 的概率分布接近正态分布(Daniels,1945)。

5.2.3.3 并联系统——简化塑性

在低冗余度和脆性构件的并联系统中,一个构件的失效往往是系统失效的充分原因。除非失效元件对系统的强度没有贡献,否则,它通常会导致其他构件的超载,进而导致负载的重新分布(导致所谓的"逐步破坏")。这也导致了一个普遍假设,即,即便是在并联系统中,应力最高的构件失效就等于系统的失效。

对于简化的塑性结构,这种情况是完全不同的,如刚性结构(图 5.8(b)),其中每一个破坏或失效模式(极限状态)可以表示为以下类型的方程:

$$\sum_i Q_i\Delta_i - \sum_j M_j\theta_j = 0 \tag{5.19}$$

式中：$Q_i(i=1,2,\cdots)$是外部负载；Δ_i 为负载 Q_i（θ_j 和维数的函数）作用下对应的位移；M_j 为截面塑性弯矩抗力，$j=1,2,\cdots$；θ_j 为截面 j 的塑性转动能力。式(5.19)是“并联”类型，因为必须调动每个抗力 M_j 以形成总抗力来对抗负载 Q_i。

总的来说，每一个像式(5.19)的一组失效模式方程，构成了一个串联系统，因为任何一个失效模式（破坏模式）发生时该结构将失效。塑性力矩响应 M_j 可能会出现在一个以上的失效模式。这意味着从不同的失效模式中获得的结构响应能可能是相关的。（注意，这与任何 M_j 之间完全不相关是有很大区别的）

例 5.3

如图 5.8(a)所示的并行结构系统，n 个构件中假定每个构件分担相同比例的载荷，并且假定每个构件有理想的刚塑性。使得每一个构件的塑性抗力 R_i，$i=1,\cdots,n$，相等，且是正态分布随机变量，其均值 $\mu_i=\mu$，标准差 $\sigma_i=\sigma$。对于完全独立的构件，该系统的总负载能力为

$$R_s = \sum_{i=1}^{n} R_i \tag{5.20}$$

根据式(A.160)和式(A.162)，得到系统的均值和方差如下：

$$\mu_s = \sum_{i}^{n} \mu_i = n\mu \quad \sigma_s^2 = \sum_{i}^{n} \sigma_i^2 = n\sigma^2 \tag{5.21}$$

因为每个构件均值和方差都相等，所以可以很容易地给出系统承载能力的标准差 $\sigma_s=\sqrt{n}\sigma$。这表明，如果构件相互独立，那么系统承载能力的标准差会随着构件数量的增加而增加。当然，总承载能力也随着构件数量的增加而增加。因此，另一种表达方式是重新改写变异系数 $V_i=\sigma_i/\mu_i$。等效表达式为

$$V_s=\frac{1}{\sqrt{n}}V \tag{5.22}$$

如果构件的强度不是独立的，式(5.21)必须用一个适当的协方差值式(A.160)和式(A.161)或式(A.162)进行更换。在特殊情况下，当构件强度完全相关时，如所有构件来自同一块均匀的材料，$\rho_{ij}=1$（见式(A.162)）。显然，在这种情况下式(5.21)中的方差将变成 $\sigma_s=n\sigma$，式(5.22)将变成 $V_s=V$，也就是说，增加构件的数量将没有益处。

练习题：如果问题改写为当系统保持给定承载能力的平均值，寻求增加独立的构件数量的影响时，标准偏差可表示为 $\sigma_s=\frac{1}{\sqrt{n}}\sigma$。该结果和前面的结果式(5.22)表明，该系统整体强度的随机变异性随着独立冗余构件数目的增加无限减小。换句话说，单个高或低的构件强度影响趋于零。这是个重要的结论

(Moses,1974)。

例 5.4

对于图 5.10 所示刚塑性桁架,四个塑性失效模式的极限状态方程为

$$
\begin{aligned}
&\text{模式 } a: M_1 \quad\quad +2M_3+2M_4-H-V=0\\
&\text{模式 } b: \quad +M_2+2M_3+M_4 \quad\quad -V=0\\
&\text{模式 } c: M_1+M_2 \quad\quad +M_4-V \quad\quad =0\\
&\text{模式 } d: M_1+2M_2+2M_3 \quad\quad -H-V=0
\end{aligned}
\tag{5.23}
$$

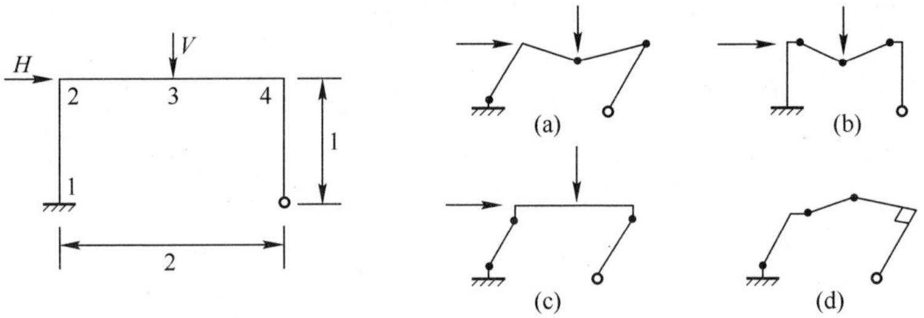

图 5.10 刚性框架及失效模式:例 5.4

使每一个随机变量 $X_i=(M_1,M_2,\cdots,H,V)$ 为正态分布,其均值和方差分别为 $\mu_{x_1}=(1.0,1.0,1.0,1.0,1.0,1.0)$ 和 $\sigma_{x_1}=(0.15,0.15,0.15,0.15,0.17,0.50)$。每种失效模式的可靠度指标 β 可以通过第 4 章中的一次二阶矩方法获得。对于模型 a:

$$G(\boldsymbol{X})=M_1+2M_3+2M_4-H-V$$

所以

$$\mu_G=1+2+2-1-1=3$$

进而

$$\sigma_G^2=(0.15)^2+2^2\ (0.15)^2+2^2\ (0.15)^2+(0.17)^2+(0.5)^2=0.4814$$

因此

$$\beta_\alpha=\frac{\mu_G}{\sigma_G}=\frac{3}{\sqrt{0.4814}}=4.32$$

同样地可以确定出模式 b,c 和 d 的 β 指标为:$\beta_b=4.83$,$\beta_c=6.44$ 和 $\beta_d=7.21$。由于相同的塑性弯矩涉及多个失效模式、极限状态表达式,因此,安全指标是相关的。例 5.6 讨论了如何将单个失效模式的结果结合起来。

5.2.3.4 组合和条件系统

对于一个实际的结构系统来说,通常同时含有串联和并行的子系统。例如,一个含有脆性构件的冗余结构,可能不会因为一个脆性构件的失效而失效。

相反,在所有构件都失效之前,系统也可能已经失效。在特定极限状态的结构中,构件与子系统失效的组合是非常重要的。对于复杂结构,这项任务并不简单,一部分原因是结构内部作用重新分布如构件失效,另一部分原因是载荷通常随时间和结构响应变化的(例如,如果结构有缺陷)。因此,在经典可靠性理论被广泛使用的图论中的割集(串联系统)和连通集(并联系统)表示方法在结构可靠性方面并没有特别地有帮助。当载荷可以被表示为随机变量,且构件失效的精确顺序将不重要时,可以借助 5.6 节所讨论的方法。

实际结构系统的建模也可能需要使用条件(子)系统。当一个独立构件或者一组构件失效影响其他单个构件或者构件组失效可能性时,后者的情况将会出现。例如,在图 5.11 中,如果上梁失效,可能会影响下梁的性能和可靠性(因为较低的横梁可能会损坏,而且可能会受到额外的载荷)(Benjamin,1970)。在这种情况下,结构构件的失效概率是依赖于极端载荷下结构响应的。如果可以列举出事件发生的顺序,那么条件事件的结构可以简化为包含"串联"和"并联"的构件组或子系统。

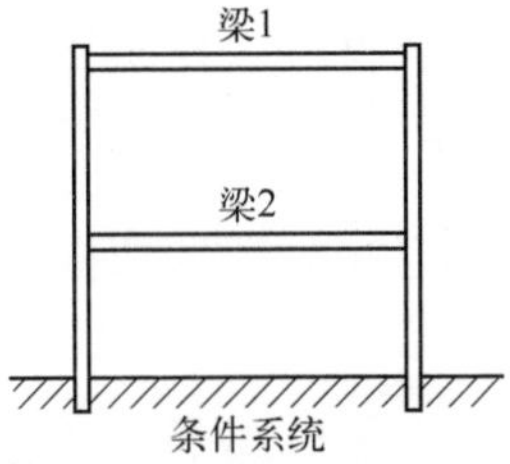

图 5.11　条件系统

例 5.5

考虑一个单跨三梁桥。调查显示,如果有任何两个相邻的梁桥 G_i 失效,或者任何甲板 D 失效,或者一个(或两个)的基础 A_j 失效,整个单跨三梁桥将失败。基础的两个钻孔桩失效 P_k 可能会导致基础失效,或者倾斜 O。这种情况可以被描述为:

$$p_f = p[(G_1 \cap G_2) \cup (G_2 \cap G_3) \cup D \cup A_1 \cup A_2]$$

其中

$$D = \bigcup_i D_i$$

且

$$A_j = (P_{1j} \cap P_{2j}) \cup O_j$$

显而易见。

5.3　面向系统的蒙特卡罗技术

5.3.1　一般评论

下面章节研究的内容直接建立在第 3 章中讨论的蒙特卡罗技术上,这里描述的概念可以直接扩展到处理系统的可靠性计算中。5.3.2 节扩展了 3.4 节结构系统的重要度抽样方法,该结构系统的失效是由多个极限状态函数定义的。讨论的内容包括在初始最大似然点未知的情况下关于搜索技术的说明(3.4.5 节)。

5.3.3 节是关于面向系统的方向仿真(3.5 节)的扩展,5.3.4 节中更详细地描述了结构系统在负载空间中的方向抽样扩展方法。后一种方法不同于最初的方向抽样方法,似乎是更适合于系统的。在此背景下,对有限元和其他复杂结构分析技术的应用作了一些讨论。

5.3.2 重要抽样

5.3.2.1 串联系统

式(5.9)所示的失效概率可以改写为

$$P_f = \int \cdots \int I[\ ] f_{\boldsymbol{x}}(\boldsymbol{x}) \mathrm{d}\boldsymbol{x} \tag{5.24}$$

其中,串联系统的示性函数 $I[\ ]$ 是在式(1.33)和式(3.6)上的推广

$$\begin{aligned} I\Big[\bigcup_{i=1}^{m} G_i(x) \leqslant 0\Big] &= 1, if[\ ] 是真 \\ &= 0, if[\ ] 是假 \end{aligned} \tag{5.25}$$

式中:$G_i(x)=0$ 为第 i 个极限状态函数($i=1,2,\cdots,m$)。

对于一个二维变量 $\boldsymbol{x}$ 空间,$I[\ ]$ 代表图 5.12(a)中 a、b、c、d 的积分域,即,如果任何 $G_i(x) \leqslant 0$,那么样本 $\hat{\boldsymbol{x}}$ 便会落在失效域内。如果使用"简单"蒙特卡罗方法,那么该说明是直接适用的。此方法也可直接地应用于重要度抽样方法。

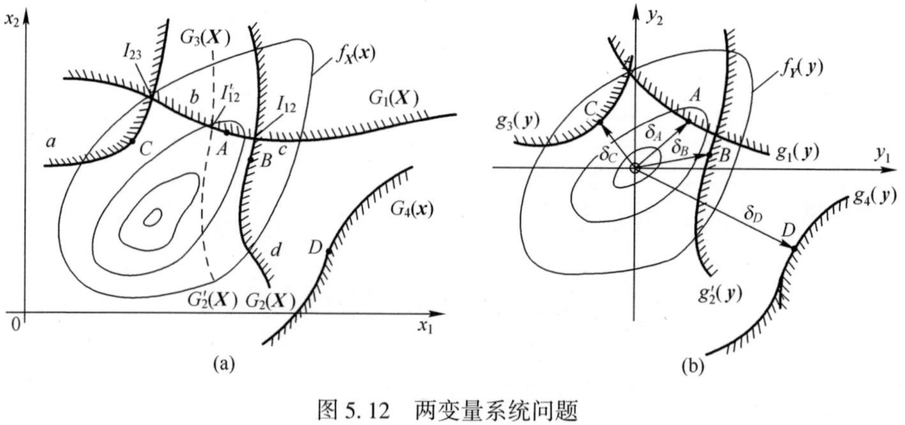

图 5.12 两变量系统问题

(a)原空间;(b)阴影线所示失效域的假定标准空间。

对于一个极限状态函数,重要度抽样积分式(5.24)可以用式(3.17)描述。其中,在 m 个极限状态函数的结构系统中,应用单峰抽样概率密度函数是不够的。这种方法会产生很大的误差(Melchers,1991)。相反,使用多峰抽样函数却是非常有用的方法(Melchers,1984,1990a):

$$\ell_v(\ )=\alpha_1\ell_{v1}(\ )+\alpha_2\ell_{v2}(\ )+\alpha_3\ell_{v3}(\ )+\cdots+\alpha_m\ell_{vm}(\ ) \tag{5.26}$$

并且

$$\sum_i^m \alpha_i = 1$$

式中:α_i 为权重系数。$\ell_{vi}(\ )$用来作为第 i 个极限状态函数,以相同的方式作为一个单独的极限状态,作为区域内贡献最大概率密度的极限状态。如图 5.12(a)中点 A,B,C 和 D 表示最大似然点(概率密度),这些点可以作为这些区域的代理模型(英文原著为 3.4.6.2 节,应为 3.6.2 节)。这些点的优势是都可以被系统地获得,如通过搜索技术(见下文)或近似 FOSM 法分析(Melchers,1989a)。

通常情况下,对于可靠性分析来说,并不是所有的极限状态都是同等重要的。各极限状态的重要程度可以通过加权系数 α_i 来选择。特别是,当这些极限状态对失效概率 p_f 影响较小的时候计算将被简化。可以这样简化的一种方式是参考 FOSM 概念的方法。算法步骤如下(Melchers,1984,1990a):

(1) 对于每一个极限状态 i 确定变量 $\boldsymbol{x}_i^*$。$\boldsymbol{x}_i^*$ 是 n 维变量 $\boldsymbol{x}$ 空间的点,且在 $G_i(x)\leqslant 0$ 时有最高的概率密度 $f_{\boldsymbol{x}}(\ )$。

(2) 对于每一个 $\boldsymbol{x}_i^*$,计算 $\delta_i = \left[\sum_{j=1}^n (y_j^*)_i^2\right]^{1/2}$ 和$(y^*)_i$,$(y^*)_i$ 可以通过 $y_j^*=(x_j^*-\mu_{Xj})/\sigma_{Xj}$给出。(即,如图 5.12(b)所示的“标准化”的空间可以认为是可视化的,在此空间中每个极限状态函数的相对重要性被认为是可视化的)

(3) 当 δ_L 为任意选择的极限时,可忽略所有 $\delta_i>\delta_L$ 的极限状态函数。如一阶近似值,通过该方法,p_f 的误差与任意被忽略的极限状态的关系表示为 $p_{error}=\Phi(-\delta_L)$。

(4) 对于其余的 k 个极限状态,应用式(5.26)作为抽样函数, 在式(5.24)中,基于 δ_i 的值选取 a_i。

如果落入失效域的 M 点为 $2kM$ 且远远少于“简单”蒙特卡罗法 M/p_f 的要求,那么该方法所需的样本点总数 $2kM$,除非 k 值非常大(不切实际的大)。

当极限状态几乎全部集中或者部分区域重叠时,抽样函数 $\ell_v(\ )$可以用于这些归类为一组的极限状态。在假定的标准化空间中,当距离 Δ_{ij}在任意两个验算点 i 和 j 之间时,这种方法可以被调用。当 $k=1,2,\cdots,n$ 时,可表示为如下形式:

$$\Delta_{ij}=\left[\sum_{k=1}^n (y_{ki}^* - y_{kj}^*)^2\right]^{1/2} \tag{5.27}$$

Δ_{ij}小于标准 Δ_C。y_{ki}^* 的表达式表示对于第 i 个验算点的第 k 个元素。$\ell_v(\ )$的两个坐标将分别是 x_i^* 和 x_j^* 的均值。这个概念很容易扩展到多极限状态“验算点”的情况。在 Y 空间内,Δ_C 可能是一个标准偏差。

5.3.2.2 并联系统

对于并联系统而言,与多个极限状态干涉有关的概率部分由式(5.14)给出,也可根据式(5.24)中的 $I[\ ]$重新定义为

$$I\left[\bigcap_{i=1}^{k} G_i(\boldsymbol{x}) \leqslant 0\right] \tag{5.28}$$

通常情况下,最感兴趣的区域是极限状态函数的边界及其干涉区域。其次,这些系统确定的区域的替代模型是合适的极限状态函数干涉区域的坐标,如图 5.12(a)所示二维空间中的 I_{12},I_{23}。很容易地看出,先前的部分程序都适用。但是现在用 I_{ij}来替代点 A,B 等与式(5.28)一致的最大似然函数点。由于抽样效率较低(如图 5.12(a)中的点 I_{23}),因此需要更多的抽样点。

当然,点 I_{ij}的获得直接等同于极限状态方程:

$$G_i(\boldsymbol{x}) = G_j(\boldsymbol{x}) = 0 \tag{5.29}$$

对于 n 维(超)空间的二维干涉。通常情况下,若干涉区域的维数少于(超)空间维数,I_{ij}是指 $\boldsymbol{x}$ 空间中的一个(超)曲线,“验算点”$\boldsymbol{x}^*$ 位于(超)曲线上。如果干涉域的维数等于(超)空间的维数,那么 $\boldsymbol{x}^*$ 是由极限状态函数的交点形成的“顶点”。在二维空间中缩减为点 I_{ij},如图 5.12(a)所示。

然而,值得注意的是 $\boldsymbol{x}^*$ 可能不在点 I_{ij}上,也可能在折线方向上。当相互干涉的多个极限状态函数对概率密度函数 p_{f} 的影响明显不同时,可能会发生上述情况。例如,在图 5.12(a)中极限状态函数 $G_2(\boldsymbol{x})$移动到左边标记位置 $G_2'(\boldsymbol{x})$处。非常明显地是交叉区域 $G_2'(\boldsymbol{x}) \cap G_1(\boldsymbol{x})$在 A 点有最高的概率密度,而不是在 I_{12}'上。多维空间的扩展是显而易见的:这意味着(超)尖和/或(超)曲线可能是最大概率密度的点。因此,除了检查干涉区域的好的替代模型,其他位置也需要检查。这如 3.4.5 节所示,可以使用搜索技术来定位概率密度最大的点。

5.3.2.3 重要抽样的搜索方法

在传统重要度抽样中,对最大似然点的了解是特别重要的(见 3.4.1 节)。这意味着,在确定抽样函数之前,首先要大概知道一些有关极限状态函数的信息。然而,在一些问题中系统极限状态函数 $G_i(\boldsymbol{x}) = 0$ 是事先不知道的。

通过一种泛化搜索方法,可以找到极限状态函数和最大似然点(见 3.4.5 节),可现在的系统通常被多个极限状态函数所描述。通常对于这种情况的搜索过程将需要多个初始点。原则上,如果有 m 个极限状态函数含有候选的最大似然点,那么至少需要 m 个初始点。如果这些点中的一个点收敛到已经确定的

最大似然点，那么另一个初始点将被应用。无论如何，不能保证最大似然的所有关键点都将被识别（Bucher，1988；Melchers，1989b，1990a）。需要并行搜索的优化程序是显而易见的。

5.3.2.4　重要抽样中失效模式的识别

在某些问题中，对于给定每个构件失效模式和结构的失效准则，识别一个结构最常见的失效模式是必须的。原则上，标准的制定需要通过适当计算的蒙特卡罗结果。然而，经验表明，相当大的样本需要用来区分所有重要的失效模式，特别是当结构失效概率非常低的时候，通常用来计算结构的可靠性。在这种情况下，往往只有少数样本落在失效区域。

另外，在整个基本变量空间中，使用初步的“简单”抽样策略，也可以识别重要的极限状态。一种方法是应用$f_x()$（或者一些简化形式）作为抽样分布$h_v()$，但具有非常大的变异系数。这往往会分散该区域的样本点，导致在各个失效区域中有更多的样本点（Vrouwenvelder，1983）。然而，当抽样过程介于简单抽样和高质量重要性抽样之间时，其效率仍然很低。对于刚塑性结构系统，一种完全不同的方法是使用一个分离算法进行系统失效模式识别（见 5.2.1.3 节）。

5.3.3　方向抽样法*

对于 3.5.3 节所讨论的在 $\boldsymbol{x}$ 空间或者 $\boldsymbol{y}$ 空间的方向抽样，基于极限状态函数更一般的揭示，可以直接定义为搜索 m 个极限状态的并集：$\bigcup_{i=1}^{m} G_i() \leqslant 0$。用该函数描述系统的极限状态集时，3.5.3 节所考虑的内容和对结构系统处理的需求之间只有一个重要的区别。具体而言，对于一个给定的单方向的样本，很可能同时遇到几个极限状态函数。证明如下（例如，图 5.7）：所控制的极限状态函数是在从安全域到不安全域时，第一次遇到的极限状态函数。这种极限状态的联合表达式通常是隐式函数。

显然，如果结构体系的极限状态是图 5.7 所示的一般形式，那么该方法很可能比多个独立元素或零部件的线性或接近线性的极限状态函数更有效（3.5.3 节）。

在实际问题中，极限状态函数可能不是显式的，搜索技术可能需要使用沿单一方向样本。该技术需要能够辨别不同的极限状态函数相交的“方向性射线”。Ditlevsen and Bjerager（1989）给出了该技术的应用及数值解法细节的详细阐述。

5.3.4　载荷空间中的方向抽样*

载荷空间中的方向抽样理论来自 3.5.4 节。唯一的难点是，强度随径向方

向变化的推导过程需要修正,使得其能够描述多种极限状态共存时结构系统的强度。因此,无论是应用式(3.45)还是式(3.46)都需要结构强度随距离沿径向方向的变化的估计值,该径向方向可通过概率密度函数$f_{S|\boldsymbol{A}}()$或者累积概率分布函数$F_{S|\boldsymbol{A}}()$表达(图3.13)。

如3.5.4.2节所述,如果极限状态表达式$G(\boldsymbol{x})=0$已知是显示函数,$f_{S|\boldsymbol{A}}()$可以通过沿径向方向S的多重积分直接估计。另一个实际的办法是,当S中所有随机变量$\boldsymbol{X}$的前二阶矩已知时,S的前二阶矩可以通过二阶代数直接估计(附录A.11节)。

如果存在多个极限状态函数,情况会变得更加复杂。在这种情况下,任何仿真方向$\boldsymbol{A}=\boldsymbol{\alpha}$上的概率分布可能重叠。有效的累积概率分布函数$F_{S|\boldsymbol{A}}()$可以通过包含所有部件每个极限状态函数(是在负载空间中描述的概率函数,见图3.13)的累积分布$F_{S_i|\boldsymbol{A}}()$获得。如图5.13所示,累积概率分布函数可描述为

$$F_{S|\boldsymbol{A}}()=\sup_{i,s}[F_{S_i|\boldsymbol{A}}(s)] \tag{5.30}$$

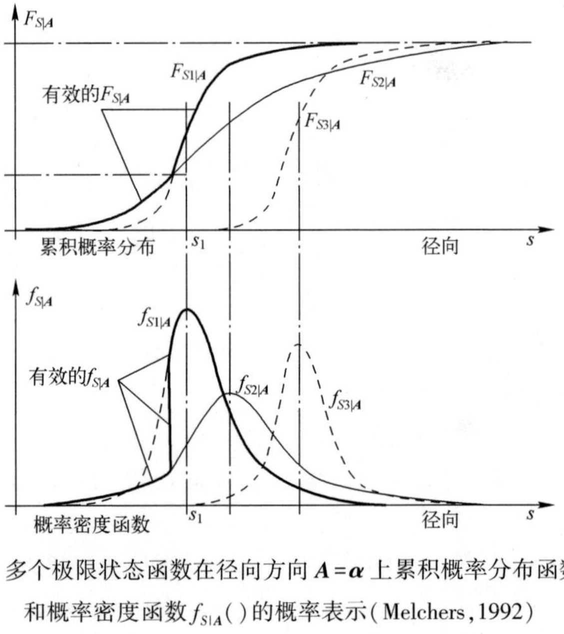

图5.13　多个极限状态函数在径向方向$\boldsymbol{A}=\boldsymbol{\alpha}$上累积概率分布函数$F_{S|\boldsymbol{A}}()$和概率密度函数$f_{S|\boldsymbol{A}}()$的概率表示(Melchers,1992)

概率密度函数$f_{S|\boldsymbol{A}}()$直接表示为

$$f_{S|\boldsymbol{A}}()=f_{S|\boldsymbol{A}}()\mid_{F_{S_i|\boldsymbol{A}}()>F_{S_j|\boldsymbol{A}}()},\ \forall j\neq i \tag{5.31}$$

如果式(3.45)或者式(3.46)可采用数值积分,那么以上两种方法都没有太多困难。

值得注意的是除了在方向抽样方法中,将负载空间内 $\boldsymbol{Q}$ 作为随机变量的向量的方式解决结构可靠性问题的可能性,在其他方法里也进行了探讨(Augusti and Baratta,1973;Schwarz,1980;Melchers,1981;Mosesm 1982;Gorman,1984;Lin and Corotis,1985 and Katsuki and Frangopol,1994)。在上述大多数讨论下,提出了很多多维数值积分的简化方法。

负载空间公式的概念非常有吸引力,在 3.5.4 节已做了简要说明,因为在分析中,该公式可以包括所有类型的结构特性,包括非线性影响。并在某些复杂结构(Moarefzedah and Melchers,1996b)和涉及有限元分析的问题(Guan and Mechers,1998)中得到了证明。然而,这种方法一个可能的限制是,假定系统的极限状态是不依赖于负载路径的,即,负载被施加到结构上的顺序不受限制(Ditlevsen and Bjerager,1986;Ditlevsen and Madsen,1996)。当然,如 5.1 节所讨论的,这种限制在单参数载荷系统的案例中可以满足。对于大多数杆系结构这也似乎不是一个严重的限制。当系统的可靠性评估问题变得更加复杂时,这些限制是不满足的。

5.4　系统可靠性边界

相对于试图直接对式(5.9)和式(5.14)进行积分,另一种方法是探索结构系统失效概率的上限和下限。考虑一个承受一系列载荷的结构系统,在顺序载荷作用下,其可能出现一个(或更多)的失效模式,可以依据失效模式的概率表示出结构失效的总概率(见 A.1 节)。

$$P(F)=P(F_1)\cup P(F_2\cap S_1)\cup P(F_3\cap S_2\cap S_1)\cup P(F_4\cap S_3\cap S_2\cap S_1)\cup\cdots \tag{5.32}$$

式中:F_i 表示"对于所有载荷,由第 i 个失效模式导致的结构失效"的事件;S_i 表示互补事件"在所有载荷作用下,第 i 个失效模式的可用状态"(因此,结构是可用的)。原因在于式(5.32)$P(F_2\cap S_1)=P(F_2)-P(F_2\cap F_1)\cdots$可以被写为

$$\begin{aligned}P(F)=&P(F_1)+P(F_2)-P(F_2\cap F_1)+P(F_3)-P(F_1\cap F_3)\\&-P(F_2\cap F_3)+P(F_1\cap F_2\cap F_3)+\cdots\end{aligned} \tag{5.33}$$

式中:$(F_1\cap F_2)$为模式 1 和模式 2 同时发生导致失败的事件等。

5.4.1　一阶串联边界

结构失效的概率可以被表示为 $P(F)=1-P(S)$,其中 $P(S)$是可用的概率。对于独立的失效模式,$P(S)$可以通过产品的可用概率进行表示,或者,$P(S_i)=$

$1-P(F_i)$:

$$P(F) = 1 - \prod_{i=1}^{m}[1 - P(F_i)] \tag{5.34}$$

式中:和前面一样,$P(F_i)$为第 i 个失效模式的失效概率。通过扩展,可以证明该结果与式(5.33)是相同的。如果 $P(F_i)\ll 1$,且 $P(F_i \cap F_j)$可以忽略不计,可直接应用式(5.33),式(5.34)可以通过以下公式进行近似(Freudenthal et al., 1966):

$$P(F) \approx \sum_{i=1}^{m} P(F_i) \tag{5.35}$$

这种情况中所有的失效模式完全相关,它直接遵循最关键失效模式将永远是最可能失效的理论,与材料强度的随机特性无关。因此

$$P(F) \approx \max_{i=1}^{m}[P(F_i)] \tag{5.36}$$

当失效模式介于完全独立和完全相关时,任意串联结构系统的失效概率,可以用式(5.34)或式(5.35)和式(5.36)来定义相对粗糙的边界条件(Cornell, 1967):

$$\max_{i=1}^{m}[P(F_i)] \leqslant P(F) \leqslant 1 - \prod_{i=1}^{m}[1 - P(F_i)] \tag{5.37}$$

不幸地是,对于大多数实际结构系统而言,串联边界式(5.37)太宽泛而没有意义[cf. Grimmelt and Schueller,1982]。

例 5.6

如图 5.10 所示的刚塑性杆系,安全系数 $\beta_a,\cdots,\beta_d$ 已在例 5.4 中计算出来,分别为(4.32,4.83,6.44,7.21)。由附录 D 可知,对应的失效概率分别为(0.77×10^{-5},0.70×10^{-6},0.59×10^{-10},0.28×10^{-12}),由式(5.37)推导一阶系统失效率边界为

$$\max_{i=1}^{m}(P_i) \leqslant P_f \leqslant 1 - \prod_{i=1}^{4}[1 - P_i] \approx \sum_{i=1}^{4} P_i$$

或者

$$0.77\times10^{-5} \leqslant P_f \leqslant 0.84\times10^{-5}$$

显然,失效模式 c 和 d 对结构失效概率的影响可以忽略不计。

5.4.2 二阶串联边界

二阶边界条件可以通过保留项如 $P(F_1 \cap F_2)$的式(5.33)得到,为了便于说明,可以改写为

$$
\begin{aligned}
P(F) = & P(F_1) \\
& + P(F_2) - P(F_2 \cap F_1) \\
& + P(F_3) - P(F_1 \cap F_3) - P(F_2 \cap F_3) + P(F_1 \cap F_2 \cap F_3) \\
& + P(F_4) - \cdots \\
& = \sum_{i=1}^{m} P(F_i) - \sum \sum_{i<j}^{m} P(F_i \cap F_j) + \sum \sum \sum_{i<j<k}^{m} P(F_i \cap F_j \cap F_k) - \cdots
\end{aligned}
\tag{5.38}
$$

由于阶次增加会导致符号交替变化,显然只考虑一次项(如 $P(F_i)$)产生上界 $P(F)$,仅考虑一次和二次项产生下界;考虑一次项、二次项和三次项再次产生上界,以此类推(Bonferroni,1936)。

应该明确的是,考虑附加的失效模式不能降低结构的失效概率,以至于式(5.38)中的每一个整行对 $P(F)$ 的贡献非负。注意到,只要保留项 $P(F_i)-P(F_i \cap F_j)$ 所起的贡献非负,那么式(5.38)的下边界 $P(F_i \cap F_j) \geqslant P(F_i \cap F_j \cap F_k)$ 就可以获得(Ditlevsen,1979b):

$$
P(F) \geqslant P(F_1) + \sum_{i=2}^{m} \max\left\{ \left[P(F_i) - \sum_{j=1}^{i-1} P(F_i \cap F_j) \right], 0 \right\} \tag{5.39}
$$

使用 $P(F_i)$ 和 $P(F_i \cap F_j)$ 项的另一种方式是只选择式(5.38)中给出的最大值(下界的)的所有(k)项的组合(Kounias,1986):

$$
P(F) \geqslant P(F_1) + \sum_{i=2, j<i}^{k<m} \max\left\{ \left[P(F_i) - \sum_{j=1}^{i-1} P(F_i \cap F_j) \right] \right\} \tag{5.40}
$$

以上两个公式的结果依赖于失效模式的顺序。文献(Dawson and Sankoff,1967;Hunter,1977)提出了优化事件顺序算法来获得最好的边界。一个有用的经验法则是为了降低排序的重要性。对于一个给定顺序,可以给出比式(5.40)更好的边界;如果考虑所有可能的排序,那么上下界是相等的(Ramachandran,1984)。

通过简化式(5.38)的每一行,可以得到一个上界。正如所指出的,一个典型的线,如线 5 对 $P(F)$ 产生非负的贡献,则可以用 P_{ijk} 表示 $P(F_i \cap F_j \cap F_k)$,可以表示为

$$
\begin{aligned}
U_5 = & P_5 - P_{15} - P_{25} - P_{35} - P_{45} + P_{125} + P_{135} + P_{145} + P_{235} + P_{245} + P_{345} \\
& - P_{1235} - P_{1245} - P_{1345} - P_{2345} + P_{12345}
\end{aligned}
\tag{5.41}
$$

除了 P_5 项,其余的线可以被表示为

$$
-V_5 = -P(E_{15} \cup E_{25} \cup E_{35} \cup E_{45}) \tag{5.42}
$$

式中：E_{ij}表示 ij 事件。众所周知对于任何一对事件 A 和 B，$P(A\cup B)\geqslant \max[P(A),P(B)]$。则有

$$V_5\leqslant \max[P(E_{15}),P(E_{25}),P(E_{35}),P(E_{45})] \tag{5.43}$$

并且，因为 V_5 对 U_5 起负影响，使用边界式(5.43)增加了式(5.41)的右侧部分，因此

$$U_5\leqslant P_5-\max_{j<5}(P_{j5}) \tag{5.44}$$

但是，因为 $P_{j5}\equiv P(F_j\cap F_5)$，且线 5 是一个典型的案例，所以(Kounias，1968；Vanmarcke，1973；Hunter，1976；Ditlevsen，1979b)：

$$P(F)\leqslant \sum_{i=1}^{m}P(F_i)-\sum_{i=2}^{m}\max_{j<i}[P(F_j\cap F_i)] \tag{5.45}$$

该结果也依赖于失效事件 F_i 的顺序。

对于一系列刚性杆系和刚塑性杆系，文献(Grimmelt and Schueller，1982)把边界式(5.39)和式(5.45)与(简单)蒙特卡罗抽样结果进行了比较。结果分析发现，对于各种分布类型和方差，该结果都相当接近仿真结果。但是，边界并不总是接近。

例 5.7

考虑三个线性极限状态函数在二维空间 y 中，如图 5.14(a)所示。为了简单，安全系数 β_1，β_2 和 β_3 定义为相等的长度。每个极限状态函数所分割的区域概率分别用 $a,b,\cdots,e$ 和 f 表示，最后的边界区域是三个极限状态函数所组成的部分。对于三个极限状态函数而言，下界条件式(5.39)变成

$$\begin{aligned}p^- &= p_1+(p_2-p_{21})^+ +(p_3-p_{31}-p_{32})^+ \text{取值}(\ )^+\equiv\max(\ ,0)\\ &=(b+c+d+f)+[(a+b+c)-(b+c)]^+ +[(c+d+e)-(c+d)-c]^+\\ &=a+b+c+d+f+(-c+e)^+\end{aligned}$$

那么上界条件式(5.45)为

$$\begin{aligned}p^+ &= p_1+p_2+p_3-[(p_{12})^+ +(p_{13},p_{23})^+]\\ &=(b+c+d+f)+(a+b+c)+(c+d+e)-[(b+c)+(c+d,c)^+]\\ &=a+b+c+d+e+f\end{aligned}$$

在该案例中，上界条件给出了正确的结果。当极限状态 1，2，3 相关时，即相关系数 ρ 增加，角度 υ 变小，区域 c 的概率部分将会变大，边界将会进一步发散。如图 5.14(b)示意图所示。当三个极限状态方向一致时是完全相关的，式(5.36)给出的 p_f 结果是一致的。这是由于如图 5.14(b)右侧所示的截断效应造成的。

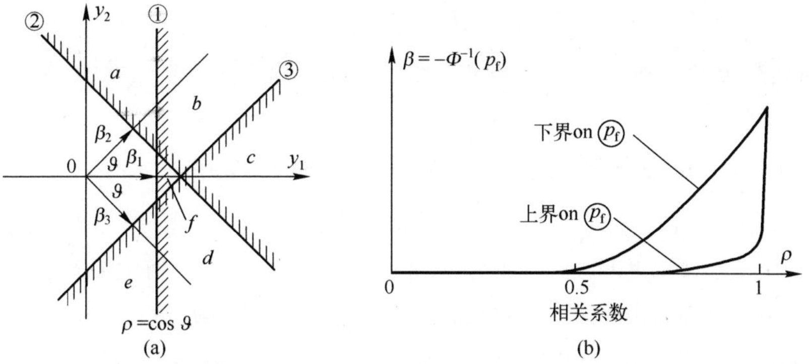

图 5.14 (a)例 5.5 极限状态;(b)典型等效极限状态边界[after Ditlevsen,1979b]

5.4.3 考虑加载顺序的二阶串联边界

到目前为止,上述讨论的串联边界考虑了基于所有可能载荷产生的失效模式导致的失效事件。在某些情况下,希望能考虑载荷的加载顺序,也许是依赖于某种方式,去确定系统失效概率的界限。可以看出,上述推导的边界条件是关于加载序列对称的,而加载顺序导致的失效事件覆盖了所有的已定义的失效模式。

由式(5.32)可知,在一个有序的载荷向量 $\boldsymbol{Q}_1,\boldsymbol{Q}_2,\boldsymbol{Q}_3,\cdots$下的结构失效概率可表示为

$$P(F)=P(F_1)+P(F_2\mid S_1)P(S_1)+P(F_3\mid S_2\cap S_1)P(S_2\cap S_1)+\cdots \tag{5.46}$$

式中:F_i 为“由第 i 个载荷导致的结构失效”事件;S 为“第 i 个载荷作用下结构可用”的互补事件 $P(F_i)=1-P(S_i)$。

一般情况下,失效概率依赖于第 i 个载荷作用下的失效和按顺序前一次加载作用可用情况。被记为“转移”概率:

$$p_i=P(F_i\mid S_{i-1}\cap S_{i-2}\cap S_{i-3}\cap\cdots) \tag{5.47}$$

又因为

$$P(S_3\cap S_2\cap S_1)=P(S_3\mid S_2\cap S_1)P(S_2\cap S_1)=P(S_3\mid S_2\cap S_1)P(S_2\mid S_1)P(S_1)$$

在式(5.32)中其他相应项类似,基于方程(5.47),将 p_1 写成 $P(F_1)$ 的形式如下:

$$P(F)=p_1+p_2(1-p_1)+p_3(1-p_2)(1-p_1)+p_4(1-p_3)(1-p_2)(1-p_1)+\cdots \tag{5.48}$$

或者,按顺序加载的 n 个载荷下:

$$P(F)=\sum_{i=1}^{n}p_1-\sum_{k<j<i}\sum\sum^{n}p_ip_jp_k-\sum_{l<k}\sum_{<j<i}\sum\sum^{n}p_ip_jp_kp_l+\cdots \tag{5.49}$$

如果 $P(F_i)$ 解释为 P_i，$P(F_i\cap F_j)$，$j<i$ 解释为 p_ip_j，$j<i$ 等，上述方程与式(5.38)是相等的。因此，基于此解释，边界条件式(5.39)和式(5.45)可以被解释为在顺序载荷作用下结构失效概率 $P(F)$ 的边界。

5.4.4　考虑失效模式和加载顺序的串联边界

通过引入加载顺序，失效模式的串联边界公式(5.39)和式(5.45)可以被推广。对于一些失效模式，每个通过式(5.39)和式(5.45)给定的边界可以被解释为按一定加载顺序加载第 k 个载荷作用下的失效概率 $P(F_k)$。为了确定总的失效概率，在完全的加载顺序下，再一次运用式(5.39)和式(5.45)，但现在解释为5.4.3节所述的加载序列。

然而，在实际工程中，因为 F_i 和 F_j 通常是相关的(见例5.7)，$P(F_i\cap F_j)$ 项的估计并不容易。一种方法是使用一个简单的结果去评估 $P(F_i\cap F_j)$ 项，该结果通过考虑两个极限案例获得：(F_i,F_j) 完全独立或者完全相关；如果事件 (F_i,F_j) 完全独立，则可以应用附录式(A.4)，那么式(5.33)简化为式(5.34)。

类似地，如果 (F_i,F_j) 完全相关，考虑到临界情况，$P(F_1\cap F_2\cap F_3)$，…项的形式可简化为 $\max[P(F_1),P(F_2),P(F_3)]$，…。因此，式(5.32)简化为式(5.36)。

现在可进一步扩展一阶边界条件(5.37)，同时考虑加载顺序和失效模式：

$$\max_i^m\{\max_j^n([P(F_{ij})])\}\leqslant P(F)\leqslant 1-\prod_{ij}^{mn}[1-P(F_{ij})] \tag{5.50}$$

式中：$P(F_{ij})$ 为在第 j 个顺序载荷下第 i 个失效模式的失效概率。右边的边界可以通过一个更宽松的边界来替换，假设 $P(F_{ij})\ll 1$(Cornell，1967)：

$$\max_i^m\left\{\max_j^n([P(F_{ij})])\right\}\leqslant P(F)\leqslant\sum_j^m\sum_i^n P(F_{ij}) \tag{5.51}$$

当载荷顺序或失效模式均相互独立时，左边的最大化算子可以被一个求和算子所替代，从而改进边界条件。类似地，如果知道任何一个载荷的加载顺序或者失效模式是完全相关的，那么右边的求和算子可以被一个最大算子所取代。

如果已知的 N 个连续的载荷的加载顺序，相互独立的载荷有相同的概率密度函数，那么右边的边界可以被下式取代(Freudenthal et al.，1966)：

$$N\sum_i^m P(F_{ij}) \tag{5.52}$$

5.4.5　改进的串联边界和并联系统边界

如例5.7中所证明的，当(线性)极限状态函数的相关性增加时，二阶串联边界结果通常恶化。一种改进串联边界的方法是将问题转化为极限状态函数之间相关性较低的情况。应用附录式(C. 13)可以实现,获得一组新的变量(Ditlevsen,1982b)。

另外,如果保留高阶项,则可获得串联系统的改进边界,例如,假如在式(5. 32)中 $P_{ijk}=P(F_i\cap F_j\cap F_k)$ 项的形式被保留(Hohenbichler and Rackwitz,1983a;Ramachandran,1984;Feng,1989;Greig,1992)。在这种情况下,用 $F_i(i=1,\cdots,m)$ 表示 m 个可能的失效模式,那么第三阶串联边界变成(Greig,1992):

$$P_3^-\leqslant P\left(\bigcup_{i=1}^{m}F_i\right)\leqslant P_3^+ \tag{5.53}$$

其中:

$$P_3^- = \sum_{i=1}^{m}\left[P_i - \sum_{j<i}\left(P_{ij} - \max_{k<j}P_{ijk}\right)\right]^+$$

$$P_3^+ = \sum_{i=1}^{m}\left[P_i - \sum_{j<i}\left(P_{ij} - \sum_{k<j}P_{ijk}\right)^+\right]$$

式中:[ ]$^+$表示只有当该项起积极作用时才存在。

再次,为了获得最佳的边界,一些失效事件的顺序可能是必要的。然而,最大的困难是评估三次项 P_{ijk}。当所有事件 F_i 全部表现为线性函数时,那么非线性边界可以表示为(Ramachandran,1984):

$$P_{ijk}\geqslant\frac{P(F_i\cap F_k)P(F_i\cap F_j)}{P(F_i)} \tag{5.54}$$

假设 $\rho_{kj}>\rho_{ik}\rho_{ij}>0$,其中 ρ_{ij} 是事件 i 和 j 线性失效函数的相关系数,等。Feng(1898)提出了基于线性极限状态函数夹角的另一种近似的方法来获得 P_{ij} 和 P_{ijk}。

对于并联系统,式(5. 2)或者式(5. 13)给出了失效概率。并联系统的边界可以通过下面的恒等式获得:

$$P\left(\bigcap_{i=1}^{m}F_i\right)=1-P\left(\bigcup_{i=1}^{m}F_i\right) \tag{5.55}$$

由此产生的边界很差,是因为对于高可靠性的系统来说等式右边的第二项接近 1。在具有线性安全函数的并联系统的特殊案例中,对于多个极限状态函数的多维状态积分,较好的方法是应用附录 C 给出的结果。

5.4.6 系统可靠性的一次二阶矩方法

串联边界的利用,如二阶串联边界式(5. 39)和式(5. 45)需要 $P(F_i\cap F_j)$ 交叉项的估计,其中 F_i 表示“第 i 个极限状态的失效”事件。二维交叉项是指干涉域,如图 5. 7 中的 D_1,从非线性极限状态函数 $G_k(\boldsymbol{x})=0(k=1,2,3)$ 获得。

原则上可以使用蒙特卡罗积分的方法结合上述给定的边界条件去估计该项的概率,例如 $P(F_i \cap F_j)$。但是,实际上是不合适的,因为对整个系统的蒙特卡罗估计可能更有效(相比于应用系统边界交叉的蒙特卡罗评估方法)。

在线性极限状态函数的特殊案例中,二阶串联边界是更有用的,因此当连同第4章的FOSM方法一起使用时,交叉项 $P(F_i \cap F_j)$ 的估计是在图5.15中 D_1 这样的区域上,例如,$g_{L1}(y)=0$ 和 $g_{L2}(y)=0$。一旦设计验算点 y_i^* 被确定,极限状态函数可以被线性化,那么方向余弦将会被确定(见4.3.2节)。近似的线性化极限状态函数 $g_L(\ )=0$ 可以通过式(4.7)给出。

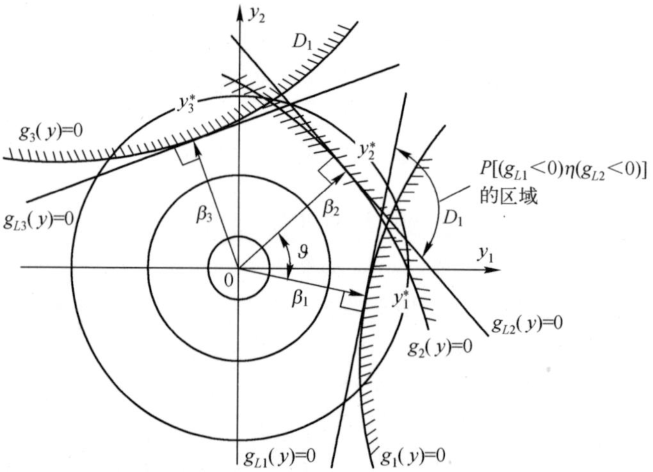

图5.15 在标准正态空间下极限状态的线性化

对于通过 $g_{L1}(y)=0$ 和 $g_{L2}(y)=0$ 给出的线性化极限状态,通过这些极限状态所封闭的概率部分是

$$P(F_i \cap F_j) = P\left[\bigcap_{i=1}^{2} g_{Li}(\boldsymbol{y}) \leqslant 0\right] \tag{5.56}$$

式中:标准正态向量 $\boldsymbol{y}$ 可以使用二元正态积分 $\Phi_2(\ )$ 估计[见式(A.140b)和附录C]。在每个案例中两个极限状态函数(这里是1和2)之间的相关系数 ρ 是必须已知的。可以通过极限状态1和2的交叉获得。

在标准独立正态 y 空间内,线性极限状态函数通过式(4.7)给出:

$$g_i(y) = \beta_i + \sum_{j=1}^{n} a_{ij} y_j \tag{5.57}$$

对于 $g_1(\ )$ 和 $g_2(\ )$,方差和协方差分别根据式(A.162)和式(A.163)得到

$$\sigma_i^2 = \sum_{j=1}^{n} a_{ij}$$

$$\mathrm{cov}(g_1, g_2) = \sum_j^n a_{1j} a_{2j}$$

根据式(A.124):

$$\rho_{12} = \frac{\mathrm{cov}(g_1, g_2)}{(\sigma_1^2 \sigma_2^2)^{1/2}} = \frac{\sum_j^n a_{1j} a_{2j}}{\left(\sum_j^n a_{1j}^2 \sum_j^n a_{2j}^2\right)^{1/2}} \tag{5.58}$$

在空间 y 内,观察平面(y_1, y_2),上述表达式可以通过几何解释给出(见图5.16)。

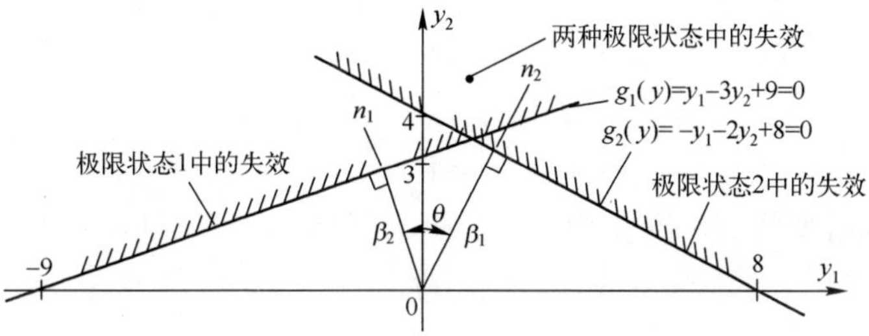

图5.16 线性极限状态的交叉

如图5.16所示,基于初等几何,超平面 $g_{L1}(y)=0$ 和 $g_{L2}(y)=0$ 的单位外法向量 $\boldsymbol{n}_i(i=1,2)$ 可以通过式(5.57)获得(Ditlevsen,1979b)。

$$n_1 = \sum_{j=1}^n a_{1j} \boldsymbol{e}_j \Big/ \left(\sum_{j=1}^n a_{1j}\right)^{1/2} \tag{5.59a}$$

$$n_2 = \sum_{j=1}^n a_{2j} \boldsymbol{e}_j \Big/ \left(\sum_{j=1}^n a_{2j}\right)^{1/2} \tag{5.59b}$$

式中:$\boldsymbol{e}_i$ 为单位向量。这些法向量的内积通过 $\boldsymbol{n}_1 \cdot \boldsymbol{n}_2 = n_1 n_2 \cos v = \cos v$ 给出,其中 v 是平面内 $\boldsymbol{n}_i(i=1,2)$ 的共同夹角(见图5.16)。从式(5.59)可以很容易地得到,法向量也等于式(5.58)右边的部分,所以(参见3.2节):

$$\rho_{12} = \rho(y_1, y_2) = \cos v = \boldsymbol{n}_1 \cdot \boldsymbol{n}_2 \tag{5.60}$$

例5.8

对于图5.16中在标准正态空间内的两个线性极限状态函数 $g_1(y)=0$ 和 $g_2(y)=0$,可以根据式(A.162)和式(A.163)确定 $\sigma_1^2=+10$,$\sigma_2^2=+5$ 和 $\mathrm{cov}(y_1, y_2)=+5$,进而求得 $\rho = 5/(10\times5)^{1/2} = 1/\sqrt{2} > 0$,所以有 $\mathrm{varcos}(1/\sqrt{2}) = 45°$。利用式(4.1)求得 $\beta_1 = 9/\sqrt{10} = 2.85$ 和 $\beta_2 = 8/\sqrt{5} = 3.59$。接着应用式(C.8)和式(C.9),且 $h=\beta_1$,$k=\beta_2$,$a=(\beta_1-\rho\beta_2)/(1-\rho^2)^{1/2}$,$b=(\beta_2-\rho\beta_1)/(1-\rho^2)^{1/2}$,进而求出 $\Phi(-h)=0.002186$,$\Phi(-k)=0.000165$,$\Phi(-a)=0.33264$ 和 $\Phi(-b)=$

0.0135。在式(C.8)中替代这些数值得到 $0.000055 \leqslant P(g_1 \leqslant 0 \cap g_2 \leqslant 0) \leqslant 0.000084$。

用 F_1 表示事件 $g_1<0$,同样对于 F_2。一个两失效模式结构的概率边界的表达式(5.39)和式(5.45)将引出

$$P(F_1)+P(F_2)-P(F_1 \cap F_2)^{+} \leqslant P(F) \leqslant P(F_1)+P(F_2)-P(F_1 \cap F_2)^{-}$$

或者 $0.00226<p_f<0.00229$,其中交叉域上选择了最宽泛的边界。

例 5.9

例 5.4 中刚塑性杆系名义失效概率可以通过二阶系统边界和 FOSM 的结果来确定,并计算 $P(F_i \cap F_j)$。在例 5.4 中仅仅考虑前三种失效模式。分别为:

模式 1:$+M_1 \quad +2M_3+2M_4-H-V=0$(combined)

模式 2:$\quad +M_2+2M_3+M_4 \quad -V=0$(beam)

模式 3:$+M_1+M_2 \quad +M_4-H \quad =0$(sway)

每个随机变量被标准化为 $N(0,1)$,如 $x_i=(X_i-\mu_{X_i})/\sigma_{X_i}$。所有随机变量 $X_i=(M_1,\cdots,M_4,H,V)$ 的均值和方差分别为 $\mu_{X_i}=1.0$ 和 $\sigma_{X_i}=(0.15,0.15,0.15,0.15,0.17,0.50)$。那么标准正态空间内的极限状态方差为

$$g_1=0.15m_1+0.30m_3+0.30m_4-0.17h-0.5v+3=0$$

$$g_2=0.15m_2+0.30m_3+0.15m_4-0.5v+3=0$$

$$g_3=0.15m_1+0.15m_2+0.15m_4-0.17h+3=0$$

进一步利用式(A.162)和式(A.163),得

$$\sigma_{g_1}^2=(0.15)^2+(0.3)^2+(0.3)^2+(0.17)^2+(0.5)^2=0.481$$

$$\sigma_{g_2}^2=0.385$$

$$\sigma_{g_3}^2=0.096$$

$$\operatorname{cov}(g_1,g_2)=(0+0+0.3\times0.3+0.3\times0.15)+0+(0.5)^2=0.385$$

$$\operatorname{cov}(g_1,g_3)=0.096$$

$$\operatorname{cov}(g_2,g_3)=0.045$$

由式(5.58)得到相关系数为

$$\rho_{12}=\frac{0.385}{(0.481\times0.385)^{1/2}}=0.895$$

$$\rho_{13}=0.447$$

$$\rho_{23}=0.234$$

所以,夹角 $v=\arccos\rho$ 为 $v_{12}=26.5°$,$v_{13}=63.5°$,$v_{23}=76.5°$。

在例 5.4 中 β 已经被计算出。也可以通过 $\beta=\mu_g/\sigma_{gi}$ 给出,或者

$$\beta_1=3/\sqrt{0.481}=4.32,\quad \beta_2=4.83,\quad \beta_2=6.44$$

因为 $\mu_{x_i}=0$。由附录 D 可知,对应的名义概率为 0.77×10^{-5}、0.70×10^{-6} 和 0.59×10^{-10}。

要计算 $P(F_i\cap F_j)$ 项需要知道二阶边界式(5.39)和式(5.45)。该边界条件可以利用式(C.8)给出(也可参见例5.8)。如前所述,用 P_{ij} 表示 $P(F_i\cap F_j)$。然后对于 P_{12}

$$h=\beta_1=4.32,\quad k=\beta_2=4.83$$

$$a=\frac{\beta_1-\rho_{12}\beta_2}{(1-\rho_{12}^2)^{1/2}}=-0.0064$$

$$b=\frac{\beta_2-\rho_{12}\beta_1}{(1-\rho_{12}^2)^{1/2}}=2.160$$

因此,根据式(C.8),可以得到边界为

$$\begin{aligned}p_{12}&=[\Phi(-h)\Phi(-b)^+,\Phi(-k)\Phi(-a)]\\&=[(0.77\times10^{-5})(0.01539)^+,(0.70\times10^{-6})(\sim0.5)]\\&=[0.35\times10^{-6},0.47\times10^{-6}]\end{aligned}$$

对于 p_{13}:

$$p_{13}=[0.317\times10^{-11},0.479\times10^{-11}]$$

对于 p_{23}:

$$p_{23}=[0.189\times10^{-13},0.374\times10^{-13}]$$

代入式(5.39)获得系统失效概率的下界:

$$\begin{aligned}p_f^-&=0.77\times10^{-5}+(0.70\times10^{-6}-0.47\times10^{-6})^+\\&\quad+(0.59\times10^{-10}-0.479\times10^{-11}-0.374\times10^{-13})^+\\&=0.79\times10^{-5}\end{aligned}$$

根据式(5.45)推导上界为

$$\begin{aligned}p_f^+&=(0.77\times10^{-5}+0.70\times10^{-6}+0.59\times10^{-10})-0.35\times10^{-6}\\&\quad-\max(0.317\times10^{-5},0.189\times10^{-13})=0.81\times10^{-5}\end{aligned}$$

在每种情况下,p_{ij}分别取最坏的失效概率 p_f^+。

这里系统名义失效概率的边界与使用计算精度的限制是一致的。正如预期的一样,在例5.6中,目前的结果包含在一阶边界的确定中。

5.4.7　相关性影响

上面的例子表明,如果一些或所有的抗力和负载的基本变量同时存在于两个或者更多的极限状态函数中,那么失效模式是相关的。这对于结构系统失效概率的估计具有重要意义,正如上述边界的计算。在蒙特卡罗技术里同样可以看到,但在蒙特卡罗中:$\bigcup_i^m G_i(\boldsymbol{x})\leqslant0$ 被自动地定义为完全失效域(见图5.12)。

相关性也起因于负载之间的依赖性,更一般的是来自于结构组件和个别组件之间的相关性(Garson,1980;Melchers,1983a)。正如4.4.3节所述,在二阶矩可靠性分析中的基本变量的相关性是通过将相关集合转化为不相关集合来处理的(见附录B)。

一组典型结果显示了刚塑性杆系中的相关性影响(图5.17),该结构共承受两个载荷,且每个载荷作用一次,每个载荷的统计特性在图5.15中已给出(Frangopol,1985)。但是实际强度(和负载)相关的实验数据缺乏。在实际问题中经常会需要一些保守的假设。

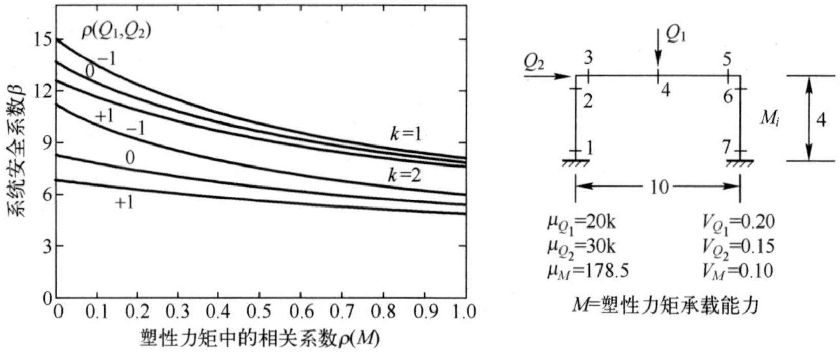

图5.17 系统安全性系数$\beta=-\Phi^{-1}(p_f)$的相关性影响

5.5 隐式极限状态响应面

5.5.1 引言

在许多实际问题中,可能不知道极限状态函数的显式形式,如通过一个或多个方程来表示的极限状态面。甚至只能通过类似有限元分析的过程得到其隐式。这意味着,安全域的定义仅可以通过点与点的方式来"探索",如通过不同的输入值重复数值分析。这些值可能是随机的,如在蒙特卡罗分析中,或在阶矩法中。在以上任何情况下,很明显,FOSM和相关方法并不是直接适用的,因为这些方法需要一个较好且可微的近似形式来替代极限状态函数$G(\boldsymbol{x})=0$。

使用多项式或者其他合适的函数拟合通过有限数量离散数值分析得到的结果,可以人为构造出封闭且可微的极限状态面。显然,这需要在设计点周围的区域中在可接受的最低精度要求下准确地表示出结构响应。如果近似曲面能合理地拟合点附近的响应,那么就能提出一个相对很好的结构失效概率估计方法。这个概念将在本节中更进一步地探索。

5.5.2 基本概念

和平常一样,用 $G(\boldsymbol{X})$ 表示结构响应。然而,现在 $G(\boldsymbol{X})$ 是一个含有随机变量 $\boldsymbol{X}$ 的隐式函数,只有离散 $\boldsymbol{X}=\boldsymbol{x}$ 的值才能估计。在 $G(\boldsymbol{x})$ 估计中,$\bar{\boldsymbol{x}}$代表 $\boldsymbol{X}$ 空间一组点。“响应面方法”是去搜索一个函数$\bar{G}(\boldsymbol{x})$,该函数能最好地拟合 $G(\bar{\boldsymbol{x}})$ 值的离散点集。通常的方法是将 $G(\bar{\boldsymbol{x}})$ 表示成一个 n 阶多项式,然后确定多项式的待定系数,使近似误差最小,特别是在设计点周围的区域。

拟合离散点的 n 次多项式的阶数的选择,将同时影响评估所需的次数和求导的次数。此外,对于一个理想条件的系统,$\bar{G}(\boldsymbol{x})$ 与 $G(\boldsymbol{x})$ 的阶数相同或者较低是可取的。较高的$\bar{G}(\boldsymbol{x})$ 阶数在待定系数方程求解时会呈现出病态。或者,很有可能出现不稳定性。

由于实际的极限状态函数只有通过离散结果才知道,所有其形式和阶数都是未知的,也不可以在设计点进行估计。这意味着对近似函数$\bar{G}(\boldsymbol{x})$的选取没有什么方向。然而,二阶多项式是最经常采用的响应面方法(Faravelli,1989;Bucher and Bourgund,1990;El-Tawil et al.,1992;Rajashekhar and Ellingwood,1993;Maymon,1993):

$$\bar{G}(\boldsymbol{x})=\boldsymbol{A}+\boldsymbol{X}^{\mathrm{T}}\boldsymbol{B}+\boldsymbol{X}^{\mathrm{T}}\boldsymbol{C}\boldsymbol{X} \tag{5.61}$$

式中:待定(回归)系数可以通过 A,$\boldsymbol{B}^{\mathrm{T}}=[B_1,B_2,\cdots,B_n]$ 和 $\boldsymbol{C}$ 确定,其中 $\boldsymbol{C}$ 为

$$\boldsymbol{C}=\begin{bmatrix} C_{11} & \cdots & C_{1n} \\ \vdots & & \vdots \\ sym & \cdots & C_{nn} \end{bmatrix}$$

该(回归)系数可以通过一系列的数值“实验”获得,即根据一些“试验设计”选择一系列的输入变量与其结构分析结果。一个适当的试验设计的目标应是合理准确估计失效概率,这意味着,最感兴趣的是失效域的最大似然区域,即设计点。然而,正如所指出的,这些设计点最初是不知道的。一个简单的方法是围绕设计变量均值选择试验设计输入变量。因此,点位于轴上是合适的,如图 5.18 所示为一个简单的试验设计。Rajashekhar and Ellingwood(1993)已经讨论了更为复杂的设计,也可参见一些有关响应面的文献[例如,Myers,1971]。

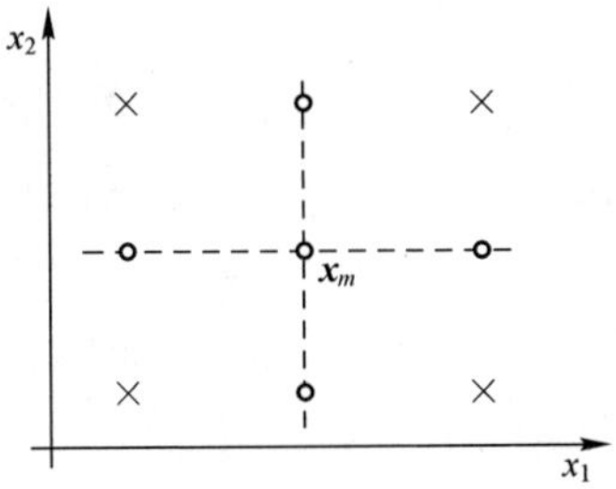

图 5.18　$\boldsymbol{x}_m$ 为均值点的两变量问题的简单试验设计

一旦选中试验设计和估计的函数 $G(\ )$,那么将会发现对于 $\boldsymbol{X}=\bar{\boldsymbol{x}}$的实际响应 $G(\bar{\boldsymbol{x}})$ 与式(5.61)的评估值存在一定差异。这种差异归因于固有随机性,以及

由于使用更简单的函数式(5.61)代表实际极限状态面所导致的“拟合缺陷”,没有更精确的分析是不可能的。然而,重要的步骤是尝试选择回归系数 A,B,C,以便总误差最小。

用向量 $\boldsymbol{D}$ 代表回归系数 $A,\boldsymbol{B},\boldsymbol{C}$ 的选择。那么式(5.61)可以被表示为 $\overline{G}(D,X)$。对于试验设计中的每个点$\overline{\boldsymbol{x}}_i$,用 ε_i 表示实际(但隐式)极限状态函数 $G(\overline{\boldsymbol{x}}_i)$和近似响应面式(5.61)给出的$\overline{G}(D,\overline{\boldsymbol{x}}_i)$之间的估计误差。试验设计中的每个点都如此。此时总误差可以被最小化。一个简单的方法是使用最小二乘拟合方法,选择向量 $\boldsymbol{D}$,以最小化误差平方和:

$$S=\min_{\boldsymbol{D}}\left[\sum_{i=1}^{n}\varepsilon_i^2\right]^{1/2}=\min_{\boldsymbol{D}}\left[\sum_{i=1}^{n}\left(G(D,\overline{\boldsymbol{x}}_i)-G(\overline{\boldsymbol{x}}_i)\right)^2\right]^{1/2} \tag{5.62}$$

5.5.3 大型系统的简化

在一些实际工程问题中,变量的数目很多以至于直接应用式(5.61)是不切实际的。例如,当使用有限元分析来描述结构响应时,上述问题是可能发生的。涉及的随机变量的数目可能会以各种方式减少。一种方法是简单地用确定性常量来代替低不确定性的变量(参见4.3.3节)。

另一种方法是将随机变量集合 $\boldsymbol{X}$ 减小至其空间平均数的水平的$\boldsymbol{X}_A$ 集合。例如,通过在应力作用下的平板上的每一个点使用相同的(空间平均数)屈服强度来实现,而不是特定地从点到点(或从有限元到有限元)的屈服强度的变化来实现。

第三种方法是简化随机变量(或空间平均数)误差的影响,变为只对响应有相加效应,而不是一些更复杂的关系(Faravelli,1989)。在式(5.61)的基础上增加累加误差的影响:

$$\overline{G}(\boldsymbol{x})=A+\boldsymbol{X}^{\mathrm{T}}B+\boldsymbol{X}^{\mathrm{T}}C\boldsymbol{X}+\sum_j\left(e_j+\sum_k e_{jk}+\cdots\right)+\varepsilon \tag{5.63}$$

式中:$e_j,e_{jk},\cdots$为由空间平均数误差项(这里假设空间随机变量的均值是独立的);ε 为其余的误差(如由随机性产生的误差)(Veneziano et al. 1983)。如果 $e_j,e_{jk},\cdots$可以独立获得,如通过对其空间平均数的方差分析来获得,那么上述形式是非常有用的。考虑拟合$\overline{G}(\boldsymbol{x})$的误差仅仅局限于 ε 项。

5.5.4 迭代求解方法

拟合实际(但隐式)的极限状态方程,其近似响应面最好的点一般是不知道先验分布的。文献(Bucher and Bourgund,1993)建议使用迭代搜索技术来定位这些点。使式(5.61)有足够的待定系数去准确地拟合函数 $G(\overline{\boldsymbol{x}})$——所谓的“完全饱和”试验设计——因此响应面拟合的准确性取决于评估点$\overline{\boldsymbol{x}}$。通常情况下,这些点可能在中值点$\boldsymbol{X}_m$ 上(见图5.18)和由 $x_i=x_{mi}\pm h_i\sigma_i$ 给出的点上,其中

h_i 为任意系数，σ_i 是 X_i 的标准差。利用这些点，对于假设的中值点$\boldsymbol{X}_m$，可以准确地确定其近似面$\overline{G}(\overline{\boldsymbol{x}})$。如果近似面位于最优位置，那么中值点$\boldsymbol{X}_m$ 将与最大似然点（设计点）重合，从这一点到原点的距离将是标准正态空间中的最小值（见4.3.2节）。

如果$\boldsymbol{X}_m$ 不是设计点，其他某点如$\boldsymbol{X}_D$，可以在近似面$\overline{G}(\overline{\boldsymbol{x}})$上找到，该近似面更接近原点，因此此设计点是最佳估计。当知道$\boldsymbol{X}_D$ 后，通过$\boldsymbol{X}_m$ 和$\boldsymbol{X}_D$ 的线性插值就可得到新的中值点$\boldsymbol{X}_m^*$：

$$\boldsymbol{X}_m^* = \boldsymbol{X}_m + (\boldsymbol{X}_D - \boldsymbol{X}_m)\frac{G(\boldsymbol{X}_m)}{[G(\boldsymbol{X}_m) - G(\boldsymbol{X}_D)]} \tag{5.64}$$

在该技术中，足够精度的拟合速度依赖于 h_i 的选择和被拟合区域的实际（但隐式）极限状态函数的形状。

如果被选中位置的点对应于表示抗力的随机变量的截尾下界区域的点，和表示载荷的随机变量的截尾上界的区域的点，那么结果明显有所改进（Rajashekhar and Ellingwood，1993）。然而，通常情况下所有可能的相关设计点的收敛性是无法保证的。通过修正搜索算法可以将搜索方向从远离到靠近已获得的设计点（例如，Der Kiureghian and Dakessian，1998）。

5.5.5　响应面和有限元分析

使用FOSM/FOR技术时，响应面已成为将有限元分析引入结构可靠性计算的一个载体。当然，对于仿真技术，响应面并不是概率估计特别需要的。

在目前的情况下，应该指出的是，应用标准正态空间的二次（抛物线）响应面本质上类似于二次二阶矩方法，该方法应用二次（或者抛物线）面拟合已知的非线性极限状态面（见4.5.1节）或已知的离线点。这两种方法非常类似。应用响应面法的有限元分析，其迭代解由一组给定的选定点的有限元编码组成，例如，文献[Liu and Der Kiureghian，1991]利用这些方法来拟合响应面。如果应用FOR方法，拟合的响应面是线性的并且仅需要少数点就能确定响应面，因为对于一般的响应面，拟合面工作与概率估计是相互独立的。但是在SOSM/SOR方法中需要更多的拟合点。

该方法的一个要求是在设计点的梯度可以被确定或估计。可以通过修正一些有限元分析的编码来实现。另外，也可以使用需要更大计算成本的近似有限差分法，从而，一些商业的有限元代码已经集成了响应面方法和FOR（例如，Lemaire et al.，1997）。

在可靠性分析中有限元建模的一个重要部分是随机场的表示，诸如可能需要表示属性的统计方差，如平板的杨氏模量。这是一个相当专业的主题，已提出了不同的方式。(例如,vanmarcke et al. ,1986;Li and Der Kiureghian,1993;Zhang and Elingwood,1995;Matthies et al. ,1997)

5.5.6 应用与观察

一些文献中已经给出响应面法的应用案例(如 Faravelli,1989;Bucher and Bourgund,1990;Wu et al. ,1990;Schueller et al. ,1991;El-Tawil et al. ,1992;Rajashekhar and Ellingwood,1993;Grandhi and Wang,1997),并且形成了一些软件(Schueller and Bucher,1991)。这些进展表明当最大似然估计点可以确定时响应面的效果很好,同时可以确定合理的响应面拟合点。文献(例如,kim and Na,1997)提出了其他的建议,包括使用迭代方法如(Liu and Moses,1994),但是非常困难,特别是对于大型系统,在识别这样的点时往往包含主观干预,也就是说,这些点需要专门的分析人员去输入。以上因素如何影响失效概率估计目前是完全不清楚的。不管怎样,近乎平直的极限状态面很有可能是不敏感的,高度曲折的极限状态相对敏感,或者相交的极限状态面更敏感。

5.6 复杂结构系统*

5.6.1 概述

对于非高度超静定的结构,通过如例 5.4 的检查方法,通常可能会得到不同的极限状态。对于一个更复杂的杆系结构(如海洋“夹套”结构),描述结构失效情况的极限状态函数,取决于不确定性的程度、施加的载荷及其构件响应特性。正如 5.1 节所讨论的,需要再次假设为时间无关或者极限载荷施加。

为了不受讨论结构的任何特定类型限制,桁架单元或杆系的局部失效域(如塑性铰链)将被表示为“节点”。节点属性可以是相关的。因此,任何失效模式可能由一个相关的节点序列构成。在系统可靠性评估中必须考虑到这种相关性。

如前所述(5.2.2 节),所有对失效概率起重大作用的失效模式必须确定;如果不这么做,计算出的概率将会太低。确定所有结构失效模式的最佳方法是通过详尽枚举节点失效的所有可能的组合。这是一个重要的任务,除非系统地研究过,如通过考虑节点失效的排序的可能性。每个节点可以被认为是依次添加在前一个失效节点上。检查每一个新的序列,以确定是否已达到有效的结构失效模式,如果没有,可以进一步添加节点。当结构失效被定义结构倒塌时,失效模式必须运动学相容(如必须存在有效的倒塌模式);此外,内部作用和局部应变之间必须处处有对应关系。当然,平衡点必须满足。

当确定了一种失效模式,下一失效模式的计数通过"回溯"得到,直到节点的新组合或者新顺序出现。事件树概念示意图如图5.19所示。显然,尽管复杂节点响应、卸载、应力突变、刚度损失等也需要在事件树内考虑,但产生的所有失效模式仅依赖于节点失效。这将大大增加计算量,除非采用一些系统的程序。对于刚塑性结构,由于一个序列模式的节点发生的精确顺序并不重要,可能要进行大量简化。

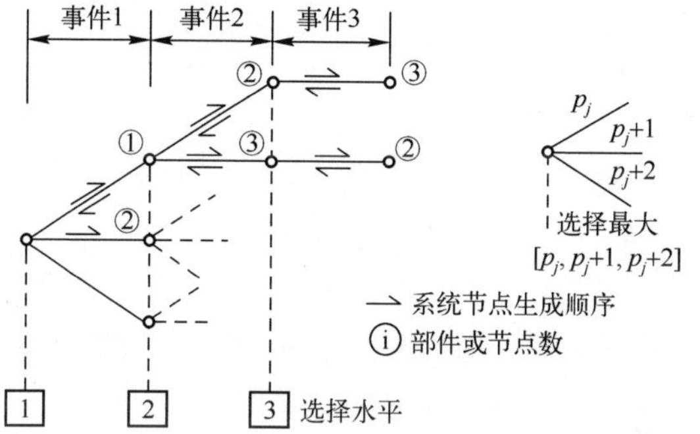

图5.19 系统列举过程

如果失效模式对结构失效概率的贡献很小,那么对于计算量而言,上述方法是非常有用的。假设这样做的误差并不大,上述问题可以通过进一步分析消除(Ibrahim,1992)。显然,在枚举过程的早期这么做是非常有利的,最好是在失效概率全计算之前进行。为此大量文献提出了相应的研究技术(Moses,1982;Murotsu et al.,1984;Thoft-Christensen and Muritsu,1986;Ibrahim,1992;Zimmerman et al.,1992)。一些方法往往比其他方法更直观。一个合理的技术即所谓的"截断枚举法"概述如下。(Melchers and Tang,1984)

5.6.2 截断枚举法

截断枚举序列识别可能出现的节点序列,这些节点形成结构失效模式。所采用的技术是增大作用于结构的施加(随机)载荷,依次识别第一、第二、第三等节点,直到节点失效(位置)。由于节点的强度特性是随机的,在失效节点的实际负载水平不能确定;仅仅形成了失效序列。

对于任何一个载荷增量,弹性应力分析用来识别最有可能已达到其失效条件的节点,此节点的响应将会被修改。在以下的5.6.3节将描述这种方式的节点变化。

为了自枚举方便,可以使用结构的弹性应力分析,其原因在于假设所有被识别的失效模式其实现的方式不相关。当然,失效模式形成的确切顺序将取决于使用的枚举技术。在消除了某些模式之后,这种顺序可能会对计算失效概率有一定的影响。对于弹-刚-塑性构件(节点)属性,结构性能极有可能是大致相同的;在刚-塑性情况下,结构的任意弹性属性,与倒塌模式和对应的应力场是相互独立的。

有 n 个节点组成的第 k 个失效模式的概率表示为

$$p_{f_k}=p(E_1\cap E_2\cap\cdots\cap E_n) \tag{5.65}$$

式中:E_i 为“超出第 i 节点的抗力”事件。该模式如图 5.19 中 1、2、3 所示。通常情况下会有多个这样的模式存在。形成一个结构失效模式所需要的节点数 n 依赖于采用的结构失效准则(见 5.2.1 节)。对于结构的崩溃,n 必须足够大以允许形成有效的崩溃模式。式(5.65)的实际估计依赖于节点失效事件 E_i 的精确定义,将会在 5.6.4 节中讨论。

如果所有的失效模式 $p_{f_k}\leqslant\delta p_f$ 被识别(忽略),那么需要考虑的失效模式的数量可能会减少。这里 δ 是“截断准则”的适当估计值,p_f 是结构系统名义失效概率估计值。明显地,如果 $\delta=0$,那么穷举将会发生。

除非分析的先验信息由主观估计获得,p_f 可以通过当前估计流程中最重要(如最大值)p_f 值近似给出,例如,从早期的失效概率模式 p_{f_k} 估计。用该值表示 p_f^*:

$$p_f^*=\max_{\ell=1}^{k-1}(p_{f_l}),k\geqslant 2 \tag{5.66}$$

明显地 $p_f^*\leqslant p_f$,因此,使用式(5.66)是保守的,因为忽略了部分故障模式。由式(5.66)给出的失效概率模式 p_{f_k} 可能是有界的,对于 $q\leqslant n$,应用不等式

$$p_{f_k}=p(E_1\cap E_2\cap\cdots\cap E_n)\leqslant p(E_1\cap E_2\cap\cdots\cap E_q)\leqslant p(E_1\cap E_2)\leqslant p(E_1) \tag{5.67}$$

对于式(5.67)的任何部分 $q<n$ 集合,截断准则 $p_{f_k}\leqslant\delta p_f^*$ 的估计是保守的,且满足该条件的任何失效模式有可能被忽略。

原则上,选择的节点序列可以在任何顺序中进行。但是,需要一个尽可能早的选择最重要贡献节点的有效算法。这将改进式(5.66)p_f 的估计,因此,在流程中消除早期不重要的失效模式。合理的策略是首先选择发生概率最大的部分节点序列中的节点,然后选择下一个节点,从第一个到 q 个节点的序列中,这意味着选择

$$\text{第一个节点}:p(E_1)=\max_i[p_i(E_1)] \tag{5.68a}$$

$$\text{第二个节点}:p(E_1\cap E_2)=\max_i[p_i(E_1\cap E_2)] \tag{5.68b}$$

$$\vdots$$

第 q 个节点的一般形式：

$$p(E_1 \cap E_2 \cap \cdots \cap E_q) = \max_i [p_i(E_1 \cap E_2 \cap \cdots \cap E_q)] \tag{5.68c}$$

其中，最大化是在每一个选择级别上所有“合格节点”的集合（见图 5.19）。因此，在第 q 个水平上，事件 E_1 到 E_{q-1} 是固定的，关于 E_q 事件的选择，从剩余节点中考虑。

简化的估计式（5.68）可减少计算时间。一些对式（5.68c）的近似包括上界（Murotsu et al.，1977，1983）：

$$p(E_1 \cap E_2 \cap \cdots \cap E_q) \leqslant \max_i [p_i(E_q)], q \geqslant 1 \tag{5.69a}$$

或者

$$p(E_1 \cap E_2 \cap \cdots \cap E_q) = \max_i [p_i(E_1 \cap E_q)], q \geqslant 2 \tag{5.69b}$$

上述公式分别被称为“一维”和“二维”的分支标准。例如，式（5.69a）的物理解释，是选择最大失效概率点 E_q，而不是搜索整个序列 $E_1, E_2, \cdots, E_q$ 发生概率最高的点。该决定并不一定与式（5.68）是相同的，因为通常情况 $E_1, \cdots, E_2$ 之间是相关的，而施加载荷等同于作用在每个节点上的应力分布。

失效模式概率 p_{f_k}，对于任何的理想水平 q 由式（5.67）得到的估计值（高估），比式（5.69）更保守。由于现在 p_{f_k} 被过高估计，那么根据式（5.66）可知 p_f^* 也可能被高估了，因此，有些失效模式被截断准则 $p_{f_k} \leqslant \delta p_f^*$ 拒绝是不合适的。然而，重要的是，只有当这些模式的失效概率接近 δp_f^* 才适用。最重要的失效模式（那些对系统失效概率估计贡献最大的失效模式）是不大可能受到影响的（Tang and Melchers，1987b）。

值得注意的是，原则上任何方法都可以选择获得节点失效的序列，这些节点失效产生多个结构失效模式。如果该方法是有用的，它必须能够枚举所有可能的失效模式（详尽枚举）。因此，通过上述结果足够证明选择的方法可行。其余全部讨论都是关于如何选择节点序列；显然，希望选择是有效的，但这不是必要条件。值得注意的是，使用这种方式获得节点序列的假设是结构体系不依赖加载路径的（见 5.2.1 节）

截断枚举过程依赖于能够形成节点失效事件的序列，并计算其概率。这就要求逐段进行结构应力分析步骤是可用的。在 5.6.3 节中描述与节点失效事件相关联的概率的方法。

例 5.10

为了说明截断枚举过程，将充分考虑一个简单的结构，如图 5.20（a）所示的树形结构。该树由弹性剩余强度响应组成（图 5.2（d））。每根连杆的强度均值 $\mu_R = 100$，变异系数 $V_R = 0.15$。假设载荷为随机变量，均值为 $\mu_Q = 120$，变

异系数 $V_Q=0.3$。为了结构分析,将假定1、2和3构件的弹性特性的应力分布比是10:9:6。在这种情况下,得到构件失效的完整事件树是很容易的(见图5.20(b));一般情况下不需要进行以下分析。

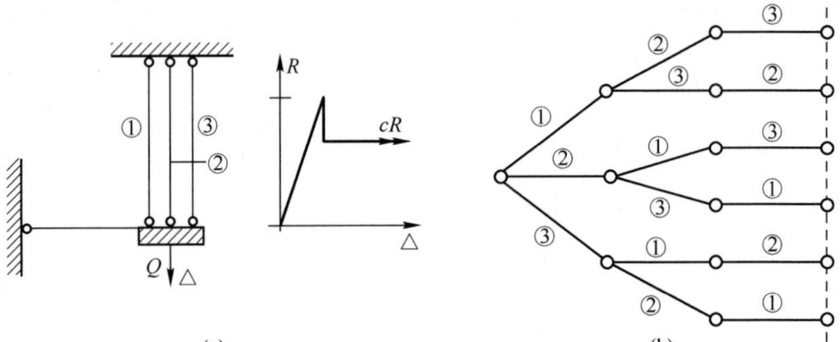

图5.20 案例5.10的理想并联系统和事件数

由式(5.68a)决定哪个构件可能会首先"失效"。这需要对每个构件失效概率 $P(E_1)$ 的评估。假设二阶矩计算方便,并且三个构件之间的平均载荷分布为48、43.2和28.8:

$$\beta_1=\frac{100-48}{[(100\times0.15)^2+(48\times0.3)^2]^{1/2}}=2.50$$

$$P_1(E_1)=0.621\times10^{-2}$$

类似地

$$\beta_2=2.87$$

$$P_2(E_1)=0.205\times10^{-2}$$

且

$$\beta_3=4.11$$

$$P_3(E_1)=0.198\times10^{-4}$$

显然,构件1很可能首先失效。现在假设构件1发生失效,那么载荷会重新分布在构件2和3上。如果 $c=0.5$(见图5.2(d)),那么只有一般的载荷被分配;如果 $c=0$,那么所有的载荷将被分配。假定插图中 $c=0.5$。那么 $cR_1=24$,构件2获得 $(9/15)(1-c)R_1=14.4$,然而按照各构件的相关刚度,构件3获得9.6。

用一维分支式(5.69a)来近似计算 $p_1(E_1\cap E_2)$,需要确定接下来选择哪一个构件。那么

$$\beta_2=\frac{100-(48+14.4)}{[(100\times0.15)^2+(48\times0.3)^2+(14.4\times0.15)^2]^{1/2}}=1.80$$

$$P_2(E_2)=0.359\times10^{-1}$$

且

$$\beta_3 = 2.37$$

$$P_3(E_2) = 0.889\times10^{-2}$$

因此，下一个是构件 2 失效，接着是构件 3。目前为止推导出失效模式为(1,2,3)。截断准则 δp_f 近似为 δp_f^*，可以用来检查其他的失效模式是否应当被截断。该阶段 p_f 的最佳估计是 $P_1(E_1) = 0.612\times10^{-2}$。第二个失效模式是(1,3,2)。除非 $p(E_1\cap E_3\cap E_2)$ 是可以计算的，否则截断点的估计非常困难；如果应用式(5.69)来估计，那么 $p_{f_2} = P_1(E_1) = 0.612\times10^{-2}$。当 $\delta\leqslant1$ 时，该估计不小于 δp_f^*。

类似地，第 3 种和第 4 种可能失效模式可以由 $P_2(E_1)$ 依次进行估计，结果为 0.205×10^{-2}。如果 $\delta>0.33$，这些失效模式将会被截断，那么它们对于系统失效贡献率可以忽略。

第 5 种和第 6 种失效模式可以由 $P_3(E_1)$ 依次进行估计，其结果为 0.198×10^{-4}。通常这些模式都会被截断，因为这些模式对系统失效的贡献率小于 p_f^* 的 0.32%；例如，要保持这种模式，δ 需要小于 0.0032。

5.6.3　极限状态法

一旦系统的各种失效模式被确定，那么就一定能得到结构失效条件的极限状态方程。目前已提出了两种直观的流程。在这两种过程中，被讨论的失效模式是假定已知的节点失效序列的第 k 种模式。

5.6.3.1　节点替代（“人工加载”）技术

在该技术中，失效的节点被失效后的抗力替换。对于所有进一步增加的外加载荷，这种抗力可以被视为与失效后抗力具有相同随机特性的局部人工“载荷”。（如 Murotsu et al.，1977）。因此，如果节点具有良好的塑性特性，塑性抗力将被作为人工“载荷”；如果是弹脆性的，且没有脆性强度，那么将不能作为人工“载荷”。显然，所有节点外部施加的载荷递增的受力情况需要仔细核算。尽管该技术很直观，但是没有给出恰当的理由。虽然这种人工加载有直观的吸引力，对于这一技术还没有给出合理的断定。例 5.11 说明了人工加载技术。

5.6.3.2　载荷增量技术

基于 Moses(1982)和 Gorman(1979)的流程可以形成一个更系统但很基础的相似技术。对于弹塑性构件响应和给定的失效模式 k，失效概率可以通过系统抗力 R_S 和单参数载荷系统 Q_1 的比较来确定：

$$p_{f_k} = p(R_s - Q_1 \leqslant 0) \tag{5.70}$$

系统抗力 R_s 在结构中的失效，由所有累积载荷增量的最大值给出：

$$R_s = \max(r_1, r_1+r_2, r_1+r_2+r_3, \cdots, r_1+r_2+\cdots+r_n) \tag{5.71}$$

式中：r_j 为与失效模式事件 E_j 有关的第 j 个增量。因此，对于一个有三个构件组成的结构在系统失效之前必定失效，r_1 表示在第一个失效构件上添加的载荷(从0加载)，r_1+r_2 表示在第二个失效构件上添加的所有载荷，$r_1+r_2+r_3$ 表示在三个失效构件上添加的所有载荷。构件在失效后可以被卸载(图5.2(b)和图5.2(d))。结构抗力 R_s 由达到的最大载荷给出，因此可由式(5.71)表示。

该(第 k 个)模式对应的失效概率为

$$p_{f_k} = p\{\max[(r_1-Q_1\leqslant 0),(r_1+r_2-Q_1\leqslant 0),\cdots,(r_1+r_2+\cdots+r_n-Q_1\leqslant 0)]\} \tag{5.72}$$

也可以被写为

$$p_{f_k} = p\{\max[(r_1-Q_1\leqslant 0)\cap(r_1+r_2-Q_1\leqslant 0)\cap\cdots\cap(r_1+r_2+\cdots+r_n-Q_1\leqslant 0)]\} \tag{5.73}$$

系统抗力 R_s 由节点强度 R_i 控制。相关的荷载增量 r_j 可以通过矩阵方程表示：

$$\boldsymbol{R} = \boldsymbol{A}\boldsymbol{r} \tag{5.74}$$

式中：$\boldsymbol{R}=\{R_i\}$，$(i=1,2,\cdots,n)$ 为节点阻抗向量；$\boldsymbol{A}=\{A_{ij}\}$，$(j<i, j=1,2,\cdots,n)$ 为所谓的“应用矩阵”，其中组成元素 A_{ij} 表示在第 j 个载荷增量 $Q_1=1$ 时节点 i 上的应力合力，如与载荷增量相对应的 r_j。对于一个给定的失效模式，且给定节点发生顺序，那么 A_{ij} 可以由传统的结构分析确定。在增量 r_j 中由式(5.74)的逆矩阵产生载荷，因此可对式(5.73)进行估计：

$$\boldsymbol{r} = \boldsymbol{A}^{-1}\boldsymbol{R} \tag{5.75}$$

扩展式(5.74)以满足更一般的节点特性，如弹性-卸载-应变的硬化和多载荷的系统(每种模型作为一个随机变量且仅仅作用一次)的(见图5.2)(Tang and Melchers, 1987b, 1988)：

$$\boldsymbol{BR} - \boldsymbol{CQ} - \boldsymbol{Ar} = 0 \tag{5.76}$$

式中：$\boldsymbol{B}$ 为与卸载后载荷变形响应相关的“无负载矩阵”；$\boldsymbol{CQ}$ 为由其他载荷(非增量)引起的随机单元作用；$\boldsymbol{Ar}$ 由式(5.74)定义。很显然，为了确定载荷增量值 r_j，任何加载系统都可以选择作为增量载荷系统。增量过程没有其他目的，因为节点失效的顺序在这里已经给出。序列本身必须从一种已获得的技术中选择，如5.6.2节中的截断枚举技术。

在(增量)结构系统分析的结构可靠性中，卸载和应变硬化(或后屈曲)行为的结合带来了分析(如确定性分析)的问题和限制。因此，硬化区域的程度，反向应力的可能性，以及随之而来的局部刚度的变化，必须在增量分析中考虑；否则最终的结构失效条件是不恰当。

例 5.11　(Melchers and Tang,1983)

对于与例 5.10 相同的结构(见图 5.20),有相同的材料属性,现在考虑含有失效节点顺序 1,2,3 的失效模式的极限状态方程公式。

应用 5.6.3.1 节的“人工载荷”方法,将失效构件抗力作为外部载荷,第一个事件 E_1 等于构件 1 的失效,那么

$$E_1=R_1-0.4Q<0 \tag{5.77a}$$

式中:系数 0.4=10/25 为构件 1 中载荷 Q 一部分。当构件 1 失效时,其剩余强度是 cR_1,在剩余结构中被用作一个载荷:

$$E_2=R_2-0.6(Q-cR_1)<0 \tag{5.77b}$$

式中:系数 0.6=9/15 为构件 1 失效后构件 2 中载荷的一部分。当构件 2 失效时,该事件可表示为

$$E_3=R_3-(Q-cR_2-cR_1)<0 \tag{5.77c}$$

由式(5.75)直接推导得

$$\begin{aligned}p_{f_{1,2,3}}&=p(E_1\cap E_3\cap E_2)\\&=p\left\{\begin{aligned}&[(R_1-0.4Q)<0]\cap[(R_2+0.6cR_1-0.6Q)<0]\\&\cap[(R_3+cR_2+cR_1-Q)<0]\end{aligned}\right\}\end{aligned} \tag{5.77d}$$

或者,可以使用增量加载技术。随着构件按(1,2,3)顺序失效,单元中的渐近载荷分布列于表 5.1. 注意,表 5.1 是式(5.54)中矩阵 $\boldsymbol{A}$ 的转置。

表 5.1　单位载荷分布

	构件 1	构件 2	构件 3
完好	0.40	0.36	0.24
构件 1 失效		0.60	0.4
构件 1 和 2 失效			1.00

式(5.76)中 $\boldsymbol{C}=0$ 时,将变成一个三阶段的失效模式

$$\begin{bmatrix}1.0&0&0\\-0.60(1-c)&1.0&0\\-0.40(1-c)&-1.0(1-c)&1.0\end{bmatrix}\begin{bmatrix}R_1\\R_2\\R_3\end{bmatrix}=\begin{bmatrix}0.40&0&0\\0.36&0.60&0\\0.24&0.40&1.0\end{bmatrix}\begin{bmatrix}r_1\\r_2\\r_3\end{bmatrix} \tag{5.77e}$$

由式(5.75)得

$$\begin{bmatrix}r_1\\r_2\\r_3\end{bmatrix}=\frac{1}{0.24}\begin{bmatrix}0.60&0&0\\0.60+0.24c&0.40&0\\0&-0.40+0.24c&0.24\end{bmatrix}\begin{bmatrix}R_1\\R_2\\R_3\end{bmatrix} \tag{5.77f}$$

因此:

$$r_1 = 2.5R_1$$

$$r_1 + r_2 = cR_1 + \frac{5}{3}R_2$$

$$r_1 + r_2 + r_3 = cR_1 + cR_2 + cR_3$$

可以替换到式(5.72)中:

$$p_{f_{1,2,3}} = p\left\{\max\left[(2.5R_1 - Q), \left(cR_1 + \frac{5}{3}R_2 - Q\right), (cR_1 + cR_2 + R_3 - Q)\right] \leqslant 0\right\} \tag{5.77g}$$

上述表示形式代表给定顺序(1,2,3)的失效概率。由于式(5.72)和式(5.73)是等价的,所以式(5.77d)和式(5.77g)相同。

5.6.4 系统可靠性评估

对结构系统失效(名义)概率的评估,涉及每个主要失效模式的概率计算,由式(5.65):

$$p_{f_k} = p(E_1 \cap E_2 \cap \cdots \cap E_n) \tag{5.78}$$

和一些列的 p_{f_k} 组合而成。这些计算通常不同于那些计算选择分支和截断的概率,除非这些概率精确很高(考虑必要的相关性影响)。第 3 章和第 4 章讨论的任何方法,特别是附录 C 可用于评估式(5.78)。

随着主要失效模式的概率 p_{f_k} 的确定,便可以获得结构系统的名义失效概率,原则上,由式(5.1):

$$p_f = p(F_1 \cup F_2 \cup \cdots \cup F_m) \tag{5.79}$$

式中:事件 $F_i(i=1,2,\cdots,m)$ 为第 i 个模式的失效。因为仅仅考虑了主要失效模式,所有失效概率估计值会偏低。

在失效概率估计中产生的误差上界的估计值可以通过截断(丢弃)失效模式得到。在第一级水平上,与无支链的节点关联的概率估计(Melchers and Tang,1985):

$$P_{\text{error}} = \sum p(Z_i \leqslant 0) \tag{5.80}$$

5.6.5 应用

尽管单一参数载荷或仅作用一次的载荷(如时不变情况)一般是合理的,对确定失效模式也是有用的(例如,Xiao and Mahadevan,1994),通常情况下截断枚举方法(以及类似技术)需要大量的计算时间。幸运的是,对于普通简化结构的理想刚塑性,可以用其他的方法来确定存在的失效模式。

Sigurdsson(1985)等在系统可靠性计算过程中给出了相似方法的应用,对于刚塑性结构可靠性计算过程也用了节点替代(人工载荷)方法(但是没有截断)。仅对于刚塑性节点行为来说,该过程本质上类似于截断枚举方法(但是没有系统的推导),如文献 Murotsu(1977,1983)等,Grimmenlt(1983)等,以及 Thoft-Christensen 和 Sorensen(1982)。也可以考虑在轴向载荷和弯矩作用下,桁架结构中的构件响应(Murotsu et al. ,1985)。

如前面所述,截断枚举过程以及其他类似的过程,是基于弹性分析形成节点失效序列的。也注意,对于特殊问题的弹性常数的精确值分配,该过程不应该仅仅是一个产生节点序列的手段。在某些特定环境下,从刚塑性理论上讲,截断枚举过程产生基于弹塑性计算的失效模式在运动学上是不可接受的。更重要的是,在刚塑性结构中,在运动许可破坏模式发生之前没有任何变形。然而,在弹塑性结构中,在塑性失效机理形成之前可能会发生弹性变形,通常情况下对应刚塑性结构,对应的内部应力分布是不同的。在塑性失效点上,应力从弹性到一个相反的塑性应力的逆转没有保证。刚塑性结构理想化是必要的,因此,需要采用弹塑性分析来验证产生失效模式的有效性。

5.7　结　　论

结构系统的可靠性分析遵循第 3 章和第 4 章中概述的步骤,但是极限状态的形式更为复杂。可靠性分析可以直接使用“简单”蒙特卡罗或高效重要抽样和方向抽样方法。然而,串联系统、并联系统或者更复杂的子系统的类型有助于其他的方法的研究,如系统可靠性边界定理与一次二阶矩法的结合应用。

结构的失效模式并不总是已知的。这些失效模式可以通过蒙特卡罗方法进行一定程度的研究,或者通过穷举或简化方法来处理。特别关注的是那些对系统失效概率最大的失效模式。本章描述了单参数加载的情况下,选择失效概率最大的失效模式的系统过程,同时描述了各种极限状态定义和相应的概率的计算。

如前所述,本章所描述的所有技术对于加载结构的应用都有一定的局限性。按比例(单参数)加载情况相当于基本的可靠性问题式(1.31),所施加的载荷是仅仅作用一次的极限载荷值(结构寿命周期的最大值)。至少对于简单的结构系统,使用第 6 章的理论可以消除这些局限性。然而,对于复杂的结构,临界极限状态的变化可能取决于多个载荷的加载顺序。在这种情况下,系统依赖于加载路径。正如所指出的那样,已经提出了一些解决上述问题的成果,但是目前还没有普遍被大家所接受。

一种可能的方法是对可靠性分析中的载荷组合以相似于传统结构设计来定义,在这种方法中仅可考虑有限个载荷组合的情况(Ditlevsen and Bjerager,1984;Ditlevsen and Madsen,1996)。这样的方法,不是基础方法,至少可以在有明确定义的条件下给出一个有条件的概率说明。

第6章

时变可靠性

6.1 概　　述

本章主要介绍所谓的“随机”“时间相关”或“时变”的随机变量以及相关的失效概率计算。首先,讨论第1章所述情况,即用材料的屈服强度或某种许用应力来衡量抗力。然后,介绍疲劳可靠性相关内容,并讨论有关动力学结构特性的若干问题。

在第1章中,基本变量 x 为时间的函数,这是因为:①载荷随时间的变化而变化(即使是准静态,诸如多数的地面载荷);②材料强度特性随时间变化(之前载荷作用下的直接结果,或由于某种退化机理)。疲劳和腐蚀是导致强度退化的典型因素。

基本的可靠性问题(如式(1.15))在“随机”(如时变)过程中抗力记为 $R(t)$,负载记为 $S(t)$,在时刻 t 有

$$p_{\mathrm{f}}(t)=P[R(t)\leqslant S(t)] \tag{6.1}$$

如果 $R(t)$、$S(t)$ 对应的瞬时概率密度函数 $f_R(t)$、$f_S(t)$ 已知,瞬时失效率 $p_{\mathrm{f}}(t)$ 可由式(1.18)卷积得到,从图1.7中可看到 $f_R(t)$,$f_S(t)$ 和 $p_{\mathrm{f}}(t)$ 随时间的变化。

严格上讲,式(6.1)仅在以下情况下成立:①负载的值 $S(t)$ 在时刻 t 增加(否则失效已经发生);②随机载荷在此时精确地重复加载。假设 t 时刻之前未发生失效,失效不会刚好在时刻 t 发生(假定的,当然,t 之前结构是安全的)。总之,需要载荷或负载效应变化,满足以下条件即可:

(1) 有不连续的载荷变化(将会在6.2节中讨论)。

(2) 对随时间连续变化的载荷,用任意小的时间段 δt 代替时刻 t。

基于以上说明,从而有

$$p_{\mathrm{f}}(t)=\int_{G[\boldsymbol{X}(t)]\leqslant 0} f_{\boldsymbol{X}(t)}[\boldsymbol{x}(t)]\,\mathrm{d}\boldsymbol{x}(t) \tag{6.2}$$

在二维空间中,对给定的时刻 t 如图 1.8 所示,式中 $\boldsymbol{X}(t)$ 为基本变量组成的向量。

原则上,式(6.1)和式(6.2)给出的瞬时失效概率可通过在时间段 $0\sim t$ 上的积分得到。实际上,由于随机过程 $X(t)$ 本身与时间相关,故 $p_{\mathrm{f}}(t)$ 的瞬时值与 $p_{\mathrm{f}}(t+\delta t)\delta t\to 0$ 也是相关的。图 6.1 为随机过程负载效应的样本函数或实现过程。

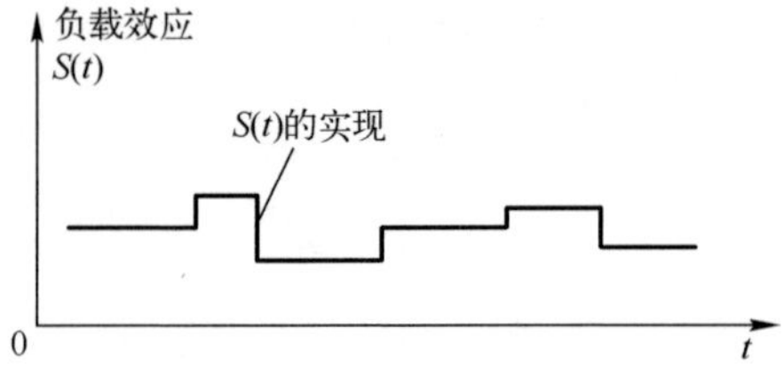

图 6.1　负载效应随机过程的典型过程

经典方法考虑转化为载荷或负载效应在整个时间段内的积分,假定其为极值分布,同时抗力与时间无关。该方法是前几章的理论基础。

改进后的方法考虑较短的时间段(如一场风暴的持续时间,一年),在此时间段内运用极值理论。类似于间隔期的简单概念可用来确定结构使用期内的失效概率。该方法在 6.3 中讨论,常用来对主结构(如海上平台、高楼等)进行实用可靠性分析,它适用于确定的离散的负载事件。

基于式(6.1),从安全域的角度考虑,令

$$Z(t)=R(t)-S(t) \tag{6.3}$$

问题转化为求结构使用期$[0\sim t_L]$内,$Z(t)\leqslant 0$ 的概率。由此衍生出穿越阈值(简称“穿阈”)的问题。$Z(t)$首次小于等于 0 的时刻 t 称为失效时间(图 6.2),且为随机变量。在时间$[0\sim t_L]$内发生事件 $Z(t)\leqslant 0$ 的概率称为首次穿阈概率。

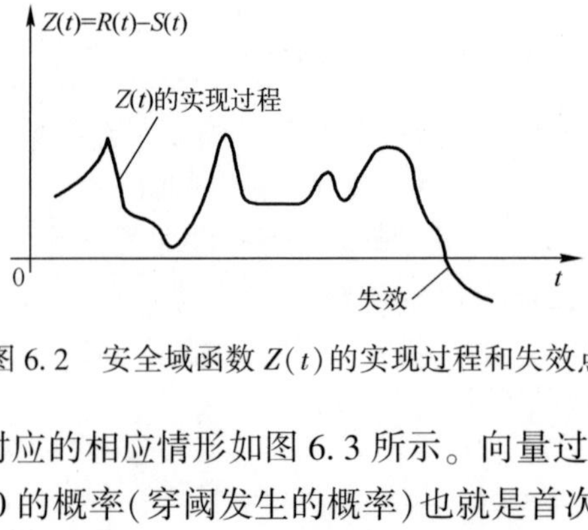

图 6.2　安全域函数 $Z(t)$ 的实现过程和失效点

二维变量空间对应的相应情形如图 6.3 所示。向量过程 $\boldsymbol{X}(t)$ 使用期 t_{L} 内离开安全域 $G(\boldsymbol{X})>0$ 的概率(穿阈发生的概率)也就是首次穿阈概率。当然,由

于当 $G(\boldsymbol{X})\leqslant 0$ 时,我们认为发生失效,所以首次穿阈概率等于结构的失效概率。

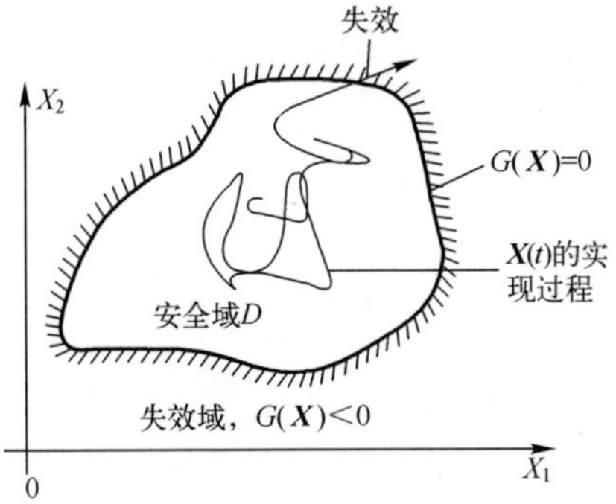

图 6.3 向量过程 $\boldsymbol{X}(t)$ 的穿阈

首次穿阈概念比经典方法更通用。特别是它对 $G(\boldsymbol{X})$ 的形式没有严格要求。但是确定首次穿阈概率,正确理解首次穿阈概念需要随机过程的一些知识,详见 6.5 节。6.6 节介绍用时变方法计算可靠度。如果基本的可靠性问题式(6.1)在设计规范中要求承受多于一个的载荷或载荷效应,就很有必要将两个或者更多的载荷效应合成一个等效的载荷效应,这要用到 6.4 节和 6.5 节中的理论和方法,详见 6.6 节。

结构的重要强度要求是疲劳强度,疲劳强度实际上是一个时变问题,至今还没有相应研究。与动态结构性能有关的问题见 6.7 节,疲劳可靠性分析的概率讨论详见 6.8 节。

6.2 时间积分法

6.2.1 基本概念

在时间积分法中,将结构的整个寿命期 $[0,t_{\mathrm{L}}]$ 作为一个单元,各随机变量的所有统计特性与寿命期相关。载荷的概率分布主要研究使用期内的最大载荷的概率分布。类似地,抗力的概率分布主要研究抗力最小值的概率分布。然而,使用期内最大载荷与最小抗力通常不会同时发生。如图 6.4 所示对 $R(t)$ 和 $S(t)$ 的典型实现。

对于大多数问题,常假定 $R(t)$ 与时间无关,此时一般认为 $R(t)$ 为一水平线(图 6.5)。如果 R 为随机变量,R 的轨迹的实际位置由概率密度函数 $f_R(\ )$ 确定。此时式(6.1)$p_{\mathrm{f}}(t)=P[R(t)\leqslant S(t)]$ 可化为

$$p_{\mathrm{f}}(t_{\mathrm{L}})=P[R\leqslant S_{\max}(t_{\mathrm{L}})] \tag{6.4}$$

式中:$S_{\max}(t_{\mathrm{L}})$ 为 $[0,t_{\mathrm{L}}]$ 最大的载荷效应,理论上是可能的但在实际中难于实现与 $R(t)$ 有相同的假设。

$S_{\max}(\ )$ 的概率分布可以通过用合适的概率分布函数拟合已观测到的极值数据得到,并假定其适用于以后的研究。通常很难获得足够长的时间内的数据,而用较短时间内的记录拟合极值分布。

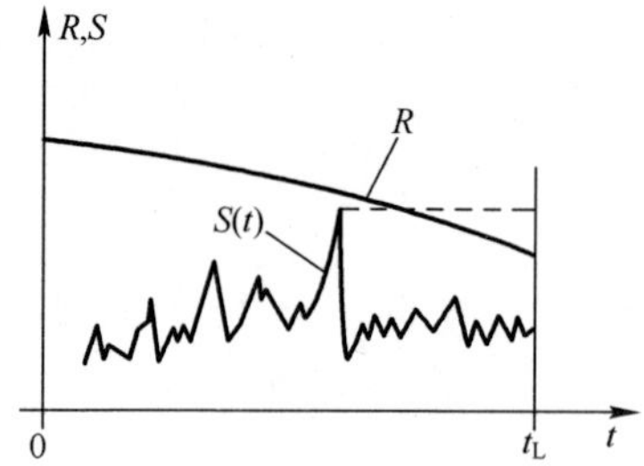

图 6.4　载荷效应 $S(t)$ 和抗力 $R(t)$ 都不固定时的实现过程

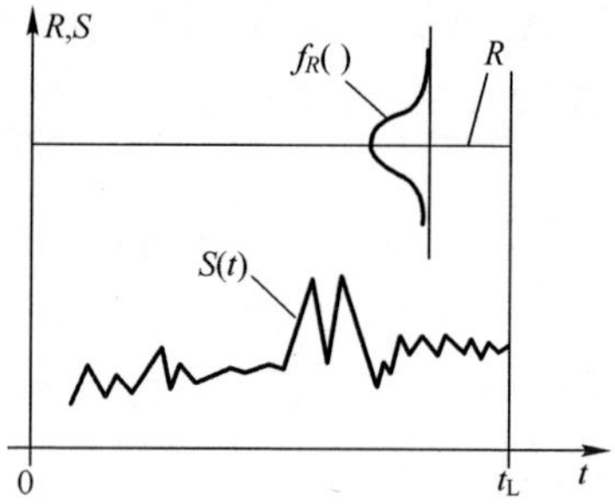

图 6.5　抗力 R 为与时间无关随机变量时，R 与载荷效应 $S(t)$ 的典型过程

时间积分法是基于在固定时间段内载荷系统 Q 作用于结构的概念。此时结构的失效概率可以简单地认为是引起失效的独立载荷的统计数目 N 的函数：

$$P(N\leqslant n)\equiv F_N(n)=1-L_N(n) \tag{6.5}$$

式中：n 为载荷作用的已知数目；$F_N(n)$ 为 N 的累积分布函数；$L_N(n)$ 定义为“可靠性函数”。由于 N 为离散的，概率质量函数 $f_N(\,)$ 由以下可得(参见 A.9 节)

$$f_N(n)\equiv P(N=n)=F_N(n)-F_N(n-1) \tag{6.6}$$

同样也可以定义危害函数：

$$h_N(n)=P(N=n\mid N>n-1)=\frac{f_N(n)}{1-F_N(n-1)} \tag{6.7}$$

该式表示在之前的载荷作用下未发生失效而第 n 次载荷作用的失效概率。通常用时间来表示(详见 6.3.3 节)。

假定载荷的作用之间是相互独立的，即第 i 次载荷作用与第 j 次载荷作用无关($i\neq j$)。为方便起见，假定抗力 R 与载荷效应 S(与载荷系统 Q 一次作用有关)的概率密度函数分别为 $f_R(\,)$ 和 $f_S(\,)$，且为平稳随机过程。也就是说 $f_R(\,)$、$f_S(\,)$ 不随时间而变化。

然后，n 个独立的载荷作用在结构上，最大载荷作用 S^* 小于 x 的概率为

$$F_{S^*}(x)=P(S^*<x)=P(S_1<x)P(S_2<x)\cdots=[F_S(x)]^n \tag{6.8}$$

若 n 很大，式(6.8)渐近接近于一种极值分布(见 A.5.11 节～A.5.13 节)，并用该分布描述 S^*。

时间积分法可用极值分布，如 1.4.2 节所述，失效概率(即少于 n 个载荷作用的概率)：

$$P(N<n)=\int_0^{\infty}\{1-[F_S(y)]^n\}f_R(y)\,\mathrm{d}y \tag{6.9a}$$

$$=\int_0^{\infty}[1-F_{S^*}(y)]f_R(y)\,\mathrm{d}y \tag{6.9b}$$

分部积分可得

$$p_f = F_N(n) = \int_0^{\infty} F_R(y) F_{S^*}(y)\,dy \tag{6.10}$$

该式与式(1.18) $p_f = P(R - S \leqslant 0) = \int_{-\infty}^{\infty} F_R(x) f_S(y)\,dx$ 相同，最大的载荷作用 S^* 服从极值分布。注意：①式(6.10)不包括载荷作用的数目，S^* 分布的推导中常假定 n 足够大；②式(6.10)中的积分下限与式(1.18)不同。

6.2.2　时间独立变换*

实际上，可能有不止一个载荷系统作用。载荷系统之间常假设相互独立（如风载荷和活载荷），但未必成立（如波浪载荷和风载荷）。另外，不同载荷过程的峰值一般不会同时发生。所以分别对载荷系统采用极值分布的方法偏于保守。常用方法为提出一个随机过程来代表几个载荷过程的叠加效果，详见6.6节。特别是在设计规范校准的应用中，详见第9章，在非时变可靠性分析中，等价载荷转化为与时间无关的方程（即时间积分法）。

基本上同样的方法可以直接把时变可靠性问题转化为非时变问题。首先在结构的使用期$[0-t_L]$内有必要对时变载荷的最大叠加载荷效果进行估计。可用式(6.4)的一般表达式表示：

$$\begin{aligned} p_f(t_L) &= p\{G[\boldsymbol{R}, \max\limits_{[0,t_L]} S(\boldsymbol{Q}(t))] < 0\} \\ &= p\{G[\boldsymbol{R}, S_{\max}(t_L)] < 0\} \end{aligned} \tag{6.11}$$

式中：$S(\ )$为由载荷过程$\boldsymbol{Q}(t)$引起的载荷效应，$\boldsymbol{R}$为结构抗力向量，都在PDF $f_R(\ )$中有所定义。

式(6.11)较难直接求解，Wen 和 Chen 提出条件方法将式(6.11)中的$\boldsymbol{R}$用一条路径r代替，从而式(6.11)的概率为条件概率$p_f(t_L \mid r)$：

$$p_f(t_L) = \int_r p_f(t_L \mid r) f_R(r)\,dr \tag{6.12}$$

对于R与$Q(t)$相互独立，有

$$p_f(t_L \mid r) = 1 - F_{S_{\max}}(t_L, r) \tag{6.13}$$

式中：$F_{S_{\max}}(\ )$为使用期叠加载荷过程的最大载荷效应$S_{\max}$的累计失效函数（详见6.6节），也可用MC法。

一个稍有不同的方法是通过引入辅助随机变量，将时变问题转化为使用期内的非时变问题。在非时变可靠性中增加了一个极限状态方程，可通过FOSM理论或MC方法仿真。

上述两种方法的难点在于$p_f(t_L \mid r)$必须对R的所有路径r取值。而且用等价载荷效果代替实际的载荷过程仅对线弹性结构系统（基于叠加理论）或者理想的塑性系统(载荷的作用顺序无关,详见第5章)适用。

尽管时间积分法明显简单,但对于多元载荷过程的情形,运用随机过程理论(详见6.4节)和基于该理论的应用(详见6.5节)会更好。

6.3 离散方法

用离散法处理时变结构可靠性问题,将结构的使用期离散成一些小单元,这些小单元可以是时间段,如一年,或者也可以是离散事件的发生时间,如一次风暴的持续时间。可靠性问题转化为给定 n_L 年或使用期 t_L 内失效概率的计算问题。对给定的单元,只要 t_L 确定,时间段 n_L 固定。但对于风暴事件,虽然风暴的平均发生率可能已知,但 n_L 不能提前知道。

离散的时间单元可能是一天、一个月、一年等,常采用一年。用6.2节提到的方法计算失效概率是每年的失效概率,对应的抗力和载荷效应变量是每年的极值。其分布可由观测得到,且与特殊的参考时间段(如一年)有关。这样每年的最大风力会有不同的概率密度函数,只有在特定的假设下才可以较容易地服从某种分布,下面会提到。

离散化的方法可按与6.2节时间积分法相似的流程阐述。需讨论以下两种情况:

(1) n_L 为已知定值。

(2) n_L 为随机变量。

6.3.1 已知离散事件数目

假设 n_L 个载荷作用于结构。考虑给定的时间段,该时间段内的 n_L 较大,每一种载荷的作用为独立事件。则式(6.8)可用来求得 S 一年的极值分布 S_1^*。每年的失效概率 p_{f_1} 可由式(6.10)求得。而寿命期为 n_L 年的失效概率可由式(6.9a)得到,其中用 S_1^* 代替 S,并假设年之间独立。

$$p_f(n_L)=F_{N_L}(n_L)=\int_0^{\infty}\{1-[F_{S^*}(y)]^{n_L}\}f_R(y)\mathrm{d}y \tag{6.14}$$

注意到:

$$[F(y)]^n=[1-\overline{F}(y)]^n\approx 1-n\overline{F}(y)+n(n-1)\frac{\overline{F}(y)^2}{2}-\cdots$$

式中:$\overline{F}()=1-F()$,忽略二次项,有

$$p_f(n_L)\approx\int_0^{\infty}\{1-[1-n_L\overline{F}_{S_1^*}(y)]\}f_R(y)\mathrm{d}y \tag{6.15}$$

或:

$$p_f(n_L) \approx n_L\int_0^\infty \overline{F}_{S_1^*}(y)f_R(y)\,dy \tag{6.16}$$

$$\approx n_L p_{f_1} \tag{6.17}$$

其中等效表达式(1.19)由 p_{f_1} 代替。式(6.15)中忽略二次项仅对满足 $n\overline{F}\ll 1$ 的 y 值成立,易知 y 取值很大,故式(6.15)、式(6.16)、式(6.17)的近似估计在满足 $\sigma_S\gg\sigma_R$ 时更精确。这些估计仅用于 p_{f_1}、$p_f(n_L)$ 取值很小的情形,式(6.17)表明使用期的失效概率 $p_f(n_L)$ 可由每年的失效概率 p_{f_1} 与使用期 t_L 的年数 n_L 相乘得到。

除了用上述的载荷作用数目描述结构寿命,另一个常用参数为时间 T。结构在时间$[0,t]$内的失效概率为

$$P(T<t)=F_T(t)=1-L_T(t) \tag{6.18}$$

式中:$F_T(\ )$为 T 的累积分布函数;$L_T(\ )$为用 t 表示的可靠度函数。

若 p_i 为第 i 个时间单元的失效概率(p_{f_1},式(6.10)),同式(6.8)的讨论:

$$P(T<t)=1-\prod_{i=1}^{t}(1-p_i)=1-(1-p)^t \tag{6.19}$$

当对所有 i,$p_i=p$ 且各时间单元的 p 相互独立。若 pt 充分小,则有

$$P(T<t)\approx 1-\exp(-tp)\approx tp \tag{6.20}$$

假设 t 和 p 解释合理的话,该式与式(6.17)对应(约束条件相同),式(6.20)表明时间段可任意选择(若 t、p 相容),常选用一年,使用期$[0,t_L]$内的失效概率为

$$p_f(t_L)=1-\exp(-t_L p)\approx t_L p \tag{6.21}$$

6.3.2 离散事件的随机数

第 i 个时间单元的失效概率 p_i 取决于该时间段内载荷作用的数目。如果时间单元为一个事件,如一场风暴,期间用合适的极值概率分布描述最大载荷效应 s_e^*,则期间的载荷作用数目可以忽略不计。离散化基于事件(持续时间不确定)而不是6.3.1节的给定时间段。

要求的使用期失效概率 $p_f(t_L)$,需要已知事件的发生次数。定义 $p_k(t)$ 为$[0,t]$内发生 k 次事件的概率。则时间$[0,t]$内失效概率为

$$p_f(t)=F_T(t)=\int_0^\infty\sum_{k=0}^{\infty}p_k(t)\{1-[F_{s_e^*}(y)]^k\}f_R(y)\,dy \tag{6.22}$$

式中:事件发生次数的所有取值均考虑在内。

常作假设:$P_k(t)$服从 Poission 分布,即

$$p_k(t)=\frac{(vt)^k e^{-vt}}{k!} \tag{6.23}$$

式中:v 为事件发生的平均速率。各事件之间相互独立且不重复。当 v 极小时,

计算更为精确。代入式(6.22),并进行与式(6.15)相同的近似有

$$p_f(t) \approx 1-\exp(-vtp_{f_e}) \tag{6.24}$$

式中:p_{f_e}为给定一次事件的失效概率,算式如式(6.10)。

$p_f = F_N(n) = \int_0^\infty F_R(y) f_{S^*}(y)\mathrm{d}y$,用 S_e^* 代替 S^*。将 vp_{f_e}看作每个时间单元的平均失效概率,则式(6.24)与式(6.20)对应,式(6.24)估计较准确的条件与式(6.16)式(6.20)成立的条件相同。

注意:计算事件发生的失效概率 p_{f_e}需要考虑一些条件信息。因此,若关注的事件是近似海钻井结构的一次风暴发生的次数,最大载荷效应 S_e^* 取决于风暴期间的特征浪高 H_k。概率密度函数 $f_{H_k}(h)$表示风暴期间的特征浪高为 $h \sim h+\delta h, \delta h \to 0$ 的概率。条件失效概率可根据式(1.18)得

$$p_{f_e} \mid (H_k = h) = \int_0^\infty F_R(y) f_{S_e^* \mid H_k}(y)\mathrm{d}y \tag{6.25}$$

无条件的失效概率为

$$p_{f_e} = \int_0^\infty p_{f_e} \mid (H_k = h) f_{H_k}(h)\mathrm{d}h \tag{6.26}$$

式中:假定 $H_k>0$。$f_{H_k}(\,)$可由现场观测直接得到,而确定 $f_{S_e^* \mid H_k}(\,)$则需要给定 H_k 情况下的载荷数据,并对对应于 S_e^* 的施加载荷进行结构分析。

例 6.1

海上平台每年平均经受 2.5 次风暴。平台的设计寿命为 $t_L=15$ 年。风暴期间给定一特征浪高情况下的失效概率、浪高为 H_k 的概率 $f_{H_k}(\,)$。Δh 如表 6.1 所列,式(6.26)可由 $\sum p_{f_e \mid H_k} f_{H_k} \Delta h$ 近似,得到 $p_{f_e}=2.65\times10^{-9}$。使用式(6.24),有

$$p_f(t_L) \approx 1-\exp[(-2.5)(15)(2.65\times10^{-9})] \approx (-2.5)(15)(2.65\times10^{-9}) \approx 10^{-7}$$

表 6.1 例 6.2 的失效率分析

特征波高 H_k/m	$f_{H_k}(\,)\cdot\Delta h$	$p_{f_e} \mid H_k$	$\sum p_{f_e \mid H_k} f_{H_k} \Delta h$
24	0.100	0.2×10^{-9}	0.020×10^{-9}
26	0.640	0.9×10^{-9}	0.576×10^{-9}
28	0.180	4.0×10^{-9}	0.720×10^{-9}
30	0.060	12.0×10^{-9}	0.720×10^{-9}
32	0.015	24.0×10^{-9}	0.360×10^{-9}
34	−0.005	50.0×10^{-9}	0.250×10^{-9}
$\Delta h=2m$	$\sum = 1$		$\sum = 2.65\times10^{-9}$

6.3.3 重现期

重现期(详见 1.3 节)为确定概率事件(常认为是超出给定水平或载荷)间

的平均间隔时间。这个概念可通过将事件定义为极限状态破坏加以推广，可用1.4节，第3章、4章、5章提到的方法计算。广义重现期可定义为

$$\overline{T}_G = \frac{1}{p_{f_1}} \tag{6.27}$$

式中：p_{f_1}为每个单位时间（常为一年）极限状态破坏的概率，可由式(1.18)或式(1.31)计算得到，$\overline{T}_G$相同的时间单位度量（年）。在设计寿命t_L有n_L个时间单元，仍假设时间单位间的事件相互独立，用式(6.17)计算使用期失效概率为

$$p_f(t_L) \approx \frac{n_L}{T_G} \tag{6.28}$$

更进一步，如果有m个导致失效的现象（参见A.2节），则有

$$p_{f_T} = \sum_i^m p_{f_i} \tag{6.29}$$

或

$$\frac{1}{T_T} = \sum_i^m \frac{1}{T_i} \tag{6.30}$$

上式表明在时间单元间的事件相互独立的前提下，再现期的倒数满足可加性。

6.3.4　危害函数

另一种衡量方法是使用经典可靠性理论——危害函数。如6.2节讨论，危害函数可以表达为载荷作用数目的函数，也可为时间的函数。常用后者。

由式(6.18)，以时间t为参数的结构寿命表示为$P(T<t)=F_T(t)$，设计寿命的概率密度函数为

$$f_T(t) = \frac{\mathrm{d}}{\mathrm{d}t}[F_T(t)] \tag{6.31}$$

由于其反映了时间段$t \sim t+\mathrm{d}t(\mathrm{d}t \to 0)$的失效概率，式(6.31)也称为非条件失效率。危害函数（也称为特定寿命的失效率或条件失效率）为时间段$t \sim t+\mathrm{d}t(\mathrm{d}t \to 0)$失效的可能性，但需要假定时刻$t$之前未发生失效，即

$$P(\text{在 } t \leqslant T \leqslant t+\mathrm{d}t \text{ 故障} \mid t \leqslant T \text{ 时无故障}) = \frac{P(t \leqslant T \leqslant t+\Delta t)}{1-P(T \leqslant t)}$$

或

$$h_T(t) = \frac{f_T(t)}{1-F_T(t)} \tag{6.32}$$

易知，$F_T(t)$很小时，$h_T(t)$与$f_T(t)$接近。图6.6为一些典型的危害函数。由式(6.18)和式(6.20)，式(6.32)可改写为

$$F_T(t) = 1 - \exp\left[-\int_0^t h_T(\tau)\mathrm{d}\tau\right] \approx \int_0^t h_T(\tau)\mathrm{d}\tau \quad (6.33)$$

$$f_T(t) = h_T(t)\exp\left[-\int_0^t h_T(\tau)\mathrm{d}\tau\right] \quad (6.34)$$

式中:[ ]中的积分项为$P(T<t)$的概率,由$h_T(t)$、$f_T(t)$、$F_T(t)$的任一个均可求得其余两个。

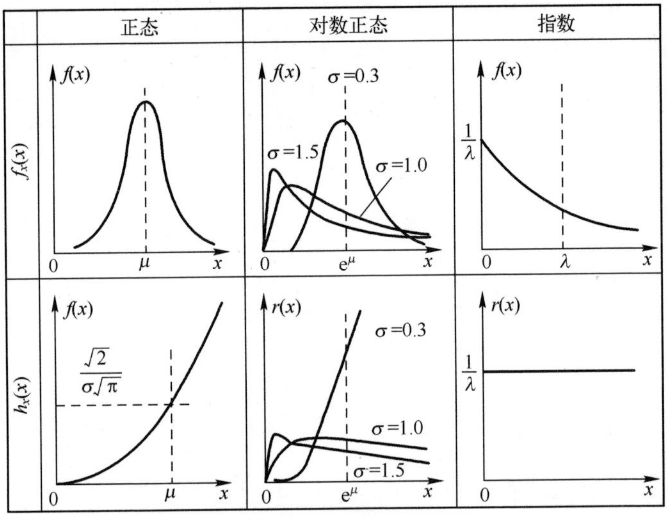

图 6.6　典型故障率函数$h_T(t)$

对典型的理想的结构,危害函数呈浴盆曲线(图 6.7)。图 6.7 显示初期高风险阶段危害率迅速下降,正如通过作用载荷获得的经验显示。这实际上是载荷试验阶段。接近设计寿命时,失效率因为破坏和耗损增加。

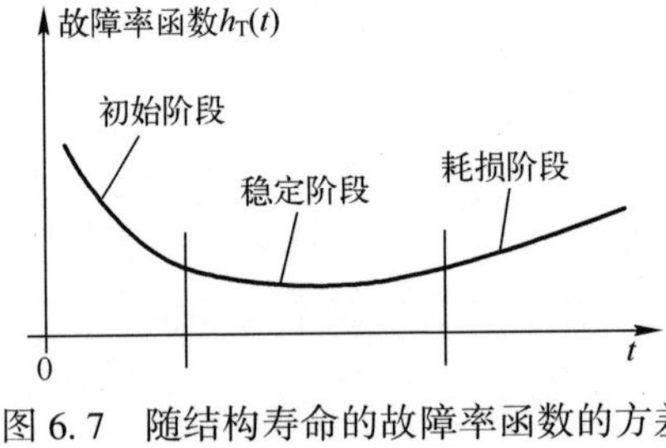

图 6.7　随结构寿命的故障率函数的方差

6.4　随机过程理论

将前面章节中离散化为更小的时间区间并取极限,在处理时变问题时称为瞬时法。在详细讨论该方法之前,有必要介绍一下随机过程的基本概念,并描述本章后面几节用到的一些基本过程。本节的讨论内容主要是基于 Crandall 和 Mark(1963)、Newland(1984)、Papoulis(1965)和 Parzen(1962)。

6.4.1 随机过程

随机过程 $X(t)$ 是关于时间 t 的随机函数，在任何时刻 X 的值为随机变量。$X(t)$ 的取值 $x(t)$ 由概率密度函数 $f_X(x,t)$ 控制。当然，变量 t 可由任何有限数或可数集代替，例如载荷作用数目(6.3 节)。但时间使用起来很方便。

对每一个时刻 t，$X(t)$ 的观察值可以描点画出：给定时间段的完整的观测值的集合称为一个"实现"或"样本函数"，如图 6.8 所示。由于 X 为随机变量，"实现"的精确形式无法预计，但应事先声明 X 的统计特性。在任何时刻所有可能的实现的均值(式(A.10))为

$$\mu_X(t) = \int_{-\infty}^{\infty} x f_X(x,t)\,\mathrm{d}x \tag{6.35}$$

式中：$f_X(x,t)$ 为时刻 t 对应的概率密度函数。由于该函数与"实现"有关，故时刻 t_1，t_2 间的"实现"的相关性定义为自相关函数(图 6.8)：

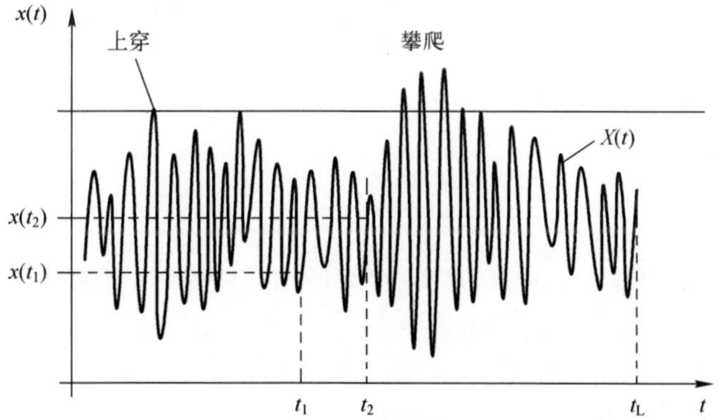

图 6.8 表示攀爬效应和穿障过程的 $X(t)$ 过程

$$R_{XX}(t_1,t_2) = E[X(t_1)X(t_2)] = \int_{-\infty}^{\infty}\int_{-\infty}^{\infty} x_1x_2 f_{XX}(x_1x_2;t_1t_2)\,\mathrm{d}x_1\mathrm{d}x_2 \tag{6.36}$$

式中：$f_{XX}(\,)=\partial^2 F_{XX}(\,)/\partial x_1\partial x_2$ 为联合概率密度函数。这里 $F_{XX}(\,)=P\{[X(t_1)\leqslant x_1]\cap[X(t_2)\leqslant x_2]\}$。同样类似于式(A.123)定义协方差函数：

$$\begin{aligned} C_{XX}(t_1,t_2) &= E\{[X(t_1)-\mu_X(t_1)][X(t_2)-\mu_X(t_2)]\} \\ &= R_{XX}(t_1,t_2)-\mu_X(t_1)\mu_X(t_2) \end{aligned} \tag{6.37}$$

特别地，当 $t_1=t_2=t$ 时，协方差函数为方差函数：

$$\sigma_X^2(t) = C_{XX}(t,t) = R_{XX}(t,t)-\mu_X^2(t) \tag{6.38}$$

类似于(A.11)，其中 $\sigma_X(t)=D[X(t)]$ 为标准差函数。

正如高阶矩(见A.4节)可用来描述一般的随机变量,也可以建立高阶相关函数,但实际意义不大。另外,上述标量过程 $X(t)$ 的概念可归纳为向量过程 $\boldsymbol{X}(t)=[X_1(t),X_2(t),\cdots,X_n(t)]$,其协方差函数为 $C_{X_iX_j}=\mathrm{cov}[X_i(t_1),X_j(t_2)]$。当 $i=j$ 时,为 X_i 的自协方差函数;当 $i\neq j$ 时,$C_{X_iX_j}$ 为互协方差函数。类似于协方差矩阵,$C_{X_iX_j}$ 的所有取值可用协方差函数矩阵表达。

最后,相关函数(矩阵)可近似(A.124)定义为

$$\rho[X_i(t_1),X_j(t_2)]=\frac{\mathrm{cov}[X_i(t_1),X_j(t_2)]}{D[X_i(t_1)]D[X_j(t_2)]}$$

式中:当 $t_1=t_2,X_i=X_j$ 时 $D[\ ]=\boldsymbol{C}_X^{1/2}$。

典型地,$\rho[X_i(t_1),X_j(t_2)]$ 有如下形式:$\rho=\exp[-k(t_1-t_2)(x_1-x_2)]$,其中 k 为确定常数。此时时刻 t_1,t_2 或分量随机过程 X_1,X_2 相差越大,ρ 越小。若对同一过程分量在时间点处的期望相关函数满足 $t_1=t_2,X_1=X_2$,则有 $\rho=1$。

6.4.2 平稳过程

当随机过程的随机性不随时间变化,称之为严平稳过程。也就是说其各阶矩均与时间无关。当只有均值 $\mu_X(t)$ 和自相关函数 $R_{XX}(t_1,t_2)$ 与时间无关,称为弱平稳或协方差平稳过程。由于正态分布由其前两阶矩描述,弱平稳正态过程也是严平稳过程。

平稳性使 $C_{XX}(\ )$ 和 $R_{XX}(\ )$ 的相对差异仅为 $(t_1-t_2)=\tau$。此时式(6.36)变为

$$R_{XX}(\tau)=E[X(t)X(t+\tau)] \tag{6.36a}$$

特别地,当 $\tau=0,R_{XX}(0)=E(X^2)$(即为 $X(t)$ 均方值)。注意到 $R_{XX}(\tau)$ 具有对偶性,即 $R_{XX}(\tau)=R_{XX}(-\tau)$,可简单证明。

若随机过程为平稳过程,由定义知其没有开始也没有结束,若理论上对每一“实现”,其时间满足 $-\infty\leqslant t\leqslant+\infty$,在实际运用中常忽略。常假设随机过程开始足够长的时间后满足平稳性。即使随机过程随时间变化缓慢,也可考虑分成若干子随机过程,各子随机过程为平稳过程。

6.4.3 导数过程

为讨论随机过程 $X(t)$ 的重要性质,引入导数过程 $X(t)$,对应“实现” $x(t)$,有

$$x(t)=\frac{\mathrm{d}}{\mathrm{d}t}[x(t)] \tag{6.39}$$

导数的存在表明 $X(t)$ 的正则性,特别地 $X(t)$ 若可微,当且仅当满足如下条件:

(1) 自相关函数 $R_{XX}(\tau)$ 有连续的二阶导数 $R''_{XX}(\tau)=\partial^2R_{XX}(\tau)/\partial\tau^2$。

(2) $R''_{XX}(0)$存在。

可通过计算增量形式$[x(t+\tau)-x(t)]/\tau$在$\tau\to 0$时的极限值处理$R_{XX}(\tau)$及其导数来检验。具体不作介绍。

若二阶导数存在，一阶导$R'_{XX}(\ )$必存在。由于$R_{XX}(\tau)$为关于τ的偶函数（参见6.4.2节），在$\tau=0$处有

$$\frac{\partial R_{XX}(0)}{\mathrm{d}\tau}=0 \tag{6.40}$$

另外，如6.4.2节所述，若自相关函数$R_{\dot{X}\dot{X}}(t_1,t_2)$可用$R_{\dot{X}\dot{X}}(\tau)$表示，则导数过程$\dot{X}(t)$为平稳过程。$X(t)$和$\dot{X}(t)$的互相关：

$$R_{X\dot{X}}(t_1,t_2)=E[X(t_1)\dot{X}(t_2)] \tag{6.41}$$

可写为极限形式：

$$\begin{aligned} R_{X\dot{X}}(t_1,t_2) &= \lim_{dt_2\to 0}\left\{E\left[X_1(t)\frac{X(t_2+\mathrm{d}t_2)-X(t_2)}{\mathrm{d}t_2}\right]\right\} \\ &= \lim_{dt_2\to 0}\left[\frac{R_{XX}(t_1,t_2+\mathrm{d}t_2)-R_{XX}(t_1,t_2)}{\mathrm{d}t_2}\right] \end{aligned}$$

或：

$$R_{X\dot{X}}(t_1,t_2)=\frac{\partial R_{XX}(t_1,t_2)}{\partial t_2} \tag{6.42}$$

类似地

$$R_{X\dot{X}}(t_1,t_2)=\frac{\partial^2 R_{XX}(t_1,t_2)}{\partial t_1\partial t_2} \tag{6.43}$$

另外，若$X(t)$为平稳过程，令$\tau=t_1-t_2$，则有

$$R_{X\dot{X}}(\tau)=\frac{\mathrm{d}R_{XX}(\tau)}{\mathrm{d}\tau} \tag{6.44}$$

$$R_{\dot{X}\dot{X}}(\tau)=-\frac{\partial^2 R_{XX}(\tau)}{\partial \tau^2} \tag{6.45}$$

上式表明若$X(t)$为协方差平稳过程，则导数过程$\dot{X}(t)$为协方差平稳过程（见6.4.2节）。

同样将式(6.40)用到式(6.44)中，可知当$\tau=0$时，平稳过程$R_{X\dot{X}}(\tau)=E[X(t)\dot{X}(t+\tau)]=0$，这说明在任何时刻$t$，平稳过程与其导数过程没有相关性（但这并不意味着$X(t_1)$和$X(t_2)$不相关，$t_1\neq t_2$）。

6.4.4　遍历过程

对平稳过程，均值(6.35)和自相关函数(6.36)可定义为所有“实现”的均

值。若它们可以同样定义为平稳过程的一次“实现”的时间均值,此过程为弱遍历。若等式对于严平稳过程的所有矩都成立,此过程为严遍历。均值的遍历性定义为

$$\mu_X = \lim_{T\to\infty}\left[\frac{1}{T}\int_0^T x(t)\,\mathrm{d}t\right] \tag{6.46}$$

协方差遍历性定义为

$$R_{XX}(\tau) = \lim_{T\to\infty}\left[\frac{1}{T}\int_0^T x(t+\tau)x(t)\,\mathrm{d}t\right] \tag{6.47}$$

这种性质仅对平稳过程成立。这对从随机过程一个或一些充分长的记录估计统计参数有重要实际价值。估计的精度取决于可获得记录的持续时间 T。通常分析随机过程记录除非可特别证明,假设其满足平稳性和遍历性。

6.4.5 首次穿越概率

正如 6.1 节中所述,时变可靠性主要研究对象为随机向量 $\boldsymbol{X}(t)$ 首次穿越安全域 D(定义为 $G(\boldsymbol{X})>0$,见图 6.3)的时间。首次穿越阈值的概率(简称首次穿阈概率)等于在给定时间[0,t]的结构失效概率:

$$p_{\mathrm{f}}(t)=1-P[N(t)=0\mid \boldsymbol{X}(0)\in D]P[\boldsymbol{X}(0)\in D] \tag{6.48}$$

式中:$\boldsymbol{X}(0)\in D$ 表示随机过程 $\boldsymbol{X}(t)$ 在 0 时刻处在安全域;$N(t)$ 为时间段[0,t]内的穿越次数。

由于需要解释随机过程 $\boldsymbol{X}(t)$ 在[0,t]内的全部历史过程,式(6.48)的求解非常困难,常取决于过程 $\boldsymbol{X}(t)$ 的性质。如 Rice(1944)、Vanmarcke(1975)提出了其他估计方法。对可靠性问题,穿越很少发生,所以可假设各穿越阈值事件(包括 $t=0$ 处的穿越阈值事件)之间相互独立,穿阈率与之前的穿阈概率也相互独立。时间[0,t]内未发生穿越阈值事件的概率可用泊松分布式(A.30)的零事件(Cramer and Leadbetter,1967)的概率估计:

$$P[N(t)=0]=\frac{(vT)^0}{0!}\mathrm{e}^{-vt}=\mathrm{e}^{-vt} \tag{6.49}$$

式中:v 为由安全域 D 的平均穿阈率(注意类似的方法在处理随机发生的事件如风暴的问题中用到,参见 6.3.2 节)。

由式(6.48),易见项 $P[\boldsymbol{X}(0)\in D]$ 等于 $1-p_{\mathrm{f}}(0)$,$p_{\mathrm{f}}(0)$ 为 $t=0$ 处的失效概率。再由式(6.49),式式(6.48)可变为

$$p_{\mathrm{f}}(t)=1-[1-p_{\mathrm{f}}(0)]\mathrm{e}^{-vt} \tag{6.50}$$

$$=p_{\mathrm{f}}(0)+[1-p_{\mathrm{f}}(0)](1-\mathrm{e}^{-vt}) \tag{6.51}$$

但由于:

$$vt>1-\mathrm{e}^{-vt},\quad p_{\mathrm{f}}(t)\leqslant p_{\mathrm{f}}(0)+[1-p_{\mathrm{f}}(0)]vt \tag{6.52}$$

此上界在结构可靠性工作中非常有用,因为它说明了初始失效概率 $p_f(0)$(初始载荷下),又解释了后来的失效概率为 $[1-p_f(0)]vt$。只有当 vt 非常接近于零以及 $p_f(0) \ll vt$ 时,首次穿阈概率可改为更一般的形式:

$$p_f(t) \approx 1-e^{-vt} \approx vt \tag{6.53}$$

在两种结果中,若向量过程 $\boldsymbol{X}(t)$ 为平滑的非平稳过程,vt 可由平均穿阈率 $\int_0^t v(\tau)\mathrm{d}\tau$ 代替。

另外,更好的结果是可以求解的导数过程。这些表达式已由 Engelund et al (1995)作出讨论,发现这些结果对穿越阈值事件很少的情况很适用,对于边界与起始位置接近(穿越阈值事件不罕见)的情况不那么适用。

仿真结果表明式(6.52)确实是一上界。同时也表明穿越阈值事件易"成簇"发生,且并不严格独立。

6.4.6 局部极值分布

标量随机过程 $X(t)$ 的局部最大值可定义为 $\dot{X}(t)=0$ 且 $\ddot{X}(t)<0$(即 $\dot{X}(t)$ 有零交叉点)时 $X(t)$ 的 t 值。局部最大值为 $X(t)$ 的典型"实现"的所有峰值(参见图 6.8)。

局部最大值的完全分布方程原则上可由 Rice 的式(6.72)得到(6.5.3 节中讨论),只处理正态过程。

当 $X(t)$ 的平均上穿率较小(正如可靠性问题中经常遇到的那样),局部最大值分布可直接由式(6.50)给出的首次穿阈概率估计,假设上穿事件服从泊松分布:

$$1-F_m(a)=p_f(t)=1-[1-p_f(0)]e^{-vt} \tag{6.54}$$

式中:$F_m(a)$ 为最大值 X_m 在时间 $[0,t]$ 内的累积分布函数 $P(X_m<a)$。可简化为

$$F_m(a) \approx e^{-vt} \approx 1-vt \tag{6.55}$$

式中:v 为时间 $[0,t]$ 内穿过安全域的平均上穿率,安全域定义为数量过程 $\boldsymbol{X}(t)$ 在 $x \leqslant a$ 的区域。这种称为水平穿越阈值问题。明显地,泊松假设在较低的水平 $x=a$ 处的精确度降低,$f_m(\,)$ 只有在 $x=a$ 值比较大时才能由式(6.55)较好估计。式(6.55)的结果对于下面要作的讨论十分重要。

6.5 随机过程和穿越阈值

本节将着重介绍在结构可靠度应用中引入诸多随机过程的情况。接下来会讨论标量随机过程的上穿理论以及在矢量过程中的推广。对穿越阈值问题

的仿真分析方法也会给出相应介绍,包括有多重边界组成的情况。这些都是为了在6.6节中进一步讨论时变可靠性问题做准备。

6.5.1 离散过程

6.5.1.1 Borges 过程

最简单的离散过程是由一组在给定(确定的)时间 t_b(被称为参考时间)内活动的独立同分布的随机变量 Y_k 生成的。对这一过程(静态的)的典型表述如图6.9(Ferry–Borges and Castenheta,1971)所示。

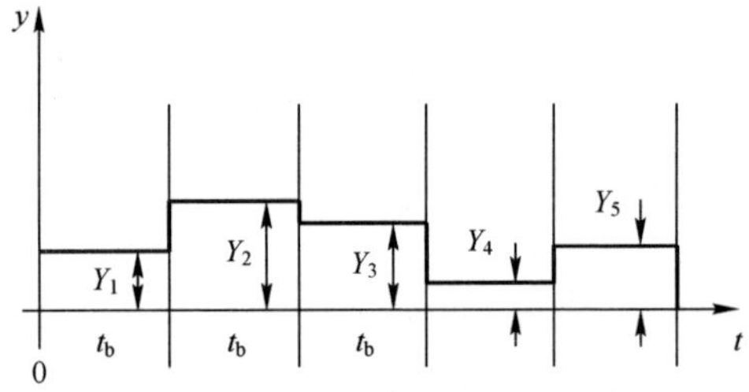

图6.9 Borges 过程

在给定的时间段$[0,t_L]$内,序列 Y 的数量 $r=t_L/t_b$,因此,根据其独立性,序列极值分布可描述为

$$p\{\max_{0\leqslant t\leqslant t_L}[w_b(t;t_b;Y)]\}=P\left[\bigcup_{i=1}^{r}(Y_i\leqslant a)\right]=[F_Y(a)]^r \tag{6.56}$$

首次阶跃 $Y>a$ 必定与 Y 在$[0,t_L]$内的最大值有关。接下来,在 $Y>a$ 发生之前平均序列数量等于 r,发生概率或为

$$p_f(t_L)=1-[F_Y(a)]^r=1-[F_Y(a)]^{t_L/t_b} \tag{6.57}$$

6.5.1.2 泊松计数过程

如果事件发生的次数是随机变量,就会是另一种基本的随机过程,即所谓泊松计数过程。如果 $N(t)$表示在给定时间段$[0,t]$不相关事件(或状态)的数量,那么$[0,t]$内事件总数可由下面的泊松分布得到

$$p(n,t)=\frac{(vt)^n\mathrm{e}^{-vt}}{n!} \tag{6.58}$$

式中:v 为过程的强度或单位时间内事件发生的平均速率。

泊松分布在时域内应用时假设:①在任何时间增量 $t\sim t+\Delta t$ 内事件发生的概率都近似与 Δt 成正比;②当 $\Delta t\to 0$ 时,在任何时间段内事件发生多于一次的概率都可忽略不计。因此,事件与事件间就不会有重叠,且 $N(0)=0$。

另一个重要假设是在时间增量 $\Delta t_i,\Delta t_j,i\neq j$ 中事件的发生是独立的。这就是说,对于任何时段 $t_0<t_1<t_2<\cdots<t_m$,m 个随机变量:

$$N(t_1)-N(t_0),\cdots,N(t_m)-N(t_{m-1}) \tag{6.59}$$

也是独立的。很明显,如果在上式 t_i(但不在 $t_{i+1}-t_i$)上是独立的,此过程便有静态独立增量(Parzen,1962)。

图 6.10 表示了对泊松计数过程的一种典型认识。如果 v 稳定,此过程就会被称为同类过程。如果 $v=v(t)$,就是非同类过程,这时式(6.58)中的 vt 就必须换成 $v(t)=\int_0^t v(\tau)\mathrm{d}\tau$ 。

这种情况下时间增量不是稳定的,因为 $N(t)$ 直接取决于 t 而不是时间增量。

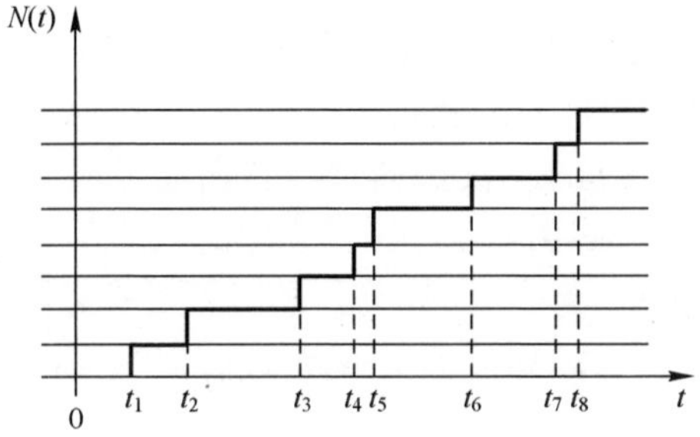

图 6.10　泊松计数过程

泊松计数过程是一个在连续时间 t 上具有独立状态(0,1,2,…)的马尔科夫(或无记忆)过程。因为每个状态都与之前的状态无关,所以称为无记忆过程。

要得到第 n 个事件发生之前的时刻 W_n 的累积分布函数 $F_W(t)$,需考虑所有可能发生的事件数 $N(t)<n$,或

$$\begin{aligned}F_W(t)&=1-(W_n>t)=1-P[N(t)<ng]\\&=1-\sum_{k=0}^{n-1}\frac{(vt)^k\mathrm{e}^{-vt}}{k!}\end{aligned} \tag{6.60}$$

这即是伽马分布式(A.40),均值为 n/v,方差为 n/v^2。

我们感兴趣的是在[0,t]时刻内第一次事件($n=1$)发生前的时间,所以,将 $n=1$ 代入式(6.60):

$$p_\mathrm{f}=F_W(t)=1-\mathrm{e}^{-vt} \tag{6.61}$$

这与首次穿阈概率是相等的(见式(6.53))。

6.5.1.3　滤过泊松过程

在泊松过程中,如果随机特性受泊松过程事件(状态)的影响,就会产生所谓的滤过泊松过程。定义如下(Parzen,1962):

$$X(t)=\sum_{k=1}^{N(t)} w(t,t_k,Y_k) \tag{6.62}$$

式中:$N(t)$为强度 v 的泊松过程,在时刻 t_k 该强度可随机生成对应值 Y_k。假设 Y_k 是独立同分布的。$w(t,t_k,Y_k)$也是个响应函数,该函数表示当 $X(t)$在时刻 t_k 对应值为 Y_k 时,在时刻 t 的响应。一般对于 $t<t_k$,$w(\ )=0$。

滤过泊松过程要求对确定 $N(t)$的强度 v、Y_k 的分布特性和响应函数 $w(t,t_k,Y_k)$的形式有明确的说明。

以下两种形式的滤过泊松过程在可靠度研究中有着特殊的关联:

(1) 泊松尖峰过程。

(2) 泊松方波过程。

两种过程都允许对其随机特性进行估计,且其应用主要在负载过程的建模上(见第7章)。但是在允许参考时间为随机变量时(脉冲叠加将会发生)也可以假设许多其他的泊松过程,这取决于 F_{Y_k} 和 $w(\ )$ 的选取(例如,Grigoriu,1975)。这些更为复杂的过程已经超出了本书的范畴。

6.5.1.4 泊松尖峰过程

过程强度为 v、时长为 b、幅值为 Y_k 的矩形脉冲过程可以用下面的响应函数描述:

$$w_S(t,t_k,Y_k)=\begin{cases}Y_k, & 0<t-t_k<b\\ 0, & \text{其他}\end{cases} \tag{6.63}$$

图6.11是对式(6.23)的典型描述。其中 Y_k 是由累积分布函数 $F_Y(\ )$定义的随机变量,并且在各脉冲间独立。

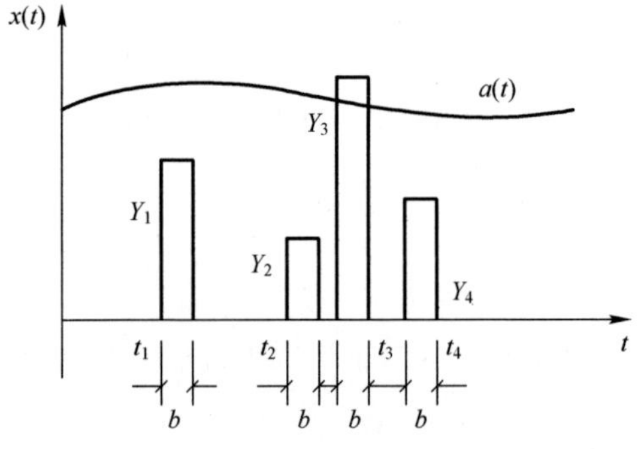

图6.11 泊松尖峰过程的表示和上穿过程

当 b 趋于0时就可得到水平穿阈率和首次穿阈概率。过程中 $Y(t)$的高度比 $a(t)$大的概率为 $1-F_Y(a)$,而 $Y(t)$的高度比 $a(t)$小的概率为 $F_Y(a)$,因此,在 $\Delta t\to 0$ 时 $a(t)$水平上 v^+的上穿率为

$$\begin{aligned} v_a^+ &= \lim_{\Delta t \to 0}\left\{\frac{1}{\Delta t}[P(\Delta t\text{ 内的上穿})]v\right\} \\ &= \lim\left[\frac{1}{\Delta t}(P\{[Y(t) \leqslant a(t)] \cap [Y(t+\Delta t) > a(t)]\}v)\right] \\ &= F_Y[a(t)]\{1-F_Y[a(t)]\}v \end{aligned} \tag{6.64}$$

式中：$v=v(t)$为脉冲的到达率。如果 a 很大并且和时间无关，式(6.64)将简化为 $v_a^+=[1-F_Y(a)]v$。

很明显式(6.64)中 v_a^+ 表示泊松过程的强度。因为失效就是指第一次失效发生(比 a 更高的尖峰)，可以通过式(6.61)来计算首次穿阈概率。因此：

$$p_{f_1}(t_L)=1-\exp\{[1-F_Y(a)]vt_L\} \tag{6.65}$$

式中：t_L 为结构的额定寿命，如前所述，认为 a、v_a^+ 和 v 是时间的函数，且能合理地用 $\int_0^t v(\tau)\mathrm{d}\tau$ 和 $a(t)$代替式(6.65)中的 v 和 a。

考虑 $a(t)$是非时变时可以得到过程 $X(t)$极值的累积分布函数。因为首次穿越点肯定和 $X(t)$的极值是相同的，所以首次穿阈概率式(6.65)还代表了 $X(t)$的极值大于 a 的概率，因此：

$$F_{X_{\max}}(a)=P[X_{\max}(t)<a]=\exp\{-[1-F_Y(a)]vt_L\} \tag{6.66}$$

6.5.1.5　泊松方波过程

在图6.11中的每个矩形脉冲时长 b 由图6.12的方波过程的随机区间 t_n-t_{n-1}给出。脉冲高度 Y_k 为常数，直到 t_{k+1}时刻产生新的脉冲高度 Y_{k+1}。正如往常，Y_k 独立分布。严格按泊松尖峰过程，常数水平为 a，水平穿阈率 v_a^+ 由式(6.64)给出，时间段$[0,t_L]$首次穿阈概率为

$$p_{f_1}(t_L)=F_{Y_0}(a)(1-\exp\{-F_Y(a)[1-F_Y(a)]vt_L\}) \tag{6.67}$$

式中：$F_{Y_0}(a)$为 $Y_0<a$ 的概率，由之前对 Y_k 的假设知 Y_0 与后续事件独立。显然，若 a 的值大，有 $F_{Y_0}(a)\approx F_Y(a)\approx 1$。

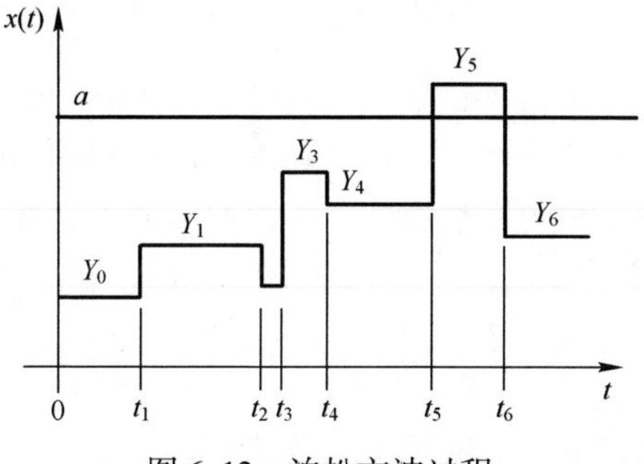

图6.12　泊松方波过程

$X(t)$最大值的累积分布函数可由与泊松尖峰过程相同的方法推导,形式为

$$F_{X_{\max}}(a)=P(X_{\max}<a)=F_{Y_0}(a)\exp\{-[1-F_Y(a)]vt_L\} \tag{6.68}$$

6.5.1.6 更新过程

上述的泊松过程为一种普遍类型随机过程的特殊形式,表示沿时间轴的事件的发生。这种过程可描述负载事件或脉冲的潜在开始和结束时间。可易知泊松过程的时间间隔时间为指数分布,更一般地,任一事件发生的时间间隔服从某适当概率分布的过程叫做更新过程。

基于上述概念,也可归纳更加复杂的脉冲形状。然而,尽管泊松过程的表达式(6.64)可作为一种估计,但大多数情况下上穿率并没有通用的结果可用。

另外,也可以定义 Y_K、脉冲高度的累积分布函数,如 $Y_K=0$ 对应确定的概率 p。这可能在某些静载荷情况下出现。Y_K 的典型分布如图 6.13 所示,该情况下式(6.64)可改写为

$$v_a^+=[p+qF(a)]\{q[1-F(a)]\}v \tag{6.69}$$

式中:$F(\,)$为图 6.13 所定义的"不符合传统"累积分布函数。

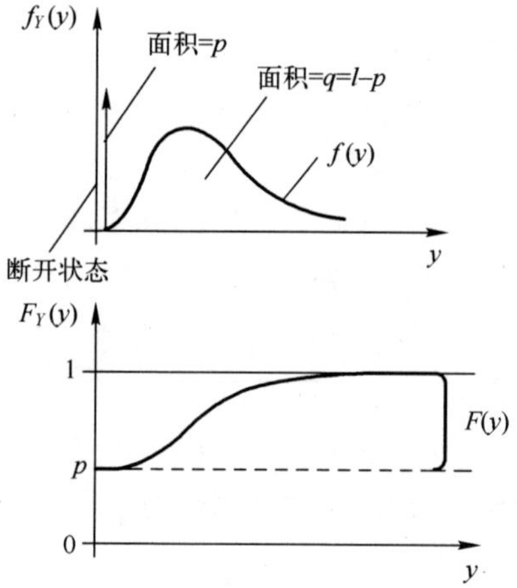

图 6.13 混合更新过程的概率密度函数和累积分布函数

注意到 $q=1-p$,$F_Y(\,)=p+qE(\,)$,通过微分,概率密度函数可由式 $f_Y(y)=p(\delta y)+qf(y)$计算得到,其中 $f(\,)$如图 6.13 所示,$\delta(\,)$为狄拉克函数。式(6.69)中第一项为 $Y(t)\leqslant a(t)$的概率,第二项为 $Y(t)>a(t)$。如果脉冲启动后自动归零,式(6.69)的第一项为 1。这类过程称为"复合过程"。注意到复合过程脉冲的平均到达率为 qv,v 为未更新的过程 $Y(t)$的脉冲平均到达率。

6.5.2 连续过程

大多数的自然现象并不会在特定时间点处改变特点而是连续变化。例如,

风速和波高并不是离散而是连续变化的过程,连续过程的一条典型实现如图 6.14 所示。

连续过程 $X(t)$ 有许多可能的假设类型。考虑到它们的数学处理性质,在随机过程工作中最常用的连续过程为正态(或高斯过程),在任意时刻 t 服从正态分布。这意味着任意时刻 $t_1,t_2,\cdots,t_n,X(t_i)(i=1,2,\cdots,n)$ 也服从正态分布,时刻之间有给定的相关结构。如前,相关结构不随时间变化,过程是(严)平稳的(参见 6.4.2 节)。

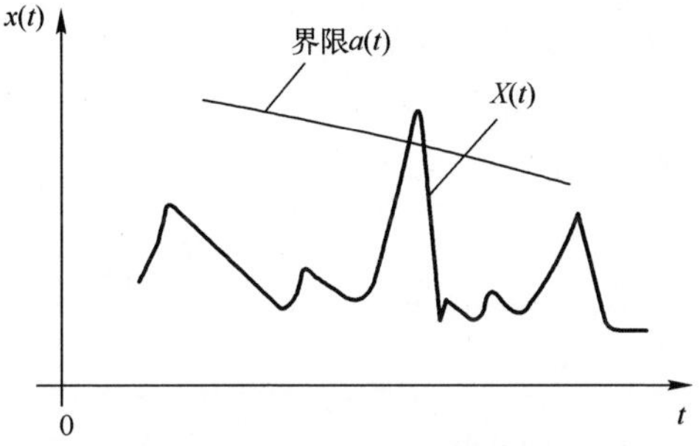

图 6.14 连续过程 $X(t)$ 的穿越和实现过程

6.5.3 Barrier 界限上穿率

如 6.1 节所述,在可靠性研究中的一个重要特性是随机过程 $X(t)$ 上穿界限或水平 $x=a(t)$(图 6.14)。若 $X(t)$ 代表载荷过程,则 $x=a(t)$ 可能表示时变抗力,或者若 $X(t)$ 代表安全裕度,则 $x=a(t)=0$ 表示极限状态。目前仅考虑数量过程 $X(t)$,更一般的向量过程 $\boldsymbol{X}(t)$ 将在 6.5.4 节中介绍。

样本函数 $x(t)$ 在时刻 t_1 和 $t_1+\mathrm{d}t$, $\mathrm{d}t\to 0$ 的部分如图 6.15 所示。不失一般性地,时刻 $t_1+\mathrm{d}t$ 可考虑为界限穿越发生的时刻。同样地,$\mathrm{d}t$ 充分小时,t_1 和 $t_1+\mathrm{d}t$ 间的曲线可看成直线。

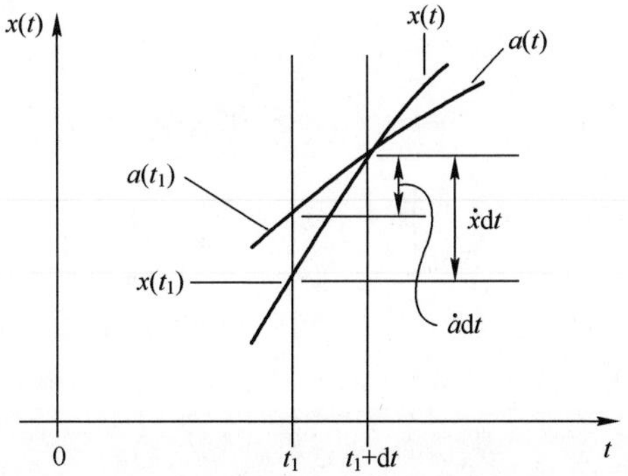

图 6.15 $\mathrm{d}t$ 内抽样函数 $x(t)$ 的一部分穿越界限 $a(t)$

在 dt 内样本函数穿过 $a(t)$,必须满足:时刻 t_1 位于 $a(t)$ 下方,且有足够大的斜率 $x(t)$ 在 dt 内穿过 $a(t)$,斜率的范围明显满足:

$$\dot{x}\mathrm{d}t-\dot{a}\mathrm{d}t \geqslant a(t)-x(t) \text{ 当 } \mathrm{d}t \to 0 \text{ 时,且 } x(t_1) \leqslant a(t_1) \tag{6.70}$$

如图 6.16 所示在正交轴$(x,\dot{x})$上所示的范围。由 6.4.3 节,$X(t)$和$\dot{X}(t)$不相关,所以描述为线性。$X(t)$在 x 和 $x+\mathrm{d}x$ 之间的概率和$\dot{X}(t)$在 $\dot{x}$ 和 $\dot{x}+\mathrm{d}t$ 之间的概率可由联合概率密度函数$f_{X\dot{X}}(\,)$表示。时间 dt 内总的穿越界限的次数为满足式(6.70)的所有可能的实现部分,这与图 6.16 中的阴影部分的概率相等,或者

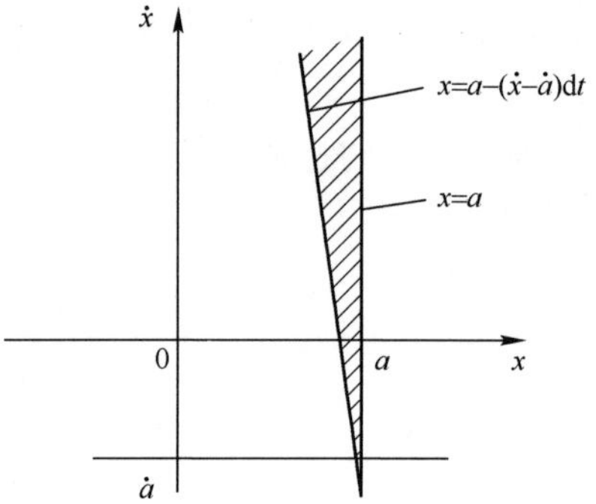

图 6.16 $(x,\dot{x})$内的积分限

$$N=\int_{\dot{a}}^{\infty}\int_{a-(\dot{x}-\dot{a})\mathrm{d}t}^{a} f_{X\dot{X}}(x,\dot{x})\,\mathrm{d}x\mathrm{d}\dot{x} \tag{6.71}$$

当 dt→0,图 6.16 的阴影区域为细长区域,等价地有式(6.71)的积分下限$(a-\dot{x}\mathrm{d}t)\to a$。所以通过除以 d$t$,对 x 积分,界限穿阈率为

$$v_a^+=\int_{\dot{a}}^{\infty}(\dot{x}-\dot{a})f_{X\dot{X}}(a,\dot{x})\,\mathrm{d}\dot{x} \tag{6.72}$$

明显地,若 a 与时间无关,$\dot{a}=0$。注意到界限上穿率 v_a^+ 为总体平均,即它是所有实现 $X(t)$关于时间 t 的平均。当且仅当过程是遍历的时,v_a^+ 为穿越水平 $x=a$ 发生的平均时间频数。

特别地,若 $X(t)$为平稳正态过程,$f_{X\dot{X}}(\,)$ 有(cf A.25,$\rho=0$)

$$f_{X\dot{X}}=\frac{1}{2\pi\sigma_X\sigma_{\dot{X}}}\exp\left\{-\frac{1}{2}\left[\left(\frac{a-\mu_X}{\sigma_X}\right)^2+\frac{\dot{x}^2}{\sigma_{\dot{X}}^2}\right]\right\} \tag{6.73}$$

其中 $X(t)$服从正态分布 $N(\mu_X,\sigma_X^2)$,$\dot{X}(t)$为 $N(0,\sigma_{\dot{X}}^2)$。平稳过程的导数过程$\dot{X}(t)$均值为零。注意到

$\int_0^{\infty}\dot{x}\exp\left(-\frac{\dot{x}^2}{2\sigma_{\dot{x}}^2}\right)\mathrm{d}\dot{x}=\sigma_{\dot{x}}^2$,将式(6.73)代入式(6.72),积分后有

$$v_a^+=\frac{1}{2\pi}\frac{\sigma_{\dot{X}}}{\sigma_X}\exp\left[-\frac{(a-\mu_X)^2}{2\sigma_X^2}\right]=\frac{\sigma_{\dot{X}}}{(2\pi)^{1/2}}f_X(\,) \tag{6.74}$$

式中:$F_X(\,)=(1/\sigma_X)\phi[(a-\mu_X)/\sigma_X]$;$\phi(\,)$为标准正态密度函数(参见 A.5.7 节)。如式(6.38),有

$$\sigma_X^2(t)=R_{XX}(t,t)-\mu_X^2(t) \tag{6.75}$$

平稳过程变为

$$\sigma_X^2 = R_{XX}(\tau=0) - \mu_X^2 \tag{6.76}$$

类似地，$\sigma_{\dot{X}}^2$ 可由 $\sigma_{\dot{X}}^2 = R_{\dot{X}\dot{X}}(t,t) - \mu_{\dot{X}}^2(t)$ 类似得到。对于平稳过程，$R_{\dot{X}\dot{X}}(t,t) = R_{\dot{X}\dot{X}}(\tau=0)$，由式(6.45)和 $\mu_{\dot{X}}=0$ 得 $\dot{X}$ 的方差为

$$\sigma_{\dot{X}}^2 = -\frac{\partial^2 R_{XX}(0)}{\partial \tau^2} \tag{6.77}$$

对非正态过程，联合概率密度函数 $f_{X\dot{X}}(\,)$ 不易于定义和积分。例如，这种过程出现在水流、平均每小时的风速，以及正态过程非线性处理时。有时，可用式(6.74)估计此类过程的上穿率。然而，该估计可能存在严重误差。

均值 $\mu_X=0$ 的高斯过程对分析动态问题（见6.7节）或疲劳问题（见6.8节）至关重要。$a=0$ 的上穿率 v_a^+ 为载荷循环次数。对于标准高斯过程，有 $v_0^+ = \sigma_{\dot{X}}/2\pi\sigma_X$。

最后，上述所有结果，特别是式(6.72)可通过把 v_a^+ 和 $f_{X\dot{X}}(\,)$ 转化为随时间的变化而变化的量来推广到平滑的非平稳过程。

6.5.4 穿阈率

6.5.4.1 界限穿阈率的推广

上述界限穿越的概念以及标量过程 $X(t)$ 可推广到外穿的概念以及向量过程 $\boldsymbol{X}(t)$。对于二元过程 $\boldsymbol{X}(t)=[X_1(t),X_2(t)]$ 的一条实现 $\boldsymbol{X}(t)$ 如图6.17所示，界限 $B_i(i=1,2,\cdots)$ 为 $\boldsymbol{x}$ 空间中定义安全域 D_S 的极限状态方程（Veneziano et al.，1977）。

安全域 D_S 的界限可描述为 $D_S: Z(t) = G[X(t)] \leqslant 0$。由于每当 $\boldsymbol{X}(t)$ 穿越界限 $B_i(i=1,2,\cdots)$，$Z(t)$ 上穿越0，若 $f_{Z\dot{Z}}$ 可确定，数量过程 $Z(t)$ 可用式(6.72)计算得到。封闭解仅对很有限的问题可用，基本上都是用来处理特殊的二维正态过程，其安全域为开或闭的方形或圆形区域。

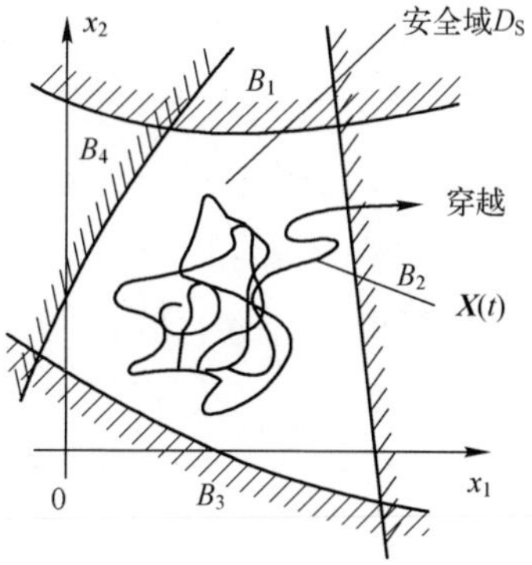

图6.17 从安全域到二维空间 x 的穿越

更一般地，安全域由 q 个不连续的超平面 $B_i(i=1,2,\cdots,q)$ 界定，形成了 q 个极限状态方程：

$$D_S: G[X_i(t)] \leqslant 0 \quad (i=1,2,\cdots,q) \tag{6.78}$$

这表示在结构可靠性研究的问题中并不易找到封闭解。在大多数情况下，即使对于正态过程也需要获得近似解。

第一步是推广RICE式(6.72)来处理向量随机过程 $\boldsymbol{X}(t)$。为阐述方便，考虑一个二维向量过程 $\boldsymbol{X}(t)$ 和一个任意区域 D_s（图6.18）。令 $\boldsymbol{x}(t_1)$ 位于极限状

态面的 A 处。为了发生外穿,令 $t_2=t_1+\delta t$(δt 趋向零),$\boldsymbol{x}(t_2)$ 处于区域 D_s 以外,如图 6.18 所示。$\boldsymbol{x}()$ 在增长时间 δt 的变化也可以用向量 $\dot{\boldsymbol{x}}\delta t$ 表示出来,其中 $\dot{\boldsymbol{X}}(t_1)$ 是时刻 t_1 的时间导数的随机向量 $[\partial \boldsymbol{X}_1/\partial t, \partial \boldsymbol{X}_1/\partial t]^{\mathrm{T}}$。如果 $\boldsymbol{n}(t)$ 代表一个在 A 处的有助于发生外穿(而不是沿区域边界移动)的外法线单位向量,那么 $\dot{\boldsymbol{x}}\delta t$ 是 $\boldsymbol{n}^{\mathrm{T}}\cdot\dot{\boldsymbol{x}}\delta t>0((n_1\dot{x}_1+n_2\dot{x}_2+\cdots)\delta t>0))$ 的数量积(内积)如图 6.18 所示。方便起见,设 $\boldsymbol{n}^{\mathrm{T}}\cdot\dot{\boldsymbol{x}}\delta t$ 为 δt 趋向零时的 $\dot{x}_n$(一个标量)。与 6.5.3 节中描述的一维随机过程和图 6.15 所示的随机过程相比可以看出在该情况下,$\dot{x}_n$ 完全相似于 $\dot{x}$。因此,可将式(6.72)推广到 m 维向量过程的式(6.79)。

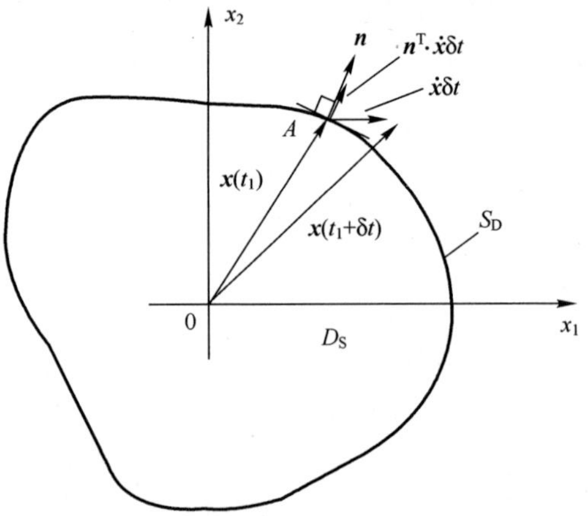

图 6.18　向量过程 $\boldsymbol{X}(t)$ 随时间段 Δt 的变化和边界 S_D 的法向分量

$$v_D^+ = \int_{S_D} \mathrm{d}\boldsymbol{x} \int_0^\infty \dot{x}_n f_{X\dot{X}_n}(\boldsymbol{x}, \dot{x}_n)\,\mathrm{d}\dot{x}_n \tag{6.79}$$

式中第一个积分必须确保考虑到区域边界 S_D 的所有点。(Belyaev, 1968; Belyaev and Nosko, 1969)提出了正式的证明方法;并且结果不限定于正态过程。

注释式(A.119),式(6.79)可以通过用随机标量 $\dot{X}_n$ 的条件期望替换内部积分中的 $\dot{x}_n$ 改写成

$$v_D^+ = \int_{S_D} E(\dot{X}_n \mid \boldsymbol{X}=\boldsymbol{x})^+ f_x(\boldsymbol{x})\,\mathrm{d}\boldsymbol{x} \tag{6.80}$$

式中:在式(6.79)和式(6.80)中,$\boldsymbol{X}=\boldsymbol{X}(t)$,$E(\dot{X}_n \mid \boldsymbol{X}=\boldsymbol{x})=\dot{x}_n=\boldsymbol{n}(t)\cdot\dot{\boldsymbol{x}}(t)>0$。用 $()^+$ 表示后者;如果 $\dot{x}_n\leqslant 0$,期望变成 $E()=0$

在式(6.80)中,外穿率 v_D^+ 可以解释为如下:对于在 S_D 上的任意基本点 $\boldsymbol{x}(t)$,(6.80)中的 $E()$ 表示一次发生穿越的期望;将发生 x 的"概率" $f_x(\boldsymbol{x})$ 加权,然后对于区域边界 S_D 求和。比较式(6.72),可以看出式(6.80)的被积函数

可看作是适当加权的一维解。

式(6.79)或者式(6.80)的解一般情况下仍不能直接得到。假设任意时间 t, $\boldsymbol{X}(t)$ 和 $\dot{\boldsymbol{X}}(t)$ 是相互独立的,那么在简单的非时变的安全域 D_s 上,得到一些理论上的精确解是可行的(Venziano er al. ,1977)。但是一般说来,它们在结构可靠性分析中的使用非常有限。凸多面体安全域(polyhedron)和连续高斯过程有一种近似界定技术,在6.5.4.3节中讨论。

总之虽然已经假设 $\boldsymbol{X}(t)$ 是平稳的,照例,对平滑的非平稳随机过程通过将 v_D^+ 替换为 $\int_0^t v_D^+(s)\,\mathrm{d}s$ 和适当改变式(6.80)的 $f_X(\,)$,其后面的约束可能被去掉。

6.5.4.2　离散过程的外穿率

离散过程如泊松方波过程(6.5.1.5节)通常用来描述载荷,如办公室、医院、停车厂等地面载荷。下面将讨论外穿率对于向量过程 $\boldsymbol{X}(t)$ 的 n 个独立向量 $X_i(t)$ 是 Poisson 方波的特殊情况。

设过程的量值 Y_i 服从正态分布,并令到达次数 t 服从 Poisson 分布,其平均到达率为 v_i。一个典型的实现如图6.19所示。

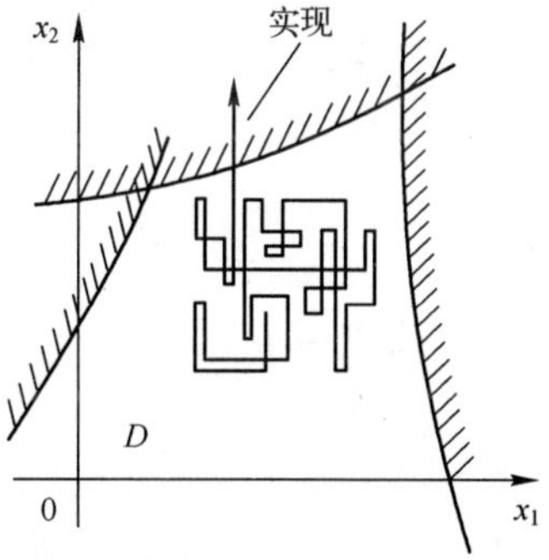

图6.19　二维情况下泊松方波向量过程 $\boldsymbol{X}(t)$ 的典型实现

总外穿率 v_D^+ 为所有分量发生外穿的概率加权求和,其权重值由为每部分发生概率的联合概率决定,可表示为如下形式:

$$v_D^+ = \sum_{i=1}^{n} v_i \int_{-\infty}^{\infty} P(\text{由于 } Y_i \text{ 发生外穿}) f_{X^*}(\boldsymbol{x})\,\mathrm{d}\boldsymbol{x} \tag{6.81}$$

式中:$P(\,)=P[(Y_i,\boldsymbol{x}^*)\in D_S]P[(Y_i,\boldsymbol{x}^*)\notin D_S]$;$\boldsymbol{X}^*$ 为第 i 个分量更新时,$\boldsymbol{X}$ 去掉第 i 个分量的值,$\boldsymbol{X}^*$ 的概率密度函数为

$$f_{X^*}(\,)=\delta(x_i)\prod_{j=1}^{n} f_{X_j}(x_j),\quad j\neq i \tag{6.82}$$

$\delta(x_i)$ 为狄拉克函数,确保除非考虑到在第 i 个分量,否则 $f_{X^*}(\,)=0$。式(6.81)的(多重)积分涉及到 $\boldsymbol{X}$ 的所有分量并且对于任意一个分量扩展到它

的值域$-\infty<\boldsymbol{X}_i<\infty$。特解取决于区域的形状。如果将$-\infty<\boldsymbol{X}_i<\infty$定义成超立方体$a_j\leqslant x_j\leqslant b_j$,$\boldsymbol{X}$是各分量服从标准正态分布的向量,有如下:

$$P[(Y_i,\boldsymbol{x}^*)\in D_S]\begin{aligned}&=P(a_i\leqslant Y_i\leqslant b_i)=\Phi(b_i)-\Phi(a_i) \quad a_j\leqslant x_j\leqslant b_j(j\neq i)\\&=0 \quad 其他\end{aligned} \tag{6.83}$$

$$P[(Y_i,\boldsymbol{x}^*)\notin D_S]=P[(Y_i<a_i)\cup(Y_i>b_i)]=1-\Phi(b_i)+\Phi(a_i) \tag{6.84}$$

从而有

$$v_D^+=\sum_{i=1}^{n}\left\{v_i\int_{a_1}^{b}\cdots\int_{a_n}^{b}[\Phi(b_i)-\Phi(a_i)][1-\Phi(b_i)+\Phi(a_i)]\prod_{j=1,j\neq i}^{n}\phi(x_j)dx_1\cdots dx_{i-1}dx_{i+1}\cdots dx_n\right\} \tag{6.85}$$

$$v_D^+=\sum_{i=1}^{n}\left\{v_i[\Phi(b_i)-\Phi(a_i)][1-\Phi(b_i)+\Phi(a_i)]\prod_{j=1,j\neq i}^{n}[\Phi(b_j)-\Phi(a_j)]\right\} \tag{6.86}$$

这个表达式有个直观的解释。第一个[ ]表示$\boldsymbol{X}_i$的更新Y_i在安全域D_s的概率,第二个[ ]表示Y_i不在D_s的概率,$\prod[\ ]$是所有剩余分量都在D_s的概率,即X_i实际上是在此刻唯一一个外穿的分量。显然式(6.86)可以缩改为

$$v_D^+=\prod_{j=1,j\neq i}^{n}[\Phi(b_j)-\Phi(a_j)]\sum_{i=1}^{n}\{v_i[1-\Phi(b_i)+\Phi(a_i)]\} \tag{6.87}$$

式中:$\prod[\ ]$表示所有分量均在安全域D_s的概率,求和公式表示每个独立于D_s外的元素的总和。

通过一个类似的论证,可以看出对于一个由$\beta+\boldsymbol{AX}=0$定义的超平面,其中$\boldsymbol{A}=[\alpha_1,\alpha_2,\cdots]^{\mathrm{T}}$是垂直于超平面的一个方向余弦向量,$\beta$是过原点的垂线到平面的距离, 外穿率可以由下式得出

$$v_D^+=\sum_{i=1}^{n}\{v_i[\Phi(-\beta)-\Phi_2(-\beta,-\beta,\rho)]\} \tag{6.88}$$

式中:$\rho_i=1-\alpha_i^2$;$\Phi_2(\ )$为二元正交积分。

这些分析结果扩展到其他极限状态函数的形式不是那么简单,因为一般来说式(6.81)中的计算$P(\ )$比上述例子要困难得多。另一种方法是利用估计积分的数值方法(6.5.5节)

只有在两个(独立)载荷过程$X_1(t)$和$X_2(t)$线性可加的特殊情况,可以得到平均外穿率和首次穿阈概率的解析解偏大,泊松方波过程的首次穿越问题的精确解已由Bosshard(1975),Hasofer(1974)和Gaver and Jocobs(1981)给出。对于矩形更新过程的平均水平上穿率的精确解已由Larrabee和Cornell给出,对于

两个具有更多一般脉冲波形的可加更新过程的平均等级穿阈率的近似解或边界也可得到,[Larrabee and Cornell,1981],由于它们特定的运用在载荷结合上,这些特殊结果的讨论会在6.7节涉及。

6.5.4.3　连续高斯过程的外穿率

当极限状态方程形式一般化时,连续过程的外穿率的解析解具有局限性。而数值求解能更简单地得到,见6.5.5节。

对于正态过程,已经得到一些解析进展,特别是当安全域可以被凸(超)多面体描述为极限状态方程时。在此情况下,失效域由线性极限状态方程集合组成,可能如预计的一样,外穿率的确定问题与一次二阶矩(FOSM)方法有密切的关系。用第4章的FOR法所得结果扩展到非正态过程的可能性,将在6.5.4.4节中简要提到,然而,首先讨论含有凸多面体的极限状态方程的正态过程。

考虑有边界 S_D 的安全域 D_s,向量过程 $X(t)$ 的外穿率 v_D^+,通过式(6.80)给出:

$$v_D^+ = \int_{S_D} E(\dot{X}_n \mid \boldsymbol{X} = \boldsymbol{x})^+ f_{\boldsymbol{X}}(\boldsymbol{x})\,\mathrm{d}\boldsymbol{x} \tag{6.89}$$

式中:$E(\dot{X}_n \mid \boldsymbol{X}=\boldsymbol{x}) = \dot{x}_n = \boldsymbol{n}^{\mathrm{T}} \cdot \dot{\boldsymbol{x}} > 0$ 仍为 $\boldsymbol{x}$ 的垂直于 S_D 的单位速率向量,且对于 $\dot{\boldsymbol{x}}_n > 0$,有$(\ )^+ \geqslant 0$,否则$(\ )^+ = 0$。如前面所示,$f_{\boldsymbol{X}}(\boldsymbol{x})$表示 $X(t)$ 的概率密度函数。

现假设 S_D 由一组非时变的分段连续凸(超)平面组成,因为单位法线 $\dot{x}_n$ 在(超)平面任一点有相同方向,在任意一个(超)平面上,期望 $E(\ )^+$独立于 $\boldsymbol{X}$ 的精确值,更进一步假设 $X_i(t)$ 和 $X_j(t)$ 在任意时刻是相互独立的(6.4.3节所示)那么式(6.89)可以改写成

$$v_D^+ = E(\dot{X}_n)^+ \int_{S_D} f_{\boldsymbol{X}}(\boldsymbol{x})\,\mathrm{d}\boldsymbol{x} \tag{6.90}$$

式中:安全域表面 S_D 的积分表示 $\boldsymbol{X}$ 在 S_D 上的概率;$E(\ )$表示在 S_D 上 $\boldsymbol{X}$ 发生一次外穿的期望。对于任意一个(第1个)(超)平面 H_l,包含部分区域面 ΔS_l,部分外穿率如下:

$$v_{\Delta D_l}^+ = E(\dot{X}_{nl})^+ \int_{\Delta S_l} f_{\boldsymbol{X}}(\boldsymbol{x})\,\mathrm{d}\boldsymbol{x} \tag{6.91}$$

式(6.91)的积分表示 $\boldsymbol{X}$ 在 ΔS_l 上的概率。也可以考虑成两部分:首先,$\boldsymbol{X}$ 在(超)平面 H_l 上的概率,然后,已知在(超)平面 H_l 上的 $\boldsymbol{X}$ 又在 ΔS_l 上。应该注意到,对于线性极限状态函数,ΔS_l 投射到 H_l 上是一个 $n-1$ 维的(超)平面;满足于 ΔS_l 的可靠度可能被 ΔS_l 上的积分 $f_{\boldsymbol{X}}^*(\boldsymbol{x})$ 直接得到,$f_{\boldsymbol{X}}^*(\boldsymbol{x})$是由垂直于 H_l 方向的$f_{\boldsymbol{X}}(\boldsymbol{x})$积分得到的。$f_{\boldsymbol{X}}(\boldsymbol{x})$可由 ΔS_l 的 $n-1$ 维积分得到,假设该结果由 $\boldsymbol{X}$ 在 H_l 上的概率得出,那么$f_{\boldsymbol{X}}(\boldsymbol{x})$不是第一个被确定。因此,式(6.91)的积分可以被两部分替代:

$$v_{\Delta D_l}^{+} = E(\dot{X}_{nl})^{+} \int_{H_l} f_X(\boldsymbol{x})\,\mathrm{d}\boldsymbol{x} \int_{\Delta S_l, n-1} f_X(\boldsymbol{x})\,\mathrm{d}\boldsymbol{x} \tag{6.92}$$

式中：现在知道在 ΔS_l 上 $f_X(\,)$ 的积分是 $n-1$ 维的并且在 H_l 上的积分是一维的，垂直于 H_l。

式(6.92)中的第二个积分可以用线性极限状态函数的系统边界得出，但是现在被用于确定包含在 ΔS_l 里而不是 ΔS_l 外面的概率容度 P_l。显然，要求的概率容度是由系统边界直接得到的容度的补充。参见例 6.3。

式(6.92)的第一个积分即表示 $\boldsymbol{X}$ 在 H_l 上概率，可以通过考虑超平面 H_l 被它的侧面替代来估计。

如果第 l 个线性安全边缘有表达式 $Z_l=a_0+a_1X_1+a_2X_2+\cdots+a_nX_n$，$a_0>0$ 并且 a_i 均为常数，通过 4.3 节的讨论极限状态 $Z_l=0$ 有一个垂直于 H_l 向量定义为

$$\boldsymbol{A}_l=[\alpha_{1l},\alpha_{2l},\cdots]^{\mathrm{T}} \tag{6.93}$$

其中：

$$\alpha_{il}=\frac{a_i}{l} \tag{6.94}$$

$$l=\left(\sum_{i=1}^{n} a_i^2\right)^{1/2}$$

如果(超)平面在垂直方向 $\boldsymbol{A}_l$ 上移动距离 δ，Z_l 值的变化量如图 6.20 所示。

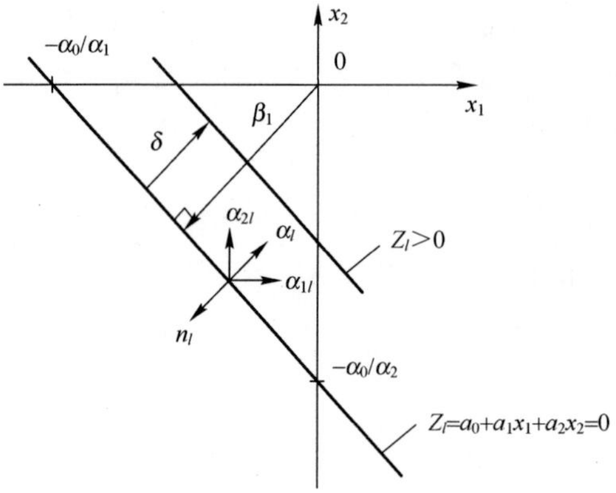

图 6.20　超平面H_l的平行转换

$Z_l(>0)-Z_l(=0)=[a_0+a_1(X_1+\delta\alpha_1)+a_2(X_2+\delta\alpha_2)+\cdots+a_n(X_n+\delta\alpha_n)]-(a_0+a_1X_1+\cdots)$ 将式(6.94)代入可变为

$$Z_l(>0)-Z_l(=0)=\delta\sum_{i=1}^{n} a_i\alpha_{il}=\delta\left(\sum_{i=1}^{n} a_i^2\right)^{1/2} \tag{6.95}$$

对于线性极限状态函数，可靠度指标可以通过 $\beta=\mu_Z/\sigma_Z=E(Z_l)/D(Z_l)$ 得出并

且可靠度指标相应的变化量为

$$\Delta\beta_l=\frac{E(Z_l>0)-E(Z_l=0)}{D(Z_l)} \tag{6.96}$$

两个超平面之间的概率容差显然可以通过 $\Delta\Phi(-\beta_t)=\Phi(-\beta_t)-\Phi[(-(\beta_t-\Delta\beta_t)]$ 得出。从而概率密度 $\int_{H_l} f_X(\boldsymbol{x})\mathrm{d}\boldsymbol{x}$ 为平面间距 δ 趋向于 0 时的概率变化：

$$\int_{H_l} f_X(\boldsymbol{x})\mathrm{d}\boldsymbol{x}=\lim_{\delta\to 0}\left[\frac{\Delta\Phi(-\beta_t)}{\delta}\right]=\lim_{\delta\to 0}\left[\phi(\beta_t)\frac{\Delta\beta_t}{\delta}\right] \tag{6.97}$$

或用式(6.95)和式(6.96)：

$$\int_{H_l} f_X(\boldsymbol{x})\mathrm{d}\boldsymbol{x}=\frac{\phi(\beta_l)}{D(Z_l)}\left(\sum_{i=1}^{n}a_i^2\right)^{1/2} \tag{6.98}$$

当所有 X_i 是标准正态随机变量时，容易得出式(6.92)变为 $\phi(\beta_l)$ (Veneziano et al. ,1977)。

式(6.98)的结果结合式(6.92)的期望 $E(\ )^+$ 可以得到下面的纠正的结果：

$$K_l=E(\dot{X}_{nl})^+\int_{H_l} f_X(\boldsymbol{x})\mathrm{d}\boldsymbol{x} \tag{6.99}$$

注意到通过一系列线性极限状态函数，ΔS_l 可以被定义为在平面 H_l：这些函数基于(随机变量)安全边缘的表达式为

$$Z_j=a_{0j}+\sum_{i=1}^{n}a_{ij}X_i,\quad j=1,\cdots,n;j\neq l \tag{6.100}$$

定义：$Z_j>0$ 在 H_l 定义的安全域里，即在 ΔS_l 里。否则 $Z_l=0$。

注意到 $\dot{Z}_j=\sum_{i=1}^{n}a_i\dot{X}_i$，并且 $\dot{X}_{nl}\equiv\boldsymbol{n}_l^{\mathrm{T}}\cdot\dot{\boldsymbol{X}}$，其中 $\boldsymbol{n}_l$ 是与平面 H_l 垂直向外的向量，因此等于 $-\boldsymbol{A}_l$（图 6.18 和图 6.20），从而用式(6.94)可以得到

$$\dot{\boldsymbol{X}}_{nl}=-\boldsymbol{A}_l^{\mathrm{T}}\cdot\dot{\boldsymbol{X}}=-\sum_{i=1}^{n}a_{il}\dot{X}_i \tag{6.101}$$

$$=\sum_{i=1}^{n}a_i\dot{X}_i\Big/\left(\sum_{i=1}^{n}a_i^2\right)^{1/2} \tag{6.102}$$

$$=-\frac{\dot{Z}_l}{\left(\sum_{i=1}^{n}a_i^2\right)^{1/2}} \tag{6.103}$$

将式(6.103)和式(6.98)代入到式(6.99)得到

$$K_l=E(-\dot{Z}_l)+\frac{\Phi(\beta_t)}{D(Z_l)} \tag{6.104}$$

通过 Z_l 这个表达式可被进一步简化，且 $\dot{Z}_l$ 是正态分布(因为 $\boldsymbol{X}$ 是正态

的)。设$\dot{Z}_l$的均值和标准差分别为μ和σ,那么概率密度函数$f_{\dot{Z}_l}(\ )$为$(1/\sigma)\phi[(\dot{z}-\mu)/\sigma]$。而当$-\dot{Z}_l>0$的情况时,期望通过式(A.10)表示如下:

$$E(-\dot{Z}_l)^+=-\int_{-\infty}^{0}v(1/\sigma)\phi[(v-\mu)/\sigma]\mathrm{d}v \tag{6.105}$$

其中选择积分界限得到期望的正部,通过分部积分并代入式(6.104)有

$$K_l=\phi(\beta_l)\frac{\sigma}{D(Z_l)}\left[\phi\left(\frac{\mu}{\sigma}\right)-\frac{\mu}{\sigma}\Phi\left(-\frac{\mu}{\sigma}\right)\right] \tag{6.106}$$

式中:$\mu=E(\dot{Z}_l)$;$\sigma=D(\dot{Z}_l)$;$\phi(\ )$和$\Phi(\ )$分别为标准正态分布的概率密度函数和累计密度函数。重要的是当极限状态是非时变时,$\mu=E(\dot{Z}_l)=0$,注意到$\phi(0)=1/\sqrt{2\pi}$和$\sigma=D(\dot{Z}_l)$(同上),从而式(6.106)可简化为

$$K_l=\frac{\phi(\beta_l)}{(2\pi)^{1/2}}\frac{D(\dot{Z}_l)}{D(Z_l)} \tag{6.107}$$

对于整个区域的外穿率v_D^+,通过对每个超平面$H_l(l=1,\cdots,k)$的外穿率求和得到,所以

$$v_D^+=\sum_{l=1}^{k}v_{D_l}^+=\sum_{l=1}^{k}K_lp_l \tag{6.108}$$

其中对于式(6.92)可以用$p_l=\int_{\Delta S_l}f_X(\boldsymbol{x})\mathrm{d}\boldsymbol{x}$描述。如果$p_l$是有界的,那么式(6.108)也是有界的,但是现在在v_D^+上。

以上内容是基于假设对于所有的l,每个安全边界Z_l都是可微的。特定情况下,意味着均值函数$E[Z_i(t)]$对于所有t必须是可微则均值$E[\dot{Z}_i(t)]$存在,并且相关函数$\mathrm{cov}[Z_i(t_1),Z_j(t_2)]$在$i=j$和$t_1=t_2$时必须是可微的,则方差$D[\dot{Z}_i(t)]$存在,因此

$$E[\dot{Z}_i(t)]=\frac{\mathrm{d}}{\mathrm{d}t}\{E[Z_i(t)]\} \tag{6.109}$$

$$\mathrm{var}[\dot{Z}_i(t)]=\mathrm{cov}[\dot{Z}_i(t_1),\dot{Z}_j(t_2)]=\frac{\partial^2}{\partial t_1\partial t_1}\mathrm{cov}[Z_i(t_1),Z_j(t_2)]\bigg|_{\substack{i=j\\t_1=t_2}} \tag{6.110}$$

6.5.4.4 一般区域和过程

当安全域不一定是凸的时候,确定外穿率变得更困难。如果非安全域是可视的,或者用数学形式按照组成部分的平面(半空间)区域的并集、交集表达出来,那么非安全域的并集、交集的概念可能用到(Rackwitz,1984)。或者,一个简化的凸或球形区域的边界可以用来产生外穿率所在的边界(Veneziano et al.,

1977)。尽管这种边界可能会极度保守。

非线性状态函数会变得更复杂。在 FOSM 理论中,极限状态函数应该是线性的。正如所期望的或者如渐进理论中(Breitung,1984;1988)所说的,对于一个单独的极限状态面,适当扩展的点是局部外穿密度最大的点,这种方法类似于在时不变理论中把概率密度 $f_X()$ 最大的点用做延伸点(如第 4 章所述)。有趣的是,一些早期结果已经显示出精确选择线性化点通常不是得到理想精确结果的关键(Breitung and Rackwitz,1982)。一旦已经选择线性化点和线性化极限状态,平均外穿率的估计可能会按照前面几节所提到的程序进行。

另一个可能性来自向量过程 $\boldsymbol{X}(t)$ 的所有元素是非正态或者不连续的。原则上,将外穿率的计算分解成与连续过程有关,与(随机)不连续过程有关和与非时变的随机变量有关是有可能的(Rackwitz,1984)。只要(合理)假定不同组的元素过程是相互独立的,变元素相应的外穿率就可以相加。

非正态分量过程可以用 4.4.3 节的方法转换成等价的正态过程,再次利用局部最大外穿率的点作为延伸点,甚至也可在非正态向量过程和非线性极限状态函数的一般情况下运用,已被 Breitung 和 Hohenbichler(1987)说明是适合的。简化说明,当每个元素通过忽略两个元素之间依赖关系的单变量非线性转化为相互独立的,这种变化也被命名为正态过程的平移。

6.5.5　外穿率的数值计算

外穿率的数值估计可能受前面几节或仿真技术给出的不同函数的数值估计所限。如果外穿问题的形式如图 6.18 所示,对于任意凸区域边界外穿率的数值估计常使用方向抽样。针对有连续导数的 n 维标准正态(高斯)向量过程 $N(\boldsymbol{\mu}_X,\boldsymbol{C}=\boldsymbol{I})$,其中 $\boldsymbol{\mu}_X$ 是均值向量,$\boldsymbol{C}=\boldsymbol{I}$ 是(对角)协方差矩阵,仿真已经很成熟。(Ditevsen et al.,1987)这种仿真把均值作为初始值(3.5 节)。计算的积分是覆盖区域边界 S_D 的(式(6.80))。该积分要求计算满足 $\dot{x}_n=\boldsymbol{n}(t)\cdot\dot{\boldsymbol{x}}(t)$ 的 $\dot{X}_n\mid\boldsymbol{X}=\boldsymbol{x}$;这意味着外法线 $\boldsymbol{n}(t)$ 是计算的关键(见图 6.18)。对于空间情况,当问题被重新构造成标准正态空间及极限状态表达式是线性函数时,相对简单,因为对于所有 t,线性极限状态函数的表达式可以直接生成法线的表达式。类似于图 3.9 所示,很容易引入重要度抽样技术。

这些数值积分计算外穿率的想法通常直接包括在评估时变失效概率的技术中,将在下节中进行讨论。因此,在该阶段不用给出更多细节的简化来评估外穿率,这些方法已经足够。

在继续讨论前,虽然,通过关注外穿率的确定,将时间相关的向量过程的穿阈问题转化为确定一个标量度量的问题很重要,但类似于重现期和 6.2 节中的年失效概率或者6.1节使用期的失效概率也很重要。其本质的不同是时间标量的使用以及解释向量过程的多分量效应的可能性。直接利用随机过程理论是可能的,该方法也可用于多载荷过程以合理的方式进行时变可靠性评估。

6.6 时变可靠性

6.6.1 概述

在时变可靠性方法中,结构的失效概率直接通过首次穿阈概率得到。对于高可靠系统是有效的。可以通过结构正常寿命$[0,t_L]$间(图6.17)过程$S(t)$离开安全域D_s的概率得到。如6.1节所提到的,可以表达如下:

$$p_f(t)=P[R(t)\leqslant S(t)]\ \forall\ (t\in[0,t_L]) \tag{6.111}$$

式中:$[0,t_L]$表示结构寿命或者其他关注期间;$R(t)$为某个时间点的结构的强度有关时间t的函数;$S(t)$为载荷过程,同样也是时间t的函数。为了可操作和更具一般性,在6.2节中,该表达式强度决定,强度用向量表示,也是一个时间的函数$R(t)$,概率密度函数为$f_R(\ )$,如下:

$$p_f(t)=\int_{\boldsymbol{r}} p_f(t_L\mid \boldsymbol{r})f_{\boldsymbol{R}}(\boldsymbol{r})\,\mathrm{d}\boldsymbol{r} \tag{6.112}$$

式中:决定失效概率的$p_f(t_L\mid \boldsymbol{r})$为载荷过程$\boldsymbol{Q}(t)$的向量的函数(或者依赖如何精确阐述问题的载荷影响过程$\boldsymbol{Q}(t)$的向量)。重要的是,它表示失效概率依给定的结构强度的轨迹$\boldsymbol{R}=\boldsymbol{r}$而定。这个问题可以当作上述的一个外穿问题,该问题假定一个确定边界的强度轨迹$\boldsymbol{R}=\boldsymbol{r}$,并关注具有外穿概率的载荷过程$\boldsymbol{Q}(t)$。从而根据$p_f(t_L\mid \boldsymbol{r})$和外穿率的相关性,由上述针对外穿率给出的结论可以被直接运用。

一般来讲,没有简单的相关性存在。目前可利用的最优方法是依靠提供(条件)失效概率和外穿率v_D^+均值之间的上界关系的随机过程理论的结论(式(6.51),式(6.52),式(6.53)):

$$p_f(t)\leqslant p_f(0)+[1-p_f(0)]v_D^+t_L \tag{6.113}$$

式中:$p_f(0)$为在时间$t=0$时结构失效的概率,典型的如载荷第一次加载。该结论对固定的向量载荷过程是有效的;如果向量载荷过程是平稳变化的,$v_D^+t_L$可以被$\int_0^{t_L} v_D^+(\tau)\,\mathrm{d}\tau$替换。

显然在计算上所关心的是三个量,第一是$p_f(0)$的计算。这个,很明显不是与时间有关的可靠度并且可以用第3章、第4章、第5章讨论的任何方法直接计算。第二个是外穿率的计算：与6.5节中讨论的方法有关。当这些(条件项)已经被选择放在绝对失效概率的式(6.112)积分里时。会在下面的几节讨论。

第三所关心的是式(6.113)靠近正确结果的上界。如6.4.5节中提到的对于窄频带载荷过程(诸如动态激励结构的响应,6.8节),穿越以簇发生是有可能的。在这种情况下,上界表达式将明显地高估外穿率。相反地,如果载荷过程向量不是窄频带,该界限大体上相当接近。

一种完全不同的计算时变可靠度的方法是通过找到全部通过分路的外穿率 s,并通过直接仿真每个连续向量过程输入确定的失效域来计算多变量向量过程的概率。特别地,每个多变量标准高斯向量过程通过有随机系数的三角级数表示(Shinozuka,1987)。方向仿真可用来计算概率,对每一个方向抽样,用最大寿命方法计算向量过程超过区域的概率。尽管它是非常直接的方法,它暴露出高度计算要求的缺点,因为计算要求至少 $s(t+1)$ 次仿真,其中 s 是随机向量过程元素的数量,t 是用于表示每个随机过程的随机系数的数量。特别是对于 t 最理想的值似乎不能很好地研究,并且在规模上会很大。计算时变失效概率的方法不再进一步讨论鉴于此尽管它可用于检查通过下面要讨论的方法的得到的结果。[M,M1996]

6.6.2 非条件失效概率的抽样方法

式(6.112)的积分一般不能解析表达此,式(6.113)可能也不能被解析得到。已经提出了三种可能解决这种问题的方法:将仿真和FOSM/FOR/SOR方法分别结合,简单描述如下。

6.6.2.1 重要度和条件抽样

该方法中,考虑条件期望(3.6.1节)估计式(6.113),再通过重要度抽样的计算得到式(6.112),(Mori and Ellingwood,1993a)。该过程起始于非时变重要度抽样公式(3.17),其中积分区域为失效域 D,在适当情况下极限状态函数 $G(\boldsymbol{x})=0$ 可以表示成 m 个独立极限状态函数 $\bigcup_{i=1}^{m} G(\boldsymbol{x})=0$ 的集合。多元积分可以写成如下的条件概率形式:

$$p_{\mathrm{f}}=\int\cdots\int_{D_1}\frac{\left\{\int\cdots\int_{D_2} I[G(\boldsymbol{x}_1,\boldsymbol{x}_2\leqslant 0)]f_{X_2|X_1}(\boldsymbol{x}_2\mid\boldsymbol{x}_1)\mathrm{d}\boldsymbol{x}_2\right\}f_{x_1}(\boldsymbol{x}_1)}{h_V(\boldsymbol{x})}h_V(\boldsymbol{x})\mathrm{d}\boldsymbol{x} \tag{6.114}$$

$$\int \cdots \int_{D_1} \frac{p_{f|X_1=x_1} f_{x_1}(\boldsymbol{x}_1)}{h_V(\boldsymbol{x})} h_V(\boldsymbol{x}) \mathrm{d}\boldsymbol{x} \tag{6.115}$$

式中:{}中的项在式(6.114)可以被条件概率 $p_{f|X_1=x_1}$ 代替。在式(6.115)中 $\boldsymbol{X}_1$ 和 $\boldsymbol{X}_2$ 是随机向量 $\boldsymbol{X}$ 的子集,$f_{X_2|X_1}(\boldsymbol{x}_2 \mid \boldsymbol{x}_1)$ 是 $\boldsymbol{X}_2$ 在 $\boldsymbol{X}_1$ 的条件概率密度函数,并且 D_1 和 D_2 分别是 $\boldsymbol{X}_1$ 和 $\boldsymbol{X}_2$ 是抽样空间。显然 D_1 和 D_2 必须互相独立,并集为 D。

下一步是确认式(6.115)与时变可靠度函数式(6.112)有一样的形式并且 D_1 上的 m 层积分可以通过选择重要度抽样密度函数 $h_V(\boldsymbol{x})$ 抽样的蒙特卡罗仿真(如重要度抽样)得到(参见 3.4.2 节)。

如果在式(6.114)中{}中的内容可以数值计算出来,(或者近似形式)在重要度抽样理论中每个抽样可以被计算(如,给定条件期望结果)。该方法中,可以达到条件期望方差减缩(3.6.1 节),从而减少 MC 抽样的计算量。实际上,这种方法仅针对简单系统诸如弱关联(串联)系统,随机过程的有限形式如泊松尖峰过程的有限形式,条件期望可合理有效的得到,如式(6.65)给出的 $R_i = a_i$ 条件失效概率(Mori and Ellingwood,1993a)。

6.6.2.2 在载荷过程空间里的方向性仿真(directional simulation)

当图 6.18 随机过程的空间 $\boldsymbol{X}$ 解释成(平稳)载荷过程 $\boldsymbol{Q}(t)$ 的(m 维)空间时,在载荷过程空间里的定向仿真直接从 6.5.4.1 节的外穿理论得到。从而在该空间里的区域边界 S_D 可以解释成定义为 $\boldsymbol{R}=\boldsymbol{r}$ 结构强度的一个轨迹。进一步讲,通常的极限状态函数 $G_i(\boldsymbol{q},\boldsymbol{x})=0,(i=1,\cdots,k)$ 可以解释成概率的"边界"如图 3.12 所示。与 3.5.4 节提出的定向仿真思想唯一的不同是此处载荷为载荷过程 $\boldsymbol{Q}(t)$。

如 3.5.4 节中,设系统的抗力 $\boldsymbol{R}$ 的联合密度概率函数为 $f_{\boldsymbol{R}}(\,)$。令它是其他随机变量 $\boldsymbol{X}$(未必与时间无关)的一个函数,如 $\boldsymbol{R}=\boldsymbol{R}(\boldsymbol{X})$。$\boldsymbol{X}$ 的元素可以是结构部件、单元或者是元素强度、材料属性以及它们的不确定性。($\boldsymbol{X}$ 可以包含任何在载荷过程空间里的不确定性。类似地,$\boldsymbol{Q}(t)$ 可以包含除了载荷过程的其他过程,其概率密度函数可以反应载荷元素间的依赖性)。

结构系统的失效概率由式(6.112)或者式(3.46)给出。针对高可靠系统,对于给出抗力轨迹 $\boldsymbol{R}=\boldsymbol{r}$(对所关心的时间区间 t_{L})的失效的条件概率 $p_{\mathrm{f}}(t_{\mathrm{L}} \mid \boldsymbol{r})$ 可以利用式(6.51)或者上界式(6.52)通过初始失效概率 $p_{\mathrm{f}}(0)$ 和外穿率 v_D^+ 计算,其中,同前,$p_{\mathrm{f}}(0,s \mid \boldsymbol{a})$ 为在时刻 $t=0$ 时的失效概率,v_D^+ 是向量过程 $\boldsymbol{Q}(t)$ 在安全域 D 外的外穿率。在载荷空间里的定向仿真,如 3.5.4 节所示,可以被应用于式(6.112)或者式(3.46)并且关系为 $\boldsymbol{R}=S.\boldsymbol{A}+\boldsymbol{c}$,其中,同前,$\boldsymbol{A}$ 是由概率密度为 $f_{\boldsymbol{A}}(\,)$ 的余弦方向向量,S 是表示(一定条件下)结构强度(标量)的径向距

离,$\boldsymbol{c}$ 是作为初始方向仿真的某个点。$f_{(s|\boldsymbol{a})}(\,)$ 是条件概率的密度函数。$f_{(s|\boldsymbol{a})}(\,)$ 的值在 5.3.4 节中已讨论。同样的规律可以用在时变问题上。

在载荷空间的定向仿真方法已经应用到高斯过程和泊松脉冲过程。

同前,使用在载荷空间公式的基础是假设极限状态独立于载荷过程的实现,即极限状态方程假定有独立的载荷路径(见 5.1 节讨论)。

6.6.3　对于无条件的失效概率的 FOSM/FOR 法

对于给定的极限状态函数 $G_i(\boldsymbol{X}(t))\geqslant 0(i=1,\cdots,n)$ 的轨迹,完全可以描述安全域 D_S,且 v_D^+ 和 $p_f(0)$ 都已经可以由 6.5 节的 FOSM/FOR 技术描述的方法确定。下面给出例子。条件失效概率 $p_f(t_L|\boldsymbol{r})$ 可以独立地针对每个(线性化)极限状态函数利用对于外穿率 v_D^+ 的上界式(6.54)计算出来。那么,假设载荷过程仅仅是正态向量过程,首次穿阈概率的上界可以通过使用第 5 章的二阶系统边界式(5.39)和式(5.45)及 FOSM/FOR 理论得到。Ditlevsen(1983b)和 Wickham(1985)已经给出实例并且下面给出给另外的例子。

现在仍存在的主要问题是在强度随机变量 $\boldsymbol{R}$ 上的积分。如在 6.2 节中提到的,一种方法是引入一个附加的随机变量,这样把时变问题转化为一个非时变问题。然而,经验表明当极限状态函数是时变的或者过程非平稳时,虽然用附加随机变量的公式可以非常接近 FOR/SOR 方法的精确度,但是计算时间会倾向于过长(Rackwitz,1993)。

或者,该问题可以用 Laplace 积分近似值重构(Breitung,1984;1994)。不幸地是,这个方案似乎只对于 $\boldsymbol{R}$ 上非常小的变量有效。

可以看出,虽然经典 FORM/FOR/SOR 方法针对非时变可靠度分析和外穿率 v_D^+ 的确定(如下面的例子)是非常有效的,但是用于所有时变问题是很困难的,主要是因为积分需要诸如结构强度 $\mathbf{R}$ 的时不变的随机变量的积分的原因。鉴于这个目的,可以看出重要度抽样和蒙特卡罗仿真工具提供了最实际解决方法(Rackwitz,1993)。

例 6.3

图 6.21 中所示,在刚度塑性架构杆上施加两个平稳高斯随机负载过程 $X_1(t)$ 和 $X_2(t)$。它有一个随机变量抗力 $R=X_3$。忽略可能的动力影响因素,图 6.21 中所示架构即为重要的破坏形式。期望值 $E[X_1(t)]=\mu$,$E[X_2(t)]=0.5\mu$ 和 $E[X_3(t)]=R$ 均为随机变量。由于是稳态系统,当时间变量为 $\tau=t_1-t_2$ 时,协方差函数为

$$c_{11}(t_1,t_2)=c_{22}(t_1,t_2)=\sigma^2\rho(\tau)\text{ 和 }c_{12}(t_1,t_2)=c_{21}(t_1,t_2)=0.5\sigma^2\rho(\tau)$$

所有其他变量为 0。若 $\tau=0$ 则 $\rho=1$。更进一步,取 $\sigma=0.25\mu$ 和 L 为四个单位

长度。

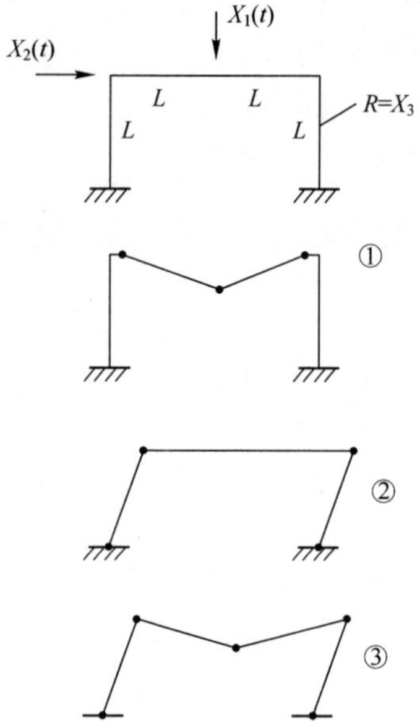

图 6.21　完全塑性框架和塑性塌陷模型

1. *初始做法*

第一步是确定每一个失效模式的时间无关指标 β 的值。从破坏形式分析看安全裕度表达式为

$$\begin{bmatrix} Z_1 \\ Z_2 \\ Z_3 \end{bmatrix} = \begin{bmatrix} -4 & & +4 \\ & -4 & +4 \\ -4 & -4 & +6 \end{bmatrix} \begin{bmatrix} X_1 \\ X_2 \\ X_3 \end{bmatrix} \text{或者 } \boldsymbol{Z}=\boldsymbol{A}.\boldsymbol{X} \tag{6.116}$$

式(6.116)来自于均值为 $4R-4\mu$,$4R-2\mu$ 和 $6R-6\mu$ 的 Z_i。可以利用式(A.162)确定 Z_i 的标准差,同时也可以用式(A.163)找出 Z_i 之间的协方差。所需结果值也可以通过式(B.12)中的矩阵较容易地获得。

$$\boldsymbol{C}_Z=\boldsymbol{A}\boldsymbol{C}_X\boldsymbol{A}^{\mathrm{T}} \tag{6.117}$$

式中:C_X 为 X_i 与 X_j 之间的协方差函数 c_{ij}的矩阵,表达式为

$$\boldsymbol{C}_X=\sigma^2\begin{bmatrix} \rho(\tau) & 0.5\rho(\tau) \\ 0.5\rho(\tau) & \rho(\tau) \end{bmatrix}=\sigma^2\begin{bmatrix} a & b \\ b & a \end{bmatrix}, \tag{6.118}$$

把此式代入式(6.117)中,得

$$\boldsymbol{C}_Z=16\sigma^2\begin{bmatrix} -1 & 0 \\ 0 & -1 \\ -1 & -1 \end{bmatrix}\begin{bmatrix} a & b \\ b & a \end{bmatrix}\begin{bmatrix} -1 & 0 & -1 \\ 0 & -1 & -1 \end{bmatrix} \tag{6.119}$$

或者

$$\boldsymbol{C}_Z = 16\sigma^2 \begin{bmatrix} a & b & a+b \\ b & a & a+b \\ a+b & a+b & 2(a+b) \end{bmatrix} \tag{6.120}$$

若 $\tau = t_1 - t_2 = 0$ 是所要求的根据式(6.39)和式(6.36a)得到的 Z_1, Z_2 和 Z_3 之间的方差,那么当 $\rho = 1$ 时,式(6.115)将变为

$$C_Z = 16\sigma^2 \begin{bmatrix} 1.0 & 0.5 & 1.5 \\ 0.5 & 1.0 & 1.5 \\ 1.5 & 1.5 & 3.0 \end{bmatrix} \tag{6.121}$$

对角线上的数代表方差,因此,$D(Z_i)$ 的各个标准偏差为 4σ、4σ 和 $4\sqrt{3}\sigma$。破坏形式可靠度指标 $\beta_i = E(Z_i)/D(Z_i)$ 就变为 $4(\lambda-1)$,$4\left(\lambda - \frac{1}{2}\right)$ 和 $2\sqrt{3}(\lambda-1)$。

2. *初始失效概率*

在时间 $t=0$ 时,初始失效概率 $p_f(0)$ 可以用第 5 章给出的方法计算出。此处用

式(5.39) $P(F) \geqslant P(F_1) + \sum_{i=2}^{m} \max\left\{ \left[P(F_i) - \sum_{j=1}^{i-1} P(F_i \cap F_j) \right], 0 \right\}$ 和

式(5.45) $P(F) \leqslant \sum_{i=1}^{m} P(F_i) - \sum_{i=2}^{m} \max_{j<i} [P(F_i \cap F_j)]$ 以及式(C.8)可以计算出 $P(F_i \cap F_j)$ 的近似值。使用式(5.45)时,将用到相关系数 $\rho_{ij} = \rho(Z_i, Z_j)$。$\rho_{ij}$ 可从式(6.121)得出

$$\rho_{12} = \rho_{21} = \frac{\operatorname{cov}(Z_1, Z_2)}{\sigma_{Z_1}\sigma_{Z_2}} = \frac{16\sigma^2(0.5)}{(4\sigma)(4\sigma)} = 0.5$$

$$\rho_{13} = \rho_{31} = \frac{16\sigma^2(1.5)}{(4\sigma)(4\sqrt{3}\sigma)} = 0.5\sqrt{3}$$

$$\rho_{23} = \rho_{32} = \frac{16\sigma^2(1.5)}{(4\sigma)(4\sqrt{3}\sigma)} = 0.5\sqrt{3}$$

$$\rho_{11} = \rho_{22} = \rho_{33} = 1$$

式(C.8)中,需估计 $(\beta_i - \beta_j\rho_{ij})/(1-\rho_{ij}^2)^{\frac{1}{2}}$ 的值。这个值可以看作代表"条件值" $\beta_{i|j}$(参见例 6.4)。其结果很容易得到,如下:

$$\beta_{i|j} = \begin{bmatrix} 0 & \frac{4}{\sqrt{3}}\left(\lambda - \frac{3}{2}\right) & 2\lambda - 2 \\ \frac{4}{\sqrt{3}}\lambda & 0 & 2\lambda + 2 \\ 0 & -2\sqrt{3} & 0 \end{bmatrix} \tag{6.122}$$

利用式(C.8)中最不合适的边界值(如附加界限),并将可靠度指标按增加值排序,就会得到初始失效概率的下限值:

$$p_f(0)>\Phi(-\beta_3)+\{\Phi(-\beta_1)-[\Phi(-\beta_1)\Phi(-\beta_{13})+\Phi(-\beta_3)\Phi(-\beta_{31})]\}^+$$
$$+\{\Phi(-\beta_2)-[\Phi(-\beta_2)\Phi(-\beta_{12})+\Phi(-\beta_1)\Phi(-\beta_{21})]-$$
$$[\Phi(-\beta_2)\Phi(-\beta_{32})+\Phi(-\beta_3)\Phi(1-\beta_{23})]\}^+$$

这个界限是对应抗力随机变量 $R=r$ 的函数值。例如,当 $\lambda=R/\mu=2$ 时,得下界限值为

$$p_f(0)>2.797\times10^{-4} \tag{6.123}$$

从式(5.45)看出,$p_f(0)$ 上限界值由下式给出:

$$p_f(0)\leqslant\Phi(-\beta_3)+\Phi(-\beta_2)+\Phi(-\beta_1)-\max[\Phi(-\beta_1)\Phi(-\beta_{31}),\Phi(-\beta_2)\Phi(-\beta_{32})]$$
$$-\max[\Phi(-\beta_2)\Phi(-\beta_{32}),\Phi(-\beta_3)\Phi(-\beta_{23})]$$

当 $\lambda=2$ 时,得到

$$p_f(0)<2.858\times10^4 \tag{6.124}$$

3. 基于 H_3、H_2 和 H_1 的条件概率

式(6.91)中,对于 $l=3$ 时的的条件概率密度 $\int_{\Delta S_l} f_X(\boldsymbol{X})\mathrm{d}\boldsymbol{X}$ 的求解需得到极限状态函数 1 和 2 在代表第 3 个极限状态方程的平面 H_3 上的投影。可靠度指标 β_1 和 β_2 的投影也需要上述投影(见图 6.22(a))。从图 6.22 中可以看出 β 的投影就是上面已经求得的条件可靠度指标 $\beta_{i|j}$(参见例 6.4)。同样需要的参数是条件相关系数 $\rho_{ij|k}$,典型的表示图 6.22(b)中所示的角度 $v_{12|3}$,这是由于式(5.58)中 $\rho=\cos v$。用几何学论证(见例 6.4)或者从回归考虑,条件相关系数可证明为

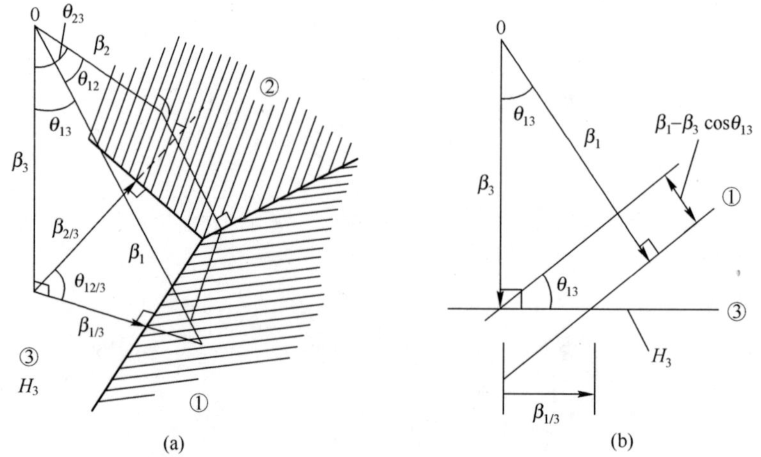

图 6.22 可靠性指标和三平面的表示

$$\rho_{ij|k}=\frac{\rho_{ij}-\rho_{ik}\rho_{jk}}{\left[(1-\rho_{ik}^2)(1-\rho_{jk}^2)\right]^{\frac{1}{2}}} \tag{6.125}$$

代入得到结果：

$$\rho_{12|3}=-1,\quad \rho_{13|2}=\rho_{23|1}=+1 \tag{6.126}$$

平面 H_3 上 ΔS_3 的条件概率可以用式(6.122)和式(6.126)以及式(C.8)中的传统组合来约束。利用界限值也可求出区域 ΔS_3 以外的概率值，ΔS_3 内的概率值由下式约束：

$$\begin{aligned}&1.0-p_3>\Phi(-\beta_{1|3})+\{\Phi(-\beta_{2|3})-[\Phi(-\beta_{2|3})\Phi(-A)+\Phi(-\beta_{1|3})\Phi(-\beta)]\}\\&1.0-p_3<\Phi(\beta_{1|3})+\Phi(-\beta_{2|3})-\max[\Phi(-\beta_{2|3})\Phi(-A),\Phi(-\beta_{1|3})\Phi(-\beta)]\end{aligned} \tag{6.127a}$$

式中(参见式(C.9))：

$$\begin{aligned}A&=\frac{\beta_{1|3}-(\rho_{12|3})\beta_{1|3}}{[1-(\rho_{12|3})^2]^{\frac{1}{2}}}=\frac{(2\lambda-2)-(-1)(2\lambda+2)}{[1-(-1)^2]^{\frac{1}{2}}}=\infty\\A&=\frac{\beta_{2|3}-(\rho_{21|3})\beta_{1|3}}{[1-(\rho_{21|3})^2]^{\frac{1}{2}}}=\frac{(2\lambda+2)-(-1)(2\lambda-2)}{[1-(-1)^2]^{\frac{1}{2}}}=\infty\end{aligned} \tag{6.127b}$$

上述结果说明在现在的情况中,极限状态函数与平面 H_3 之间夹角为 180°，并且两种条件安全性指标都必须对全部可靠性估量起作用。一般地,这种特殊的结果不期望得到。

从式(6.126)中已经计算出 $\rho_{12|3}=-1$,以此推得极限状态方程与平面 H_3 相离 180°。然而，由于式(6.127a)中得到的上界和下界的结果也明显一样,根据边界值的计算也得出了同样的结论：

$$1-p_3=\Phi(-\beta_{1|3})+\Phi(-\beta_{2|3})=\Phi[-(2\lambda-2)]+\Phi[-(2\lambda+2)]$$

也正好是从界限表达式中得出,且推出 $\Phi(-A)=\Phi(-B)=\Phi(-\infty)=0$。更进一步,当 $\lambda=2$ 时：

$$p_3=0.9772 \tag{6.127c}$$

平面 H_2 中的第一和第三失效形式的相关系数为 $\rho_{13|2}=1$,意味着 $\rho_{1|2}$ 和 $\rho_{3|2}$ 的极限状态方程是平行的(相离 0°)且 β 的最小值具有决定性。由于 $\beta_{3|2}=2\sqrt{3}<\beta_{1|2}=\frac{4}{\sqrt{3}}\left(\lambda-\frac{3}{2}\right)$ 对于所有的 λ 都成立,则概率值的计算将与 λ 无关,

$$1-p_2=\Phi(-2\sqrt{3})\text{或 }p_2=0.99973 \tag{6.128}$$

类似地,可以运用于平面 H_1,对于所有的 λ 值,有

$$p_1=0.5 \tag{6.129}$$

4. 外穿率和首次穿阈概率

本例中极限状态方程是与时间无关,所以修正系数 K_l 由式(6.107)给出。$D(\dot{Z}_l)$ 可由式(6.110)给出的矩阵 $\mathrm{var}(\dot{Z}_l)$ 对角线的平方根获得。

为完成式(6.110)中的微分计算,在计算前对式(6.119)给出的 $\boldsymbol{C}_Z$ 总表达式应用 $\tau=t_1-t_2$ 代替 τ,并分别对 t_1 和 t_2 微分。然后,代入 $\tau=t_1-t_2=0$,得到对角线上 $i=j$ 的 $\dot{Z}_i$ 的方差(6.4.3 节)。又得出 $D(\dot{Z}_l)=4\sigma\gamma(1,1,\sqrt{3})$,$l=1,2,3$,其中 $\gamma=[-\rho''(0)]^{1/2}$。式(6.107)中,系数 K_l,$l=1,2,3$ 变为

$$K_l=\left[\frac{\Phi(3.65)[4\gamma]}{(2\pi)^{1/2}(4\sqrt{1.2})},\frac{\phi(5.48)[4\gamma]}{(2\pi)^{1/2}(4\sqrt{1.2})},\frac{\phi(3.23)[4\sqrt{3}\gamma]}{(2\pi)^{1/2}(4\sqrt{3.45})}\right] \tag{6.130}$$

并且,根据式(6.108),平均上穿率 v_D^+ 如下:

$$\begin{aligned}v_D^+=&[0.364\gamma\varphi(3.65)](0.5)+[0.364\gamma\varphi(5.48)](0.99973)+\\&[0.372\gamma\varphi(3.23)](0.9772)\end{aligned} \tag{6.131}$$

式中由于界限值相近,忽略界限变化。评估式(6.131)得结果为 $v_D^+=9.0\times10^{-4}\gamma$。

首次穿阈概率 $p_f(t_L)\leqslant p_f(0)+v_Dt_L$ 可用式(6.52)、式(6.123)和式(6.124)划界为

$$(2.797+9.0\gamma t_L)10^{-4}<[p_f(0)+v_D^+t_L]<(2.858+9.0\gamma t_L)10^{-4} \tag{6.132}$$

其中如前,$[0,t_L]$是我们研究的时间段。实际中如果可分析表达式对于相关函数可解,那么 $\gamma=[-\rho''(0)]^{1/2}$可被评估,例如 $\rho(\tau=t_1-t_2)=A\exp[-B(t_1-t_2)]$,式中 A 和 B 是常数。

本例中的数字部分已经被规定为 $R=\lambda\mu=2\mu$,其中 μ 是加载过程 X_1 的平均值。因此目前得到的(条件)首次穿阈概率是为获得一种确定的抗力:特别的其结果值是满足 $R=r=2\mu$ 的条件值。如果抗力的随机变量性质已知,即 $f_R(\ )$已知,那么结果计算就可以应用全概率定理式(A.6)和式(A.118)得到非条件概率,或者同样的,通过式(6.112)中的 r 完成积分计算。这需要对给定的 $R=r$ 的不同的值(例如,不同的 λ 值)重复计算以充分地通过仿真得到数值积分。

例 6.4

可靠度指标 β_i 在平面 H_j 上的投影 $\beta_{i|j}$如图 6.22(b)所示。基于例 6.3 意义,这些可以解释为条件可靠度指标。角度 v_{ij} 如图 6.22(b)所示,通过式(5.60)得出相关系数的关系 $p_{ij}=\cos v_{ij}$。$\beta_{i|j}$和 $\rho_{ij|k}$的表达式可直接由图 6.23 和图 6.22(b)中的三维几何图形得出;因此对于 $\beta_{1|3}$同样在式(C.9)中给出。

$$\frac{E(Z_1\mid Z_3=0)}{D(Z_1\mid Z_3=0)}=\beta_{1|3}=\frac{\beta_1-\beta_3\cos v_{13}}{\sin v_{13}}=\frac{\beta_1-\beta_3\rho_{13}}{(1-\rho_{13}^2)^{1/2}} \tag{6.133}$$

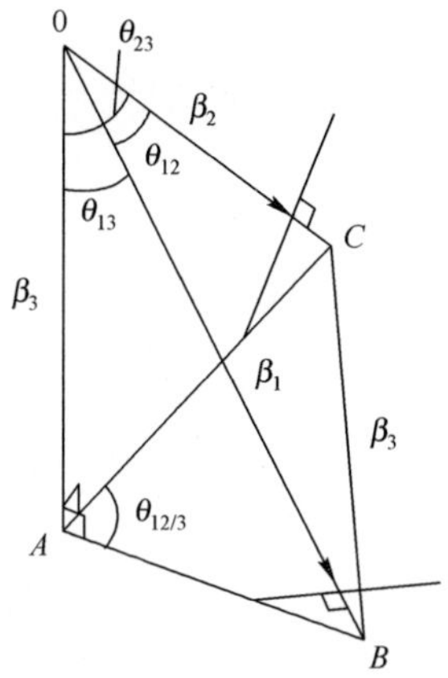

图 6.23　几何方法求解条件可靠度指标和相关系数

为了得到$\rho_{12|3}$,必须算出图 6.23 中的角度 $v_{12|3}$。其求解可以通过对角度 A 和对边 a 两次运用余弦定理 $a^2=b^2+c^2-2bc\cos A$:

$$BC^2=OB^2+OC^2-2(OB)(OC)\cos v_{12}$$

和

$$BC^2=AB^2+AC^2-2(AB)(AC)\cos v_{12|3}$$

式中:$AB=\beta_3\tan v_{13}$、$AC=\beta_3\tan v_{23}$、$OB=\beta_3/\cos v_{23}$;$OC=\beta_3/\cos v_{23}$;$\rho_{ij}=\cos v_{ij}$,服从下式:

$$\rho_{12|3}=\frac{\rho_{12}-\rho_{13}\rho_{23}}{[(1-\rho_{13}^2)(1-\rho_{23}^2)]^{1/2}} \tag{6.134}$$

当然,这些结果也应用于任意多维空间的三维子集中。从例 6.3 中不难看出这个子集对于(超)多面体安全域考虑来说是足够详细的。

6.6.4　小结

时变可靠性评估理论发展很快,尽管在某些方面时变可靠性不如非时变可靠性理论发展完善。它们之间的不同已经被列出。一旦外穿率得到有效的估计,基于仿真的方法就自然延伸到时变可靠性理论中。

然而,FOSM/FOR/SOR 理论应用于时变问题的对失效率的计算比非时变问题的计算要更加困难和勉强,并且要用数值技术去解决得出的方程公式。在这种情况下,重要度抽样法为目前较令人满意的数值方法(Rackwitz,1993)。

不像非时变可靠性技术那样具有广大的论证和比较,时变可靠性的解决方法具有较少的比较。这部分取决于引入随机过程进行基础比较时(如简单 MC)

过多的计算次数。

对于具有重大实践意义的许多问题,仅当抗力基础变量为时变或考虑多于一个载荷的情况时,才考虑完全的时变方法。明显地,必要的解决方法在正常设计应用和结构设计准则的使用中过于复杂。怎样制定规则对结构可靠性相关设计准则的表述尤为重要,见 6.7 节。

6.7 载荷叠加

6.7.1 简介

载荷叠加问题包含有找出等价载荷系统去代表两个或更多的随机载荷过程叠加或个体简单组合的载荷效应。这是在先前章节中的计算外穿率的一种特殊情况。

这种结果的需要出现于标准校订工作(参见第 9 章)。典型标准中在载荷叠加时使用简明的规则。基于时间积分方法的运用(参见 6.2 节)。简明标准在此章中将会稍后考虑。首先将会恰当地考虑一些基本规则。

如果 $X_1(t)$ 和 $X_2(t)$ 表示正态平稳随机过程,则 $X=X_1+X_2$ 也是正态的,平稳的,其均值和方差由式(A. 160)计算。

6.7.2 通式

原则上,预期上穿率对于总过程可以用 Rice 式(6. 72)求得。使用该公式,需要求得改点的可靠度密度函数 $f_{XX}(\ )$。其结果可以写成 $f_{X_1\dot{X}_1}$ 和 $f_{X_2\dot{X}_2}$ 的卷积形式:

$$f_{X\dot{X}}(a,\dot{x})=\int_{-\infty}^{\infty}\int_{-\infty}^{\infty}f_{X_1\dot{X}_1}(x_1,\dot{x}_1)f_{X_2\dot{X}_2}(a-x_1,\dot{x}-\dot{x}_1)\,\mathrm{d}x_1\mathrm{d}\dot{x}_1 \tag{6.135}$$

式中:$\dot{x}=\dot{x}_1+\dot{x}_2$;$x_1=x-x_2$。改变积分顺序,则上穿率的三次积分形式由式(cf. 6. 72)给出:

$$v_X^+(a)=\int_{-\infty}^{\infty}\int_{-\infty}^{\infty}\int_{\dot{x}=-\dot{x}_1}^{\infty}(\dot{x}_1+\dot{x}_2)f_{X_1\dot{X}_1}(x_1,\dot{x}_1)f_{X_2\dot{X}_2}(a-x,\dot{x}_2)\,\mathrm{d}\dot{x}_2\mathrm{d}\dot{x}_1\mathrm{d}x \tag{6.136}$$

该公式通常是不解析的。然而,边界值的建立可以通过改变$\dot{x}_1$ 和$\dot{x}_2$ 方程式的区域。如果积分区域增加为 $0\leqslant\dot{x}_1\leqslant\infty$,$-\infty\leqslant\dot{x}_2\leqslant\infty$ 对于式(6. 136)的构成部分 $\dot{x}_1$,且使 $\dot{x}_2$ 的区域为 $-\infty\leqslant\dot{x}_1\leqslant\infty$,$0\leqslant\dot{x}_2\leqslant\infty$ 则上却界可以求得。对$\dot{x}_1$ 和 $\dot{x}_2$ 积分,有

$$v_{X}^{+}(a) \leqslant \int_{\mu=-\infty}^{\infty} v_1(u) f_{X_2}(a-u)\mathrm{d}u + \int_{\mu=-\infty}^{\infty} v_2(u) f_{X_1}(a-u)\mathrm{d}u \quad (6.137)$$

式中：$v_i(u)$为过程$X_i(t)$的上穿率。$v_i(u)$通常使用单变量因素的结果进行评估。对于一些常见的过程，在6.5.1节和6.5.2节中给出。对于任意时间t，$f_{X_i}(\ )$是$X_i(t)$的概率密度函数。同样也被称作为“任意时间点”的概率密度函数。式(6.137)有时指的是“点穿越”公式。下确界也可得到，并且结果可以延展为在非线性组合和非静态载荷过程中的多于两个的模拟状态载荷(Ditlevsen and Madsen，1983)。

对于重要的过程组合类，式(6.137)代表一个精确的解。对于两个非关联分布过程$X_1(t)$和$X_2(t)$这个类是很大的，例如，方波信号(6.5.1.4节)或尖峰脉冲类型(6.5.1.4节)。更多的式(6.137)的普遍情况是无论何时在总的要求下的过程有确切的结果(Larrabee and Cornell，1981)：

$$P[\dot{X}_i(t)>0 \quad 及 \quad \dot{X}_j(t)<0]=0 \quad (6.138)$$

对于所有的过程i,j和时间t都成立。这个因素确保了在数值减少时一个过程不会抵去另一个过程的上穿率。满足这种条件的典型过程如图6.24所示。

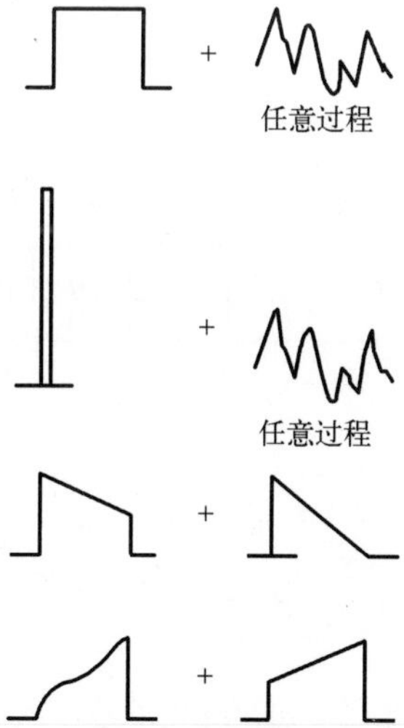

图6.24　“点穿”法较为精确的随机过程的合并

如果$X_1(t)$和$X_2(t)$各自服从静态正态过程分布，且已知各自的均值μ_{X_1}和μ_{X_2}以及标准差σ_{X_1}和σ_{X_2}，则通常有

$$f_{X_i}(x_i)=\frac{1}{\sigma_{X_i}}\phi\left(\frac{x_i-\mu_{X_i}}{\sigma_{X_i}}\right)$$

而且,从式(6.74),对于每一个独自的过程上穿率 $X_i(t)$ 是:

$$v_i^+(a)=\frac{1}{(2\pi)^{1/2}}\frac{\sigma_{\dot{X}_i}}{\sigma_{X_i}}\phi\left(\frac{a-\mu_{X_i}}{\sigma_{X_i}}\right)$$

把此式代入式(6.137)中,$X=X_1+X_2$ 的上穿率界变为

$$v_X^+(a)\leqslant\frac{1}{(2\pi)^{1/2}}\frac{\sigma_{\dot{X}_1}+\sigma_{\dot{X}_2}}{\sigma_X}\phi\left(\frac{a-\mu_X}{\sigma_X}\right)$$

式中:$\mu_X=\mu_{X_1}+\mu_{X_2}$;$\sigma_X^2=\sigma_{X_1}^2+\sigma_{X_2}^2$。对当前的情况下,组合过程的上穿率的确定结果可以从式(6.74)和 $\sigma_{\dot{X}}^2=\sigma_{\dot{X}_1}^2+\sigma_{\dot{X}_2}^2$ 得到。用比率 $(\sigma_{\dot{X}_1}+\sigma_{\dot{X}_2})/(\sigma_{\dot{X}_1}^2+\sigma_{\dot{X}_2}^2)^{1/2}$ 表示其误差。当 $\sigma_{\dot{X}_1}=\sigma_{\dot{X}_2}$ 时,有最大值 $\sqrt{2}$。对于大多数其他的载荷过程组合,误差将很小(Larrabee and Cornell,1981)。

6.7.3 离散过程

考虑复合类型中的两个非负矩形更新过程的总和是有益的(参见6.5.1.6节)。典型实现如图6.25中所示。从式(6.69)中得出的各个过程的上穿率是:

$$v_i^+(a)=v_i[p_i+q_iF_i(a)][q_i(1-F_i(a))] \tag{6.139}$$

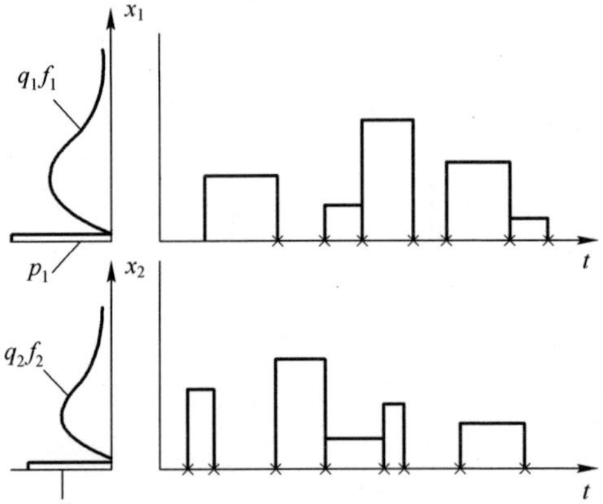

图6.25 给定概率密度函数的混合矩形更新过程的典型实现

式中:在复合过程中的平均到达脉冲率是 $v_iq_i=v_{mi}$。复合过程的任意时间点的分布是 $f_{X_i}(x_i)=p_i\delta(x_i)+q_if_i(x_i)$,式中 $\delta(\,)$ 是狄拉克函数(参见图6.25)且 $q_i=1-p_i$。写出式 $G_i(\,)=1-F_i(\,)$ 并代入式(6.137)中,对于 $i=1,2$ 的方程式 v_i^+ 和 $f_{X_i}(\,)$ 变为

$$v_X^+(a)=v_{m_1}p_2[p_1+q_1F_1(a)]G_1(a)+v_{m_2}p_1[p_2+q_2F_2(a)]G_2(a)$$
$$+v_{m_1}p_1q_2\left[\int_0^a G_1(a-x)f_2(x)\mathrm{d}x\right]$$
$$+v_{m_2}p_2q_1\left[\int_0^a G_2(a-x)f_1(x)\mathrm{d}x\right]$$
$$+v_{m_1}q_1q_2\left[\int_0^a F_1(a-x)G_1(a-x)f_2(x)\mathrm{d}x\right]$$
$$+v_{m_2}q_1q_2\left[\int_0^a F_2(a-x)G_2(a-x)f_1(x)\mathrm{d}x\right] \tag{6.140}$$

幸运的是,这个相当复杂的结果有一个很简单的阐述,通过查看第一准则中的问题展示出来。

对一个随机过程,处于活跃期时每一次更新时的概率 $X(t)$ 都有一个非零值为 q(参见图 6.25)。类似地,在零值(非活跃期)时的每一次更新的概率 $X(t)$ 值为 p(见图 6.25),相对于先前的时间增量中的 $X(t)$ 不受影响。随机过程因此无继续性,或者马尔科夫性。

对于两个随机过程,活跃和非活跃状态的可能性组合如表 6.2 所列,这种组合允许两个过程的总和从界限下方穿越(Waugh,1977;Larrabee and Cornell,1979)。

表 6.2　上穿率的初始条件及状态变化

状态变化	过程 1	过程 2	引发上穿的过程
(a)	未进行状态	进行或初始状态	过程 2
(b)	进行状态	初始状态	过程 2
(c)	进行状态	进行状态	过程 2
(d)	进行或初始状态	未进行状态	过程 1
(e)	未进行状态	进行状态	过程 1
(f)	进行状态	进行状态	过程 1

对于每一个状态的改变(例如,$X_1+X_2<a$ 改变为 $X_1+X_2>a$),对上穿率 $v_X^+(a)$ 的贡献由下式给出:

$$v_{(j)}^+=\lim_{\Delta t\to 0}[P(\text{水平 } a \text{ 穿越} \mid \text{在 } \Delta t \text{ 改变状态})P(\text{在 } \Delta t \text{ 改变状态})] \tag{6.141}$$

改变表 6.2 中的 a 的状态改变,将变为(Ω='Δt 中的状态改变'):

$$v_{(a)}^+=\lim_{\Delta t\to 0}(P\{[X_1(t)=0]\cap[0\leqslant X_2(t)<a]\cap[X_2(t+\Delta t)>a]\Omega\}P(\Omega))$$

或者

$$v_{(a)}^{+}=\{p_1[p_2+q_2F_2(a)]G_2(a)\}v_2q_2 \tag{6.142}$$

式中与式(6.140)中的第二项提到的 $v_2q_2=v_{m2}$是一致的。

对于表6.2中b的状态的改变：

$$v_{(b)}^{2}=\lim_{\Delta t\to 0}(P\{[0<X_1(t)]\cap[X_2(t)=0]\cap[X_2(t+\Delta t)>(a-x)]X_1=x\}P(\Omega))$$

或者

$$v_{(b)}^{+}=\left\{q_1p_2\left[\int_0^a G_2(a-x)f_1(x)\mathrm{d}x\right]\right\}v_2q_2 \tag{6.143}$$

与式(6.140)中的第四项 $v_2q_2=v_{m2}$。相似的公式中遵循状态变量(c)的：

$$v_{(c)}^{+}=\lim_{\Delta t\to 0\text{所有}x}(P\{[0<X_1(t)]\cap[0<X_2(t)<\alpha-x]\cap[X_2(t+\Delta t)>(a-x)\mid X_1=x]\mid\Omega\}P(\Omega)) \tag{6.144}$$

与式(6.140)中第六项一样。在式(6.140)中的其他项目从表6.2中获取变量(d)-(f)。如果每个脉冲先于下一个脉冲归零,式(6.142)中的项目 $p_2+q_2F_2(a)$ 通过定义是一个整体,就像式(6.143)中的 p_2。式(6.128)中的第五个和第六个项目在本例中不存在。

随着穿阈率的确定,可能使用估计式(6.55)全部负载 $X=X_1+X_2$ 的累计分布函数 $F_x(\,)$。一起使用式(6.55)和式(6.140)的错误已经通过与少量知名关于方波过程(Hasofer,1974;Bosshard,1975;Gaver and Jacobs,1981;Larrabee and Cornell,1979)的准确结果的比较以及典型的给一个高估20%的最大界限和一个高估60%的最小界限的发现得到研究。

6.7.4 简化

6.7.4.1 负载一致方法

对于脉冲归零的脉冲型负载,式(6.140)可以简化。例如,$\int_0^a Gi(a-x)f2(x)=G12(a)-G2(a)$,其中 $G_{12}(\,)=1-F_{12}(\,)$,$F_{12}(\,)$是所有两个脉冲的高度的累积分布函数,允许式(6.140)被简化为

$$v_X^{+}(a)=v_{m1}(p_2-v_{m2}\mu_1)G_1(a)+v_{m2}(p_1-v_{m1}\mu_2)G_2(a)+v_{m1}v_{m2}(\mu_1+\mu_2)G_{12}(a) \tag{6.145}$$

$v_{mi}u_i$ 已经被替代为 q_i。跟以前一样,v_{mi}是过程 $x_i(t)$的平均脉冲到达率(参照式(6.139)。u_i 是过程 $x_i(t)$的平均脉冲误差。如果脉冲是小误差,即 $u_i\to 0$,如果它们有相关的不频繁的出现,$p_i\to 1$。因此,一个合理的接近对于总体 $X=X_1+X_2$ 的穿阈率是

$$n_c^{+}(a)\approx n_{m1}G_1(a)+n_{m2}G_2(a)+n_{m1}n_{m2}G_{12}(a) \tag{6.146}$$

Wen通过不同的推理首先得到这个结果。式(6.146)中的第一个和第二个

项目代表每个过程单独作用时的穿越,而第三个项目代表穿越都发生,即当脉冲重叠。当脉冲有非常小的误差,第三项可能被忽略。

从仿真结果中已经发现式(6.146)很好地逼近穿阈率的估计值,甚至对每个过程高达0.2的活跃小部分,以及合理的高水准边界 a[Larrabee and Cornell,1979]。脉冲形状也是被考虑的,不同于矩形波,依靠脉冲的重复[Wen,1977b,1981,1990]。

6.7.4.2 Borges 过程

Borges 过程的组合特别关注与规范校准工作的相关性,因为在这个内容中,它提供了充足的、好的最大组合负载概率分布的估计(Turkstra and Madsen,1980)。

当每个过程公式 $X=X_1+X_2+X_3+\cdots$ 中的 $X_i(t)$ 代表 Borges 过程(见6.5.1.1节),脉冲的误差是 $\cdots\tau_1<\tau_2<\tau_3<\cdots$ 分别代表各个过程,其中 $\tau_i=m_i\tau_{i+1}$,m_i 是整数,如图6.26所示,上面使用的理论仍然实用。出现率是 $v_i=n_i/t_L$,其中 n_i 是脉冲过程在$[0,t_L]$中的整数数量。穿阈率根据上面的一个公式确定,X 中最大值累积分布函数可能通过式(6.55)获得。但是,另一个过程也有可能且将在下面内容中描述出来。

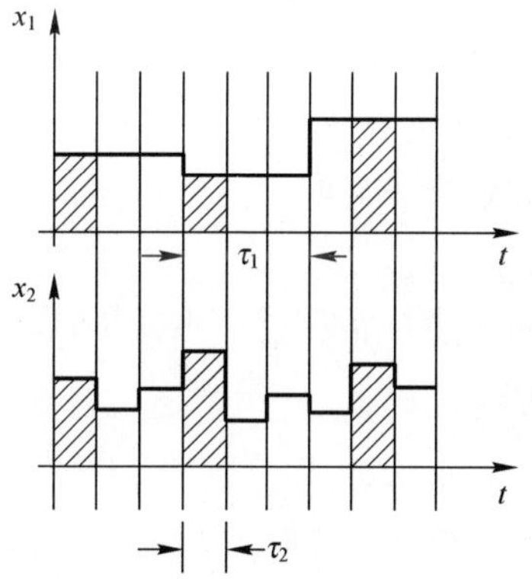

图6.26 两个 Borges 过程的实现,其中 $\tau_1=m_1\tau_2$,m 是整数

X 的最大累积分布函数 $F_{\max X}(\ )$ 公式如下:

$$F_{\max X}(x)=\left\{\int_{-\infty}^{x}F_{X_1}(v)\left[F_{X_2}(x-v)\right]^m\mathrm{d}v\right\}^n \tag{6.147}$$

对于 $\tau_2=\tau_1/m$,m 是整数,在$[0,t_L]$中有 τ_1 的脉冲 n 个。对于多余两个载荷情况这个积分变得更加复杂,但是使用 FOSM 算法能够预测出结果(第4章)。

使用三个负载线性组合是推导必不可少的观念。在这个情况下,在时间$[0,t_L]$中最大值可以写成如下:

$$\max_{t_L}[X_1(t)+X_2(t)+X_3(t)]=\max_{t_L}[X_1(t)+Z_2(t)] \tag{6.148}$$

式中:$Z_2(t)$为另一个 Borges 过程,即

$$Z_2(t)=X_2(t)+X_3(t,\tau_2) \tag{6.149}$$

式中:$X_3(\,)$为X_3在高于τ_2时的最大脉冲。$X_3(t,\tau_2)$也是$X(t)$的包迹。

累积分布函数Z_2的$F_{Z2}(\,)$是通过卷积式(6.147)给出的,$m=\tau_3/\tau_2$,$n=1$,因为只有τ_2是被考虑的。最大值可以写成

$$\max_{t_L}[X_1(t)+X_2(t)+X_3(t)]=\max_{t_L}[Z_1(t)] \tag{6.150}$$

$$Z_1(t)=X_1(t)+Z_2^{\circ}(t,\tau_1) \tag{6.151}$$

式中:$Z_2(\,)$为Z_2超过τ_1后的脉冲总数。相类似地,$F_{Z1}(\,)$也可以从式(6.147)中获得。

很显然,假设$F_{Z1}(\,)$可以被获得,$Z_i(t)$可以被计算出,上面再形成过程可以扩展到各种数量的负载总和。这些都很容易通过 FOSM 理论完成。

过程可以总结如下。每个过程的累积分布函数$F_{Xi}(\,)$通过普通分布(如果X_i是不普通的)可以接近,其基础是检查点矩阵$\boldsymbol{X}$的集合。这个变形首先是从X_2中推导而出,也分别地通过$\boldsymbol{X}$推出。调用$m=\tau_3/\tau_2$是$\boldsymbol{X}_3$在$\boldsymbol{X}_2$脉冲中的数量。

由于变形,过程$\boldsymbol{X}_2$的普通分布的均值μ_{X_2}和方差$\sigma_{X_2}^2$已经获得,同时X_3过程的均值μ_{X_3}和方差$\sigma_{X_3}^2$也得到了。因此,式(6.149)的添加项也可以计算获得$Z_2(t)$的μ_{Z_2}和$\sigma_{Z_2}^2$。现在可以确定$Z_2(t,\tau_2)$和发现等价的6.151的$X_1(t)$和$Z_2^{\circ}(\,)$普通分布,以及$Z_1(t)$的等效普通分布。这个当然是结果,但是它依靠检查点矩阵$\boldsymbol{X}$的初始选择。完整分布函数$F_{\max X}(x)$可以通过选择$X=X^*$不同值获得并且重复上述过程。与第4章对应的概念,独立的对于变量$X_i(t)$检查点值X^*被选择出以便最大化当地环节概率密度$f_{X_1}(x_1^*)f_{X_2}(x_2^*)f_{X_3}(x_3^*)\cdots$。等效普通概率密度函数$f_{X_i}^*(\,)=f_{X_i}(\,)$也可能是由于这个目的而使用。

使用检查代码基础负载组合规则的算法已经被 Turkstra 和 Madsen 描述好。

6.7.4.3 决定负载组合——Turkstra 规则

前面所述过程,虽然简单化,但是对于路线设计和使用设计代码还是特别复杂。这些过程已经有简单负载组合规则的添加形式。最原始的形式是仅仅由不同负载引起的压力组成,没有考虑不同负载的不确定性。其他的情况是设置一个允许近似乘数的限额。问题就是要验证这些乘数。

决定负载组合规则可能是从 Borges 过程中考虑得出。

如果近似值$G_{\max X}(a)=1-F_{\max X}(a)\approx v_X^+(a)t$替代为下式:

$$G_{\max X}(a) \approx \int_{-\infty}^{\infty} G_{\max X_1}(x) f_2(a-x)\mathrm{d}x + \int_{-\infty}^{\infty} G_{\max X_2}(x) f_1(a-x)\mathrm{d}x \quad (6.152)$$

其中,跟之前一样,最大值通过时间间隔获取,通常是$[0,t_L]$中的。如果 $Z=W+V$,其中 W 和 V 是独立的,所产生的累积分布函数 $G_Z(\,)$通过卷积间隔获得

$$G_Z(z) = \int_{-\infty}^{\infty} G_W(z-v) f_v(v)\mathrm{d}v = \int_{-\infty}^{\infty} G_W(w) f_v(z-w)\mathrm{d}w \quad (6.153)$$

因此式(6.152)中的两个间隔分别代表为 $\max X_1+\bar{X}_2$ 和 $X_1+\max\bar{X}_2$,其中$\bar{X}_1$代表任意时间点的 X_i 值。同样地,如果 $Z=\max(W,V)$,那么它也可以写成

$$G_Z(a)=G_W(a)+G_V(a)-G_W(a)G_V(a) \quad (6.154)$$

其中,对于高阻水平 α,最后一项可以被忽略。因此使用式(6.153)代表每个间隔和应用如下:

$$\max X\approx\max[(\max X_1+\bar{X}_2)(\bar{X}_1+\max X_2)] \quad (6.155)$$

这个结果就是 Turkstra 法则。它说明:①生命周期当负载 1 的最大值出现,就用负载 1 的最大值加上负载 2 的值②当负载 2 的最大值出现,就用负载 2 的最大值加上负载 1 的值。这个规则极好地扩展至超过两个负载的情况。它也可以应用于负载影响。对于 n 个负载。

$$\max X \approx \max\left(\max X_i + \sum_{j=1}^{n} \bar{X}_j\right) \quad j\neq i \quad i=1,\cdots,n \quad (6.156)$$

在这个形式中,该规则与很多已有的准则规范的负载组合规则形式相类似;它也很明显地说明对于负载组合的概率要求有类同。然而,Turkstra 规则不同于固定规则中使用的负载水平;并且必须分开选择。我们将在第 9 章看到,$[\max X_i]$的值可以被 95%的负载值选取,而$\bar{X}_1$ 任意时刻的值可能被选择做平均值,假设 $X_i(t)$是静止的。

虽然对于代码标准和有时某些别的情形来说是一个简单和方便的规则,Turkstra 规则不合适精确计算概率。这是因为式(6.152)不是最高界,如式(6.137),还有因为式(6.156)中的项目不是独立的,就如式(6.154)中所示。

6.8　结构的动态分析

当结构与时变负载相互作用时,动态结构分析是必不可少的。因此,变形和压力同时受影响。

传统处理动态结构分析是在“时间领域”中处理,意思就是结构运动方程根据时间来积分,负载必须与时间变化详细对应。结构算出来的响应是考虑压力和变形的时间函数。这个程序非常精确并且可以被用于非常负载的结构。材

料和结构性能可能不是线性的,虽然这种情况下分析是重复的而且是随时间变化的。程序的细节超出本书范围,但是有非常专业的处理方式。

如果负载(或者结构,或者两者)有随机特性,“时间领域”方案就没有用,因为一个作为时间函数的特殊负载描述显然不适用。很自然地,负载的实现可以被生成,结构响应用来分析该负载系统。这样的流程可能会重复很多次,响应的统计数值也是。本质上,如果设计标准是确定的,如最大的应力或者变形允许值,限制状态方程 $G(X)=0$ 可以被生成。因此,原理上可以用蒙特卡罗技术去确定结构可靠性。不幸的是,实际上,这样的过程一般都不现实,因为很多时间领域的分析要处理,每个分析过程都已经很费时了。因此很明显,除非可能使用 stochastic 过程理论来简化问题,否则在将传统动力学分析加入结构可靠性方程后会非常困难。很大方面由于这个原因,时间领域的解决方法仅仅在结构可靠性理论和应用中取得有限的数据处理。

当结构行为是线性的时候,如低挠曲假设下的弹性结构,或者更通常的,当输入与输出之间的传递函数是线性的时候,频率域内的方法可能被选用。它被广泛用于机械系统的随机振动分析。虽然这个理论本质上已经超出了本书的范围,不过简单地浏览该方法的某些方面是很有用的,因为它在系统结构可靠性分析中已经应用,如在动态敏感的大塔和近海的结构中应用,尤其是在它们的疲劳寿命方面应用。

静态的随机过程 $X(t)$ 可能在分解成无限的正弦或者余弦波时应用,每个都是随机大小出现,但是有固有振荡频率 ω。这个表示法就是著名的傅里叶变化。cos 部分中的系数是从随机过程 $X(t)$ 和 $\cos\omega t$ 中得到的,sin 部分同理。每个部分就是一个 $X(t)$ 的傅里叶变换。因为 $X(t)$ 的随机部分是依据它的自相关函数 $R_{xx}(\tau)$ 确定的。$X(t)$ 的傅里叶变换可以描述成 $R_{xx}(\tau)$ 的函数。其实,cos 的无限个系数可以用 ω 的连续函数表示:

$$S_X\omega = \frac{1}{2\pi}\int_{-\infty}^{\infty} R_{XX}(\tau)\cos\omega\tau\,\mathrm{d}\tau \tag{6.157}$$

因为 $R_{xx}(\tau)$ 是对称函数,所以 sin 部分对应的式(6.157)的结果是 0。同理,$S_x(\omega)$ 也是对称函数。$S_x(\omega)$ 就是均方谱密度。显然,如果 $X(t)$ 完全混乱,式(6.36)中给出的 $R_{xx}(\tau)$ 就是 0,$S_x(\omega)$ 对于所有的 ω 都是常数。这个情形就是著名的白噪声,因为没有粒子的频率与其他的对比占主导优势。类似地,如果随机过程有主导频率,在 ω_0 附近,谱密度就用式(6.27)的表达形式。这就是著名的窄带过程,它是动态结构分析中最有意思的,因为大多数结构只有一个主导振动模式或者说一个共振频率。这个模式经常与结构的自然频率相关。

如果式(6.157)中的 τ 为 0,并且范围都是 $-\infty$ 到 $+\infty$,可以表示为 $R_{xx}(0)=$

$\int_{-\infty}^{\infty} Sx(\omega)\mathrm{d}\omega$,与式(6.36)和式(6.16),假设 $u_x=0$

$$\sigma_X^2 = E[Xt^2] = \int_{-\infty}^{\infty} S_X(\omega)\mathrm{d}\omega \tag{6.158}$$

这表明曲线 $S_X(\omega)$ 下的面积是静态随机过程 $X(t)$ 的均方值,等同于它的方差(如图6.27(a))。要求 $u_x=0$ 只是说明问题的随机部分在这儿有研究兴趣。一个对于稳定状态条件 $u_x\neq0$ 的单独结构分析可以叠加 $u_x=0$ 时随机分析的结果。

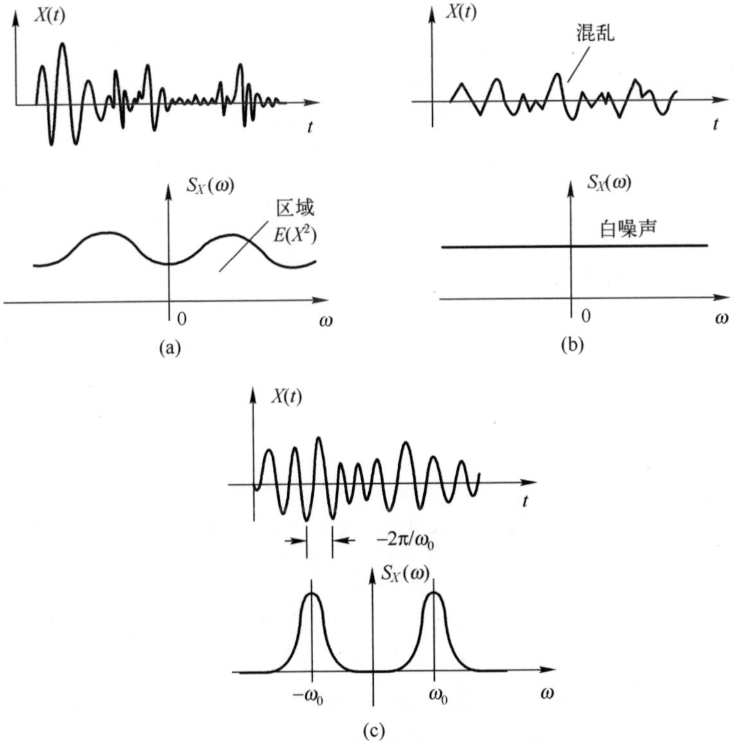

图6.27　实现和谱密度(a)宽带(b)白噪声(c)窄带随机过程

除了过程的误差,它的极值点的概率分布也值得研究。把这个表示为 $F_p(\alpha)$,也就是 $X(t)$ 极值点的概率服从水平 $X(t)=\alpha, u_x=0$ 。立即使用可能是用于6.5.3节中的结果,窄带过程在高于 $X=0$ 时充分光滑到最大值。对于 $X>\alpha$ 的循环部分是 V_α^+/V_0^+,其中 V_α^+ 是式(6.74)所给的穿阈率,V_0^+ 是循环出现的比率。对于 $0\leqslant\alpha\leqslant\infty$,它直接满足如下:

$$1-F_p a=\frac{n_a^+}{n_0^+}=\exp\left(-\frac{a^2}{2s_X^2}\right) \tag{6.159}$$

考虑到 $x=\alpha$ 的不同,

$$f_p \alpha=\frac{\alpha}{\sigma_X^2}\exp\left(-\frac{a^2}{2s_X^2}\right) \tag{6.160}$$

式(6.159)和式(6.160)表示 Rayleigh 分布(图 6.28)。显然,$f_p(\alpha)$ 的最大值是在 $\alpha=\sigma_X$ 处取得,它是多数极值点的大小。在低于 $\alpha=0$ 时是没有极值点的。

如果过程不是完全光滑,例如,如果每个 0 穿越处多余一个最大值,或者如果随机过程 $X(t)$ 不是普通过程,更多常规的极限值分布如 EV-III 可能适用于描述过程的极值点的概率分布。

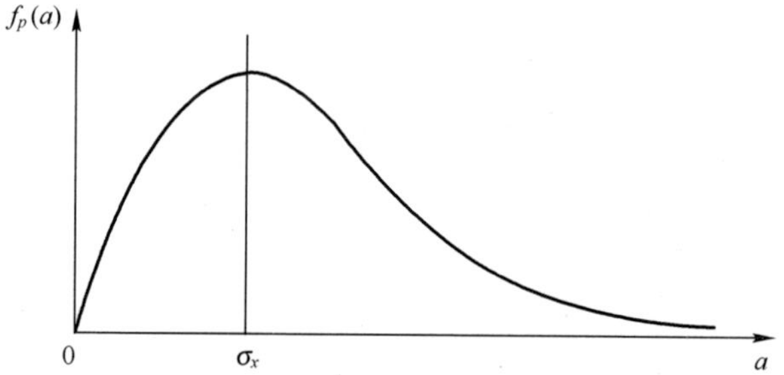

图 6.28 Rayleigh 分布的概率密度函数

最后,应该注明结构的挠曲谱密度或者在结构中某些点的压力,当工作于频率域时,可能从线性结构的激励反应关系中获得。本质上,这个关系给定如下,

$$S_Y\omega=|H(\omega)|^2 S_X\omega \tag{6.161}$$

对于单输入或者负载过程 $X(t)$,生成了单输出 $Y(t)$。$H(\omega)$ 函数就是频率响应函数。式(6.161)可能被推广到多独立输入简单的线性叠加:

$$S_Y w=\sum_{i=1}^{n}|H_i(w)|^2 S_{X_i} w \tag{6.162}$$

一个某种更复杂的关系可能当多输入相关时使用。

图 6.29 表明为了从输入谱信息获取一个输出谱密度,使用频率响应函数是通用原则。后者通常是从物理过程的观察和分析中推论出的。$H(\omega)$ 根据被分析的系统得出,例如,可能通过一个给定脉冲的结构反应的集成得出。这些细节超出了现在讨论的范围;为了计算窄带过程的可靠度,式(6.158)和式(6.160)是不可缺少的工具,假设谱分析能够得出。

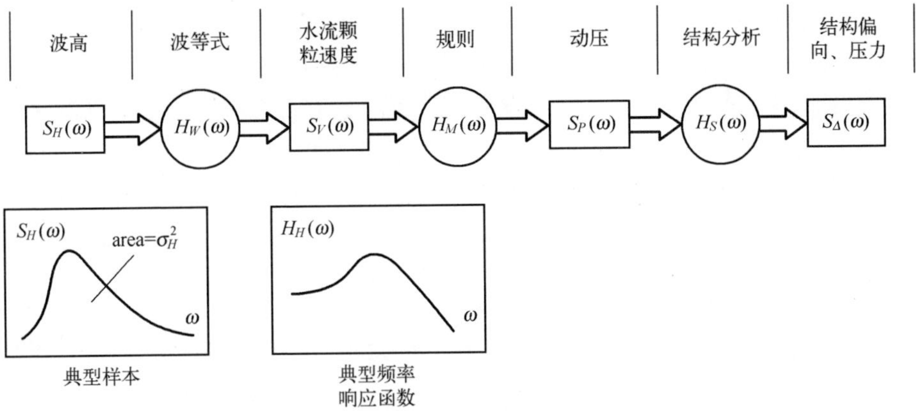

图 6.29　对于近海结构分析时的输入与输出谱密度函数的关系

6.9　疲劳分析

6.9.1　通用描述

时变可靠性分析的一个非常重要的情况是疲劳。它也是典型的限制状态，该状态通过负载应用的数量控制，而不是通过极端事件控制。该程序的一个在可靠性分析中处理图片的简单回顾是值得研究的。

安全的边缘或者界限状态函数(1.15)可以被表示为

$$Z=X_\alpha-X_r \tag{6.163}$$

式中：X_α 为结构的实际表现或者力量；X_r 为在结构生命周期内的要求表现。因此，如果疲劳寿命与应力循环的数量相关，X_α 变成了要求引起材料失效的循环的数量，X_r 是满足寿命周期要求的循环数量。如果疲劳寿命使用裂纹尺寸或者破坏标准来衡量时，会有相应的情形存在。通常，X_α 和 X_r 是不确定的工程量。它们精确的描述依据所用的疲劳模型而定。

6.9.2　S-N 模型

传统的描述部件或者结构在恒定振幅重复作用下的疲劳寿命的模型是：

$$N_i=KS_i^{-m} \tag{6.164}$$

式中：K 和 m 通常作为常数，但是在这儿将是随机变量；N_i 为在恒定应力幅值 S_i 下的应力循环数。典型的是，保护值被用于式(6.164)程序一个安全疲劳寿命 N_i 的估计。对于可靠性分析，式(6.164)必须是现实的，而不是一个保护预言，这样在文献中引用的 m 和 K 典型值不合适。预期的值需要被使用，同这些参数的不确定影响分析一起。这样的分析可以服从通常的结构可靠性程序。

安全边界写成如:

$$Z=KS_i^{(-m)}-N_0 \tag{6.165}$$

式中:N_0 为结构必须能承受的满意表现的循环数。N_0 可能不确定。

实际上,应力循环的幅值不是常数而是一个随机变量。如果在每个幅值水平的循环数可以测量或者估计,完全根据经验的 Palmgren-Miner 假设可以采纳:

$$\sum_{i=1}^{N}\frac{n_i}{N_i}=\Delta \tag{6.166}$$

式中:n_i 为在幅值 S_i 时的应力循环数;N_i 为 S_i 对应的疲劳极限。

如果应力幅值不同,则用

$$\sum_{i=1}^{N}\frac{1}{N_i}=\sum_{i=1}^{N}K^{-1}S_i^m=\Delta \tag{6.167}$$

式中:N 为随机变量幅值循环的数量。破坏参数 Δ 通常是作为一体,典型分布于0.9~1.5。因此 Δ 反应由于式(6.166)经验本质的不确定性;单元均值和0.4~0.7的变化系数的对数分布比较适合。

要使用式(6.167),N 必须是确定的,响应的 S_i 的概率分布也要确定。存在多种从宽带随机数据中估计 N 的循环计数。

原则上,安全界限式(6.163)现在可以被直接表达为与破坏参数 Δ 相关的:

$$Z=\Delta-X_0\sum_{i=1}^{N}K^{-1}S_i^m \tag{6.168}$$

式中:参数 X_0 已经被引入,允许使用式(6.164)的模型不确定性,如当测量 S_i 很难精确时。

如果 N 是一个不确定的量,式(6.168)如所期望的,表示困难。一种方法就是把应力幅值加入 l 组,使每组循环数 N_i 成为一个不确定的量,因此,

$$Z=\Delta-X_0\sum_{i=1}^{l}K^{-1}N_iS_i^m \tag{6.169}$$

6.9.3 破坏结构模型

一个可选的但不是一直使用的疲劳建模方法就是,考虑在重复或者随机载荷系统下的裂纹增长。基于实验证据,裂纹增长率 $\mathrm{d}a/\mathrm{d}N$ 可能与应力强度分布因素 ΔK 相关:

$$\frac{\mathrm{d}a}{\mathrm{d}N}=C(\Delta K)^m \tag{6.170}$$

式中:a 为现在的裂纹长度;N 为应力循环数量;C 和 m 为实验常数,通常根据循

环频率、平均应力和环境条件而定,包括实验室条件下的疲劳测试的精确的程序。C 和 m 在可靠性分析中都是作为不确定的。对于通常的应力强度因素 $K(\alpha)$ 不随应力水平明显变化的情形,应力强度的分布因素 Δk 可以从下式获得

$$\Delta K=K(a)\Delta S(pa)^{1/2},\quad \Delta K>\Delta K_{\mathrm{th}} \tag{6.171}$$

式中:ΔS 为应用应力的分布;$K(a)$ 为目前裂纹长度 a 几何尺寸和应力场的函数。Δk_{th} 是 ΔK 的临界水平,低于它就是 $\Delta K=0$。

裂纹长度 a 的变化和应力循环的次数 N 可以从式(6.170)和式(6.171)的综合中获得。

$$a(N)=a(a_0,K(a),\Delta S,C,m,\Delta K,\Delta K_{th},N) \tag{6.172}$$

式中:a_0 为初始裂纹长度。式(6.172)可以在所涉及的统计参数已知的条件下,用于获得 $a(N)$ 的均值和方差。对于变幅负载 ΔS 将依靠负载序列而得,它将是一个随机变量。处理这个的方法包括应用式(6.172)的增加模式,或者使用高效的 ΔK 途径。任何情况下,限制状态函数式(6.163)可能被写为

$$Z=a_0-a(N) \tag{6.173}$$

式中:a_0 为在给定 N 次负载循环出现的时间 t_{L} 下的裂纹长度表现要求。一个可选的限制状态公式是外部尖端裂纹替代材料粗糙度(ASCE,1982)。

案例在动态分析和疲劳的集成中已给出,该领域是非常实用的,如在近海结构可靠性评估(Karadeniz et al.,1984;Baker,1985)。但是,读者可能会关注其他例子的文献。

6.10 结　　论

本章考虑了包括随机过程和在结构可靠性分析中随机变量区分。回顾了传统的时间积分和离散的时间过程。为了引入结构可靠性的全部独立时间过程,概述了随机过程。然后,列出了利用仿真方法和 FOSM/FOR/SOR 方法解决问题的流程。随后给出一个应用实例。

另外还引入三个主题。对于设计准则中使用的载荷组合规则和第 9 章讨论的准则规范,载荷组合的讨论是不可少的。随后,为了分析动态敏感结构概述了谱方法,该方法可以表示如何得出被用于可靠性估计程序的结果。最后,给出疲劳问题的可靠度公式概要。

第7章

载荷和载荷效应建模

7.1 引　　言

作用于结构上的载荷通常大致分为两类:一类是由自然现象引起的,如风载荷、波浪载荷、雪载荷和地震载荷,另一类来自人为作用,如恒定载荷和可变载荷(如楼面载荷)。

很多载荷取值大小随时间和位置发生变化,可利用随机过程描述这些载荷(如第6章所讨论的内容)。另外,载荷与结构相互作用可能会产生动力效应,而这增加了载荷过程建模的困难。由于载荷数据不足,对载荷过程理解的不全面以及对未来载荷预测的需求,理想模型是不可能存在的。因此,需要寻求合理的载荷过程模型,尤其是考虑到在可靠性分析中载荷是一个最不确定的因素。故将重点放到载荷数据的收集和建模比起改进可靠性分析技术可能更有意义。

在下面的讨论中,通常只考虑单一加载过程。因此,如果要求考虑组合载荷时,可用6.7节的方法进行处理。

构造一个特定载荷的概率模型流程如下:

(1) 了解并定义可表示加载描述中不确定性的随机变量(取决于对载荷过程的理解)。

(2) 对每一个随机变量选取适当概率分布。

(3) 利用已有数据和一般参数估计方法(如①阶矩法;②最大似然法和③顺序统计法)来选取概率分布参数。

本章重点讨论①和②,③相关知识详见一般统计学教材。

如果在一段时间内一个物理加载过程的观测数据可以得到,那么可以通过记录数据直接估算得到该载荷的统计特性,并且可以提取年最大和日最大值用来建立在时间积分分析中使用的极值分布。若瞬时记录数据可用,那么可推测载荷的瞬时概率密度函数,并进行完整的时变可靠性分析(见6.5节)。

对于人为施加的载荷,诸如建筑活载荷,很少有足够的长期数据来建立概率模型。通常情况是用已有(校准)的数据,结合恰当的物理模型及合理假设,由数学推导载荷的概率描述。为了反映不同载荷建模的差异,本章将讨论三类的载荷:7.2节是风载荷;7.3节是波浪载荷;7.4节是楼面载荷。其中,雪载荷和地震载荷在许多地区都很重要;读者应借助专业文献来讨论这些载荷类型和其统计特性。同理,对于风载荷和波浪载荷的物理过程只略作阐述,主要关注其概率描述的推导。

7.2 风 载 荷

风载荷可由风速的统计数据推导得到。尽管风被认为是一种混沌现象,对于直流式风力(或局部风压),至少在微时间尺度上存在极少的相关数据。理论上,在某点上的"瞬时"风速最恰当的概率模型是正态过程(Davenport,1961),但是实际上多为非理想模型(例如Melbourne,1977)。

若要完整地描述风速作用在结构上产生的风力,必须考虑结构上点到点的风速变化情况和结构自身响应。然而,这些属于风力学范畴,此处不讨论(例如,Simiuan and Scanlan,1978)。

一般利用标准流体动力学关系将瞬时风速 $V(t)$ 转化为作用在结构某一部分的风压 $W(t)$,公式如下:

$$W(t)=\frac{1}{2}\rho CV(t)^2 \tag{7.1}$$

式中:ρ 为空气密度(约 $12\mathrm{N/m^3}$);"风压系数" C 为取决于结构尺寸和方向的准静态量。

如果该结构无显著动态响应,式(7.1)可与6.6节中所有时变可靠度计算方法直接结合。但是,对于柔性结构,则必须考虑动态响应。一般用频谱分析法(见6.8节),又因式(7.1)非线性,在频谱分析中,需要先对其线性化处理,然后将风速的正态过程模型和风力联系起来。一般线性化的思路是将风速 $V(t)$ 分解为一个时不变的平均值 $\overline{V}$ 和附加的平稳脉动分量 $v(t)$,并假设 $v(t)$ 远小于 $\overline{V}$。对式(7.1)线性化得(Davenport,1961)

$$W(t)=\frac{1}{2}\rho C[\overline{V}^2+2\overline{V}v(t)] \tag{7.2}$$

式(7.2)已忽略 $v(t)^2$。如果有多个风速,则式(7.1)和式(7.2)中的 $\overline{V}$ 和 $v(t)$ 为向量;当结构自身具有响应速度,则用相对速度代替 $v(t)$。Davenport(1967)、

Harris(1971)和 Kaimal(1972 年)已经给出了 $v(t)$ 谱密度的不同形式,其谱密度表示 $v(t)$ 在随机过程中的频次部分(见 6.8 节)以及谱分析中需要了解的部分。本书不讨论细节,建议读者阅读专门文献(例如,Simiu 和 Scanlan,1978;Holmes,1998)。

频谱分析输出(如力或变形的频谱)可以转换为对应的统计量,见 6.8 节所述,在使用 6.2 节和 6.3 节中时间积分法和离散时间法时,需要给出寿命期最大风速值和年最大风速值以及相应概率密度函数。这些参数可以通过风速记录数据直接或间接地推导得到。而可靠的风速记录源自多个区域的气象数据。

风速的测量方式有两种,“3 s gust”,和“fastest-mile wind speed”(美国),如字面意思,前者测量 3s 内的阵风均速;后者用螺旋桨风速计测风刮过 1 英里的平均速度。显然,两者不相等,尤其是在低风速时。一般都把结果转换为每小时的平均风速。无论选择哪种测量方式,对于非气旋区域,通过风速记录数据得到的年最大风速可以被认为服从极值 I 型分布(EV-I)(Simiu et al. ,1978;Simiu and Filliben,1980; Harris,1996)。至少,如果假设读取的数据是相互独立的(见第 A.5.11),对于瞬时风速,利用正态过程描述与上述选择的分布是一致的。其他的分布类型也可以合理拟合这些数据,特别是对于更高的风速。因此,学者也提出了 Frechet 分布(EV-II 型)、Rayleigh 分布和 Weibull 分布(Thom,1968;Davenport,1983;Melbourne,1977;1998)。但是,一个(理论)难题是 EV-I 分布允许 $V(t)$ 存在负值;而 Frechet 分布局限于非负,并且涉及 $V(t)$ 比较大时又更加保守。

通过相关风速的一些代表性记录数据(图 7.1)能够明显看出(Gomes and Vickery,1976),龙卷风与飓风的气象机理是完全不同的(Batts et al. ,1980)。由于最近一些现象(如厄尔尼诺现象)使得人们对常规平稳假设的存在产生怀疑,因而长期龙卷风风速是否能够基于相关短期可用记录来预测也存在质疑。这

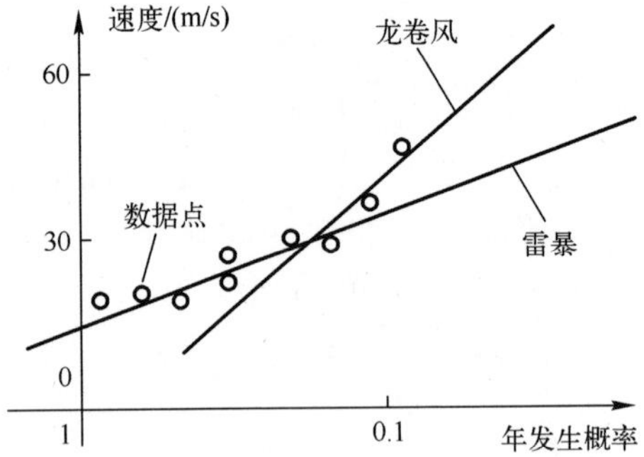

图 7.1 飓风和暴风雨的代表性阵风速度(Gomes and Vickery,1976)

一点也再次表明实现“完美”概率模型的难度；即便如此，EV-I 分布仍最适合描述飓风风速的年最大值（Russel and Schueller，1974；Gomes and Vickery，1976；Simpson and Riehl，1981）。

如前文所述，气旋和非气旋风的年最大风速都适用于离散时间可靠度计算方法（参见 6.3 节）。当然，寿命期最大风速也很重要，特别对 6.2 节中时间积分法而言。如果用 $F_V(\ )$ 表示速度 V 的累积分布函数，那么对于独立每年最大风速值 $F_{VL}[F_V(v)]^L$（其中 L 是以年计的寿命），如果 V 具有 EV-I 型分布，那么 F_{VL} 也是 EV-I 分布（见附录 A）。表 7.1 是一些特征值和参数。可知对于 $L=50$ 年，每年均风速与总均值的比约为 0.7。

表 7.1 风速数据典型小时均值

	每年最大值			50 年最大值		
	平均风速		变异系数	平均风速		变异系数
	(m/s)	(miles/h)		(m/s)	(miles/h)	
美国①	15.5	(34.7)	0.12~0.17	24.1	(18.6)	0.11~0.1
澳大利亚②	14.9	(33.3)	0.12	24.7	(55.2)	0.12
Cardington，英国③	15.5	(34.7)	0.24	23	(=52)	0.12

① 由最快英里风速记录折算（Simiu and Filliben，1980）；
② 由 3s 风速记录折算（Pham et al.，1983）；
③ 由 3s 风速记录折算（Shellard，1958）
每小时平均风速≈0.77×最快英里风速
每小时平均风速≈(1/1.55–1/1.7)×3 秒风速

日最大风速对确定的日最大风载很重要，而这些风载可认为是“平均即时点”载荷的良好逼近。这种类型的风速数据能够从气象中心获得，符合 EV-I 分布。

结合标准流体动力学关系式（7.1）和风速，可以得到风压载荷 W。对于特殊结构或结构表面可以改写为如下公式：

$$W=kC_pV^2 \tag{7.3}$$

式中：C_p 为压力系数（可以是 V 的函数）；而对于给定结构 $k=cEG$ 是个常数（c 是常数，E 是暴露系数，G 是“阵风因子”，其取值取决于风的湍流以及风和结构的动态相互作用）。上述系数的值可查询标准风力工程手册（例如，Simiu and Scanlan，1978）或行业准则，它与结构尺寸、相对风向、几何形状、表面粗糙度等因素都有关。

W 的统计参数和分布可直接在极限状态函数中应用式（7.3）获得，而不需形式化的推导。然而，如果仍然有要求，如需要校验时，必须指出的是 W 的概率分布不可能通过解析形式得到（因为 EV-I 的平方不是简单分布），而必须利用诸如蒙特卡罗仿真这样的抽样技术来确定(Dorman,1983)。结合其他参数的数据,可以看出 EV-Ⅰ分布的拟合程度能达到 90%(Ellingwood et al. ,1980)。需要估计出 C_p、G 和 E 的数据及分布,但是,现在还不能确定 C_p 是否为通常认为的常数;一般都用对数正态分布。通常,这些参数的平均数可以通过风载荷标准获知,V_{C_P}、V_G 和 V_E 的值分别为 0.12~0.15、0.11 和 0.16(Ellingwood et al. ,1980;Schuëlter et al. ,1983]。这些结果可以用于校验(见第 9 章)。

对于动态敏感结构,载荷的年或寿命最大概率密度函数不能直接获得,必须通过频谱分析转化瞬时结果来求取(Simiu and Scanlan,1978)。若发生共振,如对悬索桥桥面,式(7.3)无效,而对这类情况进行特殊处理是有必要的(如 Kareem,1988;Holmes and Pham,1994)。

如上所述,方向效应也很重要(Cook,1983; Wen,1983,1984;Holmes,1990)。风作为一种湍流现象,其每个局部区域都在改变方向,不过总体方向基本保持一致。所以常用微小局部气象记录来估计整体风向分布。

7.3 波浪载荷

易知在许多特征上,波浪载荷与风载荷的统计描述一致,这源于两者都涉及结构与流体的相互作用。本书简略介绍相关物理细节,重点阐述统计特性(同见 Schueller,1981),其他可参考 Sarpkaya 和 Isaacson(1981)对波浪力的大量研究文献。

在水波中的水微粒(见图 7.2)一阶近似瞬时速度 $U(t)$ 和加速度 $\dot{U}(t)$ 可用独立的正态过程表示。其平均速度即为水流速度(Borgman,1967)。如果 $U(t)$ 和 $\dot{U}(t)$ 的记录数据(如通过水流测量出来的结果)可用,就能直接估算 σ_U 和 $\sigma_{\dot{U}}$,而不需要用波高的频率部分(波谱)和波浪理论计算 μ_U、σ_U 和 $\sigma_{\dot{U}}$。因为后一种方法不仅需要测得波高,还需要周期和风速的实时数据。

通常地,海面高度 $\eta(t)$ 一般被假设成稳定高斯过程,至少在风暴期可如此假设,且其频率组成范围小,即假定它为“窄带”(见 6.8 节)。这些假设使得海面高度与波谱 $S_\eta(\omega)$ 相关,其中 ω 是波频($\omega=2\pi/T$,T 是周期)。而波谱显然依赖于局部环境,例如风浪区,即风力产生波浪并改变水深的区域。因此,很多不同的波谱被提出来,如北海(受限风浪区)的 JONSWAP 波谱 (Hasselmann et al. ,1973)和完全开阔海面的波谱(Pierson and Moskowitz,1964)。

一旦已知波谱即可确定波高概率分布的统计特性。对于正弦波,均值为水深的平均值,即 $\mu_H=0$;方差为 $\sigma_H^2=\mathrm{var}[\eta(t)]=\int_0^\infty S_\eta(\omega)\mathrm{d}\omega$ 式(6.158)。原则

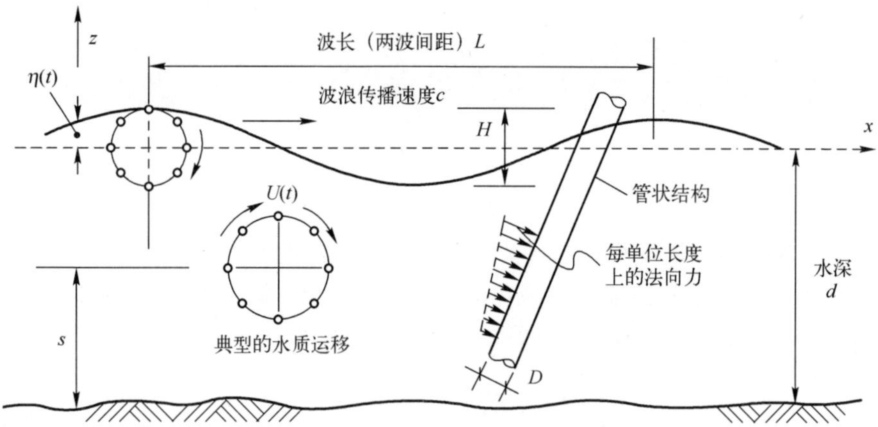

图 7.2　水粒子的运动,波形和对管状结构件作用力的示意图

上,对于完全开阔海面可以假设每一个连续波高相互独立,用 Rayleigh 分布描述(见 A.5.13 节)(Longuet-Higgins,1952; Holmes et al. ,1983)。但是,是否适用极值分布如 EV-I_EV-II(参见 A.5.11 节~A.5.13 节),则受地理因素限制。分布必须结合具体条件,前提是有风暴发生。

已知波高 H 和波长 L(见图 7.2)可求水粒子速度 $U(t)$。尽管目前提出了许多波理论(Sarpkaya and Isaacson,1981),通常利用 Airy 的简单线性理论可有效地求出波浪力(Lighthill,1978)。该理论在谱计算中简单有效。

根据 Airy 理论,利用正弦波可得到水面高度:

$$\eta(x,t)=\frac{H}{2}\sin(\omega t-kx) \tag{7.4}$$

式中:$\omega=2\pi/T$ 为波频;$T=2\pi/\omega$ 为周期;t 为时间;H 为波高;L 为波长(峰间距离),$k=2\pi/L$ 为波浪的数目;x 为水平距离。波速为 $c=\omega/k=L/T$(见图 7.2),而速度和加速度的水平分量 U 和 $\dot{U}$ 为(见 Lighthill,1978;Weigel,1964)

$$U_h=\omega\ \frac{H}{2}\ \frac{\cosh[k(z+d)]}{\sinh(kd)}\sin(\omega t-kx) \tag{7.5a}$$

$$\dot{U}_h=\frac{\mathrm{d}U}{dt}=\omega^2\ \frac{H}{2}\ \frac{\cosh[k(z+d)]}{\sinh(kd)}\cos(\omega t-kx) \tag{7.5b}$$

式中:d 为水深;z 为 U 和 $\dot{U}$ 的水下测量位置。

二者的垂直分量形式相似,用 sinh( ) 替换 cosh( ),cos( ) 替换 sin( ) 即可。加速度如下所示。

基于 H 已知的统计特性,对于 U 和 $\dot{U}$ 可以直接从表达式如式(7.5a)和式(7.5b)计算。如前文所述,粒子速度、加速度通常认为可以用高斯过程表示,对

于 U_h 的均值与稳定(水平)水流一样,$\dot{U}_h$ 均值为 0。

若已知任意深度 z 处水粒子的速度和加速度(图 7.2),作用于细长圆柱某个部位,如海上平台典型钢结构某部位的单位长度上垂直力(Morison et al.,1950 年)如下所示:

$$\boldsymbol{Q}(t)=k_d\boldsymbol{U}_n|\boldsymbol{U}_n|+k_m\dot{\boldsymbol{U}}_n \tag{7.6}$$

式中:U_n 为水粒子速度垂直于圆柱的分量。该式最初只用于垂直桩,现已普及推广。式中第一项与波浪对桩拉力有关;第二项涉及桩置换的水的振荡特性。对直径为 D 的圆柱和密度为 ρ 的水,系数 k_d 和 k_m 为

$$k_d=\frac{C_d\rho D}{2},k_m=\frac{C_m\rho\pi D^2}{4} \tag{7.7}$$

式中:拉力和质量的无量纲系数 C_d 与 C_m 已经过多次实验,包括定频振荡流(例如,Morison et al.,1950;Tickell,1977;Holmes and Tickell,1979),结果被广泛应用在诸如非垂直方向的圆柱体上。一些典型值见表 7.2。

表 7.2　光滑的圆柱面上系数 C_d 与 C_m 的参照值

系　数	均　值	典型范围	变异系数
C_d	0.65	0.6~0.75	≈0.25
C_m	1.5	1.2~1.8	≈0.20-0.35

通过式(7.6)并对 U 和 $\dot{U}$ 使用卷积或蒙特卡罗仿真,可得某点(x,z)处 Q 的概率密度函数。其均值和方差可以由式(A.178)和式(A.179)逼近。通常地,对比同均值和方差的正态分布会发现,Q 的概率密度函数有更宽的上下尾段,所以利用正态分布逼近高波载荷不适合。尽管通常假设(Borgman,1967)极端圆柱力服从 Rayleigh 分布(见 A.5.13 节),但通过进一步模拟窄带过程(参见 6.8 节),结果发现低估了高波载荷的发生概率。

利用式(6.54)计算穿阈率可得 $Q(t)$ 极值分布。理论上可用 Rice 式(6.72)计算穿阈率。但是,还需满足速度谱存在四次矩的更严格的要求(Borgman,1967)。

大多数情况下,"jacket"型海上结构柔性强,要着重考虑动态效果。故通常方法是采用频谱分析(参见 6.8 节)。该方法过程基于波高谱 $S_H(\omega)$ 并要求利用线性关系依次把波高转化为速度,加速度[式(7.4a)和式(7.4b)],波浪力和结构载荷(见图 6.29)。Morison 方程式(7.6)在速度方面也需要线性化,常把速度均值近似为零或等于(通常很小)流速,这点区别于风速的线性化(见 7.1 节)。可以参考 Borgman(1967)的经典论文,他在考虑不同地点波浪力相关性

的基础上，阐述了频谱分析的细节和必要简化。

一般地，由此引发的荷载效应常为正态分布，通过式(6.158)中载荷效应谱可以求方差，然后从均值分析中求均值。

7.4 楼面载荷

7.4.1 一般情况

由于长期数据记录不足，可能影响楼面载荷的因子繁多，需要建立楼面活载荷模型。本书主要考虑办公区的活载荷，但类似情况也适用其他楼面载荷。

最初设计使用的数据包括对密集人群的楼面载荷的估计结果。因此，在1883年，英国对于国内住宅的设计楼面载荷为140lbf/ft^2(约7kPa)，而公共区域的为170~225lbf/ft^2(8.3~11.0kPa)。这表明人群中一般成年男性(体重为170lbf)约占据1ft^{2}的面积。对于多层建筑，每个楼层相应位置同时承受密集人群载荷是不可能的，这就引出“活载荷折减”的概念，即由单个构建支撑的楼板面积越大，规范规定的活载荷在整个面积上出现的可能性就越小，20世纪初在纽约证实了此规律。

后续工作更多的是确定设计载荷和楼面活载荷的其他特征而不是求完整的概率分布(如，Mitchell and Woodgate，1971a；Lind and Davenport，1972；Culver，1976；Sender，1976；Choi，1991，1992)：

(1) 由持续效应和短期瞬态效应组成的载荷(图7.3)。

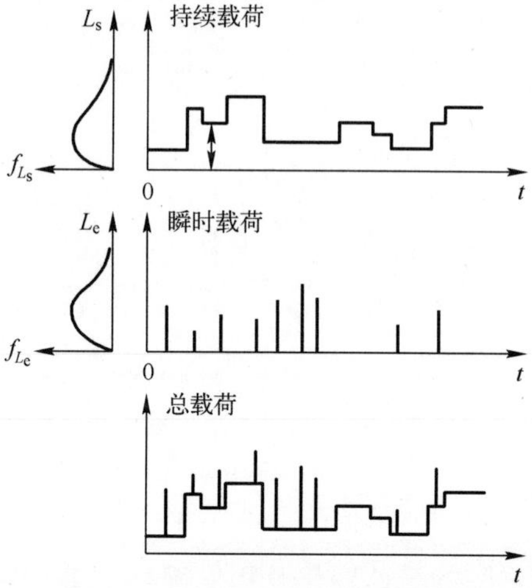

图7.3 典型可变载荷的时间历程

(2) 居住与否改变持续加载(图 7.3)。

(3) 房间内载荷的变化,参见图 7.4(a)和图 7.4(b)。

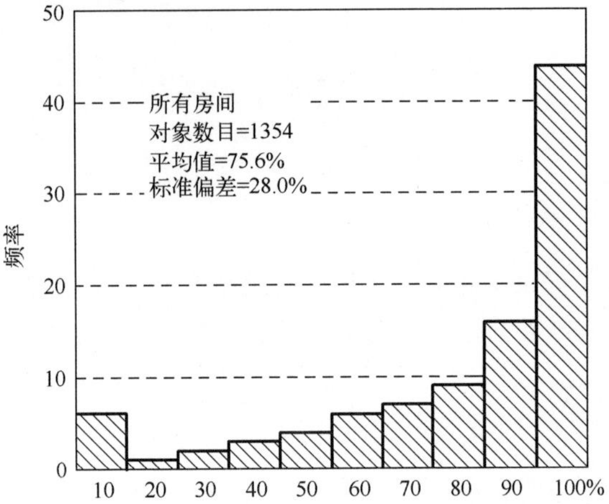

图 7.4 (a) 600mm(2ft)厚度内的墙体所受可变载荷百分比(基于 Culver,1976)

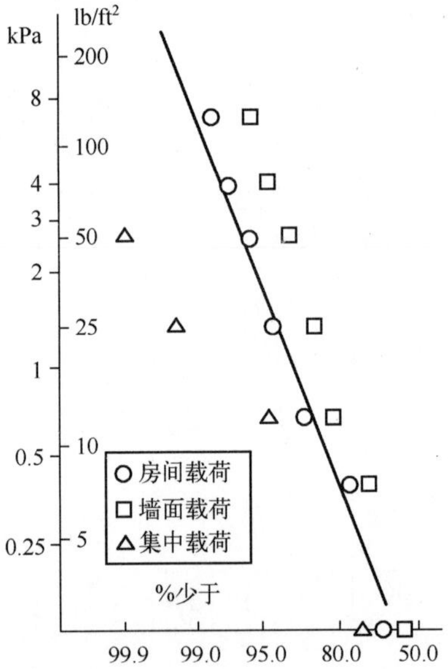

图 7.4 (b)观察所得 600mm×600mm(2ft×2ft)的方形楼面载荷分布

(Lind and Davenport,1972)

(4) 房间和房间之间的载荷变化互相依赖。

(5) 楼层和楼层之间载荷有相关性(图 7.5)。

（6）不同用途的公共空间产生的任意即时点载荷(如平均)完全不同,与楼面稍有不同,参见图 7.4(c)。

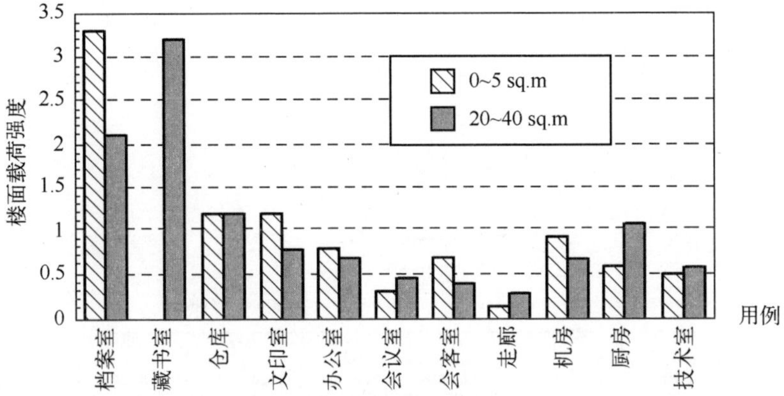

图 7.4 (c)不同用途及区域的楼面载荷强度(基于 Choi,1992)

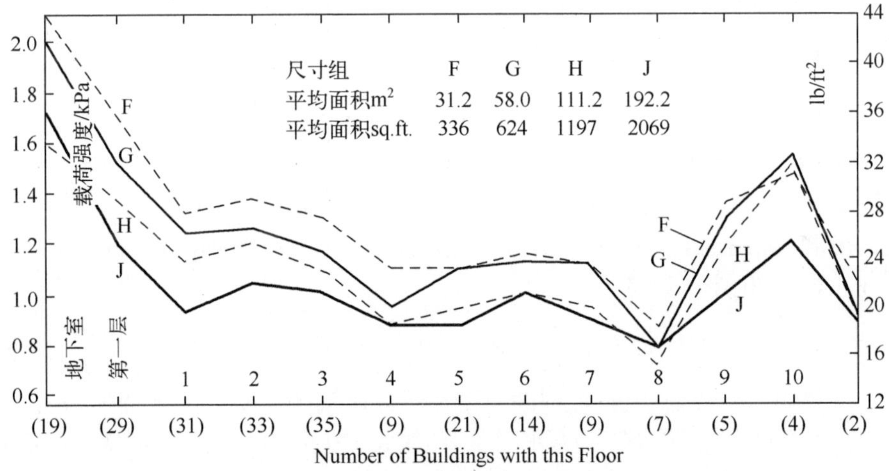

图 7.5 单人间,95%居住载荷随楼层数改变;(即 95%的载荷<图示值)(Mitchell and Woodgate,1971a)。转载自近期论文 CP3/71,建筑研究站,获得管理许可,HMSO。皇家版权。

此外,已提到的区域依赖效应见(图 7.6)。理想情况当然是活载荷模型已考虑了全部因素。为了循序渐进,本书首先讨论持续加载,再讨论瞬态载荷,然后讨论一些组合的不同加载模式。

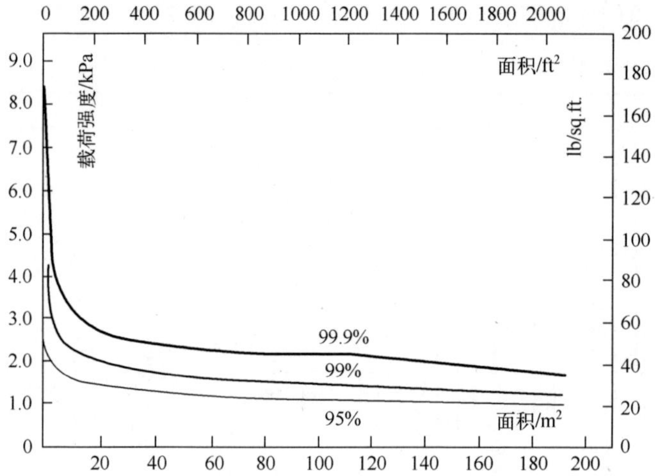

图 7.6 对仅 1 人居的非地下最低层和地面层,及从属面积载荷强度概率的变化(Mitchell and Woodgate,1971a)。转载自近期论文 CP3/71,建筑研究站,获得管理许可,HMSO。皇家版权。

7.4.2 持续载荷表示

下面采用的方法主要用来推导一个建筑物任意位置的楼面载荷强度表达式,然后将其转化为等效均布载荷,该方法也遵循传统的设计载荷和可靠性分析简化应用。在建立完整的概率模型之前,允许更改临时借用的方法。

在第 j 栋建筑第 i 层(x,y)处无穷小面积 ΔA 上,"任意即时点"的载荷强度 $w_{ij}(x,y)$可简化建模为(Pier and Cornell,1973):

$$w_{ij}(x,y)=m+\gamma_{bld}+\gamma_{flr}+\varepsilon(x,y) \tag{7.8}$$

式中:m 为载荷强度总均值;γ_{bld} 为第 j 个建筑楼面载荷强度对于 m 的偏差值;γ_{flr} 为所有建筑物第 i 层楼面载荷强度对于 m 的偏差值;ε 为给定楼层的楼面载荷的空间不确定性(也称为零均值"随机场"(见 Arnold,1981; Vanmarcke,1983)。

参数 γ 和 ε 都是均值为零的随机变量,并假设相互独立,然而明显相互独立的情况不经常出现。$m+\gamma_{bld}$ 这一项表示建筑物之间的平均楼面载荷变化;Mitchell 和 Woodgate(1971a),Choi(1992)等的调查数据显示,只要数据充足就能估算 γ_{bld},同理适用 γ_{flr}。当针对给定模型中的不确定性,"二阶矩"可用时,$w_{ij}(x,y)$均值为 $\mu_{\omega}=m$,方差为:

$$\sigma_w^2=\sigma_{bld}^2+\sigma_{flr}^2+\sigma_{\varepsilon}^2 \tag{7.9}$$

用式(7.8)前先估算 $\sigma_w^2=\sigma_{bld}^2+\sigma_{flr}^2+\sigma_{\varepsilon}^2$。可从调查数据求得结果。考虑给定

区域 A 的楼面，尺寸为 $a\times b$，其面积上的总载荷为

$$L(A)=\int_0^a\int_0^b w(x,y)\,\mathrm{d}x\mathrm{d}y \tag{7.10}$$

平均值和方差为

$$E[L(A)]=\int_0^a\int_0^b E[w(x,y)]\,\mathrm{d}x\mathrm{d}y=\iint m\mathrm{d}x\mathrm{d}y=mA \tag{7.11}$$

$$\begin{aligned}\operatorname{var}[L(A)]&=\int_0^a\int_0^a\int_0^b\int_0^b\operatorname{cov}[w_1(x,y)w_2(x,y)]\,\mathrm{d}x_1\mathrm{d}x_2\mathrm{d}y_1\mathrm{d}y_2\\&=\int_0^a\int_0^a\int_0^b\int_0^b\{\sigma_{bld}^2+\sigma_{flr}^2+\operatorname{cov}[\varepsilon(x,y)\varepsilon(x,y)]\}\,\mathrm{d}x_1\mathrm{d}x_2\mathrm{d}y_1\mathrm{d}y_2\end{aligned} \tag{7.12}$$

若已知 cov[ ]则可计算式(7.12)(见 Vanmarcke，1983)。通常协方差与两点间距离(如 1 和 2 之间)成反比，则

$$\operatorname{cov}[\ ]=\rho_c\sigma_\varepsilon^2\mathrm{e}^{-r^2/d} \tag{7.13}$$

式中：$r^2=(x,-x_2)^2+(y_1-y_2)^2$ 和 d 都是常数；ρ_c 为相关系数，考虑到垂直楼层间的“烟囱效应”(居民倾向于用相同模式安装地板)；σ_ε^2 为 ε 的方差。

显然 r 和 ρ_c 分别代表水平和垂直的空间参数，通常 ρ_c 应跟着位置改变，但为了简化此处予以忽略。常数 d、参数 ρ_c 和 σ_ε^2 可通过观测数据估算。若某层 $\rho_c=1$，则式(7.12)可简化为(Pier and Cornell，1973)

$$\operatorname{var}[L(A)]=(\sigma_{bld}^2+\sigma_{flr}^2)A^2+A\pi d\sigma_\varepsilon^2K(A) \tag{7.14}$$

其中：

$$K(A)=\left[\operatorname{erf}\left(\frac{A}{d}\right)^{1/2}-\left(\frac{d}{A\pi}\right)^{1/2}(1-\exp(-A/d)\right]^2$$

式中：erf( )为误差函数。

载荷 $L(A)$ 除以转换成单位面积的平均载荷即 $L(A)/A\equiv U(A)$，其期望为 $E[U(A)]=M$，方差为

$$\operatorname{var}[U(A)]=\sigma_{bld}^2+\sigma_{flr}^2+\pi d\sigma_\varepsilon^2\frac{K(A)}{A} \tag{7.15}$$

对同等面积 A 的 n 层楼面，方差为

$$\operatorname{var}[U(nA)]=\sigma_{bld}^2+\frac{\sigma_{flr}^2}{n}+\pi d\sigma_\varepsilon^2\frac{K(A)}{A}+\rho_c\sigma_\varepsilon^2\frac{(n-1)K(A)}{nA} \tag{7.16}$$

调查数据如图 7.5~图 7.7 所示(Mitchell and Woodgate，1971a)，可用来估算式(7.15)和式(7.16)的参数。例如，通过变异系数$\{\operatorname{var}[U(A)]\}^{1/2}/m$ 和面积 A 之间的关系可得 $\sigma_{bld}^2+\sigma_{flr}^2$，$\sigma_\varepsilon^2$ 和 d，而从$\{\operatorname{var}[U(A)]\}^{1/2}/m$ 和楼层支撑柱数目 n 的关系可得 ρ_c 和 σ_{bld}^2(Pier and Cornell，1973)。

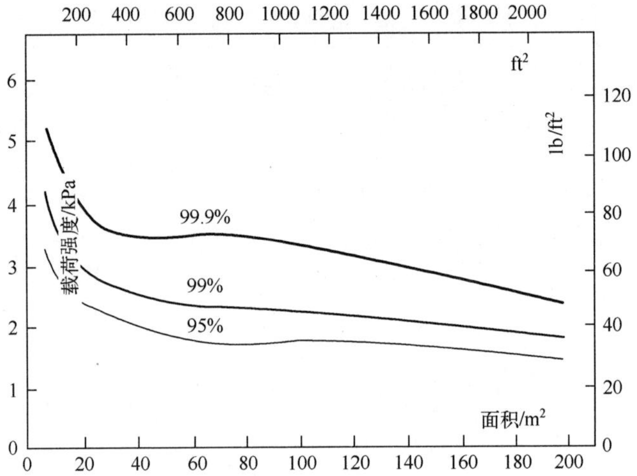

图 7.7　对 12 人居的非地下最低层和地面层,及从属面积载荷强度概率的变化(Mitchell and Woodgate,1971a)。转载自近期论文 CP3/71,建筑研究站,获得管理许可,HMSO。皇家版权。

7.4.3　等效均布载荷

结合式(7.9)中方差的估计值式(7.9),基于二阶矩定义和式(7.8)就可以完整地定义载荷强度 $w(x,y)$。然而,与期望的 $w(x,y)$ 相对应的特定内部作用(或载荷效应)实际是等效均布载荷(EUDL)产生的,这是结构设计规范中说明的加载类型。事实上大多数载荷规范也详述了加载模式,其最坏的情况是备用托架的装载和卸载,这点本书后面不讨论。总之,对地面载荷建模还需考虑概率条件和等效载荷模式(EPL)(Reid,1997)。

用图 7.8 的梁来说明 EUDL 的含义,图 7.8(a)给出一种典型"实现"$w(x)$ 的方式。图 7.8(c)是 EUDL 值,且可估算反作用力 R。如图 7.8(b)所示是使用影响线 $I(x)$ 情况。

利用 $w(x)$ 和 EUDL 可以计算反作用力 R:

$$R = \int_0^{2L} w(x) I(x)\,\mathrm{d}x = \int_0^{2L} (\mathrm{EUDL}) I(x)\,\mathrm{d}x \tag{7.17}$$

而(EUDL)函数与 x 无关:

$$(\mathrm{EUDL}) = \frac{\int_0^{2L} w(x) I(x)\,\mathrm{d}x}{\int_0^{2L} I(x)\,\mathrm{d}x} \tag{7.18}$$

利用合适的影响线,也可推导出其他作用(或载荷影响)类似的表达式,同

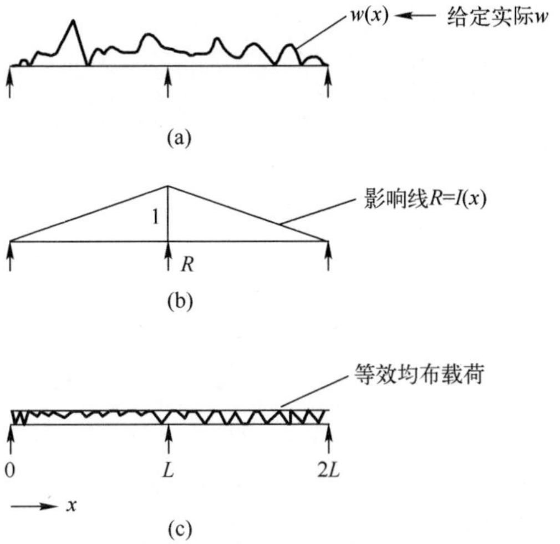

图 7.8　实际加载对应的等效均布载荷

时在二维层面,可类比影响面取代影响线。

$$(\mathrm{EUDL})=\frac{\int_{A_I}\int w(x)I(x)\mathrm{d}x\mathrm{d}y}{\int_{A_I}I(x)\mathrm{d}x\mathrm{d}y} \tag{7.19}$$

式中:“影响范围”A_I 对应于梁总长,对于反作用力来说,其 A_I 与梁的总长或为图 7.8 中的“影响长度”$2L$,即从属长度(等于 L)的 2 倍。因此,可以预想到,在结构设计规范中,影响区域 A_I 与楼面动载荷折减公式中的从属面积 A_T 通常是不完全相同的。常规的影响线和影响面如图 7.9 所示。

易得 L 的均值为 $E(L)=M$,且任意即时点的值均不变,但方差变大:

$$\mathrm{var}[L(A)]=\frac{\int_{A_I}\iint_{A_I}\int I(x_1,y_1)I(x_2,y_2)\mathrm{cov}[w_1(x,y)w_2(x,y)]\mathrm{d}x_1\mathrm{d}x_2\mathrm{d}y_1\mathrm{d}y_2}{\left[\int_{A_I}\int I(x,y)\mathrm{d}x\mathrm{d}y\right]^2} \tag{7.20}$$

若保守假设式(7.20)中 $w(x,y)$ 独立,则利用式(7.15)可得

$$\mathrm{var}[L]\leqslant\sigma_{bld}^2+\sigma_{flr}^2+\pi d\sigma_\varepsilon^2\frac{K(A)}{A}k \tag{7.21a}$$

其中

$$k=\frac{\int_{A_I}\int I^2(x,y)\mathrm{d}x\mathrm{d}y}{\left[\int_{A_I}\int I(x,y)\mathrm{d}x\mathrm{d}y\right]^2} \tag{7.21b}$$

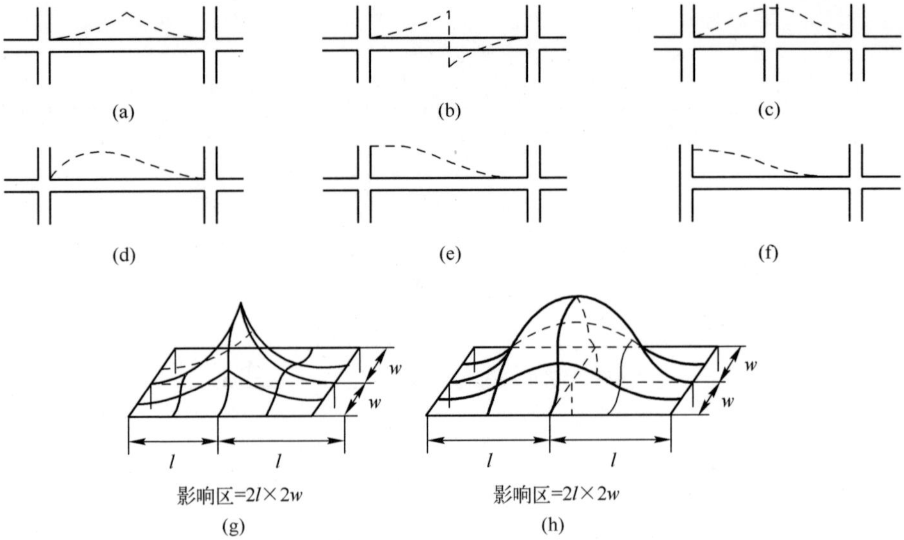

图 7. 9　典型的影响线(平面框架中)及典型的影响面
[美国土木工程师协会授权,McGuire 和 Cornell(1974)]
(a) 跨中弯矩;(b) 跨中剪力;(c) 内柱载荷;(d) 端点弯矩;
(e) 端点剪力;(f) 外柱载荷;(g) 跨中弯矩;(h) 单层柱载荷。

假设影响面积 A_I 是合适的,从式(7. 21)中的 k 值能够看出来(McGuire and Cornell,1974;Ellingwood and Culver,1977),L 的等效均布载荷值对所考虑的作用相对不敏感。

梁的杆端力矩:$k=2.04$。

柱的载荷:$k=2.2$。

梁中跨的力矩:$k=2.76$。

由此可见,通常情况下如果两个影响面积及影响面形状类似,求出的 EUDL 方差也接近。唯一例外是跨中剪力,可以想象,只用一半影响面积其 EUDL 值才接近(McGuire and Cornell,1974)。

如果假定楼面上不同点载荷的空间相关性完全随机,可继续简化式(7. 14)~式(7. 16)和式(7. 21),即任何有限距离不相关——"白噪声"假设,从而 $K(A)$ 变为常数,式(7. 21a)化为

$$\mathrm{var}[L] \leqslant \sigma_{bld}^2+\sigma_{flr}^2+\frac{\sigma_S^2 k}{A} \tag{7.22}$$

式中:σ_S^2 为常值(参照 Ellingwood and Culver,1977;McGuire and Cornell,1974)。

7.4.4　等效均布载荷的分布

通过收集活载荷数据并将其转换成 EUDL,可以建立等效载荷不同水平相

对发生次数的直方图，随着楼面面积增加对应结果如图 7. 10 所示（Pier and Cornell，1973）。

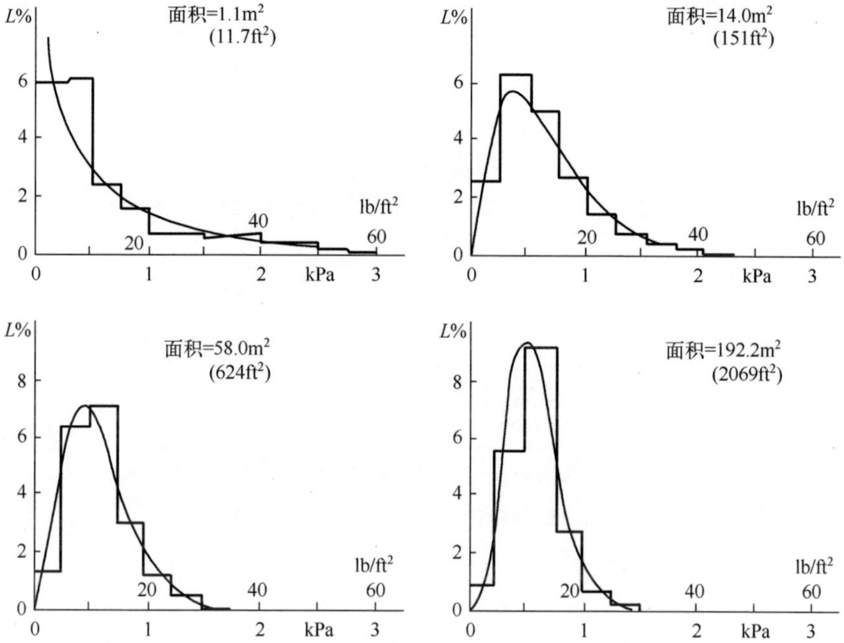

图 7. 10　用分布函数对楼面载荷强度模拟的直方图

（美国土木工程师协会授权，转载自 Pier 和 Cornell（1973））

由此可见，当相关楼面面积增加时，基于上述数据建立的概率密度函数图形从极度倾斜变换到近似正态（参见 A. 5. 8 节），如伽马分布：

$$f_L(x)=\frac{\lambda(\lambda x)^k \mathrm{e}^{-\lambda x}}{\Gamma(k)},\quad x\geqslant 0 \tag{7.23}$$

参数 λ 和 k 可从 L 的均值和方差获得（见 A. 5. 6 节）。当在 90%以上的区间时，伽马分布式（7. 23）比正态或对数正态分布更满足观测数据的分布规律［Corotis 和 Doshi，1977］。另一种可选模型为 EV-I 分布，其 EUDL 值反映了一定时段的载荷最大值。

正如在 6. 5. 1. 6 节指出的，任何结构都存在活载荷为零的时期，因此概率密度函数在原点应严格呈现概率“尖峰”（见图 6. 13）。不过，活载荷建模常（保守地）忽略这一点。

实际上，通过绘制影响面积上给定分位点如伽马分布的载荷值可知 EUDL 值对相关内部作用（应力作用）类型相对不敏感。如图 7. 11 中所示 90%的最大持续载荷('设计'值)(参见 7.4.5 节),及 90%的总载荷最大值(见 7.4.7 节)。

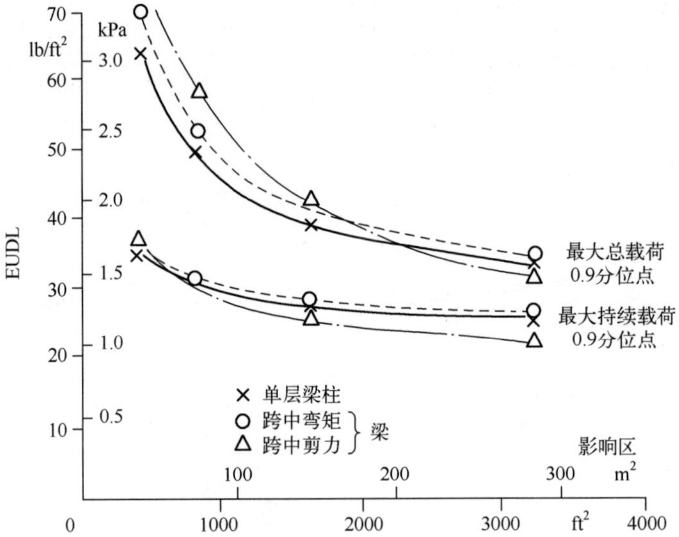

图 7. 11　影响区单层梁柱的分位点方程

(美国土木工程师协会授权,转载自 McGuire 和 Cornel(1973 年))

表 7.3 是任意即时点的持续楼面载荷的典型参数值。不包括美国的调查数据,方法差异与房间隔离屋等导致其均值 m 存在差异(Choi,1992)。总数约 0.04kPa。此外,澳大利亚晚于美、英 10~20 年后所做的研究包括了档案室和仓储室的面积,这是导致其结果差异巨大的原因。若比较公寓和办公存储面积可发现,公寓内人的行动方式长期一致,使得地板承重变化微小,故其室内楼面载荷呈现低变性(Sender,1975),而现代办公存储区的设备补充明显,导致区别很大。

表 7.3　持续楼面载荷的典型参数(任意时间点的值)

用　　途	均值 m/kPa	$\sigma_{bld}^2+\sigma_{flr}^2$	σ_S^2	平均使用时间/年	参 考 出 处
英国办公室	0.60	0.053	L57	8	MUchel ami Woodgate(1971a)
美国办公室	0.53	~ 0.06	1.39	8	Chalk 和 Corotis(1980)
澳大利亚办公室	0.52	0J33	0.8	14.8	Choi(1992)
瑞典办公室 瑞典公寓	0.364	0.038	0.29	10	Sentler(1974)
英国家庭 英国零售店 英国停车场	0.285	0,001	0.28	5	Sender(1976)
英国办公室	0.59	0.077	0.635	10	Mitchell 和 Woodgate(1977)
美国办公室	0.75	0.249	0.458	7	Mitchell 和 Woodgate(1971b)
澳大利亚办公室	0.66	—	1.61	0.000 8	Konig et aL(1985)

7.4.5　最大(寿命期内)持续载荷

对于传统的结构设计规范内容,当使用对时间积分的方法解决结构可靠性问题时(参见6.2节),需要知道寿命期持续载荷最大值 L_s 的分布。同时这也是该结构寿命期内可能承受的最大载荷。

从图7.3可知,L_s 依赖于寿命期内楼层占用和/或使用的变化。构造 L_s 模型时,应假设每次占用时的载荷独立,则该结构寿命期 t_L 内产生的最大持续载荷 L_s 可表示为

$$L_s=\max_t[L(t)],\quad 0<t<t_L \tag{7.24}$$

式中:L_s 的累积分布函数为 $F_{L_s}(x)=P[L_s\leqslant x]$,基于水平交叉概念(6.5.3节)也可表示为

$$F_{L_s}(x)=P[L(0)\leqslant x]P(0\leqslant t\leqslant t_L\text{ 范围内},L(t)\text{ 不超越 }x) \tag{7.25}$$

式中:$P[L(0)\leqslant x]$ 等于 $F_L(x)$,表示初始持续载荷小于或等于 x 的概率。在式(7.25)中,假定了最大持续载荷不是第一个租用造成的,即忽略概率 $P[L(0)>x]$,考虑当前环境下,对于该楼面的占用的一次变化产生的"上穿"。通过文献(Mitchell and Woodgate,1971a;Harris et al. ,1981)的数据能够看出可以用泊松计数过程近似(和渐进)(参见6.5.1.2节),因此 L_s 累积分布函数变为

$$F_{L_s}(x)=F_L(x)\mathrm{e}^{-v_x t} \tag{7.26}$$

式中:v_x 为上穿率的平均值。显然,只有占用变化时(图7.3)才可能发生上穿现象。

由此可知,超越率和占用变化速率之间是相关的,在一个小段时间间隔 Δt 内,发生超越的概率为

$$\begin{aligned}v_x\Delta t&=P(t\text{ 到 }t+\Delta t\text{ 时段出现一次超越})\\&=P(\text{此 }\Delta t\text{ 内的超越}\mid\text{此 }\Delta t\text{ 内的占用变化})v_o\end{aligned} \tag{7.27}$$

式中:v_o 为占用变化率,式(7.27)也可写为

$$v_x\Delta t=P\{[L(t)<x]\cap[L(t+At)>x]\mid\text{这个 }\Delta t\text{ 内占用变化}\}v_o\Delta t \tag{7.27a}$$

去掉 Δt,并假设连续载荷 L 独立,此时只剩下(见6.5.1.4节和6.5.3节):

$$V_x=F_L(x)[1-F(x)]v_o \tag{7.28}$$

将其代入式(7.26),可获得对于任意即时点载荷 L 的最大持续载荷 L_s 的累积分布函数为

$$F_{L_s}(x)=F_L(x)\exp\{-F_L(x)[1-F_L(x)]\}v_o \tag{7.29}$$

对极端载荷有 $F_L(x)\to 1$,式(7.29)可近似为

$$F_{L_s}(x)\approx\exp\{-v_0 t[1-F_L(x)]\} \tag{7.30}$$

调查数据表明,占用变化率 v_o 的不确定性很大,其值可从表7.3的平均占

用时间 T 看出。假定存在遍历性(见 6.4.4 节),对美、英典型办公占用,$v_o = 1/T = 0.125$。如图 7.12 所示。

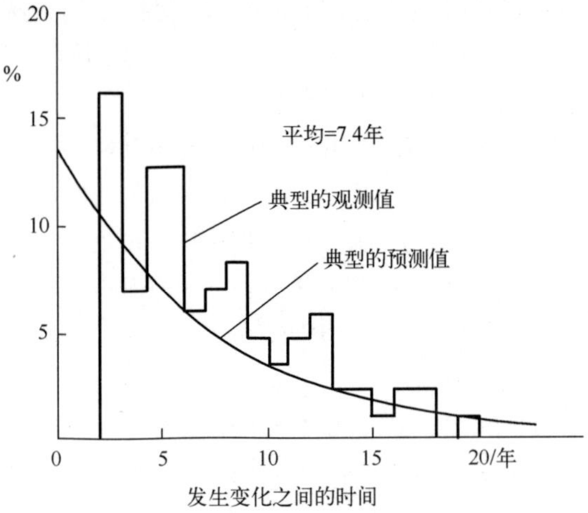

图 7.12　占用时间的典型频率分布:观察并建模
[由美国土木工程师协会授权,转载自 Pier 和 Cornell(1973)]。

对于高载荷区域,寿命最大持续载荷 L_s 大小可用 EV-I 分布或伽马分布描述。Harris 等(1981)已总结了数据拟合分布的方法。

考虑总载荷受多个区域(地板、托架等)作用时,如柱载荷,所有占用不可能同时改变(Chalk and Corotis,1980)。虽然,这个理论没有数据支撑,但是,忽略这种情况明显是有经验证明的。

7.4.6　异常活载荷

团队、密集人群、家具、维修和紧急拥堵都可能导致异常活载荷。通常,活载荷数据收集不考虑这些情况。很明显,搜集异常活载荷数据非常困难。因为大量可用数据都来自问卷调查。由此可见,收集异常活载荷数据不确定性太大。

异常活载荷可以用载荷集群(例如,人群)来建模。这些载荷随机分布在关注的楼面面积上。如果异常活载荷发生的单一事件为 E_1,则较为合理的模型为(McGuire and Cornell,1974;Ellingwood and Culver,1977)

$$E_1 = QN\lambda \tag{7.31}$$

式中:Q 为单人体重(一般 $\mu_Q \approx 0.67$kN 或 150lbf,$\sigma_Q \approx 0.11$kN 或 25lbf;N 是每个单元的载荷(人)数目,λ 为每个特定区域 A 内单元的平均数目),对国内办公和零售区,一般 $\mu_N \approx 4$ 且 $\sigma_N \approx 2$,Madsen 和 Turkstra(1979)指出 $\mu_N \approx 1$ 和 $\sigma_N \approx$

0.67。对于停车场,可忽略异常活载荷。

载荷 E_1 可合理假定为伽马或 EV-Ⅰ分布。利用二阶矩概念,等效均布载荷记为 L_{e1},均值和方差见式(A.167)和式(A.169):

$$\mu_{e1}=\mu_Q\mu_N\frac{\lambda}{A} \tag{7.32}$$

$$\sigma_{e1}=(\mu_Q^2\mu_N^2+\mu_N^2\sigma_Q^2+\sigma_Q^2\sigma_N^2)\frac{\lambda k}{A^2} \tag{7.33}$$

式中:k 为式(7.22)中的影响面积参数,此处假设每个载荷 Q 相同,一般不必如此。

最大异常活载荷由多个异常活载荷(也许是不同类型)共同形成。通常在给定(参考)时段 t_L,会随机出现一些这样的载荷。因为不能得到所有异常活载荷的详细概率分布,故对于这些不同的载荷效应,用瞬时异常活载荷概率分布 $F_{e1}()$ 替代。此外假设每个异常活载荷的出现都服从泊松计数过程(参照6.5.1.2节)是合理的。于是,基于式(7.30)平行推导,t_L 时段内,最大异常活载荷累积概率分布函数近似为

$$F_{L_e}(X)\approx\exp\{-v_e t_L[1-F_{e1}(x)]\} \tag{7.34}$$

尽管数据稀少,仍可合理地假设异常活载荷出现的年均增长率 $v_e\approx1$,面积 A 的函数 λ 取值范围是:从“小”面积每 17m^2 2个,到“大”面积 17m^2 1个。与总楼面面积 A 相关的经验关系式为:$\lambda=(1.72A-24.6)^{1/2}$,$A>14.4\text{m}^2$(或 $\lambda=(0.16A-24.6)^{1/2}$,$A>155\text{ft}^2$)(McGuire and Cornell,1974)。表7.4通过一些调查总结了一些典型异常活载荷数据,如表7.4所列。

表7.4　(多个)异常动载荷典型参数[①]

用　途	μ_Q/kPa	σ_Q	μ_N	σ_N	时间/年	参　考
美国办公室						Harris et al(1981)
① 正常人数	0.67	0.11	4	2	2.5	
② 紧急人数	0.67	0.11	10	5	50	
③ 改建时	2.27	0.68	1	1	4	
英国零售店	0.67	0.11	4	2		Madsen and Turkstra(1979)
英国家庭	0.67	0.11	1	0.67		Madsen and Turkstra(1979)
澳大利亚办公室[②]						Choi(1991)
① 正常人数	0.66	0.11	17.2	23	1	
② 紧急人数	0.66	0.11	30.2	33.1	50	
③ 改建时	9.42	9.66	I	0	5	

注:① 这些参数与集中载荷的参数近似(见 McGuire and Cornell,1974;Ellingwood and Culver,1977);
② 因为 Choi 用了更大的单元面积,N 值变高(平均 23.8m^2,相对 16m^2)

7.4.7 总活载荷

基于泊松方波模拟的持续可变载荷和泊松尖峰过程模拟的异常活载荷的恰当组合如第 6 章所言不是一件很容易的事情。Hasofer(1974),Gaver 和 Jacobs(1981)已提出首次穿阈解,不过,这里只简单描述针对楼面活载荷开发和验证的一种极简化的时间积分法。该方法基于早期工作重点推导设计载荷(上分位点),而不求完整分布(McGuire and Cornell,1974)。

根据 Turkstra 规则式(6.155),结构寿命期总活载荷有 $L_t=\max\limits_i(L_{ti})$。直观说法表明 L_{ti}项可取以下情况:

$$\begin{aligned}&情况\ 1:L_{t1}=L_s+L_{e1}\\&情况\ 2:L_{t2}=L+L_e\\&情况\ 3:L_{t3}=L_s+L_e\end{aligned}\tag{7.35}$$

式中:L 和 L_s 分别为任意即时点的持续动载荷和最大寿命动载荷;L_e 为寿命期的最大异常活载荷;L_{e1}为一个持续载荷周期内的最大异常活载荷。因此,每种情况都由最大载荷和任意即时点载荷组成(参照式(6.155)),且全为等效均布载荷。虽然 Turkstra 规则假定每种情况独立,但通过仿真可以看出情况 1 和情况 2 的 L_{ti}值近似且常一起出现。情况 3 的发生概率很小。当忽略部件载荷过程时,发现最大总载荷发生在寿命最大值时的概率可以忽略(McGuire and Cornell,1974; Chalk and Corotis,1980)。

利用这种组合载荷方法,只用某些(保守)的简化就可推导 L_t 的概率分布。因此,假设在式(7.8)中持续载荷的确定均值 m 来近似 L 从而简化情况 2,因为 $L_e \gg L$,则 $\sigma_{t2}\approx\sigma_e$。此外,若 $E(\tau)$ 为 L_s 的均值或预期持续时间,t_L 是结构期望寿命,则 L_s 与 L_e 不同发生的概率为 $p=[t_L-E(\tau)]/t_L$。假定情况 1 和 2 独立,总载荷累积分布函数为

$$F_{L_t}(X)=P(L_t<x)\approx(L_S+L_{et}<x)P(m+L_e<x)p+P(L_S+L_e<x)(1-p)\tag{7.36}$$

由于情况 1 和 3 表述了寿命期的最大值,故用 EV-I 型分布对二者建模是合理的。对于情况 2,L_e 用 EV-I 型分布表述。基于上述表达式,式(7.36)变为(Chalk and Curtis,1980)。

$$F_{L_t}(x)=\exp[-\exp(-w_1)]\exp[-\exp(-w_2)]p+\exp[-\exp(-w_3)](1-p)\tag{7.37}$$

式中:$w_i=\alpha_i(x-\beta_i)(i=1,2,3)$为变量减少后的 EV-I 分布形式。此处 α_i 和 β_i 是分布参数(参见附录 A)。因此只要已知式(7.36)各项的矩,就可得累积分布函数 $F_{L_t}()$。基于办公楼面载荷的上述已知模型和情况 1~3 相对重要性[见式(7.35)],表 7.5 给出一些基本载荷参数和过程统计。类似结果也适用其他占

用类型(见 Chalk and Corotis,1980;Harris et al. ,1981)。

7.4.8　永久载荷和施工载荷

永久载荷不随结构使用寿命显著变化,即使实际值具有不确定性,如典型类型是恒定载荷,主要由建筑材料自重和永久安装产生。因为单个永久载荷是附加的,永久载荷的总体可变性小于个体(由方差测量),且适用中心极限定理。因此,恒定载荷常假设成可以利用正态分布来估计,通常其均值等于额定载荷,变异系数为 0.05~0.10。但也有证据表明恒定载荷被估计小了(Ellingwood et al. ,1980),其均值应超过额定值(约 5%)更为合适。总恒定载荷的可变性主要来自非结构包层、服务和永久安装,而不是承重材料自身变化,有时可用对数正态分布模拟(Pham,1985)。

施工期间施加在建筑上的载荷如暂时的高密度载荷(吊车、建筑材料、砖等),和新灌注的混凝土之类的模板载荷,一般都不从概率角度讨论。另外由于工艺多样化,所以难以收集数据,即便收集也是高可变性数据。举个例子,新灌注的混凝结构载荷,包括工人,设备和机械与材料的活载荷,其调查结果显示大部分区域载荷很小或几乎为零,而少数区域密度又极高。这便是 EUDL 载荷的混合分布(见图 6.13),估计得均值为 0.3kPa(6.31b/ft^2),标准差为 1.65kPa(34.41b/ft^2),不为 0 的部分可用伽马或 Weibull 分布模拟(Karshenas and Ayoub,1994)。

7.5　结　　论

本章讨论了三类载荷,主要引入其建模思想。如果有可用的长期观测数据,便可直接推导出载荷的统计特性,如风载荷的概况(通过一个流体动力关系和/或频谱分析)。波浪、雪和地震载荷通常需要考虑地理位置的影响。

楼面载荷性质特殊,是因为它的影响因子太多且包括人的作用。但由于相关可用观测数据极少,导致其不确定性相比普通自然载荷更大。

原则上,用于楼面载荷建模的概念和方法,同样适用于其他的人工施加载荷。实际应用上一定要根据各自特性来选用。例如,对于桥梁上的交通载荷,其建模流程包括用观测数据做初始点,数值模拟移动交通流。类似方法如生成河流流量模型(如 Vrouwenvelder and Waarts, 1992; Crespo - Minguillon and Casas,1997)、静态交通配置模拟(如 Nowak,1993),以及使用随机过程理论的多种方法,如马尔可夫模型(如 Ghosn and Moses,1985)。

需要认清的是,载荷建模研究已经更加专业,可参考相关文献。

表 7.5 为典型的办公楼基本载荷。

表 7.5　典型的办公楼面基本载荷、模型参数和载荷组合，楼面面积为 $A_l=18.6\text{m}^2$（参考 Corotis and Doshi，1977；Chalk and Corotis，1980；及 Harris 等人 1981 年的工作，由美国土木工程师学会授权）

基本数据			
① 典型影响区域	A_l	18.6m²	(200ft²)
② 典型设计寿命	T	50 年	
均布持续载荷瞬时值（任意时间负载）	L		
① 均值	μ_L	0.53kPa	(10.9lbf/ft²)
② 标准差	σ_L	0.37kPa	(7.6lbf/ft²)
③ 占用情况年均变化率	v_0	0.125	
④ 预期使用年限（年）	$E(r)=l/v_0$	8	
均布极限活载荷瞬时值	L_{e1}		
① 均值	μ_{e1}	0.39kPa	(8lbf/ft²)
② 标准差	σ_{e1}	0.40kPa	(8.2lbf/ft²)
③ 极限活载荷年均发生率	v_e	1	
理论推导值①			
最大持续载荷	L_S		
① 均值	μ_{L_S}	1.21kPa	(24.9lbf/ft²)
② 标准差	σ_{L_S}	0.33kPa	(6.9lbf/ft²)
寿命期最大极限载荷	L_e		
① 均值	μ_e	1.79kPa	(36.7lbf/ft²)
② 标准差	σ_e	0.41kPa	(8.4lbf/ft²)
载荷组合模拟值			
① 情况 I L_s+L_{e1}（发生率，30%）	Mean	2.50kPa	(51.2lbf/fl²)
② 情况 II $L+L_e$（发生率，41%）	Mean	2.40kPa	(49.1lbf/fl²)
③ 情况 III L_s+L_e（发生率，17%）	Mean	2.79kPa	(57.2lbf/ft²)
④ 其他（发生率，12%）	Mean	2.15kPa	(44.2lbf/ft²)

注：$1\text{kPa}=1\text{kN/m}^2\approx 20.5\text{lbf/ft}^2$；
① 模拟值近似程度很高

第8章

抗力建模

8.1 引　言

本章将讨论强度(和一些刚度)特性中的不确定性,完善先前几章关于载荷的讨论。

为了充分描述结构单元中的抗力特性,需要下列信息:

(1) 结构材料强度和刚度的统计特性。

(2) 尺寸的统计特性。

(3) 对不同属性进行组合的准则(如钢筋混凝土构件)。

(4) 时间影响(如形状大小改变,强度改变,退化机制如疲劳、腐蚀、磨损、风化雨蚀,海水侵蚀等)。

(5) 验证试验载荷的作用,即在先前合理载荷作用下,继续增加的载荷。

(6) 制造方法对单元、结构强度和刚度的影响(或其他性质)。

(7) 质量控制方法的影响(如施工检验和服役期间检验)。

(8) 不同特性之间,以及单元和结构在不同位置之间的相互影响。

通常仅有少量的统计相关信息,并且大多数仅有(1)~(3)项的数据。对于钢筋混凝土结构、金属构件及其分支、砖石建筑结构和重型木材结构,Ellingwood 等人(1980)给出了与时间无关的统计特征的结论。为说明这一重要思想,限于篇幅本章将主要给出钢结构和混凝土结构的研究综述。

8.2 热轧钢构件的基本性质

8.2.1 钢材料性质

关于钢材料性质的数据来自于钢厂生产过程中的测试(Julian, 1957;

Alpsten 1972),以及一些更特殊的测试项目(Johnston and Opila,1941)中。同时,从一些研究学者个人所做的实验中,也可以得到一些附带数据。

在可靠性评估中,需要重新评价这些数据的适用性。考虑到轧机试验是在受力承载率大于真实结构承载率情况下进行,所以这些数据的适用性需要仔细斟酌。此外,钢材料测试并不一定用供应的钢材料作为测试对象。实际上,在某些情况下,可能拒绝使用高等级钢材料而选用一批低等级的产品,并且这一趋势会引起强度概率密度第二个可能的峰点。另一个困难是,轧机试验样本通常来自卷截面网,然而实际上更关注的是机械的(厚)凸缘性质(常常是更低强度)。最后,在不同轧机试验中,数据偏差说明了不同轧机之间的差异影响(Lay,1979)。

8.2.2 屈服强度

由于钢的强度取决于合金的材料特性,因此,统计特性必须充分考虑指定钢的类型。常规做法是对每一个钢坯进行抽样并且只有当达到一个指定最低强度时,钢才能接受进一步处理。如此可以获得广泛的数据积累,但是正如上文所述,如果这些数据直接应用于完整的钢构件的统计特性,是有一定的缺陷的。

对于美国工厂的 ATSM A7 钢,钢热轧形状典型的轧机试验数据见表 8.1,这两组数据来自很多钢厂、很多产品形状,时间跨度包括 1957 年以来的 40 余年。表 8.2 由 Baker(1969)给出,总结了英国轧机试验对板材和型材 BS 15 的数据,BS 968 在瑞典轧机试验数据的总结在表 8.3 中给出的。

表 8.1 美国屈服应力 F_y 数据

平均轧机应力 F_v 特定值 F_y	平均静应力估计 F_y 特定值 F_y	变异系数	样本数	参考
1.21	1.09	0.087	3974	Julian(1957)
1.21	1.09	0.078	3124	Tall and Alpsten(1969)

数据采集于热轧钢部分的网站样本;
特定的名义轧机强度为 F_y=228MPa(33ksi);
两个资源的数据没有任何重叠(Galambos and Ravindra,1978)

正如上文所述,轧机试验总是在一个较高的应变速率下进行而不是在结构传统的“准静态”载荷上。这将导致屈服强度的估计值偏高。通过从试验产生的较高应变速率 F_{yh} 获得静态应力 F_y 的经验系数如下所示(Rao,1966):

$$F_{yh}-F_y=22+6900\varepsilon(\text{MPa}) = 3.2+1000\varepsilon(\text{ksi}) \tag{8.1}$$

式中:ε 为每秒的应变($0.0002 \leqslant \varepsilon \leqslant 0.0016$)。

表 8.2　美国屈服应力 F_y 数据(采集于 Baker,1969)

钢制品类型	薄片厚度/mm	轧机	平均轧机应力 F_y 特定值 F_y	平均静应力估计 F_y 特定值 F_y	变异系数
结构碳钢薄片	10~13	Y	1.15	1.04	0.09
	10~13	W	1.14	1.03	0.05
	37~50	Y	1.03	0.92	0.12
	37~50	W	1.07	0.96	0.05
高强度钢薄片	10~13	M	1.11	1.03	0.08
	10~13	K	1.11	1.03	0.04
	37~50	M	1.06	0.98	0.06
	37~50	L	1.15	1.17	0.05
结构碳钢成型数据	10~13	Q	1.20	L09	0.05
	16~20	L	1,19	1.10	0.12
高强度成型钢	6~10	N	1,19	1.11	0.06
	37~50	L	1.06	0.98	0.05
结构碳钢管	3.7	—	1.27	1.16	0.05
	6.4		1.32	1.21	0.08
高强度碳钢管	5.9	—	1.18	1.10	0.05
	6.4	—	1,15	1.07	0,08
名义值 F_y:结构 250MPa(36ksi);高强度 360MPa(50ksi); 注意 25.4mm=1.0in					

表 8.3　瑞典屈服应力 F_y 数据(采集于 Alpsten 1972)

名义值 F_y/MPa	平均轧机应力 F_y 特定值 F_y	平均静应力估计 F_y 特定值 F_y	变异系数	样本数量
220	1.234	1.11	0.103	19 857
260	1.174	1.06	0.099	19 217
360	1.108	1.03	0.057	11 170
400	1.0922	1.02	0.054	2 447
注:1.0MPa=1.0N/mm^2=0.145ksi				

$F_{yh}-F_y$ 的差可以看作是均值约 24MPa(3.5ksi)和变异系数 0.13 的近似正态分布(Mirza and MacGregor,1979b)。该条件允许轧机测试数据转换为静态应力值。

对于利用 ε 的上限值,Galambos 和 Ravindra(1978)认为,作为第一个近似轧机应力 F_y 可以减少 28MPa(4ksi)。变异系数的影响可以忽略。这种方法已被用来获得表中给出的调整比 $F_y/F_{yspecified}$。由此产生的值可以与表 8.4 中 Galambos 和 Ravindra(1978)数据进行比对。可见,相应的样本类型有其合理性。

表 8.4 静屈服强度(数据采集于 Galambos and Ravindra,1978)

位　　置	特定值 F_y/MPa	平均静屈服强度估计 F_y	变 异 系 数	样 本 数 量
凸缘	228	1.00	0.12	34
凸缘	345	1.08	0.08	13
凸缘	24,345,448	1.08	0.09	6
网和凸缘	379	1.00	0.05	24
网	238	1.05	0.13	36
盒	248	1.06	0.07	80
注:1.0MPa = 1.0N/mm^2 = 0.145ksi				

通过 Alpsten(1972)和 Baker(1969)的研究工作,可发现极值 I 型分布,对数正态分布,以及较小的程度上的截断正态分布均拟合的实验数据(见图 8.1)。由于屈服强度的最小值为零,并且通过减少不通过轧机试验的钢材料会影响低(左)尾部的分布,这些分布是正偏的。

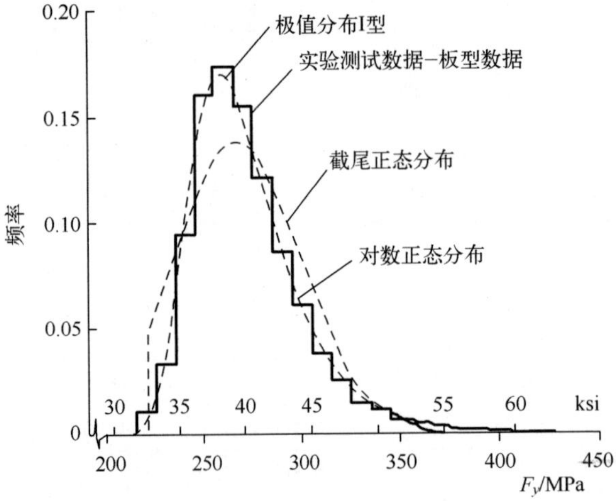

图 8.1 低碳钢板型及其三个合适概率密度函数的屈服强度
(数据来源于 Alpsten(1972)美国机械工程协会)

上述符合数据分布类型似乎没有影响轧机或测试试验,或是否考虑拉伸或压缩屈服强度。(Johnston and Opila,1941)。

8.2.3　弹性模量

表 8.5 给出了关于弹性模量 E（拉力和压力的弹性模量），v（泊松比）和 G（剪切模量）的总结，这些数据来自于 20 多年间，至少两个不同的（美国）钢铁工厂，尽管所有的试验在同一实验室进行，数据对于构建一个合适的概率分布，仍然不够全面清楚。

表 8.5　钢结构的弹性模量

性质	平均值/特定值	变异系数	试验样本	测试类型	参考文献
E	1.01	0.010	7	样品张力测试	Lyse and Keyser(1934)
E	1.02	0.014	56	样品张力测试	Rao, et aL, (1966)
E	1.02	0.01	67	样品张力测试	Julian(3957)①
E	1.02	0.01	67	样品压力测试	Julian(1957)②
E	1.03	0.038	50	样品张力和压力测试	Johnston and Opiia(1941)
E	1.08	0.060	94	短柱和样品张力测试	Tall and Alpsten(1969)
V	0.99	0.026	57	样品张力测试	Julian(1957)[a]
V	0.99	0.021	48	样品压力测试	Julian(1957)[a]
G	1.08	0.042	5	样品张力测试	Lyse and Keyser(1934)

资源：采集于 Gaiambos and Ravindra(1978)
特定值 $E=200000\text{MPa}(\approx 29000\text{ksi})$；$v=0.03$；$G/E=0.385$ ①；
① 本数据由 Galambos and Ravindra(1978)进行归类，在出版的著作中没有其他数据可以参考

8.2.4　加工硬化特性

Alpsten(1972)讨论了确定性钢材加工硬化特性的不同。仅有关于加工硬化模量的一些细节方面的研究。Doane 通过引用 Galambos 和 Ravindra(1978)的先前工作，指出张力的 $E_{ST}=3900\text{MPa}(570\text{ksi})$ 和压力的为 4600MPa(670ksi)。这表明变异系数为 0.25 可能是合适的。

8.2.5　尺寸变化

关于热轧部分形状的横截面尺寸的可用数据是极少的。图 8.2(Alpsten, 1972)给出了横截面积尺寸的典型分布。高度和宽度变化似乎很小，通常变异系数为 0.002，厚度存在较大的变化。

对于强度来说比较重要的是界面特性的变化如横截面积 A、面积的二阶矩 I、单位长度重量 W 和横截面弹性模量 Z（S 为美版定义），一些典型的柱状分布

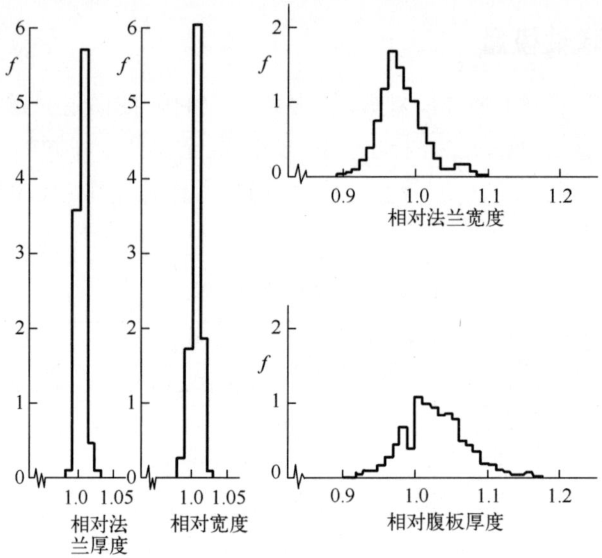

图 8.2　热轧型钢横截面积尺寸的直方图
（经美国土木工程学会允许数据来源于 Alpsten(1972)）

图如图 8.3 所示(Alpsten,1972)。大部分的变化是由于法兰厚度变化而引起的。(Ellingwood et al. ,1980)指出平均几何属性/特定几何属性的统一值和变异系数的平均值为 0.05。

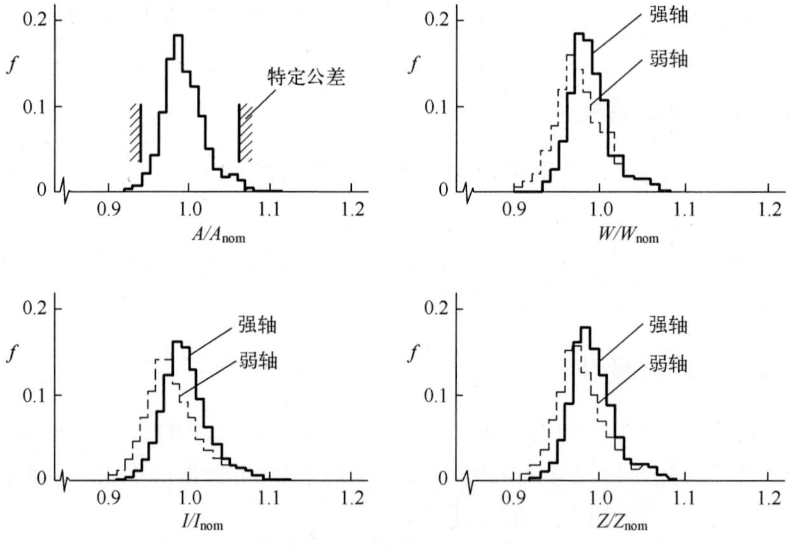

图 8.3　热轧低碳钢截面的截面性质直方图
（经美国土木工程学会允许数据来源于 Alpsten(1972)）

8.2.6　可靠性评估特性

上面描述一些材料和尺寸属性的数据与多个工厂的混合“工厂属性”(见表8.1)相关,而其他数据仅来自一个工厂(见表8.2)。如果考虑以下数据的扩充,结果预计将有更大的变化:

(1) 钢坯。

(2) 来自于一个钢级和一个工厂的所有坯料。

(3) 若干工厂。

(4) 无法保证从一个工厂出来的钢。

(5) 不同大小和强度等级的钢。

对于可靠性评估来说,必须具备适当的统计特性。这意味着需要知道材料供应的信息来源及其质量。如果这样的信息不可用或仅限于国家或地区平均水平,而对变异系数(或概率密度函数)保守估计是必需的。例如,适用于结构规范校准工作这种情况。

8.3　钢筋特性

钢筋的物理特性和差异性信息类似于热轧钢材料。Mirza 和 MacGregor(1979b)给出了关于此类问题的文献综述。

在一个典型钢筋的长度范围内,屈服强度或极限强度的变化可以忽略不计。因此,强度相关性可以统一处理。对于同样大小或者在相同批次中,这些钢筋很可能来源于相同的(但未知)的钢厂,在这种情况下,变异系数约为1%~4%,单个钢筋之间的相关系数大约在0.9(Rackwitz,1996)。对于结构中钢筋总体差异性(变异系数)不同来源和不同位置的可能值在4%~7%。

钢筋大小的差异性通常很小,实际面积与规范面积的比的均值为1,变异系数约为2%。来自于类似结构钢的试件试验速率对钢筋屈服和极限强度会产生影响。

在调整钢筋试验速率以及允许有钢筋规范横截面面积后,钢的屈服强度的概率密度函数分别被认为服从正常分布、对数正态或极端值分布(Alpsten,1972;Mirza and MacGregor,1972b),但当偏离均值区域时,均不适合。Mirza 和 McGregor(1979b)指出使用贝塔分布来刻画屈服强度:

$$f_{F_\gamma}=A\left(\frac{F_\gamma-a}{c}\right)^B\left(\frac{b-F_\gamma}{c}\right)^C \tag{8.2}$$

式中:常数 A,B,C,a,b,c 为利用可用数据拟合分布时得到的。表8.6给出了在

每一种有效边界 $a<F_{\gamma}<b$ 的情况下,300MPa 和 410MPa 的钢的各项系数。

表 8.6 钢筋的屈服强度概率密度函数系数
(数据来源于 Mirza and McGregor,1979b)

等级	均值	方差	A	B	C	A	b	c	单位
300	≈310	≈35	4.106	2.21	3.82	228	428	200	MPa
40	≈45	≈5				33	62	29	ksi
410	461	38	7.587	2.02	6.95	372	703	331	MPa
60	66.8	5,52				54	102	48	ksi

对于拉伸强度,可以找到一个更相似的分布类型。钢筋的弹性模量的均值为 2.01×10^5MPa(≈29000ksi)MPa,变异系数为 0.033。

8.4 混凝土统计特性

虽然混凝土抗压强度的统计分布长期受到关注(例如,Julian,1957;Freudenthal,1956),但是,其通常对结构强度和行为的影响小于对钢筋属性的影响。这完全是由于常规设计理念试图获得结构中的延展性造成的。然而,最重要的工作是估计钢筋柱的可靠性和关于可用性调查(Stewart,1997)。

基于铸造混凝土"现场"试验(或对照)中的柱体和立方体结构的大量试验结果(例如 Entroy,1960;Murdock,1953;Rusch et al.,1969;Mirza et al.,1979),表 8.7 中给出各批次之间的变异系数或标准差的值(考虑所有来源的混凝土)。对于同一批内的变化(同一来源的混凝土),变异系数大致减少一半。从数据中可以看出质量控制是重要的措施。

表 8.7 对于控制气缸和立方柱中成型的压缩强度变化(同一批次产品)

控制	变异系数(F'_c<28MPa)	标准差 $2B<F_c<50$MPa)
高品质产品	0.10	2.8MPa
一般产品	0.15	4.2MPa
低品质产品	0.20	5.6MPa
注:28MPa≈4ksi		

在现有结构评估中,对于可靠性评估,比较受关注的是在现场混凝土强度,而不是现场(控制)柱体的结果。对于混凝土抗压强度,现地强度 f_{cis} 和特征(或规定设计)强度 F_c 之间的关系可以取为(Mirza et al.,1979)

$$\tilde{f}_{cis}=0.675F'_c+7.7\leqslant1.15F'_c\,\text{MPa} \tag{8.3}$$

$$V_{cis}^2 = V_{ccyl}^2 + 0.0084 \tag{8.4}$$

式中：$\tilde{f}_{cis}$ 为平均现场强度；V_{ccyl} 为在现场进行控制气缸的变异系数，常数 0.0084 由控制气缸强度和现场强度之间的变化以及气缸试验中的变化决定。

通过检测 F_c' 和现场强度之间的影响发现式(8.3)和式(8.4)之间的关系式不成立。基于加拿大实地调查，Bartlett 和 McGregor(1996)指出将式(8.3)和式(8.4)修改为

$$f_{cis}' = F_2 \cdot F_1 \cdot F_c' \tag{8.5}$$

$$V_{cis}^2 = V_{F_2}^2 + V_{F_1}^2 \tag{8.6}$$

式中：$F_1 \cdot F_c'$ 为混凝土制造商生产的混凝土强度 f_{ccyl}'(通过实验室控制下的标准柱体——“控制柱体”测得)。允许材料、配料等变化，并且取决于制造商对于选用多低强度混凝土来抵抗风险的意愿。通常，对于现场浇注混凝土，$\overline{F}_1 = 1.25$，$\sigma_{F_1} = 0.13$，而对于预先浇注的混凝土，变为 $\overline{F}_1 = 1.19$ 和 $\sigma_{F_1} = 0.06$。可以应用正态分布或对数正态分布。

因子 F_2 将控制气缸强度转换为平均现场混凝土强度。在 28 天时，对于小于 450mm 深的部件和较厚部件，其平均值为 0.95。在一年的时间内，其值大约增大 25%。所有情况下的变异系数为约 0.14。对数正态分布似乎是 F_2 的最佳概率描述。Stewart(1995)使用早期公开的数据进行一般类似的观察研究。

考虑到混凝土的养护和压实是一个函数关系，对于利用 $f_{ccyl}' = F_1 \cdot F_c'$ 公式进行控制缸的强度估计可以更详细展开为

$$f_{ccyl}' = k_{cp} k_{cr} (F_c' + 1.65\sigma_{cyl}) \tag{8.7}$$

式中：$(F_c' + 1.65\sigma_{cyl})$ 为完全控制圆筒的平均抗压强度；σ_{cyl} 为不同批次间混凝土强度的标准偏差(见表 8.6)；k_{cp} 和 k_{cr} 分别为压实和固化系数，它们表示的是工艺和质量控制(性能)的函数，并在表 8.8 中给出。

表 8.8　关于 k_{cp} 和 k_{cr} 的统计参数(Stewart, 1997)

k_{cp}			对最小加工时间 k_{cr}			
			3 天		7 天	
效果	均值	方差	均值	方差	均值	方差
差	0.80	0.06	0.66	0.05	0.66	0.05
一般	0.87	0.06	0.84	0.05	1.00	0.00
良好	1.00	0.00	1.00	0.00	1.00	0.00

上述研究证实，优质混凝土的抗压强度可采用正态分布；在控制差的情况下对数正态分布更合适(Drysdale, 1973)。然而，许多研究者注意到即使在后者这种情况下，分布仅稍微偏斜，两个分布仅极少的区别，除了在极端尾部。

对一个给定的结构,其强度的空间变化,即从点到点的变化,也是我们关注的重点。加拿大学者发现同一批混凝土制品的一个型号铸钢具有7%的变异系数,而不同批次混凝土制品的不同型号之间具有13%的变异系数。更进一步,对于现场浇注而未放置的混凝土强度之间的系数(如不确定性的设计估值)大致为23%(Barlett and McGregor,1996)。

混凝土的拉伸强度和其弹性模量已经引起了大家的关注(Mirza et al.,1979)。Madsen 和 Bazazant(1983)对滑动和收缩的概率描述进行了分析。

关于钢筋混凝土比较受关注的问题是维度上的变化(Mirza and MacGregor.,1979a)。在大多数情况下,薄板的厚度要大于名义厚度,比值变化大约为1.06,同时该值具有0.08的变异系数,而对于高质量的甲板其相应值为1.0005和0.02。

相反,对于薄板加固材料的有效厚度要小于特定材料,(实际/名义值)比值为0.93~0.99,变异系数大致在0.08范围内变化。有证据表明这些数据对于高质量的工作是十分有益的,并且在预制薄板时,其偏差和变化率几乎是被忽略的。相当多的有效数据对其他混凝土单元也非常有效(Mirza and MacGregor,1979a)。

8.5 结构构件的统计特性

8.5.1 引言

结构构件的强度及其他性质进行概率描述依赖于对构件的元件属性的概率描述,如横截面尺寸和材料强度。若使用数学关系导出概率性质,要考虑其与室内外试验结果间的差异。一部分差异源于试验技术和观察带来的固有可变性,然而更多的差异来自对材料、几何参数及相应的结构行为构造数学模型时,所采取的简化影响。例如,在推导钢筋混凝土梁截面的极限弯矩表达式时,众所周知,一般对混凝土压应力分布、钢筋的应力-应变关系式和有关混凝土拉伸强度等做出保守假设。然而,从各参数到构件强度转化时,增加了大量不确定性。这种变化被称为“建模”不确定性或“名义修正因子”(另见第2章)。除非从“海量”的试验观察中直接获得构件统计特性,才不会出现这种情况。然而这种试验并不都符合实际,资源需要用来建立部件行为的数学模型并用材料和几何概率性质的数据作为输入。

8.5.2 分析方法

令 R 代表一个结构构件的随机可变强度。材料和几何性质的函数关系可

表达为

$$R = fn(P, \boldsymbol{D}, \boldsymbol{R}_m) \tag{8.8}$$

式中：$\boldsymbol{R}_m$ 为随机可变的材料强度矢量；$\boldsymbol{D}$ 为关于随机可变尺寸、横截面区域等因素的一个矢量（还包括那些工艺因素）；P 为“专业”或“模型”因子，代表在预测实际强度时，该模型准确度的随机变量。如果明确已知式（8.8）且形式简单，可用二次矩的方法轻松求得 R，否则就得采用 R 的概率分布来进行模拟。相关方法概述如下。

8.5.3 二阶矩法分析

将参数转换为组件统计特性时，如果各组件强度与参数性质的关系是简单形式，可使用二阶矩法分析。这适用于许多有关钢构件重要阻力特性的情况。基于此，对一个简单的钢构件，试验强度 R 和名义强度 R_n（由标准规则得到）的关系式（8.8）可化为一个用随机变量表示的简单乘法形式，即（Cornell，1969）

$$R = P \cdot M \cdot F \cdot R_n \tag{8.9}$$

式中：P 为如前所述的名义修正因子，现在用作衡量实际强度与名义强度之间的差异，M 为材料属性，如屈服强度；F 为所谓的“制造”因素，代表截面性质，包括制造可变性的作用，如何定义 R_n 决定 R 和 R_n 的关系。式中因子 P 的作用很大，但必须在乘法形式（8.9）能合理表示的实际情况下才有效。这就好比若对梁弯曲表示不当时，模拟结果可能近似成柱承受弯曲（见 8.4 节）。

通常情况下，P、M 和 F 是实际值与名义值的比值，并且有自己的分布性质。如果假设每个因子都用二阶矩的形式表示，那么可用下式估算 R 的平均值和变异系数［见式（A.166）和式（A.169）］：

$$R \approx \overline{P} \cdot \overline{M} \cdot \overline{F} \cdot R_n \tag{8.10}$$

$$V_R^2 \approx V_R^2 + V_M^2 + V_F^2 \tag{8.11}$$

式中：$(\bar{\ })$ 表示这些量的均值；V_i 则为相应的变异系数。

名义阻力 R_n 能直接从实际规范里获得，而 M 和 F 的分布特性在之前的章节中已作讨论，另外要注意，前述特性并不是都能有效地利用二阶矩法的假设。

要应用简化表达式（8.9）～式（8.10），需要有关专业或建模因子 P 的信息。例如，对于一个单元的拉伸强度，由于可以直接用试验观察推导材料强度的概率分布，故不需要建模误差项。另外，对紧凑梁截面，在有足够的横向支撑情况下，塑性应力和建模因子就能决定阻力。后者可直接从横梁试验获得，其中“简单的塑性理论”是分析基础（由 Yura et al.，1978），即［直接对应式（8.10）］

$$R_{\text{test}}=\left(\frac{\text{试验承载}}{\text{名义承载}}\right)_{\text{平均}}\frac{\overline{F}_y}{F_{yn}}\frac{\overline{S}}{S_n}R_n \tag{8.12}$$

式中:$\overline{S}$ 为塑性截面系数的均值;$\overline{F}_y$ 为屈服应力的均值;S_n,F_{yn}为相应的名义值;R_n 为名义塑性弯矩。通常 $\overline{F}=\overline{S}/S_n=1.0$,$V_F=0.05$,$\overline{M}=\overline{F}_y/F_{yn}=1.05$ 且 $V_M=0.10$(见表 8.2~表 8.4)。

梁的测试结果表明,相比其他值,阻力取决于弯矩的梯度,典型的 $\overline{P}$ 值可从试验阻力均值与名义阻力的比得到,见表 8.9。比值计算得到的变异系数 V_P 也列于表 8.9。通常由测试结果的分散性获得 V_R,结合式(8.11)和由测试结果标量得到的 V_R,即可求得 V_P。

表 8.9　对于梁的塑性范围的典型比率(标准电阻测试)[Yura et al.,1978]

梁的类型/矩的类型	测试平均值/抗力名义值 P	方差系数:V_P	测试数量
确定情形;均匀	1.02	0.06	33
确定情形;梯度	1.24	0.10	43
不确定情形(也在框架之内)	1.06	0.07	41

通常横向无支持的梁也有近似的但更复杂的分析(其中弹性或无弹性屈曲负载至关重要),同样对梁-柱,板梁等也如此。一些文献描述了结合现有的方法来预测实际强度和相关误差的模型(例如,yura et al.,1978 年;Bjorhovde et al.,1978;Cooper et al.,1978)。一些典型 $\overline{P}$ 和 V_P 的值见表 8.10(Ellingwood et al.,1980)。

表 8.10　建模统计(特定因子 P) [Ellingwood et al.,1980]

元素类型	P	V_P	标记符号
受拉杆件	1.00	000	
紧凑的宽缘梁			
同一时刻	1.02	0.06	机构
连续梁	1.06	0.07	机构
宽凸缘梁			
弹性横向扭转屈曲	L03	0.09	
非弹性横向扭转屈曲	1.06	0.09	
梁柱	1.02	0.10	中心列曲线(注)
注:结构稳定性研究协会			

上述方法的主要局限是对所有参数都要进行单纯的二阶矩分析。如前面所示,对钢的屈服强度及其他参数建模时,这必然是不够的。而且概率分布建

模或名义修正因子未必可用二阶矩来简单描述,甚至不能像式(8.9)那样拆分。综合种种原因,有必要转换方向,求助于仿真的手段。

8.5.4 仿真

要从(非正态)尺度和材料性能,及它们之间的复杂关系推导组成特性,唯一可行的方法是仿真。考虑如钢筋混凝土梁-柱的强度。一般地,根据极限强度理论可知,梁-柱的强度可在 N-M 面上的核心点处表示,其中 N 代表轴向推力,M 代表弯矩。在常规的钢筋混凝土理论中,N、M 及其他参数的隐含关系一般为(Ellingwood,1977)

$$N=\frac{M}{e}=0.85f'_C b(\beta_1 c)+A'_S(f'_S-0.85f'_C)-A_S f_S \tag{8.13a}$$

$$M=0.85'f'_C b(\beta_1 c)\left(\frac{h}{2}-\frac{1}{2}\beta_1 c\right)+A'_S(f'_S-0.85f'_C)\left(\frac{h}{2}-d'\right)+A'_S f_S\left(d-\frac{h}{2}\right) \tag{8.13b}$$

式中:e 为从质心测量的偏心率;c 为中性轴深度;$\beta_1 c$ 为压应力"块"的深度;h、b 分别为截面深度和宽度;d 和 d' 分别为拉、压时钢筋上混凝土的厚度;A_S 和 A'_S 为拉、压时钢筋的面积;f_S 和 f'_S 为拉、压时钢筋的应力。

因为有 N 和 M 两个强度量,梁-柱的抗力可以多种形式表示:

(1) 固定 N。

(2) 固定 M。

(3) 固定偏心距 e。

(4) 其他任意的 N 和 M 组合。

对地震类型的情况,方法(1)比较适当,而方法(3)可能适用于通常的设计情形,如轴向推力和力矩随负载成比例增加。对具体问题要选最合适的形式具体分析,如(Frangopol et al.,1997),只不过在标准校正时选择相对困难。另外,方法(4)与复杂结构有关,但几乎难以处理(参见5.1节)。

已知式(8.13)中每个变量的统计特性,可用传统的蒙特卡罗仿真构造抗力值的样本分布。固定偏心距的常见结果(Ellingwood,1977)见图8.4。仿真程序如图8.5所示;显而易见的是,因为希望得到的是抗力的整个区域而不仅是尾部的分布,要获得合理的结果只需进行较少的蒙特卡罗仿真,一般100~500次。然而诸如可靠性计算等情况下,如果需要对尾部质量良好的模拟,仿真范围应加大。

不幸地是,式(8.13)并不能精准地预测梁-柱实际(或试验)强度,因为它们是用于测定标准(或名义)强度的理想关系。如果用试验数据与式(8.13)的预测强度对比,可能会得到每个蒙特卡罗样品试验强度与计算强度的比率,进一步可以求得该比值对应的平均值和标准差,甚至可以得到8.5.3节的"专业"

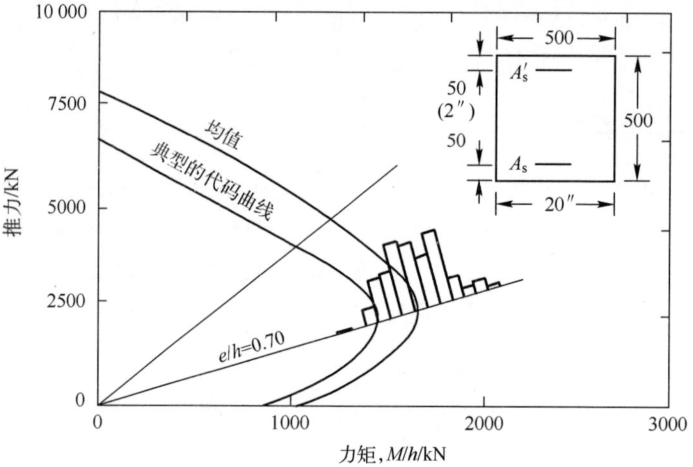

图 8.4　对钢筋混凝土梁柱特别数值强度模拟

[经美国土木工程学会允许数据来源于 Ellingwood(1977)]

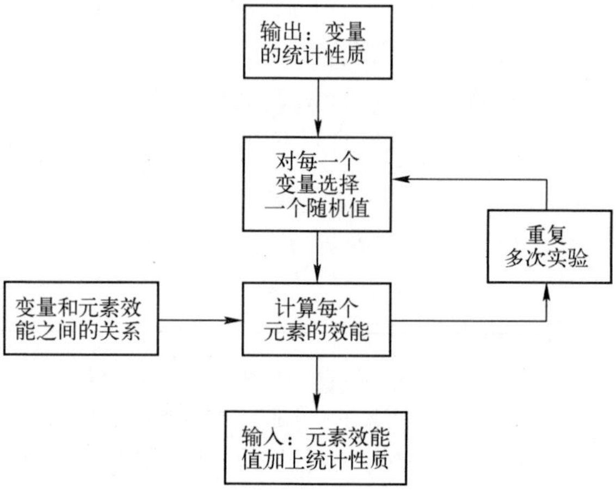

图 8.5　元素强度统计性质模拟过程

因素。然而,如果式(8.13)预测性很差,上述比值的分散性会更强,即变异系数会很高。如果希望较好地预测强度,需要更好的关系式来描述材料和结构的行为。

例如,通过整合钢和混凝土的应力-应变曲线,给定 N 时可获得更好的 N、M、e 关系,及力矩-曲率关系,并注意到故障发生在该曲线的峰值处。这是计算梁柱强度的标准流程(例如,Tall,1964;Frangopol et al.,1997)。一般得出的结果与试验结果基本吻合。Grant 等人(1978)发现,钢筋梁柱的理论值略低于试验数据。R_T/R_S 的平均值(试验强度/仿真强度)是 1.007,而变异系数是 0.064。

该因子可进一步细分为

(1) 用理论方法计算仿真强度带来误差。

(2) 在测定试验强度的过程中造成误差。

(3) 混凝土强度、钢筋强度和尺寸在同一批次中的差异性造成的误差。

可将该关系简化表示为

$$\frac{R_T}{R_S}=C_{T/S}=C_{\text{model}}C_{\text{testing}}C_{\text{in-batch}} \tag{8.14}$$

使用二阶矩可得[见式(A.169)]

$$V_{T/S}^2\approx V_{\text{model}}^2+V_{\text{testing}}^2+V_{\text{in-batch}}^2 \tag{8.15}$$

从这些表达式可看出,如果其他校正因子估计值有效,可确定 C_{model} 和 V_{model}。通常,V_{testing}的范围是 0.02~0.04,而 $V_{\text{in-batch}}\approx 0.04$。(这可以通过试验或蒙特卡罗模拟确定)。相关的均值几乎一致,$C_{T/S}$的均值约 1.00,变异系数 $V_{T/S}$从准确的测试结果($V_{\text{testing}}=0.02$)得到,约 0.03~0.046(Mirza,1996)。类似的校正因子也可由其他钢筋(和预应力的)混凝土元件如梁求得(Allen,1970;Ellingwood et al.,1980)。

借助预测真实(试验)结果的工具,可以确定如一个单元的实际强度与名义强度的比。而将各种参数(压力、尺寸等)的额定值代入运算过程可获得一个名义抗力。然后通过蒙特卡罗仿真,结合各参数的概率分布,可以准确预测理论上的强度值,然后由校正因子 $C_{T/S}$再次修正从而用于预测实际强度。对每个预测均存在 R_T/R_S 的值(试验强度比名义强度),通过足够多次的蒙特卡罗试验,可获得其平均值和变异系数。从而,$\overline{R}/R_n$ 和 V_R是有效的。需要注意的是,通过直接确定的预测的试验强度和名义强度,并不特别需要 8.5.3 节中的名义修正因子。在美国的数据和设计规范中,一些典型的 $\overline{R}/R_n$ 和 V_R值见表 8.11(Ellingwood et al.,1980)。

表 8.11 典型的抗力统计($F'_C=34\text{MPa}\approx4800\text{ksi}$)

模 式	描 述	$\overline{R}/R_n$	V_R
弯曲	连续单向板	1.22	0.15
弯曲	双向板	1.12~1.16	0.14
弯曲	梁	1.05~1.16	0.08~0.14
弯曲和轴向	短柱、压缩失效	0.95	0.14
弯曲和轴向	短柱、预紧力失效	1.05	0.12
轴向载荷	细长柱、压缩失效	1.10	0.17
轴向载荷	细长柱、压缩失效	0.95	0.12
剪切力	无配箍	0.93	0.21
剪切力	最小配箍	1.00	0.19

8.6 连　　接

可同时用于钢和钢筋混凝土结构连接的数据相当有限。引用费舍尔等人对焊接电极作用母体钢时产生的角焊拉力数据(1978),表明实际强度的均值是名义强度的1.05倍,而变异系数为0.04。

而从剪切力的角度讨论,其剪切强度与焊接电极的抗拉强度比通常约0.84,标准差为0.09而变异系数为0.10(最大值)。角焊缝剪切强度和额定强度的比为$0.84 \times 1.05 = 0.88$,而变异系数$V = (0.1^2 + 0.04^2)^{1/2} = 0.11$。对这种简单情况,不必考虑建模的因素。但加工焊缝本身将产生附加变异性,建议$V_F = 0.15$(参照Fisher et al.,1978)。

假设制造充分并且定义准确,建立母体金属的强度时应考虑对接和焊缝槽的影响(Fisher et al.,1978)。

另外Fisher和Struik(1974),以及Fisher等(1978)的研究都阐述了用于高强度螺栓的强度数据和概率模型,分别涉及张力、剪力和摩擦夹紧等方面。

8.7　结构设计强度的联合

由于轧制钢型材和钢筋仅可用离散尺寸,一般地,在设计过程的结尾会提供比严格按计算要求更大的轧制钢型材或更多的钢筋。因此,实际单元抗力通常会大于迄今为止的确定值。设计人员偶尔会选择降低,例如,如果误差小于大约5%,对于下一组所有钢筋的更大的轧制钢型材通常会选择增大。因此,提供的强度与要求的强度的比值,即"离散化因子",预计的均值大于1.0,相关的概率分布函数可能为偏斜分布。钢筋混凝土柱的常规关系如图8.6所示(Mirza and MacGregor,1979a)。型钢也可以画出类似的图。

通过仿真和非限制性过安全设计,可以得到典型的概率密度函数见图8.7。钢筋混凝土构件离散系数的尺寸效应见表8.12;该效应对抗弯钢筋梁概率分布的下尾部分影响显著。但由于低尾部分常用于可靠性计算,会忽略尺寸影响。钢筋混凝土设计一般服从一个修正的对数正态分布,其离散系数取$C = 0.91$,其均值为1.01和变异系数为0.04是较合理的选择。

要引起注意的是,离散系数没考虑设计过程中可能的人为误差,也未考虑自检查或其他检查的影响。它完全基于对欠安全(和过安全)设计的合理假设。

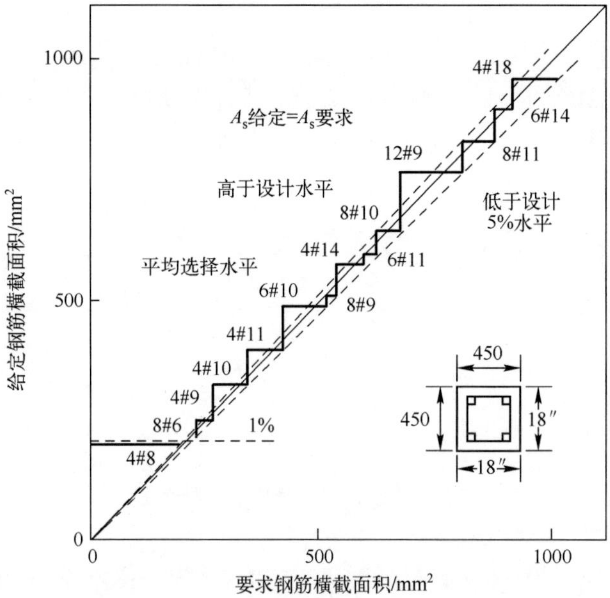

图 8.6　对于热轧钢梁的实际强度分离规模作用效果[经美国土木工程协会允许数据来源于 Mirza and MacCregor(1979a)]

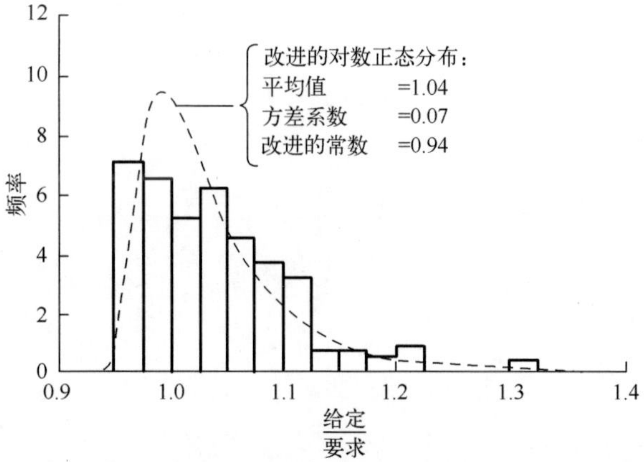

图 8.7　对热轧钢横梁给定要求能力比率的典型概率密度函数[经美国土木工程协会允许,数据来源于 Mirza and MacCregor(1979a)]

表 8.12　对于离散化问题的典型通统计性质

元素	尺寸(mm×mm)	平均比率方差系数	标　记
在钢筋混凝土梁抗弯加固结构	250×375(10×30)	1.04	0.07　LN:c=0.94
在钢筋混凝土梁抗弯加固结构	500×750(20×30)	1.00	0.03　LN:c=0.90
箍筋(钢筋)		1.03	0.06　LN:c=0.93

(续)

元素	尺寸(mm×mm)	平均比率方差系数	标　记
垂直钢	300×300(12×12)	1.03	0.06　LN:c=0.93
钢筋混凝土	900×900(36×36)	1.01	0.04　LN:c=0.91
柱体 s 钢梁柱 *		1.05	0.07
LN=改进对数正态分布,即[(log(给定/要求)−c]是正态分布。来源:Mirza and MacGregor(1979a),* Lind(1976a).			

8.8 结　论

本章大致回顾了结构可靠性分析的常用抗力特性,尤其是钢构件、混凝土强度和结构件尺寸的特性。

对结构构件,只有综合材料强度、尺寸和设计模型等因素,才能分析其统计特性,构造合理的概率模型。可以将二阶矩或蒙特卡罗组合进行分析。而在章节最后,还对连接及基于离散尺寸因素的有规则的过度设计做了一定的阐述。

第9章

准则和结构可靠性

9.1 引　　言

利用结构设计准则或者一个类似的结构设计规范来进行结构设计,可以被描述成“通过专业委托机构确定结构参数设计”(Lind,1969)。要求所有设计人员使用指定的设计准则必须有一个满足设计要求的流程(通常)。在确定结构参数的过程中重要的步骤是设计者根据设计准则做出预计。任何结构设计中使用到的特别准则反映了准则本身的“设计”,即一个结构设计准则的形式直接影响了整个结构中大量细节尺寸的设计,而这些尺寸将会依据设计准则来进行设计。对于每个设计者来说,都有决定结构模型、布局、主要尺寸、连接方式、支撑和载荷条件等的自由,在设计准则上有很大的独立性,但是一旦做出决策,细节设计都应最大程度地遵守设计准则规范。

结构工程设计的目的是在一个规定的基准数据集合以及材料和工作条件可用的情况下,保证结构的预期总效用达到最大,下面介绍在设计工作中必须考虑的两个补充:

(1) 结构总的预期效用的优化(由设计者)。

(2) 结构设计规范的优化(由规范设计委员会)。

本章的要点即关注(2),即如何形成一个准则,使之对一系列要使用的结构进行优化。特别地,我们的关注点简化为以下几点:

(1) 准则理论中的安全检查规则。

(2) 所谓极限状态设计准则的可能形式。

(3) 这些准则和之前一些章节中介绍的理论可靠性概念间的关系。

一些解释和要求等的正确写法,这些实际中的问题这里不再一一熬述。假设典型模型例如那些描述柱强度的已经给出,并且不再优化,然而我们非常清楚这只是一个可能事件。Lind(1969,1972)、Legerer(1970)、Veneziano(1970)、

Turksra(1970)与 Ditlvsen(1997)讨论了准则编写体系的基础内容。Ellingwood (1994)给出了有关设计准则发展和准则编写的未来挑战的概述。

9.2 结构设计准则

结构设计准则可以被视为一个预测工具,也就是说根据准则的要求,设计者可以预计一个能够满足在期望的服役期间足够安全和可用需求的结构。然而,在设计阶段,无论确定程度如何,一些事项还是未知的,只能去预测(见 2.2 节)。这些包容不确定性的准则的构建方式将影响到任何一个使用其进行结构设计的期望效用。

一个准则的期望效用的优化程度将依赖于它对这些准则有多少影响。一个特别结构需要满足的不同要求应依赖于那些被采纳的观点。毋庸置疑,某些要求之间有着致命的矛盾。感兴趣的团体包括建造者、拥有者、最终使用者和各种监管部门。

这些团体当中,监管部门和建筑工程师将结构的安全性视为最重要的一点。然而,对于其他团体来说,安全是“需要但非必要”的(Boshard,1979),其他因素如可用性和成本也十分重要。在那些已经建立完整准则体系或有这些传统或继承成功工程的国家,比起主要或非正常建筑来说,结构安全大多数情况下很少在政府管理准则之内,即使在表面上结构准则给出了那些规范。因此其他要求诸如性能或可用性经常被隐藏在这明显的安全要求之下。这是因为在以前很难详细地写出性能和可用性要求,或编写规范。我们应该清楚结构设计准则的角色比起简单地解决结构安全更加复杂,同时就结构设计准则的总体作用来说,在国家间的经济竞争和结构决策制定上能更好地体现。

其更深的作用在于它必须能应用在结构体系中的任一细节上,满足准则编写委员会的要求,而这些要求是其基于以往经验猜测得到的。由此,需要引入预测。然而不幸的是,在单一准则中,众多结构和我们感兴趣部分的不同要求很难被调和。直观上来说,一个准则更多的是优化某一些结构,而不是所有(比照 Ditlevsen,1997)。所以说一个准则的优化不是一开始就是完美的。

可供选择的方法如下:

(1) 应该认识到在很长一段时间内一些结构设计准则已经存在。

(2) 假设准则代表了专业人士的集体智慧并且反映了过去很多年达成的一定程度上的共识。

(3) 基于新生成的准则以及说明该准则安全性和可用性的准则规范。

这个过程可代表准则优化的可选择方式,或者说通过积累的经验和权衡准则规范(或者可能还有它们的表述和复杂性)得到持续改进。

由于在长期情况下所有变化的影响未知,设计准则的改变应该只能是逐步进行的。改变应是充分小的,以免导致对于规则编写委员会、准则使用者以及其他此领域内相关参与者的不确定性和麻烦。当准则修订后安全水平改变大于10%时,则必须对实际使用者发出提醒(Sexsmith and Lind,1977)。

那些未涉及安全水平的准则修改也应引起关注。随着哲学观点改变的影响(例如,极限状态设计形式中的许用应力),更广泛的准则的引入,计量单位的改变(例如,国际单位与非国际单位间的转换),主观准则的复杂性大规模提高。三种变化一度同时存在(见英国“CP110 钢筋混凝土结构准则”),这导致“极限状态设计”比起其他所有改变在更大程度上使设计变得异常复杂。

传统上最大的矛盾点(许用应力后非极限状态设计)出现在(一些情况下也是)处理安全检查时。在这方面特别有借鉴意义的是载荷组合准则。仅针对处理单一材料或者建筑形式的结构设计准则来说是典型的,如钢制材料、钢筋混凝土、预应力混凝土和木质结构。传统上来说,上述的每个准则都有不同的载荷组合要求集。这使得准则与下一代之间很难保持一致。

极限状态设计准则形式在世界范围内的趋势是力图克服不同结构设计准则间的不一致性,同时引入关于安全和可用性检查的更多更合理的准则。这些准则应该要求设计者对相关极限状态进行明确的检查(在老的旧的许用应力类型准则中并没有强调要明确进行)。从长远来看,更重要的是让准则使用者对准则有清晰的理解,由此可以明显知道真正检查哪种极限状态。

9.3　改进的安全检查形式

9.3.1　概率及基于概率的准则

原则上,基于层次3的过程(见表2.11),结构设计准则将修正概率方法用于设计。这种准则被称为“概率”设计准则。乍看之下,这是最自然、最基本的选择,当且仅当设计者在这方面有足够的经验和背景。然而,还有一些我们感兴趣的因素要在准则实施之前去解决。

如已在第2章中所述,概率分布的选择影响最终的失效概率(见2.3.5节)。如果设计者自己执行,不同的执行者在使用一些准则的特别部分时结果会出现很大的不同(如钢筋混凝土柱的设计准则),这并不是令人满意的结果。明显地,要在所采用的概率密度函数上达成一致。这需要适用于所有的载荷和所有的结构特性,同时也适用于极限状态函数的表达式,甚至要考虑到各种设计条件。

此外,在设计一个概率设计准则中,对用于不同结构失效条件的验收准则达成一致是很有必要的。因此,梁弯曲失效与梁剪切失效的准则是不一样的,简单地说,因为大多数即将发生的梁弯曲失效都会有一定程度的提前预警,而剪切失效没有,这两种情况将导致不同的结果。很明显,结构失效将导致经济和社会问题,同时这些都离不开验收标准(因为表面上是在大多数极限状态或者早前标准下的情况,见第 2 章)。这个问题已经在欧洲结构安全委员会的一个长期项目中得到解决 (Vrouwenvelder,1997)。然而,对于安全监测中的概率设计准则的发展和接受的过程却比这缓慢得多,这是因为达成共识有一定难度,任务的规模以及设计实施者面对概率因素时通常是无准备工作。

现有的在实际结构设计应用中的安全检查形式很大程度上来自于现有的确定性公式,而不是全概率准则。它们全是层次 1(见表 2.11),对于准则使用者来说,不十分明显地涉及提供概率计算(即使要求某个所谓逆程周期的选择),并且与那些用在钢筋混凝土设计中的传统安全监测形式在表面上有很大程度上的相似,唯一的不同是局部因子(和容量减少因子)是来源于概率数据而不是准则委员会选择的(可能是指定的)。我们提出一些可能的安全检测形式,其主要概述见下一节。

原则上当准则进行发展时,很有可能将层次 1 的安全监测形式与全概率准则联系起来,这个方面将在 9.4 节中进行简要描述。然而,更多的注意力集中到了名义失效概率(层次 2)与层次 1 安全检测形式的关系上,因为该工作已经很成熟。9.5 节和 9.6 节讨论了安全级别的选择以及准则校准的概念,即将层次 1 安全监测形式与现有设计规范的潜在安全联系起来的过程。9.7 节给出了一个准则校准的例子。接着 9.8 节讨论了基本原理和应用问题。

9.3.2 欧洲混凝土委员会和其他协会的统一准则

这种作为整个欧洲结构设计准则通用基础的设计规范已从早期的准则形式发展成熟。安全监测分析是在载荷效应(应力结果)下建立的,同时它有如下通用形式(CEB,1976):

$$g_R\left(\frac{f_k}{\gamma_{m1}\gamma_{m2}\gamma_{m3}}\right) \geqslant g_S(\gamma_{f1}\gamma_{f2}\gamma_{f3}Q_k) \tag{9.1}$$

式中:g_R 和 g_S 分别为抗力函数和载荷效应函数,它们分别将括号内的形式转换成抗力和载荷效应;f_k 和 Q_k 分别为特征材料的强度和载荷(见 1.4.4 节);γ_{mi} 和 γ_{fi} 为各自的分项系数。

对于材料强度来说,分项系数 γ_{mi} 将考虑到以下因素(CEB,1976):

(1) 来自某些指定特征值带来的材料或者元素的强度的不良偏差的可能性。

(2) 结构中材料或元素的强度可能的不同,这些不同来自于控制的测试样本。

(3) 结构中材料或元素可能的局部损伤,这些损伤基本上来自于建筑的建造过程。

(4) 组成部分的抗力估计可能不精确,这些抗力来自于材料的强度,包括结构中各种能影响组成部分应力的尺寸精确性。

在实施中,分项系数 γ_{fi} 将考虑到以下因素(CEB,1976):

γ_{f1} 实施中,由特征值引起的偏差;

γ_{f2}(载荷组合因子)随着概率的降低,所有的实施都将在它们的特征值上进行;受三个载荷组合因子影响,该因子为 $\boldsymbol{\psi}_{pi} \leqslant 1 (i=1,2,3)$(见 9.1 节);

γ_{f3} 由实施导致的可能的不精确,包括尺寸的不精确。

另外,无论 γ_{mi} 还是 γ_{fi} 都要进行修正,以满足低失效率的结果,或脆性破坏的可能性。

在 CEB(1976)采用的式(9.1)的一个特殊形式为

$$g_R\left(\frac{f_{k1}}{\gamma_{m1}},\frac{f_{k2}}{\gamma_{m2}},\cdots\right) \geqslant g_S\Big[\gamma_{f1\max}\gamma_{f3}\sum Q_{\max}+\gamma_{f1\min}\gamma_{f3}\sum Q_{\min}+\gamma_{f1\mathrm{mean}}\gamma_{f3}\sum Q_{\mathrm{mean}} +\gamma_{f1\max}\gamma_{f3}\Big(\psi_{p1}Q_{k1}+\sum_{i=2}^{n}\psi_{pi}Q_{ki}\Big)\Big] \tag{9.2}$$

式中:$\psi_{pi} \leqslant 1$ 为载荷组合因子;$\psi_{p1}Q_{k1}$ 为最不利载荷;ψ_{pi} 可能为任意即时点载荷与载荷特征值之间的比值(见第 7 章);$Q_{\max}$ 和 $Q_{\min}$ 为考虑到的静载荷(以及其他永久方式)在极限状态中最不利方式的活动。对于不同极限状态下式(9.2)中参数的值见表 9.1 和表 9.2。在这个特殊方法里,γ_{f1} 包含 γ_{f3}。

表 9.1 CEB 准则框架的分项系数(CEB,1976)

极限状态	载荷	极限状态的分项系数					
		$\gamma_{f1\max}$	$\gamma_{f1\min}$	$\gamma_{f1\mathrm{mean}}$	γ_{f1}	ψ_{pi}	$\psi_{pi}, i\geqslant 2$
极限	基本	1.2	0.9	0	1.4	1.0	A
	偶然	1.0	1.0	0	1.0	B	C
可用性	罕见	0	0	1.0	1.0	1.0	B
	准永久	0	0	1.0	1.0	C	C
	频繁	0	0	1.0	1.0	B	C

注:表中数字为每一个极限状态的系数

γ_{mi} 的值由规范委员会依据不同的材料确定。例如,对于钢筋混凝土,基于给定的正常控制、平均检验和失效的“正常”结果,混凝土的常用值为 $\gamma_m=1.5$,

钢筋的为 $\gamma_m=1.15$。

在 95 或 5 的百分位上,认为载荷和抗力的特征值是合适的,或者当前接受的准则数值的代替值。

表 9.2　CEB 准则框架的载荷组合系数 ψ_p

	载荷组合系数		
	A	*B*	*C*
家庭住宅	0.5	0.7	0.4
办公住宅	0.5	0.8	0.4
零售场所	0.5	0.9	0.4
停车场	0.6	0.7	0.6
风	0.55	0.2	0
雪	0.55		
风与雪	0.55 和 0.4		
来源:CEB,1976			

9.3.3　国家建筑标准(加拿大)

在建筑准则中,加拿大已经采用了一个相对简单的安全检查形式[加拿大构架研究委员会(NRCC)(1977),加拿大标准协会(CSA)(1974),Allen(1975)],其典型形式为

$$\phi R \geqslant g_S[\gamma_D D_n+\psi(\gamma_L L_n+\gamma_W W_n+\gamma_T T_n+\cdots)] \tag{9.3}$$

式(9.3)左边代表抗力的分解,由抗力 R 以及一个分项系数 ϕ 组成,其中 R 基于特征强度和材料属性、尺寸等。式(9.3)右边代表载荷效应的分解,函数 g_S[ ]将载荷变为载荷效应。

分项系数 γ_D、γ_L、γ_W 和 γ_T 分别适用于名义静载荷 D_n、动载荷 L_n、风载荷 W_n 等。分项系数与一个由测量失效结果得出的"重要因子"γ_l 相关。对于大多数正常结构来说,$\gamma_l=1.0$。对于如医院这种必须能抵挡灾难的建筑,γ_l 则必须大于正常值。然后将分项系数与其联系起来,如通常地 $\gamma_D=1.25\gamma_l$,当 D_n 抵消 L_n 时,$\gamma_D=0.85\gamma_l$ 等。若一个结构没有那么重要,或者一直承受的是静载荷,则 $\gamma_D=0.8\sim1.0$。

载荷组合因子 ψ 计算当 L_n、W_n 和 D_n 同时达到名义数值时减少的概率。通常地,ψ 的值 1.0、0.7 和 0.6 分别对应着正在应用实施的一个、二个和三个载荷。

NBC 安全检测形式来自于早期(基于非概率的)的美国混凝土学会(ACI)指定的安全测试形式(例如,MacGregor,1976)。它类似于载荷组合的 CEB 形式,虽然其数值有一些不同。然而,最大的不同在于对抗力计算的处理上。其

中 CEB 形式应用的是材料强度、尺寸等的分解形式,以允许其材料、尺寸等比预期值小的可能性,NBC 格式(与 9.4 节中的 LRFD 格式)中将所有的强度不足和几何误差结合到因子 ϕ 中,这个因子表达的是总体上来说强度不足的概率。

NBC 安全检测形式的最大缺点就是其不总是适当地允许由不同材料组成的组件上的强度差异。如果用蒙特卡罗方法计算一个给定的偏心受压柱的轴向载荷和力矩,将得到一个分散的结果(Grant et al. ,1978)。如图 8.5 所示,这个分散的结果远远小于柱体由于拉伸而失效的结果。该结果可由 CEB 安全测试形式预测,而 NBC 格式(或 LRFD 格式)则不行。又例如,Allen(1981b)指出材料的分项系数更应该取自构件的强度。然而,NBC 安全检测形式的最大优点是简洁,如 ϕ 仅仅需要在计算中考虑即可。

9.3.4 载荷与抗力系数设计

载荷与抗力系数设计安全检测形式由 Ravindre 和 Galambos(1978)提出,并应用在美国的相关准则中。具体形式如下:

$$\phi R_n \geqslant \sum_{k=1}^{i} \gamma_k S_{km} \tag{9.4}$$

式中:ϕ 和 R_n 分别为“抗力系数”和“名义抗力”,这两个参数通常被用在美国实际 ACI 安全检测形式中;γ_k 为“载荷系数”或分项系数;S_{km} 为“平均载荷效应”。可以看出,该形式结合了载荷效应,而不是载荷本身。当载荷与载荷效应为线性关系时,此式为等式。

从只用简单二阶矩概念进行校准的一系列工作上看(见 9.6 节),四组由式(9.4)改写的特定形式就足以解决大部分设计情况,例如,仅有四个载荷组合需要检查时(Ravindra and Galambos,1978):

$$\phi R_n \geqslant \gamma_D \overline{D} + \gamma_L \overline{L} \tag{9.5a}$$

$$\phi R_n \geqslant \gamma_D \overline{D} + \gamma_{apt} \overline{L}_{apt} + \gamma_W \overline{W} \tag{9.5b}$$

$$\phi R_n \geqslant \gamma_D \overline{D} + \gamma_{apt} \overline{L}_{apt} + \gamma_S \overline{S} \tag{9.5c}$$

$$\phi R_n \geqslant \gamma_W \overline{W} - \gamma_D \overline{D} \tag{9.5d}$$

式中:$\overline{D}$ 为由平均静载荷引起的载荷效应;$\overline{L}$、$\overline{W}$ 和 $\overline{S}$ 分别为最大寿命活载荷、最大寿命风载荷和最大寿命雪载荷的平均值;γ_D,γ_L,γ_W 和 γ_S(都大于 1.0)为相应的载荷因子;$(\ )_{apt}$代表任意即时点值(或“持续”值;见第 7 章)。载荷因子 $\gamma_D<1.0$ 是静载荷效应 $\overline{D}$ 的最小值。

在风载荷、静载荷与动载荷情况下,当 $\gamma_{apt}\overline{L}_{apt}$ 与式(9.2)中的 $g_S(\gamma_{f1}\gamma_{f3}\Psi_{pi}Q_{ki})$ 相等时,式(9.5b)与 CEB 形式是相等的,除了 Q_{ki} 为一特征载荷(“最大”)而 $\overline{L}_{apt}$ 作

为平均载荷性质时。其他的等式也可进行类似的比较(Ellingwood et al., 1980)。相比较于CEB形式,在目前许多国家的实际应用中LRFD形式有与安全检测相近的优点,同时,更少需要考虑载荷组合。因此,在静载荷、动载荷、风载荷与雪载荷的情况下,CEB安全检测形式要求检测32个载荷组合情况,而NBC要求检测14个,LRFD要求检测4个(包括各种由风荷载引起的逆向载荷)。

9.3.5 一些结论

以上描述的安全检测形式展示了不同的复杂性;这表明准则编写者在选择形式上有很大的自由。如果选择太多的分项系数,对其所有准则很难推导出一致的结果;分项系数的理想数量依赖于问题的自由度。相反地,我们虽希望简化和使用少一些的分项系数,但可以肯定的是,对于所有设计情况而言,这些系数一定不会是不变的,正如所期望的,因为安全测试结构有很多种可能性。实际上,每个分项系数不得不允许一定规模的不确定性和变化性。简化的最终影响是为了能包含所有设计情况包括必须使用那些分项系数保守值的情况。这明显有成本损失。

最后,对于所有准则,我们非常希望有一个统一的安全检测形式,特别是就载荷组合而言。原则上应该独立于结构上应用的材料。那么,材料强度的变化和特性仅包含于γ_{mi}或ϕ因子。

9.4 水平1与水平2安全度量之间的关系

传统上,安全因子的选择很大程度取决于直觉和经验(例如,Pugslet et al., 1955)。然而,假设一些简化和近似是可接受的,水平2的概率方法的有效性(见表2.11)使得诸如p_{fN}或β的概率安全度量与水平1安全检测形式中的分项系数之间形成关联成为可能。随着该关联变得明显,以下发展的联系对实际准则校准来说不是特别需要,但是这对说明安全检测水平1与安全检测水平2间有合理的联系是很有帮助的。

基于6.2节的时间积分方法进行以下的讨论。即参考具体的载荷和抗力等的时变特性时,可能忽略了用于变量近似(极值)概率分布的假设,并且应用了近似载荷组合准则。

如早前所述,在编写工作中可靠性评估也是在不清楚实际项目中涉及的具体载荷、材料和要做的工作的情况下进行的。因此这些特性是对未来可能实施工作的预测,同时必须应用到保守参数和概率密度。这表明计算出的名义失效概率和相应安全系数和由已完成建筑的数据得到的名义失效概率和相应安全系数的关系并不是很紧密。这对于现有结构的安全检测与建议结构的安全检测之间的关系是一个很重要的事情。

注意，基于不确定信息得出的结果是一个预测值，在本章准则校验中用到的名义失效概率和相应的安全系数分别记为 p_{fC} 和 β_C。p_{fC} 与 p_{fN} 之间的不同通常不会在结构可靠性文献中提及。然而，在编写准则相关工作中和常规应用名义中的失效概率（见 2.5 节和 9.3.1 节）不同会被阐述。

9.4.1　基于 FOSM/FORM 理论的推导

由第 4 章我们可知，随机向量 $\boldsymbol{X}$ 通过式(4.3)或 $y_i=(x_i-\mu_{X_i})/\sigma_{X_i}$ 可进行标准化成为 $\boldsymbol{Y}$。检测点 $\boldsymbol{Y}_i^*$ 在 $\boldsymbol{Y}$ 空间中的坐标由式 $y_i^*=-\alpha_i\beta$ 给出（见 4.6 节），其中 $\boldsymbol{\alpha}_i$ 的定义见 4.5 节。通过这两个式子可以看出，检测点在 $\boldsymbol{X}$ 空间中的坐标为 $x_i^*=\mu_{X_i}-\alpha_i\beta\sigma_{X_i}(i=1,\cdots,n)$。当 $\boldsymbol{X}$ 空间为非正态时，通式(4.44)必须被替换：

$$x_i^*=F_{x_i}^*[\Phi(y_i^*)]=\mu_i^*(1-\alpha_i\beta_C V_{X_i}) \tag{9.6}$$

第二个等式仅在正态随机变量情况下成立，与第 4 章采用的符号一致。类似地，在检测点 $\boldsymbol{X}^*$ 极限状态方程的值为

$$G(\boldsymbol{x}^*)=G\{F_{\boldsymbol{x}}^{-1}[\Phi(y^*)]\}=G[\boldsymbol{\mu}_{\boldsymbol{x}_i}(1-\boldsymbol{\alpha}_i\boldsymbol{\beta}_C V_{\boldsymbol{x}_i})_{i=1,\cdots,n}]=0 \tag{9.7}$$

由基本参数（例如，材料强度、尺寸、载荷）构成的该极限状态函数必须与所选择的适当安全检测形式相匹配。

设子集 $X_i(i=1,\cdots,m)$ 为抗力基本参数。用式(1.24)将均值变成特征值，则式(9.6)对于 FOSM 法，式(9.6)的第二部分为

$$x_i^*=\boldsymbol{\mu}_{X_i}(1-\boldsymbol{\alpha}_i\boldsymbol{\beta}_C V_{x_i})=\frac{1-\boldsymbol{\alpha}_i\boldsymbol{\beta}_C V_{x_i}}{1-k_{X_i}V_{X_i}}x_{k_i} \tag{9.8}$$

式中：k_{X_i} 为与正态分布（例如，表 1.3）的特征分位数有关的适当的系数。式(9.8)也可写成

$$x_i^*=\boldsymbol{\mu}_{X_i}(1-\boldsymbol{\alpha}_i\boldsymbol{\beta}_C V_{x_i})=\frac{x_{ki}}{\boldsymbol{\gamma}_{mi}} \tag{9.9}$$

式中：$1/\boldsymbol{\gamma}_{mi}=(1-\boldsymbol{\alpha}_i\boldsymbol{\beta}_C V_{x_i})/(1-k_{X_i}V_{X_i})=x_i^*/x_{ki}$ 定义为抗力随机变量的分项系数。

类似地，设集合 $X_i(i=m+1,\cdots,n)$ 代表载荷基本变量，则用式(1.25)得

$$x_i^*=\boldsymbol{\mu}_{X_i}(1-\boldsymbol{\alpha}_i\boldsymbol{\beta}_C V_{x_i})=\frac{1-\boldsymbol{\alpha}_i\boldsymbol{\beta}_C V_{x_i}}{1-k_{X_i}V_{X_i}}x_{ki} \tag{9.10}$$

$$=\boldsymbol{\gamma}_{fi}x_{ki} \tag{9.11}$$

式中：$\boldsymbol{\gamma}_{fi}=x^*/x_{ki}$ 定义为载荷随机变量的分项系数。

极限状态方程(9.7)现在变成

$$G\left(\frac{x_{ki}}{\boldsymbol{\gamma}_{mi}},\cdots,\boldsymbol{\gamma}_{fj}x_{kj},\cdots\right)=0\quad(i=1,\cdots,m;j=m+1,\cdots,n)\tag{9.12}$$

形式中包含了分项系数 $\boldsymbol{\gamma}_{ki}$,类似于以上提及的各种极限状态设计安全检测形式。

由于式(9.2)也是由 $G(\boldsymbol{x}^*)=0$ 给出的,可直接得出 $\boldsymbol{\gamma}_i$的一般表达式如下:

$$\boldsymbol{\gamma}_{mi}=\frac{x_{ki}}{x_j^*}=\frac{x_{ki}}{F_{\boldsymbol{x}_i}^{-1}[\Phi(y_i^*)]}\tag{9.13a}$$

$$\boldsymbol{\gamma}_{fj}=\frac{x_j^*}{x_{kj}}=\frac{F_{\boldsymbol{x}_j}^{-1}[\Phi(y_j^*)]}{x_{kj}}\tag{9.13b}$$

易证,第二个等式即使 $\boldsymbol{X}$ 由非正态随机变量组成也可用。

应注意的是 $\boldsymbol{\gamma}_i$ 的值并不需要是唯一的。当减少变量维度时,不同于"检测点"$\boldsymbol{y}^*$的点 $\boldsymbol{y}^{(1)}$的选择将导致 $\boldsymbol{\alpha}_i$ 不同,从而 $\boldsymbol{\gamma}_i$ 值不同。选择基本变量的不同均值(但 $\boldsymbol{\sigma}_{\boldsymbol{x}_i}$不变)通常将得到 $\boldsymbol{Y}$ 空间下检测点的新集合 $\boldsymbol{y}^{(1)}$。其结果是集合($\boldsymbol{\gamma}$)并不一定是不变的,但可能是均值或基本变量特征值的函数(这样一个数值集接下来将被称作"校准点")。对于准则校准工作中明确定义和一致性,这是十分重要的结果和亮点。

9.4.2 特殊情况:线性极限状态函数

如果极限状态函数是线性的,同时限制在一个载荷的情况下,那么以上结果将可简化。由1.4.3节的概念,极限状态方程为

$$G(\boldsymbol{X})=Z=R-S\tag{9.14}$$

其中:

$$\boldsymbol{\mu}_Z=\boldsymbol{\mu}_R-\boldsymbol{\mu}_S\tag{9.15}$$

$$\boldsymbol{\sigma}_Z=(\boldsymbol{\sigma}_R^2+\boldsymbol{\sigma}_S^2)^{1/2}\tag{9.16}$$

可近似线性化成(RAVINDRA et al.,1969):

$$\boldsymbol{\sigma}_Z=\boldsymbol{\alpha}(\boldsymbol{\sigma}_R+\boldsymbol{\sigma}_S)\tag{9.17}$$

式中:"分离函数"$\boldsymbol{\alpha}$ 近似为常值,对于$\frac{1}{3}\leqslant\boldsymbol{\sigma}_R/\boldsymbol{\sigma}_S\leqslant 3$,$\boldsymbol{\alpha}=0.75\pm0.06$,其误差<10%(图9.1)。由式(1.22)得$\boldsymbol{\mu}_R-\boldsymbol{\mu}_S=\boldsymbol{\beta}(\boldsymbol{\sigma}_R^2+\boldsymbol{\sigma}_S^2)^{1/2}$,则由式(9.17)得到

$$\boldsymbol{\mu}_Z=\boldsymbol{\mu}_R-\boldsymbol{\mu}_S\geqslant\boldsymbol{\alpha\beta}_C(\boldsymbol{\mu}_RV_R+\boldsymbol{\mu}_SV_S)\tag{9.18}$$

则通过修改式(9.18)得到"中心"安全因子 $\boldsymbol{\lambda}_0$(见1.4.4节):

$$\boldsymbol{\lambda}_0=\frac{\boldsymbol{\mu}_R}{\boldsymbol{\mu}_S}\geqslant\frac{1+\boldsymbol{\alpha\beta}_CV_S}{1-\boldsymbol{\alpha\beta}_CV_R}\tag{9.19}$$

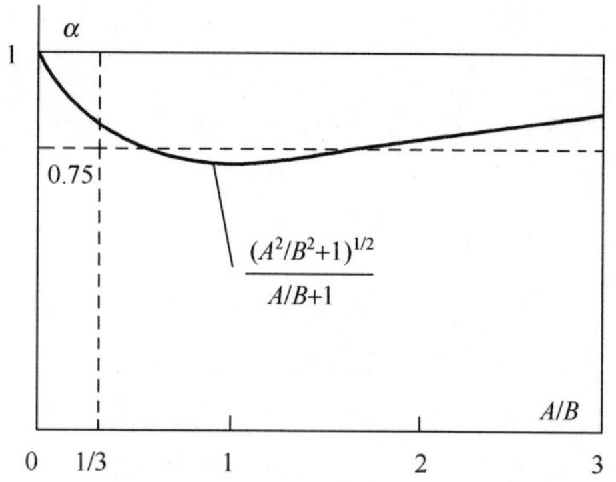

图 9.1　分离系数 $\boldsymbol{\alpha}$ 的变化

应用式(1.24)、式(1.25)和式(1.26)，则“特征”安全因子变为

$$\boldsymbol{\lambda}_0=\frac{R_k}{S_k}\geqslant\frac{\boldsymbol{\mu}_R(1-k_RV_R)}{\boldsymbol{\mu}_S(1+k_SV_S)} \tag{9.20}$$

则有

$$\frac{R_k}{S_k}\geqslant\frac{(1-k_RV_R)}{(1-\boldsymbol{\alpha\beta}_CV_R)}\frac{(1+\boldsymbol{\alpha\beta}_CV_S)}{(1+k_SV_S)} \tag{9.21}$$

或

$$R_k\geqslant\boldsymbol{\gamma}_R\boldsymbol{\gamma}_SS_k \tag{9.22}$$

显然，这是一个分项系数的形式，其中抗力的分项系数是 $\boldsymbol{\gamma}_R=(1-k_RV_R)/(1-\boldsymbol{\alpha\beta}_CV_R)$，载荷效应的分项系数是 $\boldsymbol{\gamma}_S=(1+\boldsymbol{\alpha\beta}_CV_S)/(1+k_SV_S)$。相比较于式(9.4)中的载荷和抗力因子，即可得到 $\Phi=1/\boldsymbol{\gamma}_R$。

分项系数 $\boldsymbol{\gamma}$ 值的分配取决于名义(或“设计”)抗力和名义(或“设计”)载荷的许用百分比，同时 k_R 和 k_S 的值已知。然后，仍需要修改 $\boldsymbol{\beta}_C$ 从而得到 $\boldsymbol{\gamma}_R$ 和 $\boldsymbol{\gamma}_S$。因此适当的 $\boldsymbol{\beta}_C$ 值(或 p_{fC})的选择对于分项系数的分散性很重要。

可以看出，式(9.9)和式(9.11)中抗力和载荷分项系数与式(9.21)中的形式是一致的，当且仅当在基于这两个基本变量的可靠性问题中，分离函数 $\boldsymbol{\alpha}$(见式(9.17))是方向余弦(或灵敏因子)$\boldsymbol{\alpha}_i$ 的一个特殊形式。实际上，对于这两个基本变量，形式如 $G()=R-S=0,X_1=R,X_2=S$，不难看出 $\boldsymbol{\alpha}_R=\boldsymbol{\alpha}$ 和 $-\boldsymbol{\alpha}_S=\boldsymbol{\alpha}$[由在 4.2 节中定义的$(\boldsymbol{\alpha}_R,\boldsymbol{\alpha}_S)=\boldsymbol{\alpha}$ 是一个向量，而在(9.17)中 $\boldsymbol{\alpha}$ 仅是个变量，所以要改变符号]。

9.5　安全准则水平的选择

适当的 $\boldsymbol{\beta}_C$ 值(或 p_{fC})的选择并不是一件简单的事。如第 2 章所述，无论整个服役时间还是每年的结构失效概率的适当先验值都不是轻易可得到的。此外,对于编写安全检测准则,除了理论上的失效概率 p_{fC}(以及相应的安全系数 $\boldsymbol{\beta}_C$)并没有太多可接受的失效概率可用。依据早前所述,这使得与真实或估算的 p_{fC}之间没有很大的关联。

如 9.2 节所述,在传统方法中,准则应是针对现有实际结构以及暗含的安全水平的校准。因此,假设现有的安全水平已经足够,在一个特定的设计环境中,新一代的准则应由该方法构建,它的平均安全水平与先前一代准则将有很大的不同。当然,无论是现有的准则还是新的准则规范,在不同的设计环境中将有很多种 $\boldsymbol{\beta}_C$。通常来讲这种变化在不同代的准则之间会有一些不同。在任何情况下,在新的准则中合理地得出一个 $\boldsymbol{\beta}_C$ 常值对设计新准则是很非常有说服力的,至少能对于给定的设计情况给出最具代表性的实践设计。

如 2.5 节所述,考虑人为错误和人为变化时得到的失效概率,这种方法存在很大约束。然而,即使没有人为错误和变化的存在,如第 2 章中的讨论,由于一个完整的分析应考虑失效的风险和结果,在整个设计过程中 $\boldsymbol{\beta}_C$ 值也不是个常值。因此,一个便宜但重要的构件则应该有一个较高的 $\boldsymbol{\beta}_C$ 值。相比之下,一个发生概率很低的载荷组合应该有一更低的 $\boldsymbol{\beta}_C$ 值。考虑到每一个应用结构设计准则的失效概率是不可能都能预测到的,这些容差很少是合理的。这说明,在原则上,准则可以用来进行预期失效结果与分项系数之间的平衡,但是这方面的工作到目前为止进行的并不深入(如农业建筑的低载荷因子)。

9.6 准则校验流程

对于准则校验已达成共识。之前已经给出很多的校验方法(例如,Allen,1975;Baker,1976;CIRIA,1977;Hawrenek and Rackwitz,1976;Guiffre and Pinto,1976;Skov,1976 和 Ravindra and Galambos,1987)。美国国家标准 A58 所做的校验方法文件在实践和说明条款中最具影响力(建筑的最小设计载荷)(Ellingwood et al.,1980)。实际上,所有基于连续概率的准则校验工作通常来说都有一个相似的方法。主要步骤包括[Lind,1976b;Baker,1976;Ellingwood et al.,1980]:

步骤 1:定义范围

虽然仅用一个结构设计准则来代表所有设计环境是不现实的,但限制校验的准则的范围是很方便的。因此,可以限制在描述材料(如钢制结构),也可限制在描述结构形式(如建筑结构)等。

步骤 2:选择校验点

首选一个由多个基本变量组成的设计空间,如梁的长度、横截面面积、允许的名义屈服应力、载荷范围和载荷形式、连续性条件等。而后将它们分割到近似相等的离散区域内(如一个简单的 5m 柔性钢梁,能承受已知静载荷的 25m^2 预制水泥板,从而进行承受正常办公室载荷的设计)。对于现有准则中的安全检测形式,用得到的离散数值点来计算 $\boldsymbol{\beta}_C$ 值(见下)。

需要注意的是准则形式的改变对所有的设计都将带来影响。这表明必须选择实际的校验点。

步骤 3:现有设计准则

现有的结构设计准则可被用来设计组件(5m 梁)。会在各个离散域内校验点的所有适当组合上重复进行。

步骤 4:定义极限状态

对于每个极限状态会有不同的极限状态函数(通常相应的已经在现有的准则中说明(或包含)),如一个钢梁,这其中的极限状态有弯曲强度、剪切强度、局部屈曲、腹板屈曲、弯扭强度等。每一个极限状态都必须由基本变量组成。

极限状态的定义可能涉及第 8 章描述的合适的强度模型的使用,将强度基本变量转化成构件强度等。这些模型比基于准则的保守近似模型更实际。

上述极限状态的定义也要求定义应用的载荷组合模型(比照第 7 章)。对于实际准则校验,选择一个简单的载荷组合模型是最好的,如 Turkstra 的规范式(6.144)。

步骤 5:确定统计特性

对于确定 $\boldsymbol{\beta}_C$ 值来说,需要每个基本参数的适当统计特性(分布、均值、方差、均值点的即时点值),对于载荷和抗力来说,可以用如第 7 章和第 8 章给出的数据。

步骤 6:可靠性分析的应用方法

用一个合适的可靠性分析方法,假设这里用 FOSM 法,结合极限状态函数(步骤 4)、统计数据(步骤 5),以及步骤 3 中得出的每一个设计,来分析给出每个域中检测点的 $\boldsymbol{\beta}_C$ 值。其结果可能整理成为一个以施加载荷为主要的独立参数。由美国国家标准 A58(建筑准则中的最小载荷设计)(Ellinwood et al.,1980)结合 FOSM/FOR 算法(见 4.4 节)给出的典型结果见图 9.2 和图 9.3,图中阐述了对于已知建筑支撑面积($A_T=37\text{m}^2$)不同的材料组合和不同载荷情况。

从图 9.3 可以明显看出现有准则的安全检测规范不会得到一致 $\boldsymbol{\beta}_C$ 值,即使是在同一个设计环境下(例如钢筋混凝土(RC)梁弯曲)。

如早前所述,得出 $\boldsymbol{\beta}_C$ 值的过程非常依赖于概率模型和基本变量的参数选

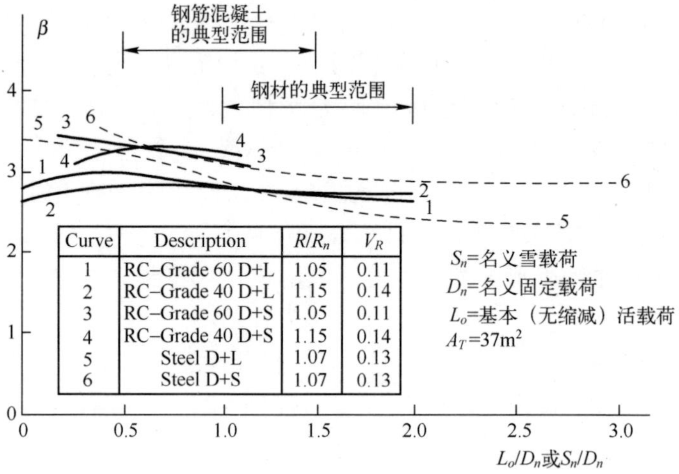

图 9.2　现有准则中钢筋混凝土梁的系数 β:重力载荷(Ellinwood et al. ,1980)

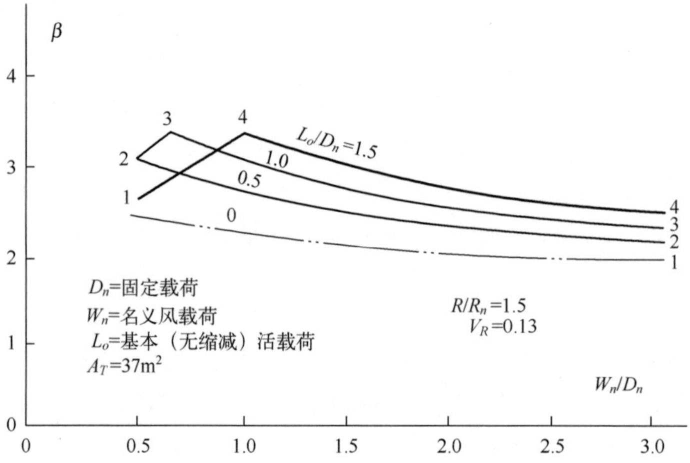

图 9.3　现有准则中钢筋梁的系数 β:重力加风载荷(Ellinwood et al. ,1980)

择,其他能得出 $\boldsymbol{\beta}_C$ 值的校核与图 9.2 与图 9.3 有很大的不同。假设在整个校准过程中用来计算 $\boldsymbol{\beta}_C$ 值的数据一致,该情况不用考虑(见 9.2 节)。

步骤 7:选择目标值 $\boldsymbol{\beta}_C$

如上述第 6 步的反复分析,现有结构的 $\boldsymbol{\beta}_C$ 值已经变得十分清晰。在纯粹内部的一致性校验工作中(基于老准则的可接受通用安全水平而发展的新准则),可用这个信息来确定 $\boldsymbol{\beta}_C$ 的加权平均值,而后可用来当作目标安全系数 $\boldsymbol{\beta}_T$。

通常来说,对于失效结果有一些是可以接受的,即对于失效结果更严重的、有更高的 $\boldsymbol{\beta}_T$ 值。由于缺少合适的信息,这在实际中很难实现。一个方法是简化关注问题的复杂性，基于半直观给出 $\boldsymbol{\beta}_T$ 值的选择，如在 ANS A58 工作中，对于静载荷和动载荷（雪载荷）结合，选择 $\boldsymbol{\beta}_T=3$；对于静载荷、动载荷和风载荷结合时，选择 $\boldsymbol{\beta}_T=2.5$，对于地震载荷，选择 $\boldsymbol{\beta}_T=1.75$（Ellingwood et al.，1980）。如图 9.2 与图 9.3 所示，这与由现有设计准则（美国）分析得到的范围对应地很理想。例外是混砖结构，其 $\boldsymbol{\beta}_C$ 值范围为 4~8；胶层压木质构件结构，其 $\boldsymbol{\beta}_C$ 值范围为 2~3，均值达到 2.5。可以（应该）用材料强度或抗力的分项系数（如通过因子 $\boldsymbol{\Phi}$）来很好地解决这个差异。

对于涉及地震载荷的载荷组合，$\boldsymbol{\beta}_T$ 通常将比大多数一般载荷组合时低得多。虽然地震带来的失效结果很大，但对抗震设计的力度也很大，这种情况下 $\boldsymbol{\beta}_C$ 值反映了初始建筑的成本和失效结果之间的平衡。

步骤 8：遵守隐含在现有准则中的分项系数形式

假设 $\boldsymbol{\beta}_C$ 值已经设定的情况下，虽然不是十分必要，但了解现有结构的安全检测形式的分项系数是如何转换到新准则的安全检测形式中对我们很有用。得到这些分项系数的过程与步骤 7 相反。对于一个已知的校验点，基于现有准则的安全检测形式得出的抗力，$\boldsymbol{\beta}_C$ 值可通过给出的极限状态计算得到。如果 $\boldsymbol{\beta}_C<\boldsymbol{\beta}_T$，则要求的抗力要适当地增加直至 $\boldsymbol{\beta}_C=\boldsymbol{\beta}_T$。设计点（或检测点）以及方向余弦 $\boldsymbol{\alpha}_i$（根据二阶矩理论）可计算出来。由此，分项系数 $\boldsymbol{\gamma}_i$ 可由式（9.8）和式（9.9）算出。在不同的检测点重复此过程，同时注意分项系数的变化。明显看出，由于通常情况下 $\boldsymbol{\beta}_C$ 不是常值，在所有的检测点上分项系数也不一定是常值。对照 A58 准则，图 9.4 给出了典型的结果，可以看出对于一个给定的材料，在 L_n/D_n 和 W_n/D_n 的很大范围内，系数 $\boldsymbol{\Phi}$ 相对来说是一个常值（这对材料的不同也相当敏感）。虽然在 L_n/D_n 和 W_n/D_n 比较小时系数 $\boldsymbol{\Phi}$ 也小，但这并不在通用的设计范围内。$\boldsymbol{\Phi}$ 值小时对应着的是 $\boldsymbol{\gamma}_L$ 和 $\boldsymbol{\gamma}_W$ 的大幅度变化，相对来说 $\boldsymbol{\gamma}_D$ 值在可用载荷的范围内变化不大。

我们可以很明显地看出，如 9.4 节中用到的抗力与载荷因子之间的解耦是合理的（见式（9.22））。

在这种方法下，应用美国标准分析出的 $\boldsymbol{\gamma}_D$ 的值比预期值都要小，约为 1.1。这明显是因为在静载荷下相关变化比较小。图 9.4 中 $\boldsymbol{\gamma}_L$ 值低是因为它用在了动载荷 L_{apt}（比照第 7 章）的即时点的平均值上。

步骤 9：选择分项系数

如上所述，对于给定准则的安全检测形式和 $\boldsymbol{\beta}_T$ 值，分项系数并不是一个常值。准则的安全检测形式中的分项系数是常值将会给正常设计带来很大方便，至少对于大部分设计情况是这样的。为了达到这个效果，$\boldsymbol{\beta}_T$ 的一些偏差需要被考虑到。因此，合适的分项系数是在一定程度的主观判断上得到的。

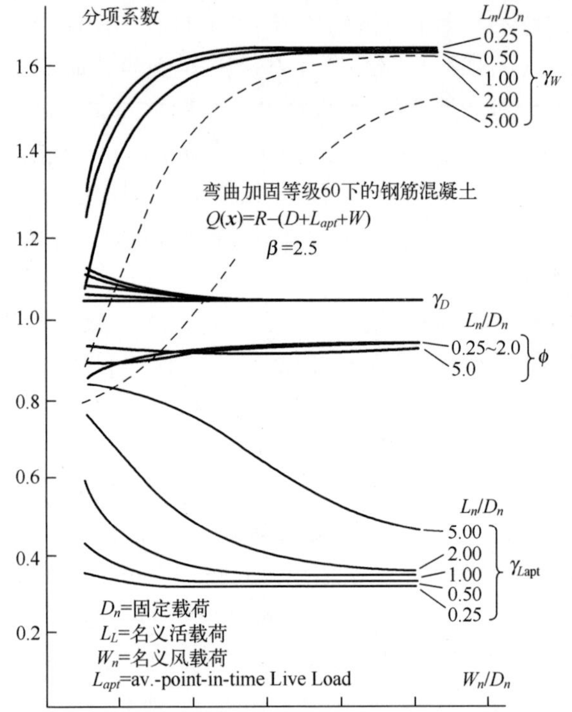

图 9.4　现有准则中对钢梁的弯曲的新版安全检查中系数 ϕ 和 γ 的变化

[Ellinwood 等,1980]

对于已知的 1,…,m 个校验点,原则上,通过"靠近"目标可靠度的测量值达到最小,可以得到近似的唯一目标可靠性的分项系数。一个常用的可行的办法是使 $\boldsymbol{\beta}_T$ 的最小二乘误差的权重达到最小。

$$S = \sum_{i=1}^{m} (\boldsymbol{\beta}_T - \boldsymbol{\beta}_{Ci})^2 w_i \tag{9.23}$$

式中:$p_{fCi}=\Phi(1-\boldsymbol{\beta}_{Ci})$ 为已知校验点的名义失效概率;$p_{fT}=\Phi(-\boldsymbol{\beta}_T)$ 为目标值;w_i 为权重因子,代表着校验点对实际设计的重要性。权重因子有时不得不用主观来决定,但显然 $\sum_{i}^{m} w_i = 1$。有些时候在式(9.23)中用 $\lg p_{fc}$ 而不是 $\boldsymbol{\beta}_C$,这样可以使 S 对名义失效概率比较低的值更敏感。由于只有 p_f 与成本相匹配(比照 Ditlevsen,1997),原则上,使用决策理论(见 2.4.2 节)的社会经济标准最大化要求应用的最具逻辑性的测量是 p_f(或它的取代变量 $p_{fC}\approx p_{fN}$)。除此以外,上限如 $S\leqslant 0.25$ 可能会强迫使用以便限制目标和校验值之间的偏差。

为了得到新准则的检测形式的分项系数,对于每一个校验点(比照步骤 3~6),要在新一代准则形式下用分项系数的轨迹值来计算 $\boldsymbol{\beta}_C$ 值。并将该结果代入式(9.23)。通过反复计算轨迹和误差以及可能(一定)对于一个或多个分项因子的赋值,可得到一系列的分项因子,这些因子可使式(9.23)达到最小。它们即可当做分项系数用在新一代的准则安全检测形式中。完整的步骤见图9.5。

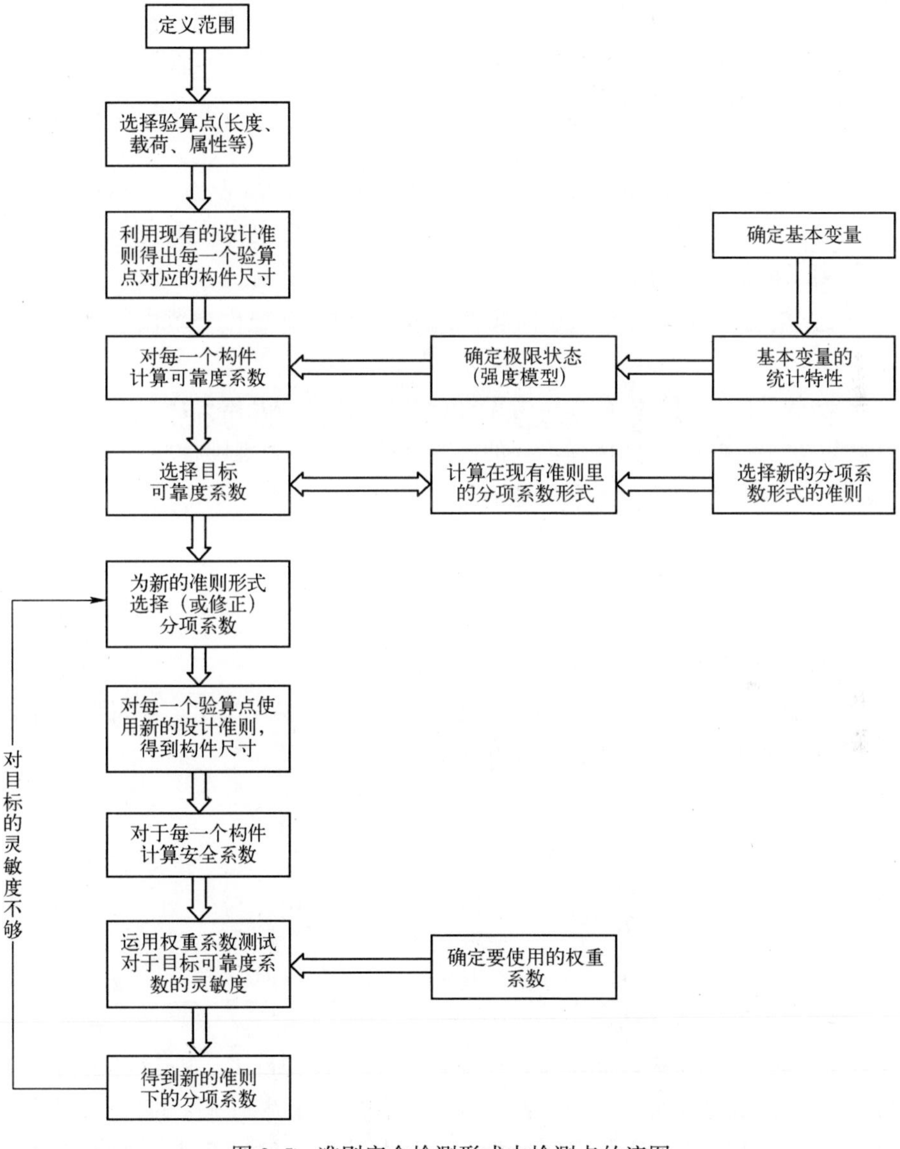

图9.5　准则安全检测形式中检测点的流图

9.7 准则校验的例子

基于钢梁弯曲的例子,下面将具体说明校验步骤。首先定义了校验的范围(步骤 1)——钢梁弯曲。为了简化,假设校验点在载荷空间内,并且对于动载荷的减少是不允许的。仅仅考虑静载荷加上动载荷,风载荷被忽略。对于这种情况的现有准则的安全检测形式为

$$R_n=(LF)(D_n+L_n) \tag{9.24}$$

式中:$(LF)=1.7$ 为载荷因子,所有值均为名义值。由 D_n 表达 L_n,则不必非常详细地处理梁尺寸、长度、支撑面积等。因此,可以直接选择检测点。式(9.24)明确了要求的抗力,给出了名义载荷 D_n 和 L_n,准则规范要求必须要达到该抗力。通常,R_n 是一个由材料和几何属性组成的函数,该建模规范由准则委员会给出。

设新的准则形式为载荷和抗力设计(LRFD)形式 $\Phi R_n=\boldsymbol{\gamma}_D D_n+\boldsymbol{\gamma}_L L_n$,为了简化,假设 R_n、D_n 和 L_n 的规格是不变的。这意味着在实施准则校验试验时,实质上减少了去寻找新的载荷组合规范的工作量。现在要确定 $\boldsymbol{\Phi}$,$\boldsymbol{\gamma}_D$ 和 $\boldsymbol{\gamma}_L$,从而 $\boldsymbol{\beta}_C$ 为一个近似不变的常数并且与现有准则保持一致。

对于梁弯曲,载荷空间里的极限状态方程为(步骤 4)

$$G(x)=R-D-L=0 \tag{9.25}$$

式中:R 由编写的梁弯曲准则给出。

对于步骤 5,R、D 和 L 的统计特性在第 7 章和第 8 章给出。在目前的案例中,假设(比照 Ellingwood et al. ,1980)

$$\frac{\boldsymbol{\mu}_R}{R_n}=1.18(\text{梁弯曲}) \qquad V_R=0.13$$

$$\frac{\boldsymbol{\mu}_D}{D_n}=1.05 \qquad V_D=0.10$$

$$\frac{\boldsymbol{\mu}_L}{L_n}=1.00 \qquad V_L=0.25$$

式中:如之前,下标 n 表示名义值,例如,现有的载荷和抗力(或材料)的准则中的数值。这些值大致对应于“特征值”。在本例中为了达到说明的目的,每个变量都假设为正态分布。当然,正常情况下 R 为对数正态分布,L 为极值 1 型分布,虽然可用一阶可靠性方法来解决,但是会给本问题的简化带来不利因素。

步骤 6 中的可靠性分析可以用 FOSM 法进行。在初始基本变量空间中:

$$\boldsymbol{\beta}_C=\frac{g(\boldsymbol{\mu}_x)}{\boldsymbol{\sigma}_G}$$

其中：

$$G(\boldsymbol{\mu}_x)=\boldsymbol{\mu}_R-\boldsymbol{\mu}_D-\boldsymbol{\mu}_L=1.18R_n-1.05D_n-1.0L_n$$

通过式(9.24)：

$$R_n=(LF)(D_n+L_n)$$

可得

$$G(\boldsymbol{\mu}_x)=1.18(LF)\left(1+\frac{L_n}{F_n}\right)D_n-1.05D_n-\frac{L_n}{D_n}D_n \tag{9.26a}$$

进而有

$$\begin{aligned}\boldsymbol{\sigma}_G^2&=(\boldsymbol{\mu}_RV_R)^2+(\boldsymbol{\mu}_DV_D)^2+(\boldsymbol{\mu}_LV_L)^2\\&=\left[1.18(LF)\left(1+\frac{L_n}{F_n}\right)D_n\right]^2+(1.05D_n\times0.1)^2+\left(0.25\frac{L_n}{D_n}D_n\right)^2\\&=D_n^2\left\{\left[0.153(LF)\left(1+\frac{L_n}{F_n}\right)\right]^2+(0.105)^2+\left(\frac{0.25L_n}{D_n}\right)^2\right\}\end{aligned} \tag{9.26b}$$

考虑若 $L_n/D_n=1.0$ 的情况，则

$$\boldsymbol{\beta}_C=\frac{2.36(LF)-2.05}{[(0.306(LF))^2+0.0735]^{1/2}} \tag{9.27}$$

如果$(LF)=1.7$(现有准则数据)，则$\boldsymbol{\beta}=3.34$。以上步骤对其他的$\frac{L_n}{D_n}$值重复进行(如校验点)，则如图9.2所示的轨迹就可画出。基于此，就可对目标安全系数(步骤7)进行选择。为了阐述，令$\boldsymbol{\beta}_T=3.34$。

隐含在现有准则的式(9.24)中的分项系数在下面的方法中确定(步骤8)。对于$L_n/D_n=1.0$与$\boldsymbol{\beta}_T=3.0$，根据轨迹和误差，由式(9.26)有$(LF)=1.7$。

把变量R,D和L转换到“简化”的变量空间，定义如下(参考第4章)：

$$r=\frac{R-\boldsymbol{\mu}_R}{\boldsymbol{\sigma}_R}=\frac{R-1.18(LF)(1+L_n/D_n)/D_n}{1.18(LF)(1+L_n/D_n)/D_nV_R}$$

则有

$$\frac{R}{D_n}=0.482r+3,705$$

$$d=\frac{D-\boldsymbol{\mu}_D}{\boldsymbol{\sigma}_D}=\frac{D-1.05D_n}{1.05D_n}$$

已知

$$\frac{D}{D_n}=0.105d+1.05$$

$$l=\frac{L-\boldsymbol{\mu}_L}{\boldsymbol{\sigma}_L}=\frac{L-L_n}{L_nV_L}$$

或

$$\frac{L}{D_n}=0.25l+1.0$$

在简化空间中,极限状态方程 $G(x)=R-D-L=0$ 现在变成

$$g(\boldsymbol{y})=(0.482r-0.105d-0.25l+3.705-1.05+1.9)D_n$$

通过式(4.5),方向余弦 $\boldsymbol{\alpha}_i$:

$$c_r=\frac{\partial g}{\partial r}=0.482D_n$$

$$c_r=\frac{\partial g}{\partial d}=-0.105D_n$$

$$c_r=\frac{\partial g}{\partial l}=0.25D_n$$

和

$$l=\left[\sum\left(\frac{\partial g}{\partial y_i}\right)^2\right]^{1/2}=0.553D_n$$

则

$$\boldsymbol{\alpha}_r=\frac{0.482}{0.553}=0.872$$

$$\boldsymbol{\alpha}_r=-\frac{0.105}{0.553}=-0.190$$

$$\boldsymbol{\alpha}_r=-\frac{0.25}{0.553}=-0.452$$

由式(9.9)给出的抗力分项系数为

$$\phi=\frac{1}{r_i}=\frac{(1-\alpha_i\beta_cV_{x_i})}{(1-k_{x_i}V_{x_i})}=\frac{x_i^*}{x_{ki}}$$

或

$$\phi=\frac{1}{r_i}=(1-\alpha_i\beta_cV_{x_i})\frac{\mu_X}{x_{ki}}$$

式中:x_k 为“特征”值。在这里对应于名义值。代替 R 有

$$\phi=\frac{1}{\gamma_R}=[1-0.872(3)(0.13)](1.18)=0.779$$

同样地,对于载荷,由式(9.10)给出的分项系数为

$$\gamma_i=\frac{x_i^*}{x_{ki}}=\frac{(1-\alpha_i\beta_c V_{x_i})}{(1+k_{x_i}V_{x_i})}=(1-\alpha_i\beta_c V_{x_i})\frac{\mu_X}{x_{ki}}$$

从而

$$\gamma_D=[1+0.19(3)(0.10)](1.05)=1.11$$

$$\gamma_L=[1+0.452(3)(0.25)](1.0)=1.34$$

因此,对应于现有准则形式和以上给出的数据,当 $\boldsymbol{\beta}_T=3$ 时,在 $L_n/D_n=1$ 上的分项系数为

$$0.78\geqslant 1.11D_n+1.34L_n$$

例如 $\phi=0.78$,$\gamma_D=1.11$ 和 $\gamma_L=1.34$。同样,以上步骤对其他的 L_n/D_n 值(如校验点)重复进行,并绘制结果图(参照图 9.4)。

为了说明目的,对于采用的准则形式为 $\phi R_n=\gamma_D D_n+\gamma_L L_n$,$\phi$ 值和 γ_D 值分别选择 $\phi=0.80$ 和 $\gamma_D=1.2$,然后寻找 γ_L,需要反复试验的程序。

首先设 $\gamma_L=1.4$,则

$$R_n=\frac{1}{0.8}(1.2D_n+1.4L_n)$$

从而,用式(9.26a),极限状态方程的均值如下:

$$G(\mu_X)=\mu_G=\frac{1.18}{0.8}\left(1.2+1.4\frac{L_n}{D_n}\right)D_n-1.05D_n-\frac{L_n}{D_n}D_n$$

方差如下(见式(9.26b)):

$$\sigma_G^2=\left[\frac{1.18}{0.8}\left(1.2+1.4\frac{L_n}{D_n}\right)D_n\times 0.13\right]^2+(1.05D_n\times 0.1)^2+\left(\frac{L_n}{D_n}\times 0.25\right)D_n^2$$

则有

$$\beta_C=\frac{\mu_G}{\sigma_G}=\frac{1.77(1+1.16L_n/D_n)-1.05-L_n/D_n}{[0.053(1+1.167L_n/D_n)^2+0.011+0.0625(L_n/D_n)^2]^{1/2}} \quad (9.28)$$

对于 L_n/D_n(校验点)不同的值,β_C 和 p_{fC} 值的解见表 9.3,表中还列举了一系列的权重因子和用 lg$p$ 算出的 S 值(式(9.23))。

表 9.3 示例准则验算中的各参数

L_n/D_n	β_C	p_{fC}	$\lg p_{fC}$	w_i	$S=(\lg p_{fT}-\lg p_{fC})^2 w_i$
1	3.14	0.84×10^{-3}	−3.07	0.2	0.0080
2	3.09	1.00×10^{-3}	−3.00	0.4	0.0068
3	3.05	1.14×10^{-3}	−2.94	0.3	0.0015
4	3.02	1.26×10^{-3}	2.90	0.1	0.0001
$\beta_C=$	3.0	1.35×10^{-3}	−2.87	$\sum=1$	S=0.0164

对于 $\gamma_L=1.3$ 来说,对于其他 γ_L 的轨迹值也可重复以上过程计算得到。在 β_C 的表达式中常数 1.167 替换成 1.083,则可以确定 S 的新值。直到找到最小的 S 才能选出 γ_L 的轨迹值,其对应的 γ_L 值是与 $\beta_T=1.3$ 最一致的。自然地,对于我们希望的分项系数 ϕ 和 γ_D 也可以进行以上的重复步骤。

9.8 结　　论

9.8.1 应用

以上描述的原理已经在分项系数的安全检测形式的确定中得到了成功的应用,这里的安全检测形式是用于建筑结构中的构件设计的。鉴于此,需要收集大量的统计数据,建立必要的理论模型。对于结构系统的应用不同于对结构组件的应用,但这一点没有得到足够的重视。众所周知,在许多框架结构(见第5章)中还有很大的冗余能力。在校验点上如何更好地处理系统的影响已经受到很大的研究关注,但还未解决。

校验概念虽然也已经被用在了桥梁设计准则上(例如,Nowak and Lind,1979;Flint et al.,1981;Ghosn and Moses,1985b),但是这是一个比较难的事情。因为考虑到桥梁载荷的属性,疲劳影响,以及需要考虑稳定极限状态,而这些对桥梁来说都十分重要。把这些都进行概率量化是更困难的,而且在一些情况中,把抗力从载荷影响中分开是很难办到的。

对于将准则校验应用到其他一些材料当中也是有一些困难的,如木材和砖砌。在此情况下,对于隐含在正确设计准则中的安全系数,当前的设计准则校验实验显示出很高(但多变)的结果,例如,对于木质材料设计,通常情况下比值 μ_R/R_n(意为名义应力)比钢制材料或钢筋混凝土高出很多,这是由于木材设计强度准则的保守性决定的,因为它要允许材料特性和部件缺陷有很大的差异性(Ellingwood,1997)。对于校验目的,当利用基于可接受载荷的合理的目标可靠度时,因子 ϕ 则将比 1 大很多(因为 R_n 很小)。但这不是我们想要的结果,我们希望的是调整强度准则使之达到 $\phi\approx0.8$,基于此,系数 ϕ 才能被用来当作衡量建筑做工和质量的变量,这与石工建筑的情形十分相似。

目前为止,基于"承载能力"极限状态的所涉及的校验已经阐明。原则上校验概念也应用于"可用性"的状态极限。这样的极限状态可能包括短期或长期的变形、振动、裂纹和裂纹尺寸,但是并不存在一个普遍的共识(Galambos and Ellingwood,1986)。这种情况的结果或作用将影响可用性失效的定义(Leicester and beresford,1977)。例如,在变形的情况下,可能对建筑其他部分、隔墙和运行部分(如电梯)有损伤,并且也可能通过视觉方面(如看到地板下陷)或感觉(如家具的滑动和不均)发现。虽然在很多结构设计准则中设定了最大变形,但其与可用性失效之间的关系还不明确,尽管一些步骤是可以实现的。

例如,变形的极限状态方程可写为

$$G[\delta_L, \Delta(t)] = \delta_L - \Delta(t)$$

式中:δ_L 为允许的变形极限;$\Delta(t)$ 为在 t 时刻由于施加的载荷引起的变形。$\Delta(t)$ 可从结构分析中直接得出,通常弹性分析就足够了,它是一个不确定量化结果,因为载荷(和结构性能)是不确定的。然而,由于可用性模型没有强度模型发展得快,$\Delta(t)$ 的不确定性将比较高。

变形准则 δ_L 可能是一个常数,也可能是个不确定量。由于可用性的标准有着巨大的不同,后者更有可能存在。其原因在于它们都是由人们的主观判断得来的。在这方面能应用的数据相对较少。任何情况下数据的可变性很高,方差系数在(0.2~0.5)范围内。

通常来说,对于可用性要求而言,合适的极限状态定义是有困难的,因为对超出极限状态的结果有很大依赖性。对一些简单的系统已经有了一些尝试,例如,办公室或车库的简支钢筋混凝土或钢梁结构(例如,Stewart,1996a,b)。考虑到可用情况下最大承受载荷的基准期通常远比极限强度条件下的小,如果可用状态是可重复的话,其基准期可能为一年(在卸掉载荷时没有永久损害)(Galambos and Ellingwood,1986)。类似地,其目标可靠度系数比极限强度下的也要小。对于 Galambos 和 Ellingwood 得出的基准期为 8 小时的 β_C 值为 1.6 到 2.0(1986),Philpot 等得出的木梁的 β_C 值为 2.0(1993)。可以看出,对于任一租期内不可逆损伤和任一年可逆性损伤,可用性失效概率通常不应超过 0.10,这种情况下 $\beta_C \approx 1.28$。

9.8.2　一些理论问题

从 9.7 节给出的例子可以明显地看出准则校验绝不是一个单纯的客观工作。安全检测形式的选择,校验点的范围,校验中变量使用的概率分布,设计域中安全边界的线性程度,由众多载荷组合和材料决定的可接受的安全系数最小值的选择,最小可接受分项系数的选择,以上这些都需要主观评估和选择。

即使安全检测形式要去满足很大范围内的结构,因为分项系数的数量是有限的,所以,安全检测形式对于一些结构设计来说会更保守,对有些结构不保守。这些可由式(9.23)中显示的最小化看出。此外,如果式(9.23)中的残余 S 不能够减到足够小的值,则以下情况很可能发生:①安全检测形式过于简单,需要更多变量(分项系数);②覆盖的结构范围或失效条件将很大;③通过安全检测形式覆盖的基本变量范围很大。原则上来说,安全检测形式的选择是一个在校验中得到 S 允许的最小可能值的过程。当然,实际上,安全检测形式的选择应达到使设计者最方便和对现有工作改动最小的效果,这在 9.3 节中已有明确的讨论。

从以上和“尾区灵敏度”的讨论中可知,若没有在每一个校验过程中做出假设的定义,比较从不同校验工作得出的 β_C 值是没有意义的,这对全概率准则形式也适用。

最后,S 的最小化只在与能覆盖最优化准则有关的情况下有意义。如第 2 章所讨论的,运用净现值的社会经济最优化已经广泛地被采用。由此 S 必须与这个准则关联。如 9.6 节已经通过的讨论,这只能在 p_f 或它的代替值 p_{fC}用在式(9.23)的情况下实现。这样的讨论和其他相关的全概率准则的问题的研究一直在进行中(例如 Ditlevsen,1997)。

9.9 结　　论

本章关注了使用前面章节描述的可靠性分析方法得到一个非概率的安全检测规范,这种规范应用在所谓的“极限状态设计”准则中。这种安全检测规范的形式通常就是分项系数形式。如第 1 章所说,这种形式不需要机械地不变。然而,假设安全检测准则的应用清晰地设定在结构设计准则中,安全度量不变的缺陷问题就可以忽略掉了。

在前面的章节中我们集中关注度量结构件的名义失效概率,在第 2 章中已经讨论了这样做的理由。然后,我们进一步讨论了用在别处的名义失效概率 p_{fN} 与本章用到的 p_{fC}之间的不同。因为后者的概率来自于大量的预测信息,这是很合理的,并反映了大量的不确定性。这种名义失效概率不能与通过完全理性的方式与观察得到的结构失效概率相提并论。

第10章 在用结构的概率评估

10.1 引　言

一个结构如果已经被设计、建造、投入运行,并且可能使用了很长一段时间,那么就会产生如下问题:“这个结构还安全吗?”对于不同结构设计者来说,这显然是一个完全不同的问题,另外,用设计之初的准则(或近期准则)去评价现在的结构很显然也是没有任何指导意义的。其原因在于,设计准则要考虑到设计和建造中的不确定性,并且在最终完成的结构中这些不确定性最终将变为确定量(它们全部被确定),将不再是不确定量。然而,对于现有结构,确定不同参数的实际值没有直接必要性,需要考虑其自身的不确定性。

本书给出了本问题的介绍,并且对哪些评价标准可以用来决定现有结构的可接受性进行简要讨论。

现有结构的可靠性评价基于以下原因实施(Ellingwood,1996):

(1) 在使用或租用期间的变化,包括增长的载荷需求。

(2) 关注设计或制造误差。

(3) 关注材料和工艺的质量。

(4) 评估退化的影响。

(5) 评估由灾难引起的极限载荷情况(如风暴或者地震)。

(6) 关注是否能够正常使用。

使用或租约变化是现有结构的可靠性评估的主要原因。对于建筑来说,这种变化会导致支撑更大楼面载荷的需求,这些增长的极限强度和正常使用需求必须得到满足。对于公路或铁路桥梁,桥梁最大负载极限的要求在世界范围内已经提高,通常这个要求是叠加在退化结构系统上的。

对于地震隐患相对较高的地区,为了满足新一代的结构设计准则,即更高的抗震需求,老旧的和现有的结构必须要升级,通常这种趋势只有在现有(或老旧)的建筑不能很好地应对大地震时才会发生。

虽然不常见,但当我们关注某些设计或建造的某些方面时,包括使用材料的质量时,针对部分完成或现有建筑的评估是需要的。在这种情况下,应进行验证载荷试验(见 10.4 节)。当我们怀疑某些低强度水泥制品,如板,梁和柱时,这种试验将非常有用。我们不能轻描淡写地理解这些试验,更不能不认真对待。相比于让结构安全度符合设计准则,这些试验为其提供了必要的保证更为重要。

很多的结构承受着一定程度的退化,从结构强度的方面看,疲劳和腐蚀成为受关注的重点。在表面上,剥落、裂纹和表面条件的变化,都说明了退化并且要求更严谨地阐述。例如,钢筋锈蚀和硫酸盐侵蚀。类似地,油漆情况可以反映铁材质的结构的腐蚀程度。其他可以说明腐蚀的还有固有频率或阻尼,增加的永久变形。

腐蚀效应更可能在结构上和特定位置。对于腐蚀而言,这是由于受雨水、温度和紫外线照射等“变质剂”影响的当地气候条件、地理特性、结构形式和方位。类似地,诸如震动载荷的环境载荷效应在一定程度上影响位置,这是因为地面震动会被当地土地环境放大。因此,结构评估变得很重要。这也使得相当不同的一些方法被采用,并且对于评估结构的说明方式存在不一致性和不确定性,显然这是不可取的。

10.2 节回顾了对现有结构评估过程,明显可以看出在评估过程中存在相当大的不确定性。这使得概率方法将非常适合(解决这些问题)。10.3 节描述了一个新信息是如何修正用来描述结构可靠性问题的基本变量的概率密度函数的现有解释。另外,新信息可以为描述结构的行为和响应的模型提供更好的依据。

很多已经评估过剩余寿命的结构已经很好地运行了很长一段时间。这些结果应该可以提供一些关于此结构的自身状况和日后安全性的信息。即在 10.4 节中基于验证载荷的“使用验证”概念。特别关注的是如何权衡结构验证载荷密度和基于该验证载荷和以及该结构大量信息得到的失效概率。

10.5 节中讨论了结构解析模型的评估问题。原则上来说,除了针对退化效应和过程以及可能的特定结构的具体模型,需要的解析模型通常与在设计阶段需要的概率评估相似。例如,在结构某些部分,可能需要一个很具体的有限元分析。

10.6 节将讨论现有结构系统的验收准则。对于结构成本而言,新结构中设计准则的保守通常会导致很小的(而且常常未知)成本损失。然而对于现有结构的验收准则中的保守成分将会对拆除(或重建)产生很大的影响,会导致大修或者升级改造或者产生因满足准则的失效所引起的经济损失，从而导致巨大的压力（经济的、社会的、历史原因等）来降低标准，其中社会经济影响可能会很严峻。

对于在失效情况下可能产生重大影响的系统（相对很少），全值概率安全或可靠性分析（如核设施）是适用的。然而，对于建筑的主要结构和大部分简单桥梁，这种方法似乎太复杂。因此，据估计仅仅在英国就有超过 100000 条桥梁道和 25000 桥下铁路需要最终评估剩余寿命和载荷能力（Menzies，1996）。在美国据估计有 50%的桥梁的寿命已经超过了 50 年，每年大约有 150～200 座桥梁遭受部分或整体垮塌。此外，多达 100000 个桥梁被评估为缺残，这需要大约 900 亿美元去修缮（例如，1993 年的 Dunker 与 Rabbat，1995 年的 Baboian）。很明显，全值概率可靠性分析只适合于真实的主体结构，并且细节步骤还急需完善。因此，需要加强制定标准化流程的工作，发展评估规则和类似于在第 9 章所讨论的分项系数规则的规范程序。

10.2 评估步骤

现有结构的评估过程通常大致包括以下几步：

（1）首先现场检测（确定位置、条件、载荷、环境影响、特征属性、未来测试的必要性）。

（2）恢复和回顾所有相关文档，包括载荷历程、维修、修理和改造。

（3）具体化的现场检查和测量，包括可能的验证载荷。

（4）分析收集的数据从而修正（或升级）结构抗性（也可能是载荷）的概率模型（10.3 节和 10.4 节）。

（5）用更新的载荷和抗力参数对结构进行精确（反）分析（极限状态函数的建立和修正）。

（6）结构可靠性分析。

（7）决策分析（10.6 节）。

以上步骤的详细描述将在下面部分展开。本部分将介绍（1）～（3）步。

明显可以看出，第 1 步对设定接下来几步的框架非常重要。它决定了这个检测对执行的必要性和期待可靠性分析的细节。

原则上，被结构拥有者、设计者和审批过程交易的当地或州政府评估过的结构的信息应是可用的。实际上，像计算和绘图这些设计信息会丢失或无法记录下来，特别是对于老旧结构。因此，需要对现有结构有一个完整的调查，包括对构件和系统设计强度的分析。

老旧建筑的设计准则要求与当前的几乎都不一样。即使伴随着大量的设计需求,现在的一个普遍趋势是放宽设计规范要求(Ellingwood,1996),但一些地方的设计规范仍要求愈加细化,而老旧结构达不到这些标准,即使在没有被具体审查的情况下。虽然那些应用在原始结构上的设计和载荷规范经常被使用,但是材料规格的信息也会导致巨大差异,特别是对于像老旧水泥和锻造铁这样的材料来说。

特别是对于一个老旧建筑来说,更复杂的是一些已经修缮的工作记录不清并且这些修缮对建筑整体留下了很大的影响。类似地,维修记录也鲜能查到。

在调查过程中用最小的损伤技术对结构进行评估是必要的。这些技术包括对材料特性的无损(如果必要可进行部分损伤)检测技术(例如回弹仪、超声波脉冲技术、X 射线深层探伤技术、拉拔试验和核试验等),对单元尺寸的无损检测技术(例如,对于大尺寸的空洞或脱层的冲击回波技术),对腐蚀或退化的无损检测技术(例如,半电势和电阻率测量)。特别地,这些测量都只能提供结构的部分甚至不确定的状态(例如,Silk et al. ,1987)。

一般来说,由于被建筑涂料或其他构件覆盖,那些必须要被评估的结构件是不容易直接接触到的,由于钢架建筑结构中的连接部将完全被防火或者楼板的水泥包裹,目前利用有效的非侵入技术对其检测还是不可行的。

对现有建筑的评估的最大挑战大概还是如何运用已经得到的数据进行评估。在实际情况中运用了众多的技术,这包括了主观总结,该总结可能基于对结构的重新分析而得到的补充和对现有设计规范或现有结构的参考,运用了一种分类方法和条件矩阵(例如,Frangopol and Hearn,1996)。后者已经在具体情况中得到发展,但是一般来说无法借助结构可靠性准则框架(像第 9 章中讨论的)。当然,对于主要结构系统资源,也只能进行全概率分析。

下面的讨论将假设无论是基于准则使用更新特性的评估过程还是全概率分析,概率评估是主要关心的部分。如今纯主观或者分类系统虽然应用广泛,但在这里并不是我们关注的焦点。

那么问题仍然是,对已得到的信息如何应用,并且把它们运用到概率框架当中。这些工作的基础将在下一部分中讨论。

10.3 概率信息更新

10.3.1 贝叶斯定理

当我们收集到有关现有结构或者其构件的附加信息时,其中隐含的信息很可能用于改进先前对结构可靠性的估计。这些工作就是运用贝叶斯理论的贝叶斯统计(见 A2.2 部分)(Ang and Tang,1975)。

如图 10.1 所示,此概念可简单地描述为概率密度函数的更新。如果$f'_R(r)$代表结构抗力 R 的(先验)条件概率密度函数,$f_V(\,)$代表一些新数据的(条件)概率密度函数,那么更新的(后验)概率密度函数$f''_R(\,)$如图 10.1 所示。明显地,如果数据很分散(如果$f_V(\,)$的方差较大),则不会包含很多信息(无信息)并且对改进原始概率密度函数没有太大帮助;反过来,如果数据不分散,它就拥有"高度信息"并且有重大影响。类似地,如果考虑的变量还不是十分了解,它的先验分布$f'_R(\,)$拥有高度的不确定性,即是"无信息"。附加数据将会很大程度上影响后验分布。

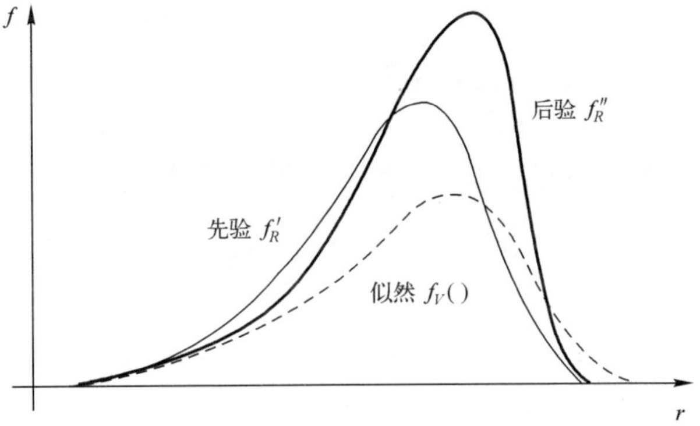

图 10.1　抗力$f'_R(r)$的已知(先验)概率密度函数,修改模型的新信息$f_V(\,)$,修改之后的(后验)概率分布函数$f''_R(\,)$

附加数据可能会包含若干或一个观测值。在后者情况下,如结构系统,其概率估计会更新成如下形式。通常,令基于概率估计的极限状态函数 $G(\boldsymbol{X})<0$,其中 $\boldsymbol{X}$ 是个随机向量。则更新的失效概率可表示为(如 Tang,1973;Madsen,1987)

$$p_{fU}=P[G(\boldsymbol{X})<0\,|\,H]=\frac{P[G(\boldsymbol{X})<0\cap H>0]}{P[H>0]} \tag{10.1}$$

式中:表达式的分子可用第 3 章、第 4 章和附表 C 中的方法评估。

从图 10.1 和式(10.1)可以看出,事件 $G(\boldsymbol{X})<0$ 和 $H>0$ 之间相当高的关联度,将产生一个更紧密的后验分布,并给出所关注的随机向量 $\boldsymbol{X}$ 估计的更大置信度。这意味着建立检测和评估过程以便得到关于 $G(\boldsymbol{X})$ 信息的事件结果 $H>0$。例如,度量(事件结果 H)梁刚度可以推断梁的强度($G(\boldsymbol{X})$),比如,由于它们是钢筋混凝土,假设梁强度与梁刚度的关联度会高。

10.3.2 检测数据应用

在10.1节中介绍的概念会在以下情况下扩展:参数 $\boldsymbol{\theta}$ 影响了概率密度函数,故而针对该问题的可靠度估计不精确的情况。$\boldsymbol{\theta}$ 可能代表了通常的工程知识、物理要求、早期观察值等。为了对 $\boldsymbol{\theta}$ 有更深的了解,设有(n)个系列的观察值 $X=(x_1,\cdots,x_n)$,这可用一个基于 $\boldsymbol{\theta}$ 的条件概率密度函数描述 $f_{X|\boldsymbol{\theta}}(X|\boldsymbol{\theta})$。

$f'_{\Theta}(\boldsymbol{\theta})$ 代表 $\boldsymbol{\theta}$ 的最初的信息,也是 $\boldsymbol{\theta}$ 的先验分布,即在任何检验没做之前 $\boldsymbol{\theta}$ 的分布信息。在 n 个观察值 $\boldsymbol{x}=(x_1,\cdots,x_n)$ 实现后,假设 $\boldsymbol{x}$ 已知由[例如,Ang and Tang,1975;Rackwitz,1985b]给出,则 $\boldsymbol{\theta}$ 的新的(后验)分布 $f''_{\Theta}(\boldsymbol{\theta})$ 如下:

$$f''_{\Theta}(\boldsymbol{\theta})=cL(\boldsymbol{\theta}|x)f'_{\Theta}(\boldsymbol{\theta}) \tag{10.2}$$

式中:$L(\boldsymbol{\theta}|\boldsymbol{x})$ 即所谓的“似然”函数;$c=\left[\int L(\boldsymbol{\theta}|x)f'_{\Theta}(\boldsymbol{\theta})\mathrm{d}\boldsymbol{\theta}\right]$ 为正态因子(参见A.4节)。似然函数 $L(\boldsymbol{\theta}|\boldsymbol{x})$ 代表观察值 $\boldsymbol{x}$ 所得的信息,它相似于基于假设 $\boldsymbol{\theta}$ 为当前值的输出的观察值 $\boldsymbol{x}$,也可写为 $P(\boldsymbol{x}|\boldsymbol{\theta})$。

似然函数 $L(\boldsymbol{\theta}|x)$ 正比于观察值的条件概率,因此

$$L(\boldsymbol{\theta}|x) \propto \prod_{i=1}^{n} f_{X|\Theta}(x_i|\boldsymbol{\theta}) \tag{10.3}$$

式中:n 代表样本数(或观察值数)。

一旦 $f_{\Theta}(\boldsymbol{\theta})$ 更新,$\boldsymbol{X}$ 的“预测”(或期望)分布将会可能得到,并同时给出已经实现的样本,以及已经被修正的参数 $\boldsymbol{\theta}$ 的概率密度函数,如下所示:

$$f_X(\boldsymbol{X})=\int_{\boldsymbol{\theta}} f_{X|\Theta}(\boldsymbol{X}|\boldsymbol{\theta})f''_{\Theta}(\boldsymbol{\theta})\mathrm{d}\boldsymbol{\theta} \tag{10.4}$$

是全概率理论的体现(A.6)。也可与式(1.35)作比较。

例 10.1 (编自 Aal et al.,1998a)

假设一个钢筋混凝土柱的混凝土强度不足,核心样本已得到。首先,关键强度的样本有3个(单位为MPa)(45.19,39.95,42.77),而后进行贝叶斯分析。我们所关注的是结果输出,同时给出了另三个样本(强度值分别为46.11,43.39,37.88),在这之后又有四个样本(强度分别为46.11,41.78,43.93,40.63)。每组样本的均值和变异系数见表10.1。

表10.1 案例的均值和标准差

案例数量	均值/MPa	方差
3	42.58	0.062
6	41.73	0.063
10	42.26	0.059

通过广泛的试验得出混凝土的核心强度$f_{c,core}$和原位强度$f_{c,is}$之间的关系，如下所示(Bartlett,1997)：

$$f_{c,is}=K.f_{c,core} \tag{10.5}$$

式中：K为因子的数量(见8.4节)。因此，该核心强度为观测变量，同时也是实际现场强度和因素K的函数，通常来说，它们之间是一组不确定关系。

更一般地，结构参数x(如果这个参数是我们关心的，即实际现场强度)和参数y之间的实际观测关系如下所示：

$$y=ax^b \tag{10.6}$$

式中：a和b均为修正值。在之前的例子中$a=K$并且假设其已知，均值μ_a和方差σ_a^2也已知。当x已知时(如校验实验)，这些数值将会在现场试验或设备的反复试验过程中得到。然后，将b定为确定值(本例中为1)。

y的不确定性来自于：①过程中测量工具的不精确性；②模型的不确定性，即式(10.6)中x和y的关系程度；③样本量有限。

为方便起见，设x和y为对数正态分布。则式(10.6)变为

$$Y=A+B\cdot X \tag{10.7}$$

其中$Y=\lg y$，$A=\log a$，$X=\log x$，x，y和a均为正态分布。此外，对于以下这些：

$$\mu_Y=\mu_A+b\cdot\mu_X \tag{10.7a}$$

和

$$\sigma_Y^2=\sigma_A^2+b^2\cdot\sigma_X^2 \tag{10.7b}$$

明显地，x和a是相互独立的随机变量，y是一个因变量，另外，$\sigma_Y\geqslant\sigma_X$，$\sigma_Y\geqslant\sigma_A$。如果对$y$的观测值足够的话，可以估计它的矩，由此进一步可估计Y的矩。服从正态分布X的均值和方差分别由$\mu_X=\frac{1}{b}(\mu_Y-\mu_A)$和$\sigma_X^2=\frac{1}{b^2}(\sigma_Y^2-\sigma_A^2)$估计。

由此，式(10.3)中参数θ(未知的)可表示为$\theta=(\mu_X,\sigma_X)$，同时根据Y'的观察值，似然函数正比于：

$$L((\mu_X,\sigma_X)\,|\,Y')\propto\frac{1}{(\sigma_Y^2-\sigma_A^2)^{n/2}}\exp\left\{-\frac{b^2}{2(\sigma_Y^2-\sigma_A^2)}\sum_{i=1}^{n}\left[Y_i-\frac{1}{b}(\mu_Y-\mu_A)\right]^2\right\} \tag{10.8}$$

如果假设参数μ_X和σ_X为独立的先验参数，$f'_\Theta(\theta)=f_M(\mu)\cdot f_\Sigma(\sigma)$给出它们的联合先验分布，其中$f_M(\mu)$和$f_\Sigma(\sigma)$分别是$\mu_X$和$\sigma_X$的边缘先验分布。这些分布的选择是根据信息对$\mu_X$和$\sigma_X$先验的有用性，同样这些考虑之中的问题将要进行讨论。

假设在第一次分析中没有尝试去确定哪些因素决定了混凝土的强度。如此先验知识是“非信息的”,在这种情况下,先验分布在局部上为平均值(例如,Box and Tiao,1973):

$$f_M(\mu_X) \propto constant \tag{10.9}$$

在这种情况下,标准差的分布可根据 Jeffrey 定理给出如下(例如,Box 与 Tiao,1973):

$$f_\Sigma(\sigma_X) \propto \frac{\sigma_X}{\sigma_Y^2-\sigma_A^2} \tag{10.10}$$

式中:σ_A 已在前面给出。假设“无信息”的先验信息,在式(10.4)中用这些先验分布可得混凝土的抗压强度的“预测”分布。这些结果的分布如图 10.2(a)所示,n 分别取 3、6 和 10(Val et al.,1998a)。完成这些之后,将会得到典型结果如图 10.2 所示。

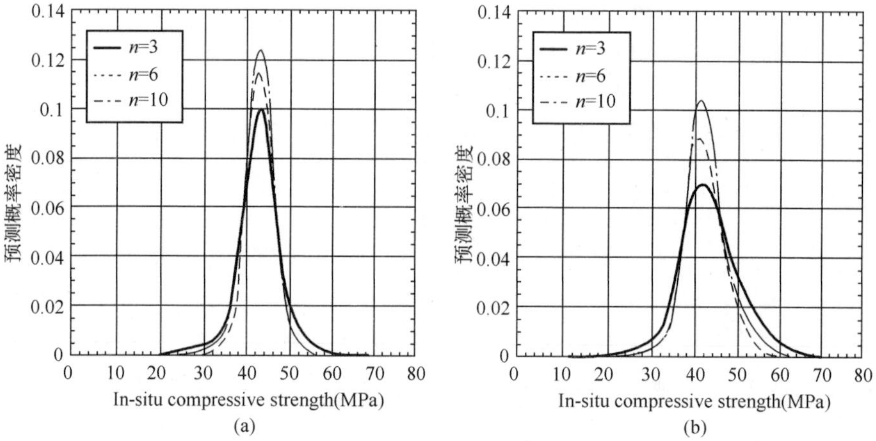

图 10.2 水泥原位抗压强度先验分布
(a) 现场压力强度; (b) 现场压力强度。

显然,图 10.2(a)(无信息的先验)比(b)有更高的峰值分布、更低的均值,在给定一个抗压强度,如 50MPa 时,图(a)的分布上部结尾比图(b)有更大的概率值,说明如果施加的载荷如抗压强度大于 50MPa 时其拥有相对较低的失效概率,还可以看出,无论在哪种情况下,增加样本数量后导致了更高的分布峰值,即使其影响随着样品数量的升高会略多,如图(b)所示,这说明了情况(a)是高度依赖于样本的,在情况(b)中,先验信息是更重要的并且对样本的依赖性不高。

10.4　试验及使用载荷的信息

10.4.1　验证载荷

为结构模型或材料强度提供补充信息的进一步试验这一概念早已提出。所有的结构设计基本上都是基于实际数据的(例如,Hall and Tsai,1989)。通常,试验是针对组件和材料的,很少对整个结构进行。在某种意义上对于一个服役的结构加载验证载荷是唯一的试验,但是它是如何揭示实际结构的呢?

如果试验载荷与我们关注的因素相关,如要测量刚性来推断钢筋混凝土柱的极限强度话,使用验证载荷是非常有用的(Moses et al.,1994;Veneziano et al.,1984)。验证载荷试验还可以帮助我们确定一个部件的最小强度或性能,例如钢筋混凝土楼层。故基于楼层支撑的载荷在验证载荷之下可用来截断其强度概率密度函数(见图 10.3)。通常情况,验证载荷提高了可靠度系数(Fhjino and Lind,1977;Fu and Tang,1995;Mose,1996)。但是试验本身可能会引起:①损坏本身具有的结构和材料(Kameda and Koike,1975);②使结构失效。通常来说,更高水平的验证载荷对预测的可靠度有显著的影响,如例 10.2 所示。

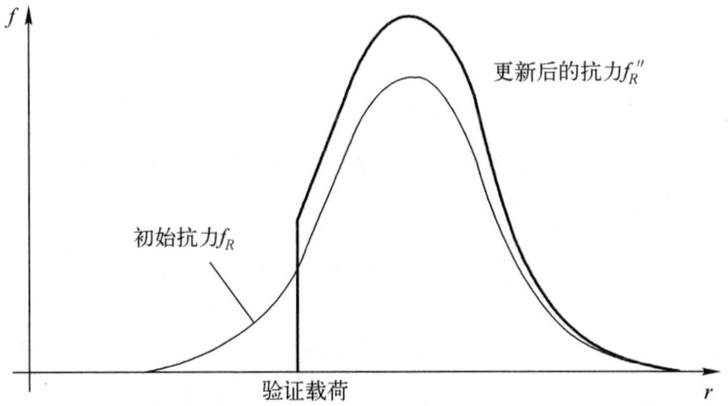

图 10.3　截断效应对结构抗力的影响

载荷试验也用来估计更精确的个体单元力,这对结构的理论分析是很有帮助的,如考虑结构正常响应这种在传统分析中经常被忽略的事情。这已经被 Nowak 与 Tharmabala 成功应用在桁架桥上。

在已知的大多数现有的结构设计准则中仅仅只有通用的试验载荷指南。特别地,这些准则要求结构在渐进失效(弯曲)的设计极限载荷和突然失效(脆性)的高水平载荷(如高出 10%)相关的试验载荷作用下满足性能要求(Allen,

1991)。

一个典型的载荷试验应包含以下步骤:

(1) 载荷以适当的等增量形式加载,使结构响应增量之间有充足的时间来保证合理的稳定。

(2) 持续进行阶跃加载直到载荷达到准则指定的试验载荷水平,其中假设每一步的加载是安全的。

(3) 每一阶段对变形进行测量,记录裂纹模式及一切可能导致损坏的信息。

(4) 维持最大载荷一定时间,如 24 小时,并持续对结构进行监测。

(5) 缓慢减小载荷,而后检查变形。

对于钢铁或钢筋混凝土来说,如果最终的实际变形达到最大变形的 25%,我们则认为验证载荷试验是成功的,说明这种程度的非弹性现象对于使用中的钢铁来说是可以承受的。对于当今的钢筋混凝土来说,若使用的钢只有不太明显的屈服状态,这个实验结果是乐观的。更重要的是,验证载荷试验也没有说明验证载荷与结构可承受能力之间有多么密切的联系,剩余多大延展性以及是否在试验中存在一些试验自身造成的损坏。相比较设计准则的要求来说,验证载荷也只是提供了极少关于结构相关的信息。

传统上,验证载荷试验的设计准则是比较保守的。然而,概率参数会被用来对信息做出合理的利用。在下面的例子中将进一步阐释。

例 10.2 (编自 Ellingwood,1996)

如图 10.4 所示,设一个 **W**24×76 的钢制宽翼缘梁(610UB101 通用梁)横跨距离 12.2m,钢材料的名义屈服强度为 250MPa(60ksi),载荷如图 10.4 所示,假设在一个新的设计中梁需要满足 LRFD 形式(见 9.3.4 节),如下:

$$0.9F_{yn}Z_{xn}=1.2M_D+1.6M_L \tag{10.11}$$

式中:$\boldsymbol{F}_{yn}$和 $\boldsymbol{Z}_{xn}$为名义屈服强度和塑性截面模量;$\boldsymbol{M}_D$ 和 $\boldsymbol{M}_L$ 分别为静载荷和动载荷导致的力矩。通常来说,通过仔细的测量可以得到静载荷导致的力矩 $\boldsymbol{M}_D$ 较精确的值。

为了正确测量动载荷,应该施加一个验证载荷,大小为 $\boldsymbol{q}^*$,由此导致的力矩为 $\boldsymbol{M}_{q^*}$。承受载荷试验成功的事件可表示为

$$H=\{F_{yn}Z_{xn}-M_D-M_{q^*}>0\} \tag{10.12}$$

则更新的失效概率可表示如下:

$$p_{fn}=P[G(X)<0|H] \tag{10.13}$$

式中:条件概率 $P[\ ]$ 可由 10.1 节算出。

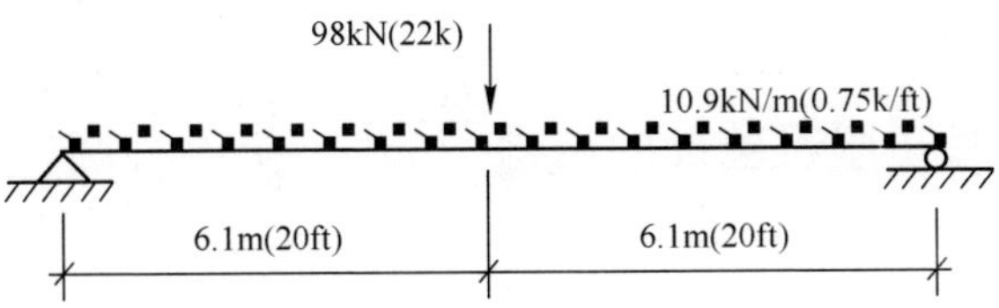

图 10.4　例 10.2 中的梁

10.4.2　验证载荷的影响

如前所述,合理的高水平验证载荷是有助于评估结构的完整性的。易证。如图 10.5(示意图)所示,当验证载荷用于建成后 10 年或 25 年时,更新的失效概率 P_f'' 的变化是验证载荷 $\boldsymbol{q}^*$ 关于标准化的活载荷 $\boldsymbol{L}$ 的函数,而结构的服役寿命为 50 年(Ellingwood 之后,1996)。很明显,在服役后加载的验证载荷对后验失效概率影响较大。这是可以预见到的。并且可以看出,对于较低水平的验证载荷,抗力的变异系数从 $\boldsymbol{V_R}=0.13$ 到 $\boldsymbol{V_R}=0.18$ 的增加导致了 P_f'' 相应的显著增加。

图 10.5 中明显可以看出验证载荷的增加明显减少了 P_f'' 值,也就说,当 $\boldsymbol{q}^*/\boldsymbol{L}<1.2$ 时,能获得的关于低验证载荷信息不多。

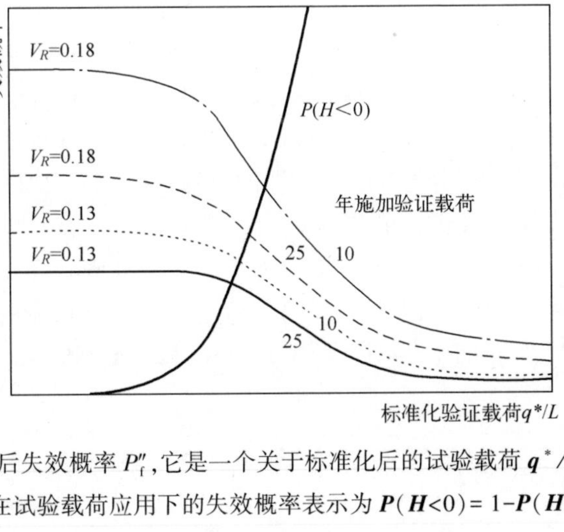

图 10.5　事后失效概率 P_f'',它是一个关于标准化后的试验载荷 $\boldsymbol{q}^*/\boldsymbol{L}$ 的函数,并且在试验载荷应用下的失效概率表示为 $\boldsymbol{P}(\boldsymbol{H}<0)=1-\boldsymbol{P}(\boldsymbol{H}>0)$

对于更高的验证载荷,可以推出,当使用的验证载荷增大时,结构失效的风险将会增加。事实上,这是可以估计出来的,并且在式 $\boldsymbol{P}(\boldsymbol{H}<0)=1-\boldsymbol{P}(\boldsymbol{H}>0)$ 中可以看出,如图 10.5 所示。可以看出,当 P_f'' 的估计值增加时失效概率将陡然增加。这将使载荷试验水平和相关的预算成本(包括失效成本)达到最优的决策分析变为可能。

10.4.3 基于服役验证的结构

假设一个结构在相当长的一段时间内都有很好的表现,并且在此期间没有大修或者变动,那么不可接受的变形、振动或者局部毁坏将很容易被使用者发现。因此,不需要特别关注设计准则中指定的可用性标准。

对于一些令人满意的扩展性能,这些可能是足够安全或者持续安全的标志,同时我们要假设在同一个地方没有明显的正在进行的破坏或者持续的大规模载荷。因此,如果一个建筑楼龄为100年,假设载荷与以前没有太大的变化,通常可以说明该建筑在静载荷和动载荷下有令人满意的安全度。当载荷发生不频繁时,如地震引起的大地震动,由于不频繁载荷还没有发生,过去良好的性能就不能作为标志了。同样的类似情况也适用于楼龄较小的建筑和密集载荷(在设计准则中这很少被用于规定的大小)。

在某种意义上,因为载荷具有定点的特征,服役验证好于验证载荷试验,也就是说,进行整体结构"试验"好于对结果某些特殊部分进行试验(Alle,1991)。然而,仅仅依赖于过去的性能还是远远不够的。

虽然存在基于过去满意性能来评价现有结构的"工程"方法(ISE,1980;OHBDC,1983;Allen,1991),也只是在基于技术的结构可靠性背景下做了一些努力。因此Hall(1988)与Stewart和Val分别提出基于贝叶斯和基于仿真的方法,包括结构损伤的影响。还应明确的是如果在服役期内没有加载高水平载荷,那么服役验证与验证载荷试验的信息一样。

一个与不确定现象相关的服役验证的特殊例子见2.2.2节。对于结构(或其他)系统,其临界极限状态条件可能或者基本上不明确,或者完全不知,现象的不确定可能就是一个问题,一个未知和无形式的极限状态可能存在。如果这种状态存在的话,使用验证将提升我们相信该状态是不致命的程度。这个理论是直接从贝叶斯理论得出的(见上)(Riera and Rocha,1997)。

10.5 解析技术

10.5.1 常规(正常)情形

作为验证载荷的替换者或附加,可以进行结构系统的解析评价。该评价有这样一个优点:把已知的关于材料和载荷的概率信息纳入到分析中,这可以扩充到更新的信息中来,并且可以在低成本中进行灵敏度分析。

最大的缺点是解析模型表达真实情况的不确定性。当有限元方法或者其他结构建模工具可以非常近似地表达结构的响应(并且在这种情况下验证载荷非常有帮助),结构中材料的条件建模则很少去确定。

疲劳引起的损坏一直以来被大量的研究和关注,并且通常来说,可以很好地建立合理的模型。主要的限制在于在疲劳裂纹开始萌生时对模型的细节要有特别的关注,因为这些往往主导着后续行为。

另外,对于诸如混凝土腐蚀、结构钢筋腐蚀、硫酸盐或者其他化学腐蚀,冻害和微生物侵蚀等作用在结构上的损坏机理,了解的并不深并且对其进行数学建模很难。则与这些影响相关的不确定性趋向更高。

针对这些约束,结构模型和其不同影响允许适当地进行概率分析。要求特别关注使用结构的相关数据:当一般数据(如第 8 章中描述)符合第 9 章中设计规范编制时,对于现有结构的评估来说,结构的相关数据更好。因此通用数据必须得到很大重视。

一旦建立结构模型和各种退化以及其他模型,同时选定各种影响的概率模型,可靠性分析则类似于前一章描述的那样结合 FORM/SORM(例如 Micic et al. ,1995;Enright and Frangopol,1998)或者仿真技术(例如 Mori and Ellongwood,1993b;Stewart and Val,1998)。

例 10.3 (接 Ellingwood,1996)

再次考虑如图 10.3 所示的钢梁。对于新的设计,其主导了弯曲极限的表达式(10.11)。基于表 10.2 中随机变量的统计特性,对于 50 年设计的安全系数可达到 $\beta_C \approx 2.6$。

表 10.2　案例 10.3 的统计数据

变　量	均　值	方　差	分　布
静载荷,$\boldsymbol{D}$	1.05$\boldsymbol{D}$	0.10	正态分布
动载荷(50 年)$\boldsymbol{L}$	1.00$\boldsymbol{L}$	0.25	极值 I 型
动载荷(25 年)$\boldsymbol{L}$	0.85$\boldsymbol{L}$	0.35	极值 I 型
屈服强度,$\boldsymbol{F_y}$	1.05$\boldsymbol{F_y}$	0.11	对数正态分布
截面模量,$\boldsymbol{Z_x}$	1.00$\boldsymbol{Z_x}$	0.06	正态分布
弯曲模型偏差,$\boldsymbol{B}$	1.02	0.05	正态分布

在评估服役寿命是否能从目前再延长 50 年的过程中,需要进行各项度量。我们发现钢厂测试报告说明强度为 345MPa(50 英镑/平方英寸),估计变异系数为 0.07。运用 8.2.2 节中给出的规范,静态屈服极限建议为 300MPa(44 英镑/平方英寸)。没有退化的话截面系数则用初始值。静载荷的观测和测量显

示初始静载荷相较于均值低估了10%,且调整后的变异系数为0.05。

由这些修正信息可得修正后的安全系数为$\beta_c' \approx 3.4$。显然,这比初始状态和名义设计过程的强度更高了。因此动载荷$\boldsymbol{L}$在不违反规范要求的情况下将会增长。如果$\boldsymbol{L}$一直增长直至β_c'降到$\beta_c \approx 2.6$,则此时我们发现$\boldsymbol{L}$已经增长了约30%。

10.5.2 退化情形

当我们评估一个正在退化的结构的剩余寿命和可靠性时,需要通过检测过程来确定它的哪部分在退化。由此,可以估计出腐蚀的材料损失,同时检测可以揭示出疲劳裂纹,但通常来说得到一个完整的结构退化是不可能的。一些基于已知疲劳和腐蚀机理的评估通常会被用来进行视觉的和现场检测的观察。

检测和观察自身会引入不确定性因素(例如Silk et al.,1987;Frangopol and Hearn,1996),因此在分析中必须考虑到这些情况(例如Moses,1996)。

如上所述,除了疲劳(Wirsching,1997;Byers et al.,1997),结构退化的机理模型并没有得到很好的发展。简化恒定腐蚀速率模型已经在某些案例中应用,如舰船的可靠性评估(Pick et al.,1997)和钢制管道的可靠性评估(如Ahammed and Melchers,1997)。大气压腐蚀非线性经验曲线拟合方法也已被应用,如钢制桥梁可靠性评估(Albrecht and Naeemi,1984;HEARN,1996)。由于因腐蚀造成的材料损失的不确定性很大,并且在具体的结构细节和环境中非常明显,更多的有关海洋腐蚀的基础研究已经开展(Melchers,1997,1998b)。

类似地,钢筋混凝土的腐蚀模型也已被提出。扩散在混凝土的氯化物和湿气渗透或附着于钢筋混凝土表面的能力都是最致命问题。氯化物是由于在桥面上撒除冰盐(例如Hoffman and Weyers,1994)或沿海地区的空气中颗粒而产生的。混凝土的裂纹和剥落以及载荷密度是另外考虑的因素。一些近年来的文章已经指出将这些因素考虑到可靠性方面(例如Thoft-Christensen et al.,1996;Val and Melchers,1997;Frangopol et al.,1997;Stewart and Rosowsky,1998)。

诸如因蠕变和收缩导致的结构时变行为也是老旧钢筋混凝土结构的重要因素。基于可靠性理论的一些工作已经展开(例如Madsen and Bazant,1983;Li and Melchers,1992)。时变行为也是木材和木质结构具有的重要因素,特别是对于老旧结构(见Foschi(1999)有关概述)。

基于可用于预测退化的模型,仍然使用可接受的结构可靠度计算流程来估计失效概率,该概率是时间的函数。这个过程已经在众多领域被证实,包括简化载荷模型(Mori and Ellingwood,1993b),简化退化模型(Enright and Frangopol,1998)以及仿真方法(例如Moarefzadeh and Melchers,1996b;Val et al.,1998b)。

10.6　在用结构的验收准则

10.6.1　名义概率

在设置一个新结构的设计验收准则中，目标接受值β_T，或者说，一个目标可接受的失效概率值p_{fT}已被使用（见第9章）。由上可知，这是基于对结构工程中可接受的现有良好实践的反推。那么，β_T或p_{fT}被用来校验新的设计规范。对于发展新结构的结构设计规范，这个过程已经被广泛应用。

我们应当很清楚地知道这些过程隐含着某些假设。这与从设计到现实结构的建造的转变有关。通常的设计过程隐含的允许结构实现中必要的不确定性，这些不确定性来自于文件、解释和各种施工过程。就概率理论而言，建造的结构只是众多可能结果的一个实现。重要的是一旦这个实现发生，过程中必有的不确定性也就消失。原则上，只要有足够的资源，理想的测量结果和监测技术、知识的缺陷会被克服。实际上，只有在有限程度上（如前所述）是可能的。但要清楚的是，对于新结构的设计准则规范的开发来说，用来得到新结构的目标值β_T或P_{fT}的名义概率P_{fC}和相应的安全系数β_C通常不能直接转换到现有结构的校验中。如第2章所述，P_{fC}和β_C是社会可接受的风险标准的替代，即使它们之间的关系还不很清楚。在现有结构条件下，与社会可接受风险标准的关系是很不同的。因此，在评估过程中将定义一个名义概率P_{fA}（以及相应的安全系数β_A）。

对于现有结构评估，在任一校验过程的分项系数形式中，P_{fA}和β_A哪一个可接受或者说哪一个可用来当作目标值是目前产生的问题。这个问题已经被简化半概率方法和决策理论解决了，这两个方法的简要说明如下所示。

10.6.2　半概率安全检查格式

诸如LRFD（见9.3.4部分）的半概率检查形式已经应用在新结构的设计中，以同样的方法提出了更相似的形式，该形式可以对现有结构进行安全的评估。显然，这种形式也需要考虑到某些因素，如检测质量，现场测量的质量和延伸，潜在失效模式和可能结果。

Allen（1991）在加拿大国家建筑标准中提出一个可能的形式。在该方法中，目标可靠度系数β_T由$\Delta=\sum\Delta_i$的量来调整，并考虑以上因素（见表10.3），得到β_A，即$\beta_A=\beta_C-\Delta$。然后，用标准准则校验过程得到修正的分项系数。表10.3显示了由通用分项载荷系数引起的典型变化（也可参考9.3.2节）。

表 10.3　案例 10.3 的统计数据

评价因子	Δ_i
检测性能 Δ_1	1.05**D**
没有检测或描述	−0.4
检测后得到识别或定位	0.0
检测到了满意的性能或静载荷	0.25
系统功能 Δ_2	
失效导致的事故,可能导致人身伤害	0.0
上下二者之间	0.25(在地震条件下将更小)
局部失效,不会导致人身伤害	0.50(在地震条件下将更小)
风险类别 Δ_3	
非常高	应用设计准则
高 n=100~1000	0.0
正常 n=10~9	0.25
低 n=0~9	0.50
注:n 表示在正常入住情况下最大的风险值。对于空房和木质结构,正常和低对应的值要再减 0.25	

表 10.4　对于现存建筑评价中载荷因子的典型变化(Allen,1991)

β_C 的调节	载荷因子			载荷联合因子 ψ
$\Delta=\sum\Delta_i$	静态 γ_D	变量 γ_L 或 γ_Q	地震 γ_Q	
−0.4	1.35	1.70	1.40	0.70
0.0	1.25	1.50	1.00	0.70
0.25	1.20	1.40	0.80	0.70
1.00	1.08	1.10	0.40	0.80

对于所考虑的结构,使用分项系数形式的抗力被看作是测量或推断的,为提供更低分位数修正的、保守的结果。即使这些都不现实,材料的名义强度会和实际安装的尺寸测量值一起使用。分项系数会被用在新设计中,除了具有更高的 β_T 值的某些部件,并且其已知极限状态设计准则十分保守。对于这种情况,分项抗力系数会修正(见 10.5 节的一些典型案例)。

表 10.5　典型的桥梁抗力修正因子(Allen,1991)

部件或工况	抗力修正因子
钢制螺栓	1.5
钢焊接	1.3
钢筋混凝土受压构件	1.2
钢筋混凝土剪切(非箍筋)	0.84

10.6.3　基于决策理论的准则

对于选择 P_{fA} 或 β_A 哪个值来评估现有结构，一个更为合理的方法是用决策理论（社会经济学）的论据，类似于 2.4.2 节中使用的方法（Ditlevsen and Arnbjerg-Nilsen，1989；Ang and De Leon，1997）。在实际中还可能有一些调整的要求。在这之前，假设失效名义概率可以足够替代实际的（但未知）失效概率。

在对现有结构的决策中，包括以下 3 个方面：

（1）让结构维持原状态（什么都不做）。

（2）加强结构或者改变它的用处。

（3）拆除并且用新结构代替。

在情况（2）、（3）中可能会出现众多选择。即使这对成本投入有一定影响，但这并不影响以下重要讨论。

首先，考虑相对于结构不变来说加强结构的可能性。然后，在评估现有结构中，记失效概率为 P_{fA}（失效的后验概率）。如果 c_{fail} 是与结构相关的失效造成的直接成本的总和，c_{new} 是一个在老旧结构已经失效的情况下新结构的估计成本，则选择（1）的预期成本由下给出：

$$E_1=(c_{\text{fail}}+c_{\text{new}})p_{fA} \tag{10.14}$$

如果一个结构要得到加强，在新建筑中需要可接受的安全水平的决策，设这个为 P_{f}^*。加强的成本同时也是一个风险水平的函数：设由 $c_s(P_{\text{f}}^*)=a+b(1-P_{\text{f}}^*)>0$ 给出，其中 a 是加强工作的初始成本，$b(\ )$ 是由一个随失效概率降低而增大的函数。选择（2）的预期成本由下给出：

$$E_2=(c_{\text{fail}}+c_{\text{new}})p_{\text{f}}^*+(a+b(1-p_{\text{f}}^*)) \tag{10.15}$$

通常情况，当 $\partial E_2/\partial p_{\text{f}}^*=0$ 时，此式有最小值。若此最小值存在，则令 E_{20} 在 p_{f0} 上。那么决策如下，若 $E_1<E_{20}$ 且 $p_{\text{f0}}>p_A$，则不用进行加强（进行选择（1））。若 $E_1\geqslant E_{20}$，则加强是应该最好的选择，此时 $P_{\text{f}}^*>P_{\text{f}A}$。

选择（3）所考虑的决策过程则稍微复杂。如前所述，对于一个新的设计将有一个名义失效概率，该值可能被当作“目标”或者准则中确切的数值考虑，即 P_{fT} 或安全系数 β_T（见 9.6 节）。显然，当 $P_{fA}\gg P_{fT}$ 时，则必须进行拆毁并且重建（选择（3））。在这种情况下，新结构将会有一个名义失效概率 P_{fT}，此选择的预期成本由下给出：

$$E_3=c_{\text{demolition}}+c_{\text{new}}+(c_{\text{fail}}+c_{\text{new}})p_{fT}\approx c_{\text{new}}+(c_{\text{fail}}+c_{\text{new}})p_{\text{fT}} \tag{10.16}$$

式中：通常情况下，近似保持 $c_{\text{demolition}}\ll c_{\text{new}}$ 的关系。

在决策理论逻辑中，如果 $E_3>E_1$ 则选择（3）不是一个理想的选择。简化不等式 $E_3>E_1$ 可得如下决策规则：

$$\text{如果 } p_{fA}-\frac{1}{1+c_{\text{fail}}/c_{\text{new}}}<p_{fT}\text{则保持原状态；} \tag{10.17a}$$

$$\text{如果 } p_{fA}-\frac{1}{1+c_{\text{fail}}/c_{\text{new}}}\geqslant p_{fT}\text{则拆除原结构并重建；} \tag{10.17b}$$

选择式(10.17a)显示一个 p_{fA} 值高是令人可以接受的,这里假设式(10.17)中的第二项 $c_{\text{fail}}/c_{\text{new}}$ 是足够大的。然而,在此逻辑下的选择输出往往不能令社会满足。

实际上失效成本 c_{fail} 相对于新结构成本来讲可能很高。特别是当 $c_{\text{fail}}/c_{\text{new}}$ 的级数为 $10^4\sim10^6$ 时(GIRIA,1977)。这说明式(10.17)的第二部分级数范围为 $10^{-6}\sim10^{-4}$,因而,这大约比 p_{fT} 典型值小一个数量级。因此,对于选择(1)即 $p_{fA}<p_{fT}$ 情况,为了得到一个近似决策规则时,式中第二项可以被忽略。

10.6.4 生命周期决策方法

以上对现有结构进行合理选择的方法直接引出了最优检测和维修政策的概念,还有最小总期望成本,其中包括失效导致的维修和预期成本。有关此问题的调查和研究已经有了一些成果(例如,Thoft-Christensen and Sorensen,1987;Sorensen and Faber,1991;Nakken and Valsgard,1995;Faber et al.,1996;Guedes-Soares and Garbatov,1996)。

需要清楚的是,当结构老化时,对其重新评估是必要的。同时,假定在未来有更进一步的检测和重新评估的情况,会产生可能维修的程度问题。该过程的示意图如图 10.6 所示。

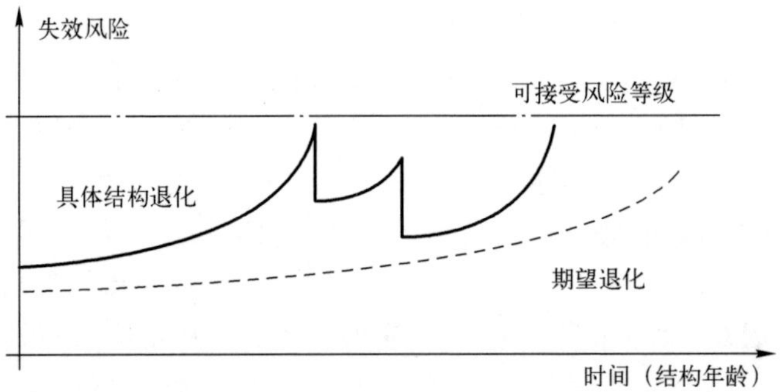

图 10.6 生命周期可靠度与评估,展示了适当整修的效果(示意图)

当估计的可靠度失败并低于预期值,需要立即进行有关措施,如减少或者卸除结构(如桥梁)上的载荷。相关措施加大了其成本。当估计的可靠度仅稍微高于最小可接受值时,则必须进行紧急的修补,或更糟糕的,进行重建,这种措施同样也会增加成本，随着可能在下一年进行维修（见图 10.6），这也并不是最理想的中期解决方案。可以用类似于之前在第 2 章中讨论过的方法的框架（见如 Stewart，1998；Frangopol 的有关概述，1998）来解决可能进行的措施与由于失效概率上升引起的相关成本之间的平衡问题。任何一种情况下，相关优化准则都是使期望现值成本达到最小。

公平来说，考虑公共工程筹集机制和在私营部门中一般缺少长期承诺，生命周期决策理论对正常的工程实践来说并不是必要的。

10.7　结　　论

本章讨论了有关现有结构概率可靠性评估的主要问题。设计新结构时，只要结构能够实际实现，对于设计者所而言，许多不确定性已经不再是一个难题。然而，在做评估时，很多其他不确定性可能出现，特别是那些对初始结构有用的可能已丢失的数据。这种情况下，诸如加固的数量、范围和细节等都是很重要的，例如，伴随着高不确定性，在现场测量的情况下必须推断出来。因此，对于安全和可靠性评估而言是有害处的。拥有者、顾问和地方政府保持足够的记录是很重要的，特别是对于那些重复使用或者延长寿命的结构来说。

最后应注意的是，在这里讨论的决策准则方法是作为其他的考虑的补充出现的，包括当加强现有建筑和结构时，可能需要进行遗产价值保留，对结构进行工程改进中保持建筑的完整性。

附录A

概率论综述

A.1 概　　率

概率可以看作是对随机事件发生的可能性的一种数值度量方法。所有可能发生事件的全集必须已知。

确定一个事件发生的概率基于以下几个方面：

(1) 掌握事件发生的重要机理的事前假设。

(2) 从以往信息中得到经验观察的频数。

(3) 直觉或主观假定。

一个事件 E 关于事件 X 的条件概率表示为 $P(E|X)$，其中 P 表示为概率算子，$|X$表示为服从于事件 X 的条件，在确定 $P(E|X)$ 之前需知道事件 X 发生的概率。因此，任何概率的计算都依赖于全面信息的获取。从这一点可以看出，所有概率都是条件概率，在很多情况下 $P(E|X)$ 简单地表示为 $P(E)$，它的基本性质可以事先了解。

A.2 概率的数学基础

A.2.1 公理化体系

(1) 事件 E 的概率为非负实数：$0 \leqslant P(E) \leqslant 1$。

(2) 必然事件 C 的概率为 $P(C)=1$，因此，一个不可能事件的概率等于 0。

(3) 可加性：两个事件 E_1, E_2 同时发生的概率为：

$$P(E_1 \cup E_2)=P(E_1)+P(E_2)-P(E_1 \cap E_2) \tag{A.1}$$

特别地，若两个事件 E_1, E_2 相互独立，则

$$P(E_1 \cup E_2)=P(E_1)+P(E_2) \tag{A.2}$$

A.2.2 推导结果

（4）乘法法则：事件 E_1 与事件 E_2 同时发生的概率为

$$P(E_1 \cap E_2) = P(E_1 \mid E_2)P(E_2) \tag{A.3}$$

如果事件 E_1 与事件 E_2 是相互独立的，则有

$$P(E_1 \mid E_2) = P(E_1)\text{，并且 } P(E_1 \cap E_2) = P(E_1)P(E_2) \tag{A.4}$$

这也是独立事件的定义。

（5）如果用 $\overline{E}$ 表示 E 的对立事件，则有 $P(E \cup \overline{E}) = P(E) + P(\overline{E}) = P(C) = 1$，因此

$$P(\overline{E}) = 1 - P(E) \tag{A.5}$$

（6）条件概率公式：从式（A.3）可以直接求出：

$$P(E_1 \mid E_2) = \frac{P(E_1 \cap E_2)}{P(E_2)} \tag{A.3a}$$

（7）全概率公式：根据乘法法则，可得给定事件 $E_i(i=1,2,\cdots,n)$ 是相互独立的，且为 Ω 的分割，即 $\Omega = \bigcup\limits_{i=1} E_i$，则

$$\begin{aligned} P(A) &= \sum_{j=1}^{n} P(A \mid E_j)P(E_j) \\ &= P(A \mid E_1)P(E_1) + P(A \mid E_2)P(E_2) + \cdots + P(A \mid E_n)P(E_n) \end{aligned} \tag{A.6}$$

（8）Bays 理论。根据乘法法则，可得给定事件 E_i 与事件 A 同时发生的概率为

$$P(A \cap E_i) = P(A \mid E_i)P(E_i) = P(E_i \mid A)P(A)$$

即

$$P(E_i \mid A) = \frac{P(A \mid E_i)}{P(A)}$$

另外，$P(A)$ 可以由全概率公式得到：

$$P(E_i \mid A) = \frac{P(A \mid E_i)P(E_i)}{\sum\limits_{j=1}^{n} P(A \mid E_j)P(E_j)} = \frac{P(A \mid E_i)P(E_i)}{P(A)} \tag{A.7}$$

A.3 随机变量的描述

下面，仅考虑连续随机变量，对于离散随机变量，期望值可以类似将积分换成求和，随机变量 X 取值小于等于 x 的概率为

$$P(\boldsymbol{X} \leqslant x) \equiv F_X(x) = \int_{-\infty}^{z} f_x(\varepsilon)\,\mathrm{d}\varepsilon \tag{A.8}$$

其中 $F_X(x)$ 定义成 x 的累积分布函数,$f_x(x)$ 为概率密度函数。显然,$f_x(x)=\mathrm{d}F(x)/\mathrm{d}x$;因此,$f_x(x)$ 不是一个概率,只是一个局部导数。$f_x(x)$ 和 $F_X(x)$ 的一个特殊情况在 4.5 节中被讨论。任何函数满足 $F_X(-\infty)=0, F_X(+\infty)=1.0$, $F_X(x)\geqslant 0, f_x(x)\geqslant 0$,因此,导数 $f_x(x)=\mathrm{d}F_X(x)/\mathrm{d}x$ 存在。是可能的累积分布函数。但在实际中,只会关注有限集合。

通过式(A.8)的直接推导,

$$P(a < X \leqslant b) = \int_{-\infty}^{b} f_X(x)\,\mathrm{d}x - \int_{-\infty}^{a} f_X(x)\,\mathrm{d}x = F_X(b) - F_X(a) \tag{A.9}$$

任何一个分布都可以被一系列推导的性质描述,一般称之为“矩”,与分布函数和密度函数无关。同时,对于离散函数,概率密度函数由分布列 p_X 来刻画。

A.4 随机变量的矩

A.4.1 均值或期望值(一阶矩)

随机变量的“权重平均值”取值如下:

$$E[X] \equiv \mu_X = \int_{-\infty}^{\infty} x f_X(x)\,\mathrm{d}x = \sum_i x_i p_X(x_i) \tag{A.10}$$

式(A.10)中前面的积分形式为连续变量形式,而后面求和形式为离散变量形式。这两种形式都称为随机变量的一阶矩,因为它都表示为概率密度函数关于中心点的距离。

其他中心趋势度量指标为“模式”,它表示最可能概率值,即它的分布列 p_X 或密度函数 f_X 大于等于分布的中位数,$F_X(x)=0.5$,上下值基本上相等。

A.4.2 方差和标准差(二阶矩)

随机变量的方差定义为偏离均值的随机性:

$$E\,(X-\mu_X)^2 = \mathrm{var}(X) = \int_{-\infty}^{\infty} (x-\mu_X) f_X(x)\,\mathrm{d}x \tag{A.11a}$$

或

$$\begin{aligned} &= \sum_i (x_i - \mu_X)^2 p_X(x_i) \\ &= E(X^2) - (\mu_X)^2 \end{aligned} \tag{A.11b}$$

其中离散随机变量的方差由求和形式给出。最后一个表达式对于离散、随

机变量均适用。它的标准差形式为

$$\sigma_X = [\operatorname{var}(X)]^{\frac{1}{2}} \tag{A.12}$$

变异系数定义为

$$V_X = \frac{\sigma_X}{\mu_X} \tag{A.13}$$

A.4.3　均值偏差的界

对于离散或连续随机变量存在均值和标准差的一种关系，由 Bienayme 和 Chebychev 推导得到，对于任意一个随机变量，其均值和标准差之间有如下关系：

$$P\{|X-\mu_X| \geqslant k\sigma_X\} \leqslant \frac{1}{k^2} \tag{A.14}$$

式中：$k>0$ 为一个实数，式(A.14)对均值偏离标准差的偏离程度给出了一个上界。有时将右端替换为$\frac{1}{2.25k^2}$，其被称为 Camp-Meidall 不等式。

A.4.4　偏斜度 γ_1(三阶矩)

偏斜度或不具有对称性分布一般由均值的三阶矩给出：

$$\begin{aligned} E(X-\mu_X)^3 &= \int_{-\infty}^{\infty} (x-\mu_X)^3 f_X(x)\,\mathrm{d}x \\ \text{或} \quad &= \sum_i (x_i-\mu_X)^3 p_X(x_i) \end{aligned} \tag{A.15}$$

若密度函数在 $X \geqslant \mu_X$ 的集中程度要比 $X<\mu_X$ 强，则有 $E(X-\mu_X)^3$ 取正值。$E(X-\mu_X)^3$ 的符号和大小决定了偏离度的符号和大小：

$$\gamma_1 = \frac{E(X-\mu_X)^3}{\sigma_X^3}$$

取正值的偏斜度意味着分布截尾在正方向有较长的尾线。

A.4.5　峰度系数 γ_2(四阶矩)

分布的平滑程度由下面四阶中心距给出：

$$\begin{aligned} E(X-\mu_X)^4 &= \int_{-\infty}^{\infty} (x-\mu_X)^4 f_X(x)\,\mathrm{d}x \\ \text{或} \quad &= \sum_i (x_i-\mu_X)^4 p_X(x) \end{aligned} \tag{A.16}$$

峰度系数定义为如下形式：

$$\gamma_2=\frac{E\ (X-\mu_4)^4}{\sigma_X^4}$$

正态分布的 $\gamma_2=3.0$，这一参数经常用在大样本下统计推断。

A.4.6 高阶矩

一个系统的产生矩的方法是利用“矩生成函数”。一般地，概率密度函数所有矩构成的集合会清晰地描述这一函数。每一类矩都表示可以对其进行近似求解。对于一些特定的概率密度函数，矩的极限集合可以完全描述这一函数。因此，对于正态或高斯分布，它完全可以描述其前两阶矩。

A.5 常用的单变量概率分布函数

A.5.1 二项分布 $B(n,p)$

二项分布给出了在 n 次试验，其概率分布列由下式给出：

$$P(X=x)=p_X(x)=\binom{n}{x}p^x\ (1-p)^{1-x},\quad x=0,1,2,\cdots,n \tag{A.17}$$

和累计概率分布函数为

$$P(X\leqslant x)=F_X(x)=\sum_{y}^{x}\binom{n}{y}p^y\ (1-p)^{n-y},\quad x=0,1,2,\cdots,n \tag{A.18}$$

其中

$$\binom{n}{x}=\frac{n!}{x!(n-x)!} \tag{A.19}$$

为二项分布系数，系数中 n 表示独立事件的次数，而 p 表示为每次试验事件发生的概率。

它的矩有如下形式：

$$E(X)=\mu_X=np \tag{A.20}$$

$$\mathrm{var}(X)=\sigma_X^2=np(1-p) \tag{A.21}$$

二项分布一般适用于每次试验只具有两个试验结果，每个试验结果 p 和 $1-p$。一个有用的性质是：

$$B(n_1,p)+B(n_2,p)=B(n_1+n_2,p) \tag{A.22}$$

在多种离散输出条件下，一般应用多项分布用来解决此问题。

A.5.2 几何分布 $G(p)$

基于“事件在前 $n-1$ 次试验的结果都没发生，而在第 n 次试验发生”这一条件，计算此事件发生的概率为几何分布，它的概率分布列和累积分布函数为

$$P(N=n)=p_N(n)=(1-p)^{n-1}p,\quad n=1,2,\cdots \tag{A.23}$$

$$P(N\leqslant n)=F_N(n)=\sum_{i=1}^{n}(1-p)^{i-1}p=1-(1-p)^n \tag{A.24}$$

参数 n 表示独立试验的次数，而参数 p 表示试验发生的概率。它的矩为

$$E(N)=\mu_N=\frac{1}{p} \tag{A.25}$$

$$\mathrm{var}(N)=\sigma_N^2=\frac{1-p}{p^2} \tag{A.26}$$

实际中，几何分布的特殊情况是二项分布。它假定各个试验之间是相互独立的，另外，对不放回抽样这类情况，对应分布称之为超几何分布。

A.5.3 负二项分布 $NB(k,p)$

负二项分布给出了在 t 次试验中事件第 k 次成功发生的概率，它的概率分布列为

$$p(T=t)=p_T(t)=\binom{t-1}{k-1}(1-p)^{t-k}p^k,\quad t=k,k+1,\cdots \tag{A.27}$$

式中：参数 k 表示事件成功发生的次数；概率 p 为每次试验中事件成功发生的概率；参数 t 为第 k 次事件成功发生时所需的试验次数。它的矩有如下形式：

$$E(T)=\mu_T=\frac{k}{p} \tag{A.28}$$

$$\mathrm{var}(T)=\sigma_T^2=\frac{k(1-p)}{p^2} \tag{A.29}$$

试验数可以解释为试验单元，也存在其他形式。

A.5.4 泊松分布 $PN(vt)$

在已知事件发生的平均率条件下，泊松分布给出了在给定时间 t 内事件发生的次数 X_t 的概率分布。它的概率分布形式和累计分布为

$$P(X_t=x)=p_X(x)=\frac{(vt)^x}{x!}\mathrm{e}^{-vt} \tag{A.30}$$

$$P(X_t\leqslant x)=F_X(x)=\sum_{r=0}^{x}\frac{(vt)^r}{r!}\mathrm{e}^{-vt} \tag{A.31}$$

其中的参数是平均事件发生率 v，时间或空间区间 t，在时间 t 内事件平均

发生数 λ,在时间 t 内事件发生数 X_t,它的矩有如下形式:

$$E(X)=\mu_X=vt \tag{A.32}$$

$$\mathrm{var}(X)=\sigma_X^2=vt \tag{A.33}$$

在 $n\to\infty$ 时,并且 p 足够小,将二项分布中的试验次数替换为时间区间,则二项分布可以近似表示为泊松分布。它的关系表达式有:$n\to\infty$,$p\to 0$,它的关系式为 $np=vt$。在实际应用中,对于 $p<0.10$,令 $n=50$ 或者对于 $p<0.05$,令 $n=100$。泊松分布不仅可以应用到适用的领域上,而且可以近似计算二项分布。当事件相互独立时,泊松分布可以构造为泊松过程。注意$\dfrac{(vt)^0}{0!}=1$。同时,泊松分布具有如下性质:

$$PN(\lambda_1)+PN(\lambda_2)=PN(\lambda_1+\lambda_2) \tag{A.34}$$

A.5.5 指数分布 $EX(v)$

通过泊松过程,指数分布一个事件第一次发生时的所处时刻的概率,它的概率密度函数和它的累积分布函数分别为

$$P(T=t)=f_T(t)=v\mathrm{e}^{-vt},\quad t\geqslant 0 \tag{A.35}$$

$$P(T\leqslant t)=F_T(t)=1-\mathrm{e}^{-vt},\quad t\geqslant 0 \tag{A.36}$$

因此,

$$P(T\geqslant t)=\mathrm{e}^{-vt}$$

事实上,指数分布参数有平均发生率 v 和时空区间 t,它的矩为

$$E(T)=\mu_X=\frac{1}{v}=\overline{\Delta t} \tag{A.37}$$

$$\mathrm{var}(T)=\sigma_r^2=\left(\frac{1}{v}\right)^2=(\overline{\Delta t})^2 \tag{A.38}$$

式中:$\overline{\Delta t}$为平均时间到达率(或平均寿命)。

指数分布是一类连续分布,因为泊松过程是逐点定义的,从开始时间开始计算,时间 T 可以称为“到达内点时间”,因此看成是指数分布。

A.5.6 伽马分布 $GM(k,v)$

对一个事件通过泊松分布事件,伽马(Gamma)分布给出了在给定的时间 t 内第 k 次发生时间 T 的分布形式,当其中的 k 非整数时,分布会变成广义形式,概率密度函数(图 A.1)和累积分布函数分别为

$$P(T=t)=f_T(t)=\frac{v\,(vt)^{k-1}}{\Gamma(k)}\mathrm{e}^{-vt},\quad t\geqslant 0 \tag{A.39}$$

$$P(T<t)=F_T(t)=1-\sum_{x=0}^{k-1}\frac{(vt)^x}{x!}\mathrm{e}^{-vt},\quad t\geqslant 0,k\text{ 取正整数} \tag{A.40a}$$

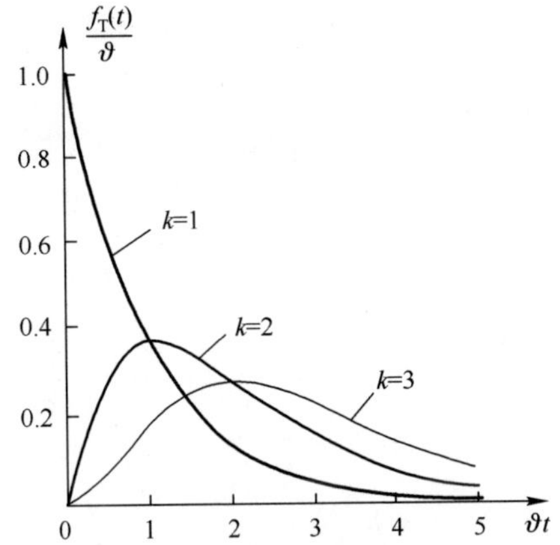

图 A.1 伽马概率密度函数

$$=\frac{\Gamma(k,vt)}{\Gamma(k)},\quad t\geqslant 0,k\text{ 为任意整数} \tag{A.40b}$$

其中,

$$\Gamma(k)\int_0^\infty e^{-u}u^{k-1}du=(k-1)!,\ k\text{ 为正整数} \tag{A.41}$$

并且

$$\Gamma(k,x)=\int_0^\infty e^{-u}u^{k-1}du \tag{A.42}$$

其中的参数由平均发生率 v 和时空区间 t。它的矩为

$$E(T)=\mu_T=\frac{k}{v} \tag{A.43}$$

$$\mathrm{var}(T)=\sigma_T^2=\frac{k}{v^2} \tag{A.44}$$

$$\gamma_1=\frac{E\ (T-\mu_T)^3}{\sigma_T^3}=2k^{-\frac{1}{2}}(\text{偏斜系数}) \tag{A.45}$$

伽马分布 $\Gamma(k)$ 可以推广为非整数的情形,称为“非完全的分布函数”。对于 k 为整数时,这一分布被称为欧拉分布,它是二项分布的连续情形。

伽马分布含有一个有用的性质,如果 X_i 服从 $GM(k_i,v)$ 分布,那么有

$$\sum_i^m X_i=GM\left(\sum_i^m k_i,v\right) \tag{A.46}$$

A.5.7 正态分布 $N(\mu,\sigma^2)$①

正态分布是一个应用比较广泛的分布,特别是在其他分布应用受到限制的

① 原书分布有误。——译者注*

条件下。它对一些物理过程和特性描述得合理准确。它的概率密度函数(图 A.2) 和它的累积分布函数为

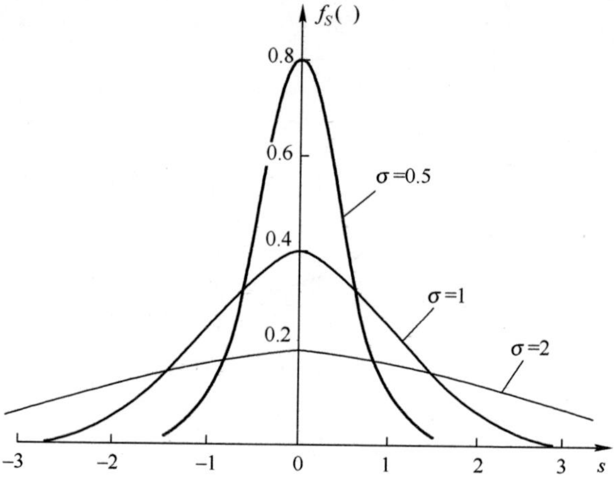

图 A.2　正态概率密度函数

$$f_X(x)=\frac{1}{(2\pi)^{\frac{1}{2}}\sigma_X}\exp\left[-\frac{1}{2}\left(\frac{x-\mu_X}{\sigma_X}\right)^2\right]\quad(-\infty\leqslant x\leqslant\infty)\tag{A.47}$$

$$P(X\leqslant x)=F_X(x)=\frac{1}{(2\pi)^{\frac{1}{2}}}\int_{-\infty}^{s}\mathrm{e}^{-\frac{1}{2}v^2}\mathrm{d}v\tag{A.48}$$

式中:$s=\frac{(x-\mu_X)}{\sigma_X}$,这不是分布函数 $F_X(x)$ 的简单表达,因此这里很有很多近似形式。其中的参数主要有均值和方差:

$$E(x)=\mu_X\tag{A.49}$$

$$\mathrm{var}(X)=E(x-\mu_X)^2=\sigma_X^2\tag{A.50}$$

$$E(x-\mu_X)^3=0(\text{无偏斜})\tag{A.51}$$

$$\frac{E(x-\mu_X)^4}{\sigma_X^4}=3(\text{峰态系数})\tag{A.52}$$

标准正态分布 $N(0,1)$ 的概率密度函数和它的累积分布函数列在附录 D 中。它的变化率为 $s=\frac{(x-\mu_X)}{\sigma_X}$,分布函数经常用 $\Phi(s)$ 来表示,而它的概率密度函数常用 $\phi(s)$ 表示,注意到,如果 X 服从分布 $N(\mu_X,\sigma_X^2)$,那么有

$$f_X(x)=\frac{1}{\sigma_X}\phi\left(\frac{x-\mu_X}{\sigma_X}\right),\ F_X(x)=\Phi\left(\frac{x-\mu_X}{\sigma_X}\right)$$

正态分布具有下列性质:

$$\Phi(-s)=1-\Phi(s) \tag{A.53}$$

$$s=\Phi^{-1}(p)=-\Phi^{-1}(1-p) \tag{A.54}$$

$$P(a<x\leqslant b)=\Phi\left(\frac{b-\mu_X}{\sigma_X}\right)-\Phi\left(\frac{a-\mu_X}{\sigma_X}\right) \tag{A.55}$$

如果 $Y=\sum_i X_i$，其中 X_i 是相互独立的正态分布：

$$\mu_X=\sum_i \mu_{X_i} \tag{A.56}$$

$$\sigma_Y^2=\sum \sigma_{X_i}^2 \tag{A.57}$$

近似表达式为

(1)
$$\Phi(-\beta)=\frac{1}{\beta\,(2\pi)^{\frac{1}{2}}}\mathrm{e}^{-\frac{1}{2}\beta^2} \tag{A.58}$$

(2)
$$\Phi(s)=P(S\leqslant s)=1-\frac{1}{(2\pi)^{\frac{1}{2}}}\mathrm{e}^{-\frac{1}{2}s^2}\left[\sum_{i=1}^{5}b_it^2+\varepsilon(s)\right] \tag{A.59a}$$

式中：$t=(1+0.2316419s)^{-1}$，并且其中常数为 $b_i(i=1,2,\cdots,5)$：(0.319381530；0.3565673；1.781477937；1.821255978；1.330274429)。其中误差为 $|\varepsilon(s)|<7.5\times10^{-8}$。

(3)
$$\Phi(s)=P(S\leqslant s)=1-0.5\left(1+\sum_{i=1}^{6}d_ix^i\right)^{-16}+\varepsilon(s) \tag{A.59b}$$

式中：常数为 $d_i(i=1,2,\cdots,6)$：(0.0498673470；0.0211410061；0.0032776263；3.80036×10^{-5} 4.88906×10^{-5}，4.88906×10^{-5}，0.53830×10^{-5})。其中误差为 $|\varepsilon(s)|<1.5\times10^{-8}$。

(4)
$$\Phi(-\beta)=\left[\frac{\beta}{1+\beta^2}+\left(\sum_{i=0}^{5}a_i\beta^i\right)^{-1}\right]\phi(\beta)+\varepsilon(\beta),\quad \beta\geqslant 1 \tag{A.59c}$$

式中：$a=\left(\frac{2}{\pi}\right)^{\frac{1}{2}}$ 和常数 $a_i(i=1,\cdots,5)$ 有如下特征值：(1.560；1.775；0.584；0.427)。其中误差为 $|\varepsilon(\beta)|<5\times10^{-5}$。

A.5.8 中心极限定理

这一定理阐述了大量随机变量之和的分布逼近于正态分布，并且不考虑这些随机变量的分布类型。

A.5.9 对数正态分布 $LN(\lambda,\varepsilon)$

这类分布中，随机变量的对数是正态分布，而不是这个随机变量本身。它的概率密度函数（图 A.3）和累积分布函数是：

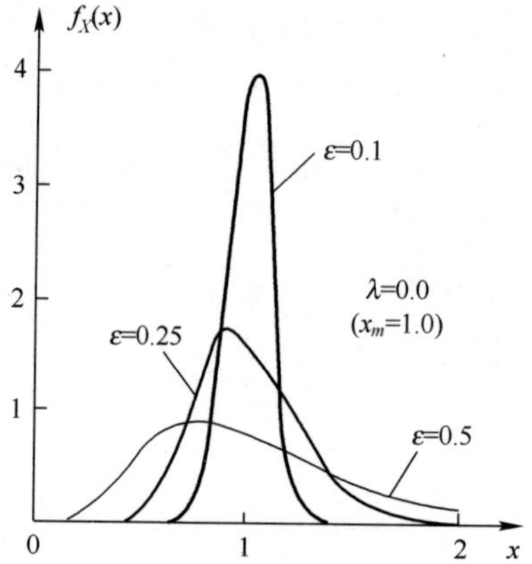

图 A.3　对数正态概率密度函数

$$f_X(x)=\frac{1}{(2\pi)^{\frac{1}{2}}x\varepsilon}\exp\left[-\frac{1}{2}\left(\frac{\ln x-\lambda}{\varepsilon}\right)^2\right]\quad(0\leqslant x<\infty)\tag{A.60}$$

$$F_X(x)=\int_{-\infty}^{x}f_X(u)\,\mathrm{d}u=\Phi\left(\frac{\ln x-\lambda}{\varepsilon}\right)\quad(非显形式)\tag{A.61}$$

其中的参数为

$$\lambda=E(\ln x)=均值\ \ln(X)=\mu_{\ln x}\tag{A.61a}$$

$$\varepsilon^2=\mathrm{var}(\ln x)\sigma_{\ln X}^2\tag{A.61b}$$

这个矩表示为

$$E(X)=\mu_X=\exp\left(\lambda+\frac{1}{2}\varepsilon^2\right)\tag{A.62}$$

$$\mathrm{var}(X)=\sigma_X^2=\mu_X^2[\exp(\varepsilon^2)-1]\tag{A.63}$$

当 X 是对数正态分布时,利用式(A.61)可以通过标准正态分布表来计算概率值。

$$P(a<x\leqslant b)=\Phi\left(\frac{\ln b-\lambda}{\varepsilon}\right)-\Phi\left(\frac{\ln a-\lambda}{\varepsilon}\right)\tag{A.64}$$

这个对数正太分布具有如下有用的性质:

(1) 从式(A.62)可以得到

$$\lambda=\mu_{\ln X}-\frac{1}{2}\varepsilon^2$$

或

$$\lambda=\ln X_m=\ln\left[\frac{\mu_X}{(1+V_X^2)^{\frac{1}{2}}}\right]$$

或

$$x_m=\mu_X\exp\left(\frac{1}{2}\varepsilon^2\right)$$

式中：x_m 指的是 x 的中位数，即定义为 $P(X \leqslant x_m) = 0.5$。

（2）从式(A.63)可以得到，V_X 可以定义为方差的系数：

$$\varepsilon^2 = \sigma_{\ln X}^2 = \ln\left(1+\frac{\sigma_X^2}{\mu_X^2}\right) = \ln(1+V_X^2) \approx V_X^2 \quad (V \leqslant 0.3)$$

（3）另一方面：

$$x_m = \frac{\mu_X}{(1+V_X^2)^{\frac{1}{2}}} \quad 从而有\ x_m \leqslant \mu_X$$

（4）如果 $Y = \prod_{i=1}^{n} X_i$，X_i 是对数正态分布 $LN(\lambda_i, \varepsilon_i)$，则有

$$\mu_{\ln Y} = \sum_{i=1}^{n} \mu_{\ln X_i} \quad 或 \quad y_m = \prod_{i=1}^{n} x_{m_i} \quad 或 \quad \sigma_{\ln Y}^2 = \sum_{i=1}^{n} \sigma_{\ln X_i}^2 \tag{A.65}$$

由于正态分布和对数正态分布的关系，中心极限定理应用到对数正态分布说明了大量随机变量之积的概率分布逼近于对数正态分布，随机变量不同的分布参数对其不受影响。

A.5.10 贝塔分布 $BT(a,b,q,r)$

尽管贝塔(Beta)分布由实际的物理过程产生，它在获取数据信息方面有很大的灵活性，这是它的主要优点，并有很多等价形式。其概率密度函数(图 A.4)为

$$f_X(x) = \frac{1}{\beta(q,r)} \frac{(x-a)^{q-1}(b-x)^{t-1}}{(b-a)^{q+r-1}} \quad (a \leqslant x \leqslant b) \tag{A.66}$$
$$= 0 \quad (其他)$$

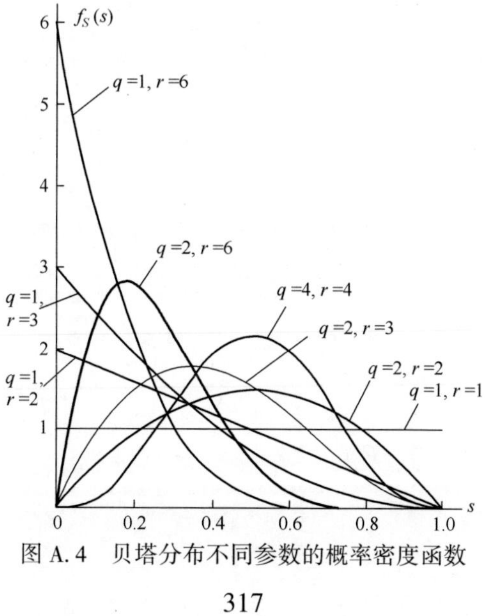

图 A.4 贝塔分布不同参数的概率密度函数

其中贝塔函数具有如下形式：

$$\beta(q,r)=\int_0^1 x^{q-1}(1-x)^{r-1}\mathrm{d}x=\frac{\Gamma(q)\Gamma(r)}{\Gamma(q+r)}$$

对任意整数 q,r：

$$=\frac{(q-1)!(r-1)!}{\Gamma(q+r)!}$$

参数 a,b 描述了一般贝塔分布的支撑区间，若 $a=0,b=1$，标准的贝塔分布具有如下形式：

$$f_S(s)=\frac{1}{\beta(q,r)}s^{q-1}(1-s)^{r-1}\quad(0<s<1)$$
$$=0,\ 其他 \tag{A.67}$$

这个累积分布函数为

$$F_S(s)=\frac{\beta_S(q,r)}{\beta(q,r)}\quad(0\leqslant s\leqslant 1) \tag{A.68}$$

其中不完整的贝塔函数有如下形式：$\beta_S(q,r)=\int_0^S y^{q-1}(1-y)^{r-1}\mathrm{d}y$。

贝塔分布前两阶矩和峰度系数为

$$E(X)=\mu_X=a+\frac{q(b-a)}{q+r} \tag{A.69}$$

$$\mathrm{var}(X)=\sigma_X^2=\frac{qr(b-a)^2}{(q+r)^2(q+r+1)} \tag{A.70}$$

$$\gamma_1=\frac{2(r-q)}{(q+r)(q+r+2)\sigma_X}(峰度系数) \tag{A.71}$$

不完全的贝塔函数率$\frac{\beta_S(q,r)}{\beta(q,r)}$可以在表中查到，如果 q,r 都是整数，$BT(0,1,q,r)$都是二项分布，并满足

$$f_S(s)=(q+r-1)p_X(x) \tag{A.72}$$

式中：$p_X(x)$为二项分布 $B(q+r-2,s)$，其中 $x=q-1$。

贝塔分布的一类特殊形式是矩形分布或均匀分布 $BT(a,b,1,1)=R(a,b)$，其中的概率密度函数和累计分布函数为如下形式：

$$f_X(x)=\frac{1}{b-a}\quad(0<x<b)$$
$$=0\quad(其他) \tag{A.73}$$

$$F_X(x)=\frac{x-a}{b-a}\quad(a<x<b)$$
$$=0\quad(x\leqslant a)$$
$$=0\quad(x\geqslant b) \tag{A.74}$$

其中矩为

$$\mu_X=\frac{(a+b)}{2},\quad \sigma_X^2=\frac{(b-a)^2}{12} \tag{A.75}$$

A.5.11 极值分布 I 型 EV-I(μ,α)

此分布是在 $n\to\infty$ 时,随机变量 X_i 的最大或最小近似分布(图 A.5)。随机变量 X_i 分布具有如下形式 $F_X(x)=1-\exp[-g(x)]$ 具有$\frac{\mathrm{d}g}{\mathrm{d}x}>0$。正态分布、伽马分布和指数分布都具有此类形式。若用随机变量 Y 表示随机变量 X_i 的最大渐近分布的随机变量,其概率密度函数和分布函数为

$$f_Y(y)=a\exp[-\alpha(y-u)-\mathrm{e}^{-\alpha(y-u)}]\quad(-\infty<y<\infty) \tag{A.76}$$

$$F_Y(y)=\exp[-\mathrm{e}^{-\alpha(y-u)}]\quad(-\infty<y<\infty) \tag{A.77}$$

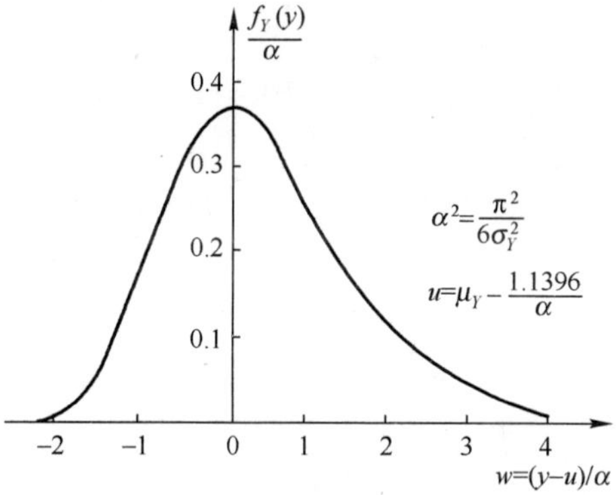

图 A.5 极值分布 I 型(Gumbel)

其中的分布参数有分布模式 u 和分布密度 α,α^{-1}有时称为分布的倾斜度。当两个参数 u 和 α 同时已知时,通过数据中获取的信息得到矩方法。这个矩是

$$E(Y)=\mu_Y=u+\frac{\gamma}{\alpha} \tag{A.78}$$

$$\mathrm{var}(Y)=\sigma_Y^2=\frac{\pi^2}{6\alpha^2} \tag{A.79}$$

$$\gamma_1=1.1396\quad(\text{峰度系数}) \tag{A.80}$$

式中:Euler 常数 $\gamma=0.5772156649$,其峰度值与 u 和 α 无关,下面几点在应用经常使用:

(1) 在实际应用中,X_i 是未必要求独立同分布的,同时,它可能很难恰当地确定 X_i 的分布,最终会收敛于对称分布。然而在重要的失效机理未知的情况下,极值分布能够较好地利用数据信息。

(2) $F_Y(y)=F[(y-u)\alpha]$分布表通常根据简约方差 $W=(Y-u)\alpha$,对于 $u=0$,$\alpha=1$ 并且 $F_W=\exp[-e^W]$。利用 y 概率密度函数和累积分布函数为

$$f_Y(y)=\alpha f_W[(y-u)\alpha] \tag{A.81}$$

$$F_Y(y)=F[(y-u)\alpha] \tag{A.82}$$

(3) 这一分布通常被称为"双指数","Gumbel"或"Fisher-Tippett 类型"分布

其他结果如下形式,独立 X_i 概率密度函数和累计分布函数具有如下形式:

$$f_{Y^S}(y^S)=\alpha\exp[\alpha(y^S-u)-e^{\alpha(y^S-u)}] \quad (-\infty<y^S<\infty) \tag{A.83}$$

$$F_{Y^S}(y^S)=1-\exp[-e^{\alpha(y^S-u)}] \quad (-\infty<y^S<\infty) \tag{A.84}$$

具有矩的形式:

$$\mu_{Y^S}=u-\frac{\gamma}{\alpha} \tag{A.85}$$

$$\sigma_{Y^S}^2=\frac{\pi^2}{6\alpha^2} \tag{A.86}$$

$$\gamma_1=-1.1396 \tag{A.87}$$

上面描述的简约变量可以用列表方式进行描述,因为 Y^S 与下面的 W 有关:

$$f_{Y^S}(y^S)=\alpha f_W[\alpha(y^S-u)-e^{\alpha(y^S-u)}] \tag{A.88}$$

$$F_{Y^S}(y^S)=1-F_W[-e^{\alpha(y^S-u)}] \tag{A.89}$$

极值分布的最小值分布相对于最大值分布应用范围较少一些,Weibell 分布(极值Ⅲ型分布)比极值分布的最小值分布应用得更广泛一些。

A.5.12 极值分布Ⅱ型 EV-Ⅱ(u,k)

此分布是在 $n\to\infty$ 时,n 个随机变量 X_i 的最大或最小近似分布(图 A.6)。这一 X_i 分布必须被建立为 $F_X(x)=1-Ax^{-k}$,$x\geqslant0$,其中 A 为常数。这一分布的特例在 $X>0$ 为 Pareto 分布和 Cauchy 分布。它的概率密度函数和累计分布函数分别为

$$f_Y(y)=\frac{k}{y}\left(\frac{u}{y}\right)^k e^{-\left(\frac{u}{y}\right)^k} \tag{A.90}$$

$$F_y(y)=e^{-\left(\frac{u}{y}\right)^k} \tag{A.91}$$

分布中的特征量 u 和分布集中程度参数 k 是这一分布的两个不同的参数。它的前两阶矩为

$$E(Y)=\mu_Y=u\Gamma\left(1-\frac{1}{k}\right) \quad (k>1) \tag{A.92}$$

$$\mathrm{var}(Y)=\sigma_Y^2=u^2\left[\Gamma\left(1-\frac{2}{k}\right)-\Gamma^2\left(1-\frac{1}{k}\right)\right] \quad (k>2) \tag{A.93}$$

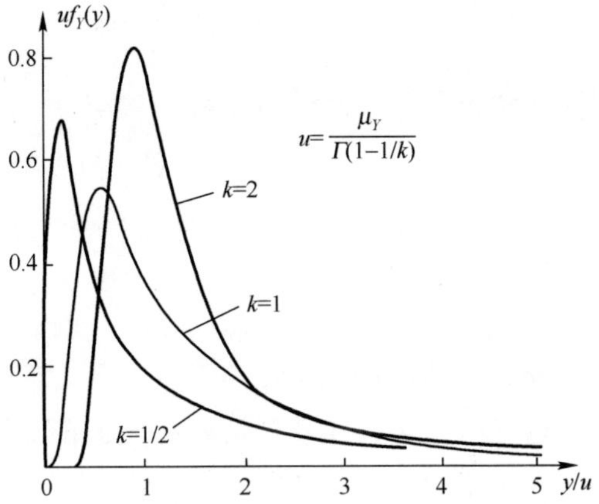

图 A.6 极值分布Ⅱ型(Frechet)

从而有

$$V_Y^2=\frac{\mu_Y^2}{\sigma_Y^2}=\frac{\Gamma\left(1-\frac{2}{k}\right)}{\Gamma^2\left(1-\frac{2}{k}\right)}-1 \tag{A.94}$$

由于阶的矩 $l>k$ 不存在,这样估计 u 和 k 变得复杂,在应用此分布时要注意下面几点:

(1) 在 $k>2$ 时,式(A.94)可以计算得到 k,并且 u 可以从式(A.92)计算得出。

(2) 具有 EV-Ⅱ(u,k)的二型分布 Y 可以变换为 Z 的 EV-Ⅱ(u,k)分布,通过变换 $Z=\ln Y$。那么

$$f_Y(y)=\frac{1}{y}f_Z(\ln y) \tag{A.95}$$

$$F_Y(y)=F_Z(\ln y) \tag{A.96}$$

$$\alpha=k \tag{A.97}$$

因此,根据简约变量 W,可以表述为如下情形:

$$f_Y(y)=\frac{k}{y}f_W[(\ln y-\ln u)k] \tag{A.98}$$

$$F_Y(y)=F_W[(\ln y-\ln u)k] \tag{A.99}$$

(3) 在 $y\geqslant 0$ 时上面的性质成立。对于更一般的结果,对于 $y\geqslant\varepsilon,\varepsilon\neq 0$,可以通过如下线性变换:$u=u-\varepsilon,y=y-\varepsilon$。

(4) 这一分布也被称为“Frechet 分布”。

(5) 最小极值分布在应用中较为广泛。

(6) 极值Ⅱ型分布与极值Ⅱ型分布相比,具有较长的迹。

A.5.13 极值分布Ⅱ型 EV-Ⅲ(ε,u,k)

在此分布是在 $n\to\infty$ 时,n 个随机变量 X_i 的最大或最小对称分布(图 A.7),其中 X_i 是一些最大值最小值的迹,并且 X_i 具有如下分布形式:

$$F_X(x)=1-A(\omega-x)^k \quad (x\leqslant\omega,k>0,A=\text{常数})$$

矩形($k=1$)的、三角($k=2$)的伽马分布($\varepsilon=0$)都具有如下形式。独立随机变量 X_i 的最大值概率密度函数和累计分布函数具有如下形式:

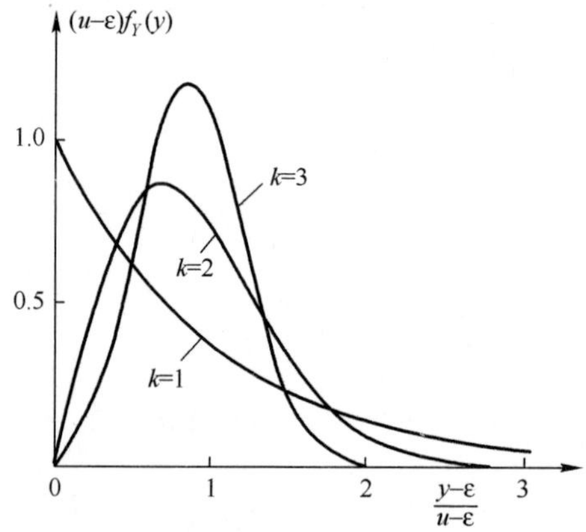

图 A.7 极值分布 III 型(Weibull)

$$f_{Y^L}(y^L)=\frac{k}{w-u}\left(\frac{w-y^L}{w-u}\right)^{k-1}F_{Y^L}(y^L) \quad (y^L\leqslant\omega) \tag{A.100}$$

$$F_{Y^L}(y^L)=\exp\left[-\left(\frac{w-y^L}{w-u}\right)^k\right] \quad (y^L\leqslant\omega) \tag{A.101}$$

实际应用最多的是许多独立随机变量 X_i 的最小值 Y 的分布。其相关的累积分布和概率密度函数分别为

$$F_Y(y)=P(Y\leqslant y)=1-P_Y(y) \quad (y\geqslant\varepsilon) \tag{A.102}$$

其中

$$P_Y(y)=\exp\left[-\left(\frac{y-\varepsilon}{u-\varepsilon}\right)^k\right] \quad (y\geqslant\varepsilon) \tag{A.103}$$

它等于一个事件 $Y\leqslant y$ 发生的概率,同时

$$f_Y(y)=\frac{\mathrm{d}F_Y(y)}{\mathrm{d}y}=\frac{k}{u-\varepsilon}\left[-\left(\frac{y-\varepsilon}{u-\varepsilon}\right)^k\right]P_Y(y) \quad (y\geqslant\varepsilon) \tag{A.104}$$

其中的参数为 X_i 的最小值,分布的特征值 u 和规模参数$\frac{1}{k}$。此分布的矩为

$$E(y)=\mu_Y=\varepsilon+(u-\varepsilon)\Gamma\left(1+\frac{1}{k}\right) \tag{A.105}$$

$$\mathrm{var}(y)=\sigma_Y^2=(u-\varepsilon)^2\left[\Gamma\left(1+\frac{2}{k}\right)-\Gamma^2\left(1+\frac{1}{k}\right)\right] \tag{A.106}$$

下面几点需要注意:

(1) 对于参数 ε、u 和 k 的估计不是直接获得的,如果初始分布事先知道并且 k 已知,则参数 ε、u 的估计可以由 μ_Y 和 σ_Y^2 参数来获得。否则,k 可以从样本峰度 u 获得,u 可以从一阶统计量估计获得。如果下极限 ε 已知或者为零,则 u 和 k 的估计可以从上面的均值和方差通过变换 $y=y-\varepsilon$ 得到,因此:

$$\mu_Y=u\Gamma\left(1+\frac{1}{k}\right)$$

$$\sigma_Y^2=u^2\left[\Gamma\left(1+\frac{2}{k}\right)-\Gamma^2\left(1+\frac{1}{k}\right)\right]$$

$$1+V_Y^2=\frac{\Gamma\left(1+\frac{2}{k}\right)}{\Gamma^2\left(1+\frac{1}{k}\right)} \text{或 } k=V_Y^{-1.09}$$

所有参数都可以由样本数据估计得到。然而,这样的过程比较繁琐。

(2) 这样的分布 $F_Y(y)$是伪对称分布。$3.2<k<3.7$。EV-III(ε,u,k)

(3) 如果 Y 是 EV-III(ε,u,k),那么 $Z=\ln(Y-\varepsilon)$是最小值的 EV-I$[\ln(y-\varepsilon),k]$。它能直接计算第三极值分布,根据简约变差 W 最大极值分布 EV-I 可以得到:

$$F_Y(y)=1-F_W\{-k[\ln(y-\varepsilon)-\ln(u-\varepsilon)]\}\quad(y\geqslant\varepsilon) \tag{A.107}$$

$$f_Y(y)=\frac{k}{y-\varepsilon}f_W\left[-k\ln\left(\frac{y-\varepsilon}{u-\varepsilon}\right)\right]\quad(y\geqslant\varepsilon) \tag{A.108}$$

(4) 分布 $P_Y(y)$称为威布尔(Weibull)分布。

(5) 如果 $\varepsilon=0$,$k=2$,分布通常称为瑞利(Rayleigh)分布:

$$f_Y(y)=\frac{y}{\sigma_Y^2}\exp\left(-\frac{y}{2\sigma_Y^2}\right) \tag{A.102a}$$

$$F_Y(y)=1-\exp\left(-\frac{y}{2\sigma_Y^2}\right) \tag{A.103a}$$

A.6 联合分布随机变量

A.6.1 联合概率分布

如果一个事件是由两个或两个以上的连续随机变量,如两个随机变量 X_1, X_2,在 X_1,X_2 给定条件下,此事件发生的概率可以由以下联合累积分布函数求得:

$$F_{X_1X_2}(x_1,x_2)=P[(X_1\leqslant x_1)\cap(X_2\leqslant x_2)]\geqslant 0$$
$$=\int_{-\infty}^{x_1}\int_{--\infty}^{x_2}f_{X_1X_2}(u,v)\,\mathrm{d}u\mathrm{d}v \tag{A.109}$$

式中:$f_{X_1X_2}(x_1,x_2)\geqslant 0$ 为联合概率密度函数,事实上,如果其偏导数存在:

$$f_{X_1X_2}(x_1,x_2)=\lim_{\delta x_1,\delta x_2\to 0}\{P[(x_1<X_1\leqslant x_1+\delta x_1)\cap(x_2<X_2\leqslant x_2+\delta x_2)]\}$$
$$=\frac{\partial^2 F_{X_1X_2}(x_1,x_2)}{\partial x_1\partial x_2} \tag{A.110}$$

同时,

$$F_{X_1X_2}(-\infty,-\infty)=0 \tag{A.111}$$
$$F_{X_1X_2}(-\infty,y)=0 \tag{A.112}$$
$$F_{X_1X_2}(\infty,y)=F_{X_2}(y) \tag{A.113}$$
$$F_{X_1X_2}(\infty,\infty)=1.0 \tag{A.114}$$

最后表达式表示为$f_{X_1X_2}(\ )$是可以表示的单元,对于离散随机变量,类似的表达可以应用。

A.6.2 条件概率分布

如果概率满足$(x_1<X_1\leqslant x_1+\delta x_1)$是 X_2 的函数,它可以写为

$$\lim_{\delta x_1,\delta x_2\to 0}\{P[(x_1<X_1\leqslant x_1+\delta x_1)\mid(x_2<X_2\leqslant x_2+\delta x_2)]\}=f_{X_1\mid X_2}(X_1\mid X_2) \tag{A.115}$$

通过条件概率的定义,将f表示为有限估计区域上的概率:

$$f_{X_1\mid X_2}=\frac{f_{X_1\mid X_2}(x_1,x_2)}{f_{X_2}(x_2)} \tag{A.116}$$

如果随机变量 X_1 和随机变量 X_2 相互独立,

$$f_{X_1\mid X_2}(x_1,x_2)=f_{X_1}(x_1)f_{X_2}(x_2) \tag{A.117}$$

A.6.3 边缘概率分布

一个边缘概率密度可以由联合密度函数通过对其他变量积分得到,通过引入概率理论,借助于条件密度公式:

$$f_{X_l}(x_l)=\int_{-\infty}^{\infty}f_{X_1|X_2}(x_1,x_2)f_{X_2}(x_2)\,\mathrm{d}x_2=\int_{-\infty}^{\infty}f_{X_1|X_2}(x_1,x_2)\,\mathrm{d}x_2 \quad (\mathrm{A}.118)$$

如果随机变量 X_1 和随机变量 X_2 相互独立,条件分布和边缘分布是相同的,从而 $f_{X_1|X_2}=f_{X_1}$,$f_{X_1X_2}=f_{X_1}f_{X_2}$。一般地,$f_{X_1X_2}$、$f_{X_1|X_2}$ 和 f_{X_1} 之间的图像分析如图 A.8所示。

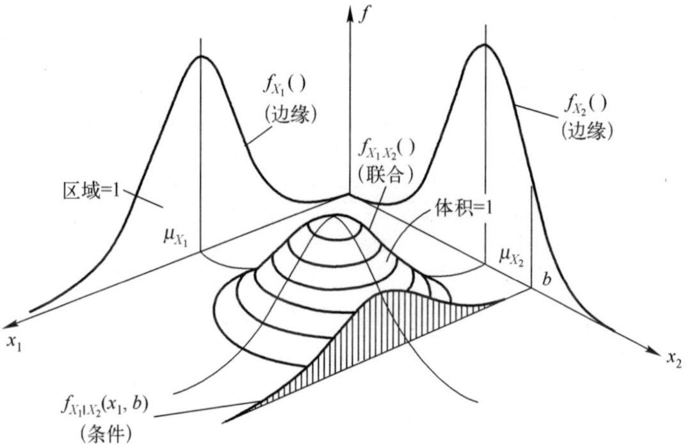

图 A.8 联合、边缘和条件概率密度函数

多维随机变量和概念由以上概念扩展得到。

A.7 联合分布随机变量的矩

矩的概念可以扩展为两个随机变量的情形,令随机变量 X_1、随机变量 X_2 表示具有联合分布随机变量。

A.7.1 均值

$$\begin{aligned}\mu_{X_1}=E(X_1)&=\int_{-\infty}^{\infty}\int_{-\infty}^{\infty}x_1f_{X_1X_2}(x_1,x_2)\,\mathrm{d}x_1\mathrm{d}x_2\\&=\int_{-\infty}^{\infty}\mu_{X_1|X_2}f_{X_2}(x_2)\,\mathrm{d}x_2\end{aligned} \quad (\mathrm{A}.119)$$

这是随机变量 X_1 的一阶矩,或等价地,在随机变量 X_2 固定条件下,式(A.119)为 X_1 均值。通过对式(A.119)第一个双重积分项的积分进行交换顺序,可以重新写为

$$\int_{-\infty}^{\infty} x_1\left[\int_{-\infty}^{\infty} f_{X_1X_2}(x_1,x_2)\,\mathrm{d}x_2\right]\mathrm{d}x_1 = \int_{-\infty}^{\infty} x_1 f_{X_1}(x_1)\,\mathrm{d}x_1 = \mu_{X_1}$$

因为上式中括号中的项是是其边缘密度函数 f_{X_1}。给定 $X_2=x_2$,X_1 的条件期望,由下列关系给出:

$$\mu_{X_1|X_2} = E(X_1 \mid X_2 = x_2) = \int_{-\infty}^{\infty} x_1 f_{X_1|X_2}(x_1 \mid x_2)\,\mathrm{d}x_1$$

A.7.2 方差

$$\operatorname{var}(X_1) = E[(X_1-\mu_{X_1})^2] = \int_{-\infty}^{\infty}\int_{-\infty}^{\infty}(x_1-\mu_{X_1})^2 f_{X_1X_2}(x_1,x_2)\,\mathrm{d}x_1 \tag{A.120}$$

$$= \int_{-\infty}^{\infty}\operatorname{var}(X_1 \mid x_2) f_{X_2}(x_2)\,\mathrm{d}x_2 = \operatorname{var}(X_1) \tag{A.121}$$

这里 X_1 的边缘方差为

$$\begin{aligned}\operatorname{var}(X_1 \mid x_2) &= \operatorname{var}(X_1 \mid X_2=x_2) = E[(X_1-\mu_{X_1|X_2}) \mid X_2=x_2] \\ &= \int_{-\infty}^{\infty}(x_1-\mu_{X_1|X_2}) f_{X_1|X_2}(x_1 \mid x_2)\,\mathrm{d}x_1\end{aligned} \tag{A.122}$$

A.7.3 协方差和相关系数

上面关于随机向量($\boldsymbol{X}_1,\boldsymbol{X}_2$)的均值和方差表达式关于 $\boldsymbol{X}_1,\boldsymbol{X}_2$ 是对称的。两个变量 X_1,X_2 的矩是两个变量之间的协方差。它与方差之间存在同样的维数:

$$\begin{aligned}\operatorname{cov}(X_1,X_2) &= E[(X_1-\mu_{X_1})(X_2-\mu_{X_2})] \\ &= \int_{-\infty}^{\infty}\int_{\infty}^{\infty}(x_1-\mu_{X_1})(x_2-\mu_{X_2}) f_{X_1X_2}(x_1,x_2)\,\mathrm{d}x_1\mathrm{d}x_2\end{aligned} \tag{A.123}$$

进一步,它的相关系数为

$$\rho_{X_1X_2} = \frac{\operatorname{cov}(X_1X_2)}{(+)[\operatorname{var}(X_1)\operatorname{var}(X_2)]^{1/2}} = \frac{\operatorname{cov}(X_1X_2)}{\sigma_{X_1}\sigma_{X_2}} \quad (-1 \leqslant \rho \leqslant 1) \tag{A.124}$$

它表示的是两个随机变量之间的一个线性相关性的度量。如果 $\rho_{X_1X_2}=0$,它由此可以推出 X_1,X_2 不是线性相关的,可能有其他的(非线性)相关性。关于 ρ 表示的意义由图 A.9 给出。高阶矩也可以给出,但在实际中这些很少用到。

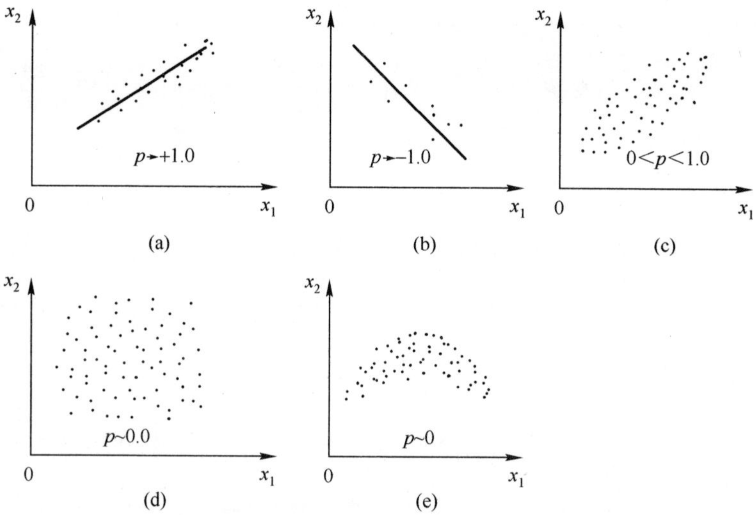

图 A. 9　相关系数 ρ 函数与两变量之间的线性相关

A. 8　二维正态分布

二维正态分布描述了两个随机变量相互作用的行为，其边缘分布均为正态分布。它的概率密度函数为

$$f_{X_1X_2}(x_1,x_2,\rho)=\frac{1}{2\pi\sigma_{X_1}\sigma_{X_2}(1-\rho^2)^{1/2}}\exp\left[\frac{-\frac{1}{2}(h+k-2\rho hk)}{(1-\rho^2)}\right] \quad (A.125)$$

式中：$-\infty<x_i<\infty$，$i=1,2$；$h=\dfrac{x_1-\mu_{X_1}}{\sigma_{X_1}}$；$k=\dfrac{(x_2-\mu_{X_2})}{\sigma_{X_2}}$。它的标准形式是均值为零和标准方差是

$$\phi_2(h,k,\rho)=\frac{1}{2\pi(1-\rho^2)^{1/2}}\exp\left[\frac{-\frac{1}{2}(h+k-2\rho hk)}{(1-\rho^2)}\right] \quad (-\infty<(h,k)<\infty)$$

(A. 126)

式中：h,k 像如上定义；$f_{X_1X_2}(x_1,x_2,\rho)=\dfrac{1}{\sigma_{X_1}\sigma_{X_2}}\phi_2(h,k,\rho)$。

它不是累积分布的显形式：

$$F_{X_1X_2}(x_1,x_2,\rho)=\int_{-\infty}^{x_1}\int_{-\infty}^{x_2}f_{X_1X_2}(u,v,\rho)\mathrm{d}u\mathrm{d}v \quad (A.127)$$

然而,其可以从 $\Phi_2(h,k,\rho)$ 的标准正态分布表中查找得到:

$$F_{X_1X_2}(x_1,x_2,\rho)=\Phi_2(h,k,\rho)=\int_{-\infty}^{h}\int_{-\infty}^{k}\phi_2(u,v,\rho)\mathrm{d}u\mathrm{d}v$$

其中参数有(μ_{X_1},μ_{X_2}),方差为$(\sigma_{X_1}^2,\sigma_{X_2}^2)$,相关系数为$\rho=\rho_{X_1X_2}$。

条件矩(条件期望)为

$$E(X_2\mid X_1=x_1)=\mu_{X_2\mid X_1}=\mu_{X_2}+\rho\frac{\sigma_{X_2}}{\sigma_{X_1}}(x_1-\mu_{X_1}) \tag{A.128}$$

它也被称为 X_2 关于 X_1 的回归函数:

$$\mathrm{var}(X_2\mid X_1=x_1)=\sigma_{X_2\mid X_1}^2=\sigma_{X_2}^2(1-\rho^2) \tag{A.129}$$

$$\mathrm{cov}(X_1,X_2)=\rho\sigma_{X_1}\sigma_{X_2} \tag{A.130}$$

式中:μ_{X_2}为边缘均值;$\sigma_{X_2}^2$为边缘方差,其中都由边缘密度函数来定义。

$$f_{X_1}(x_1)=\int_{-\infty}^{+\infty}f_{X_1X_2}(x_1,x_2)\mathrm{d}x_1 \quad (i=1,2) \tag{A.131}$$

$$=\frac{1}{(2\pi)^{1/2}\sigma_{X_i}}\exp\left[-\frac{1}{2}\left(\frac{x_i-\mu_{X_i}}{\sigma_{X_i}}\right)^2\right] \tag{A.132}$$

双正态分布具有如有下性质:

(1) 边缘分布均为正态分布,然而此论断的逆不一定成立;如果$f_{X_1}(x_1)$和$f_{X_2}(x_2)$是正态分布,但联合密度函数$f_{X_1X_2}(x_1,x_2)$不一定是双正态分布的。

(2) 如果$\rho=0$,即是 X_1 和 X_2 不相关的随机变量,它们之间仍然是相互独立的。从而,$f_{X_1X_2}(x_1,x_2)=f_{X_1}(x_1)f_{X_2}(x_2)$,其中$f_{X_i}(x_i)$是正态分布。

(3) 一个通用的表达式用来计算双正太分布:

$$L(h,k,\rho)=\frac{1}{2\pi\ (1-\rho^2)^{1/2}}\int_h^{\infty}\int_k^{\infty}\exp\left[\frac{-\frac{1}{2}(u^2+v^2-2\rho uv)}{(1-\rho^2)}\right]\mathrm{d}u\mathrm{d}v$$

它具有如下性质:

① 性质:

$$L(h,k,\rho)=L(k,h,\rho) \tag{A.133}$$

② $$L(h,k,0)=\frac{1}{4}[1-\alpha(h)][1-\alpha(k)]=[1-\Phi(h)][1-\Phi(k)] \tag{A.134}$$

③ $$\begin{aligned}L(h,k,-1)&=0,\text{当 } h+k\geqslant 0\\&=1-\Phi(h)-\Phi(k),\quad \text{当 } h+k\leqslant 0\end{aligned} \tag{A.135}$$

④ $$L(h,k,1)=\frac{1}{2}[1-\alpha(t)],\text{其中 } t=\max[h,k]\geqslant 0 \tag{A.136}$$

⑤ $$L(-h,k,\rho)=-L(h,k,-\rho)+\frac{1}{2}[1-\alpha(h)] \tag{A.137}$$

⑥ $$L(-h,-k,\rho)=L(h,k,\rho)+\frac{1}{2}[\alpha(k)+\alpha(h)]=\Phi_2(h,k,\rho) \quad (A.138)$$

⑦ $$L(0,0,\rho)=\frac{1}{4}+\frac{1}{2\pi}\arcsin\rho \quad (A.139)$$

⑧

$$L(h,k,\rho)=\frac{1}{2\pi}\int_{\arccos\rho}^{\pi}\exp\left[-\frac{1}{2}(h^2+k^2-2hk\cos\theta)\cos\sec^2\theta\right]\mathrm{d}\theta \quad (h,k\geqslant 0) \quad (A.140)$$

⑨ $$\Phi_2(h,k,\rho)=\frac{1}{2\pi}\int_0^{\rho}\frac{1}{(1-z^2)^{1/2}}\exp\left[-\frac{\frac{1}{2}(h+k-2hk)}{(1-z^2)}\right]\mathrm{d}z + \Phi(h)\Phi(k),\quad h,k\geqslant 0 \quad (A.141)$$

⑩ $$\Phi_2(h,k,\rho)=1-L(h,-\infty,\rho)-L(-\infty,k,\rho)+L(h,k,\rho) \quad (A.141a)$$

⑪ $$\alpha(v)=\frac{1}{(2\pi)^{1/2}}\int_{-v}^{v}\exp\left(-\frac{1}{2}t^2\right)\mathrm{d}t \quad (A.141b)$$

⑫ $$\alpha(v)=\frac{1}{(2\pi)^{1/2}}\int_{-\infty}^{v}\exp\left(-\frac{1}{2}t^2\right)\mathrm{d}t \quad (A.141c)$$

⑬ $$\frac{1}{2}[1-\alpha(v)]=1-\Phi(v) \quad (A.141d)$$

对于$L(h,0,\rho)$,$0<h\leqslant 1,-1\leqslant\rho\leqslant 1$和$L(h,0,\rho)$,$h\geqslant 1,-1\leqslant\rho\leqslant 1$的具体系数在Abramowitz和Stegun(1966)文献中找到。根据上面的关系式可以得出,可以确定矩形区域的概率。多角形区域可以转化为多个三角形区域。根据这一性质,可以根据多个重要正态分布,将原先的变量集合转化为正交集。因为用多角变换变成三角形需要旋转和阶数变化,被变化后的变量能被用来得到要求的概率。此变换为

$$\begin{pmatrix}u\\v\end{pmatrix}=\frac{\pm 1}{(2+2\rho)^{1/2}}\left(\frac{x_1-\mu_{X_1}}{\sigma_{X_1}}\pm\frac{x_2-\mu_{X_2}}{\sigma_{X_2}}\right) \quad (A.142)$$

或另一个方法,

$$\begin{pmatrix}u\\v\end{pmatrix}=\frac{1}{(1=\rho)^{1/2}}\left(\frac{x_1-\mu_{X_1}}{\sigma_{X_1}}-\frac{\rho(x_2-\mu_{X_2})}{\sigma_{X_2}}\right)\quad \left(v=\frac{(x_2-\mu_{X_2})}{\sigma_{X_2}};\rho\neq\pm 1\right) \quad (A.143)$$

一个简单的函数定义为如下形式:

$$V(h,k)=\frac{1}{2\rho}\int_0^h\int_0^{kx/h}\exp\left[-\frac{1}{2}(x^2+y^2)\right]\mathrm{d}y\mathrm{d}x \quad (A.144)$$

可以直接利用。它表达了三个点(0,0),(h,0),(h,k)构成的三角区域。$L(h,k,\rho)$和$V(h,k)$的关系为

$$L(h,k,L)=V\left[h,\frac{k-\rho k}{(1-\rho^2)^{1/2}}\right]+V\left[k,\frac{h-\rho k}{(1-\rho^2)^{1/2}}\right]+\frac{\arcsin\rho}{2\pi}+\frac{1}{4}[1-\alpha(h)-\alpha(k)]$$

(A. 145)

式中：$\alpha(\cdot)$由上面来定义。

A. 9 随机变量变换

A. 9. 1 单一随机变量变换

如果 $Y=g(X)$ 和 $X=g^{-1}(Y)$，其中 $g(\cdot)$是一个单调函数，X 和 Y 是连续随机变量，它可以由随机变量 X 和相关随机变量 Y 的概率密度函数得到：

$$f_Y(y)=f_X(x)\left|\frac{\mathrm{d}x}{\mathrm{d}y}\right| \tag{A. 146}$$

式中：$x=g^{-1}(y)$。物理意义比较明显。在这一情形下，x 和 y 是单调增加的，式(A. 146)等价于：

$$f_Y(y)\mathrm{d}y=f_X(x)\mathrm{d}x \tag{A. 147}$$

表示无穷小区域$f_X(x)\mathrm{d}x$ 为点 x 在曲线f_X 上的区域等于相应的无穷小区域$f_y(y)\mathrm{d}y$在$(y(=g(x))$上的区域因此，在相应的概率在 $\mathrm{d}x$ 和 $\mathrm{d}y$ 在形成区域内保持不变，其中f_Y 由f_X 可以由上述方程推导得出。具体讨论可以参考文献 Bebjamin 和 Cornell(1970)。

如果 g 不是一个单调函数，上述情形在此情形不适用，因为 y(或 x)不可能取一个值。一般过程为：对每个特定问题进行调整，可以直接推导出 $F_Y(y)$ (Bebjamin and Cornell，1970)：

$$F_Y(y)\equiv P(Y\leqslant y)=P[X\ has\ a\ value\ x\ for\ which\ g(x)\leqslant y]$$
$$=\int_{R_y} f_X(x)\mathrm{d}x \tag{A. 148}$$

一种特殊的变换方法是利用蒙特卡罗方法给定 $y=F_X(x)(0\leqslant y\leqslant 1)$。如果 F_X 是可微的，则有$\dfrac{\mathrm{d}y}{\mathrm{d}x}=\dfrac{\mathrm{d}F_X(x)}{\mathrm{d}x}=f_X(x)$。因此，可以得到下式：

$$f_Y(y)=f_X\left|\frac{1}{f_X(x)}\right|\quad(0\leqslant y\leqslant 1) \tag{A. 149}$$

这是一个矩形分布，不考虑 $F_X(x)$的形式。

A. 9. 2 两个或两个以上随机变量变换

考虑两个随机变量 X_1 和 X_2，具有已知的联合密度函数$f_{X_1X_2}(x_1,x_2)$，它们可

以通过两个随机变量 Y_1 和 Y_2 通过已知函数来构造，

$$y_1=y_1(x_1,x_2),y_2=y_2(x_1,x_2)$$

同时具有唯一的逆变换：

$$x_1=x_1(y_1,y_2),x_2=x_2(y_1,y_2)$$

因此，

$$f_{Y_1Y_2}(y_1,y_2)=f_{X_1X_2}(x_1,x_2)\ |J| \tag{A.150}$$

其中雅可比(Jacobian)定义为如下：

$$\boldsymbol{J}=\begin{bmatrix}\dfrac{\partial x_1}{\partial y_1} & \dfrac{\partial x_2}{\partial y_1}\\ \dfrac{\partial x_1}{\partial y_2} & \dfrac{\partial x_2}{\partial y_2}\end{bmatrix}=\frac{\partial\ (x_1,x_2)}{\partial\ (y_1,y_2)} \tag{A.151}$$

像单一随机变量的情形一样，一个基本的量定义 $f_{X_1X_2}(x_1,x_2)\,\mathrm{d}A(x_1,x_2)$ 形式在二维变量 (x_1,x_2) 变换形式之下，其定义为 $f_{Y_1Y_2}(y_1,y_2)=\mathrm{d}A(y_1,y_2)$。

在变换的唯一性不变的前提下，上述逆变换可以扩展为多维情形。如果 J 不随着 X_i 进行微小的改变，则在局部范围内能够保持变换不变。在整个区域内保证变换可行，很难得到此结论。

A.9.3 线性和正交变换

对于线性变换，

$$y_i=\sum_{j=1,n}a_{ij}\quad (j=1,2,\cdots,n) \tag{A.152}$$

$$\boldsymbol{J}=\begin{bmatrix}a_{11} & \cdots & a_{1n}\\ \vdots & & \vdots\\ a_{n1} & \cdots & a_{nn}\end{bmatrix}=\boldsymbol{A} \tag{A.153}$$

式中：A 为变换矩阵，根据矩阵理论如果 $\boldsymbol{AA}^{\mathrm{T}}=1$（单位矩阵）；$y_i$ 为正交的。可以得到，$|\boldsymbol{J}|=|\boldsymbol{A}|=(\boldsymbol{AA}^{\mathrm{T}})^{1/2}=\pm1$（详见附录 B）。

A.10 随机变量函数

A.10.1 单一随机变量函数

如果 $Y=g(X)$，利用(A.146)和(A.147)的单调函数变换，A.9 的变换结果可以直接用，(A.148)则对应其他情况。

A.10.2 两个及以上随机变量函数

在 A.9 节结论下 Y 是可逆的并且形式是唯一的,如果 $Y=Y(X_1,X_2)$ 也可以直接按上述方法转化。令 $Y=Y_1$,并令 $Y_2=X_2$(或 X_1),它们之间是一个虚拟的关系。根据联合密度函数 $f_{Y_1Y_2}$,这个密度函数 f_Y 可以通过对 Y_2 求积分得到。通过上节的结论进行积分,则有

$$f_Y(y)=F_{Y_1}(y_1)=\int_a^b f_{Y_1Y_2}(y_1,y_2)\,\mathrm{d}y_2=\int f_{X_1X_2}(x_1,x_2)\left|\frac{\partial(x_1,x_2)}{\partial(y_1,y_2)}\right|\mathrm{d}x_2 \tag{A.154}$$

这一方法是通过应用卷积公式得到基本构成随机变量的边缘密度函数。这一积分结果可以直接推出[详见(Wadsworth and Bryan,1974)的例子]。

如果 $Y=Y(X_1,X_2)$ 和它的逆不是唯一的,则上述分析过程失效。类似于在 A.9 提出的方法,存在一个直接估计 $F_Y(y)$ 的直接方法。特别地,可以得到

$$\begin{aligned}F_Y(y)&=P(Y\leqslant y)=P[X_1,X_2\mid Y(x_1,x_2)\leqslant y]\\&=\iint_{R_y} f_{X_1X_2}(x_1,x_2)\,\mathrm{d}x_1\mathrm{d}x_2\end{aligned} \tag{A.155}$$

式中:R_y 指的是 $Y(x_1,x_2)\leqslant y$ 区域。这一积分可以直接推出结论。文献 Benjamin 和 Cornell(1970)给出了具体的例子。

A.10.3 一些特殊结果

A.10.3.1 $Y=X_1+X_2$

通过应用卷积积分公式可以得到

$$f_Y(y)=\int_{-\infty}^{\infty} f_{X_1}(x_1)f_{X_2}(y-x_1)\,\mathrm{d}x_1 \tag{A.156}$$

如果 X_1 和 X_2 是统计独立的,并且 f_{X_1} 和 f_{X_2} 是泊松分布函数,那么 f_Y 是泊松分布。相似地,伽马分布之和由前面内容给出。如果 X_1 和 X_2 是正态分布的随机变量,那么 Y 也是正态分布,其均值和方差分别为

$$\mu_Y=\mu_{X_1}+\mu_{X_2},\ \mathrm{var}(Y)=\mathrm{var}(X_1)+\mathrm{var}(X_2) \tag{A.157}$$

A.10.3.2 $Y=X_1X_2$

通过卷积公式:

$$f_Y(y)=\int_{-\infty}^{\infty}\left|\frac{1}{x_2}\right| f_{X_1X_2}\left(\frac{y}{x_2},x_2\right)\mathrm{d}x_2 \tag{A.158}$$

如果 $Y=\dfrac{X_1}{X_2}$,那么当 $\left|\dfrac{1}{x_2}\right|$ 和 $\dfrac{y}{x_2}$ 分别替换为 x_2 和 yx_2。

注意到组合随机变量的近似方法和估计组合概率密度函数可以采用基于多项式系数的指数函数来表示随机变量的概率密度函数。这一方法是将它们的组合起来得到随机变量的指数函数,从而得到它的 PDF。

A.11　随机变量函数的矩

多个模糊变量函数的联合概率密度函数一般很难获得。幸运的是,在许多实际应用的例子中一阶矩和二阶矩都存在。

对于前面章节提出来的矩可以表示为如下形式:

$$E(Y)=\int_{-\infty}^{\infty}\cdots\int_{-\infty}^{\infty}Y(x_1,x_2,\cdots,x_n)f_{X_1X_2\cdots X_n}(x_1,x_2,\cdots,x_n)\,\mathrm{d}x_1\mathrm{d}x_2\cdots\mathrm{d}x_n \tag{A.159}$$

式中:$Y(x_1,x_2,\cdots,x_n)$为矩的函数,下面给出一些常用的特殊结果。

A.11.1　线性函数

如果 $Y=\sum_{i=1}^{n}a_iX_i$,那么

$$E(Y)=\mu_Y=\sum_{i=1}^{n}a_iE(X_i)=\sum_{i=1}^{n}a_i\mu_{X_i} \tag{A.160}$$

$$E[(Y-\mu_Y)^2]=\mathrm{var}(Y)=\sum_{i=1}^{n}a_i^2\mathrm{var}(X_i)+\sum_{j\neq i}^{n}\sum_{i=1}^{n}a_ia_j\mathrm{cov}(X_i,X_j) \tag{A.161}$$

或者,更严格地,

$$\mathrm{var}(Y)=\sum_{j}^{n}\sum_{i}^{n}a_ia_j\rho_{ij}\sigma_{X_i}\sigma_{X_j} \tag{A.162}$$

其中 σ_{X_i}是 X_i 的标准差,并且 ρ_{ij}是随机变量 X_i 和 X_j 之间的相关系数,并且 $\rho_{ij}=1$。如果 X_i 是相互独立的,$\rho_{ij}=0$,如果 $i\neq j$。进一步,若函数 $Z=\sum_{i=1}^{n}b_iX_i$,则有

$$\mathrm{cov}(Y,Z)=\sum_{j}^{n}\sum_{i}^{n}a_ib_j\rho_{ij}\sigma_{X_i}\sigma_{X_j} \tag{A.163}$$

A.11.2　变量乘积形式

如果 $Y=\prod_{i=1}^{n}X_i$,那么三种情况:

(1) 如果 $n=2$,

$$E(Y)=\mu_Y=E(X_1,X_2)=E(X_1)E(X_2)+\mathrm{cov}(X_1,X_2)=\mu_{X_1}\mu_{X_2}+\rho\sigma_{X_1}\sigma_{X_2} \tag{A.164}$$

$$\mathrm{var}(Y)=\sigma_Y^2=[(\mu_{X_1}\sigma_{X_1})^2+(\mu_{X_2}\sigma_{X_2})^2+(\sigma_{X_1}\sigma_{X_2})^2](1+\rho^2) \tag{A.165}$$

式中:ρ 为随机变量 X_1 和 X_2 之间的相关系数。

(2) 如果 $n=2$ 和 X_1、X_2 是独立的,可以得到如下结论:

$$V_Y^2=V_{X_1}^2+V_{X_2}^2+V_{X_1}^2V_{X_2}^2 \tag{A.166}$$

式中:$V_k=\dfrac{\sigma_k}{\mu_k}$为变差系数,如果方差系数很小的话,式(A.166)最后一项可以忽略。这一结果在实际中很重要。

(3) 当 $n\geqslant 2$,X_i 是独立的,

$$E(Y)=\mu_Y=E\left(\prod_{i=1}^{n}X_i\right)=\prod_{i=1}^{n}E(X_i)=\prod_{i=1}^{n}\mu_{X_i} \tag{A.167}$$

并从式(A.1):

$$\mathrm{var}(Y)=E(Y^2)-[E(Y)]^2=\prod_{i=1}^{n}\mu_{X_i}^2-\left(\prod_{i=1}^{n}\mu_{X_i}\right)^2 \tag{A.168}$$

通过对二阶项忽略,并采用 A.12 得到一个新的近似方法(Benjamin and Cornell, 1970):

$$\mathrm{var}(Y)\approx\sum_{i=1}^{n}\left(\prod_{\substack{i=1\\ j\neq i}}^{n}\mu_{X_i}^2\right)\sigma_{X_i}^2 \tag{A.169}$$

A.11.3 变量相除形式

对于 $Y=\dfrac{X_1}{X_2}$具有较小的方差,一个近似方法可以给出(除了分母为零的情形之外):

$$E(Y)=\mu_Y=\frac{\mu_{X_1}}{\mu_{X_2}}\left[1+\frac{\sigma_{X_1}}{\mu_{X_1}}\left(\frac{\sigma_{X_1}}{\mu_{X_1}}-\rho\,\frac{\sigma_{X_2}}{\mu_{X_2}}\right)\left(1+\frac{\sigma_X^2}{\mu_{X_1}}+\cdots\right)\right] \tag{A.170}$$

$$E(Y)=\mu_Y\approx\frac{\mu_{X_1}}{\mu_{X_2}} \tag{A.171}$$

作为一阶近似表示量。并且

$$\mathrm{var}(Y)=\sigma_Y^2\approx\left(\frac{\mu_{X_1}}{\mu_{X_2}}\right)^2\left(\frac{\sigma_{X_1}^2}{\mu_{X_1}^2}-2\rho\,\frac{\sigma_{X_1}}{\mu_{X_1}}\,\frac{\sigma_{X_1}}{\mu_{X_1}}+\frac{\sigma_{X_1}^2}{\mu_{X_2}^2}+\text{高阶项}\right) \tag{A.172}$$

$$=\left(\frac{\mu_{X_1}}{\mu_{X_2}}\right)^2(V_{X_1}^2-2\rho V_{X_1}V_{X_2}+V_{X_2}^2) \tag{A.173}$$

A.11.4 平方根的矩(Haugen,1968)

如果 $Y=X^{1/2}$，

$$\mu_Y=\left(\mu_X^2-\frac{1}{2}\sigma_X^2\right)^{1/4} \tag{A.174}$$

$$\sigma_Y^2=\mu_X-\left(\mu_X^2-\frac{1}{2}\sigma_X^2\right)^{1/2} \tag{A.175}$$

A.11.5 二次形式的矩(Haugen,1968)

如果 $Y=aX^2+bX+c$,下面两个常用到的结果：

$$\mu_Y=a(\mu_X^2+\sigma_X^2)+b\mu_X+c \tag{A.176}$$

$$\sigma_Y^2=\sigma_X^2\ (2a\mu_X+b)^2+2a^2\sigma_X^4 \tag{A.177}$$

A.12 随机变量函数的矩

由于积分很难求解,一般函数的均值和方差很难直接获得。除了每一个随机变量 X_i 的前两阶矩能知道之外,其他的信息不能获取。一个常用的近似方法通过将函数 $Y=Y(X_1,X_2,\cdots,X_n)$ 在均值点$(\mu_1,\mu_2,\cdots,\mu_n)$（或其他近似点）以 Taylor 展开序列的形式计算此函数的矩。通过简化展开序列的线性项,则得到一阶均值和方差为

$$E(Y)\approx Y(\mu_{X_1},\mu_{X_2},\cdots,\mu_{X_n}) \tag{A.178}$$

$$\mathrm{var}(Y)=\sum_i^n\sum_j^n c_ic_j\mathrm{cov}(X_i,X_j) \tag{A.179}$$

式中：$c_i\equiv\left.\frac{\partial Y}{\partial X_i}\right|_{\mu_{X_1},\mu_{X_2},\cdots,\mu_{X_n}}$。如果 X_i 是相互独立的,如果 $i\neq j$, $\mathrm{cov}(X_i,X_j)=0$ 或 $i=j$, $\mathrm{cov}(X_i,X_j)=\mathrm{var}(X_i)$。类似地,二阶近似方法可以给定为

$$E(Y)\approx Y(\mu_{X_1},\mu_{X_2},\cdots,\mu_{X_n})+\frac{1}{2}\sum_{i=1}^n\sum_{j=1}^n\frac{\partial^2Y}{\partial X_i\,\partial Y_j}\mathrm{cov}(X_i,X_j) \tag{A.180}$$

式中：$\frac{\partial^2Y}{\partial X_i\,\partial Y_j}$可以通过$(\mu_{X_1},\mu_{X_2},\cdots,\mu_{X_n})$。如果方差系数 V_{X_i} 比较小并且函数 Y 与线性偏离较小,从而二阶项比较小可以忽略不计。

在 A.10 节的后面,给出了其他近似方法的参考文献,这些方法主要通过近似函数的矩来获得其概率密度函数。

附录B

Rosenblatt及其他变换

B.1 Rosenblatt 变换

对于一组相关随机向量 $\boldsymbol{X}=\{X_1,X_2,\cdots,X_n\}$，可通过 Rosnblatt 变换 $\boldsymbol{R}=\boldsymbol{T}\boldsymbol{X}$ 转化成一组独立的均匀分布随机向量 $\boldsymbol{R}=\{R_1,R_2,\cdots,R_n,\}$，其中：

$$
\begin{aligned}
&r_1=P(X_1\leqslant x_1)=F_1(x_1)\\
&r_2=P(X_2\leqslant x_2\mid X_1=x_1)=F_2(x_2\mid x_1)\\
&\cdots\\
&r_n=P(X_n\leqslant x_n\mid X_1=x_1,\cdots,X_{n-1}=x_{n-1})=F_n(x_n\mid x_1,\cdots,x_{n-1})
\end{aligned}
\tag{B.1}
$$

式中：$F_i(\,)$ 为条件累积分布函数 $F_{X_i\mid X_{i-1},\cdots,X_1}(\,)$ 的简写。

如果联合概率密度函数 $f_X(\,)$ 已知，则条件累积分布函数 $F_i(\,)$ 可通过如下方式确定。在 A.6.2 节中，条件概率密度函数 $f_i(\,)$ 公式如下：

$$
f_i(x_i\mid x_1,\cdots,x_{n-1})=\frac{f_{\boldsymbol{X}_i}(x_1,\cdots,x_i)}{f_{\boldsymbol{X}_{i-1}}(x_1,\cdots,x_{i-1})}
\tag{B.2}
$$

式中：$f_{\boldsymbol{X}_j}(x_1,\cdots,x_j)$ 为边缘概率密度函数，可通过下式得到

$$
f_{\boldsymbol{X}_j}(x_1,\cdots,x_j)=\int_{-\infty}^{\infty}\cdots\int_{-\infty}^{\infty}f_{\boldsymbol{X}}(x_1,\cdots,x_n)\,\mathrm{d}x_{j+1},\cdots,\mathrm{d}x_n
\tag{B.3}
$$

将通过式(B.2)得到的 $f_i(\,)$ 代入下式就可得到 $F_i(\,)$：

$$
F_i(x_i\mid x_1,\cdots,x_{n-1})=\frac{\int_{-\infty}^{\infty}f_{X_i}(x_1,\cdots,x_{i-1},t)\,\mathrm{d}t}{f_{X_{i-1}}(x_1,\cdots,x_{i-1})}
\tag{B.4}
$$

由式(B.4)可以得到所有条件累积分布函数 $F_i(\,)$，则将式(B.1)取反函数可得

$$
x_1=F_1^{-1}(r_1)
$$

$$
x_2=F_2^{-1}(r_2\mid x_1)
$$

$$\cdots$$

$$x_n = F_n^{-1}(r_n \mid x_1, \cdots, x_{n-1}) \tag{B.5}$$

由式(B.5)可知，对于一组独立的均匀分布随机向量 $\boldsymbol{R} = \{R_1, R_2, \cdots, R_n,\}$ 可通过概率密度函数 $f_{\boldsymbol{X}}(\,)$ 生成一组具有相关性的随机向量 $\boldsymbol{X} = \{X_1, X_2, \cdots, X_n\}$。该方法在使用过程中的难点在于，除非 $F_i(\,)$ 在形式上比较简单，否则就需要进行数值模拟。

正如 Rosenblatt(1952)所指出的，根据随机向量 $\boldsymbol{X}$ 中变量所采用的编号形式，式(B.1)有 n！种表达形式。同样地，在式(B.1)中对于 X_i 也有 n！种组合方式，如下为一个 $n=2$ 的简单示例：

$$F_{X_1X_2}(x_1, x_2) = F_{X_1}(x_1) f_{X_2 \mid X_1}(x_2 \mid x_1) = F_{X_2}(x_2) f_{X_1 \mid X_2}(x_1 \mid x_2)$$

通过上式可知表达式形式的自由多样会导致求解 $\boldsymbol{X}$ 的难度产生相当大的差异，如式(B.5)。

然而上述方法在解决实际问题时并不总是有效，因为表征问题中相互依赖关系的 $F_{\boldsymbol{X}}(\,)$ 或者条件概率密度函数 $f_i(\,)$ 有时无法得到。通常情况下只能从数据中得到一些相关估计的信息，这种情况会在 B.2 节中讨论。一个特殊情况即当 X_i 为相互独立时，若取消式(B.5)所有的约束条件则每个采取 $x_i = F_i^{-1}(r_i)$ 变换形式的参数都与其他参数 $x_j(j \neq i)$ 相互独立。

通过两次应用式(B.1)以 $\boldsymbol{R}$ 为中间媒介，Rosenblatt 变换可用于将一种分布转换成其他的形式，例如：

$$\begin{aligned} &F_1(u_1) = r_1 = F_1(x_1) \\ &F_2(u_2 \mid u_1) = r_2 = F_2(x_2 \mid x_1) \\ &\cdots \end{aligned} \tag{B.6}$$

一种特殊情况即当式(B.6)中的 U 属于标准正态分布且独立，而向量 $\boldsymbol{X}$ 为一组具有相关性的随机变量，则式(B.6)可写成下面的形式：

$$\begin{aligned} &x_1 = F_1^{-1}[\Phi(u_1)] \\ &x_2 = F_2^{-1}[\Phi(u_2) \mid x_1] \\ &\cdots \end{aligned} \tag{B.7}$$

在应用方法式(B.7)时需要求解多个积分。该方法在 4.4.3.1 节中用于将非标准随机分布变量转换成等价的标准随机变量。当 $\boldsymbol{U}$ 和 $\boldsymbol{X}$ 均为标准向量时，实现式(B.7)变换的一个较为简单的方法是直接利用标准分布的特殊性质，在 B.3 节中会详细介绍。

这个变换方法通常归功于 Rosenblatt 在 1952 年提出，但是实际上在稍早的时候已由 Segal 于 1938 年给出。在 1981 年由 Hohenbichler 和 Rackwitz 首次将其应用到结构可靠性的研究中。

B.2 Nataf 变换

对于一组相关随机向量 $\boldsymbol{X}=\{X_1,X_2,\cdots,X_n\}$,当边缘累积分布函数 $F_{X_i}(\ )(i=1,\cdots,n)$ 以及相关矩阵 $\boldsymbol{P}=\{\rho_{ij}\}$ 已知,则可以分配给其一个近似的但是完全指定的联合概率分布函数 $F_{\boldsymbol{X}}(\boldsymbol{X})$。也可以转换成 y 空间的标准正态随机变量 $\boldsymbol{Y}=(Y_1,\cdots,Y_n)$,方法如下:

$$Y_i=\Phi^{-1}[F_{X_i}(X_i)] \quad (i=1,\cdots,n) \tag{B.8}$$

式中:$\Phi(\ )$为标准正态累积分布函数。$\boldsymbol{Y}=(Y_1,\cdots,Y_n)$服从 n 维标准正态分布,其联合概率分布密度函数为 $\phi_n(\boldsymbol{y},\boldsymbol{P}')$,具有零均值,单位标准差,相关矩阵为 $\boldsymbol{P}'=\{\rho'_{ij}\}$。然后根据随机变量变换的一般规则,$x$ 空间的近似联合密度函数 $f_{\boldsymbol{X}}(\ )$为

$$f_{\boldsymbol{X}}(\boldsymbol{X})=\phi_n(\boldsymbol{y},\boldsymbol{P}')\cdot|\boldsymbol{J}| \tag{B.9a}$$

其中:

$$|J|=\frac{\partial(y_1,\cdots,y_n)}{\partial(x_1,\cdots,x_n)}=\frac{f_{X_1}(x_1)f_{X_2}(x_2)\cdots f_{X_n}(x_n)}{\phi(y_1)\phi(y_2)\cdots\phi(y_n)} \tag{B.9b}$$

为得到式(B.9)中相关矩阵 $\boldsymbol{P}'=\{\rho'_{ij}\}$,取任意两个随机变量$(X_i,X_j)$间相关系数为

$$\rho_{ij}=\frac{\mathrm{cov}[X_iX_j]}{\sigma_{X_i}\sigma_{X_j}}=E[Z_iZ_j]=\int_{-\infty}^{\infty}\int_{-\infty}^{\infty}z_iz_j\phi_2(y_i,y_j,\rho_{ij})\,\mathrm{d}y_i\mathrm{d}y_j \tag{B.10}$$

式中:$Z_i=(X_i-\mu_{X_i})/\sigma_{X_i}$。相关矩阵 $\boldsymbol{P}'=\{\rho'_{ij}\}$ 可由 $\boldsymbol{P}=\{\rho_{ij}\}$ 通过式(B.10)迭代得到。虽然这种方法易于编程但是因为二重积分里含有未知量,所以求解较繁琐。根据经验对于选定的一组随机变量的分布,表 B.1~表 B.3 给出了比值 $\boldsymbol{R}=\rho'_{ij}/\rho_{ij}$的逼近表达式。更加完整的逼近表达式可在文献资料(Liu and Der Kiureghian,1986;Der Kiureghian and Liu,1986)中得到。

如果任意两个变量(X_i,X_j)其相关矩阵 $\boldsymbol{P}'=\{\rho'_{ij}\}$ 已知,则利用式(B.8)可以得到在 $\boldsymbol{y}$ 空间上的相关标准正态分布。对于两个变量,可利用正交变换来得到独立标准正态随机变量,应用于 FOSM 理论。

满足下述基本属性的 Nataf 变换对于式(B.10)是有效的:

(1) ρ_{ij}为ρ'_{ij}的增函数。

(2) $\rho'_{ij}=0$ 则 $\rho_{ij}=0$,反之亦然。

(3) $R\geqslant1$。

(4) 如果两个边缘分布都是正态分布,则 $R=1$。

(5) 如果只有一个边缘分布是正态分布,则 R 为常数。

(6) $\boldsymbol{R}$ 为 X_i 和 X_j 的递增线性变换。

(7) $\boldsymbol{R}$ 为Ⅰ型边缘分布的独立参数(该分布可以通过线性变换由两参数分布转换为无参数的形式)。

(8) $\boldsymbol{R}$ 为Ⅱ型边缘分布的变异系数 $V=\sigma/\mu$ 的函数(该分布不能通过线性变换转换成无参数的形式)。

表 B.1 给出了Ⅰ型与Ⅱ型分布的典型案例及其在附录 A 中的交叉引用。

表 B.1 选择的两参数分布

类型 & 名称	引用(附录 A)	符　号	标准化形式
Ⅰ型			
Normal	A 5.7	N	$\Phi(y)$
Uniform		U	$y, 0 \leqslant y \leqslant 1$
Shifted exponential	A 5.5	SE	$1-\exp(-y), 0 \leqslant y \leqslant \infty$
Shifted Rayleigh	A 5.13	SR	$1-\exp\left(-\frac{1}{2}y^2\right), 0 \leqslant y \leqslant \infty$
Extreme value I largest (Gumbel)	A 5.11	G	$\exp[-\exp(-y)]$
Extreme value I smallest	A 5.11	EVIS	$1-\exp[-\exp(y)]$
Ⅱ型			
Lognormal	A 5.9	LN	
Gamma	A 5.6	GM	
Extreme value Ⅱ largest	A 5.12	EVIIL	
Extreme value Ⅲ smallest (Weibull)	A 5.13	W	

$\boldsymbol{R}=\rho'_{ij}/\rho_{ij}$ 的近似表达式可以下面的多项式形式为基础:

$$\boldsymbol{R}=a+bV_i+cV_i^2+d\rho+e\rho^2+f\rho V_i+gV_j+hV_j^2+k\rho V_j+lV_iV_j$$

式中的参数在表 B.2 和表 B.3 中给出。表 B.2 给出的近似值的最大误差一般远低于 1%。例外为当包含指数分布时或者存在负相关时,在这种情况下的最大误差可以达到 2%。这是由于指数分布的形状与被用作该方法的基础的正态分布的形状有相当大的不同。表 B.3 中给出的公式中近似值的最大误差在表格的最后一列。

表 B.2 对于不同分布中 $\boldsymbol{R}=\rho'_{ij}/\rho_{ij}$ 的系数

X_j	X_i	系　数					
		a	b	c	d	e	f
N	N	1					

(续)

X_j	X_i	系　数					
		a	b	c	d	e	f
	SE	1.107					
	SR	1.014					
	G	1.031					
	LN	*note 1*					
	GM	1.001	-0.007	0.118			
	W	1.031	-0.195	0.328			
SE	SE	1.229			-0.367	0.153	
	SR	1.123			-0.100	0.021	
	G	1.142			-0.154	0.031	
	LN	1.098	0.019	0.303	0.003	0.025	-0.437
	GM	1.104	-0.008	0.173	0.003	0.014	-0.296
	W	1.147	0.145	0.010	-0.271	0.459	-0.467
SR	SR	1.028			-0.029	0	
	G	1.046			-0.045	0.006	
	LN	1.011	0.014	0.231	0.001	0.004	-0.130
	GN	1.014	-0.007	0.126	0.001	0.002	-0.090
	W	1.047	-0.212	0.353	0.042	0	-0136
G	G	1.064			-0.069	0.005	
	LN	1.029	0.014	0.233	0.001	0.004	-0.197
	GM	1.031	-0.007	0.131	0.001	0.003	-0.132
	W	1.064	-0.210	0.356	0.065	0.003	-0.211

注 $I:=V_j/[\ln(1+V_j^2)]^{1/2}$

表 B.3　对于类型 2 分布中 $R=\rho'_{ij}/\rho_{ij}$的系数

X_j	X_i	系　数					
		a	b	c	d	e	f
LN	LN	*note 1*					
	GM	1.001	0.004	0.223	0.033	0.002	-0.104

（续）

X_j	X_i	系数					
		a	b	c	d	e	f
	W	1.031	0.052	0.220	0.052	0.002	0.005
GM	GM	1.002	−0.012	0.125	0.022	0.001	−0.077
	W	1.032	−0.007	0.121	0.034	0	−0.006
W	W	1.063	−0.200	0.337	0.004	0.001	0.007

系数				最大误差
g	h	k	l	
−0.016	0.130	−0.119	0.029	4.0%
−0.210	0.350	−0.174	0.009	2.4%
−0.012	0.125	−0.077	0.014	4.0%
−0.202	0.339	−0.111	0.003	4.0%
−0.200	0.337	0.007	−0.007	2.6%

注 $I:=\ln(1+\rho V_iV_j)/[\rho\sqrt{\ln(1+V_i^2).\ln(1+V_j^2)}]$

B.3 正态随机变量的正交变换

$\boldsymbol{X}$ 为基本变量的一组相关向量，其均值如下：

$$E(X)=[E(X_1),E(X_2),\cdots,E(X_n)] \tag{B.11}$$

协方差矩阵（参见 A.123）：

$$\boldsymbol{C}_X=\mathrm{cov}\ (X_i,X_j)_{n\times m}=(\boldsymbol{\sigma}_{ij})_{n\times m} \tag{B.12}$$

式中：$\mathrm{cov}(X_i,X_i)=\mathrm{var}(X_i)$。如果 $\boldsymbol{X}$ 为不相关的，则协方差矩阵为严格对角阵。在 A.7.3 节中指出"相关"是对线性相关的一种测度。对于正态分布来说这是一种有效的相关性测度。

对于一组不相关向量 $\boldsymbol{U}$，及线性变换矩阵 $\boldsymbol{A}$，则

$$\boldsymbol{U}=\boldsymbol{AX}\ \text{或}\ \boldsymbol{A}^{-1}\boldsymbol{U}=\boldsymbol{X} \tag{B.13}$$

显然变换式（B.13）是正交的，例如 $\boldsymbol{X}$ 所代表的向量经线性变换矩阵 $\boldsymbol{A}$ 变换以后其长度是不变的。由众所周知的矩阵理论可知 $\boldsymbol{A}^{\mathrm{T}}=\boldsymbol{A}^{-1}$。另外，如果存在一

个协方差矩阵 $\boldsymbol{C}_U$ 是严格对角阵,则向量 $\boldsymbol{U}$ 为不相关的。

通过式(B.13)的线性变换情况下协方差矩阵式(B.12)也有所变化,变换成为向量 $\boldsymbol{U}$ 的协方差矩阵 $\boldsymbol{C}_U$:

$$\begin{aligned}\boldsymbol{C}_U &= \mathrm{cov}(\boldsymbol{U}_i,\boldsymbol{U}_j) = \mathrm{cov}(\boldsymbol{U},\boldsymbol{U}^{\mathrm{T}}) \\ &= \mathrm{cov}(\boldsymbol{AX},\boldsymbol{AX}) = \mathrm{cov}(\boldsymbol{AX},\boldsymbol{X}^{\mathrm{T}}\boldsymbol{A}^{\mathrm{T}}) \\ &= A\mathrm{cov}(\boldsymbol{X},\boldsymbol{X}^{\mathrm{T}})\boldsymbol{A}^{\mathrm{T}}\end{aligned} \tag{B.14}$$

或者

$$\boldsymbol{C}_U = \boldsymbol{A}\boldsymbol{C}_X\boldsymbol{A}^{\mathrm{T}} \tag{B.15}$$

为使 $\boldsymbol{U}$ 为一组不相关的向量,需要找到一个矩阵 $\boldsymbol{A}$ 使得式(B.15)对角化。因此,$\boldsymbol{C}_U$ 中的非对角项要为零。可以通过已有的寻找 $\boldsymbol{C}_X$ 的特征值的方法得到。特别地,考虑有矩阵 $\boldsymbol{D}$ 仅有对角系数 λ_{ii},定义如下:

$$\boldsymbol{C}_X\boldsymbol{A} = \boldsymbol{AD} \text{ 或 } \boldsymbol{C}_X\boldsymbol{A} = \boldsymbol{ADA}^{\mathrm{T}} \tag{B.16}$$

(假设 $\boldsymbol{A}$ 为非奇异阵)。式(B.16)可以写为线性方程组的形式:

$$\sum_i c_{ij}a_{jk} = a_{ik}\lambda_{ii} \quad (i,k = 1,2,\cdots,n) \tag{B.17}$$

式(B.17)代表 n 个线性方程组,其中在方程左边为 n 项未知的系数 $a_{ij}(j=1,\cdots,n)$,如下所示:

$$\begin{gathered}c_{11}a_{11}+c_{12}a_{21}+c_{13}a_{31}+\cdots = a_{11}\lambda_{11} \\ c_{11}a_{12}+c_{12}a_{22}+c_{13}a_{32}+\cdots = a_{12}\lambda_{22} \\ \text{etc.}\end{gathered} \tag{B.18}$$

该方程组为齐次的,可以利用 Kronecker 符号 δ_{ij}(若 $i=j$,则值为 1;否则为 0)将其重写为

$$\sum_i (c_{ij} - \lambda_{ii}\delta_{ij})a_{jk} = 0 \quad (i,k = 1,\cdots,n) \tag{B.19}$$

式(B.19)有非零解的条件为,对任意的 k 有

$$|c_{ij}-\lambda_{ii}\delta_{ij}| = 0 \tag{B.20}$$

或者,更一般化的形式:

$$|\boldsymbol{C}_X-\lambda \boldsymbol{I}| = 0 \tag{B.21}$$

式中:$\boldsymbol{I}$ 为单位矩阵。式(B.20)为常用的特征方程,其解即为矩阵 $\boldsymbol{D}$ 的特征值 $\lambda_{ii}(i=1,\cdots,n)$,可通过式(B.20)求解行列式得到

$$\begin{vmatrix} c_{11}-\lambda_{11} & c_{12} & c_{13} \\ c_{21} & c_2-\lambda_{22} & c_{23} \\ c_{31} & c_{32} & c_{33}-\lambda_{33} \\ \cdot & \cdot & \cdot \\ \cdot & \cdot & \cdot \end{vmatrix}_{n\times n} = 0 \tag{B.22}$$

通过标准的步骤可以得到 λ 值。

对任意 λ_{ii},式(B.18)都有一组解($a_{i1},a_{i2},\cdots,a_{ik},\cdots,a_{in}$)与之对应。这被称为特征向量,由此能够得到矩阵 $\boldsymbol{A}$ 的第 i 行。这代表着由相关向量 X_i 确定的一组不相关向量的组成元素,(反之亦然,因为 $\boldsymbol{A}$ 为对称的)。通过该方法可以得到所有的特征值 λ_{ii},因此由特征向量可以得到完全矩阵 $\boldsymbol{A}$。

若 $\boldsymbol{A}$ 已知,则不相关向量 $\boldsymbol{U}$ 可按如下定义:

$$\boldsymbol{U}=\boldsymbol{AX} \qquad [(\text{B}.13)]$$

且有

$$E(\boldsymbol{U})=\boldsymbol{A}E(\boldsymbol{X}) \qquad (\text{B}.23)$$

$$\boldsymbol{C}_U=\boldsymbol{AC}_X\boldsymbol{A}^{\mathrm{T}} \qquad [(\text{B}.15)]$$

因此

$$\boldsymbol{C}_U^{1/2}=(\boldsymbol{AC}_X\boldsymbol{A}^{\mathrm{T}})^{1/2} \qquad (\text{B}.24)$$

式中:$\boldsymbol{C}_U^{1/2}$ 为 $\boldsymbol{U}$ 的标准偏差矩阵。这是因为 $\boldsymbol{U}$ 为不相关的,$\boldsymbol{C}_U$ 为严格对角矩阵。对于一个对角阵而言,例如 $\boldsymbol{D}$,有 $\{D_{ij}\}^2=\{D_{ij}^2\}$ 成立。因此 $\boldsymbol{C}_U^{1/2}$ 仅由主对角线元素 $C_{ij}^{1/2}=\sigma_{x_i}=\lambda_{ii}^{1/2}$ 构成,其中 λ_{ii} 为特征值。

存在一种特殊的情况,如果向量 $\boldsymbol{U}$ 仅包含一项 $\boldsymbol{Z}$,则式(B.14)可由式(B.25)得到

$$\boldsymbol{Z}=\boldsymbol{AX} \qquad (\text{B}.25)$$

式中:矩阵 $\boldsymbol{A}$ 仅包含一行系数(见 4.2 节及 A.11.1 节)。$\boldsymbol{Z}$ 的协方差矩阵可由式(B.26)给出:

$$\boldsymbol{C}_Z=\text{var}(\boldsymbol{Z})=\boldsymbol{AC}_X\boldsymbol{A}^{\mathrm{T}} \qquad (\text{B}.26)$$

撇开数学不谈,$\boldsymbol{C}_U$ 的标准偏差 $\lambda_{ii}^{1/2}$必须全部为正值(或者为零),因为取其他值没有物理意义。这意味着变换式(B.15)需要有特殊的性质,尤其是 $\boldsymbol{C}_X$ 必须为正定矩阵。用矩阵的术语表达即为对任意的行列式有

$$\det\boldsymbol{M}_i=\begin{vmatrix} c_{11} & \cdots & c_{i1} \\ \vdots & & \vdots \\ c_{1i} & \cdots & c_{ii} \end{vmatrix} \qquad (\text{B}.27)$$

如果行列式 $\boldsymbol{M}_i>0$ 则为正定阵,若 $\boldsymbol{M}_i\geqslant 0$ 则为半正定阵。如果矩阵满足这些条件则为非负定的。

B.4 随机向量的生成

在一些情况下可能会需要生成一些相关变量,但是除了正态分布变量以外,实际并不容易得到。

如果向量 $\boldsymbol{X}$ 中的随机变量相互独立,则联合概率密度函数可以分解为(参考式(A.117))

$$f_X(x)=\sum_{i=1}^{n}f_{X_i}(x_i) \tag{B.28}$$

式中:$f_{X_i}(x_i)$为随机变量 X_i 的边缘概率密度函数。生成向量 $\boldsymbol{X}$ 时每一个随机变量 X_i 均需遵循逆变换方法(参见3.4.3节)。

若构成 $\boldsymbol{X}$ 的随机变量间存在依赖关系,则式(B.28)可由式(B.29)代替(参考式(A.116)和A.3节)

$$\boldsymbol{f_X}(\boldsymbol{X})=f_{X_1}(x_1)f_{X_2|X_1}(x_2|x_1)\cdots f_{X_n|X_1,\cdots,X_{n-1}}(x_n|x_1,\cdots,x_{n-1}) \tag{B.29}$$

式中:$f_{X_k|X_i,\cdots,X_n}$为 X_k 的条件概率密度函数,$X_1=x_1,\cdots$,并且 $f_{X_1}(x_1)$为 X_1 的边缘概率密度函数。

依据式(B.29)条件概率密度函数得到联合概率密度函数 $\boldsymbol{f_X}(\boldsymbol{X})$,3.3.3节的逆变换可通过扩展得到一个样本向量$\hat{\boldsymbol{x}}$,该向量可以从一个均值向量为 $\boldsymbol{\mu_X}$、协方差矩阵为 $\boldsymbol{C_X}$ 的分布得到,该分布可由多元正态分布的联合概率密度函数 $f_{\boldsymbol{X}}$()定义(也可参考附录C):

$$f_{\boldsymbol{X}}(\boldsymbol{X},\boldsymbol{C}_X)=\frac{1}{(2\pi)^{n/2}|\boldsymbol{C}_X|^{1/2}}\exp\left[-\frac{1}{2}(\boldsymbol{X}-\boldsymbol{\mu_X})^{\mathrm{T}}\boldsymbol{C}_X^{-1}(\boldsymbol{X}-\boldsymbol{\mu_X})\right] \tag{B.30}$$

由给定的协方差矩阵 $\boldsymbol{C_X}$ 确定的相关正态随机变量组成向量 $\boldsymbol{X}$,$\boldsymbol{X}$ 可由一组不相关标准正态随机变量 $\boldsymbol{Y}=\{Y_i\}$ 得到,而该标准正态随机变量可通过B.3节的正交变换或者B.1节的Rosenblatt变换得到。

具体的,$\boldsymbol{X}$ 由 n 个相关随机变量组成,已知其均值向量为 $\boldsymbol{\mu_X}$,协方差矩阵为 $\boldsymbol{C_X}$。进一步,由不相关的随机变量组成向量 $\boldsymbol{U}$,其协方差矩阵 $\boldsymbol{C}_X$ 为严格对角阵。则 $\boldsymbol{X}$ 的样本相关值可由不相关的 $\boldsymbol{U}$ 通过正交变换得到(参考式(B.14)):

$$\boldsymbol{X}=\boldsymbol{A}^{\mathrm{T}}\boldsymbol{U} \tag{B.31}$$

式中:$\boldsymbol{C_X}$ 为正定矩阵且对称,正交变换矩阵 $\boldsymbol{A}^{\mathrm{T}}=\boldsymbol{A}^{-1}$可通过协方差矩阵的变换来定义(参考式(B.15)):

$$\boldsymbol{C}_U=\boldsymbol{A}\boldsymbol{C}_X\boldsymbol{A}^{\mathrm{T}} \text{ 或 } \boldsymbol{C}_X=\boldsymbol{A}^{\mathrm{T}}\boldsymbol{C}_U\boldsymbol{A} \tag{B.32}$$

如果用 $\boldsymbol{B}$ 取代 $\boldsymbol{A}^{\mathrm{T}}=\boldsymbol{A}^{-1}$,则

$$\boldsymbol{C}_X=\boldsymbol{B}\boldsymbol{C}_U\boldsymbol{B}^{\mathrm{T}} \tag{B.33}$$

平方矩阵 $\boldsymbol{B}$ 的元素 b_{ij}可由式(B.34)得到

$$c_{ij}=\sum_{k=1}^{n}b_{ik}u_{kk}b_{jk} \tag{B.34}$$

式中:c_{ij}可从 $\boldsymbol{C}_X$得到。另外,$\boldsymbol{U}=\boldsymbol{Y}$ 为由不相关的标准正态参数构成的向量,对于任意的 k 有 $u_{kk}=1$,$u_{jk}=0$,$j\neq k$。

将 $\boldsymbol{X}$ 的均值标准化,则变换式(B.31)可写成如下的形式:

$$\boldsymbol{X}-\mu_X=\boldsymbol{BY} \text{ 或 } \boldsymbol{X}=\boldsymbol{BY}+\mu_X \tag{B.35}$$

相关变量 $\boldsymbol{X}$ 可由样本 $\boldsymbol{Y}$ 得到,则式(B.32)可简化为

$$\boldsymbol{C}_X=\boldsymbol{BB}^{\mathrm{T}}=\boldsymbol{A}^{\mathrm{T}}\boldsymbol{A} \tag{B.36}$$

式中:$\boldsymbol{B}$ 为平方下三角矩阵,可由 $\boldsymbol{A}$ 直接得到,如式(B.33)所示。

另外,由递推公式可派生出 $\boldsymbol{B}$ 的元素 b_{ij}(参考 Rosenblatt,1952)。$\boldsymbol{B}$ 为下三角矩阵,考虑如下情况(B.36)

$$\begin{bmatrix}\sigma_{11} & \sigma_{12} & \sigma_{13}\\ \sigma_{21} & \sigma_{22} & \sigma_{23}\\ \sigma_{31} & \sigma_{32} & \sigma_{33}\end{bmatrix}=\begin{bmatrix}b_{11} & 0 & 0\\ b_{21} & b_{22} & 0\\ b_{31} & b_{32} & b_{33}\end{bmatrix}\begin{bmatrix}b_{11} & b_{21} & b_{31}\\ 0 & b_{22} & b_{32}\\ 0 & 0 & b_{33}\end{bmatrix} \tag{B.37}$$

其中:

$$\sigma_{11}=b_{11}^2 \tag{B.38a}$$

$$\sigma_{22}=b_{21}^2+b_{22}^2 \tag{B.38b}$$

$$\sigma_{33}=b_{31}^2+b_{32}^2+b_{33}^2 \tag{B.38c}$$

或者用一个式子表示为 $\sigma_{ii}=\sum_{k=1}^{n}b_{ik}^2,k\leqslant i$ 。

另外:

$$\sigma_{21}=\sigma_{12}=b_{21}b_{11} \tag{B.38d}$$

$$\sigma_{31}=\sigma_{13}=b_{31}b_{11} \tag{B.38e}$$

$$\sigma_{32}=\sigma_{23}=b_{31}b_{21}+b_{32}b_{22} \tag{B.38f}$$

用一个式子表示为 $\sigma_{ij}=\sum_{k=1}^{n}b_{ik}b_{jk},k\leqslant j<i$。

可由式(B.38a)直接得到递归结果:

$$b_{11}=\sigma_{11}^{1/2}$$

由式(B.38d)得

$$b_{21}=\frac{\sigma_{21}}{b_{11}}=\frac{\sigma_{21}}{\sigma_{11}^{1/2}}$$

由式(B.38b)得

$$b_{22}^2=\sigma_{22}-b_{21}^2$$

则

$$b_{22}=\left(\sigma_{22}-\frac{\sigma_{21}^2}{\sigma_{11}}\right)^{1/2}$$

由式(B.38e)得

$$b_{31}=\frac{\sigma_{31}}{b_{11}}=\frac{\sigma_{31}}{\sigma_{11}^{1/2}}$$

由式(B. 38f)得

$$b_{32}=\frac{\sigma_{32}-b_{31}b_{21}}{b_{22}}$$

由此可验证递推公式:

$$b_{ij}=\frac{\sigma_{ij}-\sum_{k=1}^{j-1}b_{ik}b_{jk}}{\left(\sigma_{jj}-\sum_{k=1}^{j-1}b_{jk}^{2}\right)^{1/2}} \tag{B. 39}$$

式中:$\sum_{k=1}^{0}$ 为 0(Rubenstein,1981)。

B. 5 例子 B. 1

现要求生成两个相关正态变量 X_1 和 X_2,其均值分别为 10 和 12,另外,非负定协方差矩阵

$$\boldsymbol{C}_X=\begin{bmatrix}2 & 2\sqrt{2}\\ 2\sqrt{2} & 7\end{bmatrix}$$

由式(B. 38):

$$b_{11}=\sigma_{11}^{1/2}=\sqrt{2}$$

$$b_{21}=\frac{\sigma_{21}}{b_{11}}=\frac{2\sqrt{2}}{\sqrt{2}}=2$$

且

$$b_{22}=\left(\sigma_{22}-\frac{\sigma_{21}^{2}}{\sigma_{11}}\right)^{1/2}=\left(7-\frac{8}{2}\right)^{1/2}=\sqrt{3}$$

因此

$$\boldsymbol{B}=\begin{bmatrix}\sqrt{2} & 0\\ 0 & \sqrt{3}\end{bmatrix}$$

并且由式(B. 35):

$$X_1=\sqrt{2}\,Y_1+10$$

$$X_2=2Y_1+\sqrt{3}\,Y_2+12$$

式中:Y_1 和 Y_2 为不相关标准正态变量(由一个随机数发生器生成)。

附录C

二元及多元常积分

C.1 二元常积分

C.1.1 形式

当随机变量 $\boldsymbol{X}$ 仅包括 X_1 和 X_2 两个构成元素时，二元常积分可被看作是式(1.31)的一种特殊情况，其中 X_1 和 X_2 服从正态分布，其相关性可通过式(A.124)相关系数 ρ 来确定。失效区域的概率可由 $X_1>x_1$，$X_2>x_2$ 来定义，所以式(1.31)可写成如下形式：

$$p_{\mathrm{f}}=\int_{X_2>x_2}^{\infty}\int_{X_2>x_1}^{\infty}f_{\boldsymbol{X}}(\boldsymbol{x},\rho)\,\mathrm{d}\boldsymbol{x} \tag{C.1}$$

$\boldsymbol{X}$ 的联合概率密度函数由式(A.125)给出：

$$f_{\boldsymbol{X}}(\boldsymbol{x},\rho)=\frac{1}{2\pi\sigma_{X_1}\sigma_{X_2}(1-\rho^2)^{1/2}}\exp\left[-\frac{\frac{1}{2}(h^2+k^2-2\rho hk)}{1-\rho^2}\right] \tag{C.2}$$

式中：$-\infty\leqslant x_i\leqslant\infty\ (i=1,2)$，且有 $h=\dfrac{(x_1-\mu_{x_1})}{\sigma_{x_1}}$，$k=\dfrac{(x_2-\mu_{x_2})}{\sigma_{x_2}}$。

对式(C.2)积分可得到联合累积分布函数 $F_{\boldsymbol{X}}(\,)$（参考式(A.127)）：

$$F_{\boldsymbol{X}}(\boldsymbol{x},\rho)\equiv P\left[\bigcap_{i=1}^{2}(X_i\leqslant x_i)\right]\equiv\int_{-\infty}^{x_2}\int_{-\infty}^{x_1}f_{\boldsymbol{X}}(u,v,\rho)\,\mathrm{d}u\mathrm{d}v \tag{C.3}$$

在单一变量情形下，易于处理标准正态分布变量，$y_i=(x_i-\mu_{X_i})/\sigma_{X_i}$，$(\mu_{Y_i}=0$，$\sigma_{Y_i}=1)$。将这些替换代入式(C.2)和式(C.3)：

$$f_{\boldsymbol{X}}(\boldsymbol{x},\rho)=\frac{1}{\sigma_{X_1}\sigma_{X_2}}\phi_2(\boldsymbol{y},\rho)\text{ 和 }F_{\boldsymbol{X}}(\boldsymbol{x},\rho)=\Phi_2(\boldsymbol{y},\rho) \tag{C.4}$$

式中：$\phi_2(\,)$ 和 $\Phi_2(\,)$ 分别为标准化变量 $\boldsymbol{y}=(y_1,y_2)$ 的联合概率密度函数及联合

累积分布函数。如图 C.1为递减但相关的 $\boldsymbol{y}$ 空间中坐标(h,k);式(C.3)所描述的概率内容为左上角 $y_1=h,y_2=k$ 两条曲线。由 $\boldsymbol{\Phi}_2(\boldsymbol{y},\boldsymbol{\rho})$ 所表示的分布曲线的具体形状取决于相关系数 $\boldsymbol{\rho}$,如图 C.2 所示。

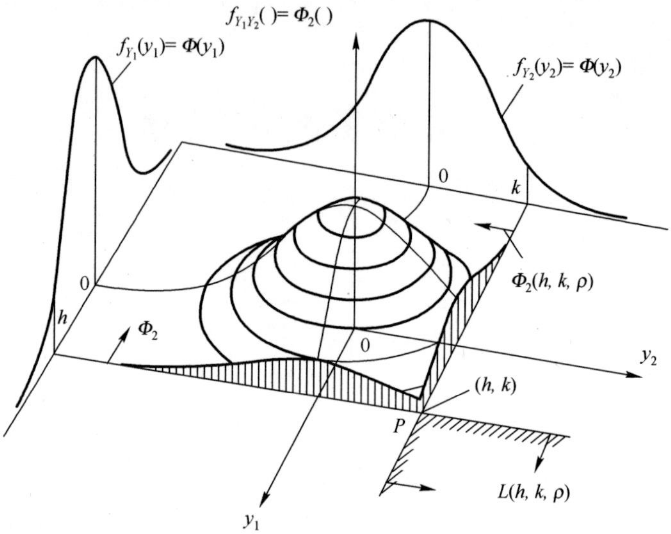

图 C.1　二维正态概率密度函数,边缘概率密度函数以及 $\Phi_2(y,\rho)$ 和 $L(\ )$ 的积分区域

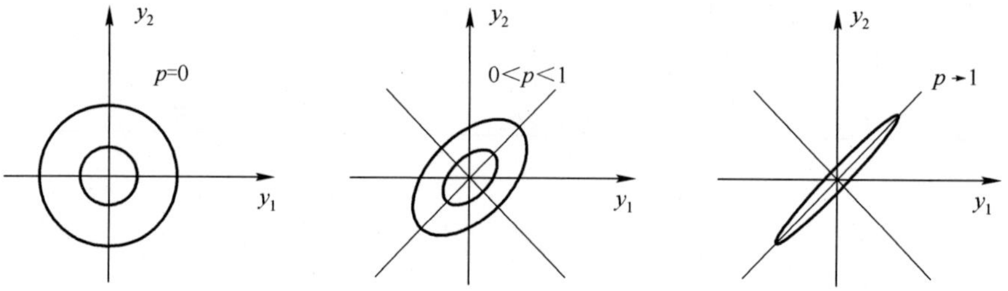

图 C.2　$\boldsymbol{y}(y_1,y_2)$ 系数 ρ 对二维正态概率密度函数 $\Phi_2(\boldsymbol{y},\rho)$ 的影响

p_f的定义域为 $y_1<h,y_2<k$,例如在图 C.1 接近右下角的位置,该区域的概率表达通常可由式(A.132)表示:

$$L(h,k,\rho)\equiv\frac{1}{2\pi}(1-\rho^2)^{-1/2}\int_h^\infty\int_k^\infty\exp\left[-\frac{\frac{1}{2}(u^2+v^2-2\rho uv)}{1-\rho^2}\right]\mathrm{d}u\mathrm{d}v \tag{C.5}$$

由图 C.1 不难验证 $L(h,k,\rho)=\Phi_2(-h,-k,\rho)$,因此如果 $L(\ )$可通过计算得到,则 $\Phi_2(y,\rho)$也可以,反之亦然。$L(\ )$及其他函数见 A.8 节表格。另外可得到一

些简单的结论如 $\Phi_2(y_1,+\infty,0)=\Phi(y_1)$，$y_1$ 的边缘分布函数也可验证（参考图 C.1）。

C.1.2　简化形式

尽管式（C.5）可通过积分进行数值模拟，也可在此之前将其化简为单一积分（参考式（A.140a），$\rho=\cos\theta$）：

$$L(h,k,\rho)=\frac{1}{2\pi}\int_{\arccos\rho}^{\pi}\exp\left[-\frac{\frac{1}{2}(h^2+k^2-2hk\cos\theta)}{\sin^2\theta}\right]\mathrm{d}\theta \qquad (\text{C}.6)$$

将式（C.2）代入式（C.3）可得到式（C.6），并标准化得到 $\Phi_2()$，然后按照下述步骤：

（1）区别于 ρ。

（2）依据 y_1，y_2 得到积分结果。

（3）依据 ρ 整合结果。

另外，$\Phi_2()$ 可根据 Owen 给出的结论化简成一个单一的积分式（A.140b）：

$$\Phi_2(h,k,\rho)=\frac{1}{2\pi}\int_0^{\rho}(1-\zeta^2)^{-\frac{1}{2}}\exp\left[-\frac{\frac{1}{2}(h^2+k^2-2hkz)}{1-z^2}\right]\mathrm{d}z$$
$$+\Phi(h)\Phi(k)\quad h,k\geqslant 0 \qquad (\text{C}.7)$$

存在一些其他等效的构想（Johnson and Kotz, 1972），但是式（C.6）和式（C.7）更加的简单，虽然在 $\rho\to 1$ 时其准确度会降低。

C.1.3　边界条件

与其对积分式（C.6）和式（C.7）进行数值模拟，在一些情况下，将 $\Phi_2()$ 或者 $L()$ 所描述的概率内容设置一些边界条件会更有效。将图 C.3（a）中随机变量 Y_1，Y_2 之间的关系作为一种典型的概率密度轮廓线，$\rho=\frac{1}{2}$。在标准正态空间 (u,v) 中该方法更加简便，并且必须将变换式（A.142）或者式（A.143）应用到其中。如果应用变换（A.143），在图 C.3（b）中的变换轮廓为圆形，y_1 坐标轴位置如图中所示。典型的点（a）~（f）以及阴影区域 $L(h,k,\rho)$ 如图所示。在正态空间中 y_1 和 y_2 坐标轴的夹角 $\theta<\pi/2$。$L()$ 在图 C.3（a）中所表示的概率内容为由 $y_1=h$，$y_2=k$ 所包围的区域，可变换为图 C.3（b）中的阴影区域。由式（C.6）可直接得到相关系数与图 C.3（b）中夹角的关系为 $\rho=\cos\theta$。因此，如果随机变量 X_1 和 X_2 为不相关的，则 $\rho=0$（见图 C.2）且 $\theta=\pi/2$，如图 C.3 所示。

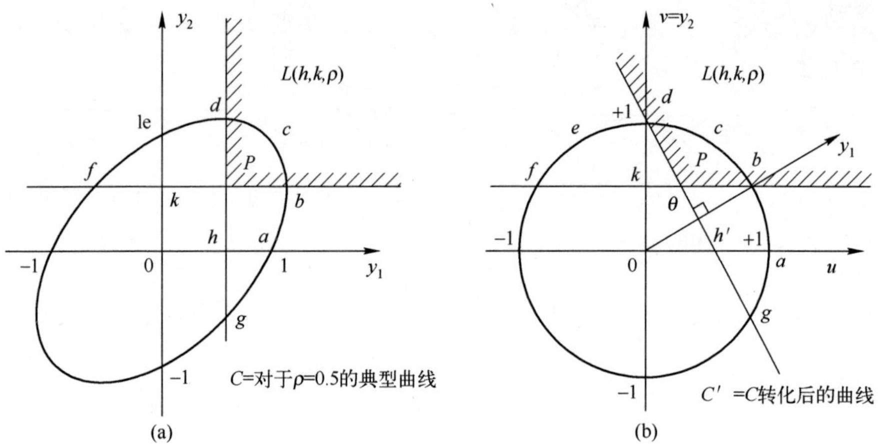

图 C.3　(a)原始(相关的)标准二维正态空间的积分区域;
(b)变换后(独立)标准二维正态空间的变换积分区域

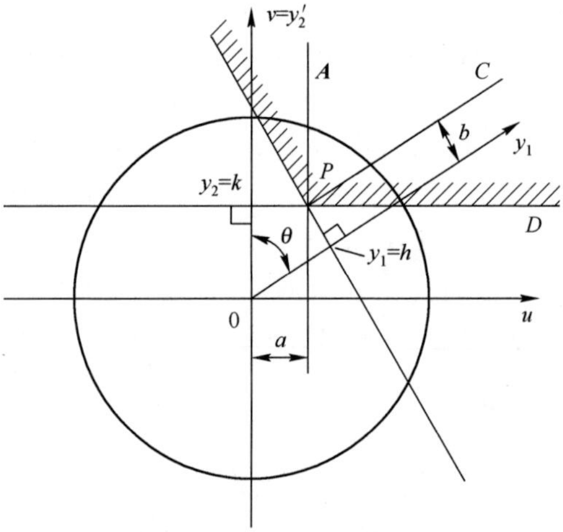

图 C.4　对于 $\Phi_2(\,)$在区域 BPD 上的边界 BPC 和 APD

基本上在图 C.4 中的积分区域 BPD(阴影部分)与图 C.3 是一致的。作垂线 CP 垂直于 PB,AP 垂直于 DP。在标准正态空间(u,v)中,直角区域如 APD 的概率可由 $\Phi(-a)$ 及 $\Phi(-k)$得到(见 A.4)。由上述内容可知阴影部分的概率(如 $L(h,k,\rho)=\Phi_2(-h,-k,\rho)$)要大于 BPC 以上部分(如 $\Phi(-b)\Phi(-h)$)的概率或者 APD 右上部分概率(如 $\Phi(-a)\Phi(-k)$),但是都小于后两者概率的总和:

$$\max[\Phi(-b)\Phi(-h),\Phi(-a)\Phi(-k)]\leqslant\Phi_2(-h,-k,\rho)$$
$$\leqslant\Phi(-b)\Phi(-h)+\Phi(-a)\Phi(-k) \tag{C.8}$$

由 $\rho=\cos\theta$ 易得

$$a=\frac{h-\rho k}{(1-\rho^2)^{1/2}} \quad b=\frac{k-\rho h}{(1-\rho^2)^{1/2}} \tag{C.9}$$

对于上述 θ 取值有 $\rho\geqslant 0$,若 $\rho<0$,则 y_1 坐标轴需顺时针转动且边界条件变为

$$0\leqslant \Phi_2(h,k,\rho)\leqslant \min[\Phi(b)\Phi(h),\Phi(a)\Phi(k)] \tag{C.10}$$

C.2　多元正态积分

C.2.1　形式

直接由二元正态分布扩展,n 维向量 $\boldsymbol{X}$ 的联合概率密度函数为

$$f_{\boldsymbol{x}}(\boldsymbol{x},C_{\boldsymbol{x}})=(2\pi)^{-n/2}|\boldsymbol{C}_{\boldsymbol{x}}|^{-1/2}\exp\left[-\frac{1}{2}(\boldsymbol{x}-\boldsymbol{\mu}_{\boldsymbol{x}})^{\mathrm{T}}\boldsymbol{C}_{\boldsymbol{x}}^{-1}(\boldsymbol{x}-\boldsymbol{\mu}_{\boldsymbol{x}})\right] \tag{C.11}$$

式中:$\boldsymbol{C}_{\boldsymbol{x}}=(\sigma_{ij})$ 为 $\boldsymbol{X}$ 的协方差矩阵,有 $\sigma_{ii}\equiv\sigma_{X_i}^2=\mathrm{var}(X_i)$,且 $i\neq j,\sigma_{ij}=\mathrm{cov}(X_i,X_j)$(参考 A.124)。同时 $|\boldsymbol{C}_X|$ 为 $\boldsymbol{C}_X$ 的行列式,$\boldsymbol{C}_X^{-1}$ 为其逆。$\boldsymbol{\mu}_{\boldsymbol{X}}$ 为 $\boldsymbol{X}$ 的均值向量。易于证明当 $n=2$ 时式(C.11)可简化为式(C.2)。

对于式(C.11)其概率范围定义为 $X_i\leqslant x_i(i=1,\cdots,n)$,其联合累积分布函数为

$$F_X(\boldsymbol{x},\boldsymbol{C}_x)=P\left[\bigcap_{i=1}^{n}(X_i\leqslant x_i)\right]=\int_{-\infty}^{x_n}\cdots\int_{-\infty}^{x_1}f_X(\boldsymbol{v},\boldsymbol{C}_x)\,\mathrm{d}\boldsymbol{v} \tag{C.12}$$

在实际应用中,等效的标准化表达式更加有效,如果这些表达式能够计算则原始表达式也是可以计算的。当随机变量为标准化形式时(例如,$Y_i=(X_i-\mu_{x_i})/\sigma_{x_i}$),$C_X$ 变换为 $\boldsymbol{R}$,为相关矩阵,且 $F_{\boldsymbol{X}}(\boldsymbol{x},\boldsymbol{C}_x)=\Phi_n(\boldsymbol{y},\boldsymbol{R})$,其中 $\boldsymbol{Y}$ 为标准正态随机参数向量,具有零均值、单位方差以及相关矩阵 $\boldsymbol{R}$。

C.2.2　多维正态积分的数值积分

当 $n>5$ 时对多维正态积分式(C.12)直接进行数值积分通常不可行。Johnson 和 Kotz 认为当 $\rho>\frac{1}{2}$时,迭代简化公式在实际应用中即使利用计算机也是一项繁琐的工作。Milton 根据 $X_1,X_2,\cdots,X_{r-1}$ 以 X_r 为多元正态分布为条件,从二维到 r 维进行迭代计算。Daley 1974 年提出一种针对二元及三元积分的改进算法。

针对二元正态积分已经有大量的数值积分算法被提出。在实际中最常用的方法是 Owen. 1956 年提出的,该方法有多种不同的变化形式。一种更加简单

的近似算法由 Grausland 和 Lind 于 1986 年提出。两种方法都适用于楔形区域。最精确的算法由 Drezner 在 1978 年提出。该方法为多边形区域积分提供了更高的精度,但是其计算速度要比其他方法慢,如对角形区域积分的直接积分算法(Didonato et al. ,1980;Terza and Welland,1991)。由 Divgi 1979 年提出的该方法的一种变化形式,虽然其精度只能在一定的范围内保持合理,但是其计算速度非常快,在精度与时间取折中的情况下其计算效率仍然很高。早期的可与之比较的算法由 Johnson 和 Kotz 1972 年给出。然而,对于这些方法有用的对比分析目前还没有。

C.2.3 化简为单积分

当相关矩阵 $\boldsymbol{R}=\{\rho_{ij}\}$ 具有特殊的形式 $\rho_{ij}=b_ib_j(i\neq j)$,其中 $-1\leqslant b_i\leqslant 1$,$n$ 维积分式(C.12)可简化为一个单积分。n 维相关的标准正态向量 $\boldsymbol{Y}$ 与 $n+1$ 维不相关标准正态随机变量 (U_0,U) 之间的变换关系为

$$Y_i=b_iU_0+(1-b_i^2)^{1/2}U_i \quad (i=1,\cdots,n) \tag{C.13}$$

由(A.163)可知 Y_i 与 Y_j 之间的相关关系可由 $\rho_{ij}=b_ib_j$ 得到。

多变量标准联合累积分布函数可写成如下形式:

$$\Phi_n(\boldsymbol{y},\boldsymbol{R})\equiv P\left[\bigcap_{i=1}^{n}(Y_i\leqslant y_i)\right]=P\left[\bigcap_{i=1}^{n}\left(U_i\leqslant\frac{y_i-b_iU_o}{(1-b_i^2)^{\frac{1}{2}}}\right)\right] \tag{C.14}$$

该式适用于 U_0 所有的取值。因此,对 U_0 积分则有 U_0 服从分布 $\phi(u)$,且 U_i $(i=1,\cdots,n)$ 统计独立。

$$\Phi_n(\boldsymbol{y},\boldsymbol{R})=\int_{-\infty}^{\infty}\left\{\prod_{i=1}^{n}\Phi\left[\frac{y_i-b_iu}{(1-b_i^2)^{\frac{1}{2}}}\right]\right\}\Phi(u)\,\mathrm{d}u \tag{C.15}$$

式(C.15)所表示的概率内容包含在 $Y_i\leqslant y_i$ 超立方体区域中。利用一维数值积分计算比较简单尤其是当 $y_i<0$ 时。显然,如果 $\rho_{ij}\to 1$ 则 $b_i\to 1$,会引起一些数值问题。式(C.15)也适用于负相关的情况,虽然被积函数会变得复杂。

C.2.4 多元正态积分的边界

对于相关矩阵为 $\boldsymbol{R}$ 的标准正态 n 维向量 $\boldsymbol{Y}$, Slepian 在 1962 年提出对式(C.14)求导得到 $\boldsymbol{R}$ 的相关系数 ρ_{ij},可知该函数为一非减函数。则对于另一个 n 维标准正态向量 $\boldsymbol{V}$ 而言,其相关矩阵为 $\boldsymbol{K}=\{k_{ij}\}$,且对于所有的 (i,j) 有 $k_{ij}\leqslant\rho_{ij}$:

$$\Phi_n(\,)=P_Y\left[\bigcap_{i=1}^{n}(Y_i\leqslant y_i)\right]\geqslant P_V\left[\bigcap_{i=1}^{n}(V_i\leqslant v_i)\right] \tag{C.16}$$

如果 $\boldsymbol{V}$ 与 $\boldsymbol{Y}$ 相同且 $\boldsymbol{K}=\{k_{ij}\}$，则对于所有的 (i,j) 有 $k_{ij}\leqslant\rho_{ij}$，该不等式表示了 $\boldsymbol{\Phi}_n(\ )$ 的下限；通过直接类比可得到其上限。当这些表达式与式(C.15)结合，则边界可通过计算得到。

如果式(C.15)中的 b_i 取值通过 $b_ib_j<(>)\rho_{ij}$ 得到，进而可分别得到上下限的值。当取值 $b_i^2=\min\limits_j(\rho_{ij})$，$b_i^2=\max\limits_j(\rho_{ij})$，会使边界的范围扩大(Gupta，1963)；对于 $i\neq j$ 且 $b_j\neq0$，在选择 $b_i=\min\limits_j(\rho_{ij}/b_j,1)$ 及 $b_i=\max\limits_j(\rho_{ij}/b_j,1)$ 时也包括了一定的改进在里面(Curnow，Dunnett，1962)。b_i 还有其他的一些选取方法，也是可行的。然而选择 b_i 合适的取值是个复杂的过程。由此得出结论，对于负相关系数由零代替可以得到有效的上限值，而不用借助于复杂的积分(参考 C.1.2 节)。需要注意的是在所有的情况下都要保证结果的相关系数矩阵为非负定的(参考附录 B)。

C.2.5　一阶多维正态方法

C.2.5.1　基本方法：B-FOMN

在标准正态空间中当每一个基本变量有且仅有一个状态函数时，在结构可靠性中存在一种多维正态积分的特殊情况，即在基本变量空间中的轴仅在 $y_i=\beta_i$ 的条件下相交：

$$P\left(\bigcap_{i=1}^{n}Y_i\leqslant-\beta_i\right)=\boldsymbol{\Phi}_n(-\boldsymbol{\beta};\boldsymbol{R}) \tag{C.17}$$

其中 $\boldsymbol{Y}$ 为标准正态向量，$\boldsymbol{R}$ 为 $\boldsymbol{Y}$ 的相关矩阵(正定)，$\boldsymbol{\beta}$ 为安全指标向量，β_i 为 y_i 方向的安全指标。式(C.17)根据式(C.12)和式(C.14)在 Y_i 取特定值得到，将 β_i 包括在其中是为了强调 Y_i 的概率值要比 β_i 更大(相交的所有方向)。

下面给出如何将式(C.17)近似用于一次二阶矩理论及 Rosenblatt 变换(参考附录 B)。其结论可适用于系统可靠性(参考第 5 章)。

通常最初的正态随机变量 $\boldsymbol{X}$ 可利用变换式(4.3)化简为 $\boldsymbol{Y}$。然后相关变量 $\boldsymbol{Y}$ 可利用 Rosenblatt 变换的逆转换成不相关的标准正态变量 $\boldsymbol{U}$：

$$\boldsymbol{Y}=\boldsymbol{BU}\ 或\ Y_i=\sum_{j=1}^{n}b_{ij}U_j \tag{C.18}$$

式中：元素 b_{ij} 由式(B.33)给出。

其中：(C.17)的维可通过将式(C.18)代入式(C.17)来化简，则在 $U_1\leqslant-\beta_1$ 的条件下有

$$\boldsymbol{\Phi}(\ )=P\left(\bigcap_{i=1}^{n}Y_i\leqslant-\beta_i\right)$$

$$= P\left[\bigcap_{i=1}^{n}\left(\sum_{j=1}^{n} b_{ij}U_j + \beta_i\right) \leqslant 0\right]$$

$$= P\left[\bigcap_{i=2}^{n}\left(\sum_{j=1}^{i} b_{ij}U_j + \beta_i \leqslant 0\right) \mid U_1 \leqslant -\beta_1\right]P(U_1 \leqslant -\beta_1) \quad (\text{C.19})$$

现在希望将式(C.19)中的第一种概率状态用下式代替：

$$P\left[\bigcap_{i=2}^{n}\left(b_{i1}\widetilde{U}_1 + \sum_{j=2}^{i} b_{ij}U_j + \beta_i \leqslant 0\right)\right] \quad (\text{C.20})$$

式中：$\overline{U}_1$要求符合$\overline{U}_1 \leqslant -\beta_1$ 的约束。因为 U_i的变量互相之间不相关，因此 U_1所需满足的约束对 $U_2, U_3, \cdots$ 等没有影响。

在 $U_1 \leqslant -\beta_1$ 条件下的 U_i 的条件分布函数为

$$\begin{aligned} F_1(u) &= P(U_1 \leqslant u \mid U_1 \leqslant -\beta_1) \\ &= \frac{\Phi(u)}{\Phi(-\beta_1)} \quad (U \leqslant -\beta_1) \\ &= 1 \quad (U > -\beta_1) \end{aligned} \quad (\text{C.21})$$

因此

$$\widetilde{U}_1 = \Phi^{-1}[\Phi(-\beta_1)F_1(\widetilde{U}_1)] \quad (\widetilde{U}_1 \leqslant -\beta_1) \quad (\text{C.22})$$

在式(C.22)中，对于所有的连续分布函数 $F_X(x)$ 可等同于 $F_1(\overline{U}_1)$，不会对$\overline{U}_1$的结果产生影响，如下所示

$$F_1(\widetilde{U}_1) = F_X(x) \quad (\text{C.23})$$

为使一阶可靠性理论适用，式(C.20)中需要仅包含正态变量。因此，除 $F_X(x)$ 以外也可用一个正态分布函数 $\Phi(U_1)$ 来代替 $F_1(\widetilde{U}_1)$，则式(C.22)形式变为

$$\widetilde{U}_1 = \Phi^{-1}[\Phi(-\beta_1)\Phi(U_1)] \quad (\text{C.24})$$

此处新的标准正态变量 U_1，即为式(C.19)中初始的 U_1。因为所有的 U_i 都是相互独立的，所以 U_1 可以重复使用。需要注意的是 $P(U_1 \leqslant -\beta_1) = \Phi(-\beta_1)$，利用式(C.20)和式(C.24)，式(C.19)可写成如下形式：

$$\Phi_n(\ ) = P\left(\bigcap_{i=2}^{n}\left\{b_{i1}\Phi(-\beta_1)\Phi(U_1) + \sum_{j=2}^{i} b_{ij}U_j + \beta_i \leqslant 0\right\}\right)\Phi(-\beta_1) \quad (\text{C.25})$$

$$= P\left\{\bigcap_{i=2}^{n}[g_i(U) \leqslant 0]\right\}\Phi(-\beta_1) \quad (\text{C.26})$$

式中：$g_i(U) \leqslant 0$ 为式(C.25)中{ }中的非线性极限状态。根据 4.3.2 节中式(4.7)，以及近似超平面，则线性极限状态函数变为

$$g_i(U)\approx g_{Li}(U)=\beta_i^{(2)}+\sum_{j=1}^{i}\alpha_{ij}U_j$$

将式(C.26)线性化可得

$$g_i(U)\approx g_{Li}(U)=\beta_i^{(2)}+\sum_{j=1}^{i}\alpha_{ij}U_j \tag{C.27}$$

式中:α_{ij}为U^*的方向余弦,$\beta_i^{(2)}$为逼近平面的最短距离

$$g_{Li}(U)=\beta_i^{(2)}+\sum_{j=1}^{i}\alpha_{ij}U_j$$

在U空间里的$n-1$近似超平面的交叉点,现可以在初始相关的Y空间对其进行改进

$$\boldsymbol{\Phi}_n(\ )\approx P\left(\bigcap_{i=2}^{n}Y_i^{(2)}\leqslant-\beta_i^{(2)}\right)\boldsymbol{\Phi}(-\beta_1) \tag{C.28}$$

$$\approx\boldsymbol{\Phi}_{n-1}(-\beta^{(2)};\boldsymbol{R}^{(2)})\boldsymbol{\Phi}(-\beta_1) \tag{C.29}$$

式中:$R^{(2)}$表示线性近似超平面的相关系数矩阵;$\beta^{(2)}$为$\beta_i^{(2)}(i=2,\cdots,n)$。

重复式(4.43)的全部过程最后可以得到

$$\boldsymbol{\Phi}_n(-\beta;\boldsymbol{R})\approx\boldsymbol{\Phi}(-\beta_1)\boldsymbol{\Phi}(-\beta_2^{(2)})\cdots\boldsymbol{\Phi}(-\beta_n^{(n)}) \tag{C.30}$$

已经证明即使在n取很大数值的情况下也可以保证很好的准确性,式(C.26)的线性极限状态函数$g_i(U)$可以方便地得到。为进行对比可将其称为基本的或B-FOMN方法。

C.2.5.2 改进方法:I-FOMN

在式(C.26)中的每一个极限状态$g_i(\ )$在U_1中为非线性的。如果线性空间$(U_2,U_3,\cdots,U_i)$凝聚成V空间,在二维空间(U_1,V)的一个等价的极限状态方程可以写为

$$g_i(U_1,V)=b_{i1}\boldsymbol{\Phi}^{-1}[\boldsymbol{\Phi}(-\beta_1)\boldsymbol{\Phi}(U_1)]+b_2V+\beta_i=0 \tag{C.31}$$

式中:$b_2=(1-b_{i1}^2)^{1/2}$,且$V=\sum_{j=2}^{i}b_{ij}U_j/b_2(i=2,3,\cdots,n)$。$b_{ij}$由式(B.33)定义。

该非线性极限状态方程可直接用于评估$\beta_i^{(2)}$及α_{ij}。为此可以将4.3.6节中的迭代程序用于将$g_i(U_l,V)$近似于一个超平面,正如式(C.26)及(C.27)中的变化,但是在此超平面中封闭的概率内容等价于$\beta_i^{(2)}$的更加精确的估计。该超平面可通过先确定方向余弦$\alpha_{E,i}$来得到。可先由区别函数表达式$\beta_E=-\boldsymbol{\Phi}^{-1}[p_{fk}]$(因为$\beta_E=\beta_E(\boldsymbol{U})$,其中$\boldsymbol{U}$为正态变量构成的向量)得到。然后利用式(4.5):$c_{E,i}=\partial\beta_E/\partial U_i,\ell_{E,i}^2=\sum_i c_{E,i}^2,\alpha_{E,i}=c_{E,i}/\ell_{E,i}$。主要的困难在于将$\beta_E$表示为$\boldsymbol{U}$的函数;通常需要包含数值求解过程。该改进的方法可称为I-FOMN方法。

例 C.1

考虑到在标准正态空间的交叉 $E_1 \cap E_2$ 以及在图 C.5(a)中的极限状态 L_1 和 L_2。主导的极限状态为 L_1;$\beta_1<\beta_2$。方向余弦如图 C.5 所示。

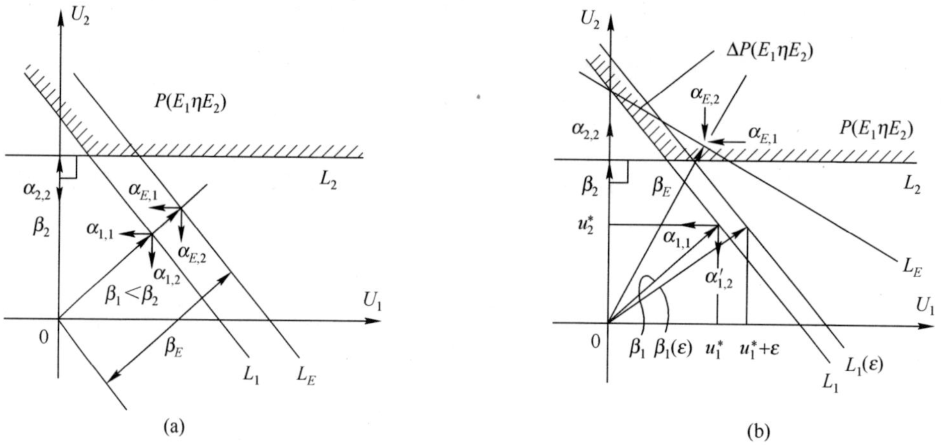

图 C.5 (a)线性极限状态函数;(b)转化等效后的极限状态函数

利用近似的方法,等价的极限状态 L_E 由 β_E 定义,其方向余弦 $\alpha_{E,i}=\alpha_{1,i}$ 如上所示。同时,等价极限状态的安全系数由 $\beta_E=-\Phi^{-1}[P(E_1 \cap E_2)]$ 确定,当 $P(E_1 \cap E_2)$ 可计算时则上述安全系数也可计算。

在图 C.5(b)中可通过一个更加精确的方法确定极限状态 L_E,β_E 如前所述,但是其方向变为由方向余弦 $\alpha_{E,i}$ 定义。由式(4.5)当 $c_{E,i}=\partial\beta_E/\partial U_i$ 时定义为 $c_{E,i}/\ell$。u_1 中 ε 对于 β_1 的小变化会导致 β_E 的变化,该变化可在图 C.1(b)中观察得知;两种极限状态的检验点 u_i^* 变为($u_1^*+\varepsilon,u_2^*$)。每一个 $\beta_i(i=1,2)$ 所伴随的变化如图所示;这些变化也通过 $\Delta P(E_1 \cap E_2)$ 改变交叉点的概率。同样的 β_E 也会改变。

$$c_{E,i}=\frac{\partial \beta_E}{\partial u_1}=\lim_{\varepsilon\to 0}\left(\frac{\Delta\beta_E}{\varepsilon}\right)=\lim_{\varepsilon\to 0}\left\{\frac{(-)\Phi^{-1}P[\beta_1(\varepsilon)]-(-)\Phi P(\beta_1,\beta_2)}{\varepsilon}\right\}$$

式中:在此情况下 $\beta_1^2(\varepsilon)=(u_1+\varepsilon)^2+u_2^2$ 且 $\beta_2(\varepsilon)=\beta_2$,因为 ε 较小 u_1 的变化不会影响 β_2。

C.2.5.3 一般化方法:G-FOMN

通过将反 Rosenblatt 变换应用到式(C.29)的条件概率内容,可得到 $\beta_i^{(2)}$ 的改进的估计。式(C.29)所隐含的每一项 $\sum_{j=1}^{i} b_{ij}U_j+\beta_i\leqslant 0$ 的条件概率 P_i 为

$$P_i = P\left(\sum_{j=1}^{i} b_{ij}U_j + \beta_i \leqslant 0 \mid U_1 \leqslant \beta_1\right) \tag{C.32}$$

$$= P(Y_i + \beta_i \leqslant 0 \mid Y_1 \leqslant -\beta_1) \tag{C.33}$$

由式(C.18)有 $Y_1 = U_i$ 且 $Y_i = \sum_{j=1}^{i} b_{ij}U_j$，$b_{ij}$ 由式(B.33)定义。

结合式(A.3)上式变为

$$P_i = \frac{P[(Y_i \leqslant -\beta_i) \cap (Y_i \leqslant -\beta_1)]}{P(Y_1 \leqslant -\beta_1)} \tag{C.34}$$

$$= \frac{\Phi_2(-\beta_1, -\beta_i; \rho_{i1})}{\Phi(-\beta_1)} \quad (i = 2, 3, \cdots, n) \tag{C.35}$$

由式(A.140)或者式(C.7)计算可得到 $\Phi_2(\ )$。则式(C.35)变为

$$P_i = \Phi(-\beta_i) + \frac{1}{\Phi(-\beta_i)2\pi}\int_0^{\rho_{i1}} \frac{1}{(1-u^2)^{1/2}}\exp\left[\frac{-(\beta_1^2 + \beta_i^2 - 2\beta_1\beta_i u)}{2(1-u^2)}\right]\mathrm{d}u \tag{C.36}$$

在式(C.27)和式(C.28)中用 $\beta_i^{(2)} = -\Phi^{-1}(P_i)$ 进行估计比前面用 $\beta_i^{(2)}$ 的结果要好。这种一般化的方法被称为 G-FOMN 方法。

原方法(I-FOMN)以及其扩展的方法(G-FOMN)都是直接用 β 的最小值而不是其迭代结果进行计算。

例 C.2

对于一个 20 维的多维正态积分，具有等相关结构 $r_{ij} = 0.9(i, j = 1, \cdots, 20)$，且在每个坐标轴上有相等的截距 $x_i = c(i = 1, \cdots, 20)$。Pandy 利用常规的 G-FOMN 方法及数值积分并将其与其他方法的准确性进行比较。图 C.6 为分位点 $x_i = c$ 取不同值时得到的一些不同的结果。从图中可以看出 G-FOMN 方法得到的结果能在分位点取值的最大范围内与其保持最优的近似。

C.2.6 条件边缘产品法(PCM)

与 G-FOMN 方法相比有一个备选的有时甚至要更加简单的方法，其结果的准确度与 G-FOMN 方法相当，该方法基于 m 维多维正态积分可以由 m 个条件概率代替。

该方法可用于阐述三维正态积分 $\Phi_3(c, R)$，其中 $x_i = c_i$ 为第 i 个平面在 x_i 轴上的截距，$\boldsymbol{R} = \{r_{ij}\}(i, j = 1, 2, 3)$ 为相关矩阵。该积分可由下述条件概率表达式代替：

$$\Phi_3(\boldsymbol{c}, \boldsymbol{R}) = P[(X_3 \leqslant c_3) \mid (X_2 \leqslant c_2) \cap (X_1 \leqslant c_1)] \times P[(X_2 \leqslant c_2) \mid (X_1 \leqslant c_1)] \times \Phi_1(c_1) \tag{C.37}$$

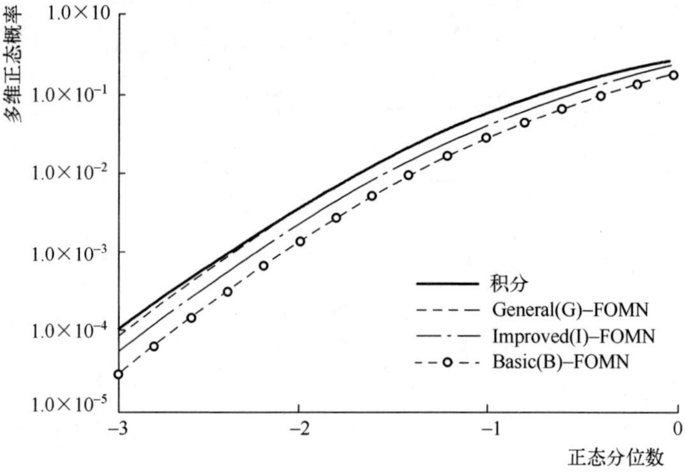

图 C.6　当分位点 $x_i=c$ 取不同值时，$r=0.9$，对多维正态 $\Phi_{20}(c,r)$ 积分的不同 FOMN 法逼近的相关精度

最后一项为已计算的项。第二个条件项 $P[(X_2\leqslant c_2)\mid(X_1\leqslant c_1)]$ 要求在 $X_1\leqslant c_1$ 的条件下计算 X_2 的边缘分布。该边缘分布的概率密度函数如下(参考式(A.116))：

$$f_{X_2|X_1\leqslant c_1}(x_2)=\frac{1}{\Phi(c_1)}\int_{-\infty}^{c_1}\phi_{X_1X_2}(x_1,x_2,r_{12})\,\mathrm{d}x_1 \tag{C.38}$$

式中：$\phi_{X_1,X_2}(\ )$ 为一个双正态密度函数。显然，条件边缘分布不服从于正态分布。然而，其均值 $\mu_{2|1}$ 及标准偏差 $\sigma_{2|1}$ 表达式如下：

$$\mu_{2|1}=-r_{12}A_1\quad \text{with}\quad A_1=\phi(c_1)/\Phi(c_1)$$

$$\sigma_{2|1}=(1-r_{12}^2B_1)^{1/2}\quad \text{with}\quad B_1=A_1(c_1+A_1)$$

这些可用于构建一个均值为 $\mu_{2|1}$、标准偏差为 $\sigma_{2|1}$ 的正态分布，作为式(C.38)的简单近似：

$$P[(X_2\leqslant c_2)\mid(X_1\leqslant c_1)]\approx\Phi\left(\frac{c_2-\mu_{2|1}}{\sigma_{2|1}}\right)=\Phi(c_{2|1}) \tag{C.39}$$

其中

$$c_{2|1}=\frac{c_2-\mu_{2|1}}{\sigma_{2|1}}=\frac{c_2+r_{12}A_1}{(1-r_{12}^2B_1)^{1/2}} \tag{C.40}$$

对于式(C.37)第一个条件项的计算，可将此表达式用于截尾正态分布。另外，也可将表达式写成如下形式：

该式与式(C.29)在形式上类似，因此类比式(C.40)，条件正态分布的分位数可表示为

$$c_{3|2}=\frac{c_{3|1}+r_{23|1}A_{2|1}}{(1-r_{23|1}^2B_{2|1})^{1/2}} \tag{C.41}$$

式中：$A_{2|1}=\phi(c_{2|1})/\Phi(c_{2|1})$，$B_{2|1}=A_{2|1}(c_{2|1}+A_{2|1})$且$r_{23|1}=r_{23|X_1\leqslant c_1}$可由下面的解析表达式得到

$$r_{23|1}=\frac{r_{23}-r_{12}r_{13}B_1}{(1-r_{12}^2B_1)^{1/2}(1-r_{13}^2B_1)^{1/2}} \tag{C.42}$$

式(C.42)中的$c_{3|2}$可由式(C.41)计算得到。同时$c_{2|1}$可由式(C.40)计算得到，所以截尾正态分布$\Phi_3(c,R)$是可计算的，对于$m=3$可由归纳法得到一般的表达式：

$$\boldsymbol{\Phi}_m(\boldsymbol{c},\boldsymbol{R})\approx\prod_{k=1}^{m}\Phi(c_{k|k-1}) \tag{C.43}$$

式(C.41)及式(C.42)可通过归纳法进行扩展，其下标变换为$3\to m$，$2\to k$，$1\to(k-1)$，$B_1\to B_{(k-1)|(k-2)}$。

显然由PCM方法对多维正态积分进行近似是相对简单的，仅涉及对条件正态分位点$c_{p|q}$的估计，例如式(C.41)，以及式(C.43)一维正态积分的结论。通过对相关系数的估计、概率范围及维数的对比，证明该方法的结果通常很接近G-FOMN，因此这两种方法的结果通常都接近由数值积分得到的精确结果。

附录D

补充标准正态分布表

表 D.1　标准正态分布 $N(0,1)$ 定义为 $(\Phi(-\beta)=1-\Phi(\beta))$

β	$\Phi(-\beta)$	β	$\Phi(-\beta)$	β	$\Phi(-\beta)$
0.00	0.5000E-01	1.60	0.5480E-01	3.20	0.6871E-03
0.10	0.4602E-01	1.70	0.4457E-01	3.30	0.4834E-03
0.20	0.4207E-01	1.80	0.3593E-01	3.40	0.3369E-03
0.30	0.3821E-01	1.90	0.2872E-01	3.50	0.2326E-03
0.40	0.3446E-01	2.00	0.2275E-01	3.60	0.1591E-03
0.50	0.3085E-01	2.10	0.1786E-01	3.70	0.1077E-03
0.60	0.2743E-01	2.20	0.1390E-01	3.80	0.7230E-04
0.70	0.2420E-01	2.30	0.1072E-01	3.90	0.4804E-04
0.80	0.2119E-01	2.40	0.8198E-02	4.00	0.3162E-04
0.90	0.1841E-01	2.50	0.6210E-02	4.50	0.3391E-05
1.00	0.1587E-01	2.60	0.4661E-02	5.00	0.2859E-06
1.10	0.1357E-01	2.70	0.3467E-02	5.50	0.1892E-07
1.20	0.1151E-01	2.80	0.2555E-02	6.00	0.9716E-09
1.30	0.9680E-01	2.90	0.1866E-02	7.00	0.1254E-11
1.40	0.8076E-01	3.00	0.1350E-02	8.00	0.6056E-15
1.50	0.6681E-01	3.10	0.9676E-03	9.00	0.1091E-18

标准正态分布概率密度函数 $\phi(x)$

对于较小 x 取值所对应的标准正态分布概率密度函数 $\phi(x)$，其值可通过查上表获得。对于较大 x 取值对应的 $\phi(x)$，可基于表 D.1 给出的数值，利用下面的近似方法计算：

$$\phi(x)=\frac{\Phi(-x+\Delta x)-\Phi(-x-\Delta x)}{2\Delta x}$$

例如，如果要估计 $\phi(3.65)$

$\Phi(-3.64) = 0.1363E-3$

$\Phi(-3.66) = \underline{0.1261E-3}$

差$=\underline{0.0102\mathrm{E}-3}$

$\Phi(3.65) = (0.0102E-3)/(0.02) = \underline{0.51E-3}$

附录E

随　机　数

表 E. 1 给出了一小部分仅在文中案例使用的生成的随机数的列表。在实际应用中,随机数可以利用计算机生成,或通过查表得到[Rand Corporation, 1955]

表 E. 1

0. 9311	0. 4537
0. 7163	0. 1827
0. 4626	0. 2765
0. 7895	0. 6939
0. 8184	0. 8189
0. 3008	0. 9415
0. 3989	0. 4967
0. 0563	0. 2097
0. 1470	0. 4575
0. 2036	0. 4950
0. 6624	0. 8463
0. 2825	0. 2812
0. 9819	0. 6504
0. 1527	0. 8517
0. 0373	0. 0716
0. 2131	0. 8970
0. 4812	0. 1217
0. 7389	0. 2333
0. 7582	0. 6336
0. 8675	0. 5620

附录F

计算机程序

略

关键词汇索引

（续）

(续)

关 键 词	释 义	页 码
(plastic) Collapse mechanism	(塑性)倒塌机理	136
Survival mode approach	安全模态法	138
Structure survives	结构存活	138
Lower bound stress field	应力场下限	139
Statements	观点	139
the Plastic collapse event	塑性破坏事件	139
Total plastic collapse event	总塑性失效事件	139
Classical plastic limit analysis a dual approach	经典塑性极限分析包括两个方法	139
Stand-by or Fail-safe	备份或故障安全	143
Branching criteria	分支标准	175
Increment load technique	荷载增量法	178
Stochastic	随机的	184
Time-dependent	时间相关的	184
Time-variant	时变的	184
Hazard function	危害函数	188
Correlation	相关	197
Holding time	持续时间	203
Turkstra's rule	Turkstra 组合规则	242
Arbitrary-point-in-time	任意时刻	242
Spectral analysis	谱分析	243
Frequency domain	频域	244
Time domain	时域	244
Palmgren-Miner hypothesis	Palmgren-Miner 假设	248
Live load	活载荷	251
Floor load	楼面载荷	252
'3 s gust ' spped	3s 阵风风速	253
Fastest-mile wind speed	最大风速	253
Cyclonic	龙卷风	253
Average-point-in-time	时间平均值	254
Gust factor	阵风因子	254
airy wave theory	airy 线性波理论	257

（续）

参考文献

Abdo, R. and Rackwitz, R. (1990) A new beta-point algorithm for large variable problems in time-invariant and time-variant reliability problems, ***Proc. 3rd IFIP WG7. 5 Working Conf. on Reliability and Optimization of Structural Systems***, Der Kiureghian, A. and Thoft- Christensen, P. (Eds) Springer, 112.

Abramowitz, M., and Stegun, I. A. (Eds) (1966) ***Handbook of Mathematical Functions***, Applied Mathematics Series No. 55, National Bureau of Standards, Washington, DC.

Ahammed, M. and Melchers, R. E. (1997) Probabilistic Analysis of Underground Pipelines Subject to Combined Stresses and Corrosion, ***Engineering Structures***, 19 (12) 988-994.

Albrecht, P. and Naeemi, A. (1984) ***Performance of Weathering Steel in Bridges***, NCHRP Report 272, Washington, DC.

Allen, D. E. (1968), Discussion of Turkstra, C. J., Choice of failure probabilities, J ***Structural*** ASCE, 94, 2169-2173.

Allen, D. E. (1970) Probabilistic study of reinforced concrete in bending, *J. Amer. Concrete Inst.*, 67 (12) 989-993.

Alien, D. E. (1975) Limit states design — a probabilistic study, *Can. J, Civil Eng.*, 2 (1) 36-49.

Allen, D. E (1981a) Criteria for design safety factors and quality assurance expenditure, *Structural Safety and Reliability*, Moan, T., and Shinozuka, M., (Eds), Elsevier, Amsterdam, 667-678.

Allen, D. E (1981b) Limit states design: what do we really want?, *Can. J. Civil Eng.*, 8, 40-50.

Allen, D. E. (1991) Limit states criteria for structural evaluation of existing buildings, *Can. J. Civil Engineering*, 18, 995-1004.

Alpsten, G. A. (1972) Variations in mechanical and cross-sectional properties of steel, *Proc. Int. Conf. on Planning and Design of Tall Buildings*, Vol. Ib, Lehigh University, Bethlehem, 775-805.

Ang, A. H-S. and De Leon, D. (1997) Determination of optimal target reliabilities for design and upgrading of structures, *Structural Safety*, 19 (1) 91-103.

Ang, A. H-S. and Tang, W. H. (1975) Probability Concepts in Engineering Planning and Design, Vol. I, Basic Principles, *John Wiley.*

Ang, G. L., Ang, A. H-S. and Tang, W. S. (1989) Kernel method in importance sampling density estimation, *Proc. 5th International Conference on Structural Safety and Reliability*, A. H-S. Ang, M. Shinozuka and G. I. Schuëller (Eds), ASCE, New York, 1193-1200.

Ang G. L., Ang, A. H-S. and Tang, W. S. (1991) Multi-dimensional kernel method in importance sampling, *Proc. 6th International Conference on Applications of Statistics and Probability in Civil Engineering*, L. Esteva and S. E. Ruiz (Eds), CERRA, 289-295.

Arnold, R. J. (1981) *The Geometry of Random Fields*, John Wiley & Sons, New York.

ASCE (Committee on Fatigue and Fracture Reliability) (1982) Fatigue reliability (a series of papers), *J, Struc-*

tural Div. ,ASCE,108 (ST1) 3-88.

Augusti,G. (1980) Probabilistic methods in plastic structural analysis,*Nuclear Engineering and Design*,57, 403-415.

Augusti,G. and Baratta,A,(1972) Limit analysis of structures with stochastic strength variations,*J. Structural Mechanics*,1 (I) 43-62.

Augusti,G. and Baratta,A. (1973) Theory of probability and limit analysis of structures under multiparameter loading,*Foundations of Plasticity*,Sawczuk,A. (Ed),Noordhoff,Leyden,347-364.

Augusti,G. ,Baratta,A. and Casciati,F. (1984) *Probabilistic Methods in Structural Engineering* Chapman and Hall,London. '

Ayyab,B. M. and Haldar,A. (1984) Practical structural reliability techniques *J Engineering*,ASCE,110 (8) 1707-1724.

Ayyub,B. M. and Chia,C. -Y. (1991) Generalized conditional expectation for structural reliability assessment, *Structural Sqfety*,**11** (2) 131- 146.

Ayyub,B. M. and Lai,K. -L,(1990) Structural reliability assessment using Latin hypercube sampling,*Proc. Intl. Conf. Structural Safely and Pliability*, Ang, A. H-S. , Shinozuka, M. and Schuëller, G. I. (Eds), ASCE,New York,1177-1184.

Baboian,R. (1995) Environmental conditions affecting transport infrastructure,*Materials Performance*,**34** (9) 48-52.

Baker,M. J. (1969) Variations in the mechanical properties of structural steels, *Final Report Symposium on Concepts of Safety of Structures anti Methods of Design*,IABSE,London,165-174.

Baker,M. J. (1976) Evaluation of partial safety factors for Level I codes — example of application of methods to reinforced concrete beams,*Bulletin d' Information No,112*,Corinth Européen due Béton,Paris,190-211.

Baker,M. J. (1985) The reliability concept as an aid to decision making in offshore engineering,*Behaviour of Offshore Structures*,Elsevier,Amsterdam,75-94.

Baker,M. J. and Wyatt,T. (1979) Methods of reliability analysis for jacket platforms*Proc. Second Intl. Conf. on Behaviour of Offshore Structures*,British Hydrormechanics Research Association,Cranfield,499-520.

Baratta,A. (1995) Discussion on Wang,et al. (1994),*Structural Safety*,17 (2) 111-115.

Bartlett,F. M. (1997) Precision of in-place concrete strengths predicted using core strength correction factors obtained by weighted regression analysis,*Structural Safety*,19 (4) 397- 410.

Bartlett,F. M. and McGregor,J. G. (1996) Statistical analysis of the compressive strength of concrete in structures,*ACI Materials Journal*,93 (2) 158-168.

Basler,B. (1961) Untersuchungen Uber den sicherheitsbegriff von bauwerken, *Schweiz*,*Arch. t 27* (4) 133-160.

Batts,M. B. , Russell,L. R. and Simiu,B. (1980) Hurricane wind speed in the United States,*J. Structural Div.* ,ASCE,106 (ST10) 2001-2016.

Belyaev,Y. K. (1968) On the number of exists across the boundary of a region by a vector stochastic process, *Theory Prob. Appl*,13 (2) 320-324.

Belyaev,Y. K. and Nosko,V. P. (1969) Characteristics of excursions above a high level for a Gaussian process and its envelope,*Theory Prob. Appl.* ,14,296-309.

Benjamin,J. R. (1970) Reliability studies in reinforced concrete design,*Structural Reliability and Codified Design*,Lind,N. C. (Ed),SM Study No. 3,University of Waterloo,Waterloo,Ontario.

Benjamin, J. R. and Cornell, C. A, (1970) *Probability, Statistics and Decisions for Civil Engineers*, McGraw-Hill, New York.

Bennett, R. M. and Ang. A. H. -S. (1983) *Investigation of Methods for Structural Systems Reliability*, Structural Research Series No. 510, University of Illinois, Urbana, 1L.

Berthellamy, *J.* and Rackwitz, R. (1979) *Multiple Point Checking in System Reliability*, Research Report, SFB 96, Technical University, Munich.

Beveridge, G. S. G. and Schechter, R. S. (1970) *Optimization: Theory and Practice*, McGraw-Hill, New York.

Birnbaum, Z. W. (1950) Effect of linear truncation on a multinormal population, *The Annals of Mathematical Statistics*, 21, 272-279.

Bjerager, P. (1988) Probability integration by directional simulation, *J. Engineering Mechanics*, ASCE, 114 (8) 1285-1302.

Bjerager, P. (1990) On computational methods for structural reliability analysis, *Structural Safety*, 9 (2) 79-96.

Bjerager, P. and Krenk, S. (1989) Parametric sensitivity in first order reliability theory, *J, Engineering Mechanics*, ASCE, 115 (7) 1577-1582.

Bjorhovde, R., Galambos, T. V. and Ravindra, M. K. (1978) LRFD criteria for steel beam- columns, *J. Structural Div.*, ASCE, 104 (ST9) 1371-1387.

Blockley, DJ. (1980) *The Nature of Structural Design and Safety*, Ellis Horwood, Chichester.

Blockley, D. I. (1992) (Ed) *Engineering Safety*, McGraw-Hill, London.

Bolotin, V. V., Babkin, A. A. and Belousov, I. L. (1998) Probabilistic model of early fatigue crack growth, *Prob. Engineering Mechanics*, 13 (3) 227-232.

Bonferroni, C. E. (1936) Teoria statistica classi e calcolo della proababilita, *Pubbl R. 1st. Super Econ. Comm.* Firenze, 8, 1-63. -

Borgman, L. E. (1963) Risk criteria, J. *Waterways Harbours* Div., ASCE, 89 (WW3) 1-35.

Borgman, L. E. (1967) Spectral analysis of ocean wave forces on piling, *J. Waterways Harbors.* Div., ASCE, 93 (WW2) 129-156.

Bosshard, W. (1975) *On Stochastic Load Combinations*, Technical Report No. 20, Department Of Civil Engineering, Stanford University, CA.

Bosshard, W. (1979) Structural safety- A matter of decision and control, *IABSE Surveys*, No. S- 9/1979, 1-27.

Box, G. E. P. and Muller, M. E. (1958) A note on the generation of normal deviates, *Ann. Math.* Stat., 29, 610-611.

Box, G. E. P. and Tiao, G. C. (1973) *Bayesian Inference in Statistical Analysis*, Addison-Wesley Publishing Co., Reading, MA.

Breitung, K. (1984) Asymptotic approximations for multinormal integrals, *J. Engineering Mechanics*, ASCE, 110 (3) 357-366.

Breitung, K. (1988) Asymptotic approximations for the outcrossing rates of stationary Gaussian vector processes, *Stochastic Processes and their Applications*, 29, 195-207.

Breitung, K. (1989) Asymptotic approximations for probability integrals, *Prob. Engineering Mechanics*, 4 (4) 187-190.

Breitung, K. (1991) Probability approximations by log likelihood maximization, *J. Engineering Mechanics*, ASCE, 117 (3) 457-477.

Breitung, K. (*1994*) Asymptotic Approximations for Probability Integrals, *Springer-Verlag, Berlin.*

Breitung, K. and Hohenbichler, M, (1989) Asymptotic approximations for multivariate integrals with application to multinormal probabilities, *J. Multivariate Analysis*, 30, 80-97.

Breitung, K. and Rackwitz, R. (1982) Non-linear combination load processes, *J. Structural Mechanics*, 10 (2) 145-166.

Broding, W. C., Diederich, F. W. and Parker, P. S. (1964) Structural optimization and design based on a reliability design criterion, *J. Spacecraft*, 1 (I) 56-61.

Bucher, C. G., Chen, Y. M. and Schuëller, G. I. (1988) Time variant reliability analysis utilizing response surface approach, *Proc. 2nd IFIP Conference on Reliability and Optimization of Structural Systems*, Thoft-Christensen, P. (Ed), Springer, 1-14.

Bucher, C. G. (1988) Adaptive sampling — an iterative fast Monte Carlo procedure, *Structural Safety*, 5 (2) 119-126.

Bucher, C. G. and Bourgund, U. (1990) A fast and efficient response surface approach for structural reliability problems, *Structural Safety*, 7, 57-66.

Byers, W. G., Marley, M. J., Mohammadi, J. Nielsen, RJ. and Sarkani, S. (1997) Fatigue reliability reassessment procedures: state-of-the-art paper, *J. Structural Engineering* ASCE, 123(3) 271-276.

Casciati, F and Faravelli, L. (1991) *Fragility Analysis of Complex Structural Systems*, Research Studies Press, Taunton, England.

CEB (1976) *Common Unified Rules for Different Types of Construction and Material* (3rd draft), Bulletin d'Information No. 116-E, Comité Européen du Béton, Paris.

Chalk, P. L. and Corotis, R. B. (1980) Probability model for design live loads, *J. Structural Div.*, ASCE, 106 (ST10) 2107-2033.

Chen, X. and Lind, N. C. (1983) Fast probability integration by three-parameter normal tail approximation, *Structural Safety*, 1 (4) 269-276.

Chen, Y. M. (1989) Reliability of structural systems subjected to time variant loads, Z. *angew. Mech.*, 69, T64-T66.

Chen, Y. M., Schuëller, G. I. and Bourgund, U. (1988) Reliability of large structural systems under time varying loads, *Proc. 5th ASCE Speciality Conference on Probabilistic Methods in Civil Engineering*, Spanos, P. D. (Ed), ASCE, 420-423.

Choi, E. C. C. (1991) Extraordinary live load in office buildings, *J. Structural Engineering*, ASCE, 117 (11) 3216-3227.

Choi, E. C. C. (1992) Live load in office buildings: lifetime maximum load and the influence of room use, *Proc. Institution of Civil Engineers, Structures and Buildings*, 94 (3) 307-314.

Chou, K. C. and Corotis, R. B. (1984) Conditioned Gaussian probability density, *J. Engineering Mechanics*, ASCE, 110 (!) 115-119.

Cibula, B. (1971) *The Structure of Building Control — An International Comparison*, Current Paper No. CP28/71, Building Research Station, Garston, UK.

CIRIA (1977) *Rationalization of Safety and Serviceability Factors in Structural Codes*, Report No. 63, Construction Industry Research and Information Association, London.

Clough, R. W. and Penzien, J. (1975) *Dynamics of Structures*, McGraw-Hill, New York.

Comerford, J. B. and Blockley, D. I. (1993) Managing safety and hazard through dependability, *Structural*

Safety,12 (1) 21-33.

Cook,N. J. (1983) Note on directional and seasonal assessment of extreme winds for design,*J. Wind Engg. Indust. Aerodyn.* ,12,365-372.

Cooper,P. B. ,Galambos,T. V. and Ravindra,M. K. (1978) LRFD criteria for plate girders,*J. Structural Div.* , ASCE,104 (ST9) 1389-1407.

Cornell,C. A. (1967) Bounds on the reliability of structural systems,*J. Structural Div.* ,ASCE,93 (ST1) 171 -200.

Cornell,C. A. (1969) A probability based structural code,*J. Amer. Concrete Inst.* ,66 (12) 974- 985.

Corotis R. B. and Nafday,A. M. (1989) Structural system reliability using linear programming and simulation, *J. Structural Engineering*,ASCE,115 (10) 2435-2447.

Corotis,R. B. and Doshi, V. A. (1977) Probability models for live load survey results, *J. Structural Div.* , ASCE,103 (ST6) 1257-1274.

Cramer,H. and Leadbetter,M. R. (1967)*Stationary and Related Stochastic Processes*,John Wiley *8L* Sons,New York.

Crandall,S. H. and Mark,W. D. (1963)*Random Vibration in Mechanical Systems* Academic Press,New York.

Crespo-Minguillon,C. and Casas,J. R. (1997) A comprehensive traffic load model for bridge safety checking, *Structural Safety*,19 (4) 339-359.

CSA (1974)*Steel Structures for Buildings — Limit States Design*,CSA Standard No. S16. 1- 1974,Canadian Standards Association.

Culver,C. G. (1976)*Survey Results for Fire Loads and Live Loads in Office Buildings*,NBS Building Science Series Report No. 85,Center for Building Technology,National Bureau of Standards,Washington,DC.

Curnow,R. N. and Dunnett,C. W. (1962) The numerical evaluation of certain multivariate normal integrals, *Ann. Math*,*Stat. t* 33 (2) 571-579.

Dahlquist,G. and Bj6rck,A. (1974),*Numerical Methods*,Prentice-Hall,Englewood Cliffs,NJ.

Dalcy,D. J. (1974) Computation of bi- and tri-variate normal integrals,*Appl. Stat.* . ,23 (3) 435- 438.

Daniels,H E. (1945) The statistical theory of the strength of bundles of threads,*Proc. Royal Soc*, ,*Ser At* 183, 405-435.

Davenport,A. G. (1961) The application of statistical concepts to the wind loading of structures,*Proc. Inst. Civil Engrs.* ,19,449-472.

Davenport,A. G. (1967) Gust loading factors,*J. Structural* Div. ,ASCE,93 (ST3) 11-34.

Davenport,A. G. (1983) The reliability and synthesis of aerodynamic and meteorological data for wind loading, *Reliability Theory and Its Application in Structural and Soil Mechanics*,Thoft-Christensen,P. (Ed),NATO Advanced Study Institute Series E,No. 70,Martinus Nijhoff,The Hague,314-335.

Davis,P. J. and Rabinowitz,P. (1975),*Methods of Numerical Integration*,Academic Press,New York.

Dawson,D. A. and Sankoff,D. (1967) An inequality for probabilities,*Proc. Amer. Math. Soc.* ,18,504-507.

de Finetti,B. (1974)*Theory of Probability*,John Wiley & Sons,New York.

de Neufville,R. and Stafford,J. H. (1971)*Systems Analysis for Engineers and Managers*,McGraw-Hill,New York.

Deák,I. (1980) Fast procedures for generating stationary normal vectors,*J. Stat. Comput. Simul* 10,225-242.

Deák,I. (1980) Three digit accurate multiple normal probabilities,*Numerical Mathematik*,35,369-380.

Der Kiureghian,A. (*1990*) *Baysian analysis* of model uncertainty in structural reliability *Proc.* 3rd *IFIP WG7. 5*

Conf. Reliability and Optimization of Structural Systems, Der Kiureghian, A. and Thoft-Christensen, P. (Eds), Springer, Berlin, 211-221.

Der Kiureghian, A. and Liu, P -L- (1986) Structural reliability under incomplete probability information, 7. *Engineering Mechanics*, ASCE, 112 (1) 85-104.

Der Kiureghian, A. and Taylor, R. L. (1983) Numerical Methods in Structural Reliability*Proc. 4th Int. Conf. on Applications of Statistics and Probability in Soil and Structural Engineering*, Augusti, G., Borri, A. and Vannuchi, G. (Eds), Pitagora Editrice, Bologna 769-775.

Der Kiureghian, A., Lin, H-Z. and Hwang, S-J. (1987) Second order reliability approximations *J. Engineering Mechanics*, ASCE, 113 (8) 1208-1225.

Der Kiureghian, A., Zhang, Y. and Li, C. -O. (1994) Inverse reliability problem, *J. Engineering Mechanics.* ASCE, 120 (5) 1154-1159.

Didonato, A. R., Jarnagin, M. P. and Hageman, R. K. (1980) Computation of the integral of the bivariate normal distribution over convex polygons, *SIAM J. Sci. Stat. Comput.*, 1 (2) 179- 186.

Ditlevsen, O. (1973) *Structural Reliability and the Invariance Problem*, Solid Mechanics Report No. 22, University of Waterloo, Ontario.

Ditlevsen, O. (1979a) Generalized second moment reliability index, *J. Structural Mechanics*, 7 (4) 435-451.

Ditlevsen, O. (1979b) Narrow reliability bounds for structural systems, *J. Structural Mechanics*, 7 (4) 453-472.

Ditlevsen, O. (1981a) Principle of normal tail approximation, *J Engineering Mechanics Div.*, ASCE, 107 (EM6) 1191-1208.

Ditlevsen, O. (1981b) *Uncertainty Modeling*, McGraw-Hill, New York.

Ditlevsen, O. (1982a) The fate of reliability measures as absolutes, *Nucl. Eng. Des.*, 71, 439- 440.

Ditlevsen, O. (1982b) Systems reliability bounding by conditioning, *J. Engineering Mechanics* Div., ASCE, 108 (EM5) 708-718.

Ditlevsen, O. (1983a) Fundamental postulate in structural safety, *J. Engineering Mechanics* Div., ASCE, 109 (4) 1096-1102.

Ditlevsen, O. (1983b) Gaussian outcrossings from safe convex polyhedrons, *J. Engineering Mechanics Div.*, ASCE, 109 (1) 127-148.

Ditlevsen, O. (1988) Probabilistic statics of discretized ideal plastic frames, *J. Engineering Mechanics*, ASCE, 144 (12) 2093-2114.

Ditlevsen, O. (1997) Structural reliability codes for probabilistic design - a, bate Paper based on elementary reliability and decision analysis concepts, *Structural Safety*, *19* (3) 03-270.

Ditlevsen, O. and Arnbjerg-Nielsen, T. (1989) Decision rules m re-evaluation of existing structures, Proceedings of DABI Symposium on Revaluation of Rostram, S. and Braestrup, M. W. (Eds), Danish Concrete Institute, Copenhagen, 239-248.

Ditlevsen, O. and Arnbjerg-Nielsen, T. (1992) Effectivity factor method Reliability and Optimization of Structural Systems, Rackwitz, R. and Thoft-Christensen. P.

Ditlevsen, O. and Bjerager, P. (1984) Reliability of highly redundant plastic structures, J. Engineering Mechanics, ASCE, 110 (5) 671-693.

Ditlevsen, O. and Bjerager, P. (1986) Methods of structural systems reliability, Structural Safety, 3 (3 & 4) 195-229.

Ditlevsen, O. and Bjerager, P. (1989) Plastic reliability analysis by directional simulation, J. Engineering Mechanics, ASCE, 115 (6) 1347-1362.

Ditlevsen, O. and Madsen, H O. (1980) Discussion of 'Optimal Reliability Analysis by Fast Convolution', J. Engineering Mechanics Div., ASCE, 106 (EM3) 579-583.

Ditlevsen, O. and Madsen, H O. (1983) Transient load modeling: clipped normal processes, J Engineering Mechanics Div., ASCE, 109 (2) 495-515.

Ditlevsen, O. and Madsen, H O. (1996) *Structural Reliability Methods*, John Wiley & Sons, Chichester.

Ditlevsen, O., Hasofer, A M., Bjerager, P. and Olesen, R (1988) Directional simulation Gaussian processes, *Prob. Engineering Mechanics1*3 (4) 207-217.

Ditlevsen, O., Melchers, R. E. and Gluver, H. (1990) General multi-dimensional probability integration by directional simulation, *Computers & Structures*, 36 (2) 355-368.

Ditlevsen, O., Olesen, R. and Mohr, G. (1987) Solution of a class of load combination problems by directional simulation, *Structural Safety*, *4*, 95-109.

Divgi, D. R. (1979) Calculation of univariate and bivariate normal probability functions, *Annals of Statistics*, 7, 903-910.

Dolinsky, K. (1983) First order second-moment approximation in reliability of structural systems: critical review and alternative approach, *Structural Safety*, 1 (3) 211—231.

Dorman, C. L. (1983) Extreme wind gusts in Australia, excluding tropical cyclones, *Civ. Engg.* Trans. Inst. Engrs. Aust., *CE25*, *96—106.*

Drezner, Z. (1978) Computation of the bivariate normal integral, *Math. Compute* 32 (141) 277-279.

Drury, C. G. and Fox, J. G. (Eds) (1975) *Human Reliability in Quality Control*, Taylor and Francis, London.

Drysdale, R. G. (1973) Variation of concrete strength in existing buildings, *Mag*, *Concrete Research*, 25 (85) 201-207.

Dunker, K. R. and Rabbat, B. G. (1993) Why America's bridges are crumbling, *Sci. American*, March, 66-72.

Dunnett, C. W. and Sobel, M. (1955) Approximations to the probability integral and certain percentage points of a multivariate analogue of Students t-distribution, *Biometrika*, 42, 258- 260.

El-Tawil, K., Lemaire, M. and Muzeau, J. -P. (1992) Reliability method to solve mechanical problems with implicit limit functions, *Reliability and Optimization of Structural Systems*, Rackwitz, R. and Thoft-Christensen, P. (Eds), Springer, Berlin, 181-190.

Elderton, W. P. and Johnson, M. L. (1969) *Systems of Frequency Curves*, Cambridge University Press.

Ellingwood, B. (1983) Probability-based loading criteria for codified design, *4th Inti Conf. on Applications of Statistics and Probability in Soil and Structural Engineering*, Augusti, G., Borri, A. and Vannuchi, G. (Eds), Pitagora Editrice, Bologna, 237-248.

Ellingwood, B. and Culver, C. (1977) Analysis of live loads in office buildings, *J. Structural Div.*, ASCE, 103 (*STS*) 1551-1560.

Ellingwood, B., Galambos, T. V., MacGregor, J. C. and Cornell, C. A. (1980) *Development of a Probability Based Load Criteria for American National Standard A58*, NBS Special Publication No. 577, National Bureau of Standards, US Department of Commerce, Washington, DC. [*See also*: Galambos T. V., Ellingwood, B„ MacGregor, J. G. and Cornell, C. A. (1982) Probability- based load criteria: assessment of current design practice, *J. Structural Engineering*, ASCE, 108 959 - 977, *and*: Ellingwood, B., MacGregor, J. G., Galambos, T. V. and Cornell, C. A. (1982) Probability-based load criteria: load factors and load combinations, *J. Structural Engineering*, ASCE, 108 978-997.]

Ellingwood, B. R. (1977) Statistical analysis of R. C. beam-column interaction*J. Structural Div.*, ASCE, 103 (ST7) 1377-1388.

Ellingwood, B. R. (1994) Probability-based codified design: past accomplishments and future challenges. *Structural Safety*, 13 (3) 159-176.

Ellingwood, B. R. (1996) Reliability-based condition assessment and LRFD for existing structures, *Structural Safety*, 18 (2+3) 67-80.

Ellingwood, B. R, (1997) Probability-based LRFD for engineered wood construction. *Structural Safety*, 19 (1) 53-65.

Engelund, S. and Rackwitz, R. (1993) A benchmark study on importance sampling techniques in structural reliability, *Structural Safety*, 12 (4) 255-276.

Engelund, S., Rackwitz, R. and Lange, C. (1995) Approximations of first-passage times for differentiable processes based on higher-order threshold crossings, *Probabilistic Engineering Mechanics*, 10, 53-60.

Enright, M. P. and Frangopol, D. M. (1998) Service-life prediction of deteriorating concrete bridges, *J. Structural Engineering*, ASCE, 124 (3) 309-317.

Entroy, H. C. (1960) *The Variation of Works Test Cubes*, Research Report No. 10, Cement and Concrete Association, UK.

Er, G. K. (1998) A method for multi-parameter PDF estimation of random variables, *Structural Safety*, 20 (1) 25-36.

Faber, M. H., Kroon, LB. and S0rensen, J. B. (1996) Sensitivities in structural maintenance planning, *Rel. Engg. Syst. Safety*, 51, 317-329.

Faravelli, L. (1989) Response-surface approach for reliability analysis, *J. Engineering Mechanics*, ASCE, 115 (12) 2763-2781.

Feller, W. (1957) *An Introduction to Probability Theory and its Applications*, Vol. 1 (2nd Edn), John Wiley & Sons.

Feng, Y. (1989) A method for computing structural system reliability with high accuracy, *Computers & Structures*, 33, 1-5.

Ferry-Borges, J. and Castenheta, M. (1971), *Structural Safety*, Laboratoria Nacional de Engenhera Civil, Lisbon.

Fiessler, B. (1979) *Das Programmsystem FORM zur Berechnung der Versagens- wahrscheinlichkeit von Komponenten von Tragsystemen Berichte zur Zuverlässigkeitstheorie* der Bauwerke, No. 43, Technical University Munich.

Fiessler, B., Hawranek, R. and Rackwitz, R. (1976) *Numerische Methoden für probabilistische Bemessungsverfahren und Sicherheitsnachweise*, Berichte zur Sicherheitstheorie der Bauwerke No. 14, Technical University Munich.

Fiessler, B., Neumann, H-J. and Rackwitz, R. (1979) Quadratic limit states in structural reliability, *J. Engineering Mechanics*, ASCE, 105 (4) 661-676.

Fishburn, P. C. (1964) *Decision and Value Theory*, John Wiley & Sons.

Fisher, J. W. and Struik, J. H. A. (1974) *Guide to Design Criteria for Bolted and Riveted Joints*, John Wiley, New York.

Fisher, J. W., Galambos, T. V., Kulak, G. L. and Ravindra, M. K. (1978) Load and resistance factor design criteria for connectors, *J. Structural Div.*, ASCE, 104 (ST9) 1427–1441.

Flint, A. R., Smith, B. W., Baker, M. J. and Manners, W. (1981) The derivation of safety factors for design of highway bridges, *Design of Steel Bridges*, Granada Publishing, UK.

Foschi, R. O. (1999) Reliability applications in wood design, *Progress in Structural Engineering and Mechanics*, 2 (2).

Frangopol, D. M. (1985) Sensitivity studies in reliability based analysis of redundant structures, *Structural Safety*, 3 (1) 13–22.

Frangopol, D. M. (1998) Probablistic structural optimization, *Progress in Structural Engineering and Materials* 1 (2) 223–230.

Frangopol, D. M. and Hearn, G. (1996) (Eds) *Structural Reliability in Bridge Engineering: Design, Inspection, Assessment, Rehabilitation and Management* McGraw–Hill, New York.

Frangopol, D. M., Lin, K–Y and Estes, A. C. (1997) Reliability of reinforced concrete girders under corrosion attack, *J. Structural Engineering*, ASCE, 123 (3) 286–297.

Frangopol, D. M., Milner, D., Ide, Y., Durmus, A. K. Iwaki, I. and Spacone, E. (1997) Reliability of reinforced concrete columns under random loads, *Reliability and Optimization of Structural Systems*, Frangopol, D. M., Corotis, R. B. and Rackwitz, R. (Eds), Pergamon, 141–148.

Freeman, H. (1963) *An Introduction to Statistical Inference*, Addison–Wesley, Reading, MA.

Freudenthal, A. M. (1956) Safety and the probability of structural failure, *Trans. ASCE*, 121, 1337–1397.

Freudenthal, A. M. (1961) Safety, reliability and structural design, *J. Structural Div.*, ASCE, 87 (ST3) K16.

Freudenthal, A. M (1964) Die Sicherheit der Baukonstruktionen, *Acta Tech. Hung.*, 46, 417–446.

Freudenthal, A. M. (1975) Structural safety, reliability and risk assessment, *Reliability Approach* w *Structural Engineering*, Freudenthal, A. M., *et al.* (Eds), Maruzen, Tokyo.

Freudenthal, A. M., Garrelts, J. M. and Shinozuka, M. (1966) The analysis of structural safety, *J. Structural* D/v., ASCE, 92 (ST1) 267–325.

Fu, G. and Tang, J. (1995) Risk–based proof–load requirements for bridge evaluation, *J. Structural Engineering, ASCE*, 121 (3) 542–556.

Fujino, Y (1996) Seismic, structural, economic and societal impacts of the Great Hanshin earthquake, *Applications of Statistics and Probability*, Lemaire, M., Favre, J. –L. and Mebarki, A. (Eds), Balkema, Rotterdam, 1387–1394.

Fujino, Y, and Lind, N. C, (1977) Proof–load factors and reliability, *J. Structural Divn.*, ASCE 10, 1 (ST4> 853–870,

Galambos, T. V, And Ellingwood, B. (1986) Serviceability limit states: deflection, *J. Structural Engineering*, ASCE, 112 (1), 67–84,

Galambos, T. V, and Ravindra, M. K. (1978) Properties of steel for use in LRFD, *J. Structural Div.*, ASCE, 104 (ST9) 1459–1468.

Garson, R C. (1980) Failure mode correlation in weakest–link systems, *J, Structural Div.*, ASCE, 106 (STS) 1797–1810.

Gaver, D. P., And Jacobs, P. (1981) On combination of random loads, *J. Appl. Maths.*, SIAM, 40 (3) 434–466.

Ghosn, M. and Moses, F. (1985a) Markov renewal model for maximum bridge loading, *J. Engineering Mechanics*, ASCE, 111 (9) 1093–1104.

Ghosn, M. and Moses, F. (1985b) Reliability calibration of bridge design code, *J. Structural Engineering*, ASCE, 112 (4) 745-763.

Gollwitzer S. and Rackwitz, R. (1983) Equivalent components in first-order system reliability, *Reliab. Engg*,, 5t 99—115.

Gomes, L. and Vickery, B. J. (1976) Tropical cyclone gust speeds along the northern Australian coast, *Civ. Engg, Trans. Inst. Engrs. Aust.*, CE18 (2) 40-48,

Gorman, M. R. (1979) *Reliability of Structural Systems*, Report No. 79-2, Department of Civil Engineering, Case Western Reserve University, OH.

Gorman, M. R. (1981) Automatic generation of collapse mode equations, *J. Structural* Div., ASCE, 107 (ST7) 1350-1354.

Gorman, M. R. (1984) Structural resistance moments by quadrature, *Structural Safety*, 2, 73-81.

Grandhi, R. V. and Wang, L. (1997) Structural failure probability calculations using nonlinear approximations, *Reliability and Optimization of Structural Systems*, Frangopol, D. M., Corotis, R. B. and Rackwitz, R. (Eds), Pergamon, Oxford, 165-172.

Grandori, G. (1991) Paradigms and falsification in earthquake engineering, *Meccanica*, 26, 17-21.

Grant, L. H., Mizra, S. A. and MacGregor, J. G. (1978) Monte Carlo study of strength of concrete columns, *J. Amer. Concrete Inst.*, *75* (8) 348-358.

Grausland, H. and Lind, N. C. (1986) A normal probability integral and some applications, *Structural Safety* 4, 31-40.

Greig, G. L. (1992) An assessment of high-order bounds for structural reliability, *Structural Safety* 11, 213-225.

Grigoriu, M. (1975) *On the Maximum of the Sum of Random Process Load Models*, Internal Project Working Document No. 1, Department of Civil Engineering, Massachusetts Institute of Technology, Cambridge, MA.

Grigoriu, M. (1982) Methods for approximate reliability analysis, *Structural Safety*, 1 (2) 155-165.

Grigoriu, M. (1983) Approximate analysis of complex reliability problems, *Structural Safety*, 1277-288.

Grigoriu, M, (1984) Crossings of non-Gaussian translation processes, *J. Engineering Mechanics Div.*, ASCE, 110 (6) 610-620.

Grimmelt, M. J. and Schuëller, G. I. (1982) Benchmark study on methods to determine collapse failure probabilities of redundant structures, *Structural Safety*, 1, 93-106.

Grimmelt, M. J., Schuëller, G. I. and Murotsu, Y. (1983) On the evaluation of collapse probabilities, Proc. 4th ASCE-EMD *Speciality Conf. on Recent Advances in Engineering Mechanics* Vol. II, ASCE, 859-862.

Guan, X. L. and Melchers, R. E. (1998) A load space formulation for probabilistic finite element analysis of structural reliability, *Prob. Engineering Mechanics.*

Guedes-Soares, C. and Garbatov, Y. (1996) Fatigue reliability of the ship hull girder accounting for inspection and repair, *Reliability Engineering and System Safety*, 51, 341-351.

Guenard, Y. F. (1984) *Application of System Reliability Analysis to Offshore Structures*, Report No. RMS-1, Department of Civil Engineering, Stanford University.

Guiffre, N., and Pinto, P E. (1976) *Discretisation from a Level II Method*, Bulletin conformation No. 112, Comité Européen du Béton, Paris, 158-189.

Gumbel, E. J. (1958) *Statistics of Extremes*, Columbia University Press, New York.

Gupta, S. S. (1963) Probability integrals of multivariate normal and multivariate t, *Ann. Math. Star*, *341* 792

-828.

Hagen,J. (Ed) (1983)*Deterrence Reconsidered*,Sage Publications.

Hall, W. B. (1988) Reliability of service - proven structures, *J. Structural Engineering*, ASCE, 114 (3) 608—624.

Hall,W. B. and Tsai,M. (1989) Load testing,structural reliability and test evaluation. *Structural Safety*,*6*,285 -302.

Hallam,M. G. ,Heaf,N. J. and Wootton,L. R. (1978)*Dynamics of Marine Structures*,(2nd Edn),CIRIA Underwater Engineering Group,London.

Hammersley,J. M. and Handscomb,D. C. (1964)*Monte Carlo Methods*,John Wiley & Sons,New York.

Harbitz,A. (1983) Efficient and accurate probability of failure calculation by use of the importance sampling technique,Proc. 4th Int. Conf. on *Applications of Statistics and Probability in Soil and Structural Engineering*,Augusti,G. ,Borri,A. and Vannuchi,O. (Eds),Pitagora Editrice,Bologna,825-836.

Harbitz,A. (1986) An efficient sampling method for probability of failure calculation,*Structural Safety*,3 (2) 109-115.

Harris,D. H. ,and Chaney,F. B. (1969)*Human Factors in Quality Assurance*,John Wiley & Sons.

Harris,M. E. ,Corotis,R. B. and Bova,CJ. (1981) Area dependent processes for structural live loads,*J. Structural* Div. ,ASCE,107 (ST5) 857-872.

Harris,R. I. (1971) The Nature of Wind,*The Modern Design of Wind Sensitive Structures*,Construction Industry Research and Information Association,London.

Harris,R. I. (1996) Gumbel revisited — a new look at extreme value statistics applied to wind speeds,*J. Wind Engg. Indust*,*Aerodyn.* ,59,1-22.

Hasofer,A. M. (1974) The upcrossing rate of a class of stochastic processes,*Studies in Probability and Statistics*, Williams,E. J. (Ed),North-Holland,Amsterdam,151-159.

Hasofer,A. M. (1984) Objective probabilities for unique objects,*Risk*,*Structural Engineering and Human Error*, M. Grigoriu (Ed),University of Waterloo Press,Waterloo,Ontario,1-16. Hasofer,A. M. and Lind,N. C. (1974) Exact and Invariant Second-moment Code Format,*J.*

Engineering Mechanics Div. , *ASCE*,*100* (*EMI*) *111-121.*

Hasofer,A. M. ,Ditlevsen,O. and Oleson,R. (1987) Vector outcrossing probabilities by Monte Carlo. DCAMM Report No. 349,Technical University of Denmark.

Hasselmann,K. ,*et al.* (1973) Measurements of the wind wave growth and swell decay during the Joint North Sea Wave Project (JONSWAP),Ergänzungsheft zur (supplementary volume to) *Deutsche Hydrographischen Zeitschrift*,A(8) No. 12.

Hastings,C. ,Jr. (1955)*Approximations for Digital Computers*,Princeton University Press,Princeton,NJ.

Haugen,*KB.* (*1968*) Probabilistic Approaches to Design, *John Wiley & Sons.*

Hawrenek,K. and Rackwitz. R. (1976) Reliability calculation for steel columns. *Bulletin d' Information ion No. 112*,Comité Européen du Béton,Paris,125-157.

Hearn,G. (1996) Deterioration modeling for highway bridges,*Structural Reliability in Bridge Engineering*:*Design*,*Inspection*, *Assessment*, *Rehabilitation and Management*, Frangopol, O. M. and Hearn, G. (Eds) McGraw-Hill,New York,60-71.

Henley,H. J. and Kumamoto,H. (1981)*Reliability Engineering and Risk Assessment* Prentice- Hall,Englewood Cliffs,NJ.

Heyman, J, (1971) *Plastic Design of Frames*, Vol. 2, Cambridge University Press.

Hoffman, P. C. and Weyers, R. E. (1994) Probabilistic durability analysis of reinforced concrete bridge decks, *Probabilistic Mechanics and Structural Reliability: Proceedings of the Seventh Speciality Conference* Frangopol, D. M. and Grigoriu, M. (Eds) ASCE, 290—293.

Hohenbichler, M, (1980) *Abschätzungen für die versagenswahrscheinlichkeiten von Seriensystemen*, Research Report, Technical University, Munich.

Hohenbichler, M. and Rackwitz, R. (1981) Non-normal dependent vectors in structural safety, J. Engineering Mechanics Div.., ASCE, 107 (EM6) 1227-1237.

Hohenbichler, M. and Rackwitz, R. (1983a) First-order concepts in systems reliability *Structural Safety*, 1 (3) 177-188.

Hohenbichler, M. and Rackwitz, R. (1983b) Reliability of parallel systems under imposed uniform strain, *J. Engineering Mechanics Div.*, ASCE, 109 (3) 896-907.

Hohenbichler, M. and Rackwitz, R. (1986a) Sensitivity and importance measures in structural reliability, *Civil Engineering Systems*, 3 (4) 203-209.

Hohenbichler, M. and Rackwitz, R. (1986b) Asymptotic outcrossing rate of Gaussian vector process into intersection of failure domains, *Prob. Engineering Mechanics*, 1 (3) 177-179.

Hohenbichler, M. and Rackwitz, R. (1988) Improvement of second-order reliability estimation by importance sampling, */Engineering Mechanics*, ASCE, 114 (12) 2195-2199.

Hohenbichler, M., Gollwitzer, S., Kruse, W. and Rackwitz, R. (1987) New light on first- and second-order reliability methods, *Structural Safety*, 4, 267-284.

Holmes, J. D. (1990) Directional effects on extreme winds loads, Civ. *Engg. Trans. Inst. Engrs. Aust.*, CE32, 45-50.

Holmes, J. D. (1998) Wind loading of structures — application of probabilistic methods*Progress in Structural Engineering and Mechanics*, 1 (2) 193-199.

Holmes, J. D. and Pham, L. (1994) Wind-induced dynamic response and the safety index, *Proc. 6th Int. Conf. on Structural Safety and Reliability*, Balkema, Rotterdam, 1707-1709.

Holmes, P. and Tickell, R. G. (1979) Full scale wave loading on cylinders, *Proc. Second Int Conf, on Behaviour of Offshore Structures*, London, Vol. 3, British Hydromechanics Research Association, Cranfield, 746-761.

Holmes, P. Chaplin, J R., and Tickell, R. G (1983). Wave loading and structure response, *Design of Offshore Structures*, Thomas Telford, London, 3-12.

Home, M. R. and Price, P. H. (1977) Commentary on the level 2 procedure, *Rationalization of Safety and Serviceability Factors in Structural Codes*, Report No. 63, Construction Industry Research and Information Association, London, 209-226.

HSE (1992) The tolerability of risk from nuclear power stations, *Health and Safety Executive, London.*

Hunter, D. (1976) An upper bound for the probability of a union, *J. Appl. Prob.*, 13, 597-603.

Hunter, D. (1977) Approximate percentage points of statistics expressible as maxima, *TIMS Stud. Management Sci.*, 7, 25-36.

Ibrahim, Y. (1992) Comparison between failure sequence and failure path for brittle systems, *Computers & Structures*, 42 (1) 79-85.

Ingles, O. G. (1979) Human factors and error in civil engineering, Proc. 3rd Inti Conf. on Applications of Statistics and Probability in Soil Structural Engineering, *Sydney, 402-417.*

ISE (1980) *Appraisal of Existing Structures*, The Institution of Structural Engineers, London.

Johnson, N. L. and Kotz, S. (1972) Distributions in Statistics: Continuous Multivariate Distributions, *John Wiley & Sons, New York.*

Johnston, B. G. and Opila, F. (1941) Compression and tension tests of structural alloys, *ASTU Proc.*, 41, 552-570.

Joos, D. W., Sabri, Z. A. and Hussein, A. A. (1979) Analysis of gross error rates in operation of commercial nuclear power stations, *Nucl. Engg. Des.*, 52, 265-300.

Julian, O. G. (1957) Synopsis of first progress report of Committee on Safety Factors, *Structural Div.*, ASCE, 83 (ST4) 1316. 1-1316. 22.,

Kahn, H. (1956) Use of different Monte Carlo sampling techniques, *Proc. Symp. on Monte d 0 Methods*, H. A. Meyer (Ed), John Wiley & Sons, New York, 149-190.

Kaimal, J. C., Wyngaard, J. C., Izumi, Y, and Cote, O R. (1972) Spectral characteristics of surface layer turbulence, *Q. J. Royal Meteorol. Soc.*, 98, 563-589.

Kameda, H. and Koike, T. (1975) Reliability analysis of deteriorating structures, *Reliaom y Approach in Structural Engineering*, Maruzen CO., Tokyo, 61-76.

Karadeniz, H., van Manen, S. and Vrouwenvelder, A. (1984) *Probabilistic Reliability Anay for the Fatigue Limit State of Offshore Structures*, Bull. Tech. Bur. Veritas, 203-219.

Karamchandani, A. and Cornell, C. A. (1991a) Sensitivity estimation within first and sec order reliability methods, *Structural Safely*, 11 (1) 59-74.

Karamchandani, A. and Cornell, C. A. (1991b) Adaptive hybrid conditional expectation approaches for reliability estimation, *Structural Safety*, 11 (2) 95-107.

Karamchandani, A., Bjerager, P. and Cornell, C. A. (1989) Adaptive importance sampling, Proc. 5/A Inti Conf. Structural Safety and Reliability, San Francisco, Ang, A. -H., Shinozuka, M. and Schuëller, G. L (Eds), ASCE, 855-862.

Kareem, A.,. (1988) Effect of parametric uncertainties on wind excited structural response, J. Wind Engg. Indust. Aerodyn., 30, 233 —241.

Karshenas, S. and Ayoub, H. (1994) Analysis of concrete construction live loads on newly poured slabs, J. Structural Engineering, ASCE, 120 (5) 1525-1542.

Katsuki, S. and Frangopol, D. M. (1994) Hyperspace division method for structural reliability, J. Engineering Mechanics, ASCE, 120 (11) 2405-2427.

Kim, S. -H. and Na, S. -W. (1997) Response surface method using vector projected sampling points, Structural Safety, 19 (1) 3-19.

Knappe, O. W., Schuëller, G. I. and Wittmann, F. H. (1975) On the probability of failure of a reinforced concrete beam in flexure, Proc. 2nd Int. Conf. on Applications of Statistics and Probability in Soil Structural Engineering, Aachen, 153-170.

Knoll, F. (1985) Quality, Whose Job?, Introductory Report, Symp. on Safety and Quality Assurance of Civil Engineering Structures, Tokyo, Report No. 50, IABSE, London, 59—64.

Konig, G. L., Hosser, D. and Manser, R. (1985) Superimposed loads in carparks, CIB Commission W81.

Kounias. E. G. (1968) Bounds for the probability of a union, with applications, *Amer. Math. Star.* 39 (6) 2154-2158.

Köylüoglu, H. U. and Nielsen, S. R. K. (1994) New approximations for SORM integrals, *Structural Safety*, 13

(4) 235-246.

Kupfer. J. and Rackwitz, R. (1980) Models for human error and control in structural reliability, *Final Report, 11th Congr.* IABSE, London, 1019-1024.

Larrabee, R. D. and Cornell, C. A. (1979) Upcrossing rate solution for load combinations, *J. Structural Div.*, ASCE, 105 (ST1) 125-132.

Larrabee. R. D. and Cornell, C. A. (1981) Combination of various load processes, *J. Structural* Div., ASCE, 107 (ST1) 223-239.

Lay, M. G. (1979) Implications of probabilistic methods in steel structures, Proc. 3rd Int. Conf. on Applications of Statistics and Probability in Soil and Structural Engineering, *Vol. 3, Sydney, 145-156.*

Leadbetter, M. R., Lindgren, G. and Rootzen, H. (1983) *Extremes and related properties of random sequences and processes*, Springer, New York.

Leicester, F. (1970) Code theory — a new branch of engineering science, *Structural Reliability and Codified Design*, Lind. N. C. (Ed), SM Study No. 3, University of Waterloo, Ontario, 113-127. Leicester, R. H. and Beresford, R. D. (1977) A probabilistic model for serviceability specifications, *Proc. 6th Australasian Conf. on the Mechanics and Structures of Materials*, Christchurch, 407-413.

Leira, B J Evaluation of risk-type integrals by system reliability methods. *Structural Safety*, 17(4) 239-2S4.

Lemaire. M., Mohamed, A. and Flores-Macias, O. (1997) The use of finite clement codes for the reliability of structural system, *Reliability and Optimization of Structural Systems*, Frangopol, D M., Corotis, R. B. and Rackwitz, R. (Eds), Pergamon, Oxford, 223-230.

Li, C. -C. and Der Kiureghian, A. (1993) Optimal discretization of random fields, *J. Engineering Mechanics*, ASCE, 119 (6) 1136-1154,

Li, C. Q. and Melchers, R E. (1992) Reliability analysis of creep and shrinkage effects, *J. Structural Engineering*, ASCB, 118 (9) 2323—2337.

Lighthill, J. (1978) *Waves in Fluids*, Cambridge University Press.

Lin, T. S. and Corotis, R B. (1985) Reliability of ductile systems with random strengths, J. Structural Engineering, ASCE, 111 (6) 1306-1325.

Lin, Y. K. (1970) First excursion failure of randomly excited structures, II, A1AA J., 8 (10) 1888-1890.

Lind, N. C. (1969) Deterministic formats for the probabilistic design of structures, A n Introduction to Structural Optimizcition9 SM Study No. 1, Kachsiturian, N. (Ed), University of Waterloo, Ontario, 121-142.

Lind, N. C. (1972) Theory of Codified Structural Design, University of Waterloo, Ontario.

Lind, N. C. (1976b) *Application to Design of Level / Codes*, Bulletin d Information No. 112, Comité Européen du Béton, Paris, 73-89... ,

Lind, N. C. (1977) Formulation of probabilistic design, *J. Engineering Mechanics Div.*, ASCE, 103 (EM2) 273 -284.

Lind, N. C. (1979) Optimal reliability analysis by fast convolution, *J. Engineering Mechanics Div.*, ASCE, 105 (EM3) 447-452.

Lind, N. C. (1983) Models of human error in structural reliability, *Structural Safety*, 1 (3) 167-175.

Lind, N. C (1996) Validation of probabilistic models, *Civil Engg. Systems*, 13 (3) 175-183.

Lind, N. C. and Davenport, A. G. (1972) Towards practical application of structural reliability theory, *Probabilistic Design of Reinforced Concrete Buildings*, Special Publication No. 31, American Concrete Institute.

Lindley, D. V. (1972) *Bayesian Statistics, A Review*, Society of Industrial and Applied Mathematics.

Liu, P. -L. and Der Kiureghian, A. (1986) Multivariate distribution models with prescribed marginals and covariances, *Prob. Engineering Mechanics*, 1 (2) 105–112.

Liu, P. -L. and Der Kiureghian, A. (1991) Finite element reliability of geometrically nonlinear uncertain structures, 7. *Engineering Mechanics*, ASCE, 117 (8) 1806–1825.

Liu, Y. W. and Moses, F. (1994) A sequential response surface method and its application in the reliability analysis of aircraft structural systems, *Structural Safety*, 16 (1+2) 39–46.

Longuet-Higgins, M. S. (1952) On the statistical distribution of the heights of sea waves, *J. Marine Sci.*, 11, 245–266.

Luthans, F. (1988) *Organizational Behaviour* (5th Edn) McGraw-Hill, New York.

Lyse, I. and Keyser, C. C. (1934) Effect of size and shape of test specimens upon the observed physical properties of structural steel, *ASTM, Proc.*, 34, Part II, 202–210.

Ma, H. -F. and Ang, A. H. -S. (1981) *Reliability Analysis of Redundant Ductile Structural Systems*, Structural Research Series No. 494, Department of Civil Engineering, University of Illinois, Urbana.

MacGregor, J. G. (1976) Safety and limit states design for reinforced concrete, *Can. J. Civil Engg.*, 3 (4) 484–513.

Madsen, H. O. (1982) Deterministic and Probabilistic Models for Damage Accumulation due to Time Varying Loading, *DIALOG 5-82, Danish Engineering Academy, Lyngby, Denmark.*

Madsen, H. O. (1987) Model updating in reliability analysis, Proc. 5th Int. Conf. on Applications of Statistics and Probability in Soil and Structural Engineering, *Vancouver, 564–577.*

Madsen, H. O. (1988) Omission sensitivity factors, *Structural Safety*, 5, 35–45.

Madsen, H. O. and Bazant, Z. P. (1983) Uncertainty analysis of creep and shrinkage effects in concrete structures, *ACl Journal*, 80 (2) 116–127.

Madsen, H. O. and Egeland, T. (1989) Structural reliability — models and applications, *Int. Stat. Rev.*, *57* (3) 185–203.

Madsen, H. O. and Turkstra, C. (1979) *Residential floor loads — a theoretical and field study*} Report No. ST79–9, Department of Civil Engineering, McGill University.

Madsen, H. O. and Zadeh, M. (1987) Reliability of plates under combined loading, *Proc. Marine Struct. Rel. Symp.*, *SNAME*, Arlington, Virginia, 185–191.

Madsen, H. O., Kilcup, R. and Cornell, C. A. (1979) Mean upcrossing rate for stochastic load processes, *Probabilistic Mechanics and Structural Reliability*, ASCE, New York, 54–58.

Maes, M. A., (1996) Ignorance factors using model expansion, *J. Engineering McchanicSt* ASCE, 122 (1) 39–45.

Maes, M. A., Breitung, K. and Dupois, D, J. (1993) Asymptotic importance sampling. *Structural Safety*, 12 (3) 167–186.

Mann, N. R., Schafer, R. E. and Singpurwalla, N. D. (1974) *Methods for Statistical Analyst of Reliability and Life Data*, John Wiley, New York.

Marsaglia, G. (1968) Random numbers fall mainly in the planes, *Proc. Nat. Acad. Sci. USA. 61* 25–28.

Matheron, G. (1989) *Estimating and Choosing*, Springer, Berlin.

Matousek, M. and Schneider. J. (1976) *Untersuchungen zur Struktur des, Sicherheitsproblems bei Bauwerken*, Bericht No. 59, Institut für Baustatik and Konstruktion, Eidgenössiche Technische Hochschule, Zurich.

Matthies, H. G., Brenner, C. E., Bucher, C. G. and Guedes Soares, C. (1997) Uncertainties in probabilistic numerical analysis of structures and solids — Stochastic finite elements. *Structural Safety*. 19 (3) 283-336.

Mayer, H. (1926) *Die Sicherheit der Bauwerke*, Springer, Berlin.

Maymon, G. (1993) Probability of failure of structures without a closed-form failure function, *Computers <5L Structures*, 49 (2) 301-313.

McGuire, R. K. and Cornell, C. A. (1974) Live load effects in office buildings, *J. Structural Div.*, ASCE, 100 (ST7) 1351-1366.

Meister, S. (1966) Human factors in reliability, *Reliability Handbook*, Ireson, W. O. (Ed), McGraw-Hill, New York.

Melbourne, W. H. (1977) Probability distributions associated with the windloading of structures *Civ. Engg. Trans. Inst. Engrs. Aust.*, CE19 (1) 58-67.

Melbourne, W. H. (1998) Comfort criteria for wind-induced motion in structures, *Structural Engg. Intl.*, 8 (1) 40-44.

Melchers, R. E. (1977) Influence of organization on project implementation, *J. Construction Div.*, ASCE, 103 (C04) 611-625.

Melchers, R. E. (1978) The influence of control processes in structural engineering, *Proc. Inst. Civil Engrs.*, 65, Part 2, 791-807.

*Melchers, R. E. (1979) Selection of control levels for maximum utility of structures*Proc. 3rd Int. Conf. on Applications of Statistics and Probability in Soil and Structural Engineering, *Sydney, 839-849.*

Melchers, R. E. (1980) Societal options for assurance of structural performance, *Final Report, 11th Congr. IABSE*, London, 983-988.

Melchers, R. E. (1981) *On Bounds and Approximations in Structural Systems Reliability*, Research Report No. 1/1981, Department of Civil Engineering, Monash University, Australia.

Melchers, R. E. (1983a) Reliability of parallel structural systems, *J. Structural Div.*, ASCE, 109 (11) 2651-2665.

Melchers, R. E. (1983b) Static theorem approach to the reliability of parallel plastic structures, *Proc. 4th Int. Conf. on Applications of Statistics and Probability in Soil and Structural Engineering*, Vol. 2, Augusti, G., Borri, A., and Vannuchi, G. (Eds), Pitagora Editrice, Bologna, 1313-1324.

Melchers, R. E. (1984) Efficient Monte-Carlo Probability Integration, *Research Report No.*

7/1984. Department of Civil Engineering, Monash University, Australia.

Melchers, R. E. (1989a) Improved importance sampling for structural reliability calculation, *Proc. 5th International Conference on Structural Safety and Reliability*, Ang, A. H-S. Shinozuka, M. and Schuëller, G. I. (Eds), ASCE, New York, 1185-1192.

Melchers. R. E. (1989b) Discussion to Bucher (1988) *Structural Safety*, 6 (1) 65-66.

Melchers, R. E. (1990a) Radial importance sampling for structural reliability, */Engineering Mechanics*, ASCE, 116 (1) 189-203.

Melchers, R. E. (1990b) Search-based importance sampling, *Structural Safety*, 9 (2) 117-128.

Melchers, R. E. (1991) Simulation in time-invariant and time-variant reliability problems, *Proc. 4th IFIP Conference on Reliability and Optimization of Structural Systems*, Rackwitz, R. and Thoft-Christensen P. (Eds), Springer, Berlin, 39-82.

Melchers, R. E. (1992) Load space formulation of time dependent structural reliability, *J. Engineering Mechanics*, ASCE, 118 (5) 853-870.

Melchers, R. E. (1993) Society, tolerable risk and the ALARP principle, *Probabilistic Risk and Hazard Assessment*, *Melchers*, *R*. E. and Stewart, M. G. (Eds), Balkema, Rotterdam, 243-252.

Melchers, R. E. (1994) Structural System Reliability Assessment using Directional Simulation, *Structural Safety*, *16* (1 & 2) 23-39.

Melchers, R. E. (1995a) Human errors in structural reliability, *Probabilistic Structural Mechanics Handbook*, C. (Raj) Sundararajan (Ed), Chapman and Hall, New York, 211-237.

Melchers, R. E. (1995b) Load space reliability formulation for Poisson pulse processes, *J. Engineering Mechanics*, ASCE, 121 (7) 779-784.

Melchers, R E. (1997) Modeling of marine corrosion of steel specimens, *Corrosion Testing in Natural Waters*; Second Volume, Kain, R. M. and Young, W. T. (Eds), ASTM STP 1300, Philadelphia, 20 —33.

Melchers, R. E. (1998a) Load path dependence in directional simulation in load space, *Proc. 8th IFIP WG7. 5 Conf. Reliability and Optimization of Structural Systems*, Krakow, Poland.

Melchers, R. E. (1998b) Corrosion Uncertainty Modelling for Steel Structures, *J*, *Const. Steel Res.*

Melchers, R. E. and Li, C. Q. (1994) Discussion of Engelund, S. and Rackwitz, R. (1993), *Structural Safety*, 14 (4) 299-302.

Melchers, R. E. and Tang, L. K. (1983) *Reliability of Structural Systems with Stochastically Dominant Modest* Research Report No. 2/1983, Department of Civil Engineering, Monash University, Australia.

Melchers, R. E. and Tang, L. K. (1984) Dominant failure modes in stochastic structural systems, *Structural Safety*, 2, 127-143.

Melchers, R. E. and Tang, L. K. (1985a) Failure modes in complex stochastic systems, *Proc. 4th Int. Conf. on Structural Safety and Reliability*, Vol. 1, Kobe, Japan, 97-106.

Melchers, R. E. and Tang, L. K. (1985b) Reliability analysis of multi-member structures, *NUMETA '85*, *Proc. Int. Conf. on Numerical Methods in Engineering Theory and Applications*, A. A. Balkema, 763-772.

Melchers, R. E., Baker, M. J. and Moses, F. (1983) Evaluation of experience, *Quality Assurance within the Building Process*, Report No. 47, IABSE, 21 -38.

Menzies, J. B. (1996) Bridge safety targets and needs for performance feedback, *Structural Reliability in Bridge Engineering*: *Design*, *Inspection*, *Assessment*, *Rehabilitation and Management*, Frangopol, D. M. and Hearn, G. (Eds), McGraw-Hill, New York, 156-161.

Micic, T. V., Chryssanthopoulos, M. K. and Baker, M. J. (1995) Reliability analysis for highway bridge deck assessment, *Structural Safety*, 17 (3) 135-150.

Milton, R. C. (1972) Computer evaluation of the multivariate normal integral, *Technometrics*, 14 (4) 881-889.

Mirza, S. A. (1996) Reliability-based design of reinforced concrete columns, *Structural Safety*, 18 (2&3) 179 -194.

Mirza, S. A. and MacGregor, J. G. (1979a) Variations in dimensions of reinforced concrete members, *J. Structural Div.*, ASCE, 105 (ST4) 751-766.

Mirza, S. A. and MacGregor, J. G. (1979b) Variability of mechanical properties of reinforcing bars, *J. Structural Div.*, ASCE, 105 (ST5) 921-937.

Mirza, S. A., Hatzinikolas, M. and McGregor, J. G. (1979) Statistical descriptions of strength of concrete, / *Structural Division*, ASCE, 105 (ST6) 1021-1037.

Mitchell, G. R. and Woodgate, R. W. (1971a) *Floor Loading in Office Buildings- the Results of a Survey*, Building Research Current Paper 3/71, Building Research Station, Department of the Environment, Watford, UK.

Mitchell, G. R. and Woodgate, R. W. (1971b) *Floor Loading in Retail premises – the Results of a Survey*, Building Research Current Paper 24/71, Building Research Station, Department of the Environment, Watford, UK.

Mitchell, G. R. and Woodgate, R. W. (1977) *Floor Loading in Domestic Premises – the Results of a Survey*, Building Research Current Paper 2/77, Building Research Station, Department of the Environment, Watford, UK.

Mitteau, J. -C. (1996) Error estimates for FORM and SORM computations of failure probability, *Proc. Speciality Conf. Probabilistic Mechanics and Structural Reliability*, Worcester, MA, ASCE, 562–565.

Moarefzadeh, M. R. and Melchers, R. E, (1996a) Sample-specific linearization in reliability analysis of off-shore structures, *Structural Safety*, 18 (2 & 3) 101–122.

Moarefzadeh, M. R. and Melchers, R. E. (1996b) *Non-linear wave theory in reliability analysis of off-shore structures*, Research Report No. 139. 7. 1996, Department of Civil Engineering and Surveying, The University of Newcastle, Australia.

Mori, Y. and Ellingwood, B. R (1993a) Time-dependent system reliability analysis by adaptive importance sampling, *Structural Safety*, 12 (1) 59–73.

Mori, Y. and Ellingwood, B. R. (1993b) Reliability-based service-life assessment of aging concrete structures, *J. Structural Engineering*, ASCE, 119 (5) 1600–1621.

Morison, J. R., O'Brien, M. P. Johnston, J. W. and Schaaf, S. A. (1950) The force exerted by surface waves on piles, *Pet. Trans.*, AIME, 189, 149–154.

Moses, F. (1974) Reliability of structural systems, */Structural Div.*, ASCE, 100 (ST9) 1813– 1820.

Moses, F. (1982) System reliability development in structural engineering, *Structural Safety*, 1 (1) 3–13.

Moses, F. (1996) Bridge evaluation based on reliability, *Structural Reliability in Bridge Engineering: Design, Inspection, Assessment, Rehabilitation and Management*, Frangopol, D. M. and Hearn, G. (Eds), McGraw-Hill, New York, 42–53.

Moses, F. and Kinser, D. E. (1967) Analysis of structural reliability, *J. Structural Div.*, ASCE, 93 (ST5) 147–164.

Moses, F. and Stevenson, J. D. (1970) Reliability-based structural design, *J. Structural Division*, ASCE, 96 (ST2) 221–244.

Moses, F., Lebet, J. and Bez, R. (1994) Applications of field testing to bridge evaluation, *J.*

Structural Engineering, *ASCE, 120, 1745–1762.*

Murdock, L. J. (1953) The control of concrete quality, *Proc. Inst. Civil Eng.*, 2, Part 1, (4) 426– 453.

Murotsu, Y., Okada, H. and Matsuzaki, S. (1985) Reliability analysis of frame structures under combined load effects, *Proc. 4th Int. Conf. on Structural Safety and Reliability*, Kobe, Vol. 1, 117–128.

Murotsu, Y., Okada, H., Taguchi, K., Grimmelt, M. and Yonezawa, M. (1984) Automatic generation of stochastically dominant failure modes of frame structures, *Structural Safety*, 2, 17–25.

Murotsu, Y., Okada, H., Yonesawa, M. and Kishi, M. (1983) Identification of Stochastically Dominant Failure Models in Frame Structures, *Proc. 4th Int. Conf. on Applications of Statistics and Probability in Soil and Structural Engineering*, Augusti, G', Borri, A., and Vannuchi, O. (Eds), Pitagora Editrice, Bologna, 1325–1338.

Murotsu, Y., Yonesawa, M., Oba, F. and Niwa, K. (1977) Methods for reliability analysis and optimal design of structural systems, *Proc. 12th Int. Symp. on Space Technology and Science*, Tokyo, 1047–1054.

Myers, R. H. (1971) *Response Surface Methodology*, Allyn and Bacon, New York.

Nakken, O. and Valsgard, S. (1995) *Life Cycle Costs of Ships Hulls*, Paper Series No. 94-P003, Det Norske Veritas Classification AS.

Nataf, A. (1962) Determination des Distribution dont les Marges sont Donnees, *Comptes Rendus de l' Academie des Sciences*, 225, 42-43.

NBS (1953) *Probability Tables for the Analysis of Extreme Value Data*, Applied Mathematics Series No, 22, National Bureau of Standards, Washington, DC.

NBS (1959) *Tables of the Bivariate Normal Probability Distribution and Related Functions*, Applied Mathematics Series No. 50, National Bureau of Standards, Washington, DC.

Nessim, M. A. and Jordaan, I. J. (1983) Decision-making for error control in structural engineering, *Proc. 4th Int. Conf. on Applications of Statistics and Probability in Soil and Structural Engineering*, Augusti, G., Borri, A. and Vannuchi, O. (Eds), Pitagora Editrice, Bologna, 713-727.

Newland, D. E. (1984) An Introduction to Random Vibrations and Spectral Analysis (*2nd Edn*) *Longman.*

Nowak, A. S. (1979) Effects of human error on structural safety, *J. Amer. Concrete Inst.*, *16* (9) 959-972.

Nowak, A. S. (1986) (Ed), Modeling Human Error in Structural Design and Construction, ASCE, New York.

Nowak, A. S. (1993) Live load model for highway bridges, *Structural Safety*, 13 (1 & 2) 53-66.

Nowak, A. S. and Carr, R. L (1985) Sensitivity analysis of structural errors, *J. Structural Engineering*, ASCE, 111 (8) 1734-1746.

Nowak, A. S. and Lind, N. C. (1979) Practical bridge code calibration, *J. Structural* D/v., ASCE, 105 (ST12) 2497-2510.

Nowak, A. S. and Tharmabala, T. (1988) Bridge reliability evaluation using load tests, *J. Structural Engineering*, ASCE, 114 (10) 2268-2279.

NRCC (1977) *National Building Code of Canada*, National Research Council of Canada, Ottawa.

OHBDC (1983) Ontario Highway Bridge Design Code, Ontario Ministry of Transport, Canada. Osborne, A. F. (1957) *Applied Imagination: Principles and Practices of Creative Thinking* Scribners, New York.

Ostlund, L. (1993) Load combination in codes, *Structural Safety*, 13 (1 & 2) 83-92.

Oswald, G. F. and Schuëller, G. I. (1983) On the reliability of deteriorating structures, *Proc. 4th Int. Conf. on Applications of Statistics and Probability in Soil and Structural Engineering* Augusti, G., Borri, A. and Vannuchi, O. (Eds), Pitagora Editrice, Bologna, 597-608.

Otway, H. J., Battat, M. E., Lohrding, R. K., Turner, R. D. and Cubitt, R. L. (1970) A *Risk Analysis of the Omega West Reactor*, Report No. LA 4449, Los Alamos Scientific Laboratory University of California, Los Alamos, CA.

Owen, D. B. (1956) Tables for computing bivariate normal probabilities, *Ann. Math. Stat*, 27 1075-1090.

Paloheimo, E. and Hannus, M. (1974) Structural design based on weighted fractiles, *J. Structural* Div., ASCE, 100 (ST7) 1367-1378.

Pandey, M. D. (1998) An effective approximation to evaluate multinomial integrals, *Structural Safety*, 20 (1) 51-67.

Papoulis, A. (1965) Probability, Random Variables and Stochastic Processes, McGraw-Hill, New York.

Parkinson, D. B. (1980) Computer solution for the reliability index, *Engineering Structures*, 2 57-62.

Parzen, E. (1962) *Stochastic Processes*, Holden-Day.

Pearson, E. S. and Johnson, N. L. (1968) *Tables of the Incomplete Beta Function* (2nd Edn), Cambridge University Press.

Pham, L. (1985) Load combinations and probabilistic load models for limit state codes, *Civ. Engg. Trans. Inst. Engrs. Aust.*, *CE27, 62-67.*

Pham, L., Holmes, J. D. and Leicester, R. H. (1983) Safety indices for wind loading in Australia, *J. Wind Engg. Indust, Aerodyn.*, 14, 3-14.

Phil pot, T. A., Rosowsky, D. V. and Fridley, K. J. (1993) Serviceability design in LRFD for wood, *J. Structural Div.*, ASCE, 119 (12), 3649-3667.

Piak, J. K., Kim, S. K., Yang, S. H. and Thayamballi, A. K. (1997) Ultimate strength reliability of corroded ship hulls, *Trans. Royal Inst. Naval Arch.*, 137, 1-14.

Pier, J. -C., and Cornell, C. A. (1973) Spatial and temporal variability of live loads, *J. Structural Div.*, ASCE, 99 (STS) 903-922.

Pierson, W. J. and Moskowitz, L. (1964) A proposed spectral form for fully developed wind seas based on the similarity theory of S. A. Kitaigorodskii, *J. Geophys. Res.*, 69 (24) 5181- 5190.

Popper, K. R. (1959) The Logic of Scientific Discovery, *Basic Books.*

Prest, A. R. and Turvey, R. (1965) Cost Benefit Analysis: A Survey, *Econ. J.*, 685-735.

Pugsley, A. *et al.*, (1955) Report on structural safety, *Structural Engineer*, 33 (5) 141 - 149. Pugsley, A. G. (1962) *Safety of Structures*, Edward Arnold, London.

Pugsley, A. G. (1973) The prediction of proneness to structural accidents, *Structural Engineer*, 51 (6) 195 -196.

Rackwitz, R. (1976) *Practical Probabilistic Approach to Design*, Bulletin (information No. 112, Comité Européen du Béton, Paris.

Rackwitz, R. (1977) *Note on the Treatment of Errors in Structural Reliability*, Berichte zur Sicherheitstheorie der Bauwerke, SFB 96, Vol. 21, Technical University, Munich.

Rackwitz, R. (1984) Failure rates for general systems including structural components, *Reliab. Engg.*, 9, 229 -242.

Rackwitz, R. (1985a) Reliability of systems under renewal pulse loading, *J. Engineering Mechanics*, ASCE, 111 (9) 1175-1184.

Rackwitz, R. (1985b) Predictive distribution of strength under control, Construction, 16 (*94*) 259-267.

Rackwitz, R. (1993) On the combination of non - stationary rectangular wave renewal processes, *Structural Safety*, 13 (1+2) 21-28.

Rackwitz, R. (1996) Static properties of reinforcing steel, *Working Notes, JCSS Probabilistic Model Code*, Part 3: Resistance Models, Second draft.

Rackwitz, R. and Fiessler, B. (1978) Structural reliability under combined random load sequences, Computers and Structures, 9, 489-494.

Rajashekhar, M. R. and Ellingwood, B. R. (1993) A new look at the response surface approach for reliability analysis, Structural Safety, 12 (3) 205-220. (see also Discussion (1994), Structural Safety, 16 (3) 227-230).

Ramachandran, K. (1984) Systems bounds: A critical study, Civil Engg. Systems, 1, 123—128.

Rand Corporation (1955) A Million Random Digits with 1,000,000 Normal Deviates, Free Press, New York.

Rao, N. R. N., Lohrman, M. and Tall, L. (1966) The effect of strain rate on the yield stress of structural steels, ASTM, J. Mater., 1 (1) 241-262.

Ravindra, M. K. and Galambos, T. V. (1978) Load and resistance factor design for steel, J. Structural div., ASCE, 104 (ST9) 1337-1353.

Ravindra, M. K., Heany, A. C, and Lind, N. C. (1969) Probabilistic evaluation of safety factors, Symp. on Concepts of Safety of Structures and Methods of Design, Final Report, IABSE, -London, 36-46.

Reason, J. (1990) Human Error, Cambridge University Press.

Reid, S. G. (1997) Probability-based patterned live load for design, Structural Safety, 19 (1) 37- 52.

Reid, S. G. and Turkstra, C. J. (1980) Serviceability Limit States- Probabilistic Description, Report No. ST80-1, McGill University, Montreal.

Rice; S. O. (1944) Mathematical analysis of random noise, Bell System Tech. J., 23, 282-332; (1945), 24, 46-156.

Reprinted in Wax, N. (1954) Selected Papers on Noise and Stochastic Processes, Dover Publications.

Riera, J. D. and Rocha, M. M. (1997) Implications of phenomenological uncertainty in engineering reliability assessments, Proc. Int. Conf. on Structural Safety and Reliability, Kobe.

Rosenblatt, M. (1952) Remarks on a multivariate transformation, Ann. Math. Stat., 23, 470- 472.

Rosenblueth, E. (1985a) Discussion of Ditlevsen, O., Fundamental postulate in structural safety J. Engineering Mechanics, ASCE, 111 (1) 109.

Rosenblueth, E. (1985b) On computing normal reliabilities, Structural Safety, 2 (3) 165-167.

Rowe, W. D. (1977) An Anatomy of Risk, John Wiley & Sons, New York.

Royal Society Study Group (1991) Risk: analysis, perception and management, The Royal Society, London.

Rubinstein, R. Y. (1981) Simulation and the Monte Carlo Method, John Wiley & Sons, New York. '

Rüsch, H. and Rackwitz, R. (1972) The significance of the concept of probability of failure as applied to the theory of structural safety, Development — Design — Construction, Held and Francke Bauaktiengesellschaft, Munich.

Rüsch, H., Sell, R. and Rackwitz, R. (1969) Statistical Analysis of Concrete Str*ength*, Deutscher Ausschuss für Stahlbeton, No. 206, Berlin (in German).

Russell, L. R. and Schuëller, G. I. (1974) Probabilistic models for Texas Gulf coast hurricane occurrences, *J. Pet. Tech.*, 279-288.

Rzhanitzyn R (1957) It is Necessary to Improve the Standards of Design of Building Structures, *A Statistical Method of Design of Building Structures*, Allan, D. E. (transl.), Technical Translation No. 1368, National Research Council of Canada, Ottawa.

Sarpkaya, T. and Isaacson, M. (1981) Mechanics of Wave Forces on Offshore Structures, *Van* Nostrand Reinhold, New York.

Schijve, J. (1979) Four lectures on fatigue crack growth, Engg. Fract Mech., 11, 167-221.

Schittkowskii. K. (1980) Nonlinear Programming Codes: Information. Tests, Performance, Lecture Notes in Economics and Mathematical Systems No. 183. Springer, Berlin

Schneider, J. (1981) Organization and management of structural safety during design, construction and operation of structures. Structural Safety and Reliability. Moan, T and Shinozuka, M. (Eds). Elsevier, Amsterdam. 467-482.

Schneider, J. (Ed) (1983) Qualify Assurance within the Building Process. Report No. 47, IA BSE, London.

Schuëller, *G. I. (1981)* Einführung in die Sicherheit und Zuverlässigkeit von Tragwerken, *Ernst, Berlin.*

Schuëller, G. I. (Ed) (1997) A state-of-the-art report on computational stochastic mechanics *Prob. Engineer-*

ing Mechanics% 12 (4) 203-321. Cs.

Schuëller, G. I. and Bucher, C. G. (1991) Computational stochastic structural analysis ~ contribution to the software development for the reliability assessment of structures und 这 dynamic loading, *Prob. Engineering Mechanics* 6 (3—4) 134—138.

Schuëller, G. I. and Choi, H. S. (1977) Offshore platform risk based on a reliability function model, *Proc. 9th Offshore Technology Conf.*, Houston, 473-482.

Schuëller, G. I., Hirtz, H. and Booz, G. (1983) The effect of uncertainties in wind load estimation on reliability assessments, 7. *Wind Engg. Indust. Aerodyn.*, 14, 15—26.

Schuëller, G. I., Pradlwarter, H. J. and Bucher, C. G. (1991) Efficient computational procedures f0r reliability estimates of MDOF systems, *J. Nonlinear Mechanics*, *26* (6) 961-974.

Schwarz, R. F. (*1980*) Beitrag zur Bestimmung der Zuverlässigkeit nichtlinearer Strukturen unter Berücksichtigung kombinierter Stochastischer Einwirkungen, *Doctoral Thesis*, *Technical University*, *Munich.*

Segal, I. E. (1938) Fiducial distribution of several parameters with applications to a normal system, *Proc. Cambridge Philosophical Society*, 34, 41-47.

Sender, L. (1974) *A Live Load Survey in Office Buildings and Hotels*, Report 56, Division of Building Technology, Lund Institute of Technology, Lund.

Sentler, L. (1975) *A Stochastic Model for Live Loads on Floors in Buildings*, Report 60, Division of Building Technology, Lund Institute of Technology, Lund.

Sender, L, (1976) *Live Load Surveys, a Review with Discussions*, Report 78, Division of Building Technology, Lund Institute of Technology, Lund.

Sexsmith, R. G. and Lind, N. C. (1977) Policies for selection of target safety levels, *Proc. Second Int. Conf. on Structural Safety and Reliability*, Technical University Munich, Werner, Düsseldorf, 149-162.

Shao, S. F. and Murotsu, Y. (1991) Reliability evaluation of methods for systems with complex limit states, *Proc. 4th IFIP Conference on Reliability and Optimization of Structural Systems*, Rackwitz, R. and Thoft-Christensen P. (Eds), Springer, Berlin, 325-338.

Shellard, H. C. (1958) Extreme wind speeds over Great Britain and Northern Ireland, *Meteorol. Mag.*, 87, 257—265.

Sheppard, W. F. (1900) On the calculation of the double integral expressing normal correlation, *Trans. Camb. Phil Soc.*, 19, 23-66.

Shinozuka, M. (1983) Basic analysis of structural safety, /. *Structural Div.*, ASCE, 109 (3) 721- 740.

Shinozuka, M. (1987) Stochastic fields and their digital simulation, *Stochastic Methods in Structural Dynamics*, Schuëller, G. I. and Shinozuka, M. (Eds), Martinus Nijhoff, The Hague.

Shiraishi, N. and Futura, H. (1989) Evaluation of lifetime risk of structures-recent advances of structural reliability in Japan, *Structural Safety and Reliability*, Ang, A. H-S, Shinozuka, M. and Schuëller, G. I. (Eds), ASCE, New York, 3, 1903-1910.

Shooman, M. L. (1968) Probabilistic Reliability: An Engineering Approach, McGraw-Hill, New York.

Shreider, Y. A. (Ed) (1966) *The Monte Carlo Method*, Pergamon Press, Oxford.

Sibley, P. G. and Walker, A. C. (1977) Structural accidents and their causes, *Proc. Inst. Civil Engrs.*, 62, Part 1, 191-208.

Sigurdsson, G. S0rcnscn, J. O. and Thoft-Christensen, P. (1985) *Development of Applicable Methods for Evaluating the Safety of Offshore Structures* (*Part J*}, Report No, 8501, Institute of Building Technology and Structural Engineering, Aalborg University Centre, Aalborg, Denmark.

Silk, M. G., Stoneham, A. M. and Temple, J. A. (1987) *The Reliability of Non-destructive Inspection*, Adam Hilger, Bristol.

Simiu, E. and Filliben, J. J. (1980) Weibull distributions and extreme wind speeds, *J. Structure Div.*, ASCE, 106 (ST12) 491 -501.

Simiu, E. and Scanlan, R. U. (1978) *Wind Effects on Structures, An Introduction to 砂 1 Engineering*, John Wiley & Sons, New York.

Simiu, E., Bietry, J. and Filliben, J. J. (1978) Sampling errors in estimation of extreme winds, *J. Structural* Div., ASCE, 104 (ST3) 491-501.

Simpson, R. H. and Riehl, H. (1981) *The Hurricane and its Impact*, Louisiana State University Press.

Skov, K. (1976) *The Calibration Procedure Applied by the NKB Safety Committee*, Bulletin d' Information No. 112, Comité Européen du Béton, Paris, 108-124.

Slepian, D. (1962) The one-sided barrier problem in Gaussian noise, *Bell Syst Tech. J'*, 41 ( ) 463-501.

Sokolnikoff, I. S and Redheffer, R. M. (1958) *Mathematics of Physics and Modern Engineering*, McGraw-Hill, New York.

Sørensen, J. D. and Enevoldsen, I. (1993) Sensitivity weaknesses in application of some statistical distributions in First Order Reliability Methods, *Structural Safety*, 12 (4) 315-325.

Sørensen, J. D. and Faber, M. H. (1991) Optimal inspection and repair strategies for structural systems, *Proc. 4th IFIP Conference on Reliability and Optimization of Structural Systems*, Rackwitz, R. and Thoft-Christensen, P. (Eds), Springer, Berlin, 383-394.

Stevenson, J. and Moses, F. (1970) Reliability analysis of frame structures, *J. Structural Div.*, ASCE, 96 (ST11) 2409-2427.

Stewart, M. G. (1991) Safe load tables: a design aid in the prevention of human error, *Structural Safety*, 10, 269—282.

Stewart, M. G. (1995) Workmanship and its influence on probabilistic models of concrete compressive strength, *ACl Materials Journal*, 92 (4) 361-372.

Stewart, M. G. (1996a) Optimization of serviceability load combinations for structural steel beam design, *Structural Safety*, 18 (2-3) 225-238.

Stewart, M. G. (1996b) Serviceability reliability analysis of reinforced concrete structures, *J. Structural Engineering*, ASCE, 122 (7) 794-803.

Stewart, M. G. (1997) Concrete workmanship and its influence on serviceability reliability, *ACl Materials Journal*, 94 (6) 1-10.

Stewart, M. G. (1998) Reliability-based bridge design and assessment, *Progress in Structural Engineering and Mechanics*, 1 (2) 214-222.

Stewart, M. G. and Melchers, R. E. (1988) Simulation of human error in a design loading task, *Structural Safety*, 5 (4) 285-297.

Stewart, M. G. and Melchers, R. E. (1989a) Checking models in structural design, 7. *Structural Engineering*, ASCE, 116 (ST6) 1309-1324.

Stewart, M. G. and Melchers, R. E. (1989b) Error control in member design, *Structural Safety*, 6 (1) 11-24.

Stewart, M. G. and Melchers, R. E. (1997) *Probabilistic Risk Assessment of Engineering Systems*, Chapman & Hall, London.

Stewart, M. G. and Rosowsky, D. V. (1998) Time-dependent reliability of deteriorating reinforced concrete bridge decks, *Structural Safety*, 20 (1) 91-109.

Stewart, M. G. and Val, D. V. (1998) Effect of proof and prior service loading on bridge reliability, *Proc. Australasian Structural Engineering Conf.*, Auckland, New Zealand.

Stroud, A. H. (1971) *Appropriate Calculation of Multiple Integrals*, Prentice-Hall, Englewood Cliffs.

Tall, L. (Ed) (1964) *Structural Steel Design*, Ronald Press, New York.

Tall, L. and Alpsten, G. A. (1969) On the scatter of yield strength and residual stresses in steel members, *Symp. on Concepts of Safety of Structures and Methods of Design*, Final Reports, IABSE, London, 151-163.

Tallis, G. M. (1961) The moment generating function of the truncated multi-normal distribution, *J. Royal Statistical Society*, Series B, 23, 223-229.

Tang, L. K. and Melchers, R. E. (1987a) Improved approximations for multi-normal integral, *Structural Safety*, *4f* 81-93.

Tang, L. K. and Melchers, R. E. (1987b) Dominant mechanisms in stochastic plastic frames, *Reliability Engineering*, 18, (2) 101-116.

Tang, L. K. and Melchers, R. E. (1988) Incremental formulation for structural reliability analysis, *Civil Engg. Systems*, 5, 153-158.

Tang, W. H. (1973) Probabilistic updating in reliability analysis, *J. Testing and Evaluation* ASTM, 1(6) 459-467.

Terada, S, and Takahashi, T. (1988) Failure-conditioned reliability index, *J. Structural Engineering, ASCE*, 114 (4) 943-952.

Terza, J. V and Welland, U. (1991) A comparison of bivariate normal algorithms, *J. Statist Comput. Simul*, 39, 115-127.

Thoft-Christensen, P. and Murotsu, Y. (1986) *Application of Structural System Reliability Theory*, Springer, Berlin.

Thoft-Christensen, P. and SOrenscn, J. D. (1987) Optimal strategies for inspection and repair of structural systems, *Civil Engineering Systems*, 4, 94-100.

Thoft-Christensen, P. and SOrensen》 J. D. (1982) *Calculation of Failure Probabilities of Ductile Structures by the Unzipping Method*, Report No. 8208, Institute for Building Technology and Structural Engineering, Aalborg University Centre, Aalborg, Denmark.

Thoft-Christensen, P., Jensen, F. M., Middleton, C. and Blackmore, A. (1996) Revised rules for concrete bridges, *International Symposium on the Safety of Bridges*, Institution of Civil Engineers and Highways Agency, London, UK, 4-5 July, 1-12.

Thom, H. C. S. (1968) New distributions of extreme winds in the United States, *J. Structural Div.*, ASCE, 94 (ST7) 1787-1802.

Tichy. M, (1994) First-order third-moment reliability method, *Structural Safety*, 16 (4) 189- 200.

Tickell, R. G. (1977) Continuous random wave loading on structural members, *Structural Engineer*, 55 (5) 209-222.

Tribus, M. (1969) *Rational Descriptions, Decisions and Designs* (2nd Edn), Macmillan, New York.

Turkstra, C. J. (1970) *Theory of Structural Design Decisions Study No.* 2, Solid Mechanics Division, University of Waterloo, Waterloo, Ontario.

Turkstra, C. J. and Daley, M. J. (1978) Two-moment structural safety analysis, *Can. J. Civil Engg.*, 5, 414-426.

Turkstra, C. J. and Madsen, H. O. (1980) Load combinations in codified structural design, *J. Structural Div.*, ASCE, 106 (ST12) 2527-2543.

Tvedt, L. (1985) On the Probability Content of a Parabolic Failure Set in a Space of Independent Standard Normal Distributed Random Variables, Veritas Report, Det Norske Veritas, Hovik.

Tvedt, L. (1990) Distribution of quadratic forms in normal space — application to structural reliability, *J. Engineering Mechanics*, ASCE, 116 (6) 1183-1197.

Val, D. V. and Melchers, R. E. (1997) Reliability of deteriorating RC slab bridges, *J. Structural Engineering*, ASCE, 123 (12) 1638-1644.

Val, D. V., Stewart, M. G. and Melchers, R. E. (1998a) Assessment of existing RC structures: statistical and reliability issues, *Proc. Second International RILEM Conference on the Rehabilitation of Structures*, Melbourne.

Val, D. V., Stewart, M. G. and Melchers, R. E. (1998b) Effect of reinforcement corrosion on reliability of highway bridges, *Engineering Structures*, 20 (11) 1010-1019.

Vanmarcke, E., Shinozuka, M., Nakagiri, S., Schu6ller, G. I. and Grigoriu, M. (1986) Random fields and stochastic finite elements, *Structural Safety*, 3, 143-166.

Vanmarcke, E. H. (1973) Matrix formulation of reliability analysis and reliability-based design, Computers *and Structures*, 3, 757-770.

Vanmarcke, E. H. (1975) On the distribution of the first, passage time for normal stationary processes, */Applied Mech. t* ASME, 42, 215-220.

Vanmarcke, E, H, (1983) *Random Fields*, Massachusetts Institute of Technology Press, Cambridge, MA.

Veneziano, D. (1974) *Contributions to Second Moment Reliability*, Research Report No. R74- 33, Department of Civil Engineering, Cambridge, MA.

Veneziano, D. (1976) *Basic Principles and Methods of Structural Safety*, Bulletin d'Information No. 112, Comité Européen du Béton, Paris, 212-288.

Veneziano, D, Casciati, F. and Faravelli, L. (1983) Methods of seismic fragility for complicated systems, *Proc. Second Conf. on the Safety of Nuclear Installations* (CSNI), Specialist meeting on Probabilistic Methods in Seismic Risk Assessment for NPP, Livermore, California.

Veneziano, D., Galeota, D and Giammatteo, M. M. (1984) Analysis of bridge proof-load data 1: Model and statistical procedures, *Structural Safety*, 2, 91-104.

Veneziano, D., Grigoriu, M. and Cornell, C. A. (1977) Vector-process models for system reliability, *J. Engineering Mechanics* D/v., ASCE, 103, (EM3) 441-460.

Vrouwenvelder, A. (1983) *Monte Carlo Importance Sampling - Application to Structural Reliability Analysis*, TNO-IBBC, Report No. B-83-529/62. 6. 0402, Rijswijk, Netherlands. Vrouwenvelder, A. (1997) The JCSS probabilistic model code, *Structural Safety*, 19 (3) 245- 251.

Vrouwenvelder, A. C. M. and Waarts, P. H. (1992) *Traffic Flow Models*, TNO Report No. B-91- 0293, TNO Building and Construction Research, Delft.

Wadsworth, G. P. and Bryan, J. G. (1974) *Applications of Probability and Random Variables* (2nd Edn.), McGraw-Hill, New York.

Walker, A. C. (1981) Study and analysis of the first 120 failure cases, *Structural Failures in Buildings*,

Institution of Structural Engineers, 15-39.

Moses, F. (1996) Bridge evaluation based on reliability, *Structural Reliability in Bridge Engineering: Design, Inspection, Assessment, Rehabilitation and Management*, Frangopol, D. M. and Hearn, G. (Eds), McGraw-Hill, New York, 42-53.

Wang, W., Corotis, R. B. and Ramirez, M. R. (1995) Limit states of load-path-dependent structures in basic variable space, *J. Engineering Mechanics*, ASCE, 121 (2) 299-308.

Wang, W., Ramirez, M. R. and Corotis, R. B. (1994) Reliability analysis of rigid-plastic structures by the static approach, *Structural Safety*, 15 (3) 209-235.

Warner, R. F. and Kabaila, A. P. (1968) Monte Carlo study of structural safety, *J. Structural Div.*, ASCE, 94 (ST12) 2847-2859.

Warner, P. B. (1971) *Psychology at Work* Penguin Books, Harmondsworth.

Watwood, V. B. (1979) Mechanism generation for limit analysis of frames, *J. Structural* Div., ASCE, 109 (ST1) 1-15.

Waugh, C. B. (1977) *Approximate Models for Stochastic Load Combination*, Report No. R77-1, 562, Department of Civil Engineering, Massachusetts Institute of Technology, Cambridge, **MA.**

Weibull, W. (1939) A statistical theory of the strength of materials, *Proc. Roy. Swed. Inst. Engg. Res.*, 15.

Weigel, R. L. (1964) *Oceanographical Engineering*, Prentice-Hall, Englewood Cliffs, NJ.

Wen, Y. -K. (1977a) Statistical combination of extreme loads, J. *Structural* ASCE, 103 (ST5) 1079-1093.

Wen, Y. -K. (1977b) Probability of extreme load combination, *J. Structural Div.*, ASCE, 104 (ST10) 1675-1676.

Wen, Y. -K. (1981) A clustering model for correlated load processes, *J. Structural* div., ASCE, 107 (*STS*) 965-983.

Wen, Y. -K. (1983) Wind direction and structural reliability: I, *J. Structural Engineering*, ASCE, 1028-1041.

Wen, Y. -K. (1984) Wind direction and structural reliability: II, *J. Structural Engineering*, ASCE, 1253-1264.

Went Y. -K. (1990) Structural Load Modeling and Combination for Performance and Safety Evaluation, Elsevier Science Publishers, Amsterdam.

Wen, Y. - K. and Chen, H. C. (1987) On fast integration for time variant structural reliability, *Prob. Engineering Mechanics*, 2 (3) 156-162.

Wickham, A. (1985) Reliability analysis techniques for structures with time-dependent strength parameters, *Proc. 4th Int. Conf. on Structural Safety and Reliability*, Kobe, Vol. 3, 543-552.

Winterstein, S. and Bjerager, P. (1987) The use of higher moments in reliability estimation, *Proc. 5th Inti Conf. Applications Stats, and Probability*, Vancouver, 1027-1036.

Wirsching, P. (1998) Fatigue reliability, *Progress in Structural Engineering and Materials*, 1 (2) 200-206.

Wu, Y. T., Millwater, H. R. and Cruse, T. A. (1990) Advanced probabilistic structural analysis Method for implicit performance functions, *AIAA Journal*, 28 (9) 1663-1669.

Xiao, Q. and Mahadevan, *S.* (1994) Fast failure mode identification for ductile structural system reliability, *Structural Safety*, 13 (4) 207-226.

Yang, J. -N. (1975) Approximation to first passage probability, *J. Engineering Mechanics Div.*, ASCE, 101 (EM4) 361-372.

Yura, IA., Galambos, T. V. and Ravindra, M. K. (1978) The bending resistance of steel beams, *J. Structural*

Div. ,ASCE,104 (ST9) 1355-1370.

Zaremba,S. K. (1968) The mathematical basis of Monte-Carlo and quasi-Monte-Carlo methods,*SIAM Rev.* ,10 (3) 303-314.

Zhang,J. and Ellingwood,B. (1995) Error measure for reliability studies using reduced variable set,*J,Engineering Mechanics*,ASCE,121 (8) 935-937.

Zimmerman,J. J. ,Corotis,R. B. and Ellis,J. H. (1992) Collapse mechanism identification using a system-based objective,*Structural Safety*, 11 (3 & 4) 157-171.